# 紙の文化事典

The Encyclopedia of Paper

総編集
尾鍋史彦

編集
伊部京子
松倉紀男
丸尾敏雄

朝倉書店

# 製紙技術の発明

口絵1　製紙技術の祖・蔡倫の描かれた切手と発明1900周年記念刊行物の表紙：その偉大な功績は，現在でも中国国民の誇りである．

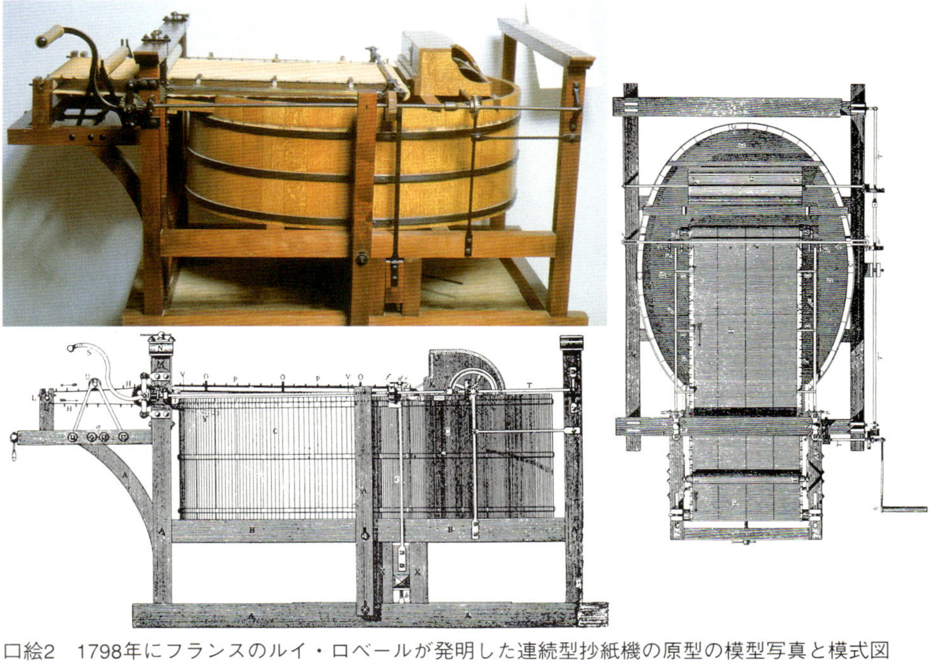

口絵2　1798年にフランスのルイ・ロベールが発明した連続型抄紙機の原型の模型写真と模式図

# 世界各地の伝統的製紙技術

口絵3 樹皮紙（布）「タパ」の製作（パプアニューギニア）：有史以前に起源をもつタパは，現代でもオセアニアの各地でつくられ，さまざまな用途に供されている（本文・図2.10.0.1参照）．

口絵4 巨大タパ「ガトゥ・ラウニマ」の製作（トンガ）：協同作業でタパの生地を貼り合わせ，装飾文様をつける（本文・図2.10.0.2参照）．

口絵5　和紙原料の煮熟作業
（本文・図4.3.2.1参照）

口絵6　和紙の手漉き作業（本文・図4.3.2.3参照）

# 装飾紙

口絵7 マーブル紙：ペルシアのシャー・ターマス時代（16世紀半ば）につくられた『狩猟王』のページの装飾輪郭に使用されている．

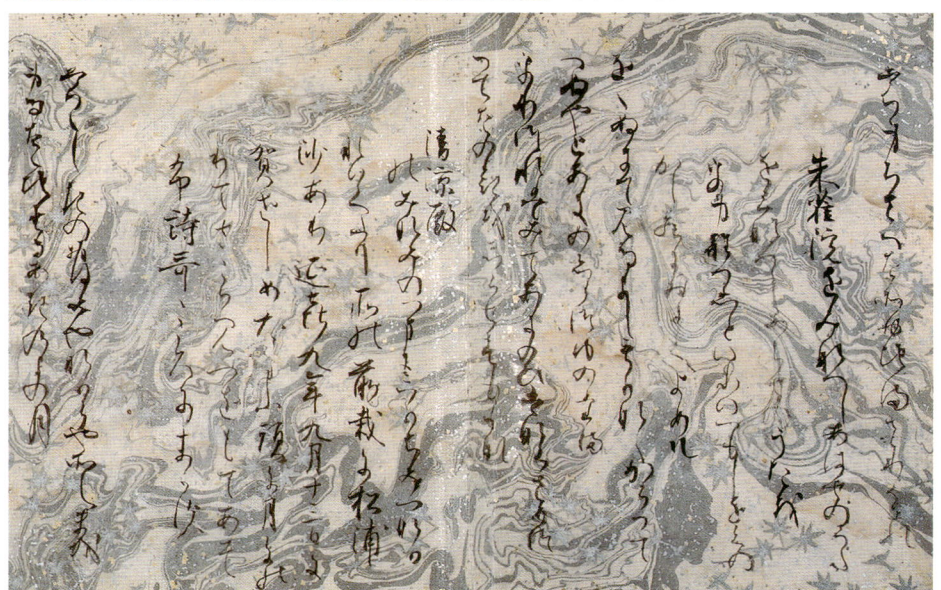

口絵8 墨流し料紙：現存する最古の『西本願寺本三十六人家集』（12世紀初頭）より（口絵7，8ともp.94～のコラム「マーブリングと墨流し」参照）．

## 建築と紙

口絵9　数寄屋造（17世紀前半〜）の意匠に生かされた和紙：修学院離宮中の茶屋床，霞棚まわりの貼付壁と襖（本文・図3.5.1.7参照）．

口絵10　現代建築の中に溶け込む大柳久栄氏の継紙作品（p.116〜のコラム「継紙今昔」参照）

# 現代に生きる型染紙

口絵11

口絵13

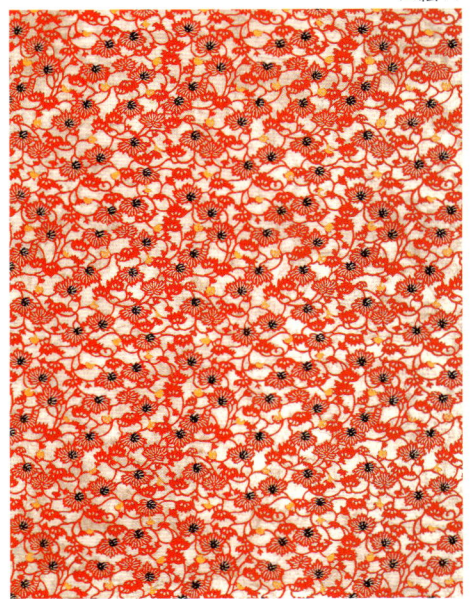

口絵12

口絵14

口絵15（口絵11〜15いずれも4.3.4項g参照）

# 折り紙作品

口絵16　吉澤 章氏の作品「バランスと姿態―体操」（本文・図3.8.5.4参照）

口絵17　同「白鳥」（p.200～のコラム「折り紙の世界」参照）

---

**写真提供・出典**

1：『記念蔡倫発明造紙術一千九百周年』（中国造紙学会，2005），2："La Saga du Papier"（Société nouvelle Adam Biro,1999）および"LES MOULINS À PAPIER ET LES ANCIENS PAPETIERS D'AUVERGNE"（EDITIONS CREER，1981），3・4：福本繁樹，5・6：宮崎謙一，7：ニューヨークメトロポリタン美術館所蔵，8：京都西本願寺所蔵，9：『京　御所文化への招待（淡交社ムック）』（淡交社，1994），10：大柳久栄，11～15：上村紙（株），16：朝日新聞社，17：吉澤 章．

# 序

　わが国には長い歴史の中で育まれた豊かな紙文化が存在し，日本文化の中で重要な位置を占めている．紙は中国で発明されたが，2005年には，西暦105年といわれる紙祖・蔡倫による製紙術の発明1900周年の記念行事が中国各地で多彩に行われた．わが国には7世紀初頭に中国から朝鮮半島を経由して製紙術が伝わり，全国各地に広がって改良を繰り返し，高度な技術を開発し，日本人の感性や芸術的な感覚を採り入れながら特有な和紙文化を形成してきた．一方，明治初年には18世紀末のフランスに源流をもつ大量生産型の洋紙技術が伝えられ，技術的な進歩を積み重ねながら，世界第3位の生産高と消費高をもつ現在に至っている．産業や生活を支える主要な役割は明治後期に和紙から洋紙に次第に変遷していったが，和紙はその特有な美的性質のために現在でも特有な文化を形成し，現代のわが国には和紙と洋紙の文化が並存している．

　紙は，文字を支える書写材料として人間の思考を生み出し，伝達し，蓄積する材料としての役割を担いつつ人間を記憶から解放し，人間の創造性を促すという重要な役割を果たしながら，多様な文化を生み出してきた．

　21世紀初頭の現在を眺望してみると，製紙産業においては資源・エネルギー・環境という諸々の制約条件の中でいかに成長を維持していくのか．また，高度情報化社会といわれる現在，コンピュータとその周辺機器や電子的表示メディアが出現し，紙に挑戦しつつあるが，紙や書物がそれらの技術にどのように対応し，新たな歩みを辿るのか，という問題がある．また，和紙に関しては生産量としては少ないが日本文化において重要な位置を占める和紙文化を継承していくために，どのように技術の後継者を育成し，伝統技術を維持していくのか，という問題がある．これらの諸問題を総合的に扱い，紙文化の将来を展望する目的で本書は企画された．

　わが国には紙の科学・技術や文化，歴史，芸術などを扱った書籍は多く出版されているが，個別の難解な専門書が多く，伝統から現代の問題まで紙に関する諸問題を平易に包括的にとらえた書籍は存在しない．本事典は，紙の諸分野を広い視野から全体的連関のもとに位置づけ，紙の文化の将来を探ろうという目的で企画され，その分野の最高の専門家に執筆を依頼したので，わが国はもとより海外にも類書のないユニークな書物と自負している．

　本書の構成は，紙の歴史，文化，科学と技術，流通，環境問題などから紙の将来までを各章ごとに扱い，さらに，現時点における最新の情報を集積した紙のデータ集から成り立っている．また，各章にはその章を特徴づけるようなエピソードなどを，コラムと

いう形で配置した．

　企画の段階から5年以上が経過し，2006年春の現在ようやく出版に辿り着くことができた．本書はできる限り平易な表現を心がけ，紙に関する日常的な疑問の解決はもとより，「紙の文化学」としての紙の新たな研究の出発点となることを期待したい．

　最後に，本書の企画から刊行に至るまで編集委員を日々叱咤激励し，完成に至る強い推進力としてご尽力いただいた朝倉書店編集部には深甚なる謝意を表したい．

2006年春

編集委員を代表して　　尾 鍋 史 彦

● **総編集者**
尾鍋 史彦　東京大学名誉教授／日本・紙アカデミー顧問

● **編集者**
伊部 京子　和紙造形作家／京都工芸繊維大学
松倉 紀男　(株)日本紙パルプ研究所所長
丸尾 敏雄　(財)紙の博物館学芸部長

● **執筆者**
○ **本　文**（執筆順）

| | | | |
|---|---|---|---|
| 尾鍋 史彦 | 前 東京大学 | 磯貝 明 | 東京大学 |
| 王 建生 | 茨城大学 | 飯塚 堯介 | 東京大学 |
| 曺 亨均 | 啓星紙の歴史博物館（韓国） | 岩崎 誠 | 王子製紙(株) |
| 町田 誠之 | 前 京都工芸繊維大学 | 藤原 秀樹 | 日本製紙(株) |
| 丸尾 敏雄 | (財)紙の博物館 | 山内 龍男 | 京都大学 |
| シンディ・ボーデン | ロバート・ウィリアムス紙の博物館（アメリカ） | 鈴木 恭治 | 静岡大学 |
| 福本 繁樹 | 大阪芸術大学 | 石井 健三 | 大日本印刷(株) |
| 福島 久幸 | 和紙研究家／福島歯科 | 空閑 重則 | 東京大学 |
| 近藤 富枝 | 作家／(財)民族衣装文化普及協会 | 岩井 眞明 | (株)巴川製紙所 |
| 竹田 悦堂 | 現代書道院 | 羽鳥 一夫 | 王子製紙(株) |
| 池田 俊彦 | 福井工業大学 | 内藤 勉 | 日本製紙(株) |
| 荒木 真喜雄 | (株)荒木蓬莱堂 | 平石 重俊 | 三菱製紙(株) |
| 久米 康生 | 和紙文化研究会 | 伊藤 健一 | レンゴー(株) |
| 柳橋 眞 | 金沢美術工芸大学 | 細川 和範 | 大宮製紙(株) |
| フランソワーズ・ペロー | 元 岡山県立大学 | 井上 茂樹 | 前 (株)日本紙パルプ研究所 |
| 増田 勝彦 | 昭和女子大学 | 木村 実 | (独)国立印刷局 |
| 鈴木 佳子 | 京都女子大学 | 市丸 幸次 | 日本紙パック(株) |
| 隈 研吾 | (株)隈研吾建築都市設計事務所 | 安並 洸一 | (株)安里 |
| 田代 すみ子 | デザインコンサルタント | 森本 正和 | 森本技術士事務所 |
| 伊部 京子 | 和紙造形作家／京都工芸繊維大学 | 宮崎 謙一 | 前 高知県立紙産業技術センター |
| 磯 弘之 | (株)竹尾 | 堀 洸 | 製紙技術コンサルタント |
| 山本 隆太郎 | (株)印刷学会出版部 | 浅野 昌平 | (株)わがみ堂 |
| 岡 信吾 | 前 平和紙業(株) | 千田 堅吉 | (株)唐長 |
| 神田 憲二 | 王子製紙(株) | 伴 充弘 | (株)東京松屋 |

## 執筆者

| | |
|---|---|
| 小林 一夫 | おりがみ会館 |
| 原 啓志 | 三島製紙（株） |
| 須長 勲 | 前 ユポ・コーポレーション |
| 稲垣 寛 | 前 神戸女子大学／機能紙研究会 |
| 藤原 勝壽 | （社）愛媛県紙パルプ工業会 |
| 川又 肇 | 日本紙パルプ商事（株） |
| 渡邊 琢乎 | 前（株）竹尾 |
| 松倉 紀男 | （株）日本紙パルプ研究所 |
| 松本 雄二 | 東京大学 |
| 鈴木 邦夫 | 三菱製紙（株） |
| 大江 礼三郎 | 前 東京農工大学 |
| 駒城 素子 | お茶の水女子大学 |
| 長谷川 聡 | 長谷川和紙工房 |
| 加治 重紀 | 日本製紙連合会 |
| 飯田 清昭 | 前 紙パルプ技術協会 |
| 門屋 卓 | 神奈川大学 |
| 尾崎 脩二 | 前 日本製紙連合会 |
| 山田 敏 | 日本製紙連合会 |
| 竹内 茂 | 日本製紙連合会 |
| 江前 敏晴 | 東京大学 |
| 吉田 芳夫 | 前 王子製紙（株） |

## ○コラム (執筆順)

| | |
|---|---|
| 加藤 雅人 | （独）文化財研究所 |
| 宗村 泉 | 印刷博物館 |
| 三浦 永年 | アトリエ・ミウラ |
| 岡田 英三郎 | 前 花王（株） |
| 大柳 久栄 | 和紙造形作家 |
| 冷泉 貴実子 | （財）冷泉家時雨亭文庫 |
| 岡 岩太郎 | （株）岡墨光堂 |
| 阪田 美枝 | 2000年紀和紙委員会 |
| 稲葉 政満 | 東京芸術大学 |
| 宇佐美 直治 | （株）宇佐美修徳堂 |
| 吉澤 章 | 創作折り紙作家／元 IOS |
| 海部 桃代 | 和紙の花作家 |
| 関野 勉 | 家庭紙史研究家 |
| 花田 淳成 | 日本たばこ産業（株） |
| 廣瀬 晋二 | 元 廣瀬製紙（株） |
| 錦織 禎徳 | 前 島根大学 |
| 長田 昌久 | 福井県和紙工業協同組合 |
| 森田 康敬 | 森田康敬和紙研究所 |
| 森川 隆 | （社）愛媛県紙パルプ工業会 |
| 上村 芳藏 | 上村紙（株） |
| 谷口 博文 | 谷口和紙（株） |
| 二瓶 啓 | 日本製紙連合会 |
| 桂 徹 | 三菱製紙（株） |
| 岡山 隆之 | 東京農工大学 |
| 宮田 瞳 | 警視庁科学捜査研究所 |
| 壽岳 章子 | 作家／元 京都府立大学 |
| 今 まど子 | 石川文化事業財団 |
| 渡辺 奈津子 | 日本・紙アカデミー |

# 目　　次

**第1章　は　じ　め　に** …………………………………………………… 1

**第2章　紙　の　歴　史** …………………………………………………… 5
　2.1　概論 —— 人類の誕生，書写材料の使用から現代まで ………………… 5
　2.2　紙以前の紙・書写材料 ………………………………………………… 8
　　2.2.1　四大文明と書写材料 …………………………………………… 8
　　2.2.2　中国における紙の誕生 ………………………………………… 12
　　2.2.3　韓紙の発達 ……………………………………………………… 16
　2.3　紙の伝来と和紙の発達 ………………………………………………… 18
　2.4　日本の製紙産業の発達史 ……………………………………………… 21
　　2.4.1　明治から戦前まで ……………………………………………… 21
　　2.4.2　戦後から現代まで ……………………………………………… 27
　2.5　ヨーロッパにおける紙の歴史と文化 ………………………………… 35
　　2.5.1　製紙技術伝来以前の歴史 ……………………………………… 36
　　2.5.2　ヨーロッパへの製紙技術伝来の歴史 ………………………… 36
　　2.5.3　ヨーロッパにおける製紙技術の発達 ………………………… 36
　　2.5.4　ヨーロッパにおける紙の文化の発達 ………………………… 38
　　2.5.5　ヨーロッパの製紙技術と紙文化の世界史的意義 …………… 53
　2.6　アメリカ合衆国における紙の歴史と文化 …………………………… 54
　　2.6.1　最初の植民者たち ……………………………………………… 54
　　2.6.2　アメリカ独立戦争と製紙の広がり …………………………… 58
　　2.6.3　機械製紙のはじまり …………………………………………… 60
　　2.6.4　苦難の時期 ……………………………………………………… 61
　2.7　アジアにおける紙の歴史と文化 ……………………………………… 67
　2.8　アフリカにおける紙の歴史と文化 …………………………………… 75
　2.9　ラテンアメリカにおける紙の歴史と文化 …………………………… 78
　2.10　オセアニアにおける紙の歴史と文化 ………………………………… 81

**第3章　紙　の　文　化** …………………………………………………… 85
　3.1　概論 —— 紙の文化の展開：西欧と日本 ……………………………… 85

3.1.1　西欧と日本の製紙技術の発展過程の比較 …………………… 86
　　3.1.2　西欧と日本の紙文化の発達過程の比較 ……………………… 89
　　3.1.3　西欧と日本の現代の紙文化の比較 …………………………… 90
　3.2　紙と日本文化 ……………………………………………………………… 92
　3.3　紙 の 伝 来 ………………………………………………………………… 98
　　3.3.1　紙の伝来と和紙文化の形成 …………………………………… 98
　　3.3.2　写経と紙 ………………………………………………………… 103
　3.4　平安文学と紙 ……………………………………………………………… 111
　　3.4.1　平安の料紙 ……………………………………………………… 111
　　3.4.2　書道と紙 ………………………………………………………… 117
　3.5　武家社会と紙 ……………………………………………………………… 123
　　3.5.1　日本の建築にみる紙の利用 …………………………………… 123
　　3.5.2　礼式における紙の利用 ………………………………………… 129
　3.6　江戸時代の紙 ……………………………………………………………… 130
　　3.6.1　概　　論 ………………………………………………………… 130
　　3.6.2　木版画と紙 ……………………………………………………… 139
　　3.6.3　加飾と加工による和紙の多彩な展開 ………………………… 143
　3.7　明治時代以降の紙 ………………………………………………………… 148
　　3.7.1　近現代における和紙界の動向――漉き手と使い手の交流 … 148
　　3.7.2　ライプチヒコレクション ……………………………………… 170
　3.8　現 代 の 紙 ………………………………………………………………… 174
　　3.8.1　文化財修復と和紙 ……………………………………………… 174
　　3.8.2　生活文化の中での和紙――近代デザイン史とのかかわりについて … 184
　　3.8.3　現代建築と和紙 ………………………………………………… 187
　　3.8.4　和紙のあかり …………………………………………………… 189
　　3.8.5　ホビークラフトの展開 ………………………………………… 196
　　3.8.6　現代美術と紙 …………………………………………………… 210
　3.9　本 の 世 界 ………………………………………………………………… 217
　　3.9.1　ブックデザインと紙 …………………………………………… 217
　　3.9.2　印刷文化と紙 …………………………………………………… 223
　3.10　紙と包装文化 ……………………………………………………………… 227

# 第 4 章　紙の科学と技術 …………………………………………………… **231**
　4.1　概　　論 …………………………………………………………………… 231
　　4.1.1　和紙と洋紙 ……………………………………………………… 231

|  |  |  |
|---|---|---|
| 4.1.2 | 紙の定義——狭義と広義 | 232 |
| 4.1.3 | 紙の機能 | 232 |
| 4.1.4 | 紙の製造法 | 232 |
| 4.1.5 | 紙の分類 | 233 |

4.2 洋紙の科学と技術 ……………………………………………… 233
 4.2.1 洋紙の資源・原料（森林資源） …………………………… 233
 4.2.2 洋紙の製造法 …………………………………………………… 242
 4.2.3 洋紙の性質 ……………………………………………………… 263
 4.2.4 洋紙の製品 ……………………………………………………… 286

4.3 和紙の科学と技術 ……………………………………………… 313
 4.3.1 和紙の資源・原料 ……………………………………………… 313
 4.3.2 和紙の製造法 …………………………………………………… 319
 4.3.3 和紙の性質 ……………………………………………………… 338
 4.3.4 和紙の製品 ……………………………………………………… 343

4.4 新しい紙の科学と技術 ………………………………………… 365
 4.4.1 非木材資源による紙 …………………………………………… 367
 4.4.2 機能性材料による紙 …………………………………………… 370

## 第5章　紙・板紙の流通 …………………………………………… **382**

5.1 紙流通の歴史 …………………………………………………… 382
 5.1.1 黎明期から揺籃期の製紙業界と流通 ………………………… 382
 5.1.2 財閥によるメーカーの資本集中と紙商の系列化 …………… 382
 5.1.3 3社合併と流通の混乱 ………………………………………… 383
 5.1.4 統制経済への道 ………………………………………………… 383
 5.1.5 商権復活 ………………………………………………………… 384
 5.1.6 王子製紙の分割と流通 ………………………………………… 384
 5.1.7 高度成長期以降の市況状況 …………………………………… 384
 5.1.8 メーカーおよび流通の再編 …………………………………… 385
 5.1.9 流通秩序の確立 ………………………………………………… 385
 5.1.10 流通機構の合理化 ……………………………………………… 385
 5.1.11 輸入紙への対応，貿易摩擦の激化 …………………………… 386
 5.1.12 情報システムの高度化 ………………………………………… 386
 5.1.13 グローバル化への対応 ………………………………………… 387

5.2 紙・板紙の流通機構 …………………………………………… 387
 5.2.1 物流面からみた紙・板紙の流通機構 ………………………… 387

5.2.2　商流面からみた紙・板紙の流通機構 ……………………………… 389
　　5.2.3　紙・板紙流通の課題 ………………………………………………… 391
　5.3　少量生産型の紙，和紙の流通 …………………………………………… 393
　　5.3.1　ファインペーパー，和紙――特殊紙，機械抄き和紙 …………… 393
　　5.3.2　少量生産型の紙――ファインペーパー，和紙 …………………… 393
　　5.3.3　ファインペーパーの流通，物流 …………………………………… 400
　　5.3.4　ファインペーパー，機械抄き和紙の用途 ………………………… 401
　　5.3.5　ファインペーパーの素材表現力 …………………………………… 402
　　5.3.6　ファインペーパーの見本帳 ………………………………………… 402
　　5.3.7　紙のショールーム，販売店 ………………………………………… 405

# 第6章　紙をめぐる環境問題 ……………………………………………… **410**
　6.1　概　　論 …………………………………………………………………… 410
　　6.1.1　紙パルプ製造排水の環境問題 ……………………………………… 410
　　6.1.2　原料，エネルギー …………………………………………………… 413
　6.2　パルプの製造に伴う問題 ………………………………………………… 415
　　6.2.1　パルプの製造に伴う環境問題の所在 ……………………………… 415
　　6.2.2　広義の環境問題とパルプ製造 ……………………………………… 416
　　6.2.3　狭義の環境問題とパルプ製造 ……………………………………… 417
　　6.2.4　将来の展望 …………………………………………………………… 418
　6.3　紙の製造に伴う問題 ……………………………………………………… 421
　　6.3.1　用水原単位と白水回収 ……………………………………………… 421
　　6.3.2　製紙工程における省エネルギー …………………………………… 422
　　6.3.3　加工（塗工）工程の環境側面 ……………………………………… 423
　　6.3.4　仕上げ工程の環境側面 ……………………………………………… 424
　6.4　資源・環境問題からみた古紙 …………………………………………… 425
　　6.4.1　古紙再生の原理 ……………………………………………………… 425
　　6.4.2　古紙利用のインセンティブの変化 ………………………………… 425
　　6.4.3　パルプの代替 ………………………………………………………… 425
　　6.4.4　パルプ材，エネルギーの節減 ……………………………………… 426
　　6.4.5　廃棄物の減量 ………………………………………………………… 426
　　6.4.6　二酸化炭素排出の抑制 ……………………………………………… 427
　　6.4.7　古紙利用の意義 ……………………………………………………… 427
　6.5　紙の白さと環境，文化の関係 …………………………………………… 429
　　6.5.1　生活の中の「紙」と「白」 ………………………………………… 429

6.5.2　白さのいろいろ——技術と環境問題 ……………………… 430
　　6.5.3　色としての「白」と「紙」 ……………………………… 431
　6.6　包装材料としての紙と環境問題 ……………………………………… 432
　　6.6.1　廃棄物問題に関する法体系 ………………………………… 432
　　6.6.2　包装と廃棄物問題 …………………………………………… 433
　　6.6.3　容器包装リサイクル法 ……………………………………… 433
　　6.6.4　包装廃棄物の再商品化 ……………………………………… 434
　　6.6.5　環境負荷低減のための包装の変更 ………………………… 434

# 第7章　紙の将来 …………………………………………………………… **437**
　7.1　概論——多様化社会での紙 …………………………………………… 437
　　7.1.1　製紙技術と紙製品の進化の条件 …………………………… 437
　　7.1.2　製紙技術の技術開発を促す要素 …………………………… 438
　　7.1.3　価値観の多様化と紙の将来 ………………………………… 438
　7.2　ペーパーアートの将来 ………………………………………………… 441
　7.3　和紙の将来 ……………………………………………………………… 446
　　7.3.1　和紙とは ……………………………………………………… 446
　　7.3.2　つくり手からみた手漉き和紙 ……………………………… 446
　　7.3.3　使い手からみた手漉き和紙 ………………………………… 447
　　7.3.4　和紙の将来 …………………………………………………… 448
　7.4　製紙産業の将来 ………………………………………………………… 449
　　7.4.1　世界の紙パルプ需給 ………………………………………… 450
　　7.4.2　進む世界の業界再編成 ……………………………………… 453
　　7.4.3　IT革命と紙パルプ産業 ……………………………………… 456
　7.5　製紙技術の将来 ………………………………………………………… 460
　　7.5.1　製紙産業技術の全体像 ……………………………………… 460
　　7.5.2　森　林 ………………………………………………………… 461
　　7.5.3　製品化（狭義の製紙技術） ………………………………… 462
　　7.5.4　古紙の再利用 ………………………………………………… 464
　　7.5.5　エネルギー回収 ……………………………………………… 464
　7.6　メディアとしての紙の将来 …………………………………………… 465
　　7.6.1　メディア理論からみた紙メディアの歴史的位置 ………… 466
　　7.6.2　21世紀のメディア状況が生み出す紙メディア …………… 466
　　7.6.3　紙メディアの消費予測のための定性的モデル …………… 468
　　7.6.4　人間が紙メディアへのハードコピーを欲する理由 ……… 469

|       | 7.6.5 紙メディアと書物の将来 ………………………………………… 470 |
|       | 7.6.6 紙メディアの将来を解析するための理論体系 …………………… 471 |
|       | 7.6.7 メディアに必要な住み分け ………………………………………… 471 |
| 7.7   | 包装材料としての紙の将来 ……………………………………………… 474 |
|       | 7.7.1 包装の過去から現代まで …………………………………………… 474 |
|       | 7.7.2 現在の包装産業 ……………………………………………………… 475 |
|       | 7.7.3 これからの包装と紙・板紙 ………………………………………… 477 |

## 第8章 紙のデータ集 …………………………………………………… 480

- 8.1 紙に関する年表 …………………………………………………………… 480
- 8.2 紙パルプの統計分類 ……………………………………………………… 500
  - 8.2.1 経済産業省による生産動態統計分類 ………………………………… 500
  - 8.2.2 日本製紙連合会による統計分類(細目) …………………………… 505
  - 8.2.3 パルプ統計項目の改正 ………………………………………………… 505
- 8.3 紙の試験規格 ……………………………………………………………… 510
- 8.4 紙の試験方法 ……………………………………………………………… 516
- 8.5 紙の情報源 ………………………………………………………………… 521
- 8.6 主な製紙会社のリスト …………………………………………………… 531

## おわりに――「紙の文化学」の提案 ……………………………………… 541

## 索　　　引 ……………………………………………………………………… 543

▶コ ラ ム ─────────────────────────────

先端技術による古代紙試料の分析とデジタルアーカイブ 11／　紙の博物館 34／
紙の力 39／　死海写本 43／　聖書と紙 46／　印刷博物館 52／
マーブリングと墨流し 94／　古代・中世にみる紙のリサイクリング 109／
継紙今昔 116／　和紙の強さ――冷泉家文書 121／　紙の透かし 148／
紙漉き唄 168／　絵画や書の修復に用いられる和紙 175／
紙の修復，紙による修復の科学 178／　修復における和紙の重要性 181／
折り紙の世界 200／　花の命を和紙に託して 205／
トイレットペーパーの歴史 299／　たばこと紙 303／
紙幣の偽造防止 306／　世界一薄い紙 311／　トロロアオイ 325／
世界一大きな手漉き紙 330／　礬水引き(サイズ処理との比較) 340／
『和紙大鑑』の編集 363／　機能紙研究会 379／

『―日本の心―2000年紀和紙總鑑』の企画 403／　　感性機能紙としての和紙 408／
環境報告書――企業の社会的責任と情報公開 419／
紙のライフサイクルアセスメント 428／
環境の認証（エコマーク，グリーンマークなど）435／　　法科学と紙 439／
和紙への思い――加美町ありがとう！ 448／　　スロー・ファイヤー 472／
日本・紙アカデミー 530／

# はじめに

　人類の誕生から数百万年が経過したが，その長い歴史的時間経過の中では，世界各地で多様な文化や文明の創造と滅亡が繰り返され，その一部は現代まで継承されてきた．その継承のプロセスでは各種の書写材料が発明され，記録材料として使われてきたが，特に安価で再生産可能である紙がなければ現在のような多様で豊かな文化をもつ世界は実現しなかっただろう．

　紙は記録，情報伝達の媒体として，ある時は包装の材料として長い歴史をもち，現代社会においては生活の隅々にまで広く使われているが，その存在が日常的すぎるために空気や水と同様，その有用さが意識に上らないことも多い．

　本事典では，紙以前の書写材料の時代から多様な紙の存在する現代までの紙の科学技術と文化，歴史，芸術などの軌跡をたどりながら，その成果を集積し，その中から21世紀における紙の新たな役割を探りたい．

　特に，多様な成果から次の諸問題を明らかにすることに主眼を置き，そのために種々の新しい試みを行っている．

**a. 人間にとって紙とは何か**

　人間は，白い紙と対峙することにより創造力を掻き立てられ，文学や芸術などの多様な文化を創造し現代まで継承してきた．では，なぜ人間は紙に親和性を感じ，創造性を促され，紙と接すると安らぎを覚えるのだろうか．また21世紀になり新たに電子的表示媒体が開発されつつあるが，なぜ書物はこれらの新しいメディアになかなか置き換えられず，相変わらず白い紙を束ね表紙をもつ書物にこだわるのか．また電子メールが普及した現代において，かえって紙に文字を載せ，定着させた手紙文化が見直され，価値を増しつつあるのはなぜだろうか．これらの問題は紙と人間との相互作用の問題で未解明だが，心理学と自然科学を組み合わせた認知科学などの最先端の科学による解明を試みる．

**b. 人類の歴史における紙の役割**

　記録，情報の媒体や，包装，衛生分野において紙の果たしてきた役割は非常に大きく，

紙は人類の手による最も優れた発明品という見方が可能である．太古の手漉きによる原始的な方法から現代の大量生産方式による製造に至るまでに多くの人々が携わり改良を加え，進化させてきた紙は人類の叡智の結晶といえよう．また今日では，従来の洋紙や和紙という区分には入りきらない特殊な高度な機能をもつ多様な紙が出現しており，利用分野は拡大し，メディアや日常の生活素材だけでなく，先端技術分野にも多く用いられるようになった．

　大量生産方式の紙は書物の読者を生み出し，従来の貴族や僧侶などの特権階級のものであった情報を一般庶民にまで複製，伝達を可能とした．紙は近代社会の創生を陰で支えてきたといえよう．

#### c. 紙が生み出す現代の諸問題

　紙が人間の生活を多様で豊かにしてきたのは事実だが，一方では紙の製造工程や製品の流通や廃棄がもたらす環境負荷が地球環境問題の一部となっていることも事実である．21世紀にも現代社会と調和する形で紙の生産と利用を継続させていくには，紙の生産にかかわる資源・エネルギー・環境問題を解決していかなければならないし，それらの問題を克服する過程で新たな技術開発が行われ，紙の製造技術と製品は進化し続けていくが，これらの問題をグローバルな視点からとらえたい．

#### d. 文化圏による紙のとらえ方の違い

　紙はその原型が中国で発明され，わが国に伝えられてから和紙で1,500年，洋紙で130年以上の歴史があり，わが国では平安文学からマスメディア，現代の造形芸術に至るまで多様な文化の形成にかかわってきた．一方西欧社会では，文字を載せ，定着させる媒体としてとらえられ，グーテンベルクの活版印刷術とともに印刷文化を形成し，大量生産された書物は思想の形成と普及を促し，紙は間接的に社会変革の力を発揮してきたといえる．このように紙は地球上のあらゆるところで人間の思考の表現，伝達の手段として普遍的に用いられ現代に至っているが，そのとらえ方は国や民族，文化圏により千差万別である．本事典では世界の諸地域での紙のとらえ方，使われ方を，その背景にある社会の伝統や社会構造とのかかわりから探る．

#### e. 紙の科学・技術と紙の文化・芸術の融合の試み

　従来，紙の科学・技術と紙の文化・芸術は異質なものととらえられ，それぞれは個別に書物として扱われてきた．本事典では紙の科学・技術は紙の文化を創造・継承するための材料をつくる技術ととらえ，紙の科学・技術と紙の文化・芸術の融合の可能性を探る．また，人間の五感に訴える紙の感性的な機能と物性的な機能の関係をつなげる理論の構築を試み，また，心理物理学，感性科学，認知科学などの新しい科学の紙への適用を考える．学問が細分化され，文化系と理科系に分かれた現代は，逆に文理融合の必要性がしばしば指摘されるが，紙を対象として文理諸学問の融合を試みたい．

### f. 伝統と現代の融合の試み

伝統的な和紙と現代の大量生産型の洋紙は，前者が美的または工芸的な用途で用いられ，後者は実用的な用途に用いられる．歴史の長い和紙に比べ歴史の短い洋紙は生産額は1,000倍ほど大きいが，文化という視点を媒介として伝統的な和紙と現代的な洋紙の融合を試みる．従来紙の文化という点では和紙が意識に上る場面が多いが，本事典では現代文化の中の紙の文化を新たにとらえ直し，現代社会における紙の文化の正しい姿の追求を試みる．また，これらの試みの中から21世紀の紙文化の予測という大胆な試みも視野に入れている．

以上，a～fに示された項目に重点を置きながら，従来明確にされてこなかった紙にかかわる諸問題の解明の試みの中から紙の全貌を集大成することを試みる．すなわちわれわれの日常生活の中にある紙固有の文化を見直すという視点をもっている点で，過去に類書のない「紙の事典」を目指した．

### g. 現代において本事典を刊行する意義

現代は，製紙産業は有限の資源とエネルギーの制約の中で環境負荷をできる限り減らして紙を生産し続けなければならないという宿命にある．また伝統的な和紙は国内では手漉き和紙の後継者問題，海外では造形芸術の素材への展開という用途のグローバル化という拡大の側面もあるが，アジアからの安価な製品の国内市場への参入という問題がある．また21世紀初頭には紙に代わる電子的表示媒体の開発が行われており，紙を代替する能力をどこまでもつかという問題とかかわり，紙の将来に対する楽観論と悲観論が交差している．

21世紀にも紙の文化が継続していくには，産業としての洋紙と和紙の技術が継続・継承されていかなければならないが，そのためには産業の前に立ちはだかる諸問題を明らかにし，解決していかなければならない．

すなわち，21世紀初頭の現代は，紙にとっての大きな歴史的な転換点であり，本事典の刊行は真に時宜を得ているといえる．

### h. 本書の構成

『紙の文化事典』はこのような意図で編纂されたために，従来出版されてきた紙に関する事典や辞典とは異なった多くの特徴をもっている．全体の構成は次のとおりである．

第2章「紙の歴史」では，紙以前の各種の書写材料からパピルスや羊皮紙を経て，中国での紙の発明と，その日本への伝来と和紙としての発達の歴史を記した．さらに，明治以降の洋紙技術の導入と戦後を経て現在までの発達の歴史を記した．加えて，中国から中近東，北アフリカを経て西欧への伝播と発達，西欧から北米への伝播と発達を中心に，アジア，アフリカ，オセアニア，中南米における紙の歴史も加え，地球上全体での紙の文化の多彩な発展の軌跡をとらえられるようにした．

第3章「紙の文化」では，わが国と西欧の紙のとらえ方と文化の発展の違い，7世紀

の紙の伝来から中世，近世から明治を経て現代に至るまでの紙にかかわる文化・芸術をその時代背景を含めながら多面的にとらえた．特に，現代文化の中での和紙と洋紙の役割を国内・海外での造形芸術の広がりや，現代の書物文化を中心に多面的にとらえた．

　第4章「紙の科学と技術」では，紙の文化を支える素材としての紙の科学と技術の現状について，洋紙，和紙，さらにそれ以外の新しい材料を用いた紙に関して，資源，製造法，性質，製品に分けて記した．また現代の最先端分野における紙の利用に関しても記した．

　第5章「紙の流通」では，紙の流通の歴史から現在の流通，将来の電子取引の可能性までを記し，さらに大量生産型の汎用紙と少量生産型の特殊な紙の流通にも触れた．複雑な経路をもつ紙の流通の問題は，従来あまり触れられなかった分野である．

　第6章「紙をめぐる環境問題」では，現代社会における重要な問題として製紙産業によるパルプや紙の製造から製品の流通，消費，廃棄にまつわる多様な環境問題を扱った．また，現在の課題として紙にかかわる諸問題や文化とのかかわりについても記した．

　第7章「紙の将来」では，20世紀末に生じた環境問題や新たな電子的表示媒体の出現の中で紙はどのような展開をしていくかに関して，産業，技術，メディア，文化などの側面から大胆な予測を記した．

　第8章「紙のデータ集」では，紙の歴史年表，紙の分類法，紙の試験規格，紙の企業や紙に関する団体・組織などに関する情報や資料を収集し，記した．

　さらに「コラム」では，紙にかかわる興味深い話題を取り上げ，紙の歴史や文化の流れの理解に助けとなるように，関連の章に配置した．

　なお，執筆者はそれぞれの分野における専門家，研究者，技術者であり，現時点で最高のレベルと内容を盛り込む努力をした．　　　　　　　　　　　　　〔尾鍋史彦〕

# 第2章 紙の歴史

## 2.1 概論——人類の誕生,書写材料の使用から現代まで

　地球には36億年の歴史があるが,約400万年前には,ヒト科の起源とされるアウストラロピテクス・アフリカヌスやホモ・ハビリスといわれる猿人が,アフリカ大陸に出現した.次いで約180万年前には,完全な直立二足歩行をする人類ホモ・エレクトス(原人)が出現し,現代の人間の祖先とされるホモ・サピエンスに進化していった.

　人間は自己を表現し,まわりの人間とコミュニケーションを図ろうという基本的な欲望をもつが,その痕跡はアルタミラやラスコーの洞窟の壁画にうかがわれる.これらの壁画は,やがて古代文明の時代になり,象形文字をはじめとする絵文字となり,多様な文字に進化していった.

　文字がない時代には口承と記憶が情報の伝達と記録の手段であったが,次第に文化の発達過程で各種の書写材料を用いるようになり,人間は記憶という行為から解放されるようになった.創造性など,新たな知的な進化を遂げるようになったといえよう.

　すなわち,人間の意識の内部のものを発露する目的で,書いたり描いたりするために石,粘土,金属,木材,樹皮,パピルス,羊皮紙などを用いてきたが,そのあとで紙が出現した.われわれが現代において歴史や文化・芸術の発達過程を知ることができるのは,これらの書写材料に残る文字などの痕跡からである.

　ここでは,紙以前の書写材料が生まれた古代文明の時代,中国での手漉きによる紙の誕生に至る過程とその伝播,すなわちその技術が東に向かい,朝鮮,日本に伝わった経緯,西に向かい,シルクロードからアラブ世界を経てヨーロッパ社会に入っていった経緯を略述する.さらに,中世ヨーロッパにおける長い年月の経過後,18世紀末にフランスで機械による連続型近代的洋紙製造技術が開発され,産業革命期のイギリスで実用化技術に発展し,アメリカ大陸で大量生産技術に進化して近代的洋紙産業を形成し,19世紀中ごろに日本に入ってくるまでの歴史的変遷をたどってみる.

## 2. 紙 の 歴 史

### a. 紙以前の書写材料の時代

人間が狩猟による不安定な生活を抜け出し，農耕や牧畜により食料の自給が可能となると定住生活を始め，次第に都市を形成するようになった．いわゆる四大文明をはじめとする古代文明の時代である．複雑な社会構造の中でのコミュニケーションや記録の手段として，文字をもつようになり，その記録媒体としてメソポタミアでは粘土板を，エジプトではパピルスを，小アジアでは羊皮紙，中国では獣骨や亀甲，木簡や竹簡，絹紙を，インドでは石版を用いた．また新大陸のマヤ文明などでは樹皮紙が用いられた．しかしこれらは，現代の紙と比較すると重かったり，扱いにくかったりと欠点が多く，次第に新たな書写材料に置き換えられていった．またこれらのうち唯一羊皮紙だけが，中世のヨーロッパを通じて書写材料として使われた．すなわち古代文明の時代に現れた書写材料は，紙ではないが紙に至る必然性を秘めた紙の前駆材料という見方が可能である．

### b. 中国における紙の誕生

最新の学説では前3世紀ごろが紙の誕生の時期とされ，従来105年に紙を発明したとされる後漢の宦官蔡倫（さいりん）は，結局コウゾ（楮）などの靭皮繊維，魚網，ボロ，麻などを用いたそれまでの製紙技術を集大成した人物とされている．当時製紙技術は先端技術であり，国家の機密事項として秘密が守られ，国内で技術の改良が重ねられた．国外にはなかなか流出しなかったが，150年ごろには中国の辺境のトルキスタンまで伝わっていたとされる．

### c. 紙の技術の東方への伝播

中国で生まれた製紙技術は中国文明の勢力圏の国々に伝播していったが，まず2世紀ごろ朝鮮半島に伝わり，技術が改良され，610年には高句麗の僧曇徴（どんちょう）がわが国に伝えた．原料，助剤，抄紙法に改良が重ねられ，独特の流し漉き法を生み出した．中国の技術が麻のボロを主原料としたのに対して，わが国ではコウゾの皮を使った．奈良時代にはガンピ（雁皮），江戸時代にはミツマタ（三椏）も使われるようになり，和紙の種類は多様化し，生産量も急激に増大し，明治に至る．また中国から南下してベトナム，タイ，ミャンマー，ネパールなどにも伝えられた．

### d. 紙の技術の西方への伝来

西方への伝播は遅く，従来の説では751年に中央アジアのサマルカンドに到達したとされてきた．すなわち，タラス河畔で唐とアラブの軍隊が戦い，敗北した唐軍の捕虜に製紙技術をもつ中国人がいたためにアラブ世界に製紙技術が広がり始めたと説明されてきた．しかし最近のドイツの文献では，それより100年前にすでにサマルカンドには製紙工場があったとされている．793年にはアラブ世界最初の製紙工場がバグダッドにつくられ，イスラム文化の栄華の時代を迎えた．10世紀にはエジプトのカイロを中心に多くの製紙工場がつくられ，11世紀には北アフリカ沿岸にもつくられた．

### e. ヨーロッパ世界への伝播

スペインに侵入したアラブ人（ムーア人）により製紙技術がイベリア半島に伝えられ，1151年には，バレンシア地方にヨーロッパにおける最初の製紙工場が建てられた．もう一つのルートは，北アフリカからシシリー島を経てイタリア半島に至ったというものである．次第にヨーロッパ大陸に広がり，1276年にはイタリアに，1348年にはフランスに，1390年にはドイツに，1494年にはイギリスに，1586年にはオランダに，それぞれ製紙工場が建てられた．

特に，1450年ごろのグーテンベルクによる活版印刷術の発明により紙の需要は急激に増大し，技術的にも大きく進展したが，つねに原料不足に悩まされていた．ちなみに中国では主原料が麻ボロであったが，ヨーロッパでは木綿ボロであった．

### f. ヨーロッパ世界での発展

長い間手漉きによる紙づくりの時代が続いたが，1799年にフランスのルイ・ロベールにより最初の連続型抄紙機が発明され，大量生産のきっかけとなった．その後，産業革命期のイギリスでフォードリニア兄弟がこの抄紙機を改良し，現在の長網抄紙機の原型をつくった．1844年には，ケラーが木材パルプを原料として導入したことにより，近代的な大量生産の基礎が確立されたといえる．また，製紙技術は太平洋を渡って新世界へ伝わり，1690年にはフィラデルフィアにアメリカ最初の製紙工場が建てられた．

### g. わが国における製紙産業の発展

わが国には明治の初期に洋紙生産技術が伝わったが，当初は7世紀から存在した和紙技術が洋紙技術の導入の際に大きく貢献したといわれる．すなわち，明治初期のわが国には和紙と洋紙の技術が共存していた．1874年に初めての洋紙製造が行われ，次第に生産量が増大し，20世紀のはじめに和紙の生産量を追い越すようになった．その後わが国の製紙産業は第二次世界大戦まで拡大を続けたが，敗戦により満州や樺太など海外の製紙工場と森林資源を失い，終戦直後の1946年には年産21万tまで凋落した．しかし戦後50年以上，資源・環境・エネルギーなど諸問題を克服しながら，20世紀末には150倍の3,000万tを超えるまでになった．

### h. 現代社会における紙

紙は基本的には書く（write），包む（wrap），拭う（wipe）という基本的な役割（3W）をもつが，特に現代社会では，ジャーナリズムにおけるメディアとして，段ボールなど工業材料の包装資材として，またアメニティー社会を支えるなど，その役割は大きい．

一方，和紙は生産量こそ減少し続けたが，手づくりの技術を復興しようという民芸運動などの積極的な活動を背景に，洋紙にみられる実用的な用途よりも，むしろ美的な用途を目的として日本文化を形成する重要な材料として，現代社会に生きている．

〔尾鍋史彦〕

## 2.2 紙以前の紙・書写材料

### 2.2.1 四大文明と書写材料

約4万年前に人類の直接の祖先であるホモ・サピエンスが地球上に登場し，その後道具と火を使うようになり，約1万年前に農耕を始めた．その後，牧畜により食料が供給可能となり定住を始め，人口が増大し，都市を形成するようになる．約5,000年ほど前には国家や法律が存在し，階層秩序，文字，芸術などが発達して，「都市（civil）でつくられた複雑な文化」を意味する文明（civilization）がほぼ同時代に4つの大河の流域に誕生した．日本ではちょうど縄文時代に当たる．

これらの地域では文字を発明し，書写材料に文字を記録して文化を発達させてきたが，最近の学説では都市化と文字の存在を文明の基本要素とする考え方が有力であり，これらの四大文明はその条件を備えているといえる．

ヨーロッパ人にとっての文明とはギリシア・ローマ文明であり，四大文明観とは日本特有のもので，戦後の歴史教科書の中から生まれたようである．またヨーロッパ文明との関係では新大陸のマヤ，アステカ，インカなどの諸文明が重要だが，これらは旧大陸の四大文明やギリシア・ローマ文明とは時間的にも空間的にも隔絶されたところで発展し，相互の交流はなかったとされる．

世界の四大文明とはエジプト文明，インダス文明，黄河文明，メソポタミア文明を指すが，エジプト文明以外はアジアが発祥地であり，キリスト教，イスラム教，仏教の三大宗教もすべてアジアで生まれた．文明の発祥年代は，エジプト文明が前3000年ごろ，インダス文明が前2600年ごろ，黄河文明が前1600年ごろ，メソポタミア文明は前3000年ごろとされており，最古の文明である．ユーラシア大陸からアフリカ大陸にかけて発祥したこれらの文明は独特の特性をもっていたが，現代まで命脈を保ってきたのは黄河文明だけで，他の三大文明は消滅した．しかしその内容が現代に伝わっているのは，何らかの形でその時代の記録の痕跡が各種の書写材料を通して現代においてみられるからである．ここでは，書写材料とのかかわりで四大文明を考えてみるが，いずれも現代の意味での紙が出現する以前の書写材料が用いられていたのが共通点である．

**a. メソポタミア文明**

チグリス・ユーフラテス河の流域に生まれた人類最初の都市文明である．人類最古の文字といわれるシュメール文字は絵文字から発展してきたが，前2700年ごろにはその体系が完成したといわれる．書写材料としては，粘土板（図2.2.1.1）が活動や行政の記録メディアとして用いられた．それは粘土を平板状にして乾燥させ，場合によっては焼き，その表面に葦のペンで楔形文字を書いたもので，粘土板文書は人類最古の文書と

いえる．重くかさばるために大きな粘土板はつくりにくいが，メソポタミア地域の王朝の興亡の歴史が詳細に解明されているのは，保存性に優れた粘土板のおかげであろう．1〜2世紀ごろまで用いられた．

図 2.2.1.1　粘土板[1]

### b.　エジプト文明

　ナイル河流域に生まれた文明である．ナイル河の岸辺にはカヤツリグサ科の水草パピルスが豊富にあった．古代エジプトでは筏，むしろ，敷物などの日常生活に広く使い，根は食用にしたが，前3000年ごろから書写材料に使うようになった．10世紀ごろまで使われ，西欧の言語における紙を意味する言葉の語源はパピルス（papyrus）にある．パピルスは西アジアから製紙法が伝わると次第に使われなくなった（図2.2.1.2, 3）．エジプトでは前1500年ごろから羊皮紙が使われ，パピルスが巻物状であったのに対して，羊皮紙は冊子状にして用いられ，書物の誕生のきっかけとなった．パピルスがエジプト文明とともに消滅していったのに対して，羊皮紙は中世の西欧社会で長く用いられ，書写材料の主流を占めた．また文字としてはヒエログリフ（神聖文字）が用いられたが，1799年のロゼッタストーン（図2.2.1.4）の発見まで解読はされなかった．

 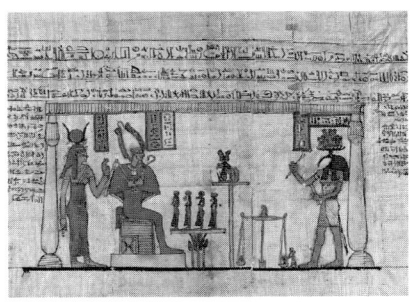 

図 2.2.1.2　パピルスとそのシート[2]　　図 2.2.1.3　パピルスに描かれた象形文字と絵[1]　　図 2.2.1.4　ロゼッタストーン[1]

#### c. インダス文明

四大文明のうち，インダス文明は他の三大文明と比較して存在期間が短かった．インダス文明では石に文字を刻み，印章などが発見されているが，記されているインダス文字はまだ解読されていない（図 2.2.1.5）．のちには椰子の葉を使ったバイタラ（貝多羅）が使われるようになり，尖ったもので文字を書きインキを染み込ませて定着させた．多くの仏典がつくられ，唐の時代にはそれらはシルクロードを通して中国に伝えられた．しかしバイタラはかさばるために大きな書写材料をつくることはできない．

図 2.2.1.5　石による印章[1]

#### d. 黄河文明

黄河流域で生まれた文明である．黄河文明は文字による記録が特に多く，土器への文字や動物の甲羅や骨に記録した甲骨文が見つかっている．甲骨文字は象形文字として漢字に発展したので，漢字は現代にも生き続けている唯一の古代文字ということができる．さらに木簡や竹簡が公文書を中心に広く使われ，蔡倫による紙の発明の時代まで重要な書写材料であった．木簡はわが国にも伝えられた．平城京跡から出土し，奈良国立博物館でもみられるが，奈良時代には紙は貴重なもので，紙の登場後も木簡が使われたことがうかがえる（図 2.2.1.6, 7）．

〔尾 鍋 史 彦〕

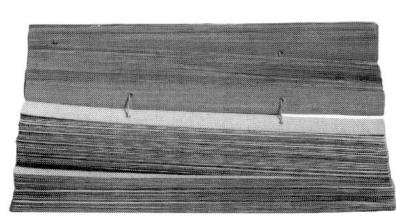

図 2.2.1.6　木簡[1]

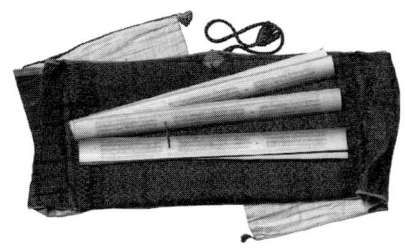

図 2.2.1.7　竹簡[1]

文　　献

1) L'aventure des ecriture (CD-ROM), Bibliotheque Nationale de France.
2) Papermaking Science and Technology Book 8－Papermaking Part 1, Chapter 2 (History of Papermaking), Finnish Paper Engineers' Association.

 先端技術による古代紙試料の分析とデジタルアーカイブ

　「デジタル博物館」，「デジタル図書館」，「デジタルアーカイブ（文書館，書庫）」とは，対象となる文化財を画像あるいは文字のデジタルデータとして記録・保存し，インターネットやDVDなどのメディアを通じて公開，展示するものである．このような試みはさまざまな博物館，美術館，図書館，大学などで実現されつつある．
　大谷光瑞が20世紀初頭（1902～1914年）にアジア各地に派遣した大谷探検隊により収集された大谷文書，浄土真宗の歴代門主が集めた写字台文庫など，多くの貴重書を有する龍谷大学においてもデジタルアーカイブ化が着手された．龍谷大学のデジタルアーカイブの特徴の一つに，単に文化財のデジタル画像データのみならず原典情報（出土した場所および時期，材質，デジタルデータに施された処理などを含めたあらゆる情報）も併せて記録することがある．原典情報のうち材質に関する情報は，保存，修復，復元への応用，客観的な年代，産地の推定への応用なども期待できることから，文化財を扱う多様な分野で注目されている．
　しかし文化財紙試料の分析というと，紙の厚さ，坪量などの物理量の測定，顕微鏡などによる繊維形状の観察，繊維長や幅などをもとにした，原料となった植物種の同定が主であり，科学的分析はまだほとんど手が着けられていない．その主な理由は2つある．第一の理由は，紙という素材自体にある．紙の主成分はセルロースという均一な構造をもつ天然有機高分子化合物であり，試料間で性状に大きな差はない．そのため，成分の分析を行うのであれば，セルロース以外の微量な成分に着目せざるをえず，自ずと分析が困難になる．また，紙は気乾状態で水を含み，多孔質構造である点もさまざまな測定を困難にしている．第二の理由は，試料が文化財であるという点にある．文化財を測定試料としてみた場合，新たに作製することは不可能であるために条件を揃えての比較対照ができず，測定結果の客観的評価が困難となる．また文化財は長い年月を経ているために扱い

が容易ではなく，材料自体が変質している可能性もある．さらには，試料一つ一つが重要であり意味をもつために，できる限り試料に接触せずに非破壊で検査をする必要があるという事情も，可能な科学分析手法を制限している．

しかし近年，新たな測定装置，分析ソフトウェアの開発により，測定手法の選択肢が増えてきた．その一つは蛍光X線元素分析（X-ray fluorescence analysis：XRF）を用いた手法である．XRFはX線を対象物に照射して分析することにより，試料中に存在する元素の種類，量を測定する装置であるが，技術の向上により元素の存在する「場所」に関する情報つまり分布状態を知ることも可能となった．この手法により墨や顔料，填料などに含まれる無機物質の分析が可能である．また，ここ数年，高性能化，低価格化の著しいパーソナルコンピュータを用いた画像解析による分析もある．紙の画像をスキャナなどで取り込み周波数解析を行うことにより，簀や紗といった紙の作製道具に由来する周期的な外観の変化や地合の変化に関する情報を得るのである．これらの手法はいずれも光を照射することから，完全な非破壊とはいえないが，非接触であり測定も大気中で行えるため，文化財の分析手法としては期待される．

このように先端的な技術を用いることにより，古い時代につくられた紙に関する新たな情報を科学的分析から得られる可能性が高くなってきた．得られる情報をデジタルアーカイブのもとに集積してデータベース化し，さまざまな角度から比較検討を行うことによって，今までは史料の中で文献学的に探索するしかなかった歴史的事実が，紙の材料学からも明らかにされていくことが期待される． 〔加藤雅人〕

## 2.2.2 中国における紙の誕生

紙は，木版印刷，羅針盤，火薬と合わせて中国の四大発明の一つである．紙の誕生は漢字文化の発展，ひいては人類文化の発展に大きな貢献と影響を与えた．

紙とは何か，紙はいつ，誰が発明したのか．このような問題は，昔から今日まで，特に中国ではさまざまな解釈があり，またいろいろな論争がなされてきた．

**a. 紙の起源説**

紙の誕生の時期について，大きく分けて3つの起源説がある．

1）後漢発明説

代表者は張揖（190〜245年）と範曄（379〜445年）である．紙発明の時期を，蔡倫が蔡侯紙を皇帝に献上した105年に限定した．この説の長所は，はっきりした文献があ

表 2.2.2.1 発掘された前漢古紙一覧

| 古紙名 | 出土年代<br>発掘者/発掘場所 | 推定年代 | 紙の状態/所蔵者 | 参考文献 |
|---|---|---|---|---|
| 羅布淖尓（ロプノール）紙 | 1933 年<br>黄文弼<br>新疆羅布淖尓漢代烽火台遺跡 | 前73～49 | 約4×10 cm<br>白色，薄紙，地が粗い<br>1937年，戦火に焼失 | 黄文弼：『羅布淖尓考古記』，1948年刊版 |
| 査科尓帖紙 | 1942 年<br>労幹<br>甘粛査科尓帖漢代烽火台遺跡 | 前89～後77 | 約10×11.3 cm<br>紙に7行文字があり，50字，20字読める<br>台北歴史語言研究所 | 労幹：「論中国造紙術之原始」『歴史語言研究集刊』，1948，19本 |
| 灞橋紙 | 1957 年<br>程学華<br>陝西省西安市灞橋漢代墓地 | 前140～87 | 麻紙10枚<br>最大紙片は10×10 cm<br>陝西省博物館<br>北京博物館 | 田野：「陝西省灞橋発見西漢的紙」『文物参考資料』，1957，7期 |
| 金関紙Ⅰ | 1973 年<br>甘粛居延考古隊<br>甘粛居延金関遺跡 | 前52 | 麻紙数枚<br>最大紙片は12×19 cm<br>甘粛文物考古研究所 | 徐苹芳：「居延考古発掘的新収穫」『文物』，1978，1期 |
| 金関紙Ⅱ | 同上 | 前6 | 最大紙片は9×11.5 cm<br>甘粛文物考古研究所 | 初師賓：「居延漢代遺跡和新出土的簡冊文物」『文物』，1979，1期 |
| 中顔紙 | 1978 年<br>羅西章<br>陝西省扶風県中顔村前漢遺跡 | 後1～5 | 麻紙3枚<br>最大紙片は6.8×7.2 cm<br>扶風県図書館 | 羅西章：「陝西省扶風県中顔村発現西漢窖蔵銅器和古紙」『文物』，1978，9期 |
| 馬圏湾紙 | 1979 年<br>岳邦湖，呉礽驤<br>甘粛省敦煌馬圏湾漢代烽火台遺跡 | 前53～後23 | 麻紙数枚<br>最大紙片は32×20 cm<br>甘粛文物考古研究所 | 岳邦湖，呉礽驤：「敦煌馬圏湾漢代烽火台遺址発掘簡報」『文物』，1981，10期 |
| 放馬灘紙 | 1986 年<br>何双全<br>甘粛省天水市放馬灘漢代墓地 | 前176～141 | 紙地図1枚 5.6×2.6 cm<br>死者の胸の部分に置かれて，紙質が薄軟で，地図が描かれている | 何双全：「甘粛天水放馬灘秦漢墓群的発掘」『文物』，1989，2期 |
| 懸泉紙 | 1990～91 年<br>何双全，田健<br>甘粛省敦煌懸泉郵駅遺跡 | 前86～後23 | 古紙30枚前後<br>前漢の無字のものもあれば，王莽および魏晋時代の文字のある紙もある | 『中国文物報』，1992，1月5日 |

ることである．欠点は，紙の発明を蔡倫個人と105年に限定したので，蔡倫以前の紙についての文献記録や発掘した105年以前の古紙の事実とは矛盾していることである．

2) 前漢発明説Ⅰ

代表者は唐の時代の張懐瓘と宋の時代の史縄祖である．蔡倫以前に紙は存在し，蔡倫は発明者ではなく製紙術を集大成した者であると強調する．この説では，蔡倫以前の紙は絹の紙と解釈し，「絮紙」の存在を認める．

3) 前漢発明説Ⅱ

代表者は考古学者の黄文弼教授と中国科学技術史研究家の潘吉星教授である．発掘し

た大量の前漢古紙を根拠にし，前漢に書写用の植物繊維の紙があったと決め，また「絮紙」の存在を否定する（表2.2.2.1）.

現在の中国では，前漢発明説Ⅱの支持者が多くなった．しかし，前漢の紙が本当に書写用の紙であるか，また「絮紙」の存在を否定すれば文献に記載している蔡倫以前の紙と蔡侯紙のつながりはどう説明するかに，疑問が残っている．

**b. 紙誕生の背景**

新しい物質の誕生は，人間の主観性以外にさまざまな客観的な要素によるものが多い．紙も例外ではなく，文字と書写文化の発展は紙誕生の最大の原因である．

中国では，文字ができたのは前1500年以前もの昔である．紙誕生の漢代まで1,000何百年の間に，書写材料は甲骨（亀甲や獣骨）・金石（青銅器や石と玉）時代と簡牘・縑帛時代を経過した．甲骨・金石文化は，文字を青銅器や甲骨に刀で刻した貴族専用の記録文化である．甲骨・金石に対して，簡牘・縑帛の使用は，書写文化の革命といっても過言ではないほど書写文化の飛躍的な発展である．簡（竹）・牘（木）とは文字を墨で書く竹片と木片である．縑帛とは書写に用いる絹製品の総称である．簡牘・縑帛の使用で，中国古代の書写文化に以下のような革命的な変化をみせた．

(1) 書写方法の変化：「刻む」→「書く」．
(2) 書写道具の変化：「刀具」→「筆，墨」．
(3) 書写内容の変化：記録文化→書写文化，文字文化の貴族独占→庶民への解放．
(4) 書体の変化：大小篆→隷書への変化．
(5) 書写載体の変化：甲骨・金石→簡牘・縑帛．

ここで特に強調したいのは，縑帛が，薄くて広く，その上柔軟で地が白いので，何でもはっきり書けるため，文字はもちろん地図や絵にも適することである．また，縑帛は文書の長短，絵の大小によって，断裁して軸に巻くこともできるから，携帯にも保存にも便利である．高価で普及できないことを除いては，縑帛は人間が求めている理想的な書写材料である．

上述の変化により，人間がもっとよい書写材料を求めるのと同時に，簡牘・縑帛の長所は新書写材料の方向性を暗示している．

**c. 「紙」という文字の3つの意味**

1) 絹の「紙」

『後漢書』[1]蔡倫伝には，「昔より書契（文書）は竹簡に編したものが多く，縑帛を用いたものを紙という」とある．つまり当時の人は書写に用いる絹を「紙」といった．

2) 絮の「紙」

『説文解字』[2]には，「紙，絮（屑真綿）一苫（箔）也」とある．つまり「紙」は真綿を再生するために，絮を箔で濾した紙状のものである．これを「絮紙」ともいう．

表 2.2.2.2 紙の原料と製法の変遷

| 種類 | 原料 | 製法 | 特色 |
|---|---|---|---|
| 絹の「紙」 | 動物繊維 | 織る | 書写用の絹 |
| 絹の「絮紙」 | 動物繊維 | 漉く | 紙状屑真綿の薄片 |
| 麻の「絮紙」 | 植物繊維 | 漉く | 紙状麻の薄片 |
| 帋および蔡侯紙 | 植物繊維 | 製紙工程 | 植物繊維の紙 |

3)「帋（し）」

張揖が232年に朝廷に献上した『古今字詁』[3]に,「蔡倫が古い布でつくった紙を帋または今紙,絹の紙を幡紙または古紙という」とある．魏晋時代から蔡侯紙が普及するにつれて,「帋」と「紙」を区別する必要がなくなり,「紙」という字に統一された．

d.「麻の絮紙」

上述3つの「紙」と以下に述べる「麻の絮紙」を整理してみれば,誰でも気がつくのは,動物繊維の原料を植物繊維に変えれば,織るという製法を漉くという製法に変えれば,中国製紙術が生まれることである（表2.2.2.2）．

紙誕生の経緯は絮→麻,絮紙→麻紙への変化の過程である．絮紙の製法とは,簀を水の上に置き,その上に古真綿を敷いて棒で叩いたり洗ったりする作業を何回も繰り返すものである．簀を水から上げ,薄い状態になった古真綿を乾燥させれば絮の紙が生まれる．その用途については,はじめのころには,絹,真綿の代用品,貴重品の敷物や包装物,何枚も重ねて防寒用に使ったのではないかと考えられる．

古代中国では,上流階級は絹,一般庶民は麻の服を着用していた．そのため,麻の栽培や処理,麻布をつくる技術も成熟していた．絹,絮,麻は再生時の共通点は「漉く」という再生法で,絹,絮を再生するなら,膨大な量の古着の麻布が再生されずに捨てられたとは思われない．当時大量の古着の麻布が再生されれば,麻の絮紙が当然存在していたと考えられる．麻の絮紙のつくり方は,麻布を水に浸す→原料を切る→棒で叩く→簀で漉き上げる→簀のままで乾燥するという作業である．麻の絮紙は小さくて粗いが,その作業は麻紙の製法に近づき,原料と製法から大胆にいえば麻紙である．蔡侯紙の製法は,麻の絮紙にヒントを得て,書写用の用途を目指して,麻の絮紙をよりていねいに十分時間をかけて吟味した工程を繰り返し,斧や石臼の使用,木の灰の使用,蒸煮法の導入という4つの点を改善した．そのため,蔡倫の紙は表面は平滑で,書写用に適するようになった．

前漢（前206〜後8年）の長い歳月の中で,紙は「絹の絮紙」→「麻の絮紙」の変化を経過して「麻紙」の形で誕生した．前漢の紙と後漢の蔡侯紙は,今まで並列して,対立していたが,「麻の絮紙」の解釈で前漢の紙と後漢の紙は一列の関係になる．それで,前漢の紙と後漢の蔡侯紙の2世紀にわたる空白を埋めることになる． 〔王　建生〕

## 文　　献

1) 『後漢書』巻108，蔡倫伝．
2) 漢・許慎著，清・段玉裁注（1807）：『説文解字注』巻13上，pp.9，文盛書局1914年版．
3) 魏・張揖（232）：『古今字詁』（『太平御覧』巻605，「紙部」第3冊，pp.2724より，中華書局1960年版）．

### 2.2.3　韓紙の発達

#### a.　韓紙のはじまり

「韓紙」という呼称は，約半世紀前ごろまではチョソン・ジョンイ（朝鮮紙），またはチョソン・ベッチ（朝鮮白紙）という言い方が一般的であった．いずれにせよ，古代から韓半島における代表的な工産品であった「コウゾ（楮）を主体とする手漉きの紙」の総称である．韓半島で紙にまつわる文化ないしはその製造がいつごろから始まったかという問題は，たいへん興味深くかつ重要な問題であるが，今の時点ではっきりいえることは，この問題に関する限り在来の固定観念によって即断するよりは，未来に余白を空けておきたいということである．

韓国の古代史はまだまだ未踏の分野が多く，これからという感じであるし，製紙史もまたその例にもれない．1961年，北朝鮮の社会科学院が発掘した平壌市貞柏洞二号古墳（高常賢墓）から紙片が出てきたという発掘例もその理由の一つである[1]．この古墳は前1世紀末～後1世紀はじめに築造されたもので，「永始三年」（前14年）と銘記された日傘の取り柄が一緒に出てきたことから，その紙の年代も推定されたのだが，画期的なことといわねばならない．今まで，早くは3世紀説（李謙魯，久米康生）から4～5世紀説（潘吉星，関義城），遅くは6～7世紀説（銭存訓，徳富猪一郎）と多彩を極めていたが，それらは等しく漠然とした推定の域を出ていない．仏教の渡来年代（372年，高句麗へ）とか日本への製紙の伝来（610年，曇徴による）などがその論拠であった．問題は，この紙は中国物ではないかという疑問が残るが，この紙が前漢時代の「麻絮紙」クラスのものだとした場合[2]，それははるか万里の彼方からというよりは，むしろ地元の小川で庶民の豊富な麻の着古しやボロからつくられたと考えた方がより自然で蓋然性が高いとみたい．

#### b.　紙にまつわる文化遺産

韓半島における紙の栄えは，何といっても良質のコウゾの豊富な自生が大きな支えをなしたといえよう．これが中国との造紙環境の違いである．奇しくも韓民族は，東は日本に曇徴によって（610年），西はサマルカンドに高仙芝将軍（もと高句麗系の第2世将軍）率いる唐軍の兵士によって（757年，西方社会へ伝わる第1号製紙工房が設立された），直接間接に製紙術の伝播者になっているが，人類の紙の文化史上4つの記録保持者になっているのも事実である．ダード・ハンターは，この民族は歴史上初めて原料

に色を染めて色紙を漉いたといい，また世界で初めて封筒を考案して使い始めた民族だという[3]．また世界最古の木版印刷物「無垢浄経」(「無垢浄光陁羅尼経」新羅仏国寺，751年)と，同じくグーテンベルクの「42行聖書」より70余年先んじた金属活字本(白雲和尚の「直指心体要節」興徳寺，1377年)もわが文化遺産である．ちなみに，金属活字そのものの発明は1234年である．

#### c. 韓紙の発達

以上を踏まえて，実地紙漉きの内容をたどると，高句麗(前37年)は国初から文字をもち，『留記』という記録を100巻つくったとある(『三国史記』，嬰陽王十一年条)のをみると，当時すでに紙との深いかかわりがあったことが想像される．

伝統的に韓紙はその紙質によって名をなした．新羅時代の白硾紙はその例である．国宝「大方広仏華厳経巻」(754年，新羅)の巻末の造成記には，紙匠の名前と出身地，真心こめた写経の模様が記されているが，原料はコウゾの根に香料を撒いて育てたとある．1,200年以上にもなるその料紙の白さは驚きと好奇心をそそってあまりある．前述の国宝「無垢浄経」は，黄蘗染めして十分砧打ちした，当時としては高度の表面加工を施した紙で，その木版印刷の優秀さは群を抜くが，紙の質を度外視しては説明がつかないだろう．その漉き方は溜め漉きとの判定が下されたが，しかし独特の韓紙の流し漉きはほぼ同時代に芽生えたと思われる．『源氏物語』(11世紀)には「高麗の紙の肌こまやかに，なごう懐かしきが，色などはなやかならず，なまめきたるに」というくだりがあるが，1341年高麗刊行の『三場文選』という貴重本は12.8 g/m$^2$という薄さで，すでに流し漉きの定着を思わせる．伝統韓紙の漉き方は簾の上に漉き桁もなく，簾だけを縦にもって紙料を短辺から縦方向に汲み上げて先方に流し，次に簾を左右に振るごとに紙料を汲んでは反対側に流し捨てるという，それこそ正真正銘の流し漉きの原型ともいえるものである．その技が身につけば，人間工学的に最高の技を発揮できるとはいえまいか．繊維は十分クロス配向した紙ができる．助剤としてはトロロアオイ(黄蜀葵)やハルニレ(春楡)，ムクゲ(一日花)などが使われ，原料の煮熟には草木灰や蠣灰が使われた．16世紀半ば泉辺に自生する水苔で漉いた苔紙が考案されて，今も特産品種になっている．

高麗朝(918～1392年)では官営の「紙所」を設け，コウゾの栽培も奨励した．「八万大蔵経」の版刻と出版など多量の紙の需要のためである．朝鮮朝(1392～1910年)に入るや「造紙署」に強化され，全国で705人の紙匠が登録されて官主導の造紙体制が整った．文化中興時代の紙の需要はついに原料難をきたし，コウゾの増産策とわら(藁)，ヤナギ(柳)，ハトムギ(薏苡)などが副原料として登場した．藁精紙，柳木紙，柳葉紙，薏苡紙などの名がみえる．中国では，韓紙は高麗紙という名で通用されたが，白くて光沢と潑墨性の良さから，繭でつくったものと錯覚あるいは美称されて繭紙，厚繭紙，蚕繭紙，綿繭紙，錦繭紙などとも呼ばれた．中国で最高の紙の，絹布と見まごう澄心堂紙

と韓紙の違いは，ただ後者が分厚いだけだと激賞した（『宛委録編』）． 〔曺　亨均〕

　　［編集部注：　固有名詞の記述がわが国と韓国では異なるが，著者の記述を採用した．なお，わが国での呼称は，韓半島は朝鮮半島，朝鮮朝は李氏朝鮮朝である．］

### 文　献

1) 北韓文化遺跡発掘概報，pp. 35～，韓国文化管理局，文化財研究所，1991．
2) 森田康敬（1995）：蔡倫の紙を巡って．百万塔，92号，pp. 29～．
3) My Life with Paper—An Autobiography by Dard Hunter, p. 222, Alfred A. Knopf, New York, 1958.

## 2.3　紙の伝来と和紙の発達

　古代中国大陸で前漢（西漢）時代（前1世紀ごろ）に発明された「紙」は，後漢（東漢）時代（2世紀）になって蔡倫（61?～121年ごろ）により改良されて実用性を高めた[1]．後漢が滅亡（220年）した後の約400年間は魏晋六朝の分裂国家時代が続いたが，紙は着実に社会に広がっていった．政治的混乱の中で思想家や芸術家が活躍した背景には，紙の普及をうかがわせる．諸国家の興亡のうちに紙は近隣諸国へも伝播し続けた．晋王朝から南北朝に至る間（4～5世紀）は，東方の朝鮮半島は，高句麗，新羅，百済のいわゆる三国時代に当たっていたが，それ以前にすでに漢の支配による楽浪郡や帯方郡などが置かれていたこともあって，紙の使用は行われていたと考えられる．

　そのころの日本は倭国と呼ばれていて，大陸の東海に孤立した島国として存在が知られていた．そもそも日本列島に，いつごろから人間が住み着いたかは未詳ながら，およそ紀元前8000年ごろから約1,000年間も続いた縄文時代の様子は，考古学上の発掘により次第に明らかになりつつある．前3世紀ごろには，大陸から渡来した稲作が普及した弥生時代に入る．航海術の進歩による先進文化の流入は，人々の生活に大きく影響を与えた．それらの様相は，考古学的解明が進められているが，古代中国の史書が参考になることも多い．いわゆる『魏志倭人伝』は弥生時代後半（3世紀ごろ）の日本の情報を伝えるので有名である．日本人自身が歴史を記録したのは8世紀になってからで，周知のとおり『古事記』と『日本書紀』（合わせて「記紀」という）である．これらの日本，中国，または朝鮮半島の古い史書を対照し，考古学的資料も考察して，日本の古代の姿を解明できる．しかし史観は民族，国家により，また時代により解釈が異なることも多く，客観的な正しい歴史認識は難しいことも事実である点は，つねに念頭に置く必要はある[2]．

　日本の地理的条件からみて，紙が到来したのはまず朝鮮半島を経由したとするのが妥当であり，距離的には九州が最初と考えられるが，海流の関係で日本海沿岸地点も可能

性がある．『魏志倭人伝』には倭国との外交の様子も記されており，当時すでに文書の使用がうかがわれる．

倭国はその後政治的混乱の中に，4世紀ごろから，近畿地方を中心に諸豪族の組み込まれた統一した大和政権が生まれる．これは当時の東アジアの情勢に対応する結果とも考えられ，その指導者は大王（おおぎみ）と呼ぶにふさわしい権力があり，5世紀ごろには河内（かわち）平野にも拠点を移し，海外へも軍事行動を行うほどの勢力があった．考古学では古墳時代で，「記紀」では応神王朝に相当し，中国の史書『宋書』では「倭の五王」の時代である．この時代には，中国大陸の動乱を避けた難民が朝鮮半島を経て日本へ渡来するのが多く，朝廷に仕えて紙を主とする先進文化を伝えるのに貢献した．彼ら渡来人は帰化人と呼ばれて重用された．

「記紀」によれば，応神天皇15年（404?）に渡来した王仁（わに）は『論語』などをもたらし，その子孫は河内（大阪府）の古市（ふるいち）に住み，西漢氏または西文首（かわちのふみのおびと）と呼ばれて朝廷の文書事務を担当した．また王仁の来日の5年後に渡来した阿知使主（あちのおみ），都加使主（つかのおみ）の父子は機織や陶芸の技術者たちを伴い，その子孫は大和（奈良県）の桧隈（ひのくま）に住み，東漢氏または東文首（やまとのふみのおびと）と呼ばれ，文書の仕事にも従事した．彼らは吉師（きし）（吉士，吉志）の称号も得た．中国の史書『宋書倭国伝』には，昇明2年（478）に倭王武（雄略天皇）が宋王順帝に送った上表文が載っている．おそらく渡来人の作成した文書と思われる．また『日本書紀』には，履中天皇の4年に「始めて諸国に国史を置き（くにぐにふみびと），言と事とを記して四方の志を達す（ことわざよものふみ）」とあり，国内にも文書行政が行われたことがわかる．またこのころに集団で渡来した秦（はた）族は，大和の朝妻から，やがて全国各地に子孫を延ばし，主に山背（やましろ）（京都府）の葛野（かどの）を中心に，養蚕，機織，土木など，多方面の技術で活躍した．これらの渡来人は土着の人ともよく融和して永住した．紙の日本内での製造も，おそらくはこれらの渡来人によって始められたものと考えられる．

時代が6世紀の継体王朝に移り，仏教が伝来すると，紙の生産は飛躍的に増加した．国是とされた仏教の普及には経典が必要で，写経の用紙が大量に求められた．聖徳太子が熱心に原料のコウゾ（楮）の増産を奨励したことも有名で，推古天皇18年（610）には高麗から僧曇徴（どんちょう）を招き，製紙の新技術を習ったことも『日本書紀』に記されている．仏教は日本人の精神構造に決定的ともいえる変化を与えた．飛鳥時代から奈良時代に至って仏教文化は極点に達し，紙の使用が激増した．それにつれて製紙原料も不足を来した．主原料のコウゾやアサ（麻）の補助あるいは代替の植物がいろいろ研究された．その中で，日本特産のガンピ（雁皮）の有用性が特に見出された．この事情は「正倉院文書」が貴重な情報を与えている．

ガンピの繊維は繊細で，漉き方を工夫すれば美しく，薄くても丈夫な紙が得られた．熟練した漉き手はこの繊維の特性はその粘性にあることを見抜き，漉き方の合理化を考案し，さらにトロロアオイ（黄蜀葵）やノリウツギ（糊空木）などの植物から採った粘

液を添加するなどの新規な方法を案出した．これにより従来の「唐紙」の技法（溜め漉き）に対して，日本独特の技術（流し漉き）による「和紙」の誕生をみたのである．

　都が奈良の平城京から京都の平安京に移されたころ，この技法は定着した．官立製紙所の紙屋院では宮廷人の求めに応じて美しい紙が漉かれ，写経以外にも応用を広げ，文運を興隆させた．美麗で強靭な和紙は，染色をはじめさまざまな加工に耐え，生活を彩り精神生活を楽しく向上させた．ガンピを応用した紙は，斐紙または薄様（薄葉）の名で宮廷女性に愛された．これに美しく仮名書きをするのは最高の教養とされた．『源氏物語』はじめ，多くの文学作品には，和紙をたたえる多くの描写がある．この美意識は，1,000 余年を経た現代まで日本人の心の底に生きている．12 世紀末期から，政治権力が公家から武士の手に移った後も，京都は文化の基地となっていたのである．

　中世以降の武家社会でも，その生活風習は多く公家のそれを踏襲し，地方文化の振興には和紙の普及が欠かせなかった．紙屋院は地方の技術者を教育していたが，源平の闘争や応仁の乱による都の混乱を避けて地方へ逃れた人たちも，地方の和紙文化の発展に貢献があったと思われる．和紙製造は，地方産業の有力な一翼を担うまでに成長した．各地に特色ある和紙が生産され，庶民を潤した．

　江戸時代には，地方大名は製紙産業を奨励し，庶民生活の必需品となった．近世に日本を訪れた西欧の人々は皆，和紙の多彩な用途に驚嘆した．日本の風土は和紙に最適であったことは，外からの指摘を待たずして悟らなければならない．

　明治維新以後は，西洋の木材パルプを原料とする機械生産の「洋紙」が輸入され，日本の紙事情は一変することになった．洋紙によって最新の西洋文明が激流のように押し寄せてきた．日本がアジア諸国に先駆けて近代化を達成し西欧諸国と肩を並べることができたのは，洋紙と印刷の技術を速やかに習得し，世界の情報を得て消化吸収したのによる．その根底には，すでに和紙による知識教養があまねく行き渡り，抜群に識字率が高く，知識欲と愛国心が高かったことがある．文化文明に対する紙の価値をよく認識して洋紙をすばやく見事に国内産業に発達させることができた．そして世界有数の紙大国になったのである．

　現在でもわれわれ日本人は紙を大切にして，再生使用に熱心で自然環境の保全に努めている．これは，昔から和紙の生活環境で過ごした先人の心が伝承されているのである．洋紙があふれる生活の中で，祭礼や趣味において和紙の雰囲気に郷愁を楽しむ伝統は絶えることはなく，和紙の命は永遠である[3]．　　　　　　　　　　　　　　〔町田誠之〕

## 文　　献

1) 銭　存訓（1980）：中国古代書籍史，p. 255，法政大学出版局．
　 曹　元宇（1990）：中国化学史話，p. 225，裳華房．
　 鳥尾永康（1995）：中国化学史，p. 356，朝倉書店．

佐藤武敏（1980）：中国製紙技術史，p. 462，平凡社；潘　吉星（1979）：中国製紙技術史話，上海文物出版社．
造紙史話編字編（1983）：造紙史話，p. 195，上海科学技術出版社．
2) 西尾幹二（代表）(2001)：新しい歴史教科書，p. 336，扶桑社．
3) 町田誠之（1988）：紙と日本文化（NHK市民大学テキスト），p. 135，日本放送出版協会．
町田誠之（1989）：紙と日本文化（NHKブックス・カラー版），p. 206，日本放送出版協会．

## 2.4　日本の製紙産業の発達史

1799年のフランスのルイ・ロベールによる連続型抄紙機の発明に端を発する連続型洋紙製造技術は，イギリス，アメリカで技術的改良を加えられ，大量生産方式として確立され，約70年後の明治初年にわが国に導入された．一方わが国には，中国で生まれた製紙技術が朝鮮半島を経て610年に伝わり，流し漉き法の発明など国内各地で独自の改良による発達を遂げた和紙製造技術がすでにあった．和紙技術の伝来から約1,200年後に和紙と洋紙の技術がわが国で交わったことになる．

近代的な製紙産業は1874年に始まり，明治，大正，昭和と順調な成長を遂げ，戦前には1940年にピークの年産154万tを達成した．しかし，1941年太平洋戦争に突入後，産業の軍需物資への集中，製紙工場の軍需工場への転換や戦災により徐々に生産量は減少していった．1945年の敗戦により，樺太，朝鮮，満州などの外地の工場と森林資源の40％を失い，終戦直後の1946年の生産高はわずか21万tにまで落ち込んだ．

2003年の紙・板紙の年産量は3,029万t，消費量は3,080万tであり，生産と消費ではアメリカ，中国に次いで世界第3位，1人あたりの消費量では242kgで，フィンランド，アメリカ，スウェーデン，カナダに次いで世界第5位である．生産量は戦後50年あまりで敗戦時の約150倍になり，製紙主要国の一員として世界の製紙産業をリードするまでに成長した．

ここでは明治以降の近代的製紙産業の足跡をたどってみるが，① 次第に和紙を代替しながら第二次世界大戦直前まで拡大をし続け，敗戦で壊滅的打撃を受けた明治から戦前までと，② 戦後から高度経済成長と運動しながら拡大してきた現代までに分けて記す．

〔尾 鍋 史 彦〕

### 2.4.1　明治から戦前まで

**a.　製紙産業の創業期**（明治元年（1868）～15年（1882））

洋紙製造の企業化を最初に計画したのは大阪の人，百武安兵衛である．彼は明治3年に大蔵少輔伊藤博文の米国視察に随行した．そこで製紙事業をみて，機械による生産方式に着目して洋法楮製商社を創立したが，機械購入契約の不備から計画は失敗した．ち

## 2. 紙の歴史

表 2.4.1.1 創業期における洋紙製造会社（操業開始順）

| 社名<br>創立年 | 経営者 | 所在地<br>操業開始年 | 設備と指導技術者<br>（操業開始時） | 備考 |
|---|---|---|---|---|
| 浅野家有恒社<br>明治5年(1872) | 浅野長勲 | 東京<br>明治7年 | 英国製長網抄紙機<br>英国人1名 | わが国初の製紙工場．㈱有恒社となり1924年に王子製紙に吸収合併． |
| 蓬莱社製紙部<br>明治7年(1874) | 後藤象二郎 | 大阪<br>明治8年 | 英国製長網抄紙機<br>英国人2名 | 種々変遷し，最終は中之島製紙として1926年に樺太工業に吸収合併． |
| 抄紙会社<br>明治6年(1873) | 渋澤栄一 | 東京<br>明治8年 | 英国製長網抄紙機<br>英，米国人各1名 | 1876年に製紙会社に名称変更し，1893年に王子製紙王子工場となる． |
| 三田製紙所<br>明治7年(1874) | 林徳左衛門 | 東京<br>明治8年 | 米国製円網抄紙機<br>英国人1名 | 1882年に廃業．紙幣寮はここの円網抄紙機を模造． |
| パピール・ファブリック<br>明治6年(1873) | 京都府営 | 京都<br>明治9年 | 独国製長網抄紙機<br>ドイツ人2名 | 種々変遷し，最終は日本加工製紙京都工場となり1971年に閉鎖． |
| 神戸製紙所<br>明治6年(1873) | ウオルシ兄弟<br>(米) | 神戸<br>明治12年 | 米国製円網抄紙機<br>英国人2名，米国人1名 | 当初はパルプの製造・販売．移転し現在の三菱製紙高砂工場となる． |
| 紙幣寮抄紙局<br>明治8年(1875) | 官営 | 東京<br>明治12年 | 国産円網抄紙機 | 当初は手漉きの紙幣用紙製造．1879年から洋紙を製造・販売． |

なみに英国に発注した機械は3年後に到着し，蓬莱社製紙部が引き取って操業を開始した．

日本で初めて洋紙製造を行ったのは，旧広島藩主浅野長勲が始めた有恒社であった．次いで蓬莱社製紙部であり，3番目が明治の大実業家渋澤栄一がつくった抄紙会社で，のちに名称を製紙会社，王子製紙王子工場と変更し，日本の製紙産業のリーダーとなっている．渋澤は慶応3年（1867）から約2年間，徳川民部公子に随行してヨーロッパ諸国を訪問し，新聞社や紙幣製作所を見学して洋紙製造の着想を得たといわれている．抄紙会社の抄紙機は英国から輸入し，当時最も広幅の78インチの長網マシンで，外国人技術者の指導のもとに製造を開始した．異色は紙幣製造を目的に設置された紙幣寮印刷局で，明治12年には三田製紙所の円網抄紙機を模造して国産第1号の抄紙機を製造し，洋紙製造に乗り出した．技術蓄積も多く，それを民間企業にも伝え指導した反面で，一時期は民間の洋紙製造会社とライバル関係にもなった．明治のはじめには表2.4.1.1のような7社が操業を開始した．

洋紙製造会社が出そろったものの，操業や品質，コストに問題があるばかりでなく，和紙に慣れ親しんだ市場には受け入れられず，なかなか販売できなかった．有恒社は操業開始以来3年間の製品を在庫していたといわれる．この窮状を救ったのが明治9年の

政府からの地券用紙の大量注文で，各社で分担して製造した．さらに翌10年に西南戦争が勃発し，新聞発行部数の増加などにより洋紙の需要が増大してこれまでの在庫を一掃できた．しかしこの活況は長くは続かず，またもや販売不振に陥った．この不況を業界が協調して克服するために，明治13年に他産業に先駆けて製紙所連合会（のちの日本製紙連合会）が設立されている．

西洋から技術導入した際の紙の原料は木綿ボロで，その原料を集荷しやすいように工場は都市やその近くに設置された．しかし木綿ボロは，量・価格の点で大量集荷が困難であり，本格的な大量生産を可能にするためには原料の革命が必要であった．その先端をきって明治15年，稲わらをボロに混合して使用する技術が製紙会社（抄紙会社が名称変更）の大川平三郎によって実用化された．そして明治20年代のはじめにはボロの使用率が低下し，稲わらが主原料となり，中には稲わら100%のものもあるくらいになっていた．

洋紙製造はスタートはしたが，長い歴史と使用実績をもつ和紙と品質が優れ安価な輸入洋紙との板ばさみにあって，国産洋紙は明治40年ごろまで苦難を余儀なくされるのである．

**b. 製紙産業の基盤確立期**（明治16年（1883）～末年（1911））

明治15年以降デフレーションによる不況に苦しんでいた日本経済は，18年ごろから紡績，鉄道を中心とした近代産業の起業熱が勃興し景気は好転した．製紙業も新聞，雑誌などの一般用紙の他，紡績用包装用紙などの需要が著しく増大して活況を呈してきた．これに刺激されて製紙工場の新設と増設がみられた．明治19～23年の間に，日本で初めて稲わらを使って板紙を製造する東京板紙をはじめ，のちに大企業に発展した富士製紙の創設，製紙会社（のちの王子製紙王子工場）の第2工場増設などがその例である．

当時欧米では大量かつ安価に得られる木材を原料として紙が製造され，このような洋紙が輸入されていたので，国内でも木材を原料とすることは緊急の課題であった．この木材パルプの製造技術について指導的な役割を果たしたのは，前述の大川平三郎と富士製紙の真島襄一郎であった．彼らによって明治22年に製紙会社気田工場で亜硫酸法による化学パルプが，翌23年には富士製紙入山瀬工場（現・王子特殊紙第一工場）で砕木法による機械パルプが初めて製造されるようになった．工場は木材を集荷しやすい山間部に設置され，こうして日本でも木材がパルプの原料となり，紙・パルプの大量生産の基礎ができたのである．

以上のような設備増強によって国内の洋紙生産量は急速な伸びを示したが，まだ洋紙の市場規模は小さく，早くも生産過剰気味となった．明治23年からわが国初の恐慌が起こって不況となったが，明治27年に日清戦争が勃発し，紙需要が急増して数年来の製紙業の不振を一挙に改善した．これを受けて前田製紙（後出），四日市製紙芝川工場（現・王子特殊紙芝川工場）などの製紙工場の新設，増設が相次いで生産量が増加し，下級紙

の分野が主体ではあるが輸入量を大幅に凌駕した．輸入品は上等印刷紙などの高級洋紙である．輸出も明治32年から増加してきた．

明治30年過ぎから産業界は不況色が濃くなり，製紙業界でも生産過剰，金融逼迫，人件費の高騰があり，一方で安価で良質な輸入紙との競争で洋紙市況は低迷した．しかし明治37年の日露戦争の勃発によって滞貨が一掃され，逆に用紙不足になるほどに需要が激増した．特に新聞，雑誌，紡績包装，マッチ用紙，煙草用紙の需要の増加は著しかった．このような需要の急増をまかなったのは，国産紙より輸入紙であった．

ここで製紙業界では再び工場増設，設備拡張が起こった．中央製紙（のちの王子製紙中津工場），北越製紙，王子製紙苫小牧工場などがその例である．国内の洋紙生産能力は急激に増加し，国内自給率は質・量ともに高まった．陸海軍をはじめ官庁，学校などが国産紙の使用を奨励したので，輸入紙はようやく減退に転じた（表2.4.1.2）．

紙の生産量が増加するにつれて，本州内の針葉樹のモミ，ツガを原料としているだけでは限界があると考えられ，北海道の未利用，未開発のエゾマツ，トドマツ資源が着目された．最初に北海道に進出したのは明治34年にパルプ専門工場として操業開始した前田製紙であるが，のちに富士製紙に合併された．富士製紙は江別にも工場を建設し，これが北海道に製紙業の大資本が進出した最初である．王子製紙は苫小牧に新聞用紙専門工場を建設し，明治43年から操業を開始した．こうしたことによって新聞用紙や下級紙が国内で供給可能となり，輸入紙からの圧力が大幅に軽減された．

和紙については，この時期に和紙と洋紙の生産量が逆転し，洋紙の生産量が多くなっている．その一因は明治36年に教科書が国定となり，従来和紙が用いられていたのが

表2.4.1.2 紙・板紙の生産・輸出入量の推移（単位：t）

| 年 | 生産量 | 輸入量 | 輸出量 |
|---|---|---|---|
| 明治10年（1877） | 547 | 771 | 15 |
| 15年（1882） | 1,932 | 615 | 217 |
| 20年（1887） | 3,065 | 2,026 | 50 |
| 25年（1892） | 11,257 | 1,631 | 150 |
| 30年（1897） | 17,655 | 9,602 | 225 |
| 35年（1902） | 47,138 | 17,241 | 1,581 |
| 40年（1907） | 66,743 | 38,245 | 6,370 |
| 大正1年（1912） | 114,025 | 34,112 | 6,106 |
| 6年（1917） | 206,388 | 7,547 | 32,069 |
| 11年（1922） | 285,470 | 54,815 | 34,364 |
| 昭和1年（1926） | 716,546 | 52,089 | 50,152 |
| 5年（1930） | 880,546 | 46,563 | 102,958 |
| 10年（1935） | 1,106,741 | 77,570 | 90,706 |
| 15年（1940） | 1,544,958 | 1,933 | 142,619 |
| 20年（1945） | 271,743 | — | 6,441 |

注1．文献1），2）からの数値を引用し，換算して使用．
2．明治・大正期には板紙を含まず．

洋紙に切り替えられたことである．和紙は手漉きのため生産性が劣り価格も高く，品質の均一性に欠け，一部には粗悪品も出ていた．一方洋紙の品質はかなり良くなっており，印刷技術の多様化によって紙の種類と品質の高度化が要求され，洋紙の優位性は高くなっていた．紙漉き戸数は明治34年をピークにして減少し始め，和紙は斜陽化していった．明治40年ごろには和紙業の救済問題が起こり，産業組合の結成，和紙抄造の機械化，紙料製造設備の共同化，製紙試験所の設置などの一連の救済策が実施された．しかし，その退潮は防ぎようがなく，機械漉き和紙を中心に製品の工夫や開発を行い，独自の中小規模の製紙業として存続せざるをえなかった．

明治40年の株暴落に始まった金融恐慌により，内外製品の停滞，乱売によって市況が悪化した．洋紙製造会社も影響を受け，一部の会社は破綻するなど混乱があった．

**c. 製紙産業の発展期**（大正元年(1912)〜昭和10年(1935)）

大正3年の第一次世界大戦の勃発によって，それまで停滞していた景気が急速に好転し，未曾有の一大景気を迎えることとなった．参戦国を中心とした各国の紙不足により注文が殺到し，日本の輸出は急増した．大正末までに増設された工場は，中小企業が多かったものの総数40近くに上り，パルプ製造会社を除けば戦前における洋紙製造会社の新設，増設はほぼ完了した．

木材パルプの原料基盤を確保するために北海道へ進出した製紙産業は，さらに豊富な資源を求めて北進し，日露戦争で領有した樺太へと足を伸ばした．最初に進出したのは大正3年の三井紙料会社（翌年王子製紙大泊工場となる）であった．大正2年には亜硫酸パルプの製造を主目的として樺太工業が創立され，同4年に泊居に工場が設置された．こうして樺太には計9工場が設置された．大正14年に日本で最初のクラフト法によるパルプが富士製紙落合工場で製造開始された．大正8年には製紙用パルプは87％の自給率になっていた．大正期は樺太のほか朝鮮，満州，台湾など海外へパルプ工場が積極的に進出した時期でもあった．

戦争によって各種の上質紙，特殊紙の輸入が困難となり，各製紙会社はその代替品の製造に努力したので製紙技術が一段と向上し，上質紙の国産化が推し進められた．大正4年に日本アート紙合名会社（のちの日本加工製紙）が設立され，アート紙が初めて国産化された．このころに模造紙，絶縁厚紙，グラビア紙，インディア紙など高度な技術を要する紙も国産化された．また明治42年（1909）には三成社（現・レンゴー）によって段ボールが初めて国産化されている．

それまで好景気を続けてきた経済が，大正9年の株式市場の大暴落を発端として本格的な恐慌に突入し，昭和初年まで慢性的な不況が続き，製紙産業も空前の不況に見舞われた．第一次世界大戦中に増設・拡張された設備により生産過剰のところへ，戦後の世界不況により攻勢に出た紙・パルプの輸入が再開され，在庫の累積，紙価の低迷となった．製紙所連合会は操短を義務づけるなどの対策をとった．その一方で製紙各社の整理・統

合が王子製紙,富士製紙,樺太工業の3社を中心に進められた.さらに,昭和8年(1933)に経営難を抱えた樺太工業を核にして王子製紙,富士製紙の3社が合併して大「王子製紙」となり,シェア85％以上という当時の日本で最大級の企業が誕生した.

昭和6年の満州事変勃発,それに続く金輸出の再禁止,円為替安と軍備拡張などにより景気が上昇して長い不況を脱した.しかし日本をめぐる国際情勢は次第に緊張度を高めていった.

**d. 戦時下の製紙産業**(昭和11年(1936)〜20年(1945))

昭和12年に日中戦争が始まると,ただちに政府は軍需物資以外の輸入を強力に制限し,経済統制が始まった.紙は昭和14年の公定価格の設定から着手され,原料・資材や製造あるいは販売についても統制されて紙の需給は次第に悪化し,昭和15年から紙の販売は配給制となった.

日中戦争勃発後の大きな動向として,わが国のパルプ工業が一段と発展したことがあげられる.当時パルプは製紙用ばかりでなく人絹用の溶解パルプが輸入され,特に後者は大部分を輸入に頼っていた.政府は主に人絹パルプを中心にして日本のパルプ工業の振興と助成の方針を採用し,国内自給率を高めることとした.昭和13年に政府の支援のもとに合繊メーカーの出資により国策パルプが設立された.既存のパルプについても製紙用は溶解用に転換するよう奨励する状態であったので,製紙メーカー各社は国内・国外で製紙用パルプの自給生産を急いだのである.

昭和16年に太平洋戦争が勃発するや,経済と産業活動は全面的に直接国家統制に従属することになった.製紙業はその非軍需的な性格から軍需ないしは関連の産業に転換を余儀なくされた.王子製紙を例にとると新聞用紙はじめ必要最低限の生産設備を残し,そのほかの工場は自主的に整理して,施設や人員を生かして軍需関係の分野に転換した.この結果,王子製紙は製紙会社の体裁をなさない雑多な諸工場の集合体に編成替えされた.

紙の生産量は昭和15年を最高として,以後は毎年減少した.空襲による製紙工場の被害も急速に拡大した.戦争末期の昭和19年,流通面では統制会社が設立され,生産から販売まですべて一元化され,国民は紙不足にも悩まされながら終戦を迎えた.

〔丸尾 敏雄〕

**文　献**

1) 王子製紙株式会社販売部調査課 (1937):日本紙業総覧(成田潔英), pp. 453-621.
2) 阿部正昭,赤井英雄,萩野敏雄,原沢芳太郎,栗原東洋,中野真人,鈴木尚夫,田中　茂 (1967):現代日本産業発達史 12　紙・パルプ(鈴木尚夫), pp. 59-315, 現代日本産業発達史研究会.
3) 栂井義雄,宮本常一,宮本又次,由井常彦 (1973):製紙業の100年(財団法人日本経営史研究所), pp. 78-163, 王子製紙株式会社,十條製紙株式会社,本州製紙株式会社.

## 2.4.2 戦後から現代まで

#### a. 戦後復興の時代から三白景気へ

　敗戦直後の昭和 20 年（1945）9 月に始まった GHQ による占領政策の中で，過度経済力集中排除法が施行され，戦前巨大なシェアを握っていた王子製紙は，苫小牧製紙，十條製紙，本州製紙に分割された．言論統制が解け，戦後民主主義の広がりの中で出版による言論の自由を謳歌する時代となり，また産業復興に伴う輸送や包装の資材としての紙の需要は年々増大したが，在外資産の喪失に加え電力や石炭が割当制であり，市場では統制の時代が続いた．1947 年には 6・3・3 制の新学校制度が発足したが，教科書も用紙不足であり，1949 年には新聞用紙以外の統制が解除になったが，日本経済および製紙産業にとって大きな復興の契機は，1950 年に始まった朝鮮戦争による特需景気である．経済の復興とともに 1951 年には新聞用紙も統制が解除となった．

　1953 年の朝鮮戦争の休戦調印によりわが国の産業界の景気は下降線をたどるようになるが，紙は砂糖やセメントと並んで三白景気といわれる活況を呈し，1953 年には前年比 31% の成長率で年産 176 万 t を達成し，戦前のピークを抜いた．

　都会の復興の勢いは目覚ましく，クラフト紙によるセメント袋はビル建設による復興を象徴していた．また資材輸送において木箱は次第に段ボールに取って代わられるようになり，1950 年代中期の神武景気のころ，テレビ・電気冷蔵庫・電気洗濯機からなる家電三種の神器の普及とともに段ボールは身近な包装材料となっていった．

#### b. 針葉樹資源の喪失と広葉樹利用促進への転換

　1955 年ごろから高度経済成長が始まり，「もはや戦後ではない」といわれるようになった．経済的なゆとりとともに日本人のライフスタイルは徐々に変化し，次々と新しい紙製品が登場してきたが，1955 年の生産高は 220 万 t で，敗戦後 10 年間で約 10 倍に拡大したことになる．

　敗戦により樺太，朝鮮，満州の針葉樹資源を失い，1955 年には「木材利用合理化方策」によって広葉樹利用促進が図られるようになり，広葉樹を利用する BKP（漂白クラフトパルプ），SCP（セミケミカルパルプ）設備への開銀融資が決定された．1963 年には外国産チップが初輸入され，1964 年にはチップ専用船が就航し，さらに長期的な資源問題の解決策として海外植林が重要課題となり，1970 年に南方造林協会が設立された．

#### c. 消費の急増と新しい生産技術の展開

　この広葉樹への資源の転換を背景として製造技術にも革新が起こった．1947 年には，海外の技術情報の集積と国内の技術の早期の再構築を願って紙パルプ技術協会が創設された．パルプの生産においては，1952 年に LBKP（広葉樹漂白クラフトパルプ）の生産が開始され，1953 年には広葉樹から高歩留まりパルプを得る目的でわが国初の SCP の生産が開始された．同年にはわが国初のカミヤ式連続蒸解釜が設置され，その後パル

プの生産性の大幅な向上が図られるようになる．1955年の製紙用パルプを品種別にみると，SP（サルファイトパルプ）30.5%，KP（クラフトパルプ）23.1%，GP（グラウンドウッドパルプ）40.4%であったが，1960年にはSP16.2%，KP43.5%と，SPとKPの地位が逆転し，その後現在までKPがパルプの主流となっている．その主な理由は，KP法における薬品および熱の回収法の確立，多様な樹種への適用可能性，漂白技術の確立であろう．またGPの一部は，チップからリファイナーでパルプをつくるRGP（リファイナーグラウンドウッドパルプ）に取って代わられるようになった．さらに現在のオフセット印刷や新聞用紙の主原料となっているTMP（サーモメカニカルパルプ）の製造が1976年に始まった．

抄紙機は，洋紙には従来の長網式が，板紙には円網式が使われてきたが，戦後最大の技術革新は1968年のアメリカのBlack Clawson社による洋紙用のツインワイヤーマシンの発明である．表裏差のない印刷適性に優れた紙の生産が可能となり，紙の品質が飛躍的に向上した．わが国では，各種のツインワイヤーマシンや長網を組み合わせたハイブリッドフォーマーの建設が相次いだ．また板紙の分野では，1964年にはツインワイヤーで多層漉きを可能にした板紙抄紙機が導入された．

大量消費時代に入り，1960年代になるとトイレットペーパーやティッシュペーパーなどの家庭紙が生活必需品となってきた．

**d. 石油危機と省エネ・省資源技術の進展**

高度経済成長の中で紙・板紙の生産量は毎年前年比2桁の伸びを達成し，1969年には1,000万tを超えた．1962年には紙パルプ業界の競争力がある程度達成されたとして，紙・パルプの貿易自由化が行われている．1970年の大阪万博は，列島改造ブームの中で戦後の経済成長のピークを象徴するできごととしてとらえられるが，1973年の第一次石油危機をきっかけに高度経済成長は転機を迎え，日本経済は低成長時代を迎える．オイルショックに伴うトイレットペーパー騒ぎにみられる世相は，萌芽のみえ始めた情報化社会における大衆心理現象を象徴するものだろう．

森林資源を喪失した戦後の資源の多様化と，新たな品質をもった紙の追求の結果として，1966年には世界初の石油を原料とする合成紙が開発された．木材パルプに対するエチレン価格の相対的低下の過程で，石油による紙の広範な普及が語られた時期があったが，オイルショックで期待は消えていった．しかしその後，合成紙の分野には繊維各社が参入し，ポリプロピレン，ポリエチレン，ポリスチレン，ポリ塩化ビニールなどを原材料として多様な展開をみせ，現在は野外ポスター，手帳，選挙の投票用紙など特異な用途展開をしている．

1971年，資本自由化実施に伴い紙パルプ業種は，100%資本自由化品目に指定された．1973年，円は変動相場制に移行し，1984年には対米貿易黒字を背景にアメリカが市場開放要求の一つに紙を取り上げるようになった．

国際化の流れの中で，業界は危機感を抱くと同時に共通課題の解決の必要性を感じ，紙・パルプ連合会と板紙連合会が合併して，1972年に日本製紙連合会が発足した．「紙流通対策本部」を設置し，流通の合理化と近代化を推進する目的で規格，取引，物流，情報などを組織的に検討する体制を構築した．また通産省の諮問機関「産業構造審議会紙パルプ部会」と協力し，答申「70年代における紙パルプ産業のあり方」をまとめたが，1970年の「田子の浦ヘドロ問題」を反映して環境汚染問題への対処が特に強調されており，「環境汚染問題の克服なくして産業あるいは企業の存立基盤がないことを銘記すべきである」と記されている．さらに1976年には「わが国の紙パルプ産業の海外立地ビジョン」報告書を発表した．これは資源をめぐる国際環境の変化への対応と紙需要，価格安定への方策を検討したものであり，海外立地の理念，投資政策基準，プロジェクトの企業性，基本的提携条件などを評価条件としている．この報告書は，のちの海外植林や海外への工場進出に生かされているという見方ができよう．

石油危機以降景気は次第に後退し，1978年には特定不況産業安定臨時措置法（特安法）が，1983年にはその継続として特定産業構造改善臨時措置法（産構法）が施行され，紙パルプ産業はその指定産業となり，以降不況カルテルの実施や過剰設備の処理など構造改善事業が業界での重要課題となり，1986年まで続いた．

1979年には第二次石油危機を迎え，業界では外材輸入チップの高騰によるチップショックというダブルパンチを受けた．これ以降，特に省エネルギーと省資源が重要な技術課題となっていった．省資源の技術としては特に古紙リサイクルが重視されるようになり，1974年に発足した古紙再生促進センターを中心として紙リサイクルの社会的なアピールが活発になされるようになっていった．わが国で古紙が製紙原料として利用され始めたのは，1950年代の新聞古紙の板紙への利用である．1975年の利用率は紙で15.4%，板紙では62.8%で平均36.6%であったが，脱墨技術などの進歩とともに1990年には平均で51.5%と伸びていった．さらに21世紀の初年度である2001年には，紙や板紙以外の各種の用途が展開したこともあり，ほぼ58%となった．

省資源指向の流れの中で新聞の軽量化のテスト生産が1976年より各社で始まり，1980年には93%まで進んだ．軽量化技術の一部として，不透明性向上やインキの裏抜け防止用としてホワイトカーボンの需要が増大した．さらに紙の品質として耐候性が重視されるようになり，保存性に優れている中性紙への需要が1983年ごろより高まった．

### e. 高度経済成長と公害問題の発生

日本経済は飛躍的な高度成長を示し，紙・パルプの製造技術も急激な進歩を遂げたが，1960年代後半より成長の歪みの集約として公害問題が浮上し，1968年には大気汚染防止法，騒音規制法が，1971年には水質汚濁防止法が施行された．その間，公害問題の主管官庁として1970年には環境庁が設置された．

紙パルプ産業は資源・エネルギー問題の克服と生産技術の導入や独自技術の開発によ

り諸問題を解決してきたが，象徴的な事件として 1970 年には田子の浦のヘドロ公害で関連紙パルプメーカーが告発される事態となり，1971 年から 1977 年まで埋め立て工事が継続した．その後 PCB 問題，水質汚染，大気汚染など多くの問題が浮上し，公害問題が業界の将来を左右する重要な課題として深刻に受け止められるようになる．これらの問題への対処として多様な公害対策技術が開発され，活性汚泥法による排水処理施設や排煙脱硫装置などは製紙工場に広範に導入されるようになった．

また公害問題をはじめとする業界共通の課題を追求する目的で，1972 年には旧王子系のメーカーを中心として日本紙パルプ研究所が設立され，無公害パルプ化法が課題の一つとして取り上げられた．さらに通産省の補助金をもとに製紙業界と関連プラントメーカーが集まって製紙技術研究組合を結成し，高濃度抄紙法や連続苛性化法など革新的な技術開発を行い，将来への技術の蓄積を行った．通産省紙業課のまとめによると，紙パルプ工場の公害防止投資は 1973〜1978 年の 6 年間で 1,833 億円に達した．

**f. バブル経済の崩壊と地球環境問題の発生**

1982 年には，産業構造審議会紙パルプ部会により「80 年代の紙パルプ産業ビジョン」が公表されたが，海外資源確保，省エネ，生産性と品質の向上，公害防止，流通の合理化，研究開発などが取り上げられており，特に経営基盤強化の必要性が強調されている．

1980 年代の構造改善事業の終了時期は，いわゆるバブル経済が成長のピークに達する時期と重なり，紙の需要は前年比 2 桁の成長が続き，1985 年には年産量が 2,000 万 t の大台に乗り，2,046 万 t を達成した．

産構法による設備廃棄の不況カルテルの終了後はちょうど新たな設備投資の時期と重なり，1988〜1991 年の間に抄紙機 43 台，年産 400 万 t の増設が行われた．しかし，1991 年にはバブル経済が崩壊し，日本経済の減速とともに需要の伸びが鈍化して市況は極端に悪化し，1992 年と 1993 年は前年比マイナス成長が続いた．

1970 年代の高度経済成長に伴う公害問題の発生とは別の形の環境問題が 1980 年代の後半から浮上し，汚染範囲の広いことから地球環境問題といわれる．わが国ではちょうどバブル経済のピークから崩壊の時期にかけて重要な問題として浮上してきた．

都市のごみ問題での紙ごみ問題および資源問題への対処を目的として，日本製紙連合会は 5 年間で古紙の利用率を 50％ から 55％ に高めるという「リサイクル 55 計画」を 1990 年に発表したが，バブル崩壊後の景気低迷も影響して達成されなかった．1995 年には，新たに 2000 年までに目標を 56％ とする「ポストリサイクル 55 計画」を発表した．

また 1990 年 10 月には，愛媛県川之江市の金生川におけるボラなどの魚介類の分析結果から製紙工場排水のダイオキシン問題が浮上し，重大な社会問題となった．製紙連合会ではただちにダイオキシン対策特別委員会を設置して排水中の AOX（吸着性有機ハロゲン）の実態調査を実施し，12 月には自主規制値を AOX で 1.5 kg/パルプ t とし，1993 年末までに達成する旨の発表を行った．その後，業界では酸素漂白設備の導入や

漂白の塩素段の一部の二酸化塩素への置換などが相次いで行われた．地球環境問題は1992年のブラジルでの地球サミットで大きな盛り上がりをみせ，合意事項の国内での施行を目的として1993年には環境基本法が成立した．業界は具体的な省エネ技術，リサイクル技術の実現を強く迫られるようになり，1996年には「環境に関する自主行動計画」が策定された．1997年には気候変動枠組条約第三回会議（COP3，京都会議）で「京都議定書」が採択された．

1990年初頭のダイオキシン問題，その後の森林資源問題，ごみ問題など製紙業界に向けられた社会的告発によるマイナスイメージへの対応を目的として，1991年に製紙連合会には広報部が設けられ，従来は問題発生ごとに対処する消極的な姿勢が，積極的に製紙産業の姿を広く社会に広報する姿勢に転換していった．

**g. 高度情報化社会と紙の多様化**

戦後の出版や広告業の飛躍的な拡大とともに印刷情報用紙の需要が増大し，特にビジュアル化，カラー化の流れの中で塗工紙の普及が著しい．1970年代後半からパソコン，プリンタ，ファクシミリをはじめとするOA機器が広がり始めた．特にファクシミリの普及に対応するため1970年代後半より感熱紙の生産が始まり，1980年代はじめからは熱転写紙の生産も開始された．その後感熱紙は次第に普通紙化の方向に向かい，現在はインクジェット記録方式やレーザー記録方式に対応させる記録紙の開発に主力が置かれている．これらの生産技術の背景にはBM計（坪量-水分測定器）をはじめとするセンサー技術や，1980年代後半から普及し始めたプロセス全体の最適化を目的としたミルワイドシステムの寄与が大きい．

このような情報化社会に向けた多様な紙の出現を背景に，製紙連合会は1988年に紙の品目分類の大幅な改訂を行った．

**h. 市場の国際化と業界の再編の時代へ**

1980年代後半～1990年代初頭の地球環境問題浮上の時期は，国際的には東西の冷戦構造の崩壊時期であり，政治的イデオロギーの消滅と同時に環境問題が新たなイデオロギーとして浮上してきた大きな時代の転換期といえる．すなわち，1989年には昭和天皇の崩御により平成に改元され，海外ではベルリンの壁が崩壊し，1990年には東西両ドイツが統一された．

1993年には保守革新の二大政党制である55年体制が崩壊し，戦後政治は一大転機を迎え，規制緩和の流れの中で北欧や北米と比較して遅ればせながらも洋紙業界の再編が開始された．1993年には十條製紙と山陽国策パルプが合併し日本製紙が，王子製紙と神崎製紙が合併し新王子製紙が誕生し，さらに1996年には新王子製紙と本州製紙が合併し王子製紙が誕生した．またこの大型合併による新しい王子製紙の誕生に対抗する形で，2001年には日本製紙は大昭和製紙と統合し，持株会社である日本ユニパックホールディングを設立した．これにより王子製紙と日本ユニパックホールディングの二大勢

力による市場の寡占体制ができつつあり，洋紙業界が従来の過当競争体質から決別して，安定勢力を誕生させ，国際化した市場での体力強化と大型設備投資および海外植林などを有利に進める条件ができつつある．しかし一方，独占禁止法とのかかわりや市場の寡占状態は公正取引委員会に注視されており，将来に多くの問題を投げかけている．このような中で 1996 年には年産 3,000 万 t を達成した．この時期から合併後の大型設備投資が活発になり，1997 年から塗工機を中心に新しいマシンが稼働し始め，市況に影響を及ぼし，1998 年には金融不安を中心とする不透明な社会状況の中で業界にも先行き不安感を漂わせ，1997 年の年産量（3,101 万 t）に対してマイナス成長（2,989 万 t）に終わった．

### i. 環境と調和の時代から新たな発展へ

戦後の政治，経済，社会的状況の流れの中で紙パルプ技術の推移を回顧してみると，そのときの状況に対応する形で多様な技術開発が行われてきた．日本経済の拡大と並行する形で消費が増大し，マシンの抄き幅や抄速も増大してきたが，1970 年代以降は生産能力の増強とともに環境保全対策のための技術開発が重要課題となっている．1980 年代後半の地球環境問題の浮上とともに資源，エネルギー，環境の問題が製造技術を抑制する重要な要素となり，新たな技術開発を迫っている．地球環境問題の中で，木材資源を多用する産業としての紙パルプ産業への社会からの告発の動きの中で，ケナフなどの非木材を推進する団体が設立され，非木材のパルプ化，抄紙の可能性および発展途上国への技術移転の可能性が検討された．その後，非木材パルプをわが国の大量生産型の製紙産業で利用すべきという主張をきっかけに，推進団体と製紙業界の間でケナフ論争があったが，大量生産型の製紙産業には安定供給と品質の面から非木材パルプは対応できないことが次第に認識されるようになり，論争は沈静化に向かった．

将来の資源問題への対処を目的に 1998 年 5 月には南方造林協会を改組し，「海外産業植林センター」が発足し，遺伝子工学の応用による早生樹の開発など長期的な資源問題が検討されることとなった．特に海外植林に関しては 1997 年末に京都で開催された地球温暖化防止会議で，植林による炭酸ガスの吸収が温暖化ガス削減目標の数値に算入できることが決められ，製紙以外のエネルギーを多用する製造業や運輸業なども海外植林に強い関心をもち始めた．大学や研究機関では木材化学者を中心に，未利用の製紙資源としてバイオマスの探求が活発になされている．また 2000 年末には，古紙利用に関して 2005 年までに古紙利用率 60% という新たな数値目標が設定された（2003 年に目標達成となった）．

さらにアジアの紙生産能力の増強や消費の拡大など，国際化した市場でのわが国の紙パルプ産業の体力強化策の検討を目的として，従来の紙パルプの情報ネットワークシステムを一段と強化する目的で「紙パルプ情報化研究会」が発足し，問題点の検討がなされた．国内的には今後の紙パルプ産業における技術重視の姿勢が特に強くなった．その

ことは，メーカーにおける技術出身の経営者の出現に顕著に現れている．

　流通に関しては，1992年に日米首脳会談でアメリカからわが国の紙取引の閉鎖性が指摘されたのをきっかけに，1993年に公正取引委員会が「紙の流通に関する企業間取引の実態調査」を行い，1994年には特に問題が指摘されてきた建値制度（メーカーが代理店の仕切り価格を事後的に調整する慣行）は「流通業界の正常化の努力の結果存在しなくなった」と報告されているが，流通業界には不透明な部分が多く，真偽は明らかでない．

　またコンピュータのダウンサイジングによりパソコンが工場内でもパーソナルレベルでも広範な広がりをみせており，1990年代後半からインターネットやCD-ROMに象徴される電子メディアが普及し始め，マルチメディア時代が喧伝されている．製紙業界ではどこまで従来の情報メディアとしての紙メディアを代替し，どのような新しいマーケットが創出されるのかに強い関心がもたれている．すなわちグーテンベルク以来550年以上続いてきた紙メディアをベースとした活字文化が，大きな転換点を20世紀の最終段階で迎えたわけである．

　わが国の問題としてだけでなくグローバルな視点から考えると，資源，環境，エネルギーの枠内で，紙メディアと電子メディアの共存時代が始まったといえる．

　戦後の経済成長による豊かな消費生活の実現の中で心の豊かさを求めるアメニティー指向が強くなり，少子高齢化社会に向かうわが国では，大量生産型の洋紙だけでなく，少量生産型の和紙やファンシーペーパーなど，美的要素をもつ紙が視覚や触覚など人間の感性に訴える材料として新たな展開を示しつつある．特に和紙は空間を構成する造形芸術の素材として注目を集めている．

　21世紀は低成長経済の時代といわれているが，紙・板紙の生産量の20世紀末からの変化をみると，1999年は3,063万t（GDP：514兆円），2000年は3,183万t（GDP：513兆円），2001年は3,073万t（GDP：500兆円）と推移した．

　いずれにしても長期的問題および周辺の状況に対応する形での技術開発が今後のわが国の紙パルプ産業の方向を決めていくだろうが，広い視野からの長期的ビジョンの構築が望まれている．

〔尾鍋史彦〕

文　　　献

1) 30年のあゆみ，日本製紙連合会，2002.
2) 紙パルプ事典，改訂第5版，紙パルプ技術協会，1989.
3) 紙・パルプハンドブック，日本製紙連合会，1998.
4) 尾鍋史彦（1998）：季刊誌・本とコンピュータ，第4号，トランスアート．
5) 紙パ技協誌別冊総索引（1977〜1996），紙パルプ技術協会，1997.
6) 35年のあゆみ，繊維学会紙パルプ研究委員会，1997.
7) 紙パルプ技術年表（1977〜97），紙パルプ技術協会，1998.

8) 中山　茂（1995）：科学技術の戦後史，岩波新書．
9) にっぽん株式会社戦後50年，日刊工業新聞社，1995．
10) 王子製紙編（1993）：紙パルプの実際知識，第5版，東洋経済新報社．
11) 紙パルプ技術便覧，紙パルプ技術協会，1992．

## コラム　紙の博物館

　紙の博物館を紹介するには，まず初代館長・成田潔英氏を紹介する必要がある．彼は1906年に青山学院大学を卒業後，米国の大学に留学して現地で就職したが，1918年に王子製紙に入社した．王子製紙には紙業史料室があり，成田氏が中心となって和紙を含めた洋紙に関する資料を収集，保存するとともに，「日本紙業総覧」，「紙業提要」などの優れた著書を出版した．戦争の末期になって東京空襲が激しくなると，危険分散のため資料を分散させたが，残念ながらその一部は焼失した．終戦直前には資料をもって郷里・熊本の近くの坂本に疎開した．

　終戦の翌1946年からGHQとの王子製紙の解体交渉が始まったので，王子製紙は社史編纂を計画し成田氏に委嘱した．彼は社史のほかに博物館設置も重要な記念事業であることを関係者に説いて承認され，王子製紙3社分割後の翌1950年に「財団法人製紙記念館」が創立された．終戦間もないまだ荒廃した世相の中で，いち早く産業博物館的な博物館が創立されたことは敬服に値する．設置場所は旧王子製紙・王子工場の奇跡的に戦災を免れた電気室の建物である．紙の博物館は成田氏の尽力なしには存在しなかったであろう．

　博物館がスタートすると学生6名からなる和紙研究班を編成し，指導かたがた全国各地の和紙産地に出向き，戦後の開発によって埋没することを懸念して，古文書や道具を調査，収集した．紙の博物館の和紙の収蔵品のほとんどはこのころ収集されたものである．古代のものを含めて和紙の収蔵数が多いのも当館の特徴の一つである．現在，収蔵している資料数は17,500件，紙関連の図書数9,000点である．

　博物館の名称は1953年に「財団法人製紙博物館」に変更，1965年に現在の「財団法人紙の博物館」となった．最初の博物館の電気室跡地が首都高速中央環状線の用地にかかったため，1998年3月に飛鳥山公園

にリニューアルして移転した．このとき北区立の「北区飛鳥山博物館」が新設され，従来からあった渋沢史料館もリニューアルされて博物館が3つ並ぶことになり，「飛鳥山三つの博物館」として親しまれている．紙の博物館は最近創立50周年を迎えた．紙の総合博物館としては規模と内容で世界でもトップレベルであり，外国人の来館者も比較的多い．

　紙の博物館は王子製紙の博物館ではないかとよく聞かれる．最初は王子系3社の資金と援助でスタートしたが，現在では製紙会社，抄紙用具・薬品会社，加工会社，流通・販売会社など約160社の支援を受けている．展示は4つに分かれており，第1展示室は現在の製紙産業，第2展示室は「紙の教室」で，紙の基礎や簡単な試験などができるようになっている．第3展示室は紙の歴史で，紙が発明されるまでの書写材料，紙の発明と世界への伝播，和紙・洋紙の発達過程の展示で，以上が常設展示である．第4展示室は企画展用で2か月ぐらいで展示内容を変えている．これらの展示のほか，各種の講習会，講演会，勉強会，毎土・日曜日にはリサイクルした牛乳パックを原料にして手漉きはがきづくりを無料で行っている．ぜひ一度ご来館いただくようお願いしたい．　　　　　〔丸尾敏雄〕

## 2.5　ヨーロッパにおける紙の歴史と文化

　ヨーロッパはユーラシア大陸の西部に位置し，大陸の5分の1を占めている．アジアと比較すると地理的領域は狭く，人口も少ないが，古くから文化と経済の中心であり，古代ギリシアとローマは西欧文明の基礎を築き，14世紀に始まるルネサンス期には多様な芸術や文化が開花した．15世紀中ごろのドイツでは，グーテンベルクによる活版印刷術が発明され，18世紀末のフランスでは近代的連続型抄紙機が発明された．両者ともに，イギリスにおける産業革命により大量生産方式となり，現在の製紙産業と印刷産業の源流が生まれた．印刷技術は製紙技術と結びつき，多様な西欧文化を生み出し，その技術や文化は世界に広がり，各地で多様な文化，芸術，科学技術を生み出し，その成果を現代に継承している．

　ここでは，ヨーロッパへの製紙技術の伝播とヨーロッパにおける紙の発達，およびそれによりもたらされた紙の文化を辿ってみよう．

（1）　製紙技術伝来以前の歴史
（2）　製紙技術伝来の歴史
（3）　ヨーロッパにおける製紙技術の発達

（4） ヨーロッパにおける紙の文化の発達

に分けて記す．

### 2.5.1 製紙技術伝来以前の歴史

先史時代のヨーロッパは無文字文化の時代であり，人間の情報伝達の痕跡は，フランスのラスコーやスペインのアルタミラの洞窟に壁画や絵文字がみられ，壁が記録・書写材料とされた痕跡がうかがえる．

ギリシア・ローマ文明の時代の書写材料はパピルスや羊皮紙であり，その後中世のヨーロッパまで西欧のリテラシーの伝統は主に羊皮紙によって継承されてきたが，12世紀には製紙技術が伝えられた．

### 2.5.2 ヨーロッパへの製紙技術伝来の歴史

製紙技術は，中国から中央アジア，中近東を経て北アフリカに伝えられ，主要なパピルスの産地であったエジプトでは9世紀ごろから次第に紙が使われるようになり，10世紀には紙の使用が圧倒的に多くなった．12世紀にはイスラムの勢力がエジプトから北アフリカ，スペイン南部にまで及んでおり，製紙技術は北アフリカを経由する2つのルートによりヨーロッパ大陸に伝えられた．一つは，北アフリカからシシリー島を経てイタリア半島へというルートであり，もう一つはイベリア半島からヨーロッパ大陸の内部へというルートである．9世紀にはシリアのダマスカスに製紙工場があったが，その製品はコンスタンチノープルを経て，イタリアに輸入された．

1144年にはスペイン南部のハチバ（Xativa）にヨーロッパ大陸最初の製紙工場が建てられ，次にスペイン北部にも建てられた．1276年にはイタリアのファブリアーノ（Fabriano）にイタリア最初の製紙工場が建てられた．しかしこのころにはまだダマスカス紙の輸入が盛んであった．

13世紀に入ると南フランスにも製紙工場が建てられ，14世紀になるとイタリアは，ヨーロッパ大陸への紙の供給基地としてスペインやダマスカスと競争するようになった．

14世紀末にはドイツのニュールンベルクに最初の製紙工場がつくられ，その技術はヨーロッパ全土に広がっていった．

### 2.5.3 ヨーロッパにおける製紙技術の発達

ヨーロッパに入った製紙技術は各地で独自の発達を遂げた．特にイタリアは，各種の新たな技術を開発したが，ボロを解繊する打砕機への水力の利用やシートの結合への動物由来の膠（にかわ）の利用は，特筆すべきことである．また透かし（watermark）の発明は歴史的な意義が大きく，今日でも歴史的文書の年月や製造場所の特定に使われている．イタ

リアでは13世紀にルネサンスが始まり，中世からルネサンスまで書写による写本時代が長く続いた．

ドイツでは，1450年ごろにグーテンベルクが活版印刷術を発明し，1455年には「42行聖書」が印刷され，1517年のルターによる宗教改革は聖書の需要を拡大させた．この歴史的事象は書写の時代から印刷による大量生産の時代へと転換させ，紙の需要の爆発的な増大を促した．

当時の原料は，日本ではコウゾやミツマタなどの靭皮繊維が使われていたのに対して，ヨーロッパでは麻・木綿のボロ，わら，エスパルトなどが用いられた．

1568年発行の「西洋職人づくし」はヨーロッパで最も古い紙漉き図であるが，当時の紙づくりの状況を詳細に描いている（図2.5.3.1）．1672年ごろには原料を粥状に解きほぐす叩解（beating）のためのホレンダーがオランダで発明され，その後200年ほど用いられた．北アフリカからヨーロッパに製紙法が伝えられてから，ヨーロッパ大陸ではずっと手漉き法の時代が続いたが，1798年にはフランスのルイ・ロベール（Nicolas-Louis Robert）が継ぎ目のない布製の網を使った連続型抄紙機を発明した（図2.5.3.2, 3）．これがイギリスに渡り，1803年にドンキン（B.Donkin），1807年にはフォードリ

図2.5.3.1　ヨーロッパの手漉き工場[6] 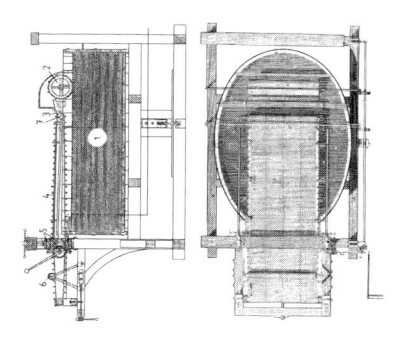　　図2.5.3.2　ルイ・ロベールによる連続型抄紙機の原型図[6]

図2.5.3.3　19世紀初頭のフランスの製紙工場の内部（左）と風景[7]

ニア兄弟（Fourdrinier）らが改良し，今日の長網抄紙機の原型となった．また 1809 年には，イギリスのディッキンソン（J. Dickinson）が厚紙や板紙のための円網抄紙機を発明した．このように産業革命期にイギリスで大きな進歩を遂げた抄紙機は，1827 年にはアメリカに初めて輸出された．これはアメリカ大陸でさらに改良を加えられ，1870 年代に日本に伝えられた．

抄紙機の発明により紙の大量生産が可能となったが，原料の麻や木綿のボロの不足が続き，安価で大量に安定供給できる原料が次第に求められるようになった．やがて 19 世紀には木材パルプの時代が来るのであるが，そのきっかけとなった逸話がある．1719 年，フランスのレオミュールは，アメリカスズメバチが巣をつくる様子の観察からヒントを得て，植物からの製紙の可能性を提案したが，1765～1771 年にわたりドイツの牧師で自然研究家のシェーファーが，木材をはじめとする多様な原料を使って製紙を試み，1772 年に論文を発表した．

これらをヒントに，1844 年ケラーが砕木パルプを発明し，1852 年にはドイツのフェルターがケラーの特許を買って工業的規模の砕木機をつくり，それ以降，木材パルプが主要な製紙原料になっていった．その後の技術的進歩は目覚ましく，1862 年にティルグマン（B.C. Tilgman）が亜硫酸パルプ法の特許を申請，1880 年にドイツのミッチェルリッヒにより亜硫酸パルプ化法が工業化され，1887 年アメリカのミシガン州に工業的亜硫酸パルプ工場が建設された．1889 年には日本で，王子製紙気田工場で亜硫酸パルプの生産が始まった．やがて 1884 年にダール（Dahl）がクラフトパルプ製造法を発明し，次第にソーダ法を駆逐するようになった．このように木材を原料として機械パルプ化法と化学パルプ化法が整い，19 世紀後半には大量生産方式の態勢が整ったといえる．

### 2.5.4　ヨーロッパにおける紙の文化の発達

18 世紀の連続型抄紙技術と 19 世紀の木材パルプ利用技術の開発は，活版印刷術を支える重要な技術となり，紙の大量生産を可能とし，それにより活字文化の誕生を促した．そして紙は，印刷物の大量生産を可能とし，印刷物による情報の公共化と大衆化を促したといえる．印刷技術は書物の次には新聞，雑誌，ポスターなどを誕生させたが，これらはやがて近代ジャーナリズムによる世論の形成に結びついていく．すなわち連続型抄紙技術は近代民主主義社会の基礎を築く重要な役割を果たしてきたといえる．

紙の文化を考えた場合，日本では，平安の料紙，江戸の染紙や紙による工芸品などに代表されるように紙自身の美的な側面が紙文化を形成しているのに対して，ヨーロッパでは，文字を支え，定着させる材料としての紙，すなわち文字文化が紙文化の中心を形成してきたといえる．パリ，ベルリン，ライプチヒなどの歴史の長い図書館を訪れると，西欧社会の重厚な書物文化をわれわれは感じ取ることができる．

## 2.5 ヨーロッパにおける紙の歴史と文化

### a. 紙文化を支える『紙の力』とは何か

紙が歴史的に果たしてきた政治的・社会的・文化的役割を，ヨーロッパにおける新しいメディア理論の切り口から分析してみよう．カナダのマクルーハンのメディア理論を乗り越える形でフランスのレジス・ドブレにより生まれたメディア理論であるメディオロジー（médiologie）では，そのシリーズ（Les Cahiers de Médiologie）の第4巻に『紙の力』（Pouvoirs du Papier）がある．これは紙を"Le papier－fragile support de l'essentiel"（紙とは基本的なものの壊れやすい支持体）と表現し，過去の歴史において紙が果たしてきた政治的・社会的・文化的役割の重要性を説明している．

すなわち紙の特性を，記憶（Le papier－mémoire），信頼（Le papier－croyance），力（Le papier－pouvoirs），芸術（Le papier－art）という言葉で表現している．言い換えると，物理的には非常に弱い材料である紙が文字や図像を載せることにより，人間の記憶を支える力を発揮し，文学を生み出し，また紙幣として信用を付与し，言語のつながりは思想として人間社会を変革する力をも発揮し，かつ人間の美的観念を表現し芸術を支える材料にもなるということを示唆している．

ちなみにフランス語では1枚の紙を"une feuille（葉）de papier"と表現するが，葉のように薄いものと物理的にはみられているわけである．この考え方に従い，書物や新聞などの印刷物，写真や絵も含まれるビラやパンフレット，ポスター，製本技術，紙幣などを紙文化として考察してみたい．

### コラム　紙　の　力

フランスのメディア学（メディオロジー：médiologie）の創始者レジス・ドブレ（Régis Debray）氏が主宰する機関誌「カイエ・ド・メディオロジー（Le Cahiers de Médiologie）」は年に2回パリのガリマール社より発行されるシリーズからなるが，創刊号からのテーマは「芝居（スペクタクル）」，「陸路」，「国民とネットワーク」，「紙の力」，「自転車」，「メディオロジー」，「記念物」と続いている．シリーズの第4巻に『紙の力（Pouvoirs du Papier）』があるが，紙の物理的な強さではなく，文字の支持体（le support）としての抽象的な意味での紙のもつ強さを述べている．

この本の冒頭で，シリーズの編集者 Biasi 氏は，紙についての描写として"Le papier－fragile support de l'essentiel"（紙とは基本的なものの壊れやすい支持体）という表現を使用している．言い換えると，壊れや

すい（＝破れやすい）が文字の支持体として強い力を発揮するということだ．すなわち紙は物質的には弱いが象徴的な意味においては書かれたものの支持体として大きな効果を発揮する．内容は，戦後の思想的潮流を牽引してきたフランスの知的な力に対する自負心を背景に，文字を支える紙の力があったからこそ思想の伝達と拡散が可能で，歴史的を振り返っても，紙は文字を載せることによりイデオロギーを構築し，政治闘争（la lutte politique）や革命（la Révolution）まで起こす力があると記している．

メディオロジーの中心概念として伝達作用（transmission）というものがあるが，簡単に記すと，コミュニケーションは人間対人間の問題で，情報源としての人間が亡くなるとそれは成り立たないが，伝達作用では情報源が人間とは限らず，文学や歴史などを紙に書いたものが発信する情報に，現代においてもその時間をさかのぼり，対話が可能ということである．すなわち伝達作用においては紙は文字の支持体（le support）であると同時に情報の媒体（le médium）でもあり，大きな力を発揮する．

古代文明の時代から書写材料の歴史を振り返ると，まず石版，粘土板，金属板，木簡・竹簡など初期は丈夫だが硬くて重い物質が文字の支持体であったが，羊皮紙から紙になり次第に軽いものへと非物質化の方向が進み，その先にはデジタルという重さをもたない形態が現代では大きな力をもっている．すなわち非物質化の過程で逆に文字の支持体（le support）にとどまらず，メディア（le médium）として大きな力を発揮するようになった．

ヨーロッパ社会の歴史的変遷をみると，中世から近代への都市の発展過程で，文化の担い手は修道院などの聖職者層から市民，商人へと変化し，また経済活動の発展とともに，法律や契約など書かれたものの重要性が増してきた．すなわち口承，音声による記憶の時代から文字による記録の時代に変化し，人間活動のあらゆる場面において文字化が重要となり，文字の支持体，定着媒体としての紙の重要性が飛躍的に拡大した．

この本の中で紙の力を分類して次の4つを示している．

① 記憶としての紙（Le papier－mémoire）

口承・無文字の時代から書写材料に文字で記す時代に移り，人間は記憶と作業から解放され，より知的かつ創造的なことに能力を使うことが可能となった．書写の時代を経て15世紀から始まった印刷物の時代が人間の文化の形成に寄与してきた役割は計り知れない．

② 信頼としての紙（Le papier－croyance）

紙幣は紙に経済的価値という一つの意味を与えたものであり，また紙に

書かれた宗教の経典はそれにより民衆に信頼されるようになる．紙という支持体は権威や信頼という要素を付与することが可能となる．
　③ 力としての紙（Le papier－pouvoirs）
　法律や各種の認証などは紙に書かれ，それが大きな権威や権力を発揮させる．紙に書かれた文字はイデオロギーとなり，ついには革命を起こすまでに大きな力を発揮する．メディオロジーは実存主義，構造主義，ポスト構造主義という戦後世界の思想的潮流を牽引してきたフランスの哲学的系譜を振り返ると理解できる．
　④ 芸術としての紙（Le papier－art）
　人間と親和性の高い材料である紙は，それ自身が人間の感性を刺激する人間の感覚への訴求力の高い材料であり，紙で空間を構成する造形芸術という分野がある．特に和紙の優れた特性が指摘されており，和紙による造形は海外にも広がりをみせつつある．

　また，紙はあらゆるところにあり（Le papier est partout），紙は人生そのものである（Le papier, c'est la vie）とまで言い切っている．

　1997年10月にボルドーで行われたフランス紙パルプ技術協会（ATIP）の50周年記念大会で，「紙の未来（Futur du papier）」という特別セッションとパネルディスカッションが設けられ，編集者 Biasi 氏は本の題名である "Le papier－fragile support de l'essentiel" なる講演を行い，筆者は "Etude médiologique sur le futur du papier, impression et écriture face aux multimédias"（マルチメディアに直面した紙・印刷，書くことの将来に関するメディア論的研究）なる講演を行った．その折りに，編集者から寄贈された．

　現在の日本のメディア理論はマクルーハン理論の踏襲と焼き直しのレベルであり，新しいメディア理論の誕生にはマクルーハン理論の克服が大きな課題であるといわれているが，メディオロジーはそれとは一線を画するヨーロッパで生まれた新しいメディア理論であり，新たな方向性を示すものであろう．
〔尾鍋史彦〕

#### b. 紙に文字を定着・安定化させることの意味

　印刷において紙は，文字の支持体の役割を果たしている．ヨーロッパでは長い間音声による伝達，すなわち口承の時代が続いたが，都市の発展とともに10世紀ごろから文化の担い手が聖職者から次第に市民や商人に移り，経済活動の活発化とともに「書かれたもの」の重要性が増してきた．具体的には紙幣や遺言状の誕生である．言語による活動は声を出すという活動から文字化，すなわち紙に定着される形態に次第に変化してい

く．テキストが声を出して読まれるという行為は存続したので口承性は消えなかったが，口承という行為よりもテキストを読むこと自体に重要性が移行した．その過程で不確かな記憶からテキストという安定なメディアに移行し，またテキストも写本という誤りの可能性のあるものから正確なコピーである印刷物へと移行していく．支持材料がパピルスであれ羊皮紙であれ，現代の概念の紙であれ，文字により書かれたものの支持体の役割を果たしているのである．

この書かれたものは聖書や護符などの宗教的なものから，文学，紙幣にまで発展していく過程で，人間の心理を支配し，社会構造を変革する力まで発揮するようになったことをヨーロッパの歴史は示している．

#### c. 印刷による公共空間の形成という社会的意味

文字の支持体として紙の役割を印刷のもつ社会的意味から考えてみよう．写本の時代には情報の複製において誤写や変形の可能性が絶えずつきまとっていたが，印刷術の発明以降には活字化により知識の正確な伝達と持続的な蓄積が可能になると同時に，秘匿性をなくしてしまった．すなわち，知識が印刷術により大量に広範にかつ安価に複製され，入手可能となったのである．印刷物により入手できる情報を比較し，共有することにより情報の共通認識が生まれるようになった．すなわち情報を共有する公共空間が生まれ，近代市民社会誕生の端緒がつくられた．

#### d. 書物の誕生と写本文化の時代

書物は西欧の紙文化の中心を構成するものであるが，人類の知識や感情を時空間を越えて伝達できるメディアとして現在まで継承されている．書物は伝達内容が多く独立して完結している点で，パンフレットや雑誌などの定期刊行物とは区別される．

歴史的に辿ってみると，古代にはメソポタミアの粘土板やエジプトのパピルス本があるが，ヨーロッパの歴史の中では，4世紀ごろに材料としてパピルスに代わり羊皮紙（パーチメント）や子牛皮紙（ベラム）などの皮紙が主流となった（図2.5.3.4）．また，材料だけでなく形態もそれまでの巻子本から冊子本（コデックス）に変化し，今日の本の原型が現れたといえる．この冊子本の出現はコデックス革命といわれるほど，読書形態を大きく変貌させたといわれる．冊子本では二つ折りにした皮紙を折り重ねて折り部分を綴じ合わせ，板表紙をつけたものが定着した．巻子本と比較して記入スペースが広くなり，両面に記入でき，長文を記述可能となり，開閉が容易となり，耐久性にも優れ，中世ヨーロッパのキリスト教会にとって画期的な重要性をもたらした（図2.5.3.5, 6）．

中世の修道士の手書きによる複製，すなわち書写本の時代には，聖書やその注釈書，典礼書が中心であったが，学問のための自然科学，医学，哲学書などもつくられた．これらは聖職者や支配者，貴族のためのものであり，修道院が写本制作の中心となった．のちには大学や民間の写本工房（スクリプトリウム）でも写本が行われるようになった（図2.5.3.7）．

これらの写本は，文字や文様，金銀細工，細密画などで豪奢につくられ，多くの彩飾写本といわれるものがつくられた．すなわち写本は美術工芸品として中世の教会文化の一部をなしていた．

図 2.5.3.4　羊皮紙の製作[6]

図 2.5.3.5　ヨーロッパの巻子本[8]

図 2.5.3.6　ヨーロッパの冊子本[8]

図 2.5.3.7　ヨーロッパの僧院における写本工房[8]

## コラム　死海写本

　1947 年，遊牧民ベドウィンの羊飼いの少年が，群れから離れたヒツジを連れ戻そうと崖を上っていき，死海北岸のクムランの洞穴で偶然に素焼きの壺に収められた巻物（scroll）を発見した．これをきっかけに大規模な発掘調査が始まり，現在までに 11 の洞穴から 500 を超える古写本の巻物が見つかっている．英語では死海の巻物 "Dead Sea Scrolls" と

いう表現がなされている.

　いずれも 2,000 年以上前につくられた文書であり,紙以前の書写材料の歴史,巻子体による写本の歴史,および聖書考古学上,重要な意味をもつ.これらの写本の材料は 90% 以上が羊皮紙で,残り 10% 近くがパピルスであり,銅製の巻物も 1 巻ある.羊皮紙とパピルスにはインキで書かれ,銅板には文字が彫刻されていた.言語は 90% 以上が旧約聖書の言語であるヘブライ語であり,10% 近くが近縁のアラム語で,ギリシア語はほんのわずかである.さらに,死海西岸一帯でも写本類が発見されており,これを入れると 700 文書を超えるが,狭義には,クムランで発見された写本だけを死海写本という.古代ユダヤおよび初期キリスト教にとって重要な資料であり,現在もイスラエル考古局を中心に整理や分類が継続しており,20 世紀最大の考古学上の発見という評価もなされている.

　死海のあるパレスチナはその後数次の中東の戦乱に巻き込まれながらも 1956 年までクムラン谷の調査は続けられ,全容が明らかになったのは 1960 年代になってからであり,現在では大部分がイスラエル博物館の写本館「聖書の殿堂」に収められ,公開されている.なお,この建物は,写本が収められていた壺の形にデザインされている.

　死海写本にはどのような内容が記されているのか.発見された 500 を超える巻物の中で聖書考古学上特に重要なのは,第 1 洞穴から発見された「イザヤ書」の全巻であり,これにより,現行のヘブライ語原文の聖書との違いがほとんどみられなかったことが明らかとなった.ほかに「エステル記」以外の旧約聖書の正典が,断片ではあるが発見された.いずれも前 200 年ごろから後 68 年までに書かれたもので,旧約聖書の底本が後 1000 年ごろに形成されたことを考えると,現存する最古の聖書より 1,000 年近く古いものとされている.聖書以外の巻物は,多くの旧約聖書の注解と,クムラン教団の共同体の典礼,教理,戒律などを記したものである.

　誰が作成し,なぜ隠されたのか.それは,これらの文書を作成したクムラン教団は強い終末観をもち,戒律を厳守する教団とされユダヤ教の中でも異端的な地位にあり,ユダヤ教の正統派からは迫害の対象であり,秘蔵する必要があったためと推定される.これらの写本は第一次ユダヤ戦争の最中にローマ軍の襲撃から守るため,後 66〜68 年にかけて洞穴に隠されたと思われる.死海周辺は乾燥した熱暑の土地であるにもかかわらず,壺に入れられていたために,羊皮紙やパピルス,銅板が 2,000 年近くの長い年月に耐え,断片として発見されたことは,これらの書写材料の耐候

性の良さを表しているともいえる．いずれにしても死海写本は，キリスト教が誕生する前の2〜3世紀の間の聖書生成に関する謎の解明の大きな鍵であると同時に，ヘブライ語やアラム語など言語の歴史の解明にも寄与している．

なお，20世紀末の2000年秋にはキリスト降誕2,000年記念として「東京大聖書展」が東京都渋谷区初台の東京オペラシティーで開催され，イスラエル考古局から借用した死海写本の現物がいくつか展示され，筆者は旧約聖書の「創世記」〜「出エジプト記」の断片をみたが，2,000年という悠久の時間の経過に感銘を受けた． 〔尾鍋史彦〕

### e. 印刷術の発明と出版革命

15世紀の活版印刷術の発明は書物の歴史に革命的な変化をもたらすことになるが，それ以前の状況を眺めてみよう．

7世紀ごろ中国の唐代に発明された木版印刷術は宋代に大きく発展を遂げ，シルクロードを経て中世末期の14世紀ごろにヨーロッパにもたらされた．ヨーロッパで展開した木版による印刷物は，彩飾写本の体裁や書体をそのまま木版印刷に採り入れたものであり，挿絵が主体で文章は比較的少なく，複製を必要とした一般民衆向けの宗教書や教訓集，護符などが主なものだった．

活字を使った印刷術は，11世紀の中国における陶活字に始まり，金属活字としては高麗朝時代の朝鮮で1227年に銅活字が誕生している．このように印刷術では東洋が先行しており，ヨーロッパでは木版印刷すら行われていなかった．

15世紀半ばのドイツのグーテンベルク（図2.5.3.8）による鉛合金活字による活版印刷技術の完成は，書物に革命的な広がりを与える契機となった．1455年には最初の活字印刷本として「42行聖書」がつくられた．当時中国に源流をもつ製紙法はヨーロッパ全土に広がっており，写本の材料は皮紙から紙に代わっていた．このように紙の広が

**図 2.5.3.8** グーテンベルクの肖像画[8)]

りと活版印刷術が結びついて，15世紀以降のルネサンス期に出版革命をもたらすようになる．

印刷技術により写本時代と比べて本の制作時間が短くなり，本が安価に供給されるようになったことで読者層が爆発的に拡大した．ギリシア・ローマ時代の古典への興味だけでなく，教会言語であるラテン語ではなく民衆の言語である自国語の本への関心も高まり，新たに台頭してきた商人階級は，大航海時代にもたらされた新たな世界や未知なことへの知的要求を高め，書物への関心を急激に高めた．ラテン語から次第に自国語の聖書へ移行するに従い大衆の識字率が高まり，出版点数や発行部数の増大に寄与した．

この時代には，書物の本文以外の体裁や書体も現在の標準となっているゴシック，ローマン，イタリックなどが開発され，現在の書物の基本的な体裁が確立された時期といえる．

## コラム　聖書と紙

　世界のどの民族も言語と宗教では固有のものをもっている．仏教世界に仏典（大蔵経）があるように，キリスト教世界では聖書が，イスラム世界ではコーランがある．ここでは古代におけるキリスト教の誕生と経典の誕生，印刷物としての普及という問題を書写材料または紙という視点から考えてみたい．

　聖書には旧約聖書（Old Testament）と新約聖書（New Testament）があるが，英語で聖書をバイブル（Bible）といい，これはパピルスの芯を意味するギリシア語の"biblos"に由来する．このパピルスの巻物に文字を記したものを"biblion"と呼び，書物の意味となった．その複数形がラテン語化し"biblia"となり，英語の"Bible"となり，聖なる書物を表すようになった．言い換えると，聖書とはパピルスに記録された書物という意味から来ているのである．"biblia"に相当するギリシア語からは，巻物を収める容器を意味する"bibliotheke"という名詞が派生し，フランス語の"bibliotheque"やドイツ語の"Bibliothek"など，ヨーロッパ語の図書館を蔵書を意味する名詞に発展した．死海写本にある巻物からなる旧約聖書の断片群は，壺という容器（bibliotheke）に収められていたために2,000年後の現代によみがえり，古代キリスト教の成立過程の謎の解明に寄与している．

新約聖書は初期にはパピルスの巻物（scroll, role, 巻子体）に書かれており，その後パピルスの冊子体（codex）に書かれるようになるが，紀元前後から書写材料としての羊皮紙のパピルスに対する優位性が認識されると，次第に羊皮紙の冊子体が主流となった．巻物は読んだ後で巻き戻す必要があり，検索性も劣っていたために冊子体が優位になった．書物の歴史の上では，冊子体の発明は書物の拡大を促した重要な出来事で，「コデックス革命」という評価さえある．死海写本にもみられるように，ユダヤ教では巻物の形態を重視したが，結局は冊子体が世界中の経典や書物の標準的な形態として，今日まで続いている．

　中世のヨーロッパを通じて，羊皮紙は高価ながらも書物の素材の主流としての位置を確立した．中国で生まれた製紙術が12世紀ごろにアラブ人商人によって北アフリカからイタリアに伝えられ，14世紀にはイタリアに製紙業が生まれ，その後ヨーロッパ中に広がった．フランスにおける連続型洋紙製造技術の発明（1798年）の後も製紙の原料は麻やボロなどであり，紙の需要の急激な増大に対して資源の不足が顕著になってきた．19世紀半ばに木材パルプが発明され，やっと聖書の安定供給が可能となったといえよう．

　聖書は「書物中の書物」と呼ばれ，人類史上最大の発行部数をもつ書物といわれ，また，キリスト教の聖典であるために大切に保存されているため，聖書の発生から現代までの紙の歴史の推移を感じることが可能である．2002年春に印刷博物館で開催された「ヴァティカン教皇庁図書館展」では，特に，聖書に使用された紙の移り変わりが，パピルス，羊皮紙，コットン，ボロ，現代の紙などと比較してあり，興味深いものであった．死海写本ではパピルスや羊皮紙が使われたが，聖書の拡大という面ではグーテンベルクの活版印刷術の発明が大きな位置を占める．聖書の誕生から現代までの聖書の材質を系統的に扱った研究は未だみられないが，古代に関しては聖書考古学の成果から，中世のヨーロッパでは写本から，グーテンベルクの印刷術の発明以降は印刷術の歴史を辿ると，ある程度まで解明できる．パピルスや羊皮紙など紙が高価で貴重な時代には聖書の普及の度合いが低かったが，特に印刷という複製技術と木材パルプの発明の相乗効果で，聖書は爆発的に広がる条件ができたといえる．アジアの仏教世界，イスラム世界でも同じ傾向が推測できる．

〔尾鍋史彦〕

**図 2.5.3.9** ヨーロッパにおける製本工場[9]

**f. 製本技術の誕生**

　紙の文化といえるものに，書物の発生とともに生まれた製本技術がある．製本とはシートを順序正しくまとめて本の形態にすることだが，写本時代から現代に至るまで，書物の実用性を考えながらも美術工芸品としての要素を加味する重要な過程である．日本では和装本の，西欧では洋装本の技術が発達した．本の形態が巻子本から冊子本に移ってからは表紙を金銀の薄板で覆い，象牙や宝石をちりばめた宝石装丁が行われ，製本は製本技術師とともに金銀細工師の仕事でもあった．中世の書写時代には本の制作は書写，彩飾，綴じの工程に分けられ，美術的価値の高い豪華な装丁本がつくられた．特に 15 世紀ごろには，アラブ世界から金箔押し装丁がヨーロッパに紹介されてから，上流社会に装丁趣味が流行し，製本は重要な仕事となった．写本時代の個人製本は，印刷術の発明による出版の活発化とともに出版所で製本してから販売する出版所製本に取って代わられるようになる．また工程そのものが手工業から機械化されるようになっていった（図 2.5.3.9）．

**g. 現代の書物文化**

　西欧社会で写本，印刷本の過程を経て進化を遂げた書物文化は，現在では世界中に広がっており，その後の技術革新により本の制作は製版，印刷，製本までが機械化され，大量生産されるようになった．書物文化の発展を支えてきた製紙技術も大量生産方式となっており，印刷技術と併せて出版文化を支えている．このように，ヨーロッパの紙の文化の中心には書物文化が位置しているとみてよいだろう．CD-ROM や DVD などの新たな電子媒体がどこまで書物文化を代替できるかは不透明だが，この分野の予測には紙のもつ人間との親和性の問題など，認知科学的な手法による問題の解明が必要であろう．

　写本時代から現代に至る書物の発展を研究する学問分野として書誌学がある．18 世紀にフランスで生まれ，19 世紀のイギリスで発展し今日に至っているが，歴史的な過程を辿ることにより書物の将来への見通しが可能かもしれない．

## h. 雑誌

　書物とは異なり，定期的に刊行される冊子体の出版物として雑誌がある．種々の記事を一定の編集方針のもとに集めて構成したもので，挿絵，写真，漫画などが構成する場合が多い．英語で雑誌をマガジン（magazine）と呼ぶが，この言葉はもともと倉庫を意味し，「知識の倉庫」を意味している．今日の雑誌の起源は，17世紀にイギリスやフランスで本屋が愛書家たちに提供した書物カタログである．イギリス，フランス，ドイツなどの市民社会が成立した諸地域で，新聞とは異なった定期刊行のメディアとして発展していき，現在では新聞が速報性を重視するのに対して，雑誌は分析や解説に重点を置くことが特徴である．また，新聞が一定の活字と下級の紙を用いるのに対して，雑誌では不特定多数の読者が読みやすいように，用紙，活字，レイアウトなどに工夫を加えて，読者へのアピールを高める努力がなされ，雑誌ジャーナリズムというジャンルを形成している．歴史的にみると，初期には新聞と雑誌の境界は明確でなかったが，長い歴史を経て現代に至り明確に分化したといえる．

## i. 新聞の誕生と世論，ジャーナリズムの発生

　ヨーロッパにおいて新聞に類するものはローマ時代にすでに現れていたが，中世の十字軍，新大陸発見，ルネサンス，宗教改革などの事件による社会の変動の過程で，人々の新たな情報への関心が高まり，1536年には地中海貿易の中心であったベネツィアにおいてはそこに集められた世界各地のニュースを手書きで複製した手書き新聞であるガゼット（gazette）が誕生した．その後16〜17世紀にかけてドイツやオランダなど各地に手書き新聞が広まっていった．

　1454年の活版印刷機の発明により手書き新聞は次第に衰退し，ドイツには，フルークブラット（Flugblatt）と呼ばれる印刷で大量に複製された1枚刷りの新聞が15世紀末に現れた．17世紀になると郵便制度が整備されるようになり，1609年にはドイツで週1回発行の週刊新聞が発行され，オランダ，イギリス，フランスに広がっていった．

　日刊新聞は毎日配達される郵便制度の誕生とともに登場した．その最初のものは1630年にドイツのライプチヒで創刊された『ライプチガー・ツアイトゥング』（Leipziger Zeitung）であるが，ドイツでは三十年戦争による国土の荒廃などによりその後の新聞の発達は停滞した．イギリスでは17世紀の清教徒革命や名誉革命を経て近代的市民社会の形成とともに日刊新聞が発達し，特に1695年の国王の印刷物に対する特許検閲権の廃止は言論，出版の自由に対する制度的整備を促す契機となり，その後のイギリスにおける新聞の発達に大きく寄与した．1702年にはイギリスで最初の日刊新聞として『デーリー・クーラント』（Daily Courant）が，1777年にはフランスで『ジュルナル・ド・パリ』（Journal de Paris）が創刊された．1814年にはイギリスでロンドンの『タイムズ』（The Times）が蒸気機関を利用した新聞印刷を始め，1855年には印刷税が廃止されると同時に『デーリー・テレグラフ』（The Daily Telegraph）が創刊され，その後部数を

急増させ，大衆新聞の時代に入っていった．新聞の大衆化は大衆読者獲得競争に走るようになり，20世紀初頭にはイギリスやフランスには100万部を超える部数の新聞が現れたが，ドイツでは新聞の大衆化は遅れた．

新聞の大衆化により新聞の世論への影響力はますます大きくなったが，その象徴的な事件として1898年のオーロール紙（L'Aurore）におけるエミール・ゾラによるドレフュス事件の告発がある．当時オーロール紙は30万の発行部数を誇っており，ゾラによる大統領への公開質問状は世論を動かし，大論争の末，ドレフュス大尉は無罪を勝ち取った．この事件を契機として知識人やマスコミが政治や社会に大きな役割を演じるようになり，軍の共和化，非政治化，政教分離などの内政の民主化が進み，フランス社会は「ベル・エポック」（良き時代）という名で象徴される，第一次世界大戦前の大衆社会状況に入っていった．この事件では同時に検閲などの諸制度が新聞の大衆化と社会の民主化，近代化を妨げる要素となることが明らかになった．

**j. ビラやパンフレット**

文字や絵を紙に印刷し広告，宣伝，政治的煽動などの目的で用いるものにアジビラやパンフレットがある．ヨーロッパでは活版印刷術の発明は宗教改革や市民革命のためのアジビラやパンフレットの量産を可能にし，特にイギリスでは市民革命のためのイデオロギーの宣伝と拡散に大いに寄与し，紙は近代市民社会の実現を陰で支えてきたといえる．パンフレットを使った反権力の主張はアメリカ大陸にも伝播し，1776年に出版のトマス・ペインの『コモンセンス』はアメリカのイギリスからの独立の正当性を主張し，アメリカ独立革命を陰で支えた．トマス・ペインはその後フランス革命を煽動するパンフレットをフランスに渡り配布した活動家である．この種の印刷物はその後社会主義運動の重要なメディアと位置づけられ，ブルジョア階級の支配の道具となっているマスメディアに対応する重要な手段となったことは，ロシア革命や第二次世界大戦の宣伝戦が示している．

すなわち，紙は文字を支えるメディアとして社会を変革する力をももちえることを，歴史が証明している．

**k. ポスター**

ポスターとは，公共の場に展示するための大きな紙に大量印刷した広告または告知であるが，広告文や商標の入った彩色豊かなイラストや写真からなる．多くの場合目的をもち，アジビラやパンフレットと重なる部分もあるが，純粋な芸術作品もある．ポスターの登場は15世紀の印刷技術の発明以降であり，初期には君主の布告や政令，本の宣伝などに用いられた．現代のように大量生産され多様な分野に用いられるようになったのは19世紀になってからである．1798年のルイ・ロベールによる連続型製紙技術の発明は紙の大量生産を可能にし，同年のゼーネフェルダーによる石版印刷技術の発明はポスターに着色イラストの使用を可能にした．この2つの事象はポスターの新時代を到来さ

せた．19世紀の前半には高速印刷技術のおかげでポスターはブームとなり，鉄道，デパート，劇場などあらゆる宣伝に利用されるようになり，写実的なイラストが添えられるようになった．初期のポスターは宣伝文が主体であったが，次第にイラスト主体に変貌していき，ポスター芸術という一分野を確立するようになった．その後著名な画家や芸術家たちもポスター制作に加わるようになり，大衆に理解しやすくかつ視覚的な魅力をもつポスター芸術に進化していった．19世紀末には，ロートレック，ボナールなどのアール・ヌーボーの芸術家たちがポスター芸術に大きな変革をもたらし，浮世絵から借用した平面的な彩色技法がポスター画面全体に用いられたりもした．

20世紀に入ると，単なる商業的な宣伝だけでなく，1914年の第一次世界大戦の勃発とともに志願兵募集や戦時国債の宣伝など国策的な宣伝などにも用いられるようになったが，それらは芸術的には粗野なものとする評価が多い．その後映画や旅行のポスターも流行するようになった．1920～1930年代，すなわち戦間期のヨーロッパでは，ドイツの美術学校バウハウスにみられるような現代のグラフィックアートの萌芽もみられる．

第二次世界大戦後，ポスターはスペインのピカソやダリ，フランスのマチスらの画家たちをも惹きつけ，洗練されたものに進化を遂げ，宣伝や商業的目的はなく，芸術的，美的なメッセージのみの伝達の目的をもった純粋絵画的なポスターを生み出し，現代に至っている．

### l. 紙幣・有価証券など

商業資本の発達とともに出現したものに，紙幣や有価証券がある．金や銀などの貴金属が貨幣として用いられてきた歴史は古いが，これは素材自身の価値が共通に認識されていたからである．素材が紙である紙幣が価値をもつには，その紙幣を発行する主体が存在し，その主体の信用力により紙幣の価値が保証されなければならない．その信用力は，歴史的には宗教的・政治的権威や豊富な財力である場合が多いが，近代においては法的な力により信用が付与され，中央銀行制度がこれを維持している．紙幣には，政府紙幣と銀行券がある．

イギリスでは17世紀に手書きの手形が現れ，17世紀末にはイングランド銀行の設立により紙幣の形式が統一され，印刷技術が導入されてイングランド銀行券が発行された．銀行券としては，1661年のストックホルム銀行券がヨーロッパで最初のものとされている．

わが国における紙幣の歴史はヨーロッパよりも古く，1600年ごろにすでに紙幣に相当するものが発行されている．

ヨーロッパの各国政府により紙幣が本格的に発行されるようになったのは18～19世紀であり，史上代表的な紙幣としては，フランス革命時に革命政府が発行したアッシニア紙幣や，第一次世界大戦時にイギリス政府が発行したカレンシー・ノートなどがある．

## m. 紙工芸・紙造形

既述の文字を載せた各種のメディアでは，情報の伝達や価値の付与という実用性が目的であり，紙は原則として平面である．一方では，実用性を離れ，紙というしなやかな素材を絵画の支持体にしたり，紙で空間を構成する紙造形などの美的要素を重視する芸術分野がある．その材料としては，彩色した紙を他の素材と組み合わせたり，手漉き紙で半立体成型を行ったりする試みも行われており，わが国の紙工芸の影響がみられる部分もある．

ドイツのある製紙機械メーカーの顧客向けの雑誌では最近，「紙文化」(Paper Culture) という記事を毎号掲載するようになり，製紙技術と紙文化のつながりを示唆している事実は興味深い．

### コラム　印刷博物館

印刷された年代が記録に残る現存世界最古の印刷物は，「百万塔陀羅尼」で，実は770年に日本で印刷されたものである．その印刷術の発祥は中国であり，韓国ではグーテンベルク以前に金属活字による活版印刷術を完成させていた……．「印刷博物館」は，そんな印刷に関する新しい発見を体験できる博物館である．

「印刷博物館」は凸版印刷株式会社がメセナ活動の一環として，文京区水道のトッパン小石川ビル内に2000年10月に開館した企業博物館である．公共文化施設として幅広い人々に来館していただくよう，展示情報システムや印刷工房での動態展示など，内容や活動にも工夫を凝らした新しい博物館を目指している．

展示全体を「かんじる（感覚）」，「みつける（発見）」，「わかる（理解）」，「つくる（創造）」の4つのキーワードで表す内容として，来館者の要望に合わせて，内容の理解度を高めていく展開になっている．それぞれのテーマで表される代表的なゾーンは，「かんじる」がプロローグ展示ゾーン（写真），「みつける」が企画展示ゾーン，「わかる」が総合展示ゾーン，そして「つくる」が印刷工房．中でも総合展示は，時系列に大きく「印刷との出会い」，「文字を活かす」，「色とかたちを写す」，「より速くより広く」，「印刷の遺伝子」という5つのブロックに分けられ，それぞれのブロックを社会，技術，表現という3つの切り口によって構成した展示となっている．

代表的な展示品には，重要文化財の「駿河版銅活字」や，「百万塔陀羅尼」，グーテンベルクの「42 行聖書」原葉などの貴重な印刷史料に加え，現存する世界最古級の木製手引き印刷機「プランタン印刷機」の複製，さらに，ヴァチカン教皇庁図書館が所有する「42 行聖書」の全ページのデジタルアーカイブなどがある．

プロローグ展示ゾーン

展示システムには，移動が可能な上，印刷物をより近くでみることができるよう展示台をテーブル型としたことや，展示史料の情報を手元のモニターを使って引き出せるシステムなど，次世代の情報発信形態を展開している．

ほかには活版を中心に実際に印刷を体験できる印刷工房「印刷の家」や，オリエンテーションなどの研修施設「グーテンベルクルーム」，未来型コミュニケーションの一つである VR シアター（土曜，日曜日とそれに続く祝日の午後上映），現代のグラフィック表現をテーマとした「P & P ギャラリー」，印刷関連図書を収蔵したライブラリー（閉架式）などがある．

「印刷博物館」では印刷の過去，現在，未来をわかりやすく伝えることをテーマに，文化的な研究活動を通じて「印刷文化学」の確立を目指していく．われわれの身のまわりにたくさんあり，毎日の暮らしに役立っている印刷の意外な一面がわかる興味深い博物館である．

・所在地 〒112-8531　東京都文京区水道 1-3-3 トッパン小石川ビル
・電話 03-5840-2300
・ファックス 03-5840-1567
・ホームページアドレス http://www.printing-museum.org/
・開館：10 時～18 時（入館は 17 時 30 分）
・休館：月曜日（ただし祝日の場合は翌日），年末年始，展示換え期間

〔宗　村　　　泉〕

## 2.5.5　ヨーロッパの製紙技術と紙文化の世界史的意義

中国で生まれ，中東と北アフリカからヨーロッパに伝えられた製紙技術は，18 世末に連続型製紙技術に発展し，グーテンベルクの印刷術と結びついて書物，新聞，雑誌な

どを生み出し，紙は人間の思考の表現手段として豊かな西欧文明を開化させてきた．これらは19世紀，20世紀に至り，文学，芸術などにわたり多様な文化を生み出した．

中国やそこから伝わった朝鮮や日本，中近東や北アフリカにおける製紙技術が長い歴史的時間経過があるにもかかわらず大量生産技術に発展しなかったのは多くの社会的要因があるだろうが，地域に限定された技術にとどまってしまったからだといえる．一方，ヨーロッパ世界に伝わった手漉き型の製紙技術は，500年あまりの間に連続型技術に進化し，そこで生み出された技術と文化は西欧世界にとどまらず，その後ユニバーサルなものとして世界各地に広がり，各地域で伝統や社会慣習の影響を受けながらも多様な紙文化を生み出し，政治的，社会的，文化的にも重要な役割を果たしてきた．

〔尾鍋史彦〕

## 文　　献

1) Pierre-Marc de Biasi (1999)：Le Papier－Une aventure au quotidien, Gallimard.
2) Encyclopedia Britannica (CD-ROM版), Britannica (UK) Ltd., 2002.
3) 印刷博物誌，凸版印刷株式会社，2001.
4) ENCARTA，マイクロソフト，2001.
5) 世界大百科事典（DVD-ROM版），日立デジタル平凡社，1998.
6) Papermaking Science and Technology Book 8－Papermaking Part 1, Chapter 2 (History of Papermaking), Finnish Paper Engineers' Association.
7) Machine à Papier en France 1789-1860, 1996.
8) L'aventure des écriture (CD-ROM), Bibliothèque Nationale de France.
9) Geschichite des deutschen Buchwesens (CD-ROM), Directmedia Publishing GmbH, Berlin, 2000.

## 2.6　アメリカ合衆国における紙の歴史と文化

### 2.6.1　最初の植民者たち

製紙は，1690年のリッテンハウス工場創設から現代の最新技術に至るまで，アメリカの歴史における重要な経済的，社会的役割を果たしてきた．植民地において最初に製紙業の必要性を訴えたのは，印刷業者たちである．ヨーロッパからの紙の供給は可能であったが，不規則で限度があった．当時，1600年代後期にウィリアム・ペンはヨーロッパで，ペンシルバニアに入植するように貿易業者たちを募った．彼はヨーロッパ中に，入植による信仰の自由と経済的繁栄という広告を配布して回った．ペンはオランダへの旅行において，アムステルダムで紙を販売していた製紙家であるウィリアム・リッテンハウスに出会った．リッテンハウスは信仰の自由が約束されるということに興味を示し，

ペンの影響で北アメリカに入植する決断をした．

　ウィリアム・リッテンハウスと家族は，植民地における最初の製紙工場を，フィラデルフィアの少し北にあるペンシルバニア州のジャーマンタウンに建設した．ジャーマンタウンは製紙原料のボロが得やすいなど，リッテンハウス家にとってさまざまな理由で魅力的であった．地域の鍛冶屋は工場に必要な金属重機の建造を助け，またそこにはサイズ剤の製造に必要な物質を得られるなめし革工場があった．その場所はさらに，織物製造業のグループの川下に位置するというメリットがあり，リッテンハウスは綿くずや繊維の織り工程から出る亜麻布（リネン）を得た．

　1690年にサミュエル・カーペンターとの間でリッテンハウス工場設立の契約が結ばれ，ウィサヒコンクリーク沿いの土地を20年間借用することになった．ロバート・ターナー，ウィリアム・ブラッドフォード，トマス・トレス，ウィリアム・リッテンハウスらがこの事業に関与した．サミュエル・カーペンターとロバート・ターナーは土地所有者であり，同時にウィリアム・ペンの相談役で，トマス・トレスは富裕な金物屋だった．印刷屋のウィリアム・ブラッドフォードは商売の政治的後ろ盾であった．リッテンハウスはブラッドフォード分の借用代を紙で支払った．彼は7連の印刷用紙，2連の上質筆記用紙，2連の青紙を10年間毎年配達した（注：1連（ream）は紙1,000枚）．ブラッドフォードは，はじめは工場でつくられたすべての連あたり10シリングという印刷用紙の価格を10年間拒絶し，同時に連あたり20シリングという5連の筆記用紙や連あたり6シリングの30連の茶色（未漂白）の紙も拒絶した．リッテンハウスが財政的に安定してくるに従い，共同経営者は次第に彼らの利権を彼に売却するようになった．ターナーは1697年に，トレスは1701年に，ブラッドフォードは1704年に売却した．

　最初の製紙工場は，ウィサヒコンクリーク沿いで採取した材木で建設された．川岸には広い岩石があり，それは工場を守る高台の役目をした．リッテンハウスは，水がきれいで重金属の沈積物がないという理由からその場所を選んだ．

　リッテンハウス家はヨーロッパの伝統的な製紙法を使い続けた．パルプの大部分の繊維は衣類や毛布のボロであった．ウィリアムの妻ガートルイドと妹エリザベスは，おそらくボロを洗い，亜麻布から綿を分離し，汚れたにじみや留め具を取り除いたりしたのだろう．ボロは台座に取り付けた大型ナイフであるボロカッターで切断され，3～4インチ幅の小片にした．次に石灰に浸してから球状に巻き取られ，およそ3か月間腐敗させられた．ボロは再度洗浄され，スタンパーに置かれた．

　スタンパーは重い木製のハンマーをもつ長くて狭い桶からなり，水車の水受けにより上下に動く仕組みになっていた．水受けが回転すると，パルプになるまでハンマーが桶の中のボロを叩いた．

　パルプは大型の木製桶で，パルプ10％と水90％という割合に混ぜられた．たいていは水を加熱するために桶の下にヒーターがあった．バットマンは工場の所有者かまたは

優れた熟練工であった．リッテンハウス家の場合にはウィリアムがバットマンとして創業したが，数年後には息子のクラウスに交代した．紙漉きは午前6時に始まった．ウィリアムはパルプと水を適正な濃度になるまで混ぜ，型枠に入れ，耳をとった．次に強いシートを形成するように繊維を結合させるために型枠を揺らした．型枠は過剰の水を除くためにある角度に傾けた．ウィリアムはデッケルを外し，型枠をたいてい息子クラウスが担当しているクーチャーに渡した（図 2.6.1.1）．

クラウスは次に型枠を上下逆さにし，濡れたパルプをフェルトのシートに圧し付けた．他のフェルトシートは，およそ2フィートの高さの重なりをつくるために紙の上に直接重ねられた．クーチャーは，重ねたシートを均一に圧搾するために濡れた紙を正確に重ねる技巧に長けていた．スタックやポストはプレスにもっていかれ，紙から水が徐々に抜けていくように圧力をかけられた．2フィートの高さの紙は6インチの高さにまで積み重ねられた．

紙は工場の2階である乾燥小屋にもっていかれた．多重の窓がロフトに向け開いており，風の効果を最適にするように配置されていた．紙の一部はT字型をした木製の器具の上に置かれ，天井から下がった牛皮製のロープの上に置かれ，それ以外の紙は木製の乾燥ラックの上に置かれた（図 2.6.1.2）．紙の乾燥後，切断され，包装され，市場への出荷のために積み重ねておいた．

文房具や上質の印刷用紙の場合には，紙にはサイズ処理がされた．サイズ剤は，革なめし工場に放置された筋肉や骨の小片をゼラチン混合物に混ぜて沸騰させつくられた．木製のはさみが乾燥した紙をゼラチンに浸すのに用いられ，紙は再び乾燥室にぶら下げられた．サイズ処理した紙は手で石に擦り付けて磨き，出荷のために積み重ねられた．リッテンハウス工場の3人の労働者は，1日あたり4.5連の新聞用紙を製造した．年産では1,200～1,500連の紙であった．

2番目の工場は，ジャーマンタウンのウィサヒコンクリークの西岸にウィリアム・デ・

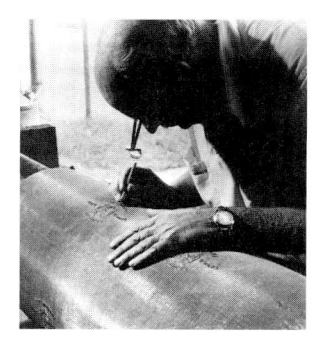

図 2.6.1.1　ダンディーロールへの透かし紋章の彫刻

図 2.6.1.2　漉いた紙の乾燥室

ウィーにより 1710 年に建設された．デ・ウィーはオランダ系で，1688 年に両親とニューヨークに来て，彼の姉はニコラス・リッテンハウスに出会い，1689 年に結婚した．デ・ウィーは自分の工場を操業するまではリッテンハウスのところで修業した．

1713 年，デ・ウィーは彼の最初の工場と 100 エーカーの土地を 145 ポンドで売却した．1729 年に彼と娘婿であるヘンリー・アントは，最初の工場から 2 マイルのところに新しい製粉兼用の製紙工場を建設した．工場ははじめは製粉工場であったが，水が豊富なときには製紙工場になった．1744 年にデ・ウィーが亡くなると，息子はその工場をフルタイム操業の製紙工場に転換させた．その工場はアメリカ独立戦争の間，軍のための弾薬筒の紙やアスベスト紙を製造した．

1639～1728 年の間には，37 の印刷業が稼動していた（ボストン 23 軒，フィラデルフィア 9 軒，ニューヨーク 2 軒）．これらの印刷業は 3,067 以上の書籍，パンフレット，大判紙の印刷物を印刷していた．また，当時はすでに 6 つの新聞があった．

土地や資金のためだけでなく，多くの形式的な手続きを通過させたいという目論見のために，製紙工場への需要は増大した．製紙メーカーは操業開始には 1 万ドルの資金と 15～20 の人手が必要であった．官僚主義は植民地政府とヨーロッパ政府の両方にあった．イギリス政府は特にアメリカ合衆国をイギリスの製紙メーカーの市場と考えていた．1728 年にはイギリス議会は植民地政府がイギリスの商売の妨害をしているかどうかを調べたが，マサチューセッツ州とメイン州の 2 工場しか見つからなかった．イギリスは，植民地の市場の需要を満たす十分な紙を供給することはできなかったが，競争に対する被害妄想が増大した．

1765 年にイギリスは，あらゆる筆記用紙や印刷用紙に用いる紙に課税するという印紙条例を発布した．この考えはイギリスの紙を犠牲にして植民地の紙を市場に氾濫させるというものではなかった．しかし徴税は大変で，施行のコストよりも歳入が少なかった．

製紙は，植民地全体に広まり始めた．最初の南部の製紙工場は，1767 年にドイツ系モロビアンによりノースカロライナ州に建設された．植民地議会は 1775 年にノースカロライナ州ヒルスボローで開かれ，製紙工場を最初に建設する者に 250 ポンドを与えるとの布告を出した．この条件は，製紙家ははじめの 2 年間以内に 30 連の茶色（未漂白）の紙，30 連の白くした茶色（部分漂白紙）の紙，30 連の白の筆記用紙（漂白）を製造するというものであった．これらの紙はイギリスからの輸入品と同等の品質をもたなければならないというものであった．

植民地の人々の間にイギリスからの独立の感情が高まった．イギリス政府は植民地で生産された商品の貿易を締め付けた．1767 年にイギリス政府はタウンゼント課税計画を公布した．これは，ガラス，紙，板紙，鉛，塗料，および茶に輸入関税をかけるというものであった．いくつかの植民地は非輸入関税条例を制定したが，それは紙も含んでいた．

紙の需要は増大の一途を辿った．アメリカ独立戦争の前の不足時は，新聞が余白なしで刷られるようになり，時折週刊版を抜かしたりした．ジョン・マクソンによると1775年には30～50軒の家族経営の製紙工場があった．ホレンダービーターは1760年に本国オランダで発明されていたが，植民地の工場にそれほど存在したとは思われない．

### 2.6.2 アメリカ独立戦争と製紙の広がり

戦争が勃発したときには人々は紙を渇望しており，リサイクルした壁紙，包装紙，使用済みの紙の裏側，書籍のページなど，入手可能なあらゆる紙を使おうとした．1776年にはフィラデルフィアの製紙家ヘンリー・カッツとフレデリック・ビッキングはペンシルバニア安全委員会に製紙メーカーが製紙工場の操業を継続しないと弾薬筒紙（一定の火薬と弾丸をつめておく）の供給が尽きてしまうという理由で軍務の免除を請願した．1776年7月19日，大陸会議は「ペンシルバニア州の製紙メーカーは義勇兵と一緒にニュージャージー州に進むことから引き止める」と決議し，8月9日には安全委員会は直後にそれにならった[22]．

アメリカ独立戦争の後，製紙工場は激増し始めた．ジャック・ピエール・ブリッソ・デ・ワービルによると，1794年にはペンシルバニア州に48工場，デラウェア州に15工場があった．ジョン・マクソンはアメリカ合衆国全体でおよそ100～125の工場があったと推定している．しかしながら一般的な認識はヨーロッパの紙の方が品質が優れ，アメリカ市民は再びヨーロッパ（たいていはオランダ）の紙を輸入し，買うようになった．最も有名なオランダの製紙メーカーの一つであるアドリアン・ロッジェは，13州の星と線（星条旗）の船の透かしのついた紙をアメリカに売った．1789年までに製紙メーカーは，競争を減らすために輸入紙に7.5％の課税をするように政府に圧力をかけたが，ボロがまだ自由に輸入されていた．

1799年，22歳のゼナス・クレインは，自分の新工場の場所を探すためにマサチューセッツ州のスプリングフィールドを離れた．ゼナスは製紙家族の中で育った．彼の父はボストン近郊であるマサチューセッツ州ミルトンのボーズ，ルイス，クレインの製紙工場の共同経営者であった．彼は他の工場のオーナーであった兄とともに16歳で修業を始めた．

クレインの第一の優先課題は，汚染のない，スタンピングホイールを動かす十分な力をもつ水源を見つけることであった．彼はまた，潜在的なユーザーに近いところにいる必要があった．クレインはヒューサトニック川に沿ったマサチューセッツ州ダルトンに定住した．そこは清浄な水が得られ，またピッツフィールドの The Sun 紙とストックブリッジの Western Star 紙という2つの新聞社に近いという場所であった．製紙工場を建設するための資金をもつ共同経営者を見つけるのに，2年間かかった．興味深いことに，工場は土地を1801年12月25日にマーティン・チェンバレンから194ドルで購

入する前に建設されていた.

クレイン製紙工場は桶が1つだったが，1ポストあたり125シートをもつ25ポストを製造することができた．クレインは賄いなしでエンジニアを週給3ドル，バットマンとクーチャーを3ドル半で雇った．追加の労働者と2人の女工は週給75セントで，レーボーイ（lay-boy）は賄いつきで雇った．クレインが工場長としてどれくらいの給与をもらっていたかの記録はないが，数年後には週給9ドルまでになっていた.

1801年にゼナス・クレイン，ヘンリー・ウィゼル，ジョン・ウィラードはピッツフィールド・サン紙に次の広告を載せた.

「アメリカ人よ，あなた自身の工場を奨励せよ，そうすれば改善される．淑女よ，ボロを蓄えよ.

寄付者としてもし次の春にドルトンに製紙工場を建設しようと考えるなら，これは地域全体にとって大変有益なことであるので，地元の人たちは大いに鼓舞されるだろう．また，女性たちも，いい値段で買い取ってもらえるボロを蓄えておいて，工場や最寄りの商店に持ち込んで，貢献してくれること請け合いである.」

1812年には騎馬郵便配達人が中央郵便局に郵便を運び，そこで個人個人がやってきて自分の郵便物を引き取った．ドルトンに最も近い郵便局は5マイル離れたピッツフィールドであり，1812年当時としては遠い距離であった．販売量を増やすために地方紙は1週間に一度，郵便物と一緒に家々や農家に配達を始めた．ゼナス・クレインは，ボロを貯めて町の商店にもってくるようにとのニュースを広めるように，騎馬郵便配達人を説得した．女性はボロを商品と交換や掛け売りをしたり，商店はボロをクレインに売った．地域の行商人は，農家でボロを商品と交換するというアイデアを思いついた．そしてボロを直接製紙工場に売却した（図2.6.2.1）.

1822年までにドルトンには3つの製紙工場が存在したので，工場主はボロの商売を北部と南部のルートを含むように分離することを決めた．工場は協定に調印し，互いに他のルートを妨害しないという約束をした.

深刻なボロ不足が生じ，ほとんどの工場は広告で解決しようと試みた．1808年にはサラトガに製紙工場をもつホレーが次の広告を載せた.

「あなたのボロを蓄えなさい！

この試みは，フォート・エドワード近くのモローの町に製紙工場を建てた寄付者により合衆国北部の若年，老年，中年のあらゆる女性に対して行うものである．彼女たちが協力してくれなければ役に立つ新聞記事も読めなくなってしまうのだということを女性たちに自覚させない限り，この訴えは，普通の女性には効果がないことが証明されるとは考えられない．もしも十分なボロの蓄えが製紙工場にないと，若い女性たちはそれぞれの地域の若者からの優しい手紙を待ち焦がれても無駄だし，手紙が最高の通信手段であると思われるときでも，独身男性はフェアに1人で参加しなければならない．あらゆ

**図 2.6.2.1** 製紙原料のためのボロを集める人々

る色彩と種類のきれいな綿やリネンボロと引き換えに，女性たちは聖書や観劇，かぎ煙草が与えられ，母親たちには子供たちのための文法書，綴り書，入門書が与えられ，若い未婚女性には着飾るためのボンネット帽子，リボン，イヤリングが与えられる（そのおかげで彼女たちは夫を見つける場合もある）．ある場合にはそれらを製紙工場に売り現金に換えることもできる．」

ジョン・マクソンによると，1810年までに218の製紙工場があり，その全体の生産高は1,689,718ドルであった．そのころでさえ，彼らは需要に応じるための十分な紙は生産できなかったが，製紙メーカーはヨーロッパからの輸入に対して保護を求め，従価税は27.5%から37.5%にもなった．1812年の米英戦争の間には紙の輸入は再び禁止された．

### 2.6.3 機械製紙のはじまり

1817年に最初の製紙機械が，デラウェア州ブランディーワインクリークの工場に輸入された．この機械は生産速度を変え，連続生産を可能とした．製紙メーカーは紙漉き型枠と同様に製紙機械を道具と考え，多くの同様な家族は新しい生産形式に適応していった．1800年代中期から後期までには，機械方式に転換しなかった工場は市場での競争力をもてなくなり，手漉き法は次第に衰退していった．

製紙家であるトマス・ギルピンは，ヨーロッパの製紙メーカーや製紙機械の発明家とともに研究し，図面を描き，彼らの発明の詳細な記録を書き残している．彼はディッキンソンシリンダーを少し改良し，ギルピンマシンとしてアメリカの特許を取得した．ギルピン兄弟は，アメリカ最初の製紙機械の発明者として功績が認められている．

1820年までに製紙に衰退傾向があった．マーク・ウィルコックスとトマス・ギルピンがアメリカ上院と下院に嘆願書を提出した．

「ペンシルバニア州とデラウェア州の製紙メーカー協会の覚書．

2.6 アメリカ合衆国における紙の歴史と文化　　　　61

　われわれが代表する地域は，国全体のこの製造業の状態に対するかなりの意見を代表していると考える．これらの70の製紙工場は最後の戦争における輸入までフル操業していた．これらの工場には50万ドルかけた95の桶があり，950人を雇用し，年間賃金は217,000ドルで，毎年26万ドルに相当する2,600 tのボロを使って年間80万ドルの紙を生産している．それに対してわれわれの工場では（低価格の輸入品の）17の桶しか稼動しておらず，年間賃金は45,000ドルで生産高は136,000 tで，その結果775人が失業し他の生活手段を求めており，地域には212,800ドル分の原料を生産できるはずだった2,128 tのボロが未使用で溜まっており，それは624,000ドルの紙の生産量に相当する[22]．」

　ウィルコックスとギルピンは，輸入上質紙に対する従価税を70％にするように要求した．1824年の関税法案ではポンドあたりの高い率を設定した．南部諸州はヨーロッパに綿を売るためにヨーロッパとは良好な関係を維持しておきたかったので，その要求にはぞっとした．

　製紙機械の設計と製造は，その開始後，次々と続いていった．1822年，マサチューセッツ州スプリングフィールドのジョン・アメスはシリンダーマシンの特許を得た．1824年までにウスターのアイザックとガーディナー・バーバンクは彼らのバージョンのシリンダーマシンをもって会社を飛び出し，1829年マサチューセッツ州ミルトンのアイザック・サンダーソンは彼の設計のシリンダーマシンの特許を得た．

　フォードリニアマシンは，1826年にニューヨーク州ソーゲルチードのヘンリー・バークレイにより初めて輸入された．1829年までに最初のフォードリニアマシンはコネチカット州サウスウィンドハムのライフル銃の製造で有名なスミスアンドウィンチェスター製造会社により建造された．

### 2.6.4　苦難の時期

　南北戦争によりアメリカ合衆国に新たな紙不足が生じた．大部分の製紙工場は北部州に位置していた．南部経済は農業が主であり，南部州は紙をヨーロッパから輸入したり北部州から購入していた．南北戦争の勃発で紙の供給者から遮断された．製紙工場は情報伝達を妨害する目的で，南部と北部の両方に対して攻撃の標的となった．マリエッタ・ジョージアは南北戦争により工場が破壊されるまで，24時間フル稼動の南部最大の製紙工場をもっていた．製紙のためのボロが不足し，綿植物からパルプをつくる実験が南部で始まった．しかし，できた紙は筆記用紙としては必要な強度をもっていなかった．

　北部州もやはりボロ不足に悩まされていた．コネチカット州のフランクリン製紙工場（図2.6.4.1）は，精製綿の包装用紙をつくる契約を政府と交わしていた．これらのパルプは上質の筆記用紙工場の損紙からつくられた．高品質の損紙は高級包装紙に，低品質の損紙はクレイと混ぜて精製綿の包装用紙にされた．

従来の繊維を木材で代替する実験がヨーロッパで成功した．1844年にドイツのフリードリッヒ・ゴットレブ・ケラーにより砕木機械がつくられたが，アメリカで最初に輸入されたのは22年後だった．木材パルプがマサチューセッツ州リーにあるスミス製紙会社に1ポンド8セントで売られた．「機械的または砕木工程は回転する砕木石に水を流しながらこすりつけ，短い材木を圧縮し，皮を剥がし，パルプを製造した．繊維の長さを維持して，繊維が粉末状にならず剝皮されるようにするために，水圧により繊維の塊は石目の横向きに押しつけられた．最初は引張強度を付与するためにボロパルプがある割合で木材パルプに加えられた．後には入手しにくいボロパルプの代わりにサルファイトパルプが用いられた」という．

1869年，アルフレッド・デニソン・レミントンは砕木パルプから新聞用紙をつくった．彼は2両の鉄道貨車にパルプを満載してニューヨークタイムズ紙に送ったが，品質が劣るとの理由で受け取りを拒否された．ウィリアム・ラッセルはニューハンプシャー州とバーモント州に砕木パルプ工場を建設した．彼も製品を売るのに苦労した．ラッセルの販売員は，ボストン・ヘラルド紙の砕木パルプの500連の注文を，事前通告なしで満たした．この紙は非常に良質であったので，ボストン・ヘラルド紙はその後ボロの使用を拒否した（図2.6.4.2）．

1885年までに15の新聞が木材パルプを使っており，購入費用ははるかに安価であった．新聞社は，木材パルプからつくった新聞用紙はリグニン含有量が高いために腐敗・劣化しやすいことを知っていた．ニューヨークタイムズ紙は，長期の保存のためにいつも限定された部数をボロパルプに印刷していた．

もっと興味深い代替繊維がカリフォルニア州サンホセのリック製紙工場で使われた．工場主は地域に生育する繊維の使用を望んで，サボテンを用いた実験を始めた．「モハビ砂漠に大量に生えているサボテンの種から高品質な紙を製造する実験が最近サンホセで行われた」と1877年5月7日付けのサクラメント記録者協会の資料に載っている．

図2.6.4.1　フランクリン製紙工場の透かし紋章

図2.6.4.2　製紙原料としての木材を積んだ貨車

西海岸地域全体でサボテンを大規模に使用する計画に関する記事がその後続いた．工場主によるとサボテンから強い紙はつくれるが，供給が限られている．残念ながらサボテンは宣伝されているほどのメリットはなく，すぐに木材パルプに置き換えられた．

　1878年，ニューヨーク州ウォータータウンのレミントン製紙工場のA. D. レミントンはリック製紙工場を買い取った．彼はまた繊維の実験に興味をもち，木材繊維からパルプを製造するクラフト法（硫黄プロセス）を最初に輸入した．カリフォルニア州は，東海岸の製紙工場が紙を輸送しても利益が出ないほど遠隔に位置していると考えられていたため，製紙工場の設置を強く願っていた．フォルレンス・ドネリーによると，1872年にできた新しい木材パルプ工場は，1,200 tの稲わらと1,200本の木材の紐から日産2.5 tのパルプを製造していた．このパルプはサンホセ・マーキュリー紙，サンフランシスコ・エキザミナー紙やそのほかのローカル紙のための新聞用紙にされた．これらの工場はまた紙袋用の紙も製造したが，その西海岸地域での消費は1億8千万ドルの生産額で6千万枚に達する1882年まで毎年上昇し続けた．

　美しいマホガニー材でつくられたリック工場は1882年に焼失したが，ただちに175フィート幅の新しい工場が建てられた．新しい工場は自前の鍛冶屋，機械工作室，倉庫をもっていた．独身の工場労働者は2階建ての寮に住み，既婚の労働者は工場の社宅に住んだ．その工場には日夜労働に専心する40人の労働者を抱えていた．

　その工場は新聞用紙を卸売業者にtあたり160ドルで売ることにより繁盛した．衣類，木材（ポプラ，トウヒ，ツガ），黄麻布や黄麻繊維，化学繊維，大麻繊維，わら（これは漸次廃止されていったが）などが繊維として使われた．最新かつ最終的に最大の製品となったのは，果物の出荷用の包装用紙とドラッグストア用の包装用紙であった．

　1898年に工場が売却されたが，その内容は68型フォードリニア製紙マシン一式，すなわちビーター，ジョルダンエンジン，ロータリー型漂白用ボイラー，ポンプ，パイプ，シャフト，ベルト，プーリーなどである．これはドラムパイプと煙突のついた3つのバブコック円筒ボイラー一式で，1つは大型のコルリスエンジン，シャフトなどで，1つの蒸気エンジン，2つの真空ポンプ，ボイラーポンプ，すべてがパイプとバルブに接続されていた．あらゆる機械類が修理のために機械工場と離れに設置されていた．1つの36インチのアシーム型自己クランプ紙カッター，床スケール，あらゆる携帯型の販売物，大型と石，内部に接続しているエレベーター機械などである．

　製紙がアメリカの大きな産業になるに従い，研究や教育の重要性が増大した．木材は最も人気のある繊維で，林業実践に対する新たな見方がなされるきっかけとなった．1895年にカール・アルビン・シェンク博士は，ノースカロライナ州のバンデビルト家の故郷であるビルトモア邸宅にアメリカで最初の林学校をつくった．林学校はヨーロッパで普及しており，学生は科学と農学を学んだ．シェンクがドイツから到着したとき，少ししか樹木がなく収穫物で疲弊した山々の多い土地であることを知った．彼は立派な

林学実践を開始し，見習いを採用した．

1898年にシェンクは私有林管理のための最初の課目カタログを発行した．彼の学校での在職期間は1898～1913年であった．その間に350名の学生に教育を行った．夏休みに課目を教育するためにいくつかの大学の教官が採用された．科目は午前中は講義で，午後は野外実習という形式で1年間継続した．シェンクはドイツからホワイトパインの苗木を輸入したが，学校はやがて種苗場をつくり，その土地の樹木を使って実験を始めた．在職中にシェンクはビルトモア棒を発明したが，それは林業家が収穫時期を知るために使われた．また彼はアメリカ合衆国で最初の材積調査を行い，経営と成長のための作業計画を立案した．

1899年，カリフォルニア州のシエラマドレ山脈のフロリストンに，果物に傷をつけないで東部に届けるための包装用紙をつくる工場が設立された．この工場はまた，干しブドウの乾燥のための板紙製品をつくっていたことで知られている．ブドウはつるから切り取って，板紙の盆に載せて太陽の下で乾燥され，干しブドウになった．

この工場はこの種のものでは最大規模で，設置場所は，発電のための豊富な水量，交通の便，木材から良質な繊維が入手可能，またサザンパシフィック鉄道が最近この地域を通るようになった，などの理由で選定された．工場は降雪量の多い山岳地帯の真ん中にあり，長い間定住不可能とされてきたが，鉄道がこれらの風評をすべて変えてしまった．工場は500人の製紙工を雇用できる大きさであり，工場の4分の1の部分は労働者のための寮にあてられた．近代的な設備の整った浴室のある住居も建てられ，月額10ドルで家族に貸与された．

材木は普段は馬車で運ばれたが，もっと危険な場所では直接川まで材木が引っ張っていかれた．材木はいかだを組んで下流へ運び，工場のそばの岸に運ばれた．そこではおよそ直径2インチの木材チップをつくるために，材木を製材工場に送り込むための用水路がつくられた．クラウンゼルバック社やロングビューファイバー社などの工場では，製材工場に廃材として放置されている木材チップを繊維原料として使い始めた．剥皮のための水圧ジェットが製材工場に導入されるようになった．

1930年代までに二重タイヤのトラックとブルドーザーが伐採の方法を変えたので，小枝や1本の樹木さえ伐採された．そうしても紙の需要に追いつけなかった．1930年代までに新聞用紙は入手が困難であったので，新聞用紙の輸入関税をゼロにすることを許可し，その結果カナダはアメリカの新聞用紙の80％を供給するまでになった．

1929年に製紙産業は紙科学のための学校の設立を決めた．ウィスコンシン州アプルトンで紙化学大学（The Institute of Paper Chemistry）が製紙にかかわる生物学，化学，紙物理学，工学などの教育を何世代にもわたって行うべく創立された．この大学は紙づくりのための新しくより優れた方法を研究し，製紙に関する数百件の特許を取得した．大学院は現在ではThe Institute of Paper Science and Technologyという新たな名

前でジョージア州アトランタにある．卒業生は現在，技術の最前線で研究しており，最後は製紙産業の経営のトップとして活躍する人々が多い．この大学はRobert C. Williams American Museum of Papermakingの所在地でもある．この博物館はアメリカにおける手漉き法を復活させた人物とされているダード・ハンターにより設立された．ハンターは世界中を旅行し，各種の民族の紙のつくり方を学び，紙工芸品を集め，彼の冒険旅行についての書物を執筆した．

　科学と技術は300年余の間に紙づくりの手法を転換させたが，一族経営，安価な繊維原料の探索，市場の変化に対応するための絶えざる変化など，ある要素は不変である．つい最近までこの産業は家族経営の形態であった．工場はクレイン製紙会社のような最初の工場のいくつかを含んで家族内の何世代かにわたり所有されていた．工場労働者は同じ地理的域内の世代にわたっていた．工場経営のトップはしばしば互いを熟知し，TAPPI（Technical Association of the Pulp and Paper Industry）やAF&PA（American Forest and Paper Association）のような同職集団のメンバーでもあった．

　製紙産業は常にパルプに適した，早く育ち，安価な繊維を求めるという行動に影響されてきた．最近では大部分の木材繊維の供給地はアメリカ南部である．そこでは南部マツが15～17年で成熟する．リサイクルパルプに関しては，新聞用紙とティッシュペーパーなどでは特に50％以上使われている．しかしながら樹木は南米やインドネシアで育てた方が安価であり，パルプの生産は北米を離れつつある．

　多くのビジネスアナリストは，われわれの日常生活にコンピュータ技術が深く浸透すると紙の時代は終焉すると予測した．しかし実際は電子メールやファクシミリをすべて紙に出力したりして紙の使用がますます増大することから，この予測の反対のことが真実であることがわかった．製紙会社は，相手がろ紙メーカーであろうと，壁紙メーカーであろうと，文房具を買う人であろうと，常に顧客に届ける新たな方法を模索している．

　ジョージ・バーナード・ショーがいったように，「すべてが紙の上に存在すると不平をいった連中に，人間的なものは紙の上にだけあり，栄光，美，真実，知識，美徳，変わらぬ愛が達成されてきたことを思い起こさせなければならない」のである．

〔シンディ・ボーデン〕

［編集部注： 本稿はCindy Boden氏の原文 "A Historical View of the Culture of Papermaking in the United States" を尾鍋史彦氏が翻訳したものである．］

## 文　　献

1) Allen, George（April 1942）：The Rittenhouse Paper Mill and Its Founder. The Mennonite Quarterly Review.
2) Calder, Ritchie（1968）：The Evolution of the Machine. New York：American Heritage Publishing.
3) Clapperton, R. H.（1934）：Paper, A Historical Account of Its Making by Hand from the

Earliest Times Down to the Present Day. Oxford：Printed at the Shakespeare Head Press.
4) Clapperton, R. H. (1967)：The Papermaking Machine, Its Invention, Evolution and Development. Oxford：Pergamon Press.
5) Crane Paper Museum Collection, Crane Paper Company, Dalton, Massachusetts.
6) Donnelly, Florence (1951)：The Beautiful Mill. The Paper Maker, Vol. 20, No. 1, pgs. 23-32.
7) Donnelly, Florence (1952)：The Paper Mill at Floriston in the Heart of the Sierras. The Paper Maker. Vol. 21, No. 1, pgs. 59-71.
8) Drew, Bernard, editor (1984)：A Bicentennial History of Dalton, Massachusetts 1784-1984. North Adams：Excelsior Printing Company.
9) Editors (1928)：The Franklin Crier for January 1928, Philadelphia：Franklin Printing Company.
10) Edwards, Frances (1966)：Connecticut Paper Mills. The Papermaker. Vol. 35, No. 1, pgs. 11-16.
11) Fisher, R. W. (1997)：The Dalton Papers, Eighteenth Century Dalton from Original Town Manuscripts. Dalton：Author Published.
12) Goerl, Stephen (1945)：Papermaking in America. New York：Bulkley, Dunton Organization.
13) Hanson, Hugh, conversations with, Rittenhouse Mill, Philadelphia (1998).
14) Hopkins, Peter (1992)：The Romance of Paper. Dalton：Crane Paper Company.
15) Hopkins, Peter, conversations with, Crane Paper Museum, Dalton (1999).
16) Horst-Martz, Galen, conversations with, Germantown Mennonite Historical Trust, Germantown (1998).
17) Hull, W. T. (1935)：William Penn and the Dutch Quaker Migration to Pennsylvania. Swathmore：Swathmore College Monographs on Quaker History.
18) Hunter, Dard (1952)：Papermaking in Pioneer America. Philadelphia：University of Pennsylvania Press.
19) Hunter, Dard (1947)：Papermaking：The History and Technique of an Ancient Craft. New York：Alfred A. Knopf.
20) Kephart, Calvin (December 1938)：Rittenhouse Genealogy Debunked. National Genealogical Society Quarterly. Vol. XXVI, No. 4.
21) Kriebel, H. W. (1912)：The Penn Germania. Vol. I, Cleona：Holzapel Publishing Company.
22) Maxson, John W. (April 1968)：Papermaking in America：from Art to Industry. The Quarterly Journal of the Library of Congress. pgs. 116-133.
23) McGraw, Judith (1987)：Most Wonderful Machine. Princeton：Princeton University Press.
24) Pennypacker, Honorable SW (1899)：The Settlement of Germantown and the Beginning of German Emigration to the New World. Philadelphia：W. J. Campbell.
25) Pierce, Wadsworth (1977)：The First 175 Years of Crane Papermaking. North Adams：Excelsior Press.
26) Price Papers, The Library Company, Philadelphia (1998).
27) Robert C. Williams American Museum of Papermaking Collection, Institute of Paper

Science and Technology, Atlanta, Georgia.
28) Snell, Ralph, editor (April 1932): Superior Facts, Vol. 5, No. 10, pgs. 1-15.
29) Tunis, Edwin (1972): Colonial Craftsmen. New York: World Publishing.
30) Voorn, Henk (April 1968): Paper, Instrument of Liberty, Pacemaker of Progress, Support of Civilization. The Quarterly Journal of the Library of Congress. pgs. 104-115.
31) Weeks, Lyman Horace (1916): History of Paper Manufacturing in the United States 1690-1916. New York: The Lockwood Trade Journal Co.
32) Wheelwright, William Bond (1951): Zenas Crane, Pioneer Papermaker. The Paper Maker. Vol. 20, No. 1, pgs. 1-7.
33) Wilkinson, Norman (1975): Papermaking in America. Greenville: The Hagley Museum.
34) Wiswall, Clarence (1938): One Hundred Years of Paper Making, A History of the Industry on the Charles River at Newton Lower Falls Massachusetts. Reading: The Reading Chronicle Press.
35) Wolf, Stevie, conversations with, Philadelphia (1998).

## 2.7 アジアにおける紙の歴史と文化

　アジアは，最大の大陸であるユーラシア大陸の大部分を占めている．また，世界の陸地面積の約3分の1を占め，世界の人口の約2分の1が居住している巨大な地域である．地理的には北アジア，中央アジア，東アジア，東南アジア，南アジア，西アジアの6地域に分類され，多様な文化が存在するが，ここでは，文化圏としては東アジア文化圏（中国，朝鮮，日本，インド）と西アジア文化圏（旧メソポタミア文明の地域，今のイラン，イラク，中東諸国）の2つの部分に区分し，宗教的には東アジアの仏教世界と西アジアのイスラム世界に大別する．朝鮮半島と中国の紙の発生に関しては別項で取り扱うので，ここではそれ以外のアジア地域を中心に紙の問題を扱う．

　アジアは文化の歴史がきわめて古く，世界四大文明のうちのメソポタミア文明，インダス文明，黄河文明という3つの文明の発祥地であり，キリスト教，イスラム教，仏教の三大宗教はすべてアジアで生まれた．しかし日本以外は近代化が大幅に遅れたために，ヨーロッパ諸国の植民地となってしまった国々が多いが，第二次世界大戦後の民族運動の盛り上がりの中で，ほとんどの国々が独立を達成した．多様な自然環境の中に多様な民族，言語，宗教が混在する地域で，紙についても多彩な文化が開花した．

　紙の消費に関しては，現在は消費水準は低いが伸び率は高く，世界全体の成長を牽引している地域である．今後は，人口増加と経済成長とともに消費が飛躍的に増大する潜在的可能性を秘めている地域，という見方ができる．

　また紙の歴史からアジアを時代区分すると，紙以前の書写材料を用いた古代文明の時代，中国の製紙技術が生まれ伝播していく時代，製紙技術が中国文化圏内に定着し発展

していく時代，大航海時代から植民地化に至る時代，洋紙技術の導入から現在に至る時代と分けられるだろう．

**a. 古代文明の時代**

エジプト文明以外の三大文明がアジアで生まれ，メソポタミアでは粘土板が，インドでは石版が，中国では木簡，竹簡，絹紙，亀甲，獣骨などが用いられた．中国でははじめ公文書に竹簡が用いられ，前3世紀ごろ，皇帝は毎日60 kgもの行政書類を扱ったという．次第により軽量なものが求められ，高価ではあるが絹布が用いられるようになった．絹布の巻物からは書物が発達し，歴史や文学が記された．動物の毛で筆をつくり書道が発達し，表意文字である甲骨文字から漢字が発明された．これらは歴代の皇帝の墓などから発見されている．

**b. 製紙技術の誕生と伝播**

最近の考古学の成果から紙の発明は前2〜3世紀ごろとされ，蔡倫は105年に製紙技術全体を完成させた人物とされている．20世紀はじめのヘディン，シュタイン，ペリオ，大谷光瑞などの中央アジアの探検の成果や，1986年に甘粛省天水市で出土の放馬灘紙や1990年に敦煌近郊で出土の懸泉紙などの新たな発見もこの説を裏付けている．

中国の紙は，数千年前からインドネシアやオセアニアに存在したタパ（樹皮紙）を源流とするという説がある．事実，数千年前から中国南部では桑の木の皮が衣服や樹皮紙に用いられていたようである．ネパールなどでは実際まだタパの技術が現存している．また，敦煌で発見されたチベット仏教の写本などの仏典の巻物の一部はタパでできている．

中国で生まれた製紙技術は，中国文明の勢力圏の国々に徐々に伝播されていった．諸説あるが300年頃には朝鮮半島へ，日本には朝鮮半島から610年に仏教の普及のために訪れた僧侶曇徴により伝えられた．さらに3世紀には北部ベトナムへ，次にタイやミャンマーには中国雲南省方面から伝えられた．当時東南アジア地域ではバイタラ（貝多羅）が使われていたが，次第に中国から伝来した紙に置き換えられていった．

日本はすでに3世紀に中国の漢字をもとにして仮名文字をつくり，7世紀の紙の伝来後は紙に仮名を書くようになった．中国の方法を参考にしながらも独自の書道文化を形成し，のちの日本文化の基礎とした．はじめは，中国語やサンスクリット語の仏典を翻訳したり写経の目的で使われたりしたが，紙にも趣向を凝らすようになり，彩色し，巻物にした金や銀のシートをつくるようになった．9世紀には国の産業となり，京都の朝廷の管理のもとで紙屋院が置かれ，朝廷で用いる紙屋紙がつくられた．平安時代には，貴族社会で紙を土台として手紙文化が広がり，また文学も栄華を迎えた（図 2.7.0.1, 2）．

なお，日本の和紙とは，19世紀に洋紙が導入されてから，これと区別するためにつくられた言葉である．日本では，トロロアオイ（黄蜀葵）などの植物粘質物を用いて水の粘度をコントロールしながら紙を漉く「流し漉き」という独特の方法が発達し，さら

**図 2.7.0.1** 日本における和紙の発達（『紙漉重宝記』より）[11]

**図 2.7.0.2** 日本における巻子本の絵巻本[12]

に14〜16世紀には公文書の繊維のリサイクルさえ行われていたといわれる．現代のリサイクルのはしりである．日本では紙に漆を塗ったり，彩色して加工紙をつくって懐紙や扇子などに利用し，礼儀作法など日常生活に深く入り込んでいった．

西欧には中国における発明から1,000年以上を経て伝わっており，日本には600年代に入ったことを考えると，中国や日本などのアジアでは西欧よりも早くから深く生活全体に紙が入り込んでいたのは納得できよう．一方西方のイスラムへも伝えられ，また西遷の途中で南下し，9〜10世紀にはネパールでも製紙が始まった．

### c. 中国文化圏での紙の進歩

紙の初期の技術は東や西に伝わっていった．2世紀から10世紀までにトルキスタンやインドシナまで帝国（唐）内に広く伝わっていき，進化を遂げたが，特に仏教とのかかわりが大きい．

当時の紙の原料は繊維を各種の植物質と混ぜたものが多く，例えば，麻や亜麻の繊維に桑の樹皮，藤，竹，小麦・大麦のわら，絹の繭，ジュート，白檀の木，ハイビスカス，つる植物，苔などあらゆるものの混合が試みられた．また方法は，中国の製紙技術は4つの段階——パルプの調成，シート形成，乾燥，礬水（ドウサ）引き（膠を塗る）——からなる．

製紙技術の進化とともに，切り絵や書道など紙の文化も多様に展開した．中国の書道用紙は白いものだけでなく，植物や鉱物顔料の溶液で黄色，緑，赤，琥珀色に染められた色彩豊かなものが多い．また米のデンプンで糊づけ，接着されたものや，蠟の薄膜を塗布して墨の広がりを制御した，和紙における礬水引きに類似した加工が施されたものがあった（図2.7.0.3）．

仏教文書では虫害を避けるために黄色の白木質（防虫剤）で処理された．また紙は竹より軽く，絹より安いので，文書や彩色作品に広く普及していった．

7世紀ごろに木の刻印から木版画が発達し，さらに木板による複製技術を利用して書

図 2.7.0.3 中国における手漉き法（左）と紙の染色[12]

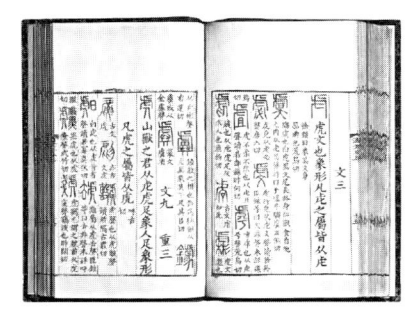

図 2.7.0.4 中国における冊子本（左）と巻子本[12]

物がつくられたが，その形態はアコーディオン状のものなどユニークなものであった．書物に関しては装丁（装幀）術も発達した（図 2.7.0.4）．また木版の可動活字による印刷技術が 11 世紀にはすでに存在したが，これはグーテンベルクの金属活字による活版印刷の発明より 400 年も前のことである．

　以上は紙の書写材料としての用途であるが，それ以外にも紙は当時の中国の日常生活に深く入り込んでいった．衣類としては冬の衣類の裏地に防水の油紙を用いたりして，綿より好まれた．厚紙は襞をつけて漆を塗り，戦闘用の鎧に用いられた．

　また生活に潤いを与えるものとして扇子は従来絹でつくられていたが，次第に彩色した紙の扇子が使われるようになった．芳香紙もつくられ，燃やして芳香を漂わせることが行われたが，これは日本の香道の源流といえるだろう．さらに紙は古代から商品の包装に広く用いられた．現在紙の基本的な 3 機能として書く（write），包む（wrap），拭う（wipe）という 3W があげられる．拭うという分野であるわが国で家庭紙といわれる衛生用紙が中国では 5 世紀にすでに発明されていたが，西欧世界では 1871 年までその概念は現れなかったことを考えると驚くべきことである．消費は主に宮廷内で庶民レベ

ルにはなかなか広がらなかったが，中国では現代の多様な紙がすでに14世紀ごろまでに発明されていたといえる．

さらに商品経済を支えるものとして，11〜12世紀に紙幣が流通し始め一般化した．当時の支配者は偽造防止などの面から木版による紙幣印刷用原版の有利さを国が築いたといわれ，信用に基づく貨幣は中国で発明されたといえる．

王族に限らず庶民の日常においても祝祭や葬儀の儀式に関係した紙による花飾り，灯籠，切り絵，のぼり（旗），仮面など多色，多彩な紙が使われた．

#### d. イスラム文化圏での紙の進歩

イスラム世界へは従来，751年のタラス河畔の戦いでアッバース朝のイスラム軍の捕虜となった，唐軍にいた製紙技術者から伝えられたとされているが，それより100年前にすでにサマルカンドに製紙工場が存在したという説もある．いずれにしても紙の技術は500年以上中国文化圏にとどまっていたことになるが，やがて絹と香料の道を通って西に向かい，イスラム文化圏と接触することになる．また西欧世界からみれば，1,000年以上西欧世界以外の地域にとどまっていたことになる．500年間イスラム世界を旅してやっと12世紀にヨーロッパに上陸することになる．

イスラム世界ではウマイヤ朝（661〜750年），アッバース朝（750〜1258年）と続いた．一説ではイスラム世界では637年以来紙の存在が知られていたとされる．ハールーン・アッラシードの時代にバグダッドに最初の製紙工場がつくられ，その後アラビア半島のイエメン，シリアのダマスカス，北アフリカのトリポリにもつくられたが，ペルシアには製紙工場はなかった．ペルシアから中世西欧までパピルスと羊皮紙が重要な書写材料であった．パピルスの巻物は片面しか書けなかったが，羊皮紙の冊子では両面に書けた．8世紀終わりにパピルスを羊皮紙に置き換えるようになる．

9世紀には特にギリシアの古典が多くアラビア語に翻訳され，10〜12世紀のイスラム世界での紙の用途はコーランをつくったり，地図をつくったり，イスラム文化の中で多様に展開した（図2.7.0.5）．ペルシアのホスロー1世（531〜579年）は，彩色・芳香の紙で手紙を書いたという記録がある．

なお印刷に関してはアラブ世界で特徴的なことがある．アラブ世界では医学，自然科学，法律など高度な学問が発達し，多くの書物が印刷されたが，19世紀以前にはアラブの地域でコーランは印刷されなかったとされている（図2.7.0.6）．

アラブ世界に中国の木版活字は早く伝わり，西欧の可動活字もそれほど遅れず伝わってきたが，イスラム教では聖なるテキスト，すなわちコーランは手で書くべきものであり，機械的複製，すなわち印刷によるコーランの印刷は神を冒瀆するものとされていた．

アラブ世界では翻訳を多く行った．多くのギリシア・ローマの古典文明の学問をギリシア語またはシリア語からアラブ語へ翻訳して吸収し，それから独自の高度な学問を構築した．そのため，逆に中世ヨーロッパではアラブ語からラテン語に翻訳され，イスラ

図 2.7.0.5 イスラム世界における紙によるコミュニケーション[12]

図 2.7.0.6 イスラム世界における書物[12]

ム文化は西欧文明に大きな影響を与えたとされる．アラブ世界は，アッバース朝の首都バグダッドがモンゴルに占領される 1258 年まで栄華を誇った．やがて製紙技術は北アフリカからイベリア半島を経たもの（12 世紀）と，北アフリカからシチリアを経てイタリアに至るもの（13 世紀）の 2 つの経路で西欧世界に入っていく．

#### e. その他の地域での紙

上記の仏教文化を中心とする中国文化圏およびイスラム教を中心とするイスラムあるいはアラブ文化圏以外に，南アジアにはインドと周辺国を中心にヒンズー教を中心とする文化圏が存在する．また，インド・イスラム文化にみられるように，広範な東西の文化交流の過程でこれらの三つの宗教や文化は相互に融合しながら各地で特有の文化を生み出し，紙の歴史に影響を与えている．全体的にみると，紀元前後から流入したインド文化の影響は大きく，同時にベトナム方面には中国文化の影響も大きかった．近代になっては，欧米諸国の植民地拡大政策により，各地域の古くからの民族王朝はタイを除きすべて滅びて欧米の植民地と化した．

この地域の手漉き法は，中国の伝統的な方法の影響が強いが，中国伝来の抄紙法である溜め漉き法（dipping method）に加え，地域によってはパルプ懸濁液を空中から漉簀に注ぎ入れる漉紙法（pouring method）が存在するのが特徴であるが，溜め漉き法は薄紙に，漉紙法は厚紙にと使い分けられている場合が多い．漉紙法は，厚紙をつくるという目的ではヨーロッパの溜め漉き法と類似している部分が多い．現在では，古来の技法と近代的な技法が混在し，各国特有の手漉き法が維持されている．紙料調成法としては生料法（cold retting method）と煮料法（cooking method）がある．なお，生料法は水に浸漬したり，湿気に曝すことにより繊維を柔らかくして製紙適性を高める技法であるが，インドでは生料法が，その他の国々では煮料法が使われている場合が多い．

これらの地域で伝統的な手漉き法が維持されているのは，アジアの中で相対的に工業発達の水準が低く，所得水準が低く農業従事人口が多い国が多く，農民の副業として伝統的な手漉き法が生業となっている側面が強い．

なお，この地域の手漉き紙に関する詳細な研究は，和紙の源流として東アジアの広域にわたる紙の技術を研究している久米康生氏と，氏を中心とする和紙文化研究会の業績に負うところが多い．ダード・ハンター（Dard Hunter）の著作がしばしば引用されるが，1930年代の状況の反映であり，現状とは大きくかけ離れているともいえよう．また，海外ではアメリカのコレツキー（Elaine Koretsky）の業績が豊富であり，"News Letter"からは最新情報が得られる可能性が高い．

ここでは，インドと東南アジアを中心に，この地域の代表的な手漉き紙の状況を眺めてみよう．

1) インド

古代からインド，ビルマ（現ミャンマー），タイ，セイロンなどではシュロ科の一種の植物の葉を小片に切り，重ねたバイタラ（貝多羅）という書写材料が用いられた．なお貝多羅は梵語（サンスクリット語）のパトラ（樹葉）の音写で，貝多葉，貝葉ともいう．バイタラのために紙づくりが遅れたという説があるが，7世紀にはつくられていたというのは有力な説である．11世紀ごろには書写材料として南部では貝葉が，中部と北部では樹皮が用いられたという．また，チベットに近いシッキムでは，ブータン，ネパールと同様にジンチョウゲ科のロクタ（Lokta）を原料として溜紙法が行われていた．中国文化のインドへの流入のルートはシルクロードが主要なもので，10世紀末にイスラム教徒から伝えられたというのが有力な説である．しかしチベット・インドルートや雲南・ビルマルートもあり，地域による伝わり方が異なっている．12世紀ごろには本格的に紙づくりが始まり，14世紀ごろには写本の素材は貝葉から紙に次第に代わっていった．手漉き法の原料は古い麻が生料法で用いられた．ムガール朝期（1526〜1858年）には全国に紙産地が広がり，最盛期を迎えた．イギリス領インドから独立を経て現在に至る過程で手漉き法はほとんどが機械抄き法になり，近代的な製紙法の進歩の前に現在では手漉き法の工房はわずかしか存在しない．

2) ブータン

チベットから中国の溜め漉き法が伝わり，ロクタと呼ばれるジンチョウゲ科の靭皮繊維を原料として溜め漉き法と溜紙法が行われている．チベット仏教（ラマ教）との関係で経典が多くつくられた．現在では，石州和紙などの日本の技術を導入し，操業している．

3) ネパール

ブータンと同じく，中国から溜め漉き法が伝わり，ロクタを用いて経典用紙がつくられた．現在も手漉き工房がいくつか操業しているが，原料はロクタだけでなく，古紙や葦（アシ），木材パルプを混ぜる場合が多くなり，伝統的な紙漉きの様式は失われつつある．

4) ベトナム

ベトナムが中国の支配下に置かれた時期を，ベトナムでは「北属時代」と呼ぶが，こ

れは一般に，前111年から呉朝成立の939年までの1,050年間とされる．ベトナムの歴史は中国の支配とそれへの抵抗の歴史であり，中国の植民地経営の過程で漢字・漢文，儒教，科挙，行政・司法制度の導入など，徹底した同化政策をとった．葬祭儀礼用に漢字・漢文が残されており，歴史的には中国，台湾，朝鮮，日本とともに漢字文化圏に含めることができる．ラオス，カンボジアとベトナムを分けるチョンソン山系は自然の分水嶺であったが，同時に文化の分水嶺でもあった．すなわち中国文化はこの分水嶺の東側であるベトナムに留まった．ベトナムには，この地域の中では格段に早く約2世紀に製紙技術が伝わったとされ，特に後漢末期の動乱期には多くの中国人がベトナムに避難し，その過程で製紙技術が伝わり，3世紀にはベトナム北部で紙がつくられたと推測されている．

楮皮とジンチョウゲ科の沈香を原料とする紙をつくり，ベトナムの重要な手工業品の一つとなった．1884年からのフランスの植民地化により手漉き紙は次第に衰退に向かい，現在では手漉き工房はわずかしか残っていない．

5) タイ

タイにはスリランカから小乗仏教が伝えられ，また雲南省経由と海上交通の二つの経路で紙の技術が伝えられた．コウゾ（タイ語でポーサー）を使った流紙法と溜め漉き法が混在し，原料としてはコウゾやクワ科の常緑樹であるコイも使われている．手漉き産地は北部に集中しており，最大の産地はチェンマイ県である．タイ産のコウゾは日本にも輸出されている．

6) ミャンマー

10世紀以前の歴史は解明されておらず，バイタラの歴史があったことは確実だが，製紙技術が伝えられたかは明らかではない．コウゾを用いた流紙法は中国の雲南省から伝えられたと推測される．また，竹を用いた方法もあるが，インドからの伝来が推測される．

### f. アジアの植民地化と洋紙技術の導入

アジアには19世紀まで，樹皮紙や中国から伝来した手漉き技術などが存在を続けた．アジアに洋紙技術が伝わるのは多くの国々が植民地化される19世紀後半以降であるが，その時期は近代化のレベルにより大きく異なる．明治維新により近代化を成し遂げた日本には1873年に伝わった．

### g. アジアの現在と将来

アジアでは，日本，韓国，台湾など比較的経済的に豊かな国は紙の消費水準が高いが，人口が多い発展途上国では消費水準が低い．しかし中国，インドネシア，インドなど現在消費水準が低い国々も経済成長とともに高まる可能性が高い．現在は国内に森林資源が少なく，人口が多いが木材パルプを購入するための外貨保有高が低い国々では非木材パルプを使用したり，非木材パルプを木材パルプに混入して製紙を行っている．しかし

生活水準の向上とともに次第に木材パルプの使用に移行していくものと思われる．また近代化と民主主義の普及の過程で多くの紙が文字の支持体として利用される．

このようにアジアは宗教，国家，民族が多様であり，多様な独自の紙の文化を生み出している．西欧からみた場合，アジア社会特有のアジア的共同体，アジア的専制主義，アジア的生産様式などの問題が，どのように近代的な製紙産業の発達に関与してきたかという問題は，今後の課題である．

### 文　　献

1) Pierre-Marc de Biasi (1999)：Le Papier－Une aventure au quotidien, Gallimard.
2) 久米康生 (2004)：未発表原稿（東南アジアとインドの手漉きに関して）．
3) 久米康生 (2004)：和紙の源流，岩波書店．
4) 第12回和紙文化研究会講演要旨集，東洋手漉き紙の伝統，和紙文化研究会，2004．
5) 薮内　清 (2004)：中国古代の科学，講談社学術文庫．
6) 潘　吉星 (1998)：中国科学技術史－造紙与印刷巻，科学出版社（北京）．
7) Encyclopedia Britannica (CD-ROM 版)，Britannica (UK) Ltd., 2002.
8) ENCARTA，マイクロソフト，2003．
9) 世界大百科事典 (CD-ROM 版)，日立デジタル平凡社，1998．
10) スーパー・ニッポニカ 2001 (CD-ROM 版)，小学館，2000．
11) Papermaking Science and Technology Book 8－Papermaking Part 1, Chapter 2 (History of Papermaking), Finnish Paper Engineers' Association.
12) L'aventure des écriture (CD-ROM), Bibliothèque Nationale de France.

## 2.8　アフリカにおける紙の歴史と文化

アフリカは，赤道を中心に南北両半球にまたがる世界第二の大陸であり，古くから部族国家が盛衰を繰り返した．ヨーロッパ人の進出により，19世紀後半～20世紀初頭にかけて植民地分割が行われ，大陸のほとんどがヨーロッパ列強の植民地となった．しかし1950年代はじめから独立の機運が高まり，1960年代前半までに約40か国が独立し，1993年には独立国は53を超えた．

アフリカ大陸は，人種的，文化的にはサハラ砂漠以北の「白アフリカ」と，以南の「黒アフリカ」に区分される．前者は地中海人種系のアラブ人やベルベル人が住むイスラム文化圏で，言語はハム・セム系の諸言語を使い，後者は黒人人種が中心の地域で，バンツー語系，西スーダン語系など多種の言語が用いられる．

歴史的にはアフリカ大陸で生まれた文字はエジプト文字だけであり，北アフリカを除いてアフリカ大陸のほとんどの地域は固有の文字をもたなかったために，先史時代と歴史時代の区別が困難といわれている．北アフリカはエジプトやエチオピアのように古代

図 2.8.0.1 砂漠におけるコミュニケーション[4]

から文字をもっていた国もあり，さらに地中海の沿岸は古代ギリシアやローマの植民地となったことがあるため，サハラ以南の「黒アフリカ」とは文化的に異質である．人間が書くという行為では，砂漠の砂に指で書くという行為がコミュニケーションにおける記憶と伝達の補助手段として昔から行われてきている（図 2.8.0.1）．しかし永続性のある書写材料としては，サバンナ，熱帯雨林を中心とする豊かなアフリカの植生を考えると，東南アジアやオセアニアの地域と同様に太古から広い地域に樹皮紙が存在したことは容易に想像できる．実例としては 16 世紀のマダガスカルの樹皮紙があり，アラビア文字の記されたものが見つかっている．無文字文化の地域では包んだり，呪術など儀礼的な行為に使ったと思われる．また砂漠の隊商や海路を通して北アフリカの製紙技術がサハラ以南に伝えられたことは推測できるが，確固たる証拠はない．

アフリカ大陸には 36 億年の歴史が秘められ，アフリカ大陸を地質学的にみると地球の長い歴史が解読されるといわれている．約 400 万年前にはアウストロピテクス・アフリカヌスやホモ・ハビリスといわれる猿人が出現し，ヒト科の起源とされている．約 180 万年前には完全な直立二足歩行をする人類ホモ・エレクトス（原人）が登場し，現生種ホモ・サピエンスに進化していった．前 6000 年ごろには岩壁画が描かれ，前 4400 年ごろにはナイル河流域で農耕文化が成立し，前 3000 年ごろにはサハラの乾燥化が進んだ．また鉄器の使用が前 500 年ごろに始まったとされている．

アフリカは歴史的には，① ヨーロッパとの接触以前，② 奴隷貿易時代，③ 植民地時代，④ 解放と独立の時代に分けられる．では，紙の歴史と文化という視点からアフリカにはどのような課題があるだろうか．アフリカの歴史的区分から考えてみよう．

### a. ヨーロッパとの接触以前

紙の歴史に最初に登場するのは，約 5,000 年前の古代エジプト文明の時代のパピルスであり，地中海地域に広がっていった．また 12 世紀には 2 世紀に発明された中国の製

紙技術が北アフリカに伝わり，イベリア半島とシチリア島を経てヨーロッパに広がっていった．しかし，サハラ以南にパピルスが広がったのか否か，中国の製紙技術がどのようにサハラを越えて南下し広がっていったのかは，明らかではない．これは，サハラ以南では多くの部族国家の盛衰が繰り返されたのと，これらの国家が基本的には無文字国家であったためである．

### b. 奴隷貿易時代

15世紀からヨーロッパ人が侵出し，部族国家破壊の過程で，中世ヨーロッパで改良された製紙技術がアラブ商人により海路から直接西アフリカに伝えられたり，インド商人により東アフリカに伝えられた可能性は高く，サハラ以南にも伝えられたことは推測できる．さらに北アフリカの製紙技術もヨーロッパとの交易などによる接触の過程で，ヨーロッパの影響も受けながら独自に進化を遂げていったことも考えられる．ラテンアメリカと同様にキリスト教の伝道を目的とした西欧側の活動も活発であっただろうが，無文字社会においてその伝道が口承で行われたのか，何らかの有文字文化の文字を使ったのか，さらには西欧列強の言語を用いて行われたのか，明らかではない．また聖書が使われたとしてもそれが直接西欧社会から持ち込まれたのか，現地で製紙，印刷が行われたのか，それも明らかではない．

### c. 植民地時代

19世紀に入り奴隷貿易が禁止されると，奴隷に代わるものを求めて探検隊を送り込み，19世紀後半から本格的な西欧列強によるアフリカ分割競争が始まった．20世紀初頭にはアフリカは細分化され，植民地大陸となってしまった．第二次世界大戦後，北アフリカから始まった植民地独立の潮流はアフリカ大陸全体に広がり，1990年のナミビアの独立をもって植民地支配は終わり，南アフリカ共和国のアパルトヘイト政策も終焉した．

18世紀末にヨーロッパで発明され，19世紀を通して進化し続けた連続型洋紙製造技術は，19世紀末の植民地化競争が始まるまでの100年間に長足の進歩を遂げていたはずだが，具体的にどのようにアフリカの各地域に根付いていったかも明らかではない．

### d. 解放と独立の時代

黒アフリカと呼ばれる地域では，口承を中心にしながらも絵文字を使用してきたが，他のアフリカ地域のようにセム系文字を継承し文字を発展させることはなかった．20世紀になってから，過去の文字を継承したものではなく新しくつくられた文字がいくつかあるが，公式に用いられることはなく，出版にもほとんど用いられないのでそれほど普及はしていない．

アフリカ近代化の過程で，教育の普及やジャーナリズムの広がりなどの面において，潜在的な紙の需要の拡大の可能性は高い．また現代におけるアフリカ文学の隆盛も，紙があって初めて可能となったものである．

現在は紙の消費量からみると世界でも最貧国といえる消費水準の国が多いが，人口増加を考えると将来の紙需要は大きい．

わが国との関係では，南アフリカ共和国は現在，広葉樹チップのわが国への重要な輸出国となっている．

以上のように，古代文明の生まれたエジプトや，ギリシア・ローマ文明の影響が大きく文字をもっていた北アフリカ，すなわちサハラ以北の状況は記録に残っているが，無文字文化の地域であるサハラ以南では紙の過去の歴史に関しては暗黒状態で，アフリカは紙の歴史における未開拓地といえるだろう．

## 文　　献

1) Encyclopedia Britannica（CD-ROM 版），Britannica（UK）Ltd., 2002.
2) 福井勝義，赤阪　賢，大塚和夫（1997）：アフリカの民族と社会（世界の歴史　第24巻），中央公論新社．
3) ENCARTA，マイクロソフト，2003.
4) L'aventure des écriture（CD-ROM），Bibliothèque Nationale de France.

## 2.9　ラテンアメリカにおける紙の歴史と文化

アメリカ大陸は，地理的には北アメリカ，中央アメリカ，南アメリカに3区分され，住民の民族構成，言語，文化に基づいて分ける場合には，アングロ・サクソン系の人々が主導権を握るカナダおよびアメリカ合衆国をアングロアメリカと呼び，ラテン系の人々が中心をなしているメキシコ以南の地域をラテンアメリカと呼ぶ．

ラテンアメリカは，歴史的には1492年のコロンブスの新大陸への第一次航海以前のプレコロンビア期とそれ以降に区分される．プレコロンビア期のラテンアメリカ高地地帯にはマヤ，アステカ，インカなどの高度の農耕文明が存在したが，内部抗争により分裂し，16世紀にスペイン人により征服された．その後スペインとポルトガルは重商主義的植民地政策をとりながら，先住民やアフリカからの黒人奴隷を使って鉱業や農業の経営を行い，富の収奪を行った．

19世紀初頭，ナポレオンにより本国のスペイン，ポルトガルが占領されたのを契機として各地で独立運動が起き，19世紀の中ごろまでに18の独立国が誕生した．独立後も白人による大土地所有制が続いたためクーデターによる政変が相次ぎ，1910年のメキシコ革命，1959年のキューバ革命などの社会改革を経て社会は次第に安定を取り戻してきた．第二次世界大戦後は，ラテンアメリカ各国は急激な工業化，近代化，都市化の中で政治的，経済的な不安定要因を抱えながら現在に至っている．

では紙の歴史と文化という視点からはどのような課題があるだろうか．ラテンアメリカの歴史的区分から考えてみよう．

### a. プレコロンビア期における書写材料の問題

紀元前後から16世紀ごろまで，メキシコ，グアテマラ，ホンジュラスなどにマヤ文明が存在した．3世紀ごろには宗教的都市を形成し，ピラミッド型の神殿や祭礼場，裁判所，市場などがつくられていた．特に注目すべきことは，マヤ象形文字，天文学，暦などが発明され高度な文明をもっていたことである．国王，貴族，司祭を中心とした貴族政治が発達し，800年ごろに栄華を迎えたが内部抗争により次第に衰退し，1560年にスペイン人が侵入したときにはマヤ文明はすでに衰退していた．

書写材料として注目すべきことは，マヤ象形文字が樹皮紙（タパ）による冊子（codex，コデックス）に書かれていたことであり，旧大陸（ヨーロッパ）における冊子体による書物の発達（いわゆるコデックス革命）とは独立した形で冊子体による書物が発達したことである．16世紀のスペインの征服者たちはマヤの高度な文明が紙や書物だけでなく，図書館までもっていたことを知り，驚嘆したといわれる．

マヤ象形文字の書かれた樹皮紙はイチジクの葉，アガーベ（竜舌蘭）の繊維，鹿皮などからつくられ，主に書物に用いられたが，タパは特に神聖視され，旗，神への供え物，偶像の飾りに用いられた．マヤの冊子は現在，ドレスデン・コデックス，パリ・コデックス，マドリッド・コデックス，グロリア・コデックスの4つしか残っていない．なおマヤ象形文字は約850があるが，約70％が解読されただけで，現在も解読作業がアメリカ，ロシア，ドイツの言語学者などにより行われている（図2.9.0.1）．

マヤ文明より遅れて13世紀から南米のアンデス地方に栄えたインカ文明は，16世紀にはスペインにより征服されたが，政治制度や社会制度が整備され，石造建築物をもつ高度な都市文明であった．インカ文明では系統的な文字は発明されず，基本的には無文字文明といえるが，それに代わるものとして結縄文字（キープ）が考案され，これを用いて十進法で数が記録され，各種の統計に用いられた．

### b. ポストコロンビア期における紙の問題

コロンブスによる15世紀末の数次にわたる航海とそれに続く16世紀初頭からのスペイン，ポルトガルによる中南米の植民地経営の時代，すなわち大航海時代または地理上

**図2.9.0.1** 中央アメリカにおける樹皮紙[5]

の発見といわれる時代は，ヨーロッパにおける活版印刷術の発明とほぼ同じ時期である．

　紙にかかわる問題としては，15世紀中ごろのグーテンベルクによる活版印刷術の発明やそれ以前の中世ヨーロッパにおける写本文化が，どのようにラテンアメリカに伝えられたかという点である．記録によると，ヨーロッパにおける製紙と印刷の発達は南米大陸の征服者たち（スペイン語ではコンキスタドーレスという）の意識に大きく影響した．すなわち，征服者たちはスペインの印刷工房が刷っていた騎士道物語を読んで海の彼方の黄金郷にあこがれ，新大陸に赴いたとされている．コルテスやピサロなどの探検家も，騎士道物語により盛り上げられた新世界探検のムードの中で活躍した．

　ヨーロッパで普及し始めた活字体は，スペインが征服したメキシコシティーやリマなどの土地に急速に浸透していった．征服者たちは本国スペイン，ポルトガルの言語や諸制度を植民地支配の過程で強制し，同時にローマカトリック教会は植民地支配の統合の基盤となった．教会用の書物は当初はすべてヨーロッパから取り寄せられ，長い間新世界はスペインやアントワープの印刷工房に依存し続けたといわれる．また新大陸に印刷工房ができてからもそれらは教会当局の管轄下にあり，先住民に対する伝道に必要な書物を印刷したり，スペイン本国からきた植民者の居留地向けの学習書，信仰書などであった．

　1539年には，メキシコシティーの司教が本国のカール5世に製紙工場と印刷所を設けることを要請して認可され，最初の製紙工場と印刷工房が設けられた．メキシコシティーは印刷に必要な紙をヨーロッパから輸入しなければならなかったが，出版点数ではヨーロッパの多くの大都市の出版点数を凌いだといわれる．1584年にはメキシコシティーの印刷工によりリマにも印刷所が開設され，イエズス会の修道士が先住民へ伝道するための書物の出版を中心に，リマの印刷業は大きく発展した．このように新大陸では，メキシコシティーとリマでカトリックの布教に関連して印刷業が発展したが，18世紀までは他の土地では発展しなかった．

　以上のように聖職者たちは先住民の本国の文化への同化を促進すると同時にカトリックへの改宗を促したため，ラテンアメリカでは，現在圧倒的多数がカトリックである．カトリックの布教活動の過程で聖書のための大量の紙を必要としたが，初期にはヨーロッパから輸入された．しかし，次第に新大陸にも製紙工場がつくられるようになり，スペインには中国の製紙法が12世紀に伝わっていたので，その後改良された手漉き法とそれによる紙がラテンアメリカにもたらされたと推定される．また現代の洋紙技術がどのように伝わったのかという点は，あまり解明されていない．

　現在のラテンアメリカ社会に話を移すと，社会の近代化過程での教育の普及，ラテンアメリカ文学の隆盛をみると紙の需要は大きい．特にアマゾンの膨大な森林資源を抱えるブラジルは製紙産業が盛んで，日本もアマゾン河の河口に製紙工場を建設している．

〔尾鍋史彦〕

## 文　　献

1) Encyclopedia Britannica（CD-ROM 版），Britannica（UK）Ltd., 2002.
2) Lucien Febvre et Henri-Jean Martin (1958)：L'apparition du livre, Albin Michel S.A.
3) 宮下志朗ほか訳 (1958)：書物の出現（下）ちくま学芸文庫（文献 2）の邦訳).
4) 高橋　均，網野徹哉 (1997)：ラテンアメリカ文明の興亡（世界の歴史　第 18 巻)，中央公論新社.
5) ENCARTA，マイクロソフト，2003.
6) L'aventure des écriture（CD-ROM)，Bibliothèque Nationale de France.

## 2.10　オセアニアにおける紙の歴史と文化

　オセアニアとは一般にポリネシア，メラネシア，ミクロネシアの太平洋諸島とオーストラリア大陸の 4 領域の総称で，大部分が海洋で占められている．人々の祖先は 5,000 年ほど前に東南アジアから渡ってきたと考えられ，1000 年ごろまでに太平洋の全域に住みつくようになった．地理的隔絶性のためにヨーロッパ文明の影響を受けるのが遅かった地域である．

　水で分散させた植物繊維を漉いてシート状に加工したものを紙と定義するならば，オセアニアの伝統には紙の文化がないといえる．しかし，たとえば圧縮して加工した古代エジプトのパピルス紙や，化学繊維やフィルムからつくった合成紙など，紙に類似したものも，紙と広義にとらえるなら，オセアニアで紙に類似しているものにタパがある．タパは一般に「樹皮布」とされるが，ここでは「樹皮紙」として説明したい．

　クワ科などの植物の茎の心質と表皮の間にある強靭な繊維は，靭皮繊維と呼ばれ，布や紙の材料となる．たとえば，アマ（亜麻）やタイマ（大麻）などの靭皮繊維を糸にして織れば麻布ができ，コウゾ（楮）やミツマタ（三椏）などの靭皮繊維をばらばらにしてほぐしてから漉くと和紙ができる．そして，カジノキ（*Broussonetia papyrifera*）などの靭皮繊維をたたき伸ばせばタパ（樹皮紙）ができる．クワ科植物の樹皮は，比較的容易に木芯部から剥がれ，その樹皮から外皮を除いて，内側の靭皮繊維だけを取り出し，木の台の上でハンマーを用いて根気よくたたき伸ばしたのがタパである（図 2.10.0.1)．タパは，「漉く」のではなく，「たたき伸ばす」という製法ではあるが，植物繊維がシート状に加工されたものである．

　タパの起源は有史以前の遠い昔だろうが，いつの時代なのか断定する確証はない．タパや，その製作に広く利用される木製のたたき棒は腐朽しやすく，考古学的資料がきわめて乏しい．石製や焼き物のたたき棒が利用された場合には，それが発掘されることによって，少なくとも前 1000 年には東南アジアやインドネシアに樹皮布が広く分布していたことが知られている．また南アメリカのペルーで発掘されたタパの断片は，約 4,000

**図 2.10.0.1** 樹皮を約1時間たたき続けると，幅が約4～5倍に伸びて，薄くしなやかなタパとなる．1978年，パプアニューギニア東部ノーザン州にて福本撮影（口絵3）

年前のものといわれる．旧石器時代にタパがなかったという論理的な根拠もなく，また材料の樹木が世界の熱帯地方の至るところで見出され，製作道具や基礎的な製作方法が，世界のどこにおいても，またいつの時代でも大体同じであろうことから類推するに，人間が樹皮から初めてシート状のものをつくったのは，きわめて遠い昔のことであろうと思われる．

　タパは世界各地でつくられた原初的な布（紙）で，現在でも世界の熱帯地域に伝えられ，近代まで機織り文化が伝えられなかった地域で，主に衣料として利用されてきた．特に広大な海洋の中に孤立した文化を伝えたオセアニアでタパが発達した．「タパ」の名は，今日では世界的に一般化しているが，もともとポリネシアの一部の地域における樹皮布（紙）の呼称である．

　タパは衣料以外にも，壁紙，敷物，寝具，蚊帳，テーブルクロスなど，用途は多彩である．オセアニアでは，赤ん坊がタパの上に生み落とされ，タパに包んで育てられる．タパは結婚式の部屋ののれんともなり，新婚のベッドに張られ，インテリアともなった．埋葬のときには死者を幾重にも包むのに用いられ，ハワイで殺されたキャプテン・クックの遺骨を包んだのもタパだった．持参金として贈られ，儀式のとき交換され，和睦の申し出に使われ，貴族階級への貢ぎ物とした．今日では花嫁が行進する場の敷物になり，メラネシアの祭ではタパを張った巨大な仮面をかぶった男たちが踊る．

　南太平洋唯一の王国トンガでは，村人が今日でも盛んにタパづくりにはげむ．今日では人々は実用のためにタパを必要としているわけではなく，衣料などには，輸入した工業生産の織布を用いる．小さなタパは観光客への土産品ともなるが，人々が盛んにつくるのは約30m，あるいはそれ以上の長さの巨大なタパで，伝統的な贈り物である．1947年の王家の結婚式のお祝いに島中の人々がこぞって4枚のタパをつくったが，合

**図 2.10.0.2** 協同作業で，タパの白生地を張り合わせ，施文して，約 5 × 30 m の「ガトゥ・ラウニマ」と呼ばれる巨大タパを製作する．1982 年，トンガにて福本撮影（口絵 4）

わせると長さが 1 マイル（約 1,600 m）以上もあったという[1]．

　トンガの村々を歩くと，あちこちの家からタパを打ち伸ばすハンマーの音がコーン，コーンとのどかに響いてくる．タパづくりは女性の仕事である．南太平洋で最も一般的なタパの材料として栽培されている木はカジノキで，高さ 2 m を越すと伐採され，樹皮を剥がして靭皮を取り出し，乾燥させて保存する．ほかにパンノキ（*Artocarpus* spp.）やイチジク属（*Ficus*），ムクゲ（木槿：*Hibiscus syriacus*）などの靭皮も利用される．タパのシートの製作は，蓄えておいた靭皮を水に浸して湿し，丸太の台の上でハンマーで打ち伸ばすという単純な工程だが，その道具となるたたき台と木製ハンマーは，耐久性，弾力性，サイズなどの機能性以外に，たたき作業の際の音質が重要である．硬い丸太でつくられる台は，音響効果を高めるために下部がくり抜かれる．その台を，柔らかい木の下敷きの上に置くなどしてクッションをつければ，たたき作業のときに手にはね返る振動を和らげることができ，たたき音の響きもよくなる．女性たちは，タパの共同製作の席上，パーカッションよろしく，たたき音のリズミカルなビートにシンコペーションを加えてハーモニーを生み出す．

　ポリネシアの女性は自分のタパたたき台を，その音色によって聞き分けることができるといわれる．ハワイのビショップ博物館の初代館長ブリグハムは，オアフ島を歩き回って村々をたずねたが，突然訪問したことが，タパたたき台の鳴り響く音によって村から村へとモールス信号のように知らされたという[2]．

　たたき伸ばしたタパのシートの準備ができると，トンガでは，女性グループの協同作業によって，それを張り合わせて巨大なタパにつくり上げる（図 2.10.0.2）．村にはタパ製作用の小屋があり，そこには径 80 cm，長さ 5.5 m ほどの半円筒形の木製台が置かれている．台には繊維を縫い合わせて構成した凸版が取りつけられている．台の両側に

数名ずつあぐらをかいて座った女性たちが，下地になる幅の広い生地を横に，上地になる幅の狭い生地を縦に，台の上で張り合わせて，一定の大きさのタパに仕上げる．

下地にキャッサバやクズの根を煮たものを接着剤として塗りつけ，上地のタパを重ねて，赤褐色の染料を含ませたタパの束でこすりつけると，タパが張り合わされると同時に，凸版の文様が拓本のように浮き出てくる．1工程で約60 cmの長さが処理され，その部分を巻き上げて白生地を送り，まる1日かかって50回の工程を繰り返すと，約5×30 mの「ガトゥ・ラウニマ」と呼ばれる巨大タパとなる．その後，文様をなぞらえるように黒を彩色して仕上げる．

オセアニアのタパは，巨大さにおいて発達したトンガの例以外にも，きめが細かく，しなやかで，繊細な風合いのタパをつくるハワイやタヒチ，孔版による綿密で整然とした文様を発達させたフィジーなど，地域によって独自のタパ文化を築き上げている．

特に，パプアニューギニア東部ノーザン州のタパは，褐色を帯びた粗い風合いに，手描きによる独特の文様が，大胆でユーモラスに描かれている．日常着のタパの文様には比較的重要な意味がないが，礼装用のタパには氏族（クラン）に特定の文様が施される．代々受け継がれるこの種の文様は，ちょうど日本の家紋，公家の有職文様，諸大名の江戸小紋のような性格をもち，文様に関する由緒や物語が秘められている．各氏族に伝えられた神話や伝説をモチーフにする文様は多様で，この地方の民族，村，氏族によって，きわめて複雑なモチーフの世界を発達させている[3]．

タパは時代や地域や用途によって，毛布のように厚くも，絹のスカーフのように薄くも，皮革のように堅くも，フェルトのように柔らかくもつくられる．またさまざまな染色，彩色，透かし模様，香り付け，煙に燻べる着色，油塗りなどの処理を施す．手描き以外に多様な施文の手法がある．定規で直線を描き，櫛状の道具で平行線を描き，凸版，孔版，凸版ローラーなどを用いて文様を押捺し，拓本の手法を用いたり，大工が墨壺を利用するように染料に浸した糸を布にはじいて細い直線を施文することもある．オセアニアに最も広く分布する染料はウコン（鬱金）で，黄金の色調をもつウコン染めタパは，誕生，結婚，成人式，戦闘の準備，葬式，死などの神聖な場で用いられる．タパの絵の具は多彩で，墨や各種顔料，アカネ（茜），ベニノキ（紅木）などの各種植物染料をはじめ，藍染め，泥染め，血液での着色，防水効果のあるワニスの塗布などもある．

〔福本繁樹〕

## 文　献

1) Simon Kooijman (1972): Tapa in Polynesia, pp. 317, Bishop Museum Press.
2) W.T.Brigham (1911): KA HANA KAPA. The Making of Bark-Cloth in Hawaii, pp. 78, Bishop Museum Press.
3) 福本繁樹 (1985): 南太平洋—民族の装い，講談社．

# 第3章 紙の文化

## 3.1 概論 —— 紙の文化の展開：西欧と日本

　紙は現在，地球上のあらゆる地域や国々で，その社会環境や生活環境に応じてさまざまな形態で利用されている．前3世紀ごろに中国で発明された製紙技術は，朝鮮半島を経た東遷ルートと，中東や北アフリカからヨーロッパに伝わり，600年あまりを経てそこで生まれた連続型製紙技術が北米で大量生産技術として発展したあと伝来した西遷ルートの，2つのルートでわが国に伝来した．前者は和紙技術の伝来で後者は洋紙技術の伝来であり，21世紀初頭の現在，わが国には和紙技術と洋紙技術が共存しており，文化としても和紙文化と洋紙文化が存在している．

　では，近代的連続型製紙技術，すなわち洋紙技術を生み出した西欧社会における紙文化と和紙と洋紙が共存するわが国の紙文化の生成過程はどのように異なり，現代の紙文化としてみた場合にどのような差異となって顕れているのだろうか．西欧社会とは，厳密には文化的統一体としての東西教会分裂後の西のカトリック世界を指すが，ここでは地理的に宗教改革後の現代の西ヨーロッパ，すなわち製紙や印刷技術の歴史に現れるドイツ，フランス，イタリア，スペイン，オランダおよびイギリスなどのキリスト教世界を指すこととする．

　基本的に重要な事実として，わが国では610年に高句麗の僧曇徴（どんちょう）により朝鮮半島から伝わった溜め漉きによる手漉きの抄紙技術が国内各地に広がり，8世紀前半には溜め漉きから流し漉きという和紙の特徴を示す特有の技法に発展し，手漉き紙の品質を実用性の面からも美的な面からも高めて現在まで継承してきた．しかしそれはあくまでも手漉き技術の範囲内であり，伝来後1,200年の間に機械化により連続的に紙を生産し，生産性を向上させる方向への進化はなかった．

　一方，西欧社会へは12世紀ごろからいくつかのルートで手漉き技術が伝わり，手漉き技術として改良を加え，伝来から約600年後の18世紀末にはフランスで連続型抄紙

法の原型が発明され，産業革命期のイギリスに渡って動力が取り入れられ，アメリカで大量生産方式に発展し，19 世紀後半の明治初期にわが国に伝えられた．

ではなぜ，西欧社会では製紙技術が手漉き法から連続型抄紙法へと生産技術における革命的な進化を遂げたのにかかわらず，日本では 1,200 年間手漉き法のまま留まっていたのだろうか．またそのような歴史的過程が現代までの紙の文化にどのような差異となって顕れているのだろうか．紙の文化史の中で解明されていない諸問題がある．

しばしば，日本は木の文化で西欧は石の文化という類型的な言い方がされるが，紙の世界ではどのような違いがあるのか．本章では，わが国と西欧社会の紙の比較文化論を製紙技術の発展過程と文化の特徴という点に中心を置いて記したい．

### 3.1.1　西欧と日本の製紙技術の発展過程の比較

わが国では，手漉き法による和紙技術が 1,200 年以上続いたが，明治初期（1874 年）に洋紙技術による製紙工場が操業を開始し，日清・日露戦争があった 19 世紀末〜20 世紀初頭の産業革命期に大量生産技術として次第に技術が確立し，明治末期には洋紙の生産量が和紙の生産量を凌駕し，その後紙の主流は洋紙となった．また，和紙の特性をもった紙を安価に量産する方法として機械漉き和紙製造法も始まった．衰退の道を歩んでいた和紙は，大正時代の民芸運動の影響もあって復活し，戦後の高度経済成長によるアメニティー社会の中でその美的な要素が見直され用途が広がるが，現代においても生産量はわずかであり，洋紙の生産額が 3 兆 5 千億円とすると和紙は 40 億円前後にすぎず，和紙は生産額で洋紙の 1,000 分の 1 にすぎない（2003 年現在）．

一方，中国から中央アジア，中東，北アフリカを経由して 12 世紀にヨーロッパ大陸に伝わった製紙技術はその後 500 年の間に改良を加えられ，1798 年にはフランスでルイ・ロベールにより連続型の抄紙法に発展し，その後 18 世紀から始まった産業革命期のイギリスで大量生産方式が確立する．その後アメリカで大きく発展し，明治の初期にわが国に伝えられた．

ではわが国と西欧における製紙技術の発展過程の差異に影響したのは，どのような要因だろうか．考えられるいくつかのものをあげてみる．

#### a.　宗教的背景

西欧のキリスト教世界では，グーテンベルクによる活版印刷術の発明以前から羊皮紙を中心に写本による聖書の作成が数多く行われていた．15 世紀中ごろの活版印刷術の発明は印刷物の大量複写を可能としたが，紙の大量需要を促したものにルネサンスによる文芸復興と宗教改革があげられる．また，19 世紀以降にはこの紙の大量需要への対応を可能にした技術に，連続型抄紙技術の発明と木材パルプの利用技術の開発がある．

一方，わが国に限らず中国文化圏の中では仏教の広がりとともに写経の習慣が生まれたが，特にわが国では写経用の紙が図書寮造紙所で漉かれ，710〜772 年に行われた「一

切経」の写経では約 1,000 万枚の紙が使われたとされる．また現存する世界最古の印刷物といわれる「百万塔陀羅尼経」は 770 年に 10 の寺に 10 万基ずつ，計 100 万基ほどが配布されたといわれる．これらの仏典の紙の需要量を具体的にはキリスト教世界の聖書のような大量需要とは比較できないが，その後も明治時代に近代的洋紙技術が導入されるまで和紙と宗教のかかわりは大きかったといえよう．

したがって，キリスト教世界では大量需要が連続型抄紙技術を必要としたが，仏教世界ではその必要性が生まれなかったとは言い切れない．

#### b. 大衆文化の進展

では，聖書や仏典のような経典以外の紙の需要はどうだったのだろうか．わが国では，美的要素を重視した料紙といわれる紙に文字を書くことにより，詩歌や『源氏物語』などの平安文学が発展し，中世を経て元禄，文化・文政へと江戸時代の大衆文化の時代は存在した．したがって大衆文化の中に紙の大量需要は生まれたが，和紙に木版印刷術を組み合わせた方法でその需要拡大に対応した．

一方，西欧社会では，15 世紀の金属活字による活版印刷術と 19 世紀初頭の木材パルプの発明後の製紙技術の組み合わせにより，大量複写と大量需要に対応してきた．

#### c. 産業革命の時期

西欧社会では，18 世紀にイギリスから産業革命が起き，18 世紀末に発明されたルイ・ロベールによる連続型抄紙法はイギリスに渡り，数年のうちに動力機関により運転可能なものとなり，フォードリニアによる長網抄紙機に発展した．それはやがて資本主義的な大量生産型の生産方式に発展していった．

わが国では西欧社会より 1 世紀ほど遅れて 19 世紀末に産業革命が始まったが，そのときにはすでに洋紙技術がもたらされ，手漉き和紙技術が洋紙技術に急速に置き換えられ，衰退に向かっていった．このように，産業革命が洋紙技術の革新を促す方向に働くと同時に，既存の機械漉き和紙製造法も始まり，和紙技術の技術革新をも促した．産業革命の到来時期が 1 世紀遅れたのは，連続型抄紙法に至らなかった理由の一部ではあるが，重要な要素とは思われない．

#### d. 社会構造の違い

技術の進展に社会構造がどのように影響するかという問題は複雑だが，西欧とわが国の中世，近世，現代の資本主義社会に至る社会構造の違いは大きく影響しているだろう．

西欧社会では大航海時代を経て交易によりもたらされた多くの情報を共有し，社会の情報伝達の目的でマスメディアが発達し，紙の大量需要を生み出した．また西欧社会ではルネサンスから宗教改革を経て聖書の需要が高まり，次第に産業資本が生まれ，商業活動が活発になり，それに加速され紙の需要が高まった．

一方，わが国では，江戸時代の鎖国により海外からの情報が遮断された時代が長く続いた．産業革命による各種動力機関の発明が，連続型抄紙法のプロトタイプ発明後の製

紙機械の進化に大きくかかわっているが，わが国にも，鎖国の最中でも西欧の技術がオランダやイギリスとの交易やキリスト教の宣教師など，いろいろなルートで伝わる可能性はあった．連続型抄紙技術が発明されてからわが国に洋紙技術が伝わるまで70年あまりあるが，その後は急速な発達をしているので，明治期までの社会構造の違いがどのように影響したかは明らかではない．

### e. 技術受容の国民性

技術を改良しようという進取の気性がどの程度かという問題は，西欧とわが国では違いが大きいといえる．一例として印刷技術をあげると，16世紀末に金属活字による印刷技術が2つのルートでわが国にもたらされたのにもかかわらず，当時の日本には根付かなかった．すなわち秀吉の朝鮮出兵により朝鮮半島からと，遣欧少年使節によるヨーロッパからのルートの両方から伝来したが，伝来時に広く普及していた木版活字による印刷技術を駆逐して金属活字の時代をもたらすことはなく，その後も木版活字の時代が明治初期まで続いた．要するに新しい技術が到来してもそれを社会が受け入れず，伝統的な技術がそのまま続いたのである．この理由にはいろいろと説があるが，一つは印刷の大量需要が生じなかったからというのがある．

### f. アジア特有の共同体と生産方式

19世紀に西欧からのアジアの後進性の見方として，アジア的共同体やアジア的生産方式というとらえ方があった．これはイギリスのインドの植民地経営の経験から生まれたもので，現代では批判されている見方だが，東洋的専制主義の社会における家父長的なアジア特有の階級的生産方式による生産の後進性として説明している．もし近代資本主義が発展する前にそのようなわが国特有の生産形態が手漉き和紙の現場から大量生産方式を生み出す考え方を抑制してきたとすれば，和紙が手漉き法のまま留まった一つの理由かもしれない．しかし印刷技術に関しては西欧に先んじて金属活字の技術が東洋で生まれているので，連続型抄紙法に発展しなかったのはアジア特有の土壌のためとはいいがたい．

### g. 複合的な原因

和紙が手漉き法のままで留まり，連続型抄紙法に発展しなかったのは，西欧的思考ではアジアの停滞社会の中では技術が革命的な進化を遂げる環境が生まれなかったという見方がされるかもしれない．また金属活字による印刷技術がわが国に根付かなかった例から考えると，技術を進化させようという進取の気性が欠如していたのも理由の一つだろうが，やはり封建社会と鎖国による情報の遮断が大きな理由ではないだろうか．

では，西欧社会ではいつも革新的なものを受け入れる進取の気性に富んでいるのかというと，そうではない．イギリスの産業革命の初期にはラッダイト運動のような機械打ち壊し運動が起きた．すなわち，既存のものを守り続けようという保守的な国民性も垣間みられるのである．

また，西欧社会において，19世紀のイギリスで始まった産業革命後の急激な工業化，大量生産方式の進展は，19世紀末にはその反作用として手づくりや自然のものを大切にしようとする工芸の革新運動として，いわゆるイギリスにおけるアーツアンドクラフツムーブメント（Arts and Crafts Movement）の発生を促したとされる．この運動の基本理念は中世の手工業に求めたために，近代的な工芸様式を生み出すには至らなかったが，わが国では民芸運動として陶磁器や手漉き和紙を見直す契機をつくり出し，衰退に向かっていた和紙の復活の刺激になったと評価されている．民芸運動の中での手漉き和紙の復活は産業革命の中での工業化とは逆方向のもので，洋紙全盛に向かう時代の流れの中での自然，人間的なものへのノスタルジーにすぎなかったという見方もできるだろう．

このように，西欧と日本では紙の歴史の中で連続型抄紙法を生み出したか否かで大きな違いがあるが，ここで述べたような複合的な要因が関与していることだけは確かだろう．

### 3.1.2 西欧と日本の紙文化の発達過程の比較

わが国には1,300年以上続いている和紙文化と100年あまりの洋紙文化が共存しているが，西欧では18世紀末に近代的連続型抄紙法が発明されて以降，手漉き技術による文化の痕跡はフランスの紙の歴史博物館（Le Musée Historique du Papier）など，一部の手漉き紙の博物館のような場所でしか保存されておらず，特有の用途を見出し，現代まで存続している和紙のような役割はない．次に紙文化の発達過程を西欧と日本で比較してみよう．

#### a. 日本の紙文化

日本では，7世紀初頭に朝鮮半島を経て製紙技術が伝来した．その後，奈良時代（710～784年），平安時代（781～1185年）には律令制のもとでの戸籍の記載や課税の台帳に紙が用いられたりしたが，仏教の普及とともに写経も大きな用途であった．同時に美的要素を重視した料紙は，文字の支持材料として詩歌や文学の世界で使われてきた．またその後，鎌倉，室町，江戸時代に至るまで文学の盛んな時代が続き，江戸時代以降の大衆文学を支えてきた時代もあったが，西欧社会のようにそれらの文学が思想として社会を変革させるような形での重要性をもつには至らなかった．

すなわち和紙は繊細な日本人の感受性に合わせる形で，単に文字を書くという実用性に留まらず，染色による加工法や他の材料を加えた加飾法により，美的な要素が強い多様な紙を生み出してきたといえよう．また，これらの和紙は室町時代以降は書院造の建築の襖や障子にも用いられ，庶民の日常的な用途としては，雨傘やちり紙などに多様に拡大していった．元禄時代には，浮世絵などの版画の用紙としても用いられた．このように和紙は文字の支持材料以外に多様な用途をもってきたのが大きな特徴といえよう．

### b. 西欧の紙文化

一方西欧社会では，フランスのレジス・ドブレのメディオロジーシリーズ第 4 巻『紙の力』（Pouvoirs du Papier）に示されているように，紙が文字を支え，文字のつながりが文章となり，思想に発展して社会を変革させるような力をもってきた．20 世紀に入ってからの西欧社会を例にとると，20 世紀前半は西欧社会でドイツが思想的な牽引力を発揮し，戦後はフランスが実存主義，構造主義など世界に波及する思想的潮流をつくってきたが，これらは文字を支える紙の力というとらえ方が可能である．すなわち西欧における紙の文化は中世から近代，現代に至るまで書物文化が中心にあるといえよう．また近代的製紙技術の発達後は印刷技術と併せてジャーナリズムを発達させ，それはユニバーサルなものとして世界各地に広がっていった．

では西欧世界では文字の支持体以外の紙の用途はなかったのか．歴史的には絵画の世界で用いられたり，現在は包装材料などの工業的な用途はあり，またコットンによる手紙用箋など木材パルプ以外の紙は存在するが，量的にはわずかである．すなわちわが国の和紙のような多様な用途の展開はなかったといえよう．

## 3.1.3 西欧と日本の現代の紙文化の比較

わが国は製紙技術が伝来してから 1,300 年以上，和紙は原料の転換や抄紙法という面でも多くの改良を加え，美的にも優れたものに進化させ，繊細なものに仕上げてきた．一方西欧世界では，12 世紀の伝来から 18 世紀末までの 600 年あまりの間に手漉き技術に限っては原料面では麻や木綿ボロのままであり，技術的には溜め漉きから進化させることはなく連続型抄紙法に転換していった．

手漉き法のまま存続し，連続型抄紙法に発展しなかった和紙と，手漉き法から連続型抄紙法に発展した西欧の紙の歴史の背景には，紙の需要やその背景としての産業革命などによる社会構造変革などが紙文化の違いとして発現してきた．

現代社会における紙の使われ方は西欧と日本にそれほど違いはないが，わが国には和紙という西欧には存在しない特有の紙の分野がある．現在の和紙はわが国の産業革命の中で敗退したまま消滅せず残存してきた技術ではあるが，なぜ存続してきたのだろうか．また，なぜ戦後は海外においても評価されるようになったのだろうか．

### a. 紙の物性機能と感性機能

現代の紙も板紙も，強度特性や光学特性などの物性機能が実用性の重要な指標となるが，和紙では感性機能といわれる紙の白さや色彩や繊維の配向，毛羽立ちなどの繊細な特性がもつ人間への訴求力が重要となる．もし和紙がもつ特有の性質が普遍的に人間の繊細な感覚を呼び起こす力をもっているとすると，海外でも好まれる理由は理解できる．和紙の優秀性はパリの万国博覧会をはじめ，20 世紀初頭の西欧社会で見直され，それがわが国に刺激を与え，20 世紀に入ってからも和紙技術の改良を促進したともいえる．

## b. 融合し普遍化に向かう紙文化

　西欧社会には洋紙による文化が存在し，それは現代社会ではメディアとしての利用を中心に世界各地に広がっているが，このメディアとしての紙文化はあまりにも日常的すぎるためか，あえて文化として意識されることは少ない．一方，わが国には西欧社会の洋紙文化と共存しながら和紙文化が存在し，時には和紙文化のみが紙文化であるような誤解を生じさせる場面もある．

　20世紀後半からのグローバル化の進む世界における文化の交流の中で，各地の紙文化は孤立したままでは存在しえず，相互に影響，融合し合いながら変容を遂げていく運命にある．紙の主流は西欧社会で生まれた洋紙ではあるが，わが国特有の和紙文化も，その美的な要素に普遍的な美として特有の価値を認められるようになったとすると，今後も世界各地に広がっていく可能性は大きい．

　和紙は，長繊維に基づくその独特の強度特性や表面特性により国内の文化財の修復はもとより，海外でも絵画の修復に用いられるようになっている．これは和紙が，西欧で開発された木材パルプからなる紙からは得られない優れた特性をもつからにほかならない．このような分野では，和紙が洋紙で得られない分野を補完しているという見方もできる．

## c. 和紙文化は存続するのか

　今後，洋紙は情報メディアとして文化の伝達や形成の中心的な役割を果たしていくだろう．また和紙は，日本人が伝統というものに価値を見出し続ける限り，生産量は微々たるものだが，その独特の性質を生かしながら存続していくだろう．

　材料の進化という問題から紙を考えてみると，一般に材料の世界では，新しい機能をもち価格性能比の高い材料が開発され市場に出現すると，旧材料は時間とともに駆逐され，新しい材料に代替されていく宿命にある．したがって紙の世界でも，和紙の普及していた社会に強度や筆写性など機能の優れた洋紙という新しい材料が出現した後は，和紙は次第に消滅していく宿命にあった．しかし現実には21世紀の初頭の現在も消えないで残存しているのは，和紙が洋紙にはない特有の性質をもつからである．それは人間の視覚や触覚に訴える感性機能といわれる特性であり，今後の和紙の持続のためには感性機能に着目した研究やさらに感性機能を発現させるための技術開発など，現代社会における市場からの要求に対応した新たな展開が必要であろう．　　　〔尾鍋史彦〕

### 文　　献

1) Pierre-Marc de Biasi（1999）：Papier―Une aventure au quotidien, Gallimard.
2) 久米康生（1995）：和紙文化事典，わがみ堂．
3) 印刷博物誌，凸版印刷株式会社，2001.
4) 世界大百科事典（DVD-ROM 版），日立デジタル平凡社，1998.

## 3.2 紙と日本文化

われわれの身辺にはつねに紙の製品があり，日常の生活はいろいろな紙とのかかわりの中で営まれている．毎日無意識に過ごしているが，紙のない暮らしはとても想像もできない．それでも日ごろのごみ公害がいわれると，使い捨てている紙の消費に気がつく有様である．最近の情報メディアの多様化の中で，紙のあり方が論じられ，緑の環境保全の上から紙の消費がいろいろいわれていても，紙の生産，消費は世界的に増加してやまない．ひところいわれた「紙の消費量は文化のバロメーターである」との言葉は今もその意義を失わない[1]．

文化とは，人間が理想に向かって自然物に手を加えて形成してきた物心両面の成果をいうが，これは人間の長い歴史の中で得られた経験や知識の集積である．それは衣食住をはじめ，学問，技術，芸術，道徳，宗教，政治など生活形成の様式や内容を含むものである．

人間は紙を手にしてからは，その体験や知見を過去にもさかのぼって記録して将来に伝承させた．われわれはその恩恵を受けて今日の生活を続けていると考えられる．

文化が人間の営為によってつくられたものであるからには，当然にその人間の住む土地の環境，つまり風土に支配されるものである．人と紙との関係も風土に影響されるものである．したがって日本の文化と紙との関係を眺めると，その特徴が解明されるのである．

### a. 風土の影響

日本の国土は，アジア大陸の東端の海中に弧状に連なる列島よりなり，北半球の中緯度を南北に延びて位置している．東は太平洋に面し，西は日本海により大陸と隔たっている．その気候は，季節風（モンスーン）の影響を大きく受けて四季の変化が鮮やかである．冬には北東の冷たい風が吹き，夏には南西の暑い風が吹き，特に夏の風は湿気に富んで多くの雨を降らせる．寒暖の変化は土地の南北によって多少ずれるが，春と秋とには前線や低気圧の通過による天候の変化が多い．時には，夏には台風が襲い，冬には大雪に見舞われることもある．加えて地層の関係で火山の爆発や地震も起こりやすい．

このような風土の特徴は，ここに住み着いた日本人の歴史的生活の契機となっている．古代の人々は，時折の天災にも耐えながら，緑と清流に恵まれた自然の中で日を送ってきた．そして自然に順応して生活する術を身につけた．列島を取り巻く海流によって漂着する目新しいものには強い好奇心をもった．長い縄文時代を過ごしている間には，アジア大陸ではすでに先進文化をもった古代国家が興りつつあったが，その余波はやがて日本の一角に波及し，牧畜や農耕の技術をもつ異民族が渡来することになった．それらの新技術，新風俗も，旺盛な好奇心と寛大な包容力ですぐに自分の身につけた．航海術

の進歩につれて漂着する異邦人も多くなり，海外との交流も次第に頻繁になった．流入する新知識をすばやく吸収，消化する習性が養われた．この習性は，現代の国民性の根底となっている．紙の文化は端的にこれを示す好例である[2]．

**b. 大陸文化の影響**

謎の世紀といわれる4世紀前後に，大和地方に成立した崇神王朝に代わった応神王朝は，海外からの技術によって河内平野を開拓し，その繁栄ぶりを巨大な陵墓によって今に伝えている．この時代に文字や紙が輸入されたが，その来歴や使用の実態は定かではない．紙は文字に連動して，日本は漢字文化圏に組み込まれた．文字による情報の吸収にも，日本人は後世に独特の才能を発揮して，漢文の返り点による訓読や片仮名，平仮名を考案して知識を広め，精神生活を豊かにできた．

日本人の精神構造に一大転機をもたらしたのは，6世紀になって応神王朝に代わって成立した継体王朝に，仏教が伝来したことである．それまでの人々は自然物に超人間的な「神」の存在を考え，支配者は呪術をもって権力を行使していた．新たな「仏」の導入は，思想の上にも政治的にも混乱を招く結果となった．しかしそれは飛鳥時代にようやく落ち着き，神仏習合が行われるようになった．

仏教が国是とされると，経典に必須の紙は急成長をし，美術，工芸も興隆をみた．華やかな飛鳥，奈良時代が開幕した．豪華けんらんな天平美術は今も人の目を奪うばかりである．それは当時の唐の文化の模倣の色濃いものであった．しかしこれも，やがてよく消化されて日本の風土にふさわしい姿に変革されるのである．それは政治的な都合によって，8世紀末に都が奈良の平城京から山城の平安京に移されることによって始まる．すでに奈良朝末期に紙は日本独特の「流し漉き法」の開発により，唐紙をしのぐ良質の和紙が量産されていた[3]．

**c. 国風文化の形成**

歴史上に平安時代というのは桓武天皇の平安遷都（794年）から鎌倉幕府の成立（1192年）までをいうが，平安京はその後も明治天皇の東京遷都（1869年）まで続いた．その約1,000年間は，京都は日本文化の中心であった．その文化は宮廷を中心として，山紫水明の風土の中で展開されたみやびやかな美の世界を演出したものであった．唐風をこなした上での国風の文化であった．和紙はその特性を遺憾なく発揮して，さまざまに用いられて美を創造した．その伝統は現代まで生き続けている．その美意識は自然の美を基調にするものである．美は自然との調和の中に見出された．これは日本に特徴的な美の感覚である．

物の色彩は鮮明なものよりもおぼろ（朧）なもの，模様は抽象的なものよりも具象的なもの，直線よりも曲線がむしろ好まれた．例えば，唐風の宝相華の装飾よりもぼかし模様の自然の花模様などが流行した．清少納言は『枕草子』の中で，これらを「とくゆかしきもの」としてたたえている．紫式部も『源氏物語』の中で，おぼろの世界を幻想

的にいろいろな場面に描写している．紙もこのような美を演出するのによく使われた．華美よりむしろ清楚が好まれた．

もともと紙は，植物の繊維を何回か水をくぐらせて得られる自然の賜物である．その水仕事は精進潔斎の禊にも通じるもので，その白さは落ち着いた情緒的な色である．決して理知的な冷たい白色ではない．それは光を乱反射した暖かい白色である．また紙を通過してくる光もまさにおぼろの明るさを与える．人間には生理的に最適の光となる．襖や障子に囲まれたおぼろの空間で常の生活が営まれたわけである．

宮廷の女性の色彩感覚は実に微妙繊細であった．衣服の上下表裏の配色に気を使い，いわゆる襲の色目（重色目）の色合いを楽しんだ．これをそのまま色紙に応用して懐紙（畳紙）を優雅に使った．薄くて美しい和紙（薄様，薄葉）を色美しく染め，その2枚を重ねて手紙や歌を書いた．その場合に上下の色紙の色を変え，それぞれ優しい名前をつけ，季節や場合に応じて配色を興じた．上が赤で下が青は「紅葉重ね」，上が紅で下が蘇芳は「紅梅重ね」，上が白で下が青は「卯の花重ね」，上下とも青は「青柳重ね」，また上下とも白は「氷重ね」などである．これに歌を書き，花を添えて人に贈るなど，社交に使われた．

また，多彩な染紙（そめがみ，色紙）をわざと切ったり破ったりして，これらを少しずつずらせて張り継いだ「継紙（つぎがみ）」も一つの手芸であった．「切り継ぎ」，「破り継ぎ」のほかに，その数片を重ねずらした「重ね継ぎ」など多彩であった．『源氏物語』など，多くの平安女流文学作品の中にさまざまな情景がみられる．これを料紙とした歌集『西本願寺三十六人家集』は有名である．

元来，美麗な染紙は，仏教の「装飾経」より発生して，いろいろな紙加工に発展したもので，金銀の砂子，切箔，野毛などの加工紙への写経から書道へと発展した過程で進展をみたものである．紙を漉く技術の中でも，雲紙，打曇（内曇，内雲，内陰），飛び雲，羅文紙，墨流しなどの加工術の発達があった．日本独特の和紙加工はこの時代を契機として進展をみたのである．

## コラム　マーブリングと墨流し

マーブル紙は，文字どおり大理石模様の紙という意味であるが，カラジーンモスと呼ばれるふのりやトラガントガムなどの植物性のりでつくった水の表面に絵具をたらしてつくった模様を紙に転写することをマーブリングという．その紙をマーブル紙という．

## 3.2 紙と日本文化

　15～16世紀にインド，ペルシア，トルコなどで発展した細密画の装飾輪郭に多く使われた．現存するマーブル紙で最古のものは，トルコのイスタンブールにあるトプカピ宮殿博物館所蔵の，1447年につくられたものである（写真1）．

　マーブリングの技法は，16世紀にベニスの商人によってヨーロッパに伝わった．そして，従来絵具を水面に落とし，その模様を紙に転写する方法から，

　① くしやピンを使って表面を引っかいて模様をつける．
　② 紙を上下の作業を継続することによって波状の模様をつける．
　③ 絵具に化学薬品を混合して，絵具の化学反応によって起こる模様をつける．
　④ 紙に絵具を転写するときに紙を引いたり，押したりして模様をつける．

など独自のマーブル紙がつくられるようになった．そして，これらのマーブル紙は，今日では本の表紙，見返し，箱などの装飾紙として使われている．一方，墨流しは墨液と松やに液の筆を交互に水面に押し当て波紋を広げてつくる．墨流しの語彙の最古の文献は，905年（延喜5）醍醐天皇の勅命によって編纂された『古今和歌集』の巻十「物名」の在原滋春の歌

　　　　　春かす<u>みなかし</u>（かよひぢ）通路なかりせば
　　　　　　秋来る雁は帰らざらまし

にみられる（写真2）．

写真1　『狩猟王』1葉（ニューヨークメトロポリタンミュージアム所蔵）
ペルシアのシャー・ターマス時代（1524～1570年）につくられたページの装飾輪郭にマーブル紙が使われている．縦466 mm×横324 mm（口絵7）．

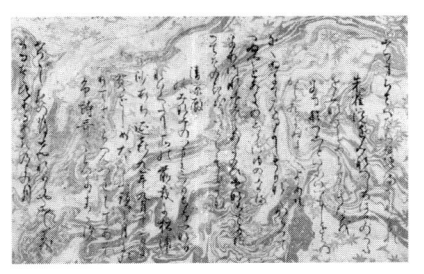

写真2　『西本願寺三十六人家集』のうち第三帖『躬恒集』の墨流しの料紙（国宝，京都西本願寺所蔵）
天永3年（1112）ごろの粘葉装で，現存する『三十六人家集』最古のもの．墨流しも最古のものである．縦200 mm×横320 mm（口絵8）．

> 墨流しは，唐紙，飛雲，打雲，金銀箔散らしなどの料紙と同様に平安・鎌倉時代から今日まで和歌集，歌物語などのための装飾紙である料紙として使用されてきた．
>
> 〔三浦永年〕

### d. 和紙の文化

　平安王朝による律令国家制度が衰える11世紀ごろは，地方各地で台頭した武士は，やがて政治権力を奪って武家政治を始め，政権は二度と公家の手に戻ることはなかった．しかし京都は，その後も長く文化の中心として主導的立場にあった．政治的混乱が時にはある中でも，平安文化は伝承され，北山文化や東山文化に代表される室町文化に発展した．そして中央の文化は地方にも広がりをみせて，茶の湯，連歌，能楽などが庶民に流行し始めた．鎌倉時代以降は民衆のための新しい仏教宗派も布教された．応仁元年(1467)に勃発した応仁の乱は10年間も続き，京の都が一時荒廃に瀕したとき，都を逃れた人たちが地方に都の文化を伝播させる結果となった．しかしやがて中央の威令は地に落ちて，下剋上の風潮は世の中を戦国大名の割拠時代に変えた．そして諸大名のもとに，各地で文化の表象としての地方色豊かな和紙が生産され，流通した．

　すでに平安時代中期に，東北地方の優れた産紙である「陸奥紙」が都に流通して，「檀紙」とか「真弓紙」とか呼ばれていたが，やがてその後同質の紙が讃岐（香川県）や備中（岡山県）でも産出された．これらの紙はコウゾ（楮）を主原料とするが，鎌倉時代以降は，産地や用途による名前で特色づけられて流通した．播磨（兵庫県）の杉原紙，越前（福井県）の奉書紙，吉野（奈良県）の吉野紙，宇陀紙など次第に複雑多岐になり，内容も豊富になった．コウゾ以外のガンピ（雁皮）やミツマタ（三椏）などの繊維を単独または混合した紙も，斐紙，薄様から始まって，雁皮紙，鳥の子紙，修善寺紙など，時代とともに全国的に庶民が自由に入手でき，紙漉きも全国津々浦々の農家の副業となった．

　紙が世に出回ると書道や絵画が発達し，生活の周辺に紙を使った家具も増し，それぞれの用途に応じた紙が増産され，それがまた新たな用途を生み，生活を快適にするための祭事や遊びごとにも広く用いられた．それらに応じて紙の大きさや枚数を示す言葉も全国的に定着し，例えば半紙とか1帖などの語は今でも使われている．

　さて，室町時代の末期（16世紀半ば）に日本は大きなカルチャーショックを受ける．それは欧州人の来訪による西洋文化の流入である．これは物質的にも精神的にも大きな影響を与えたが，日本人は持ち前の本領を発揮して，このいわゆる南蛮文化を十分に消化，吸収して伝統文化に融合，止揚（アウフヘーベン）することができた．これにより安土桃山文化が開花し，歴史は中世から近代に移って，やがて江戸時代を迎えることになる．

### e. 庶民の紙へ

　15世紀半ばから約100年にわたった戦国争乱が，豊臣秀吉による天下統一の後，これに代わって登場した徳川家康が政権を掌握したのを最後にようやく終息し，太平の世となった（元和偃武（げんなえんぶ））．徳川幕府が開かれて江戸時代となった．それはおよそ2世紀半にわたり，封建制度のもとに平和な社会生活が続けられた．それを支える製紙産業は，順調に発展して庶民の文化の裏方役を演じた．

　幕府にとっても，また地方の260余の藩（大名の領地）でも，農業が重んじられ，製紙は副業としてますます振興された．学問の発達した元禄時代（17世紀末ごろ）や，芸能や美術の興隆した文化・文政時代（19世紀初期）などは，特に文化的な特色がみられる．キリスト教文化が取り入れられたことも注目される．紙漉きの指導書『紙漉重宝記』（1798年）や紙取引の手引書『新撰紙鑑』（1778年）の出版もあった．商業都市として大坂も繁栄し，江戸時代末期には全国の産地の商取引は，米，木材に次ぐ隆盛を極めた．

### f. 洋紙の時代

　江戸時代の日本が和紙の黄金期を謳歌しているころに，西欧諸国では製紙の変革が行われていた．古代中国の紙は東洋諸国よりも遅れて欧州に伝播され，羊皮紙に代わって使途を広げた．中世に始まったルネサンスや宗教改革は，精神活動を活発化して紙の需要を高めた．活字印刷の発明はこれに拍車をかけた．日本の和紙に関する情報は西欧人に注目されるところであったが，近世になって産業革命に乗って，機械力による木材のパルプ化と機械製紙の開発は，紙の量産を可能にした．

　この新しい紙は，明治維新の日本へ西洋文明の先兵となって侵入した．旧体制を破り，欧米先進国の水準にまで一挙に近代化しようとする人々には，この紙（洋紙）は大きな驚きと魅力であった．先覚者の努力によって，紙・パルプ産業は印刷技術とともに日本に根を下ろし，一途に発展を続けることになった．明治以来平成の今日まで，日本は各地に再々の天災にも遭い，また戦災を受けたこともあり，国内産業は大打撃を受けたこともあったが，その速やかな復興にはつねに紙・パルプ産業が先導した．

　和紙によって長年培われた感性は，紙こそ文化の生命であることを本能的に認識しているからである．洋紙万能のような現代生活の身辺にも，つねに伝統の和紙が心の平安を与え，古いしきたりや趣味の世界に和紙の心が生きている．そして新しい紙の造形芸術に和紙の感性が活かされて世界をリードし，またこの繊細な感性は精密な理性にも相通じて，新規な工業材料としての「機能紙」の進展に大きな未来を開きつつある．

　和紙を大切に扱った心は，物を大切にし，再生使用の心を育て，資源を大切にして自然環境を守る精神としての信念を今日のわれわれにも与えている．日本文化の粋は，伝統の和紙に象徴されるといっても差し支えない[4]．

〔町田誠之〕

## 文　献

1) 町田誠之（1977）：和紙文化, p. 242, 思文閣出版.
2) 町田誠之（1981）：和紙の風土, p. 310, 駸々堂.
3) 町田誠之（1978）：和紙の四季, p. 222, 駸々堂.
4) 町田誠之（1983）：和紙と日本人の二千年, p. 230, PHP研究所.
　 町田誠之（1984）：和紙の伝統, p. 266, 駸々堂.
　 町田誠之（1995）：和紙がたり百人一首, p. 304, ミネルヴァ書房.
　 壽岳文章（1967）：日本の紙, p. 344, 吉川弘文館.

## 3.3　紙　の　伝　来

### 3.3.1　紙の伝来と和紙文化の形成

　紙とは本来，植物の繊維を砕いて水中に分散させ，フィルターで濾して薄く層状に形成したものを意味する．その平面を応用して主に書画に使われるが，その簡便のためにいろいろな方面にその用途を広げた．それにつれて，目的に応じた原料，製法，加工法などが研究されて人間生活の必需品にもなっている．紙の種類も複雑多彩である．繊維を材料とする製品にはすでに太古から編物や織物があるが，それらに比較すると紙の発明は新しいもので，それは水を媒介として漉く（濾過の意味）ことによる成品であるのが紙の本質である．

　原料植物の選び方，繊維の採り方，砕き方，そして水から濾し方，乾かし方などは，時代により場所によりいろいろな変遷があったと思われる．使用するフィルターも，最初はおそらく麻布を張った枠で液をすくい上げ，枠ごと乾かしてから紙を剥がした．あるいは液を枠布の上に注ぎ入れて濾すこともあった．竹やカヤ（茅）で編んだ簀を使うと，湿紙を簀から剥がして布にはさみ，そのまま脱水，乾燥に移せる．これらの初歩的な方法は，現在でもアジアのごく辺境の地方で見かけられ，製紙術の進歩の跡を物語る．日本へ紙が伝えられた当初は，どのような発達段階のものであったのかは不明であるが，興味がもたれる．そして初めて紙が伝来したときと，初めて紙を国産したときとは，もちろん同時ではないが，いずれも残念ながら不明である．

　日本の歴史に初めて「紙」に触れた記事は，『日本書紀』の推古天皇18年（610）の条にみられるが，その内容から考察されるところでも，すでにそれ以前に紙の国産が実施されていたことは確かである．その時代に聖徳太子が紙の原料としてコウゾ（楮）の増産に努めたことは是認できる．古代中国では製紙原料は麻を主流としたが，日本ではコウゾが主原料とされた．それは早い時代からコウゾの繊維は精製してユウ（木綿と表記するが，現在の「もめん」とはもちろん別物）として神へのミテグラ（幣）として捧

げ，また編んで縄（栲縄（たくなわ））とし，織って布（タエ，妙）として使用していたからである．ユウは紙に一歩手前の素材であった．

　ユウのことは，平安時代に書かれた斎部広成著『古語拾遺』の中に天照大神の岩戸隠れの事件に関してみられる．このときにコウゾの白和幣（シロニギテすなわち白く柔らかな布）を供えたとある．この製作にかかわったという天日鷲命（あまのひわしのみこと）は，後年に紙の始祖として祀られる．しかしユウは紙ではない．けれどもやがて神への御幣はユウに代わって紙になる．それは紙が美しく手細工が可能であったからである．幾度か水をくぐらせてのち，太陽の光ででき上がった純白清浄な紙を，祈りをこめて形を折り，神に捧げることにより，自然の恵みを感謝し，将来の幸福を願う気持ちは永遠のものである．この感情は日本人の美意識の根源につながっている[1]．

　ところで，日本ではもっぱら紙を「すく」といい，漉の漢字を当てている．紙の発明国中国では，昔から今まで「造紙」といい，また欧米諸国でも一般に「ペーパーメーキング」など「製紙」としている．漉は液体を濾過する意味である．日本で「すく」という動作は，例えば，畑をすく，髪をすく，木の枝をすくなどにも使い，それぞれ鋤く，梳く，透くなどと書く．これらの漢字はそれぞれ，混ぜ返す，美しく並べ整える，隙間をつくるの意味である．「紙をすく」とはこれらのすべての意味を含んだ動作を表す．紙は単につくるのではなく，細やかな深い意味を与えているのである．

　日本でも初期のころは造紙といっていたが，平安時代初期（9世紀）の文学作品から「紙すき」と表現するようになった．このころから「唐紙」の模倣を脱した「和紙」が認識されたことを裏書きする．紫式部の『源氏物語』鈴虫の巻に，光源氏が「唐の紙はもろくて，朝夕の御手ならしにもいかがとて，紙屋の人を召して，ことに仰せ言賜ひて心ことに清らに漉かせ」たところ「端を見たまふ人びと目も輝きまたふ」ほど美しい字が書けたという．

　心清らかに紙を漉く気持ちがあってこそ，見事な和紙が得られるもので，つねに紙は自然の恵みと考えて，神仏に感謝する敬虔な態度で仕事が行われたものであろう．官立の「紙屋院」ではすでに日本独特の「流し漉き」の技法を完成した自信のもとに，宮廷の要望に応じて各種の美しい紙を漉き，またさまざまの加工で美しさを倍加した．

### a. 流し漉きの本質

　ここで一応，流し漉きの技法の概要を説明する必要がある．コウゾなどの靭皮部（内皮）を取り，水に浸して柔らかくしてから釜でアルカリ液（木灰，石灰，炭酸ソーダなど）で煮熟して，清流の中で水洗，漂白する．ここまではユウと同じである．紙にするにはこの繊維を適当な細かさに砕かねばならない．その前に普通には「ちりより」といって，繊維を水中に浮かべて不純な混入物を丹念に除く．その上で，繊維の一定量ずつを絞り取って台の上に置き，棒か木槌（きづち）で叩きつぶす．これを紙叩き，紙打ち，あるいは紙砧（かみきぬた）とかいうが，また臼でつくこともある．これはいわゆる叩解（こうかい）で，この場合は主に粘状叩

解（ウェットビーティング）が行われる．つまり繊維は縦に裂かれることが多く，切断されることは少ない．ここまでの工程は従来の溜め漉きでも同様である．

　さて，流し漉きに際しては，あらかじめトロロアオイ（黄蜀葵）の根かノリウツギ（糊空木）の茎などを水に漬けて粘液を抽出しておく．この粘液をネリと一般にいうが，地方によってはノリ，タモ，ネベシなどの方言がある．紙料を槽（漉き舟と呼ぶ）の水中に入れ，ネリを加えてよくかき混ぜる．水，繊維，ネリの割合は，繊維の種類，求める紙の性質や枚数，季節，天候などから経験的に勘で定める．

　次いで，簀をはめた桁で乳状の液をくみ上げてすばやく簀の表面にいきわたらせる．この最初のくみ上げを「初水」，「化粧水」，「数子」などの方言で呼び，紙面の精粗を決定する．簀から水が濾し去られると第2回目のくみ上げをする．これを「調子」と呼ぶ．液の濾過速度（水もれ）が遅くなるので簀桁を前後または左右に揺り動かす．同様の調子の操作を数回繰り返すことにより紙の厚さが決まる．適当な厚さの紙層ができたとき，簀の上の余分の液を桁の片隅から前方へ勢いよく投げ戻す．これを「捨て水」と呼び，これにより余分な繊維の不規則な塊や不純な塵などが除かれる．そこで簀を桁からはずして板（紙床）の上にうつ伏せに置き，簀だけを剝がして湿紙を板上に残す．簀を桁に戻して先と同様な方法で次の紙を漉き，漉き上げた湿紙を先の湿紙の上へ同じように重ねていく．湿紙の間に布などをはさむ必要はない．重ねられた湿紙の上に板を載せ，重石を置いて一晩放置して脱水する．翌朝これを逆に1枚ずつ静かに剝がして，木の干し板に貼り付け，天日乾燥する．漉くときのネリ液の中での揺り動かしによって，長い繊維も十分に絡み合っており，しかも紙床上の一夜の脱水の間にネリの粘性が急速に減退するので，湿紙は圧搾脱水のときも接着し合うこともなく，剝がすときも，1枚ずつ破れずに乾燥に移すことができる．

　この漉き方を基礎として，いろいろな工夫次第でさまざまな紙が漉けるわけである．

　まず，繊維の形状や性質の異なる種類を最初から混合して漉くと，雲竜紙などができ，異なる色彩に染めた繊維を途中の調子の段階で簀の上に漉きかけると，打曇，羅文紙などの漉き模様紙ができる．漉き上げた簀の上の湿紙に別に染色した繊維を散らし落とすと飛雲とか，また水滴を振りかけると水玉紙や，水の細流を落とすと水流紙とかができる．調子の段階で植物の葉や花，または蝶の羽根などを漉き込んだり，また型紙を入れて部分的に厚薄の模様を透かし出す，白透かし，黒透かしなどができる．紙幣や有価証券のウォーターマークはこの原理によっている．また湿紙を乾燥する段階で，手加減で皺模様をつけたのが檀紙である．

　次に，紙に仕上げたあとでも，その強靱性を利用して，各種の染め方（浸し染め，刷毛染め，吹き染めなど）で多彩な色紙ができ，型置，型押しなどの印刷で模様をつけることができる．漆，蠟，油脂，柿渋，コンニャク，その他合成塗料などを塗布または染み込ませて，防湿，防水，防虫，防黴あるいは透明性などの変性加工ができる．また

異種の紙または異質の材料を張り合わせた積層加工（ラミネート）や，あるいは揉み紙，
皺紙，クレープ紙，こより，元結，水引きなどの二次変形加工もある．さらに漉き返し
て再生利用のほかに，紙粘土にして張り子細工や紙塑人形などもできる．これらを組み
合わせ，また他の素材とも組み合わせて，実に千差万別，多種多様の用途をつくり出す
ことができる．日常生活がこれらによって極めて便利で美しいものになっていたのが，
過去の日本の暮らしであった．

### b. 用と美の認識

和紙が日本文化を形成する歴史的契機となったのは，用と美の追及にあったといって
もけだし過言ではない．それには風土的要因のあることも，またいうまでもない．日本
人は自然の中で自然とともに生きる習性を養い，自然の中に調和した美意識を身につけ
たのである．

紙の本来の用途である情報メディアにおいても，書の中に美を表現した．漢字は元来，
物の姿を抽象した象形文字から出発したもので，書は画と共通した美の表現が容易であ
る．いろいろな書体，書風に加えて日本独特の仮名文字は，料紙の発達と相まって優美
華麗な芸術を生み出した．紙の防虫による黄蘖染めは美しいのみでなく，黄色地に黒い
墨書は暗くても，みやすい．そして紺や紫の染紙は，金泥や銀泥によって眩いばかりの
経典を与える．書道は精神修養と芸術活動を兼ねて発達した．

同じ文字や図形をいくつも得るための印刷は，法隆寺の「百万塔陀羅尼経」や浄瑠璃
寺の胎内印仏が古くから有名であるが，この信仰心が知識欲や芸術心に伸展して「奈良
絵本」や「嵯峨本」（光悦本）の出版につながった．そして浮世絵版画という特異なジャ
ンルに発展した．この木版画は，強靭で寸法安定性の高い奉書紙がなくては生まれなかっ
たであろう．そして絵師，彫師，摺師の共同作業で，最後に絵師と出版元の名は残るが，
彫師や摺師はもちろん，地紙を漉いた人の名も表面に現れることはない．没我的に一つ
の仕事に協力する楽しみは，連歌の心にも通じ，遠く稲作に共働した民族性に根ざすも
のかもしれない．

木造を主とした日本家屋における建具や家具における和紙の応用は，まさに和紙の用
と美の真骨頂を発揮したものである．板戸に代わって紙の障子の効用が認められたのは，
遠く奈良時代以前にもさかのぼる．この障子とは本来，衝立，襖など，屋内の空間を隔
てる家具を意味した．住宅の形式が寝殿造から書院造へと移るにつれて，採光よい「あ
かり障子」が普及し，障子が一般名となった．

建具に紙を取り入れたのは，全く合理的，衛生的，経済的で，しかも最も美しい雰囲
気を醸し出す．まさに典型的な日本情緒を与える．日本の気候風土を快適に暮らす古人
の知恵である．紙を構成する植物繊維の温・湿度調節作用と空気浄化作用の応用で，同
時に光の乱反射による直射光遮断効果である．

襖や衝立は，表面に絵画を描くことにより室内で常時に自然の風物を鑑賞することが

できて，障子は外の音や香りで季節感を味わうことができ，いずれも自由に移動して部屋を広くも狭くもできる．そして開け放すと遠く借景を眺めて自然の中に居ることになる．融通無碍の心境に達する．

床の間には掛け軸に一時の心の安らぎを得る．暑い季節には扇子や団扇で涼をとり，暗くなれば行灯であかりをとる．四六時中和紙に囲まれた生活は，今でもあちこちに残る数寄屋の伝統的遺産に存在し，過去への郷愁に浸ることができる．古い社寺や茶室などを訪れると何か心の安らぎを覚えるのは，だれしも経験があるところである[2]．

### c. 伝統と創造

ところで，過去の古いものとばかり思われがちな和紙の製品が，近年再び新しい目でみられるようになっている．それは繊維や紙を素材としたモダンアートの世界的な勃興である．従来の「紙の芸術は平面の上での美の表現」という概念を打ち破り，「紙以前の繊維から出発して造形を試みる」芸術の創成である．つまり紙を漉くことがすでに芸術の原体験と考え，繊維はおろか他の素材の混入で，次元にこだわることなく造形し，さらに自由奔放に加工，変形して美を創造しようとする芸術である．一時，「紙のルネサンス」ともいわれた．ところが，それに用いられる手法は，すでに古くから和紙の加工に使われていたアイディアに共通していることがわかり，和紙が世界の芸術界でも脚光を浴びることになった．このブームはいつまで続くかはわからないが，これがまた新しい紙の用と美を生み出す契機となるかもしれない．現在古い伝統として尊重されている多くのものも，それが創始されたときはその斬新さに人々を驚かせたに違いない．しかしそれが優れたものであったからこそ，すたれることなく長く受け継がれてきたのである．伝統は守株するものでなく，新しいものを創造する源とすべきものである[3]．

古い技術をもとにして新しい時代のものをつくり，発展させる工業は，すでに特殊紙あるいは機能紙などの名で研究が盛んである．その先端技術の発展には美しさが加えられるべきことはいうまでもない．それは歴史が示しているからである．現に，ネリの本体やその作用機構は最近化学的に解明され，合成ネリとしてポリアクリルアミドやポリエチレンオキシドなどの高分子化合物が利用され，またコンピュータ制御による自動手漉き紙抄造機も実用に近づいている．芸術と科学との融合は，現代人に思考の変革をも迫っている．

〔町田誠之〕

### 文　献

1) 町田誠之 (1994)：和紙つれづれ草，p. 262，平凡社．
2) 町田誠之 (1985)：紙のふるさとを行く，p. 290，思文閣出版．
   町田誠之 (1990)：大和の古代史跡を歩く，p. 238，思文閣出版．
   町田誠之 (1993)：和紙散歩，p. 198，淡交社．
3) 町田誠之 (1981)：紙の科学，p. 208，講談社．
   町田誠之 (2000)：和紙の道しるべ―その歴史と化学―，p. 298，淡交社．

### 3.3.2 写経と紙

　538年，百済国より伝来したと伝えられる仏教は，当初は拝仏祈願の程度の信仰であったと考えられる．そして，わが国はいまだ氏族集団的な国であった．594年，「皇太子（聖徳太子）及び大臣に下された，仏教興隆の詔」（『日本書紀』）により，次第に寺院の建立が盛んとなり，607年，法隆学問寺，四天王寺，中宮尼寺，橘尼寺，蜂岡寺，池後尼寺，葛城尼寺などが建立された（「元興寺縁起」上宮聖徳法王帝説）．当時の記録はないが，寺院の建立に伴い経典の需要も増大していて，当然，写経も行われていたと推測される．渡来人から製紙技術を教えられ，製法を漏れ聞いた先人たちが，衣服に使用していた「カジ」や「コウゾ」などの繊維の性質に気づき初期的な紙漉きが始まっていたと考えても不思議ではない．輸入された「麻紙」の紙質より程度の悪い和紙であったかもしれないが，そこに写経が行われていたと考えたい．610年，「高句麗王は僧曇徴，法定をわが国に遣わす．曇徴は五経を能くし，彩色，紙，墨，碾磑（ひきうす）の製法を伝える」と『日本書紀』に記載があり，「紙の公伝」とされる．615年，わが国最古の肉筆体とされ，聖徳太子筆といわれる「法華義疏」（聖徳太子伝補闕記）は仏典ではあるが，写経ではない．その使用された紙については不明であるが，輸入された上質の麻紙と思われる．

　中国大陸を統一した隋，唐の勢力に押されて揺れ動く朝鮮半島諸国とは異なり，607年の遣隋使派遣に際しても独立国としての態度を明確にした聖徳太子は，仏教を政治，教育の基盤とした律令国家を建設しようとした最初の為政者である．

　645年，大化の改新により新政治体制が始まり，孝徳天皇は「仏教興隆の詔」を下され，十師を任命し僧尼の指導に当たらせ，寺院管理のため寺司，寺主，法頭を置いた（『日本書紀』）．

　このように中央集権の律令国家の体制進展と，国家仏教化が充実するに従い，紙の需要は急増し，中央はもちろん地方においても製紙は盛んになり，技術も次第に向上したと考えられる．しかしどのような紙がつくられていたか，記録はない．

　651年晦日には，摂津味経宮に「2,100余人の僧尼を集め，一切経を読ましむ」（『日本書紀』）．つまり，2,100巻以上の読誦用経典が存在していたことになる．

　660年には「仁王般若会が行われた」．国内では蝦夷征伐，朝鮮半島では唐，新羅の連合軍と交戦中の百済を救援するなど，内外ともに多事多難の時期であった．「金光明最勝王経」，「法華経」とともに護国三部経といわれる霊験ある「仁王経」を読誦し，国の擁護を祈願する法会であった．

　さて天武天皇2年（673），「是月（3月），書生を聚めて，初めて一切経を川原寺に写す」（『日本書紀』）．これは，わが国での「写経」の最初の記載である．しかし巻数と紙種は不明である．

　676年，諸国に使者を派遣し，「金光明経・仁王経を説かせる」（『日本書紀』）．新羅

と百済との争いから朝鮮半島の不安な情勢が続き，護国経典の法会が営まれる．

680 年「初めて金光明経を宮中及び諸寺で説かせる」(『日本書紀』)．

693 年「諸国に仁王経を説かせる」(同)．

694 年「金光明経を諸国に送り，毎年正月上弦の日に読ませる」(同)．この年「天皇，法隆寺に金光明経を納める」(「法隆寺伽藍縁起幷流記資材帳」)．

696 年「金光明経を読ませる為，毎年十二月晦日に浄行者十人を得度させる」(『日本書紀』)．

702 年大宝律を天下に頒かつ．「四畿内に金光明経を読ませる」(『続日本紀』)．

703 年「四大寺に金光明経を読ませる」(同)．

705～707 年「天下の疫病，飢饉により賑血，読経を行う」(同)．

このように奈良朝以前から，仏教は近隣諸国の情勢により，護国経典の法会が次々と行われ，国家の鎮護を期待される形で進展してきた．この法会において読誦された経典は，その部数の量からしてすでにわが国での写経本であったと推測するが，記載が見当たらない．

奈良朝になると国の庇護により写経所の整備も順調に完了していたものと推測できる．

712 年，長屋王は文武天皇のために「大般若経一部六百巻」を書写する(「識語」)．同経はその奥書にある和銅 5 年の元号をとり「和銅経」と呼ばれ，料紙は黄麻紙といわれる．

神亀 4 年 (727) の「正倉院文書」の断翰 (小杉本絵仏師外三)，「写経料紙帳」の記載の中で，当時写経に使用されていた「紙種」は「麻紙」と「穀紙（楮）」の 2 種であることを知った．

そのほかに，「正倉院文書」(續修三十) 天平十九年八月十四日「能登忍人解」の記載に初めてみえた「斐紙」は，「肥紙」とも書かれるが，これは「ジンチョウゲ科」の「ガンピ」の靭皮繊維を漉いた紙である．天平初期から麻紙や楮紙に混合して紙質の向上を図った紙は残されているが，「斐紙」100% か「斐紙」主体の使用であったと考えられる．

728 年，長屋王が両親や，聖武天皇をはじめ代々の天皇のために書写させたもので，神亀 5 年の発願のため「神亀経」といわれる「大般若経一部六百巻」がある．料紙は長麻紙といわれている．

長屋王発願の「大般若経」は奈良朝初期の現存する代表的な遺品である．この写経に携わった写経生・校生・装潢たちが後日始まる国立写経所の中心になり，国家仏教として必要な経典書写に活躍した．

天平時代 (729～749 年) になり，仏教は政治・教育の根幹となり，国家仏教として確立した．写経事業は皇后宮職の管理する写経所で，最も有能な経生を中心にして，製紙，染色，加工，装潢などの研究とともに経巻の向上が図られ，「天平写経」がつくら

れた.

　なおこの写経には，解明できない事実がいくつか存在する．これは現在でも天平時代のようにそれぞれの分野が互いに力を出し合えば，解決できることかもしれない．また「金光明経」，「仁王経」，「法華経」の護国三部経による法会は，近隣諸国との外交上の危機や，国内の地震，風水害，飢饉，疫病などの発生時に行われてきた．このことは，氏族社会から国家意識に目覚め，為政者の進めてきた中央集権の律令国家の確立を促進したと考える．紙の増産による写経事業の進展が，上下一致して日本を建国したといっても過言ではない．

　米6升が1文の時代に，経典約10万巻，その中には護国仏教の鼎となった「金光明最勝王経」，「法華経」などの金泥経が約2,500巻も含まれている．1巻15枚として計算してみると，墨書用が約150万枚，金泥用の紫紙が約4万枚近く使用されたことになる．これら写経所で書写関係に要した経費は，約1億7,256貫400文となる．この中には写経所の諸経費は含まれていない．大仏建立と写経事業とはいかに国運をかけた大事業であったか，この金額をみても理解できるし，また為政者の意図と期待の大きさがうかがえる．

　写経に使用する紙に必要な特質を完全に充足する製紙関連技術の高さも驚きである．写経紙は漢訳の複雑な漢字からなる全文を声を出して読み上げるために，格別ににじみや濃淡の出ない明瞭な字の書写が要求される．長時間の読誦と長期の保存に耐える紙が必要であった．これを現在の科学的な用語でいうと，強靭な靭皮繊維を十分に叩解して漉き上げられた紙を，さらに加工して「密度」が高く，「吸水度」が低く，「平滑度」が高いものとすることが求められた．当時の人々は，「写経生」を中心として，手触り（密度）（平滑度）や書き心地・にじみ（吸水度・平滑度）などに注意をし，その上，金泥経では，「瑩生」（金字を磨く人の職名と，磨く作業を意味する）が猪牙（その滑らかにした部分）による磨きを施し，金字表面の光り具合が鮮明になるまで工夫と努力を続け，わが国独自の誇るべき紙を完成させた．そして「天平写経」は1,200年後の現在も立派に光り輝いているのである．今日，書道の隆盛とともに「古写経」の紹介や解説が行われるようになった．しかし紙の詳細な説明はほとんどされていない．これは「古写経」の大部分が貴重な国宝や重要文化財であるために十分な検査ができないことが原因であろう．

　天平の人々が行っていた熟紙加工である「打紙」に関する研究が1979年，増田勝彦，大川昭典の両氏により発表され，今日われわれが写経には不適当としている「麻紙」や「楮紙」に，「天平写経」が立派に書かれたことがはっきりしてきた．またこの「打紙加工」により，「楮紙」が「雁皮紙」と見間違うほどの紙に変わり，細字の書写も立派にできることを筆者自身が古典（『万葉集』，『源氏物語』，『栄花物語』など）を書写して実証した[3]．打紙による熟紙加工は金泥経はもちろん，墨書経典にも欠くことのできない技術である．これが理解できる図6点（図3.3.2.1～6）を掲出する．

106　　　　　　　　　　　　　　　　　3. 紙 の 文 化

**図 3.3.2.1**　楮 100％紙の紫根染め素紙の表面（電子顕微鏡写真　×85）

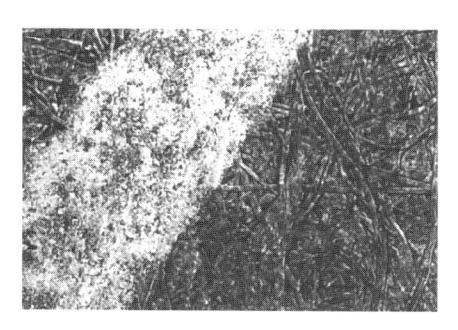

**図 3.3.2.2**　同じ楮紫根染紙を「打紙」とした紙の表面（電子顕微鏡写真　×85）

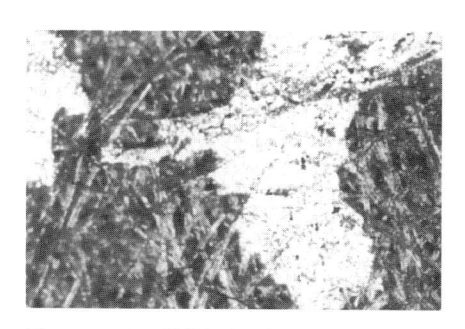

**図 3.3.2.3**　同じ楮紫根染め素紙に，金泥書写後瑩生した表面（光学顕微鏡写真　×40）

**図 3.3.2.4**　同じ楮紫根染紙を「打紙」とし，金泥書写後瑩生した表面（光学顕微鏡写真　×40）

**図 3.3.2.5**　金泥書写後未処置の金字表面，散乱する板状金粉の状態（電子顕微鏡写真　×2,400）

**図 3.3.2.6**　金泥書写後，瑩生により金粉が板状に接着した金字表面（電子顕微鏡写真　×2,400）

　天平写経の中で，護国経典を代表する「金光明最勝王経」について述べたい．
　天平 13 年（741），聖武天皇は諸国に国分寺，国分尼寺と七重塔 1 基を建立し，併せ

て金光明最勝王経・妙法蓮華経各一部を写させ，別に金字の金光明最勝王経を塔ごとに安置するよう詔をされた（『続日本紀』）．この「金字金光明最勝王経」は，紫紙に金泥で書写されている．仏教伝来より中国での金字経典を聞き知り，国家の鼎となる金字護国経典の書写を行っていたのである．

金字写経に必要な金粉は，金箔からつくられる．金箔をつくるには少量の銀と銅が欠かせない．674年に銀が初めて対馬から献上され（『日本書紀』），701年に同じく対馬から金が（『続日本紀』），続いて708年に武蔵国秩父郡から銅が献上され（同），金箔の材料が整った．

金字は金泥で書かれる．金泥は微細な金箔（金粉）と膠溶液で調合され，筆に含まれ，紙上に流れて（書かれて）字になる．字になった金粉は，図3.3.2.5をみると，板状になって散乱状態．次に金泥の乾燥を待ち，瑩生が字の表面に猪牙で圧をかけながら磨く．すると，図3.3.2.6のように，散乱状態にあった金粉が一瞬にして板状に変わる．すなわち紙の繊維に入った金粉と紙上で字となった金粉は，微細粒子の最も広い面積にて，膠により紙や金粉同士と接着する．表面が平滑になった金字は正反射して金色を発して光り，1,000年の命を与えられるのである．

金泥書写における膠溶液の濃度については，膠の性質や紙の種類とその加工により異なるので一律にいえない．体験的には，濃度が薄すぎると金粉は紙から剥離し，濃すぎると金泥が伸びず書写が困難になる．

金泥書写に使う紙には条件があり，適当とされる吸水度や平滑度を満たす紙質にするために，打紙という方法が用いられていた．この作業により紙繊維の密度が高まり，吸水度，平滑度も向上するのであるが，天平時代の国分寺経に使われた紙は，コウゾ100％，その繊維が5 mm以下に切断されて漉かれたものであることが，古代造紙技術研究家・大川昭典氏により確認された．

さらに最近の実験結果から，打紙後，猪牙による瑩紙を行うと，打紙のときよりも平滑度が2倍程度向上することが判明した．このことについては古文書では見当たらないが，天平時代の金字経典書写では行われていた工程であることが理解できた．

打紙により立派に水素結合して艶やかに光る紙面を猪牙で磨くことは，紙面を傷つける恐れがあることから普通では考えられない加工であり，紙面にみられる擦り傷は，瑩生による金字の磨きによりできた傷跡であると，今までは誰もが考えていた．しかし写経生が紙1枚に経典を金字で書いて10文の手当て，対して瑩生が1枚の金字を磨くと2文の手当てを得ているが，この2文は高すぎると，実際に作業をした筆者は不審に思っていた．その矢先，偶然「金光明最勝王経」の写真で，巻末の10行以上の間に金字が書かれていない箇所にまで磨いた痕跡が明確に残っていることに気づいたのである．これらの疑問と発見を前提にして，4種類の楮紫根染紙と1種類の楮原紙を打紙し，打紙のままの紙と，その上で猪牙による瑩紙を行って実験した結果が前述したものである．

これにより書写効率は高まり，金泥量の減少，金字表面の平滑度向上をみるなどして，ようやく天平金泥経典に近づくことができた．

天平10年（738），「経巻納櫃帳」（『正倉院文書』續修後集廿三）によると，「紫紙金泥経」十八巻，「赤紙銀泥」一巻，「縹紙金泥経」二巻，「縹紙金銀交字経」一巻，「紺表紙金字題」一巻，「減紫表金字題」一巻が納櫃されていた．このほか，試験的に書写された多くの資料の中から選ばれたのが，「紫紙金泥」の経典であった．紫紙にした理由はまず，最も貴いとされる染色であるということ．次に書写効率がよく，金泥量の節約ができることである．染料の紫根の成分は，油溶性の「シコニン」で，吸水度が最も低く，打紙加工により書写と金泥の伸展を助長したためである．同じ楮紙による比較試験でも，紫紙の金泥消費量は，藍染紙の4分の3であった．染料の紫根は，ムラサキ科の多年生植物「ムラサキ」である．当時は全国的に山野，草原に自生していて豊富であり，染液の製法，染色の容易なことも選択の理由であろう．

739年4月25日，「法華経」八巻の金泥書写が終わり，紫紙に対する書写料が倍額になり，翌26日より紫紙1万6,000枚を準備して777巻の紫紙金泥経の書写が本格的に始まっている．742年から始められた「金字金光明最勝王経」の書写71部710巻は特に官立の金字写経所で天平18年までに終わり，全国の国分寺の七重塔に安置せられていたが，さらに75部まで続けられた（751年）．

天平時代20年間の写経時代を経て，仏教はその後，国を護る祈りから現世利益，後生安楽，病気平癒などそれぞれの願いへと移り，華美な装飾経の時代へ移行する．

建国に対する国民の意識を高めるべく，経典により道徳を知り，文字により文化の基礎を培い，次の平安文化の開花に寄与した「写経」と「紙」．それに携わった人々の叡智と努力は，われわれ日本人の潜在的な国民感情として，末永く継承されていくに違いない．

〔福島久幸〕

## 文　　献

1) 福島久幸（2000）：天平写経に学ぶ　紙から見た金泥書．*KAMI*, 23号, 日本・紙アカデミー．
2) 福島久幸（2001）：金泥書法の基礎的研究（一）〜（三），自家本．
3) 増田勝彦・大川昭典（1983）：製紙に関する古代技術の研究（Ⅱ）−打紙に関する研究−．保存科学，第22号，東京国立文化財研究所．
4) 町田誠之（1989）：紙と日本文化，NHKブックス．
5) 小松茂美監修，宇塚澄風著（1986）：甦る金字経，木耳社．
6) 前川新一（1998）：和紙文化史年表，思文閣．

## コラム　古代・中世にみる紙のリサイクリング

**紙背文書**

不要になった文書反故紙の裏面を利用して，新たな文書を作成したものを，紙背文書(しはい)と呼んでいる．

東大寺正倉院に残る「正倉院文書」には，多くの紙背文書が残っている．反故(ほご)になった戸籍，計帳などが，紙の少ないこの時代において，写経用などに供された．比較的古く，また著名なものでは，『上宮聖徳法王帝説』の裏面に『山田寺縁起』が書かれたものがある．『日本霊異記』第三十八話には，反古紙に経を写し取ると善を積むことになり，後の菩提を得ることになるという話がある．

**下貼り**

よく知られている用途は，襖の下貼りである．古い寺院や民家における修復の際に，下貼りとして使用された古文書が発見され，貴重な文字資料を提供している．正倉院御物の「鳥毛立女屏風」の下貼りに，天平勝宝四年（752）の日付をもつ文書が利用されていた．

**包む —— 漆紙文書**

東大寺に「丹裏古文書(たんか)」と称する紙が残されている．裏は包むという意味で，古代に重用された赤色顔料である朱かベンガラを，反故紙に包んだものである．正倉院御物に，古代朝鮮半島の新羅国で製作された佐波理(さはり)（銅の合金）製の鋺やスプーン状の匙が残されている．これらは，新羅国の反故行政文書で包装されている．

「漆紙文書」と呼ばれる発掘史料がある．漆紙文書とは，器に入れた使用中の漆の保存のために反故紙を蓋として利用した際に，漆が紙に浸透して分解せず，もとの紙に書かれた文字が残った資料である．茨城県石岡市鹿の子C遺跡から出土した漆紙文書の中に，最初は戸籍，紙背に暦，

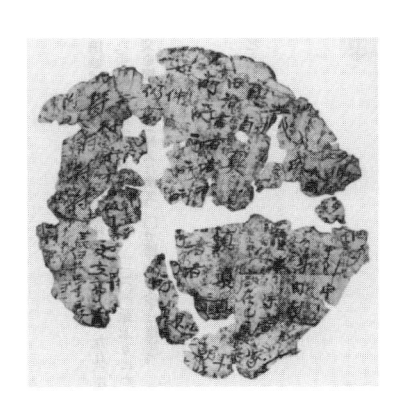

鹿の子C遺跡出土漆紙文書

余白を利用して字の練習,最後に漆保存用の蓋として使用と,1枚の紙を4回も利用したものがある(写真).

**漉き返し**

『三代実録』仁和二年(886)条,清和天皇の女御であった藤原多美子の薨去記事に,生前清和天皇より賜った手紙類を漉き返して,法華経を書写したとある.この逸話は,中世を通じてよく知られ,『今鏡』,『吾妻鏡』,『十訓抄』にも記載されている.このほかにも,ゆかりある人の紙類を漉き返して写経するという話は,『栄華物語』,『建礼門院右京大夫集』にもみえる.『宇治拾遺物語』には,空也上人の弟子に,落ちている反故紙を集めて漉き返して経をつくる「反古の聖」という人がいたことが記されている.

ゆかりある人の手紙などを漉き返して経とした史料としては,金沢貞顕が父顕時の三十三回忌の供養(正慶二年(1133))に手紙類を漉き返して円覚経となしたものが神奈川県立金沢文庫に残されている.

綸旨紙も漉き返し紙である.綸旨とは,天皇の側近である蔵人が天皇の命を受けて書いて出す公文書で,漉き返し紙(宿紙)が用いられた.後醍醐天皇は,天皇の権威によって政治を建て直そうとして綸旨を多発したので,今日でも多く残っている.

**古紙の文化**

日本はよく知られるように,古紙のリサイクリングにおいてはトップクラスにある.その理由として,経済性などがあげられるが,上述のような伝統的に紙を大切にする文化があったことも,大きな要因ではないかと考えられる.

国東治兵衛『紙漉重宝記』に,谷に落ちた1枚の紙を拾いに行く男の絵が描かれている.紙の貴重さと,ものを大切にする日本人の伝統的なモラリティーを,表徴した絵であろう. 〔岡田英三郎〕

文　献

1) 岡田英三郎(1998):くわんこんし―古代・中世における紙のリサイクリング.かしこうけん友史,No.4:48-55.
2) 岡田英三郎(2005):紙はよみがえる,雄山閣.

## 3.4 平安文学と紙

### 3.4.1 平安の料紙

#### a. 物語の流行を支えた紙の質の高さと芸術性

『源氏物語』の螢の巻を読むと，長雨のつれづれに六条院の女君たちが絵物語制作に熱中している様子が描かれている．『竹取物語』を元祖として『住吉物語』，『宇津保物語』をはじめ多くの物語がこのころ輩出した．読者も作り手も当時の貴族階級で，その流行は女手といわれる平仮名の発達と，良質の紙の生産とに待つことはいうまでもない．

こうした物語は巻子に書かれたものか，折本か，冊子かとその形式に迷うが，やはりいろいろな形があったかと思う．何しろ『源氏物語』の原本も『竹取物語』の原本も，伝世されていないので決定するわけにはいかない．ただ『源氏物語絵巻』の東屋の巻に，二条院で浮舟の君が絵物語をみている場面が描かれている．浮舟の君が絵を眺め，女房が文章を読んでいる．どちらも冊子本である．つまり，絵物語の場合は絵だけの冊子と，文字だけの冊子とに分かれているのである．

このころ紙は地方で生産が増えたといってもやはり貴重品であった．『源氏物語』の作者といわれる紫式部は，越前守になった父藤原為時に従って国府である武生に下った．この地は紙の生産地だったから，国司令嬢は紙をたっぷり使えたことも物語執筆によい条件であったと考える．

巻子にせよ，冊子にせよ，形はともあれ，物語文も素紙に書かれたものではなく，何らかの装飾が施されたものであったろう．『紫式部日記』に式部が中宮のお言いつけで冊子づくりをするところがあるが，「色々の紙選り整へて」，これに原本を添え，写本の仕事をする人に配っているのはそのことを示唆する．

写経用紙がはじめはかびや虫害を防ぐために染色をしたものが，やがて装飾経に発展し，箔や下絵の美しさを喜ぶようになったプロセスは，物語の用紙の運命に近いと考えてよいであろう．

平安という時代は，貴族たちの美意識によって文化が支えられていたのであり，物事はすべて美しい上にも美しいことへと限りなくエスカレートしていく風潮であった．しかも非常な厚みと広がりをもったそれであって，文学としての『源氏物語』と同じ高さの水準で，紙質のよさ，料紙装飾の芸術性があったと考えてよいのではないか．

#### b. 流し漉き技法の発明による製紙技術の向上

『源氏物語』鈴虫の巻に，「唐の紙はもろくて，朝夕の御手ならしにもいかがとて，紙屋の人を召して，ことに仰せ賜ひて心ことにきよらに漉かせたまへるに」という箇所がある．源氏の君の正妻女三の宮が出家し，その持経を夫自身で書こうとし，用紙につ

いて中国製の紙を否定し，日本製を採用するというのである．『源氏物語』の作者は当時最高の評論家で，あらゆることに一流の見識を開陳している．数か所にわたってみられる紙批判は信用してよいと思う．

奈良期の末か平安のはじめかに流し漉き技法が日本で発明され，以来製紙の師匠であった中国よりも美しい紙を漉くようになったことは，日本文化にとって大変な収穫であった．

官制の紙司所である紙屋院の技術水準の高さを私たちは見直す必要があるのではないか．この時代は身分の高い人たちの感性を貴ぶ風潮が強い．舞でも書でも絵でも，専門家よりは素人の貴族の業を喜ぶのである．教養が高く，その生活から生まれる気品こそあらゆる芸術に不可欠と思っていた．

美しい紙は，紙屋院の司人と，限りなく美しさを追求することに情熱を傾けていた貴人との共同の所産だった．そのもとは，流し漉き技法の発明で量産ができたこと，紙の薄さを漉き手の思いで案配できたこと，ガンピ（雁皮），コウゾ（楮）など良質の材料の採用などにあるのはもちろんだが，その方向として，気品，繊細，優美にいくのは，前述のように貴人の意識的な介入があったためと考えたい．

から紙は唐紙で，中国から到来した．素紙を具引きし，その上に木版を使って文様を雲母刷りしたものというが，これは中国の紙質が悪いことから発明された紙装飾の方法であった．前述のように唐の紙を「もろい」と光源氏が評しているが，梅枝の巻では「唐の紙のいとすくみたるに」という言葉が使われている．すくみとは縮かんだような感じの紙肌をいうらしい．

ともあれから紙は日本人の好みに合い，やがて日本製が生まれる．たぶん紙屋院がかかわったのであろう．

もろくもないし，すくみてもいない日本製の素紙に具引きで厚化粧するのはもったいないような気がするが，から紙の存在が平安の料紙の世界をどれほど豊かにしたかと思うと，これはなくてはならないものであった．

### c. 薄様のさまざまな活用

『源氏物語』の文章は語り調で，1人の女房が世間噺でもするようなぐあいであり，主語も省略され，ズラズラとルーズセンテンスで長々と続くのが特徴だ．作者の志すところは高いけれども，当時の一般読者（といっても貴族階級）たちは現代の週刊誌か大衆小説を読むような気楽な気持ちで，読むなり聞くなりしていたはずである．

このズラズラ調を書くのには連綿の女手がいかにもふさわしい．私も物書きでエッセイや小説も書くが，若いころからのくせで原稿用紙に書くときでも，感情移入が容易なのは続け字であることを痛感している．

紫式部にはもとより連綿でなければ表現できない文学的感興があった．そして筆が進むのは紙肌のなめらかな紙であった．

## 3.4 平安文学と紙

『紫式部日記』の寛弘5年（1008）11月の条にみる土御門殿における草子づくりに使用されたのは「良き薄様ども」とある．これは中宮彰子が宮中へ還啓されるときの手土産で，内容は『源氏物語』と思える．薄様は上質な鳥の子で薄目の紙である．

薄様がこの時代に盛んに使われたのは消息用の紙と，女房装束の胸に懐紙としてもつ帖紙（たとう）との関連が思われる．

消息というのは手紙のことで，公式用のものはさておき，恋文や友人親類間のやりとりに薄様が多く使われている．薄緑や紅や薄縹（うすはなだ），紫，くるみ色などさまざまの色に染め，これを2枚重ねにして結び文や捻（ひね）り文などとした．

この紙染めは女性たちが手ずからしたものかと思う．当時，装束の染めは『源氏物語』の女君たちもやっていて，紫の上と花散里の君が上手だった．裂（きれ）を染める腕前があれば紙染めもできないことはあるまい．

女房装束のかさね色目に匂いというのがある．これは同じ色相の濃淡の袿（うちき）を何枚かかさねるのをいうが，消息の場合も濃淡2枚を使い，紫の匂い，紅の匂いなどのかさねにした．

また着物の染めにぼかしをしたが，これも消息用の紙に応用しただろう．さらに砂子や箔，金泥の描文なども施していたかもしれない．後述したいと思うが，絵巻などの料紙装飾技術は，その源流を消息料紙に求められると考えている．

また，女房装束の胸におさめる帖紙は容儀を調える意味もあるが，実用でもあった．まず詠草用として使う．とりあえずの消息用にも使ったし，物を包んだり，現代人がするように口もとを拭ったりもしただろう．

女性ばかりではない．男性も必ず携行した．男性用の帖紙は檀紙が使われたというが，現在の檀紙とは別の紙である．薄様に比べて地厚だったようである．

この帖紙も2枚重ねで，匂いがさねや砂子，箔などの装飾も施したにちがいない．寸法はおよそ横30 cm，縦50 cmほどの紙を折る．これは消息用の紙と同じ大きさで，当時の簀の寸法と関係があるように思っている．

帖紙は畳紙とも書き，折り畳んで懐におさめた．紙を畳む，折る，包む，というのも文化の見逃せない一分野である．正式な消息のときにする立文（たてぶみ）の折り方などは，結構難しい．

ともあれ用途は別だが，用紙は同じものを使ったのが消息と帖紙ではないか．

同じく王朝人たちの愛用したものに蝙蝠（かわほり）がある．これは紙を貼った扇で，夏に男女ともに使っている．冬は男女ともに檜扇である．檜扇は日本人の発明といわれ，檜（ヒノキ）の薄板を重ねたものだが，夏用には重いので紙製のものをさらに工夫したものだろう．蝙蝠の紙も色染めをし，絵を描いたり字を書いたりしたものと思う．これこそ持ち主によりさまざまだが，女房のもつそれはあでやかなものが多かったと思われる．

### d. 継紙技法の存在

六条御息所を光源氏が慕うようになったはじまりは，彼女の美しい筆跡をみたためであった．

罪を得て須磨に自分から流謫した光源氏は，4～5人の近侍する者を相手に暮らし，「つれづれなるままに，色々の紙を継ぎつつ，手習ひをしたまひ」とある．「色々の紙を継ぐ」とはつまり現在われわれの考えている和紙装飾の極限である継紙技法を実施していたということであろう．「色々の紙」を想像すれば，唐紙，厚様，薄様，紙屋紙（漉き返し），墨流し，色ぼかしなどであろうか．

この作業はわがつれづれを慰めるというより，妻や子と離れ京を捨てて罪人の自分に従って，文化果つるところともいうべき須磨に暮らしている家来たちのつれづれを慰めるためなのであった．したがって源氏の君は美しい画面，奇知に富んだ画面を創造したのではないか．この『源氏物語』の文章はこれまで見逃しがちであったが，私はかねてより注目し重要に考えていた．

また，梅枝の巻には，「今日はまた，手のことどものたまひ暮らし，さまざまの継紙の本ども，選り出でさせたまへるついでに」という条（くだ）りがある．この巻は光源氏が政界復帰をし，太政大臣の地位にのぼっているころである．娘の明石の姫君の入内準備に心をくだいており，継紙の本（手本）もその一つである．本は美術品として室のしつらえに使われていた．「継紙の本ども」とは継紙を施した料紙に文字を書いたものということであろう．したがって，『源氏物語』の書かれたころすでに継紙技法の施された料紙があったと考えてよく，その技法である切り継ぎ，破り継ぎ，重ね継ぎが存在していたものと思う．

この時期の遺品はなく，『源氏物語』の文章で推測をするよりない．

そして，手すさびから生まれた継紙という料紙装飾は，すでに本（美術的な飾りもの）として入内の折の調度品の一つだったり，贈答用に使われたりしたと考えられる．

また光源氏が書いた草子の書きぶりについて，兵部卿の宮の感動の思いを写してみよう．

「唐の紙のいとすくみたるに，草書きたまへる．すぐれてめでたしと見たまふに，高麗（こま）の紙の，膚（はだ）こまやかに和（なご）うなつかしきが，色などははなやかならで，なまめきたるに，おほどかなる女手の，うるはしう心とどめて書きたまへる，たとふべきかたなし．見たまふ人の涙さへ，水茎に流れ添ふここちして，飽く世あるまじきに，またここの紙屋の色紙の色あひはなやかなるに，乱れたる草の歌を筆にまかせて乱れ書きたまへる見所限りなし」とある．

唐の紙と，高麗の紙と，紙屋の色紙と，三種三様の風合いの紙に適応した字を書く，それもかなり微妙な研ぎすました感覚で，紙と字との関係を考えていたといえよう．だからこそ継紙が生まれた．継紙は色と色との単純な切りばめの作業ではない．深い教養

に裏打ちされた高度な感覚によって選ばれた色どうしの微妙な適合と，違った紙質どうしのコントラストの面白さと，それらをもっと面白くみせるための破り方切り方のさまざま，大きさの変化，またそれらのアクセントとして箔の協力があり．これが継紙である．

このころ裂の方は，錦，綾，羅，金襴などすべて唐製のものが品質優れ，日本製は及ばないのであった．しかし紙は日本製が優れていたことが『源氏物語』の文章でわかり，さらに唐の紙，高麗の紙のよさも知って，用途を考えているのはみごとであった．

### e. 華やかな「重ね継ぎ」

雲紙，墨流し，羅紋紙などさまざまの紙が料紙として使われ，平安時代は，空前絶後の華やかな料紙世界であったが，中で重ね継ぎという継紙技法は世界に二つとないものであることを知っていただこう．

これは5枚の同じ色相の紙をグラデーションにしたもの（匂い）または最後の1枚をかめのぞきに染めたものを，女房装束（十二単）の袖口のように，少しずつずらして画面の中にはめこんでいく，ずいぶん特殊な紙装飾である．

平安の和の哲学は自然界の移ろいに暗示されたものであろう．グラデーションは移ろいである．これは和らぎとも通じ，やがてはぼかしとなる方向をもっている．

ともあれ，手のこんだ方法を紙に施し，あるいは染め，あるいは文様を刷，砂子，箔，のげ（野毛）などを撒く．これらの作業のために紙はあるいは水をくぐり，あるいは礬水（ドウサ）を塗られる．それも一度や二度ではない．和紙のすごいところは何度も水をくぐることのできる点にある．

『源氏物語』と同時代の作品としての継紙が残っていないのは実に残念である．『本願寺本三十六人家集』によって継紙の絢爛たる画面をわれわれは知ることができるが，ほぼ近い時代の製作と思える『源氏物語絵巻』の詞書の料紙と，この二つにおける箔や文字の書き様とを比べると実に興味がある．

『本願寺本』の場合の箔の撒き方はかなり無作為でおおらかである．そこがとてもみる人の心を暖める．文字と画面とは内容的に特に関連がない．紙の色の濃いところは太字に，薄いところは細字に，とか配置の工夫とかはいろいろ考えられている．

一方，『源氏物語絵巻』は箔のふり方が上に書かれる文章の内容とリズムを合わせるときがあり，書もドラマを表現する御法の巻のような例がある．悲哀の文章を受けて行と行が乱れ合い重なるみごとな表現である．

この二つの方法の差は時代の差ではなく，工房の作風の差ではないかと思う．

こうして讃歎する平安の料紙であるが，武家時代の到来とともに後退の一途をたどるのは残念この上もない．が，よき紙ありてこそ『源氏物語』の大文学が日本に生まれ，『源氏物語』の美意識によってこそ和紙装飾の背景がつくられた不思議を私は喜ばずにいられない．

〔近藤富枝〕

## コラム　継紙今昔

　平安時代末に制作された『西本願寺本三十六人家集』の魅力は，美しい料紙とかな文字の奏でる，おおらかな調和のとれた世界にあると思う．中でも美しい装飾を施した紙を抽象的な画面で構成した継紙には心ひかれるものがある．その関心は次第に用いられている紙に向き，各々の料紙加工の技術を検証してみなくてはと思った．染料や顔料による染色や金銀の砂子（すなご），切箔（きりはく），野毛（のげ）や金銀泥（きんぎんでい）による描文様などは，かなり高い技術がなくては不可能であり，当時の水準の高さを知ることができた．

　黄檗（きはだ）の煮汁に浸した紙は，防虫の効果があるとされ，写経料紙に盛んに染めたことは「正倉院文書」に記述されている．このほかにも，胡桃（くるみ），刈安（かりやす），蘇芳（すおう），紅花（べにばな），藍（あい）などの植物名がみられ，同時に色名としていた．さらに濃淡を意味する文字を色名の上に付して，濃紅，中紅，淡紅とあるように色を自由に調整して，金銀箔の砂子や切箔で加飾したことも記されており，平安時代に盛んに制作された装飾経の基礎となるものが天平時代に芽ばえ，また，この技法が詠草料紙にも受け継がれていった．

　平安時代の色は，現在に至るまでの長い時間を経過しているうちに退色してしまい，当時の色をみることができない．そこで「正倉院文書」や「延喜式」中の染色や料紙加工に関する記述を手がかりにして，素材や技法をできる限り忠実に追試したならば，それに近づくのではないかと取り組んできた．試行錯誤を繰り返しているうちに，納得のいくものを手にすることができるようになった．

　こうして得た料紙を用いて継紙の技法，すなわち切り継ぎ，破り継ぎ，

現代建築の中に溶け込む継紙作品（口絵 10）

重ね継ぎによって創作するのであるが，形だけをまねた平安時代のレプリカをつくるのでは意味がないと思っている．『源氏物語』に代表される物語や詩歌の世界をはじめ，美しい絵巻物の世界などなど，日本の風土に根ざした和様の文化を生み出した平安時代への解釈をふまえて，自身の「平安への世界感」をしっかりともった上で，現代の継紙を制作しなくてはならないと確信している．この考えに基づいて私はさまざまな創作活動を続けている．その中で，現代建築のロビーの壁画や貴賓室の屏風など，何の違和感もなく収まっているのは（写真），忠実に再現した紙を素材として，あくまでも抽象絵画と同じ観点に立った創作であるからだと思っている．

〔大柳久栄〕

## 3.4.2 書道と紙

### a. 書道展覧会の変貌

明治13年（1880），楊守敬（1839〜1915年）が駐日大使何如璋の随員として来日し，何万点にも及ぶ中国の碑版法帖を携行したことから，近代書道史は始まる．日下部鳴鶴（1831〜1932年），厳谷一六（1834〜1905年），松田雪柯（1819〜1881年）らが研究を開始した．これに刺激を受けた日本書道グループは，多田親愛（1840〜1905年），大口周魚（1864〜1930年），小野鵞堂（1862〜1922年）らが中心となって難波津会を組織して活発な活動を進めた．明治という時代は，江戸幕府の倒壊から王政復古というきわめて大きな変革が行われ，政治，社会のみならず学問，思想，文化の点においても前代の遺風を継承しながらも新しい西欧文化の吸収，異質文化との併行という，混沌とした様相を示した時代である．時に保守傾向の強い書道界においても，その影響を受けて変貌している．江戸時代の書は，床の間に掛けて鑑賞する幅形式が主流であり，かなにおいては帖，巻子などの机上鑑賞型であった．明治になり，展覧会に発表する体制が行われるようになり，展覧会場は東京都美術館あるいは各都市の展示会場になった．それに使用される用紙は，中国産の玉版箋，煮硾箋，唐紙であった．かな作品には，日本産の色紙，短冊，から紙などが用いられた．

ところで，主会場の東京都美術館は，三つの機能をもつ施設であることが設立の目的にある．

① 現代美術の常設展示場
② 現代美術の新作発表の場
③ 社会教育活動の場

東京都美術館は，大正10年（1921）3月，福岡県出身の佐藤慶太郎が東京都へ美術館建設資金として100万円を寄付され，同15年4月竣工し，以後昭和3年（1928）増築，

同50年3月改築し今日に及んでいる．書道，美術の登竜門といえる殿堂なのである．

このうち，第二項による団体活動における公募展があり，平成8年（1996）5月現在，次のような利用状況である．すなわち，日本画15団体，洋画・総合・彫塑・工芸165団体，書道78団体で計243団体．

こうした数字をみると，終戦直後書道展はわずか3〜4の団体しか開催できない状況だったので，現在の応募数と比し，その激増の様相に改めて認識を新たにするのである．今日，発表の場を求めてこの美術館の借館申込は後をたたないが，美術館が開設されてから約70年余，この会場によって育成された人材が巣立ったことを考えれば，当美術館の果たした役割の大きさに改めて敬意を表したい．

また，書の紙という分野に限って考えるならば，ここを舞台として精進した作家の人々が使用した紙のおびただしい量に改めて認識を新たにするのである．

### b. 書道雑誌の隆盛

書道愛好家を奨励し奮起させる方法として，書道展覧会のほかに，書道雑誌に清書を提出して序列を競いあうという分野がある．毎月書道団体から発行される機関誌に清書を応募し，成績の上下を競いあうというものである．これらの雑誌では，古典の紹介，解説をはじめ，指導者の解説がつくほか，毎月作品が募集される．応募作品は本部に集結され，成績順に格付けされて上位者には講評が加えられる．このように集結する清書は，1誌で少なくとも3,000〜4,000枚にも上り，多いところでは1万枚を超す量になるであろう．その作品のため会員の消費する用紙量はおびただしいものがある．

### c. 書道用紙の和紙産業における位置

平成4年（1992）11月，全国手すき和紙連合会から発行された『平成の紙譜』は，今日みられる和紙の全貌を知る上において貴重な資料といえるが，これを一覧してみるに，その需要を大まかに分類すると次のようになる．

和紙100戸，民芸紙64，障子紙39戸，表具紙28戸，箔合紙6戸，ハガキ・名刺10戸，色紙・短冊2戸，膏薬紙2戸，奉書紙22戸，襖紙9戸，漆紙1戸，帳簿台紙7戸，提灯紙6戸，箔打紙6戸，傘紙2戸とあり，これらに比し，書道関係工場は131戸になる．

こうしてみると，手漉き和紙の製品のうち，書道用紙の占める率がまことに多いとみなければならない．品目を列挙したのみでは，本来の実情を把握したとはいえないであろうし，また，詳細は品目よりも数量，金額などについても検討しなければならないであろうが，大まかに観察して，手漉き和紙の需要のうち，書道方面の比率が高いことがみてとれるのである．

### d. 書道展の活性化

昭和23年（1948），日展に「書」が第五科として参加し，また，毎日新聞社主催の「毎日書道展」が開催されることによって，書が美術として大きな展開を示すこととなった．その後，徐々に出品数も増大し，従来は漢字，かな，篆刻の3部門であったのが，漢字，か

な，近代詩文書，大字書，篆刻，刻字，前衛書（新書芸）という部門に細分化，拡大化の方向に展開し，ファンが拡大してきた．当初はまだ，国内の経済的状況も沈滞していたので，顕著な発展は示していないが，昭和40年代に至り，国力の充実と経済的安定をみるに及んで，次第に応募も増大してきた．「毎日書道展」を例にとると表3.4.2.1のようになる．

この過程において「読売書法展」が別に発足したが，平成5年（1993）には24,948の応募があった．そのほかにも産経国際書展，東京書作展もあり，さらに各団体・グループ展も開催されて，書道人口の増加は，かつてないほど増大していることに驚異を感ずるのである．したがって，これらの展覧会に応募出品する人々の和紙の需要は増大の一途をたどるのである．

表3.4.2.1 「毎日書道展」への応募状況の推移

| 年 | 応募作品数 |
|---|---|
| 昭和 23 | 638 |
| 36 | 1,886 |
| 41 | 5,427 |
| 46 | 6,878 |
| 51 | 13,128 |
| 56 | 17,516 |
| 61 | 19,058 |
| 平成 4 | 29,417 |
| 5 | 29,558 |

### e. 流通機構の変化

この問題について詳記したものが少ないのでふれてみたい．戦前の販売ルートは，だいたいにおいて「生産者→生産地問屋→消費地大問屋→消費地卸商→消費地小売商→消費者」となっていた．この場合，あくまでも紙商という和紙を専商とする販売商店によって取り扱われていたが，明治中期以降，商業界の近代化に伴い，紙商は洋紙を主として取り扱うようになり，和紙はその中に埋没してしまったと考えられる．その結果，敗戦という大きな変革期にあたり，物質不足は紙の流通経路にも波及し，特に和紙の中における書道用紙のうち，半紙類は書道に適するものが使用される程度で，書道愛好家と，用紙とが直接接触する機会がなかった．中でも，鑑賞用作品に使用される書道用雅仙紙は，日本では生産されておらず，もっぱら中国で生産されていたものが輸入されるにすぎなかった．ましてや，この中国雅仙紙は特殊なルートによって中国から輸入され，一般商店には販路をもたなかった．

昭和23年，日展に「書」が第五科として参加し，同じ年，毎日新聞社主催の書道展が開催されることとなり，日本画，洋画，工芸，彫刻と同じく美術の一分野として認められるに及び，書道が従来の「お習字」としての教養的立場から美術の一分野として位置づけられた．両展とも，スタート直後において大きな飛躍はみられなかったが，次第に国民の美術に対する関心の高まりをみせてきた．こうした書道愛好家の増加に伴い，書道用紙の需要に拍車がかかってきたのである．

山梨県市川大門町では，従来，成田山などの神社仏閣のお札紙を生産していたが，この紙質を生かし，終戦後，書道用紙の不足を補うために書道家の間に販路を開拓し始めた．また，隣接地に中富町西島という紙漉き場があり，ここには20余戸の紙漉き工場がある．この地は，従来，三椏故紙を原料として半紙類を多く産していたが，この紙質が書作品に適するところから，数次の試作の結果，書道用半紙や雅仙紙として大きく愛

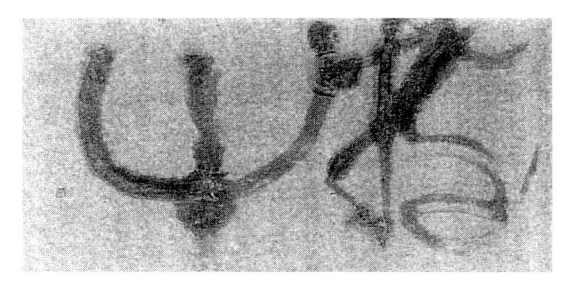

図 3.4.2.1　手島右卿「抱牛」（国立近代美術館蔵）

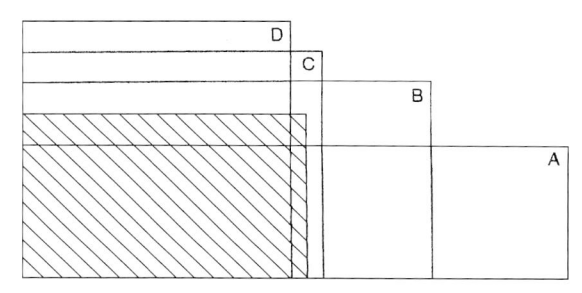

図 3.4.2.2　書道展の用紙の大きさ
A：2尺×8尺，B：3尺×6尺，C：4尺×4尺，D：4.5尺×3.5尺．

好され，需要が高まって今日まで販路を拡大してきたのである．

#### f.　販路開拓の一方法

　山梨県市川大門町では，東京という大消費地を近くに控え，販路の拡大に積極策をとった．すなわち，「生産者→生産地問屋→消費地書道用具店→消費者」という新しいルートの開拓に積極的に取り組んだのである．かくして，「消費地問屋→卸商」という二つの中継拠点を省略して書道界（使用者）と直結し，紙質の適否を生産者に直接届くようにしたところに大きな特色がある．たまたま，書道界の立ち直りと需要の高まりをみせてきた時期と軌を一にしたところに効を奏したのであろう．次にこの妙手を追随学習したのが，鳥取県気高郡，愛媛県川之江市の両地区である．

　この3県に比して，かつての大生産地である埼玉県小川町，静岡県富士市，岐阜県美濃市，福井県今立郡，高知県伊野町などは，それぞれの歴史と独自の伝統をもち，その維持に微動だにもせず毅然としている．それはそれで立派であり，その功を認めなければならない．

#### g.　加工紙の需要

　日展，毎日展においては，出品作は従来，枠，額，展風作品であり，かな作品においては軸，帖，巻子の作品が出品されていたが，昭和26年ごろから，軸，帖，巻子形式

の募集が廃止となった．漢字作品においては大きな抵抗はなかったが，かな作品においては大きな転換を強いられることとなる．これを転機として，かな作品はこれまで細字作品が主であったのが中字，大字作品を制作する工夫がなされた．用紙においても，中国産雅仙紙やそれに類する雅仙紙のようににじみの多い紙から，かな作品に適した流麗さ，墨色の和潤さを発揮できる用紙の開発が求められるようになった．鳥取県佐治村地区で開発しつつあった紙質は，山梨県とは異なり，にじみが少ないため受け入れられ，需要が拡大した．さらに，これに礬水（ドウサ）を塗布することによって墨の吸収を減少することに成功した．しかし，一枚一枚礬水を塗布する工賃が増大することと，礬水を塗布する紙質のバラツキとに今後の工夫が必要である．

### h. 淡墨作品の出現

日展，毎日展をはじめとする書道展覧会の主会場は，東京都美術館であるが，これが昭和33年改装，増築された．従来の採光は電灯であり，壁面は濃茶の麻地，床はチーク材という重厚な雰囲気であったのが一転し，採光は蛍光灯，壁面はグレーのボード，床はリノリウムという軽快な雰囲気となった．これと相前後して，「毎日書道展」において発足当時から萌芽のみられた「少字数書」（のちの大字書）部門が昭和35年に独立部門として発足するに及んで，従来の漢字作品にない青墨の淡墨作品の出品が増加した．したがってこの青墨の淡墨の墨色が十分発揮できる紙が望まれたのである．

### i. 用紙の規格拡大

昭和44年「毎日書道展」の出品が5,000点を超えるに及んで，出品作品の大きさを制限する必要に迫られた．これによって用いる雅仙紙も新しい規格のものを製作しなければならなくなったのである．

〔竹田悦堂〕

---

## コラム　和紙の強さ —— 冷泉家文書

紙は弱い．

私たちはこの固定概念の中で生きてきた．例えば西洋の建造物は石でできているから，何百年もの風雪に耐えられるが，日本のそれは紙と木から成立しているので脆く，したがって何百年も持続するものはまれである．とか，紙は脆弱だから，包装はビニールの方が良いとか．とにかく紙は弱いと私たちは思い込んでいる．

ところが，冷泉の家の蔵には，平安時代に写された歌集がたくさん今に伝わっている．1,000年も経た紙の一枚ずつは，平安の昔の水茎の跡を

とどめて，今なお雅に美しい．1枚ずつを開けるたびに，金泥や雲母がひそかに輝き，遠い昔の華やぎの世界へと，みる者を誘う．

私はこれらの蔵の物に対して，人々からの賞讃を得るたびに，いや中国にはもっともっと古い物がありますからと，謙遜を交えて話していた．それが最近誤りであることに気づいた．

中国というのは，焚書の国である．王朝が交替するたびに，前王朝の文化を壊すことがまずはじめの仕事であった．紙に書かれた文化遺産を燃やしてしまうのである．確かに紙は脆い．火に遭えばたちまち灰となってしまう．だから中国には骨董趣味がないという．今あるそれは，西洋からの輸入の思想らしい．

唯一の例外が敦煌文書である．これは，故意に埋められ，いったん忘れ去られ，また偶然発見されたものである．

こう考えると，冷泉家の紙の文化遺産は，いや日本に残った紙の文化遺産は，世界の遺産であることに気づく．

紙は105年，後漢の宦官蔡倫が発明したと教わった．それが朝鮮半島を経て7世紀の初頭，日本へ伝わったという．中国文化の影響を受けた周辺諸国の紙の伝播がどのようなものであったか知らないが，アラビア人を経て西洋に伝わるのには，12世紀まで待たなければならなかった．それまでのヨーロッパ人は，皮紙を使うことしか知らなかったという．

古代のエジプト人が残したパピルスは，紙とは別のもので，ペーパー，パピエなどとのちの時代の紙を示す名詞に影響を与えたが，パピルスそのものは，書かれた象形文字とともに，砂漠の中に消え去ったものである．

日本の紙に書かれた文化は，正倉院には奈良時代のものが蔵されている．そこに書かれた文字は，現代人にはスラスラとは読めないまでも，基本的に今私たちが使っている文字，あるいは文法を大きく外れるものではない．このことはまた，世界史的に驚異に価する．高度な文化を育んだ世界の文明は，そのほとんどにおいて，民族が，王朝が交替し，その象徴であることばは，その度に変わり，今ある人々とは直接の関係をもたないのが通例である．

このように考えると，日本の文化，特に紙と墨で成立してきた文化が，いかに堅固で，いかに連続して人々に愛でられてきたかに思いをはせることができる．

和紙，この国の文化を育んできた紙に，限りない敬意を払いたい．

〔冷泉貴実子〕

## 3.5 武家社会と紙

### 3.5.1 日本の建築にみる紙の利用

　日本の建築は木と土と紙でできているとよくいわれる．特に近世に入ってからの数寄屋造では，その丸太と土壁と障子との組み合わせが，独特の優美さをもつまでに磨き上げられ，今ではそれが，「和風」のイメージの一つとして確かな印象を保っているともいえよう．その中でも障子は，見た目において室内に占める面積が広く，またその和紙がもつ優しい肌ざわりと，室内に穏やかに光を広げる効果という点で重要な役割を果たしており，数寄屋造の魅力を障子ぬきで考えることはふさわしくないであろう．それほどまでに日本の建築と紙との関係には分かちがたいものがある．とはいうものの，そうした関係の始まりを確認できるのは奈良時代からであり，かつ当時においては，建築と紙とのつながりも部分的なものであったように思われる．

#### a. 古代の住まいと障屏具の紙

　奈良時代に建物の要素として紙が利用されたとすれば，それは屏風，衝立といった障屏具としてであろう．屏風が記録として現れるのは天武朝の朱鳥元年（686）で，新羅からの貢ぎ物の中に含まれていた．これが紙貼りの屏風であったか布貼りだったのかはわからないが，正倉院御物の「鳥毛立女屏風」に紙が使われ，また光明皇后による東大寺への献物帳に100帖以上もの屏風が含まれていたことから察すれば，当時，少なからぬ紙の屏風が，天皇や貴族の邸宅内部を飾っていたことがうかがわれよう．ただしその「鳥毛立女屏風」でさえ，下貼りには一度書類として使われた紙が再利用されていたから，やはり紙そのものは大変な貴重品であったに違いない．

　また衝立の方は，寺院の建物内部に立て置く仏画として使われていたようで，単に「障子」と呼ばれていた．これも布貼り，紙貼りの両方あったらしく，各寺院の資財帳によれば，中には7尺，9尺といった高さのものもあり，そこに浄土の様子などが描かれていたようである．なお「障子」の名称は「遮るもの」といった意味で使われていたと考えられ，今の障子の概念とは違う．平安時代になって，寝殿造の住宅にさまざま現れる各種障子のもととして，この衝立障子があったということになる．

　平安時代に入ると，天皇や貴族の邸宅でも衝立障子は用いられるようになる．また，衝立障子のほか，通障子，板障子，押障子，副障子，鳥居障子など，障屏具としての広がりもみられるようになった．通障子というのは，長さ2間，高さ7尺ほどもある大型の衝立障子で，中ほどを矩形にあけて隼人簾なるものを入れてまわりには錦を貼ったもの，板障子は，板に紙や布を貼ったものを柱間に固定し壁のような使い方をしたもので，儀式や行事の具合によって立て替えることもできた．押障子も同様の固定式で，今の襖

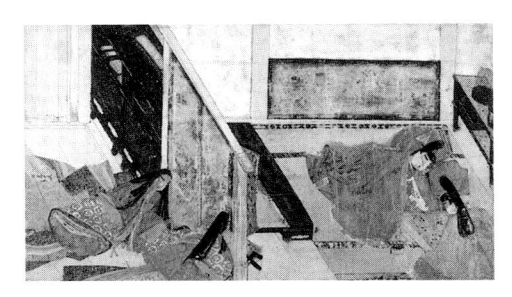

**図 3.5.1.1** 副障子（『源氏物語絵巻』宿木　12 世紀前半，徳川美術館蔵）[1)]

のような，縦横に組んだ骨の表裏に紙を貼った障子だったらしい．副障子は，壁の腰の部分にそうした障子を低く貼りつけた一種の飾りである（図 3.5.1.1）．また鳥居障子は，長押の少し下に鴨居を入れて障子を引き違いに建て，障子の開閉を自由にしたもので，鴨居と長押の間にも障子を 1 枚はめ込んだため，その姿が鳥居に似ていることからこの名がある．

障子のこうした住宅への広がりに伴い，そこに描かれる画題にも，仏教画以外の新たなものが加わった．内裏の紫宸殿や清涼殿では，賢聖障子，荒海障子，昆明池障子などと呼ばれる画題のものが現れて唐絵風が加わったし，10 世紀ごろには，さらに名所絵，月次絵，四季絵などの「倭絵」の画題・画風も加わるようになっていった．また同じころ，そうした絵画だけでなく，それまで輸入品であった紋唐紙が国産化されるようになり，紋様も和風化されながら，障子に使われるようになっていった．

寝殿造の内部は，こうした屏風や障子類のほか，几帳や壁代，御簾などで仕切られ，また床子や畳，棚などが置かれることによって，がらんとした室内が華やかに彩られ，かつ臨機応変に着座の序列が調えられた．このような演出方法を鋪設（のちに室礼）と呼んだが，和紙，唐紙は，この鋪設によって建物内部の至るところに配されることになった（図 3.5.1.2）．

和紙がこのように住宅に多用されるようになった背景として，仏教の普及は大きい．7 世紀初頭，聖徳太子が仏教を国の基本に据えて以来，写経が布教の功徳として尊重されるようになったのだろう，特に聖武天皇のころには，一切経など膨大な量の写経が盛んに行われた．これに伴って日本各地でも製紙業が盛んとなり，国産紙の量産が定着したと考えられる．為政者の，布教，啓蒙の熱意が和紙の鋪設を生んだといってもよい．

**b. 中世：あかり障子と貼付壁**

中世になって，室内での生活に大きな変化が現れた．あかり障子が普及したからである．あかり障子とは，今，普通に障子と呼んでいる建具のことだが，これによって室内にあまり制約なく光が採り入れられ，室内での生活自体に快適性が生まれたのである．

あかり障子の出現自体は平安時代の末ごろであるが，広く普及するのは鎌倉時代以降

## 3.5 武家社会と紙

**図 3.5.1.2** 寝殿造の室礼（『類聚雑要抄』，東京国立博物館蔵）[2]
永久 3 年（1115）7 月 21 日，関白右大臣・藤原忠実が東三条殿に移徙したときの室礼．

である．それまでの寝殿造では，内と外を隔てたのは蔀戸であり，これは縦横に格子を組んだものに板を打ちつけた，いわば吊り雨戸のようなものなので，天気や気候の厳しいときにこれを閉めてしまうと，室内への採光を遮断してしまうものであった．上下 2 段に分かれ，上を吊り上げておけばまだ光は入ってくるが，それでも多少暗いし開閉も重い．けれども，あかり障子はそうした天候の変化に左右されず，閉めたままでも四季を通じて安定的に採光できたのである．また引き戸で軽いので気軽に開閉でき，舞良戸という横桟の雨戸とも一緒に建てて使うなどして，ずいぶん便利な建具となった．それまでの装飾的な和紙の利用から，今度は透過光を室内に得るという，機能的な面での利用法が新たに加わることになった．当時の絵巻物には，そうした武士や高僧の住まいの様子がしばしば描写されている．

　当然室内生活の可能性は増し，それへの関心は高まる．畳を敷き詰め天井を張り，あるいは襖障子で内を仕切るなどして「座敷」を考え出し，またそこでの遊芸として，歌会，闘茶，立花，聞香などを，中世を通して発達させた．特に室町時代の足利将軍邸での遊芸の場（会所と呼ばれていた）などはその最たるものである．そうした遊芸の場としての座敷では飾りの場の設置が求められ，掛け軸や三具足（香炉，花瓶，燭台）を飾るための押板，文房具を飾る付書院，工芸品を主に飾る違棚が造り付けられるようになり，これによって書院造が一応の完成をみるのである．15 世紀半ば，足利義教，義政のこ

**図 3.5.1.3** 座敷の押板と貼付壁(右室),付書院(左室)(『慕帰絵詞』第一巻 文明 14 年(1482)補作,西本願寺蔵)[3]

ろには,すでにその飾り場所での器物の飾り,すなわち座敷飾りの方式も細かに定められるようになっていた.

　押板,付書院,違棚を造り付ける際には和紙も大いに利用され,これらを構成する大小の壁面には,いわゆる貼付壁という和紙貼りの壁が定着した(図3.5.1.3).和紙には,それまでの屏風や障子類と同様に絵が描かれることもあり,紙の四周は四分一という細い漆塗の角材で留められていた.それまで可動の障屏具に絵が描かれていたのに対し,今度は固定された壁に和紙が使われて絵が描かれ,内装材,障壁画として機能するようになったわけである.また付書院ではあかり障子が建てられ,元来僧が写経などをしたであろう縁側の書斎机が飾りの場として取り入れられたのである.

　書院造の座敷に飾られる器物は多くが舶来の唐物で,貼付壁やその障壁画は,そうした舶来美術工芸品に対する尊重の意の表現であろうと理解できる.以前と変わらず,屏風や襖障子の絵も明るい室内に華やかさを添えていたが,わざわざそれとは別に華やかな場を設けたのは,新たに広まってきた唐物への憧れが相当強かったからであった.もともと唐物は,鎌倉時代に伝わった禅宗の仏具として多く輸入され始めたものであり,一緒に伝わった禅の茶法とあわせて武家に注目され,それが南北朝,室町時代に闘茶という遊びとなり,その飾りとして唐物が普及したのである.押板の三具足の飾りなど,まさに仏前の飾りの名残であった.つまりここでも,仏教が原動力となって,和紙の利用法が広がったと考えることができる.

### c. 草庵茶室の和紙

　中世の終わりから近世にかけて,和紙の存在を再認識させたのは茶室建築である.和紙の透過光を自在に操って沈静を演出し,また侘びの思想の表現としても和紙を使ったからである.闘茶が,どちらかといえば禅宗での器物やその飾り方に関心を傾け,やがてそれが室町将軍邸での「殿中の茶」という格式に定まったのに対し,侘び茶の方は,

**図 3.5.1.4** 紹鷗四畳半の茶室（図の右上部分）（『山上宗二記』表千家蔵）

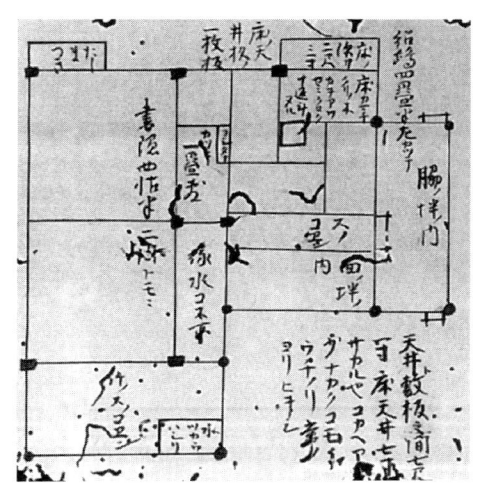

**図 3.5.1.5** 草庵茶室の内部・待庵床正面（京都府大山崎妙喜庵内）[4]

禅宗での作法や求道精神に重きを置き，これにより書院座敷を換骨奪胎して草庵茶室を創り出していった．江戸時代初期ごろまでの茶人の中には，禅僧に参禅する者も多かったのである．

16世紀半ば，初期の茶室の中で評判となったのが武野 紹鷗(たけのじょうおう)の四畳半茶室である（図3.5.1.4, 5）．壁は白の貼付壁，縁を備えた四枚障子の出入口が北に開いていた．当時の茶室は，町なかという敷地の制約から，採光は主に出入口の障子からに限られ，したがって茶人たちはみな茶室の向きにこだわっていた．というのも茶室の向きが，床の飾りや器物の見え方に大きく左右したからである．紹鷗は，北からの光が安定しており，光量も適切と判断したのであろう．壁の白の鳥(とり)の子(こ)紙(がみ)が北からの光をやわらかく反射し，茶室の隅々まで穏やかな光を漂わせていたことを想像させる．すでにこのころから，茶人たちは茶室内の光の具合を強く意識していたのであった．

けれども，茶室を劇的に変化させたのは弟子の千利休(せんのりきゅう)である．16世紀の終わりごろ彼が創り出した草庵茶室は，四方が壁で囲われたムロ（室）のような空間で，これに小さな躙(にじり)口(ぐち)をあけ，出入口と採光をまったく無関係にしてしまった．その上で下(した)地(じ)窓(まど)を好みの位置，好みの大きさにあけて障子を建て，その障子からの透過光で茶室内の光の分布を演出するのである．飾りや器物をつぶさに鑑賞するというよりは，ほの暗い室内で心を鎮め，茶の湯を介して「直心(じきしん)ノ交」わりに集中するためである．和紙はそのための，いわば自然光による照明器具のような存在であった．

また，紹鷗四畳半でみられた貼付壁に対しても根本的に見直しを図っている．貼付壁

はあくまでも書院座敷のもので，格式をもった壁だから，隠者の庵を理想とする草庵茶室では，やはり土壁であるべきだとしたのである．ただし壁の裾は和紙を貼り，着物が壁とこすれるのを防ぐ配慮もしていた．これを腰貼りといい，客室は美濃紙や湊紙など，9寸ほどの幅の和紙を1段，2段などの高さで貼り回した．また，二畳敷のような狭い茶室では高くまで貼り，反古紙を貼ることもあった．床の壁も，名物を飾る場所ながら荒壁を決断し，さらに天井までも続けて土を塗り上げてしまう床さえ試みた．ただし，床には腰貼りをしなかった．

太鼓襖という建具も考案された．太鼓の皮のごとく，建具の骨組の表裏両側から和紙を貼った襖で，四周の框もみせない．この襖は，亭主側の出入口，すなわち茶道口や給仕口などに用いられた．襖を壁の外側に建てると，壁にあける口自体の高さや形は好みで加減でき，それなら襖の框や引手が現れない方が自由にできるからである．それゆえ切引手といって，組子の1マス分だけ和紙を斜め口に落とし込んで貼った引手も工夫された．またこの太鼓襖が建つ火灯口（出入口の頂部が丸い給仕口）では，壁の塗り回し部分に，保護のための和紙が貼られた．侘びの表現での和紙の利用は，こうした具合であった．

**d. 草庵風意匠の普及と数寄屋造**

利休が試みた草庵茶室の手法は，その後広く影響を及ぼすことになり，和紙の利用もこれに合わせて多様となる．

茶室では，例えば障子なら，色紙散らし風二段障子の影と光を楽しむ色紙窓とか，窓外に詰め打ちした竹連子の微妙な陰影が映る有楽窓など，和紙の新たな味わい方が出現している．また腰貼りや太鼓貼りでは，「あり合わせの材料を活かしきる」という侘びの理念から，反古や手紙，古暦など，使い古しの紙が使われたりした．中には，見栄えよく書いた紙をわざわざ用意して貼ることもあった．

一方，当時の書院造の方は，障壁画を金碧の濃厚なものとし，また画面の大きさも，柱や長押の区画にこだわることなく壁面全体を一画面として扱うなど，豪華さ雄大さを誇っていた．そうした中，書院造の中に草庵茶室の手法を取り入れた数寄屋造も現れ，真行草でいえば「行」，桂・修学院離宮などの諸建築に代表されるような，軽快で繊細優美，寛いだ雰囲気の造形が，17世紀前半以降展開されていく（図3.5.1.6, 7）．

そこでは，貼付壁や襖，袋棚の小襖などの意匠も，色土壁や色付丸太になじむよう，水墨画や大和絵，色紙や扇面の散らし，唐紙，市松模様など，寝殿造障屏画以来の伝統的なものから斬新な幾何学模様まで多様になり，これに合わせて引手も瀟洒な意匠のものがつくられた．京ではそのころから本阿弥光悦や俵屋宗達らが，18世紀に入ってからは尾形光琳らが，唐紙のデザインに優れた仕事を残しており，京唐紙の基礎を築いている．

茶室の下地窓も，数寄屋造によく使われた．自由な形にあけられることから，縁側境

図 3.5.1.6 桂離宮松琴亭一の間[5]　床と襖の市松模様　地袋の小襖．

図 3.5.1.7 修学院離宮中の茶屋　床，霞棚まわりの貼付壁と襖[1]

の欄間にも使われるようになり，円や菱形，扇形，櫛形など趣を添えた．また，その影をみせるか意匠をみせるかによって，障子は壁の内外どちらにも建てられたし，また下地のない，壁を塗り回しただけの欄間に建てる場合もあった．欄間や付書院の障子の組子もさまざまな意匠に組まれ，座敷の庭側の壁面全体に，そうした障子の光と影のパターンが織りなされた．この意味で行灯(あんどん)にも同様の和紙の役割と趣があった．

こうした和紙の使われ方は，近世を通じて庶民の住まいにも浸透する．近代に入って，ガラスや新材料が使用されることも多くなったが，和紙のもつ質感や透過光のやわらかさはほかでは得がたいものがあるし，また使われ方の歴史を眺めてみても，単に一素材として使ってきたというよりも，和風化という意志を働かせながら工夫し続けてきたという面が確かにあるように思う．しかもその契機や背景をみれば，各時代の仏教の興隆に突き動かされてきたところがある．人の生き方にかかわる仏教と，和風化しようとしてきたベクトル，これらのもとにでき上がってきた建築と和紙の成果は，そう簡単に無視できるものではない．

〔池田俊彦〕

## 文　献

1) 日本絵巻大成 1　源氏物語絵巻寝覚物語絵巻，中央公論社，1977.
2) 川本重雄・小泉　和 (1998)：類聚雑要抄指図巻，中央公論美術出版．
3) 岡田　譲編 (1966)：日本の美術 3　調度，至文堂．
4) 中村昌生 (1977)：茶室大観Ⅰ，創元社．
5) 桂離宮茶室等整備記録　図録編，宮内庁，1992.
6) 淡交ムック「京　御所文化への招待」，淡交社，1994.

### 3.5.2　礼式における紙の利用

日本の伝統的な社会は，儀礼の場において，紙をきわめて効果的に用いてきた歴史をもっている．現代に至ってもそのことは，大きくは変わっていない．

神祭事の中では，依り代(しろ)（憑代）として，また，幣帛(へいはく)の一つとしてもあげられる．い

ずれの場合もそれぞれ伝承の型を厳格に踏襲しているのは，事柄の性質上当然である．用紙は，物の大きさや必要とされる加工のありようによってさまざまである．さらに，祝詞，祭文などの文書の類には，奉書紙が用いられるのがつねである．

贈答儀礼にかかわって使用される紙については，神祭事においての場合とは異なったものがある．ここでは紙を，例えば日常と非日常（ハレとケ），聖と俗，浄と不浄などの相反する価値判断を受けるものの領域を画する（結界を構える）ために用いる．ある物を他者に贈るに際し，贈り手の身に帯した障りを，受け手に移すことを避けようとする意識の表徴である．おそらくは，日本にだけみられる感覚であろう．

物を紙で包む，覆う，物の下に敷くのいずれかに相当するその行いは，儀礼作法としての確立の時期を特定できる根拠は見つけがたいが，15～16世紀には一定の型が整っていたようである．型に従って物を包むその仕方を，折形と呼ぶ．機能としてよりは象徴性または装飾性が重視されている．つまり，包装技術には違いないが，一般にいう包装としては，より緩い仕立てになっている．

包まれる物にとっての緩衝，防塵，防湿などの要素にはより少ない配慮となっていることが多い．紙をもって物を包むのはほとんどの場合，用意された2次元の平面を，一定の手段をもって,物の表面に沿いながら収縮させていく作業と定義することができる．折形と呼ばれるように，紙の折り目を強調し，これを意図的に配置する意匠をつくり上げ，この中に物を納めるのがその手法の基本である．伝承されたその数は，少なくみても 1,000 を超える．

〔荒木真喜雄〕

## 3.6 江戸時代の紙

### 3.6.1 概　　論

#### a. 町人層の需要で重要物資に

中世までの紙の消費層は，主として公家，僧侶，武家に限られていたが，江戸時代には大多数の町人が消費層に加わったので，生産量は急増し紙種も多くなって，重要な生活物資となった．江戸前期の大坂には全国の貨物の約 70% が集まって「天下の台所」といわれたが，正徳 4 年（1714）大坂市場入荷商品 119 種のうち紙の入荷量は銀高 14,446 貫で第 6 位の商品であり，元文 1 年（1736）には銀高 6,884 貫で米，木材に次ぐ第 3 位の商品となっている．中世の紙の流通は荘園主や領主への公事物としての貢納あるいは贈答が主流で，室町期にようやく美濃，越前，播磨，備中などの主産地から京都，奈良などの主要消費地の市場への狭い販路が開かれていたにすぎない．ところが，近世には，町人層の需要増大に伴って大坂，江戸の紙市場が発展し，地方の城下町にも紙問

屋が育ったのである．

　紙市場に集まる紙は，蔵物（蔵紙）と納屋物（納屋紙，脇紙，平紙）に大別される．蔵物は諸藩で収納，集荷して大坂の蔵屋敷に送られたもの，納屋物は諸国の問屋，商人から運ばれたもので，蔵物は諸藩が生産統制したもの，納屋物は統制外で原則として生産農民が自由に処分できる紙である．生産を厳しく統制したのは専売制といい，東日本では5藩にすぎないが，西日本で20余の藩が紙の専売制をとっている．江戸前期の大坂紙市場では，周防，長門，石見など西中国地方の産紙が約70％を占めたといわれるが，これらはいずれも厳しい専売制をしいて紙づくりを督励したところである．

　ところで，専売制の厳しい統制に対して紙漉き農民はしばしば抵抗して，各地で紙一揆が勃発し，土佐，伊予などでは脇紙（平紙）の自由販売権が強まり，農民の自主生産意欲が高まった．このため強制されてつくる蔵紙より，自主生産する脇紙が増えて，江戸末期の大坂紙市場では伊予や土佐の産紙が優勢となっている．文政10年（1827）刊の佐藤信淵著『経済要録』開物中篇諸紙第十三には「大洲半紙の勢ひ天下に独歩す」と記され，天保15年（1844）刊の大蔵永常著『広益国産考』巻五には，「大坂の紙問屋に承るに，当時諸国にて漉出す紙のうち，土州より出る紙四分にて，余は国々より出づる紙六分なるよし」と述べられている．

**b.　主要な紙種と産地**

　江戸時代に流通した紙を最も詳しく記録した，安永6年（1777）刊の木村青竹編『新撰紙鑑』凡例には「古今漉き出す所の紙類，今已に数百種に及べり」とあり，需要層の拡大，用途の多様化に伴って，紙種は数百をといわれるほどになっている．

　その流通事情は，大坂に出荷するか，江戸に出荷するか，藩内だけで自給するかなど，産地によって異なるが，最大の紙市場である京，大坂の情勢を記録した寺島良安編『和漢三才図会』（1713年刊）と木村青竹編『新撰紙鑑』によってまとめると，主要な紙と産地の関係は表3.6.1.1のようになっている．

　中世に多く流通した檀紙は備中，杉原紙は播磨が主産地だったが，近世には各地で模造されるようになり，特に杉原紙は約20か国でつくられるようになっている．奉書紙は中世後期に越前で現れ，杉原紙をいくらか大きく厚くして近世の高級な文書用紙となったが，その産地は杉原紙と重複しながら，やはり約20か国で産している．そして越前の奉書紙は，大広奉書，御前広奉書，大奉書，中奉書，小奉書，色奉書，紋奉書，墨流し奉書など，製品の幅も広く，最高級紙と高く評価された．

　厚紙類には，森下紙（美濃，大和），皆田紙（安芸），高野紙（紀伊），泉貨紙（伊予，阿波，備後），宇陀紙（大和），西ノ内紙（常陸），程村紙（下野），百田紙（筑後）などがあるが，泉貨紙，宇陀紙，西ノ内紙，程村紙，百田紙などは近世に創製されたものである．これらは帳簿，券状などの記録用のほか，衣服を包む畳紙や傘，合羽などの加工素材であり，町人層の需要にこたえて帳簿，加工用として販路が広まったのである．

**表 3.6.1.1** 江戸中期の主要な紙とその産地（『和漢三才図会』，『新撰紙鑑』により作成）

| 紙　名 | 九　州 | 四　国 | 中　国 | 近　畿 | 中　部 | 関東，東北 |
|---|---|---|---|---|---|---|
| 檀　紙 |  | 阿波 | 備中 | 京都，丹後 | 越前 |  |
| 杉原紙 | 豊後 | 阿波，伊予，土佐 | 因幡，出雲，備中，備後，安芸 | 丹後，但馬，播磨，大和 | 越前，加賀，美濃，信濃 | 下野，岩城 |
| 奉書紙 | 筑前，筑後，豊後 | 阿波，伊予，土佐 | 因幡，出雲，備中，備後，美作，安芸 | 京都，丹後，但馬，播磨 | 越前，加賀，美濃 |  |
| 厚紙類 | 筑後，豊後 | 阿波，伊予，土佐 | 石見，備後，安芸，周防 | 但馬，紀伊，大和，播磨，淡路 | 越前，若狭，美濃，信濃 | 常陸，下野，上野 |
| 板　紙 | 筑前，豊前，豊後，肥前，肥後 | 伊予 | 出雲，石見，安芸，周防 | 淡路 | 美濃 |  |
| 中折紙 | 筑前，筑後，豊前，豊後，肥前 | 伊予，土佐 | 石見，備中，安芸，長門 | 大和 | 越前 |  |
| 障子紙 | 筑後 |  | 因幡，備後，安芸，周防 |  | 美濃 | 下野，岩城 |
| 半　紙 | 筑前，筑後，豊前，豊後，肥後 | 阿波，伊予，土佐 | 因幡，出雲，石見，備中，備後，安芸，周防，長門 | 丹後，但馬 | 加賀，三河 |  |
| 半切紙 | 筑前，筑後，豊前，豊後，肥後，日向 | 阿波，土佐 | 出雲 | 京都，摂津，大和，播磨 | 越前，加賀，美濃 | 常陸 |
| 延紙類 | 豊前 | 阿波，土佐 | 因幡，出雲，石見，備中，安芸，周防 | 大和，紀伊 | 越前，加賀，美濃 | 下野，岩城 |

　以上はいずれも比較的大判で厚い紙であるが，いくらか小さい判型で中厚のものが中折紙，障子紙，板紙類である．中折紙は中高檀紙を縦半分に切った大きさを基準寸法とする紙で，後世の大半紙に類するものであり，中世には美濃，加賀で始まったが，近世には中国・四国，九州が主産地となっている．これは帳簿のほか障子用であるが，同様な用途で最も著名なものは美濃紙である．美濃紙は中世にすでに杉原紙に次いで多く流通したと考えられるが，近世には直紙の名で文書記録，書物印刷の基本紙となるとともに，障子に張る最高のものとなり，杉原紙をしのぐ勢いで普及した．障子紙は原則として毎年張り替えるのでその需要量は多く，おそらく全国の紙郷で漉かれたはずであるが，当時の障子格子の規格寸法は各地で差があり，諸藩で独自の寸法の障子紙が自給的に流通していたので，表 3.6.1.1 にあるように障子紙の産地は 8 か国にすぎない．

　板紙は「いたかみ」ではなく「はんがみ」と読む．享保 17 年（1732）刊の三宅也来著『万金産業袋』巻一，紙類一色の「阿波紙」の項に「板紙とは，みの紙の大きさなる

もの，本屋につかふ耳きらずの紙也」としている．書物の木版印刷用，すなわち板刻用の紙という意味で名づけられており，町人社会の出版文化の隆盛にこたえて生まれたものである．美濃産の直紙の粗製品ともいえるが，美濃のほか中国や九州で多くつくられている．

#### c. 半紙と小半紙

近世に紙の消費層に加わった町人大衆は，量産しやすくて安く買える紙を節約して用いた．したがって，そのような社会の要請にこたえてつくられた紙が最も多く流通したが，江戸末期の経世家，佐藤信淵は『経済要録』開物中篇諸紙の章で，「抑も紙には種々高価の品も多しと雖も，世に多く有用なるは，半紙より要なるは無し．次に塵紙と漉返し，次に障子紙と半切なり」と記している．江戸時代の町人たちは半紙をつねに座右に備え，帳簿として日々の商いを記録し，包装などの雑用とし，子供たちは手習いの紙として親しみ，士人階級もまた文書の作成に常用した．

ところで，半紙というのは全紙を縦半分に切った紙のことで，「半紙」の字はすでに古代の文献にもみられ，中世の中折紙も半紙の一種といえるが，それらは大半紙に類する判型である．近世の半紙はもっと小判の，いわば中半紙に相当するもので，8寸×1尺1寸が基準寸法である．そのもとの全紙は中世に最も多く流通した杉原紙の寸延判と考えられる．『和漢三才図会』の半紙の項には「筑後柳川の産を上と為す．防州岩国もまたよく，同じく山代紙はこれを本座という．津通，徳地，鹿野，熊毛，小川など，すべて長防二州の地で，みな多く半紙を出す．石州浜田，同じく津和野これに次ぐ．雲州，因州，参州，加州，阿州，但州，芸州，丹後，筑前，みなこれを出す」と記している．西日本の諸藩が町人大衆のニーズにこたえて，江戸初期から半紙づくりを奨励したのである．特に長門・周防の宗支藩の専売制はこの半紙を主軸商品としており，延宝7年（1679）刊の吉備国水雲子著『難波雀』によると，大坂の有力な紙問屋23軒のうち9軒は長防2州の半紙を専門に扱っている．次いで石見の浜田，吉賀（津和野）半紙の専門問屋が2軒あるが，浜田藩の国東治兵衛が寛政10年（1798）に刊行した『紙漉重宝記』は，和紙づくり技法の最初の刊本であり，初心者向けに半紙の漉き方を図解したものである．江戸後期には半紙づくりが全国に広まり，江戸市場には武蔵国秩父の山半紙をはじめ常陸，甲斐，岩城などの半紙やミツマタ（三椏）原料の駿河半紙が直送された．

半紙が縦8寸を基準とするのに対して，縦7寸を基準として横幅ほぼ9寸の判型の薄紙を小半紙という．その判型から七九寸ともいい，類似の小杉原紙，延紙も含めて表3.6.1.1では延紙類としたが，これらは鼻紙，落とし紙であり，現代のティッシュペーパーにあたるもので，衛生用紙ともいうこともできる．小杉原紙は小判の杉原紙の意であり，延紙の名は吉野延紙に由来する．吉野紙は中世に女房言葉で「やわやわ」といい，京都の公家たちに雑拭紙として愛用されたが，5寸5分×7寸の漆漉し用に対して鼻紙用としては7寸×9寸ほどの寸延判（吉野延紙）となっていたからである．ともかく，この

種の衛生用紙は庶民生活に必須の常用紙であった．

　塵紙もまた衛生用とともに包装などの雑用になる常用紙であった．塵（ちり）というのはコウゾ（楮）の靭皮の表皮（黒皮）を削った屑（粕ともいう）のことで，この塵を白皮にまぜて漉いたものを塵紙または粕紙という．『和漢三才図会』には「凡そ半紙を出す所，皆これあり」としており，粗質ではあるが庶民の需要が多いので，大坂の紙市場では四つ橋塵（四津塵），北脇塵（北塵）として流通した．また大坂で漉き出す塵紙を地塵というが，これは紙屑や反故の漉き返しで，産地にちなんで大坂では高津紙，京都で西洞院紙，江戸で浅草紙と呼んだものである．そして江戸の紙屋五郎兵衛は，浅草紙専門の商いで繁盛したといわれているが，『経済要録』には，それをつくる千住近辺の紙漉きについて「漉き返し紙を製する事，毎年金十万両に及ぶ」と述べている．

### d. 手紙用の半切紙

　古代，中世に手紙を書くのは，公家，僧侶，武家などに限られていたが，近世には町人も加わって手紙用の紙，すなわち半切紙の需要が急増した．半切紙というのは，全紙を横半分に折って用いた折紙様式の折線に沿って切り離した紙のことで切紙ともいうが，近世に半切紙の語が定着した．

　享保17年（1732）に成った新見正朝著『昔々物語』（八十翁疇昔物語）に，町人は召使に口頭で用件を伝えさせていたのに，「六十年已前より半切紙を用いる」ことになった，と記している．60年以前というのは寛文年間（1661〜1673年）で，そのころから町人が書状で情報を交換するようになったようで，延宝7年（1679）刊の『難波雀』には半切紙問屋として帯屋五兵衛の名がみられ，阿波座太郎助橋に半切紙漉きがいたと記している．また貞享1年（1684）刊の黒川玄逸著『雍州府志』には，半切紙あるいはそれを糊継ぎした巻紙を京都の「西洞院で製す」としている．

　このように半切紙づくりはまず大坂，京都の大都市で始まったと考えられ，それらは紙問屋が断裁したときの裁ち屑「紙出」を原料としたものであるが，やがて地方でも多くつくられるようになる．『和漢三才図会』には半紙について，「縦短く尋常の半分なり．筑前，筑後を上となし，摂州大坂，同山口，名塩，多くこれを出し，播州またこれに次ぐ」とあり，『新撰紙鑑』は前記のほか豊前，豊後，日向，阿波，土佐，出雲，大和，美濃，越前，加賀，常陸もその産地にあげている．摂津の山口，名塩の半切紙はガンピ（雁皮）原料の高級なものであり，他の地方のものはコウゾ原料であるが，染色や文様摺りなどの装飾加工は大都市で行っている．

　さらに江戸での需要には，常陸のほか駿河，甲斐，下野，上野，岩城などからも直送され，伊豆熱海のガンピ半切は五雲箋と呼ばれて，文人たち愛用された．なお半切紙の寸法は縦5〜6寸であるが，横幅は1尺〜2尺3寸であった．

### e. 庶民生活に密着した多彩な用途

　靭皮繊維を主原料とする手漉きの和紙は，文書を記録し印刷する書写材として耐久性

## 3.6 江戸時代の紙

を備えているだけでなく，その強靭な紙質を生かして各種の生活文化用品に加工される素材となり，用途がきわめて広いことが最大の特徴である．特に近世の和紙は，書写材としてよりも庶民の日常生活に必須の重要な生活文化材であったということができる．

本居宣長は文化7年（1810）刊の随筆集『玉勝間』十四の巻「紙の用」の中で，「物を書くにはなほ唐の紙にしくものなし」としながらも，日本の紙は書くことのほかに「ものを包むこと，拭ふこと，箱籠の類に張りて器となすこと，またこよりにして物を結ぶことなど」用途がきわめて広いと強調している．また佐藤信淵は『経済要録』の中で，文化情報を伝達する書写材としての有用性を説いたあと，障子，採光具，防水衣料，煙草入れ袋，紙文庫，武具などの生活用品に加工されるほか，飢饉のときには非常食の紙餅にもなるので，「実に一日も無くては叶はざる要物たり」と記している．そして中国，インド，西洋の紙はそのような用途にふさわしくないので「皇国の紙は世界第一の上品なり」と断言している．さらに国際的な紙史研究家として知られているダード・ハンター (Dard Hunter) は『日本・韓国・中国への製紙行脚』(A Papermaking Pilgrimage to Japan, Korea and China, Pynson Printers, New York, 1936) の序説の中で，手漉き和紙を世界で最もすばらしいものと絶賛し，「日本人は和紙を無限ともいえる用途に活用している」と述べている．

和紙の生活文化材としての利用は，紙衣，紙衾，油単などとしてすでに古代から始まっているが，近世には町人大衆の需要にこたえてきわめて広く多彩に活用された．正徳2年（1745）刊の松江維舟著『毛吹草』をはじめ，元禄年間（1688～1704年）までに刊行された方寸子（菊本賀保）著『国花万葉記』，田方屋伊右衛門編『増補日本鹿子』などに各地の名産として記されているものの中に，次のような加工原紙，紙製品がある．

［山城］水引，扇地紙，腰張紙，煮紙子，渋紙，紙帳，から紙，賀留多，扇，塗羽扇，合羽，紙表具，屏風，［大和］造花，［和泉］腰張紙，［近江］青花紙，［伊勢］白子紺形，［紀伊］傘紙，［安芸］広島紙子，［土佐］色紙，［肥前］元結紙，紙帳，紙衾，［豊後］元結，［薩摩］元結，［美濃］扇地紙，［駿河］安倍川紙子，［下野］扇，団扇，［陸奥］紙布，［出羽］油紙．

また貞享5年（1688）刊の白眼居士著『正月揃』第一紙屋の芳春の章には，紙の徳として，「合羽，紙燭，歌かるた，観世こより，扇，うちわ，たたみ盃，傘，紙煙草入れ，紙帳，元結，烏帽子，紙子頭巾，紙凧，水引，行燈，奉書もみ足袋，造花」などの紙製品をあげている．このように江戸初期に加工原紙や紙製品の特産地が育ち，広く流通していた．さらに『雍州府志』には紙花，渋紙のつくり方が記され，宝永2年（1705）に成った貝原篤信（益軒）著『万宝鄙事記』，享保11年（1726）刊の梅村判兵衛編『万宝智恵袋』，同17年刊の三宅也来著『万金産業袋』なども渋紙，紙子，油紙，合羽，表具などの技法を収録している．技法解説書の出版は，それらの需要が多いことを反映しているが，大都市には紙子屋，渋紙屋，合羽屋，唐紙屋といった専門問屋も現れている．

こうして町人の生活文化の発展とともに紙製生活用品はより多彩になり，その技法も

表 3.6.1.2　生活文化用品の地紙と加工法

| 品　名 | 地　　紙 | 加　工　技　法 |
|---|---|---|
| 障　子 | 美濃紙, 中折紙, 諸口紙, 大半紙, 紋書院 | 透かし入れ |
| から紙 | 奉書紙, 鳥の子紙, 杉原紙, 西ノ内紙, 細川紙, 泰平紙, 石州半紙, 美濃紙, 塵紙 | 木版摺り, 型紙捺染, 刷毛引き, 揉み |
| 照明具 | 薄美濃, 典具帖, 紋典具 | 木版摺り |
| 扇, 団扇 | 扇地紙, 鳥の子紙, 宇陀紙 | 張り合わせ |
| 紙衣, 紙布 | 奉書紙, 泉貨紙, 森下紙, 十文字紙 | 渋染布, 木版摺り, 揉み, 織り |
| 傘, 合羽 | 高野紙, 森下紙, 宇陀紙, 美濃紙, 泉貨紙, 広折紙 | 油塗布, 揉み |
| 床　敷 | 薬袋紙, 森下紙, 泉貨紙 | 染色, 油漆塗布 |
| 型　紙 | 型地紙 | 蕨渋張り合わせ |
| 万年紙 | 泉貨紙 | 漆塗布 |
| 紙胎漆器 | 美濃紙, 森下紙, 石州半紙, 麻布紙, 小国紙 | 染色, 漆塗布 |
| 紙長門 | 美濃紙, 石州半紙 | 編み, 渋漆塗布 |
| 擬革紙 | 煙草袋紙, 十文字紙, 大永紙 | 浮凸文様打ち出し, 揉み, 染色, 油漆塗布, 金属箔押し |

また複雑になった．単純に白紙を用いていたあかり障子や照明具用には光に透かしてみる装飾文様をあしらった紋書院，紋典具がつくられ，紙人形，遊具などの紙細工あるいは包装用にはより高度に装飾加工した千代紙，縮緬紙，更紗紙が生まれた．木版摺りが基本だった，から紙づくりには，金銀砂子振り，刷毛引き，型紙捺染などの技法も導入された．生活用品には柿渋や油を引き，あるいは揉みやわらげて布地に代用するものが多く，紙子，紙衾，油単，油団などは早くからあったが，紙布，紙傘，合羽などは近世に始まっている．

紙をよった糸，すなわちこよりで成型し，漆あるいは柿渋で固めた紙長門や一閑張りの製品は，木材や金属の代用ともいえるものであるが，その堅牢さはより優れたものとなっている．煙草入れ袋用として始まった擬革紙は，いうまでもなく皮革の代用としての紙であるが，より複雑な技法を組み合わせて羊羹紙，金革紙に発展し，のちに壁装用として西欧の知識人に高く評価された．

これら生活用品の地紙と加工技法との関係は，表 3.6.1.2 のようになっている．

### f.　布地に代用した紙製品

靭皮繊維を原料とし，洗練された技術で漉いた和紙の強くしなやかな紙質を生かして布地に代用することは，扇，元結，冠帽，から紙，紙子，紙衾，油単，油団など，すでに古代から始まっているが，近世にはそれらが庶民の生活用品として広く活用された．

## 3.6 江戸時代の紙

**図 3.6.1.1** 奥州仙台紙子の図(『日本山海名物図会』より)

紙子は平安時代には質素な僧衣であり,中世には武士が戦陣に携える防寒着にすぎなかったが,近世には下級の庶民が常用し,文人たちの風流着となっている.井原西鶴の『世間胸算用』では借屋住まいの浪人を「紙子浪人」といい,平瀬徹斎著『日本山海名物図会』には仙台紙子製造の図を収録して「奥州は木綿すくなき故,中人以下はおおく紙子をきる也.夜具も大かた紙子にてこしらゆる也」と記している.俳聖芭蕉は「ためつけて雪見にまかるかみこ哉」,「かげろふの我肩にたつ紙衣哉」と詠み,蕉門の園女は「ある程の伊達しつくして紙衣哉」と,紙子を「わびの道」にふさわしい風流着として愛用している.そして紙子はまた旅の必携具でもあったので,江戸初期にはすでに大都市には紙子専門の問屋が生まれていた.

紙子の産地は京都,大坂のほか奥州の仙台や白石,駿河,美濃,紀伊,播磨,安芸,肥後などであるが,その地紙はねばり強く比較的厚い紙で,漉き簀を縦横十文字に揺り動かして強くした美濃の森下紙,常陸の十文字紙,あるいは2枚を漉き合わせた泉貨紙が多く用いられている.これにコンニャク糊で継ぎ,柿渋を引いて乾かし,揉みやわらげているが,東大寺のお水取りで参籠する僧が用いる白紙子は柿渋を引かない.

紙を細く切ってよった紙糸を織った紙布は近世に始まったもので,奥州白石が特産地であった.寛政10年(1789)刊の里見藤右衛門著『封内土産考』によると,白石の農夫は太地の粗末な紙布を織って作業衣とし,片倉家の家臣は縮緬織,雲斎織の精良な高級紙布もつくって,幕府や京都の公家たちにも進上したという.この紙布原紙は細く切るので縦方向だけに流し漉きしたもので,近世には各種の用途にふさわしい紙が漉かれるようになっていたのである.

合羽はキリシタンの宣教師たちの着ていた外套(ポルトガル語でcapaという)に学んで,森下紙や泉貨紙に桐油を引いて防水し仕立てたものである.雨衣として安価で軽

く便利であり，小さく折り畳んで携行できたので旅の必需品ともなっていた．傘はもともと布帛を張ったものであったが，中世に紙に朱を塗った朱塗傘が公家や僧侶の間で流行していた．それは長い柄を取り外す形式のもので，短い柄でろくろを使って開閉する簡便な形式の紙傘は近世になってつくられるようになった．それは堺の商人，納屋助左衛門が呂宋（フィリピン）から持ち帰った傘を模造したもので，庶民に愛用され広まった．雨傘としての番傘，蛇の目傘，大黒屋傘，紅葉傘などには防水用の荏油（えのあぶら）を引くが，日傘には引かない．そしてこの傘用の紙としては江戸初期にまず高野紙，次いで森下紙，国栖紙（宇陀紙），青土佐紙などが主として用いられている．

### g. 皮革に代用された紙

江戸初期オランダの交易船のもたらした金唐革を，異国趣味の高官や豪商は小さく裁断して袋物，箱張り，武具の装飾に用いた．やがて上方や姫路で模造革がつくられるようになっていたが，皮革でなく紙でも模造したのが擬革紙である．その擬革紙はまず煙草入れ袋をつくるのに利用されており，延宝9年（1681）刊の『嶋原評判朱雀遠目鏡』（著者不詳）下巻「歌仙」の項に「小じわのよりたる所は，当世はやるたばこ入れのごとし」とあり，元禄10年（1697）刊の『国花万葉記』には駿河名産の一つとして「たばこ入れ」をあげ「同所より出る紙子を以って作りたるたばこ入れ也」としている．布や皮革でつくっていた煙草入れを紙子用の渋紙で代用したのであるが，伊勢では油紙で代用した．『三重県史』第十三章「南勢の擬革紙および製品」には，「貞享元年（1684）多気郡明星村（現明和町）三島屋事堀木忠次郎なる者これを創造し，世に壷屋紙と称せられ，擬革紙の濫觴なりと云ふ」と記している．壷屋というのは伊勢の稲木（現松阪市）の池部清兵衛の屋号で，彼が皮革製のものを携行することを許されない伊勢参宮客のために油紙で煙草入れをつくったのが評判になったもので，のちに著名な狂歌師，太田蜀山人は「夕立や伊勢のいなぎの煙草入れ，ふるなる光る強いかみなり」と詠んでおり，江戸市場でも売り広められた．

江戸初期の1600年ごろにもたらされた煙草が，17世紀後期には全国に広まっていたのであるが，喫煙人口の最も多い江戸では，正徳5年（1715）に2軒の紙煙草入れ地紙業者が生まれており，文政7年（1824）刊の中川芳仙堂撰『江戸買物独案内』には，68軒の煙草入問屋が収録されているうち26軒が紙煙草入れを扱っている．また翌文政8年刊の河内屋嘉七版『進物便覧』には東都土産の一つに「紙たばこ入」をあげている．そして「紙たばこ入」の下に「竹屋松本」と割注しているが，文政13年（1830）刊の喜多村信節著『嬉遊笑覧』には「羊羹といふ煙草いれ，四五十年前江戸日本橋四日市の竹屋清蔵にてかます形なるを百文づつに売りたり，其の後松本といふたばこいれの棚を田所町に出してくすべ紙のよきを製す」と記している．また喜田川守貞編『守貞漫稿』は竹屋の煙草入れについて「その製種々ありて壷屋よりは価高く上製也」としている．伊勢の壷屋紙もその後より皮革らしく改良されているが，江戸の竹屋がより優れた擬革

紙をつくり，それを「竹屋絞り」とも呼んでいた．

　竹屋絞りは常陸の羊羹紙をベースにしているが，これは厚い十文字紙に荏油を引き，稲わらを焼いた煙で燻べて，その煤を払いよく磨いたもので「くすべ紙」ともいう．練り羊羹の色に似ていて，西欧のパーチメントペーパー（硫酸紙）の趣きがあり擬革紙の一種であるが，竹屋はさらにこれを揉み，浮凸文様を打ち出し，顔料，漆などで加工したのである．そして金属箔で加飾したのを金革紙（金唐革紙）といい，1867年の第2回パリ万国博に出展し，オランダのライデンにある国立民族学博物館のシーボルトコレクションの中にも含まれている．イギリスの初代駐日公使，オルコック（Sir Rutherford Alcock）はその著『大君の都』（The Capital of Tycoon, New York, 1863）の第21章で，日本の製紙にふれて「多数の模造皮革以外に，同じ原料でつくられたもので大博覧会に送った種類は67の多きにのぼった」と記し，1862年のロンドン万国博に多数の擬革紙を発送している．また万延1年（1860）来航したプロシアのオイレンブルク全権公使の随行者が編集した『オイレンブルク日本遠征記』（Die Preussische Expedition nach Ost-Asien, nach Amtlichen Quellen, 1864）の第4章「江戸」には，煙草入れ，馬具の鞍，烏帽子などに擬革紙が多く使われていることに驚き，「紙の用途がこの国より広いところはどこにもないであろう．紙は書くこと，印刷することのほかに，窓ガラス，ハンカチ，衣類，ランプの芯，紐そのほかいろいろのものに使われるが，特に優れているのは皮革として用いられるものである．その質は，外見も色調もまさに天然の皮革に匹敵し，さらにフランスの革の壁紙と見間違うような模造もなされている」と述べている．西欧では皮革でつくっている製品を日本では紙で代用していることに彼らは深い関心をもったのであり，その後の万国博でも海外の審査員たちは，この擬革紙を和紙の中で最も魅力のあるものと評している．そして明治期には欧米に壁装用として輸出されるようになったのである．　　　　　　　　　　　　　　　〔久 米 康 生〕

## 3.6.2　木版画と紙

**a.　絵画製作法としての木版画**

　版画の方式には，凸版方式では木版画，リノリウム版，ゴム版，軟鉱物版などが，凹版ではドライポイントとエッチング，平版としては石版画がある．木版技術は東洋で生まれた印刷技術であり，わが国では経文の複写技術として奈良時代から使われてきた．江戸時代には，和紙と木版技術の組み合わせとしての木版画は，初期の木版本の挿絵という従属的な役割から飛躍し，一枚絵として浮世絵という独特の形式を生み出した．浮世絵は華々しく開花し，江戸の庶民文化を担うメディアとして重要な役割を果たし，明治中期まで存続したが，同時にわが国の印刷技術の源流という意味でも歴史的意義が深い．

**b.　木版画の歴史**

　木版画は中国より伝来したもので，『続日本紀』によると宝亀元年（770），称徳天皇

の代に4種の浄光陀羅尼を印行し，百万塔の中に納めて十大寺に分置したとあり，これが現存最古の木版画とされる．いわゆる百万塔陀羅尼経である．以降，木版画はわが国の主要な印刷方式として重要視され，神社仏閣の経巻，摺仏などに応用され，室町時代には平易な文学書である御伽草子や謡本の印刷に活用されるようになった．江戸時代の万治年間（1658～1661年）には，菱川師宣や杉村治兵衛により御伽草子や民話などを題材としたもの，また時俗風俗を取材した一枚絵の風俗木版画が創始された．これらを井原西鶴が天和2年（1682）刊の『好色一代男』の中で「浮世絵」と称したので，浮世絵派という絵画が誕生したといわれる．

**c. 浮世絵の誕生**

浮世絵は2つの潮流が合流して誕生したといわれる．一つは，安土桃山時代の近世風俗画で，寛永時代（1624～1647年）に製作された寛永風俗画は浮世絵の母体になったといわれている．同じころ，わが国初の木版挿絵本といわれる嵯峨本が現れ，これは上層町衆の手によるものであったが，木版挿絵の原点となった．すなわち，近世風俗画と木版挿絵の木版画技術の結合により浮世絵は誕生した．

版木の普及は絵入り版本の流行をつくり出し，版本の挿絵のための版下絵師として台頭した町絵師の活動が活発となった．浮世絵の発生には絵入り版本の流行と町絵師の台頭が密接に結びついていたが，やがて版画は版本から独立して単独に鑑賞されるようになり，浮世絵の誕生をみた．

江戸時代には，武士階級の間では狩野派が盛んであり，富裕な町人階級の間では円山四条派や琳派の絵画があった．時代とともに庶民の要求から生まれた絵画が浮世絵であり，初期には肉筆画が主だったが，庶民文化の中で浮世絵が地位を確立するに従い，安価で量産可能な方法として版画が重要視されるようになっていった．浮世絵の主題は庶民の享楽生活と密接な結びつきをもち，初期には歌舞伎や遊里が中心となり役者絵や遊女を描いた美人画が占めていた．江戸中期以降は，物見遊山や社寺詣でが盛んになると市中の名所や街道の風景が新たな題材となった．花鳥画や武者絵，相撲絵も版画でつくられた．

**d. 浮世絵の技術的変遷**

初期には墨一色摺りの素朴な版画「墨摺絵」であったが，次いで鳥居清信・清倍父子が丹や黄土などを筆で彩色する筆彩版画「丹絵」が現れ，丹に代わって紅を主彩色とした「紅絵」や，墨に膠を混ぜ光沢をもたせた色を主とした色彩を筆彩色した「漆絵」へと発展していった．

やがて，数枚の板で版彩色をする「べに絵」（紅摺絵）という2～3色摺りの板摺版画が創始されたが，のちに多色板摺版画に発展し，明和2年（1765）に鈴木春信が「錦絵」を生み出した．寛政12年（1800）ごろまでが風俗錦絵の黄金時代で，鈴木春信，勝川春章，鳥居清長，喜多川歌麿，鳥文斎栄之，東州斎写楽，歌川豊春，歌川豊国，北尾重

政などの多数の巨匠を生み出した．文化文政期には大衆文化が爛熟，退廃の傾向を示し始め，浮世絵も大衆への迎合と大量生産によって質を低下させ，次第に衰退に向かっていった．錦絵法は明治 30 年（1897）ごろ浮世絵が終局を迎えるまで存続した．この錦絵は江戸に限っていたが，幕末になりようやく「浪花錦絵」という錦絵が大坂で行われるようになった．

### e. 浮世絵の技法

1) 形式と大きさ

浮世絵といわれるものには，木版画と肉筆画がある．肉筆画は，紙地もあるが，ほとんどが絹地で掛け軸にされた．いずれの浮世絵作家も肉筆画は少なく，木版画がほとんどであり，紙地に摺られた．版画の大きさは大判錦絵，間判，中判，細判，あるいは柱絵，短冊絵などと呼ばれ，大きさは紙の漉き上がりの大きさが基準となり，その縦あるいは横の 2 等分，3 等分，4 等分で大きさが定まっている．例えば，漉き上がりが大判の奉書（39.4×53 cm）の 2 等分の大きさが，錦絵で最も多く用いられる大錦で，4 等分したものが中短冊である．掛物絵と称する長大判もあるが，版画は一般に手にとって鑑賞するものなので，あまり大きなものはない．

2) 木版画の制作過程

木版画は絵師，彫師，摺師の協力関係でつくられ，浮世絵版画独特の生産方式が次第に確立していった．絵師は墨線により薄い美濃紙に作画するが，版のもとになるこの墨線図を版下絵という．版下絵は彫師に渡され，彫師は版下絵の表を版木の面に張りつけ，紙の裏から描線をたどって掘り起こしていく．描線以外の部分は不必要なので刀でさらいとってしまうと，描線だけを掘り起こした凸版ができる．

彫り終わった版木は摺師に回され，試し摺りを行い，決定すれば本摺りにかかる．初期浮世絵の黒摺り版画はこの段階で完成となるが，さらに手で筆彩色を施して丹絵や漆絵の版画がつくられた．

多色摺りの場合には前述の彫りが完了し，試し摺りをした墨線だけの版画（「交合摺り」と呼ぶ）は再び絵師のもとに返され，塗るべき色と場所を交合摺りの図中に指定する．色を指定された交合摺りは彫師のもとで色分けされ，1 色ごとに 1 枚の版木に色版が彫り起こされる．絵が 10 色からなる場合には 10 枚の版木からなる色版用版木（「色板」という）が摺師に回され，本摺りにかかる．

最初に墨線だけの墨版が注意深く摺られ，その上に順次色を重ねていく．薄い色，色面の小さいものから摺り始め，色の濃いもの，色面の大きなものに移っていくのが一般的な手法だが，手順は職人により多少異なる．最初の試し摺りには絵師が立ち会い，色の濃淡，調子その他について満足に至るまで試し摺りを繰り返し，最終決定した摺りを見本として本摺りにかかる．現代の印刷現場と同様なことが浮世絵の制作現場では行われていたのである．初版，初摺りとは最初の 200 枚をいう．

## 3) 木版画の材料

基本的には，紙，版木，彫刻刀，顔料，刷毛，馬連（バレン）が用いられた．時代とともに技術は改良されていき，墨一色の場合には薄手の紙が用いられたが，錦絵時代に入ると紙は厚手の奉書紙となり，顔料も良質なものが使われるようになった．版木としては，密度が高く水性顔料や馬連を使う板目木版に最も適しているという理由から白山桜の材が用いられ，特に伊豆地方産のものが最上とされた．馬連は，版木に塗った顔料の上に紙を伏せ裏から強くこすって絵の具を紙に摺り取る道具である．竹の皮を細く裂いて2本ずつより，それをより合わせて縄状にしたものを渦巻きにし，竹の皮で包む日本独特のものである．

### f. 浮世絵と和紙

浮世絵制作の最初の段階である作画には，裏面から彫刻のための描線が浮かび上がる必要があるために，美濃紙を中心に薄い紙が用いられた．摺りの段階では，初期の墨一色摺りの場合には紙は薄くてもよく，杉原紙，美濃紙などが用いられた．錦絵の時代を迎え多色摺りになると，鮮明な版画を求めて色を摺り重ねても伸縮せずかつ強靭さを求めて，武家社会で公文書の料紙として用いられていた上質の厚い楮紙である奉書紙が中心に用いられたが，鳥の子紙も用いられた．明治10年（1877）刊行の『諸国紙名録』の最初に越前産の奉書紙が出ている．また顔料が他の色と混ざり合わないようにするために紙漉きの段階でにじみを防ぎ，紙面を平滑にする目的で礬水（礬砂，ドウサ）引き加工などに多くの改良が加えられた．

浮世絵の紙質は柔軟で強靭，かつ手漉きのため表裏差があり，表裏を間違えると画質がうまく現れないので，紙漉きと使用には最新の注意が払われた．初期には背景が無地であり，美人画や役者絵に使われ和紙の純白の質感が生かされた．1800年ごろを境に，背景にも摺り込まれるようになった．

### g. 木版画の近世印刷技術としての意義

木版画は，江戸時代の絵画の一様式であると同時に複製，印刷技術でもあった．木版は文字や絵を板木に逆文字で彫り込み，その版面に墨を塗布し，その上に用紙をあてて摺り上げたもので，それの摺刷面の裏は原則として白のままの片面摺りである．その摺物をまとめて糊りづけ，糸綴じしたものを木版本，整版ともいう．この木版摺りは板木に一枚一枚紙をあてて手摺りするもので，1,000年以上にわたり中国，朝鮮，日本で行われてきた印刷手法である．

浮世絵は，近世芸術の大きな市場となった町人世衆のための大量生産の必要性が生み出し，それに木版画が対応し，出版元という業者が出現したので，出版の歴史上にも意味が深い．江戸時代中期からは洋風表現，銅版画が採用され，文化・文政以降は葛飾北斎，歌川国芳，安藤広重らによる風景版画が発展した．技巧的には銅版画が精巧であったが，芸術性の面では木版画がはるかに優れていたという評価が一般的である．

浮世絵は世界最高の緻密な木版印刷という評価さえあり，日本の紙幣の印刷技術は浮世絵の緻密な製版技術とコウゾ（楮）を中心とする強靭な紙に源流があるともいえる．

明治政府の成立当初は木版印刷技術が盛況を迎えていたが，やがて石版画に移行し，さらに写真製版や機械印刷に押されて明治30年代には木版が滅亡に瀕し，同時に錦絵も消えていった．ちょうど和紙が洋紙に生産量で凌駕された時期とほぼ一致する．

### h. 浮世絵の西欧への影響

幕末から明治にかけて浮世絵版画は大量に海外に流出していき，フランスやイギリスの画家，文学者，音楽家などの間に浮世絵版画の愛好家や収集家を生み出した．広く西欧に紹介されたのは1867年のパリ万国博覧会が最初で，1873年のウィーン，1878年のパリ万国博を経てヨーロッパで急激に関心が高まり，海外愛好家による収集が進んだ．

一方わが国では，明治維新によって西欧文化一辺倒の風潮が生まれ，伝統美術が省みられなくなった時代がしばらく続いた．明治10年（1877）ごろからは古美術の価値が見直されるようになったが，浮世絵版画への評価は低く，欧米の収集家による大量買い上げの時代が続いた．そのため，現代では日本で最大の所蔵を誇るとされる東京国立博物館よりも，シカゴ，ボストン，メトロポリタン，大英博物館などに多くの量が所蔵されている．

日本の版画や陶磁器は，パリやロンドンの美術愛好家の間に日本趣味を流行させ，特にマネ，モネ，ドガ，ゴッホらは浮世絵版画を収集し，作品の背景の一部に浮世絵を描き込んだりするまでになったが，特に浮世絵の色彩の純度や明るさが新鮮な驚きを与えたためといわれる．ゴッホやゴーギャンらの印象派の作品にみられる平塗りの画面構成は浮世絵の影響といわれ，浮世絵は印象派やアールヌーボーなどの西洋近代の芸術運動に広範な影響を与えたと評価されている．

文　　献

1) 世界美術全集，平凡社，1956.
2) 久米康生（1995）：和紙文化事典，わがみ堂.
3) 国史大辞典，吉川弘文館，1982.
4) 印刷博物誌，凸版印刷株式会社，2001.
5) ENCARTA，マイクロソフト，2003.

### 3.6.3 加飾と加工による和紙の多彩な展開

#### a. 江戸時代における新たな展開

戦国期には，領国経営の一環として紙漉きを奨励する大名が多くなり，紙専売の原型が形成された．江戸時代になると，紙は加工により付加価値をつけて多様化し，庶民の日常生活に広く入り込むようになり，各藩の専売品として大きな地位を占めるようになった．この主な理由はコウゾの栽培が比較的容易であり，紙の需要が急激に拡大して

きたからである．大坂の市場は，江戸と並び紙の取引が急激に拡大していったが，元文1年（1736）の記録によると，大坂市場では紙は米，木材に次ぐ第3位の取り扱い高を示した．

元禄期をはじめ，江戸時代の文学の興隆は書物としての紙の需要拡大を促し，木版技術による浮世絵版画は紙の加工法の多様な展開を促した．また，書物や版画技術の進歩とともに和紙も書写性，印刷性（木版印刷），耐久性を増し，美的要素を付与するなどの目的でさまざまな加工と加飾により付加価値を高めていった．そのため各産地では，競って独自の製品を生産するようになった．

わが国の多彩な紙の加飾・加工法は世界に類をみないものといわれており，江戸時代には特に薄くて強靭な紙の製造技術が開発された．これは和紙が材料的にみてどのような紙質の紙でも漉くことが可能で，また多様な加工処理に耐えられるという有利な特性をもっていたためだろう．

本項では，江戸時代に展開した染紙など各種の加飾法と加工法を概説する．

### b. 紙の加飾・加工法

加飾・加工法には，①墨流しや染紙のように漉き上げた紙製品を加工して加飾する方法と，②漉く工程で加飾を行う方法とに分類されるが，両者を組み合わせた技法もあり，複雑で高度な技術が開発された．

1) 染紙の方法

漉き上げた製品の加飾・加工法の代表的なものとして染紙の方法があり，以下に歴史と技法を記す．

(1) 染紙の歴史

種々の色に染めた紙のことであるが，色模様のある紙ではなく，紙全体をある1つの色で染めた紙，すなわち無地染めの紙を指す．製紙が始まるとほぼ同時に紙を染めることが始まり，奈良時代（8世紀）には基本的技術がすでに完成していたといわれる．上代では防虫と美観の目的から写経用紙が主な用途であり，奈良時代には染紙とは経典を意味し，『延喜式』には「経は染紙と称す」とあるように，写経には染紙を用いるのが原則であった．染紙の加工は中国の技法に学んで奈良時代から発展し，同時に金銀箔や砂子，泥での加飾も始まっている．

染紙を色紙と呼ぶことは奈良時代から行われていたが，平安時代には詩歌を書くために一定の大きさにして用いたことから，着色の有無にかかわらず色紙の名称が用いられた．王朝文学では「白き色紙」という言葉も用いられた．色紙は特定の目的のために用いられたので料紙と呼ばれるが，写経料紙と詠草料紙に分かれる．

染紙は，日本ではすでに奈良時代に高度な発達を遂げ，正倉院には『色麻紙』19巻をはじめ多くのものが残存し，「正倉院文書」には約40種の染紙の紙名がみられる．これらの染色技術は平安時代に引き継がれ，平安時代にさらに部分染めといえる打曇（打

雲），飛雲，墨流しなどの加工や紋唐紙を模造した木版摺りのから紙の加工が加わり，多彩な詠草料紙がつくられた．そのため詩歌を染紙に書くことが流行し，次第に華美なものに発展していった．

　(2)　染紙の技法

もともと紙の染色は防虫の目的から行われたが，黄檗（キハダ），藍（アイ），紅花（ベニバナ），紫草（ムラサキ），蘇芳（スオウ），木芙蓉（モクフヨウ），蓮（ハス），ヒサギ，ツルバミなどの植物を原料とした天然染料が用いられ，また媒染剤としては灰汁（あく）や明礬（みょうばん）も使われた．染色は白い紙に付加価値をつける方法で，江戸時代には多様な彩色した和紙が展開したが，現代では洋紙の中の色上質紙が染紙に相当する．

特に流し漉き法による薄様紙を漉く技術と漉き染め法の組み合わせで各種の「漉き模様紙」の技術が完成すると，打曇，飛雲，羅文紙などが生まれ，墨流しや金銀砂子，切箔，野毛の撒布も行われ，精細な装飾が施された．また，これらの加工した紙を切ったりちぎったりし，その断片をつなぎ合わせて「継紙」（つぎがみ）がつくられたが，切り継ぎ，破り継ぎ，重ね継ぎなど多様な技法が開発された．

　2)　染紙以外の加飾・加工法

写経用には紺紙や紫紙に金泥や銀泥で写経することが行われ，華麗な荘厳経がつくられた．また染料の代わりに香料を染み込ませた香染め紙がつくられ，畳紙（たとうがみ，懐紙）や扇紙に使われた．

料紙は墨書きが主であったが，江戸時代になると木版印刷や浮世絵版画，から紙にも使われるようになり，紙に耐水性を与える目的で膠と明礬の液体を塗布する礬水（ドウサ）引きを行い，さらに胡粉を塗った具引き紙も盛んになった．さらに和紙を揉んで柔軟性をもたせると衣料用にも用途が開け，紙衣（後に「紙子」）は柿渋で耐久性と耐水性が与えられ，江戸の町人社会に広がっていった．柿渋は漆よりも安価で扱いやすく，箔打紙の製造や捺染の型紙の製造に用いられた．和紙の防水または撥水加工には桐油や荏胡麻油を用いた桐油紙がつくられ，合羽，包み紙，雨傘などに加工された．

和紙の接着剤としては，大豆汁（成分はカゼイン），米（デンプン），小麦の生麩（しょうふ，グルテン）などが使用された．コンニャク糊（グルコマンナン）は接着剤以外に表面加工剤としても広く応用された．特に揉み紙の表面に薄くコンニャク糊を塗ると，繊維の毛羽立ちを防ぎ，その後アルカリ液で処理すると糊が凝固して不溶性となり，紙の強度と耐水性を増すことができた．これらの技法は現代では各地の民芸紙として表装や本の装丁に用いられている．

このように，和紙は漉き上げの前後の各種の加工により多様な機能を付与され，江戸時代に日本人の生活に深く入り込むようになった．

技術は多様化していたが，染紙の手法は大体次の4種類に分類できる．

① 漉き染め法…紙を漉く前の繊維に染料を混ぜる．
② 浸し染め法…成紙を染浴に入れて染める．
③ 引き染め法…刷毛で染料液を塗る．
④ 吹き染め法…染料液を霧状に吹きつける．

布の染色と同様に，天然染料の多くは直接染料ではなく媒染剤を必要とする媒染染料であったが，染料と媒染剤の組み合わせを変えることにより，繊維への染色効果に変化を出すことが行われた．

染紙の工程はいくつかからなるが，代表的な例を示す．
① 礬水引き，② 引き染め，③ 丁字引き，④ むしろ引き，⑤ 雲形マーブル．

3） 漉く工程での加飾・加工法

上記の染紙法と組み合わせたものと単独の手法とがあるが，代表的な手法を示す．

（1） 打（内）曇（うちぐもり），飛雲（とびぐも）

地紙の上に着色したガンピなどの繊維を漉きかけるもので，打曇は紙の天地にたなびく雲のようにかかり，飛雲は紙のあちこちに浮遊する雲のようにかける．

（2） 雲竜紙（うんりゅうし），雲紙（くもがみ）

着色した繊維や手でちぎった長繊維で漉いた紙で，水の変化のある動きが長繊維に現れる．短繊維のミツマタなどを使うと雲肌紙となる．

（3） 水玉紙（みずたまし）

白い地紙の上に藍などで着色した薄紙を漉き合わせ，上から水滴を落として上にかけた紙に穴を開け，地紙の白色を露出させたものである．水力を使って加飾するものとしては落水紙，レース紙，水流紙などがある．

（4） 塵入紙（ちりいりし）

本来素朴な製法ではコウゾの黒皮などが自然に混ざったが，のちに通常の紙料に装飾的な目的で，意図的に黒皮，さらにはそばがら，イグサ，コケ，金銀砂子などまで混入して漉くようになった．

（5） 漉き合わせ紙

まず地紙を漉き，その上に木の葉，蝶の羽根などを置き，さらに別に漉いた薄紙を伏せて重ね，1枚の加飾紙としたもの．

（6） 透かし入り紙

簀に型紙を付けた紗を貼って漉くと，紙の厚さに文様の凹凸が生じる．光にかざしてみて，文様部分が薄くて白く透ける「白透き」（白透かし）と，厚いために黒くなる「黒透き」（黒透かし）の2種があるが，黒透きは，現代では紙幣の透かし方法であるため民間では漉くことが禁じられている．型紙を使うものとしては，包紙などに使われる抜き模様紙，置き模様紙がある．

(7) 繊維引っ掛け紙

俗に「ひっかけ」と呼ばれ，水に浮いているミツマタなどの繊維を文様の金型ですくい取り，別に漉いた地紙に付着させたもので，朕紙（襖紙）などに用いられる．またミツマタ繊維に金銀粉や雲母などを絡み合わせて，漉き合わせる装飾もよく用いられた．

(8) 布目（ぬのめ）紙

漉き上げたぬれ紙を紙床（しと）に重ねる際，粗い布目を敷いて圧搾して布目の凹凸をつける．漁網のように粗いものから，絹布まで種類がある．現代におけるエンボス加工に相当する．

(9) 皺入（しぼいり）檀紙

檀紙は本来，人工的な皺がないものだったが，江戸時代から皺入りのものが現れ，次第に檀紙とは皺入りのものという常識が生まれた．通常，圧搾の終わった紙床から湿紙を剥がす場合，1枚ずつ剥がすが，これを腰を柔軟にした紙とともに数枚いっしょに剥がすと，張力の違いで自然に皺を生じる．

**c. 加飾による和紙の全盛時代と衰退の始まり**

以上のように，江戸時代には各種の染紙をはじめとして加飾，加工により和紙が多様に展開したが，明治初年には洋紙技術が導入されながらも明治後半までは手漉き紙の生産が盛んであった．その後，生活様式の変化や洋紙生産の本格化とともに和紙の需要は次第に減り，加工和紙自身の需要も減って，大正期には和紙全体が急激に衰退に向かっていった．

江戸末期〜明治にかけての加工和紙の全盛時の技術の状況は，明治6年（1873）のウィーン万国博覧会の出展内容からうかがい知ることができるが，その相当部分を集めたライプチヒコレクションは，当時の状況を垣間みることのできる貴重な歴史的遺産といえるだろう．

紙の加飾，加工においてわが国独自の手法が多様に展開したのは事実だが，加飾という技術自身はわが国特有のものではない．中世の西欧社会では，羊皮紙による加飾写本といわれるものが活版印刷術の発明以前から存在し，活版印刷時代になってもコットン紙や木材パルプによる紙への加飾は広く行われていた事実にも，和紙を相対化してみる意味から留意しなければならない．

〔尾鍋史彦〕

## 文　献

1) 久米康生（1995）：和紙文化事典，わがみ堂．
2) 久米康生，町田誠之，柳橋　眞（1997）：季刊和紙，No. 13，わがみ堂．
3) 久米康生，町田誠之，柳橋　眞（2000）：世界大百科事典（CD-ROM版），日立デジタル平凡社．
4) 久米康生，町田誠之，柳橋　眞（2001）：スーパーニッポニカ2001（CD-ROM版），小学館．
5) 久米康生，町田誠之，柳橋　眞（2003）：エンカルタ2003（DVD版），マイクロソフト．

> **コラム** 紙の透かし

　紙の透かしは白透かしと黒透かしとに分類される．通常われわれが目にするのは，白透かしの方である．透かしは地合むらと同じ原理で紙中にあるパターンを認識する．この白透かしは抄紙機上のダンディーロールで付与されることが多い．

　一方，各国紙幣には白黒透かしが付与されている．これは白から黒まで階調のある模様で構成されている．国内における黒透かしの製造は「すき入紙製造取締法」により規制されている．諸外国の紙幣でも日本と同じく比較的大きな人像を凹版印刷し，これと同じ人物を透かしに用いるのが一般的である．なお，ユーロ券では主模様として配置されている建造物と同じデザインの透かしを入れてある．また，日本の紙幣のように，透かしを特定の位置に配置する場合が主流であるが，連続的に透かしを入れている国もある．

　もちろん，日本をはじめ世界各国紙幣の透き入れ紙の製造法をここで記述するわけにはいかないが，最近の傾向として，透かしを単に目視による偽造防止手段の一つとして用いるほかに，別の機能をもたせる例がいくつか認められるようになった．例えば，人像のほかにバーコード状の透かしを入れたり，透かしの上から印刷してこれをわざと隠蔽し，軟X線などにより認識させるといった技法である．いずれにせよ，抄紙機という特殊な製造装置を用いて，用紙製造の段階で付与する透かしは偽造防止効果が高く，ほとんどの国の紙幣に採用されている．　　　　　　〔木村　実〕

## 3.7　明治時代以降の紙

### 3.7.1　近現代における和紙界の動向 —— 漉き手と使い手の交流

　自然の摂理に素直に従って紙を漉くとき，万里の隔たりがあるとはいえ，紙屋は全智全能の神に最も近づく．

　微細な1本の植物繊維から木の幹をつくり，葉を茂らせ，花実をつけさせる．

紙の使い手は雪舟や大観にしろ，レンブラントやピカソにしろ，その樹木から板を挽き出す大工である．神ならぬ紙屋はその板をみて，木の本来の美しさや強さを知る．大工は生み出した者が知らなかった，及びもつかなかった能力を樹木から挽き出してこそ，名匠なのである．

**a. 明治時代**

1）「輸出和紙」誕生

近代和紙史は万延元年（1860）の吉井源太の漉き簀，漉き桁の大型化の発明から始まる．吉井源太（文政元年～明治41年（1818～1908））は代々土佐藩の御用紙漉きをつとめる家に生まれた．伝統技法を豊かに身につけるとともに新しい社会の胎動を鋭敏に知る吉井源太は，まず紙漉き用具の改造を試みた．それまで大きくとも2枚取り程度だった簀桁を大半紙の6枚取り，小半紙の8枚取りの大きさにして，生産量を拡大した[1]．

次いで吉井は製紙原料を広げた．高知はもともとコウゾ（楮）の有数の栽培地であり，暖地であるためガンピ（雁皮）も容易に採集ができた．吉井は静岡からミツマタ（三椏）の種子を取り寄せ，その栽培を奨励した．高知にコウゾ，ガンピ，ミツマタの3原料を揃えることから始め，新時代が要求する紙に次々とこたえていった．

従来の和紙には毛筆が用いられていたが，金属のペンのためにインキ止め紙（やに入り紙）が発明された．また郵便物の重量をできる限り軽くするため，3原料を使って極めて軽い書簡用紙が工夫された．これがのちに輸出用紙へと発展していくのであった．

吉井源太は明治17年（1884）に土佐海外貿易輸出組合長となり，各国領事館を通して海外に販路を広め，世界各地で開催されていた万国博覧会に，自分たちの発明工夫した紙を出品する努力を始めた．

土佐紙の輸出和紙はごく薄い紙であることを特色とする．楮紙の典具帖紙は本来薄紙を得意とする美濃紙で漉いていた．紙漉きの操作に横揺りを加えて薄紙を漉くのは美濃紙の独自の技術であった．それを土佐紙（伊野町）が取り入れて，簀上で紙料液が激しく渦を巻き，20秒で1枚漉き上げるほどの超絶技巧までに完成させたのは並々ならぬ努力であったであろう．

同じく楮紙の図写用紙は礬水（ドウサ）を施した製図用紙であった．外国の図写用紙は短繊維の紙に蠟を塗った加工紙で脆弱だったのに対し，わが国のものは揉んでも丈夫だったため好評を得た．

コピー紙ははじめガンピを原料としたが，野生のものを採取しなければならぬ制約のため，次第にミツマタが混入され，しまいには純三椏紙となった．これらの輸出用の薄様紙は他産地でも技術を修得しようと努力するのだが，土佐紙と美濃紙以外では実現できなかった．

吉井源太は紙漉き道具や原料や製紙法など各分野で遂げた改革の成果を『日本製紙論』（明治31年（1898），有隣堂）にまとめている．同時に全国各地から吉井を訪ねた

り，逆に各産地に吉井を指導講師として招く試みが数多くあった．新潟県刈羽郡小国町（2005年4月，長岡市と合併）は小国紙の里であるが，明治24年（1891）に素封家の山口権三郎（天保9年～明治25年（1838～1892））が吉井源太を招いて抄紙伝習所を開設することを計画した．吉井はそのため紙漉き道具のいろいろを木箱に入れて送ったが，山口の病気のせいか急に中止になった．そのため当時の紙漉き道具がタイムカプセルにつめられたように完全に残っている．竹の節を削ったままの通し片子で全部編まれた簀など，現在高知でもみることのできないものがある．当時の創意工夫の熱気や，遠い僻地へ赴く吉井源太の伝道者のような誠実さでありありと感じとられ，和紙史の国宝的存在である．

代表的な輸出和紙には，ほかにミツマタの厚紙がある．発明したのは大蔵省紙幣寮（明治4年（1871）に開設）の抄紙局（同8年に東京の王子に工場開設）で，のちに民間の越前紙を中心として駿河紙，美濃紙，土佐紙で漉いた．

この抄紙局の工場で最初に働いた紙漉き職工が越前紙の紙屋であった．最高級の公用紙である越前奉書の伝統をもち，太政官札を漉いて実績をあげた越前紙から応募に応じた7人の男女の紙漉きが簀桁をかかえてはるばる上京した．その苦労をえがいているのが水上 勉の小説『弥陀の舞』（昭和44年（1969））である．

抄紙局では新生国家にふさわしい新鮮な特色をもち，なおかつ偽札防止に役立つ方法として，わが国独自の製紙原料であるガンピを使うことにした．5 mm程度の短く半透明なガンピ繊維は滑らかで，薄いと下が透けてみえる紙となる．中世に日本に渡ってきた西欧の宣教師たちは，紙肌が羊皮紙にそっくりだと驚嘆した．

抄紙局はガンピの栽培を高知など各地に奨励したのだが，どうしても成功しない．その代わりにガンピと同じジンチョウゲ科のミツマタの栽培が奨励され，現在も続く．ミツマタの繊維は5 mm程度と短く，半透明ではないが柔軟な紙肌をつくる．そのため印刷効果に優れ，偽札防止のための複雑で細密な線が鮮明に刷れて，透かしの模様も明瞭に現れる．

抄紙局は明治11年（1878）に紙幣用紙を三椏紙に定めると同時に，証券などに使う高級印刷用紙としてミツマタを溜め漉きにした厚紙をつくった．特に和紙の欠点とされた裏表の違いをなくすため，両面にローラーをかけてともに滑らかにした．抄紙局の名を取って局紙とも呼ばれた三椏厚紙を各国博覧会にも出品して輸出をはかったところ，評判がよく，前に記したように民間に業を移した．

今までみてきた代表的な輸出紙はいずれも欧米向けであったが，清国など東南アジア向けには東洋紙（和唐紙）が漉かれた．これは明治18年（1885）ごろから筑後紙（八女紙）で行われた．強靭でやや粗い九州コウゾを原料とした大きな楮紙で，衣服を仕立てる型紙や包装紙として大いに生産をあげた[2]．

新しく創出された輸出和紙ばかりでなく，従来の伝統的な和紙も大量に輸出された．

開国の時期に多くの外国人が和紙を収集した．例えば駐日英国公使として活躍したパークス（Horry Smith Parkes）の『日本紙調査報告』（明治4年（1871））と題する和紙の収集は当時を知る貴重な資料として名高いが，動機が和紙の輸入だったことはいうまでもない．

2）生産の高まり

明治維新後の新社会で紙の需要は急激に拡大する．一方，生産者の紙屋も封建制の制約，例えば特定の紙屋を保護するために他の人々に紙漉きやコウゾの栽培を禁じるなどという職業の制約が解かれて生産者が増大した．

洋紙の工場も早速，つくられた．有恒社（東京日本橋，明治5年（1872）創立）をはじめとして，大蔵省紙幣寮抄紙局の工場（東京王子）が建設される明治8年（1875）まで東京，京都，大阪，神戸などに6工場が建つ勢いだった．しかし，これではまだ需要にこたえられなかった．

手漉き和紙の生産が最高潮になった明治30年（1897）（紙屋は統計で66,356戸）当時で，和紙の産額は洋紙の約4倍はあっただろうといわれる．わが国の資本主義経済の基礎をつくったのは，和紙や染織（例えば木綿絣など）や陶工（さまざまの容器）などの庶民的な伝統工芸産業だったのである．

和紙の本来の用途である書写材料の分野で象徴的なものは，教科書の用紙である．文部省では明治19年（1886）に尋常小学校4か年を義務制とし，その教科書の用紙を手漉き和紙と定めた．今でも古書店で実物を手にすることができるが，コウゾのほかにミツマタや稲わらが混入したものもみられ，木版で刷られている．明治34年（1901）には内務省の選挙人名簿や投票用紙を西ノ内紙，程村紙（茨城産）に定めたので，茨城以外の産地でもこれらの紙が漉かれるようになった．

明治36年（1903）に国定教科書制度が成立し，内容に国の統制が加わるとともに用紙も洋紙に切り換えられ，原料も木材パルプ，稲わら，木綿紙料となった．用紙の厳密な科学的な検査規格もこのときに始まる．5万余戸の手漉き業者にとっては大打撃であったが，和紙から洋紙への本格的な転換を告げることであった（高額紙幣も手漉きから洋紙に変わる）．

薄くて丈夫で美しい和紙は書写以外に，衣食住の生活の隅々で用いられた．その中でも数が多かったのは障子紙である．第二次世界大戦後，機械漉きの障子紙が普及するまで手漉きの和紙の中心をなした．柳田國男（明治8年～昭和37年（1875～1962））は『明治大正史・世相篇』（昭和6年（1931）），第3章第3節の「障子紙から板硝子」で次のように記している．

「明り障子の便利はよほど前から知られては居たが，紙が商品にならず経済が其交易を許さぬ間は，農家では之を実地に応用することが出来なかつた．奇妙な因縁で是が又小児の手引によつて，追々に小家へも入つて来たのである．近世の草双紙の絵を見ると，

きまつて斯ういふ家の障子には，いろはになどの清書の紙が貼つてある．それが明治の中ほどになる迄，尚多くの村の実際の光景であつた．」

白い障子で家の中が明るくなったため，家の中を見よくしようという気持ちが起こり，食器に白く輝く焼物や光を反射する漆の塗物が使われ，主婦が茶釜を熱心に磨くようになった．家の隅々が明るくなることにより，家にいくつもの中仕切りが設けられ，家長と若人が別になり，ひいては「心の小座敷も又小さく別れた」と近代人の心の分裂にまで柳田の障子論は及ぶのであった．

和紙の生産拡大も順調に進んだのではなかった．いわば無政府の状態であったから，売れる紙があるとすぐに類似の粗悪品が登場して安く売られ，本物をつぶしていった．代表的な輸出紙のコピー紙や典具帖紙も同様の事情で海外の信用を失い，明治20年代に取引を拒絶され，紙商や紙屋の多くが倒産した．地に落ちた信用を回復するために，紙業組合を組織し，検査を行い，ようやく取引再開となるのは明治30年代であった．

この努力に続けて，明治30年代〜40年代にかけて岐阜や高知など主要産地では紙業組合によって製紙試験場が設立され，大正時代に着実に成果をあげたのち，昭和初期に県立など公共の製紙試験場に移管されていった．

一方，機械漉き和紙が本格的な生産を始めるのも明治期の終わりで，手漉きの紙屋は第二の技術改革に直面した．吉井源太の技術改革は伝統技法に根ざした紙漉き自身によるものだったが，第二の技術改革は市場をともにする機械漉き和紙を相手にして，機械や化学などの知識が求められるものであった．この新しい要望にこたえて大蔵省印刷局抄紙部は明治37年（1907）から5〜6年かけて和紙産地から100数十人にのぼる練習生を募って，最新製紙術を学習させた．この練習生から試験場の技師，巡回講師，工場の経営者，そして次代の製紙家が生まれた．

抄紙部長の佐伯勝太郎（明治3年〜昭和9年（1870〜1934））が明治37年に著した『本邦製紙業管見』は，先の研修事業が就筆動機であっただろう．この論文はあたかもバイブルのごとくに一字一字謄写版に刻みこんで印刷，配布したものが今なお産地で見つかる．のちの製紙試験場などの指導理念ともなったものである．多岐にわたる論文の内容から，紙屋の実状に関係する部分の要点を記してみよう．

……手漉きの戸数は当時，6万8千余戸に及び，全国各府県に紙屋を見ない所はないが，紙屋の資力は乏しく，大多数は農家の副業なり，兼業である．専業は土佐紙・越前紙・駿河紙・伊予紙等の主産地に多いが，全国的にみたら8,9千戸程度で1万戸には達しない．みな1戸に漉き舟1個で家族あげて働く規模で，漉き舟を10個程度そなえた家内工業的な規模のものは越前紙に数ヶ所あるほかは主要産地に1,2ヶ所ある程度である［引用者注：100年すぎた21世紀初頭の現状は紙屋が約200戸だから細部は違うが，和紙産地の基本構造は当時とまったく変わらない］．

紙屋は必要上集落をつくる．その上に少数の富豪な紙商が立つ．紙商は原料を紙屋に

与え，紙を受け取って，紙屋にわずかな工賃を与える．紙商の中には誠実なものもいるが，大半は無智朴直な紙屋を苦しめて暴利を得ている．これが和紙の衰退の一原因である．多くの紙屋を団結させ，1つの共同組織をつくって，原料処理や乾燥は共同の施設で行う．共同施設から紙料をもらって自宅で漉き，その湿紙を共同作業場で乾かす．……

この共同施設の理想は，現在，京都の黒谷紙で実現しているのみだが，まず第一歩として紙屋に団結を求め，紙商からの独立をはかるという佐伯勝太郎の指導方針の，いわば護民官的性格は，のちの製紙試験場の一部の技官の心に脈々と伝えられていったのである．

3） 海外における和紙評価

文化の中核は芸術である．明治の新時代を迎え，日本画はどのような新しい表現を示したのであろうか．展覧会で展示された大作の大部分は絹本着色であった．新しい織機は継ぎ目なしの大画面用絵絹を織り上げたし，絵の具の発色が鮮やかであった．旧派も新派も鮮明な色彩を求めた．しまいには絹本の裏に金箔を張って表面に透かしてみせ，半透明な絹布の素材感を強め，神秘的で重厚な画面をつくった．今までになく，絹布の表現の可能性が徹底的に追求された時代であった．横山大観(明治元年〜昭和33年(1868〜1958))らの朦朧体も絹布と水分の関係を生かした，新鮮で微妙な色彩表現であった．

書画の世界では，中国の紙を尊ぶ常識が通っていた．日本においては，襖紙は同時に画材用紙でもあった．襖の横幅に継ぎ目なしに張れるところから，間似合紙（白土を混入した雁皮紙）と呼ばれる和紙を縦に数段張り継いで描いた．時代が下がるにつれて，白土の混入が多くなり，ガンピの光沢は消えてどんよりとした紙肌になったが，江戸時代にはなお渡辺始興（天和3年〜宝暦5年（1683〜1755））らのように，中国の紙の書き味に似るゆえか，熱心な愛好者もいた．近代になると原料に反故紙が大量に使用され，ついに襖の裏打紙に間に合わされるようになった．

最後の浮世絵作家とされる月岡芳年（天保10年〜明治25年（1839〜1892））は，春信や歌麿が用いた最高級の奉書紙を再び取りあげ，「月百姿」（明治20年（1887））のように空刷りで精緻極まる凹凸をつけて着衣の人物の立体表現を試みた．これは，従来の和紙の表現技術を極限まで徹底させた例ではあるが，革新的といえるほどの新境地を開拓したものは少ない．

和紙への先入感なしに，天才的な鋭い観察で和紙の新しい特性を引き出したのは，輸出和紙を手にした欧米の美術家であった．

強烈な幻想絵画で20世紀美術の先駆者となったアンソール（James Ensor：1860〜1949年）の画業は油絵と版画が相半ばする．彼の133点の版画（エッチング）のほとんどが，明治19年（1886）〜同37年（1904）の18年間に，ベルギー国の彼の生地オステンド市で制作されているが，大部分が多種多様な和紙で，中には10年前に発明されたばかりの局紙（三椏厚紙）が早速使われている．同じ図柄の刷りでも和紙の種類を

違えて試す.同じ絵の墨1色の刷りと手彩色を試みるものとは違う和紙を使う.アンソールにとって神経質にふるえる自分の線描は何よりも大切で,和紙のみが微妙な適格さでこれを表現した.題材は卑俗であったとしても,刷りそのものは繊細優美であった.

そして驚くべきは版画を始めた理由で,自分の芸術の永遠の不滅を願ったからであった.油絵の画材は劣化しやすいが,版画は複数できるとともに,丈夫な銅板や変質しにくいインキがある.手彩色も,はじめは単純に赤,青,黄の3原色のみを使った.和紙について言葉では明らかにしていないが,26歳で版画を始めたとき,すでに数種類の和紙を使い分ける熟達さからみて,和紙の保存力は十分に承知していたとみられる.

アンソールはレンブラント(Rembrandt Harmansz, Van Rijn:1606～1669年)の作品からいろいろ学んでいる.レンブラントは澄みきった遠景の風景画の表現にはヨーロッパの手漉き紙を使うが,湿った空気遠近法の場合は線がかすかににじむ和紙(当時の輸出和紙である奉書紙)を使った.このような和紙の表現法とともに,アンソールは250年ほど前の版画の美しさが変わっていないのを目にして,和紙の強靭な保存力をさとったに違いない.こうした和紙への深い理解は若いアンソールばかりでなく,彼の版画の優れた摺師たちも経験で十分に承知していた[3].

和紙への理解は,フランスの版画家も同様に深いものがあった.明治21年(1888)に木口木版画家を中心にして「レスタンプ・オリジナル協会」(6名,オリジナル版画の協会)が結成され,版画集を出した.5年後に著名な画家を加えてより幅広い美術家の版画集「レスタンプ・オリジナル」(明治26～28年(1893～1895)),総勢47名による95点の版画)が出された.これらの版画にも和紙が用いられているが,特に木口木版や板目木版にガンピのごく薄い紙(薄様紙)が使われているのが目立つ.

硬木の木口は金属のように硬く,木目がつんでいる.そこに彫った緻密な線描を雁皮紙の平滑な表面が明確に浮き立たせる.板目木版の場合でも,当時は最初の試し刷りにガンピの薄様紙を用いて,彫り残しなどを調べて修正したのち,通常はヨーロッパの手漉き紙で刷っていた.したがって,大半の版画家はガンピの薄様紙を知っていて,羊皮紙と似ていることなどを感じ取っていた.

「レスタンプ・オリジナル」にも参加していたヴァロットン(Félix Vallotton:1815～1925年)は板目木版で雁皮紙を愛用し,主題の黒い像を鮮明に表し,余白の白と明確に対比した,いわば計算された知的な作品を発表した[4].

雁皮紙の版画の表現を天才的に極めたのはゴーギャン(Paul Ganguin:1846～1903年)であった.タヒチに渡ったゴーギャンは1893年にパリに帰り,著書『ノア・ノア』の挿絵の木版画を彫り,雁皮紙を使うが,まだ,この段階では専門家に刷りを任せていた.ガンピの薄様紙をタヒチに持ち帰ったゴーギャンは,明治28年(1895)～同34年(1901)の最晩年に,タヒチの神話を自由に自分のものに消化して自ら版画を彫り,自ら刷っている.半透明の雁皮紙の自然材としての魅力を愛し,さまざまな効果を引き出している.

## 3.7 明治時代以降の紙

地元の柔らかな木を彫り，たっぷり墨汁をのせて刷り，墨色にたらし込みの変化を与える．あるいは墨色の版画を2枚合わせにして，表裏両方からみるようにする．また墨と茶に刷り分けた2板の雁皮紙を重ね合わせて微妙に立体的な色彩感を出した．

いずれも単純化された題材に対し，半透明の背景があたかもガラス絵のように完全に抜ける．突然，画面に赤い鳥を出現させ，色価（ヴァルール）を意図して混乱させ，劇的な効果を求めたゴーギャン芸術の本質につながる手法である．晩年のゴーギャンは人工材のガラス板ではなく，雁皮紙の自然を愛し，純粋にのびのびと新しい表現を追求している．これらの版画は額の中に閉じこめるものでなく，気軽に手に取って陽光にかざしてみるべきものである．ゴーギャンの澄みきった創作の喜びがじかに感じ取れる版画の傑作である[5]．

明治初期にわが国に伝えられた「ヨーロッパの溜め漉き」の製法が，脈々と絶えることなく現代まで伝承されていることを紹介して，その意義を訴えておきたい．それは財務省（旧大蔵省）抄紙局に今も残るもので，明治期の創設者が紙幣の透かし技術などを学ぶために技術導入したものであろう．あたかも写真をみるかのような精緻な透かし技術を有する．この技が120余年も伝承されてきたのは，例えば文化財の国宝を定める法律の場合，指定書の形式まで定められ，寸法や印刷する文字，模様ばかりでなく，「総みつまた製すき入り（「文部科学省」の文字）」などと紙料まで規定されている．抄紙局には，それに基づく簀桁が保存されている．おそらく，これほど長くヨーロッパの溜め漉き法が絶えることなく日本の一工場に保存されている例は世界紙史上の奇跡といってよい．もとより透かしの技量も高い．宮内庁に残る雅楽は重要無形文化財に指定されているが，財務省抄紙局に伝承されている本格的な溜め漉き法も同様に価値あるもので，代々伝承に努められた技術者に深く敬意を表する次第である．

### b. 大正時代から昭和前期

1） 戦争の谷間

大正時代から昭和前期にかけては，第一次世界大戦，関東大震災，昭和初期の大恐慌，中国との戦争から第二次世界大戦への拡大と変動の激しい時代であった．当然，和紙界の動向もめまぐるしかったが，大きくみれば2極に分離していったといえる．

明治41年（1908）に土佐紙の有力者が集まってつくった土佐紙合資会社が，円網式抄紙機を据えつけて機械漉き和紙を生産し始めた．この機械の設置にあたっては，印刷局抄紙部の佐伯勝太郎らが指導した．機械漉き和紙の出現は和紙業界を一変させた．洋紙と違って，機械漉き和紙の経営者は創立の事情が示すように，技術にも経営にも優れた手漉きの紙屋の出身者である．つまり和紙を知りつくしている人が運営しているのである．この事情は今も続く．

高知の機械漉き和紙が大正時代に入って最初に取り組む大仕事は，鮭の缶詰の中で身の包装などに使われていたパーチメント紙を漉くことであった．木綿の繊維を遊離状叩

解したものを手漉きの溜め漉きを応用して漉き，硫酸液に一瞬漬けて水洗いするなど，手漉きの技術が限界まで応用されていた．しかし，手漉き和紙の市場を侵蝕しない，困難な技術の特殊紙であった．この製紙指導にも佐伯勝太郎があたっている．

当時の機械の技術ではコウゾの長い繊維を処理して，薄くて強靭というような矛盾を克服することはまだできなかった．それゆえ土佐や美濃の典具帖紙が，タイプライター原紙という最先端の分野で，イギリスなど欧米に盛んに輸出された．蠟を染み込ませた典具帖紙を円筒に巻き，そこに金属の活字を力いっぱい叩きつけても，紙がちぎれず鮮明に文字が印刷されるというコウゾの薄紙は，洋紙では不可能であった．

特定の産地でしか漉けなかったこれらの特殊紙を一方の極とすると，他方の極は幅広く全国各地で漉かれる障子紙，半紙，ちり紙など日常生活用のもので，はるかに生産量は多かった．これらの紙をより安く，都会向きにするために木材パルプを 20% ほども混入し，晒し粉でまっ白に漂白した．このため本来は水に強く，火事のとき大福帳を井戸に投げこんでも，引き上げてからまた使い続けることのできたものが，いまや「和紙の欠点は水に弱い」という常識を一般に広めてしまった．こうして，第二次世界大戦後，機械漉き和紙業界からビニール入りの丈夫で安い障子紙が出されると，たちまち手漉きの障子紙が駆逐されしまう下地は，すでに大戦前に用意されていたのである．

もとより，この状況に満足しない紙屋たちはいた．例えば，民芸運動の指導者柳 宗悦（明治 22 年～昭和 36 年（1889～1961））は島根の紙屋，安部榮四郎（明治 35 年～昭和 59 年（1902～1984））とともに，コウゾ，ガンピ，ミツマタの素材美を力強く主張した出雲民芸紙を確立した（昭和 8 年（1933）4 月の『工芸』28，和紙特集号）．これらの紙は美しく強靭で，柳は安部に細かく注文を出して，現代の文房具や室内調度品として親しく使えるように工夫した．さらに安部は，各種の植物染紙や漉き模様紙を漉き，和紙加工も行った．現在では全国の紙屋が試みていることであるが，当時はかえりみる人はいなかった．

昭和 14 年（1939）に新村 出（明治 9 年～昭和 42 年（1876～1967））を中心とした「和紙研究会」の機関紙『和紙研究』が創刊され，厳しい文献吟味に基づく本格的な研究論文が発表された．従来は製紙試験場の技術改良をめざした技術書が多かったが，合理的な和紙の歴史研究は和紙の原点である丈夫さと美しさに目を向けさせた．

特に，英文学者・書誌学者で民芸運動にも参加していた壽岳文章（明治 33 年～平成 4 年（1900～1992））は，『和紙研究』誌上で熱心に活躍した．特に壽岳が妻しづとともに日中戦争（昭和 12～20 年（1937～1945））が始まった年から 3 年，全国産地を訪ねた記録の『紙漉村旅日記』（昭和 18 年（1943），明治書院）の意義は大きい．特別高等警察（特高）に，「この非常時に何をのんきなことをしている」とスパイ容疑で留置されるような苦労を重ねて，戦時下の農村を観察して記録した．1 軒ずつ紙屋を訪ねるうちに，主要な和紙産地から離れて漉いている紙屋を高く評価するようになった．

例えば，新村や壽岳らが幻の紙と呼んで高く評価した小国紙（新潟県刈羽郡小国町山野田/現・長岡市）は，冬は深い雪で人を寄せつけない厳しい自然環境の中で，春の陽光で紙を天日乾燥させるため雪中に漉き上げた湿紙を埋めて保存する（かんぐれ）という苦労をして，紙漉きの基本を守っていた．ひたすら正直に紙を漉こうとする紙屋の気持ちがそのまま紙に反映している美しさを重視したのであった．

一方，同じような時期（昭和10年（1935））に，従来は生産額を調査する程度であった製紙試験場が各種類の和紙ごとに収支を計算し，販売代金に対する工賃の割合まで明らかにしている[6]．

あらゆる生産を戦力化する観点で取捨する統制経済の準備が，この段階ですでに国の中枢では始められていたことを推定させる．和紙や漆工などの伝統工芸は，今では平和産業の象徴であろうが，当事は軍需産業の一つと見なされ，生産額などの実情は秘密とされるに至った．

昭和13年（1938），統制に関する基本法である「国家総動員法」が公布され，数年後には紙屋は問屋とは別に工業組合に組織された．原料も1元化されて日本原麻統制株式会社（昭和16年（1941）に農村省指定）から配給されるようになった．素人の軍人が支配する統制会社であるから，原料の員数は合っていても種類や品質はまったく不統一のものであった[7]．

若い漉き手は徴兵されて漉き場にはいないのだが，残された年配の紙屋も戦況が悪化した昭和19年（1944）ごろから1日に3交代で風船爆弾の用紙を漉くように軍から命じられた．この紙にコンニャク糊を塗って巨大な風船に仕上げる作業は，各地の劇場や校庭などで，女学生やひまになった遊女らまで動員されて行われた．指先がひび割れで出血するつらい仕事であった[8]．

2） 国内の和紙評価

関東大震災からの復興で今までにない近代的な大建造物が建てられ，その室内で日本画も新しい役目を果たすこととなった．その一つは，明治神宮外苑に建つ聖徳記念絵画館（大正15年（1926）に建築は完成）で，鉄筋コンクリート造りで館内に延べ250mの壁面がある．そこに明治天皇と皇后の業績を表す油絵と日本画（それぞれ40点）を，代表的な画家に依頼した．永久保存を願うものなので材料は最高のものを使い，日本画は絹布でなく和紙を使った．絵の大きさも縦2.7m，幅2.5mである．特製の大型画材用紙を，土佐紙の中田鹿次（明治5年～昭和25年（1872～1950））が大蔵省印刷局抄紙部長の佐伯勝太郎の指導で漉いた．そのため中田は簀桁や漉き舟を新調し，原料はコウゾ主体で，場合によりミツマタを混入した．佐伯勝太郎はすでに和紙の改革の場でしばしば登場してきたように，和紙の近代化の中心人物である．その彼が耐久不変の紙を求められると，木灰煮，手打ち叩解，天日乾燥という「平安時代の紙屋院」同様の古法でなければならぬと指導した．近代化一辺倒ではなく，伝統的製法を熟知し，尊重してい

たのである．晩年の佐伯勝太郎が高知に来た折に，古紙を研究して新紙を漉く「日本紙保存会」を提唱したというエピソードを残す．なお，中田鹿次の新しい大型画材用紙は「神宮紙(じんぐうし)」と命名された．

佐伯は，神宮紙の素肌は年月が増すにつれ白くなると保証したはずだが，絵画館の日本画はいずれも白い素地を出さず，絵の具で覆われている．サントリー美術館に残る小型の構想図では神宮紙を使って，のびのびと素地も現しているが，コウゾ繊維が輝き，純白の紙色は品よく紙肌は緻密で滑らかである．絵画館の日本画の中で神宮紙の美しさを自覚して，新しい表現を試みている作家としては，皇后や女官の白衣を構図の中心に置いた鏑木清方(かぶらぎ きよかた)（明治11年～昭和47年（1878～1972）），紙の素肌を生かす淡彩の点描で茅葺きの社の屋根を画面いっぱいに描いた前田青邨(せいそん)（明治18年～昭和52年（1885～1977）），輪郭の線描から大きくはみ出る彩色のにじみを巧みに生かし，風雨の中の戦いの騒然たる雰囲気を描いた松林桂月(けいげつ)（明治9年～昭和38年（1876～1963））などがいる．全壁画が最終的に完成したのは昭和11年（1936）であるが，70年ほどのちの現在も描いたばかりの鮮やかさを残す[9]．

同じ大正15年（1926）に建築を完成させた早稲田大学図書館は，東洋一の規模を誇るものだったが，ホールの真正面の壁面に直径5.4mの巨大な円形の壁画が求められた．聖徳記念絵画館の制作方針に反対して委員を辞していた横山大観と下村観山（明治6年～昭和5年（1873～1930））に制作が依頼された．大観は手もとに神宮紙があったにもかかわらず，越前紙の初代岩野平三郎（明治11年～昭和35年（1878～1960））に改めて大壁画用紙を発注した．岩野は簀桁や漉き場を新調して，大きさ5.4m四方，原料は麻紙を復元した経験を生かして麻5・コウゾ3・ガンピ2の配合にし，重量約11.25kgの「岡太紙(おかふとがみ)」を完成した（この場合は薬品煮熟，大正15年）[10]．

大観と観山はただちに「明暗」と題して，下部は漆黒の闇，その上に雲が数層横にたなびき，次第に旭光を受けて金の輝きを増す様子を描いた．雲から太陽が半分姿を現したところは，一見金箔のように強い輝きながら筆触の変化を示しているので，金泥を厚く盛り上げた手法である．旭光が遠くへ広がるのを微妙かつ適格に表現している．横雲の一部は刷毛で紙の表面がむしり取られて，簀の上に敷いた粗い麻布の布目の跡がみえ，大観の激しい気迫が感じ取れる．多くの人々がキャンバス地に描いたと見誤るのも無理がない．

この巨大な丸い壁画は，その前の階段をのぼるごとに下部の闇の世界（未開）から上部の旭日の輝く世界（開明）へと目前の絵が広がる仕掛けになっている．その背後には釈迦が亡くなって以後の闇の世界を経典の光が救うという世界観がひそむ[11]．この建築空間は中心の丸い壁画を受けて，丸窓や円柱や手すりなどの細部に円弧が反響している．壁画から発せられた鐘音が反響を繰り返し，余韻長く響く．日本画といわず，わが国の近代絵画で，これほど近代建築の空間と有機的に結びつき，調和した例はほかにみない．

## 3.7 明治時代以降の紙

　その用紙について大観は，岩野平三郎に「紙は貴台に一任する」と手紙を送るが，それは「神宮紙のような奇麗さにこだわらなくてよい．麻の持ち味を生かしたあらあらしい粗紙で結構」の意味であっただろう．事実，送られてきた紙は「革のようだった」との証言もある．わが国で壁画というと，壁の上に張りつけた和紙に描くものとされた．大観は土壁に匹敵する強い存在感を紙に求めていたに違いない．絵画館の静的な簡素な空間ではなく，図書館のような動的で複雑に呼応し，変化する空間という新しい絵画環境に日本画も和紙も積極的に参加する意欲を有していた．

　以上の記念碑的作品に絹布が退けられ，和紙が採用されたことは，日本画全体における絹布から和紙への転換を意味した．それは敦煌における写経などの発掘（明治 33 年（1900））により紙の強靭性をまのあたりに知った成果でもある．大観も和紙の保存力を主張したが，同時に絹布による鮮明な色彩表現から，より微妙な色彩の調子の変化による内面的な表現に芸術表現が向かった意味も大きい．例えば，墨色に五彩の変化を現すには和紙なくしてはできない．大戦前の短い平和期における和紙と美術との実り豊かな交流は，小型の和紙にもみられた．

　大観の同志である小杉放庵（こすぎほうあん）（明治 14 年～昭和 39 年（1881～1964））はこの時期に洋画家から日本画家に転身する．洋画時代に粗い布目のキャンバスを使って点描表現を行っていたが，岩野平三郎に自分専用の薄い麻紙を漉いてもらった．長い麻の繊維に沿って毛細管現象で絵の具が走り，紙の地が白く残る．例えば暗い赤紫の濁った色面でも微細な白の点が混じることにより，目には清澄な色面として映る．戦時下，彼専用の麻紙が絶えようとしたとき，放庵は自分の作家生命が絶たれると悲痛な声をあげた．

　村上華岳（むらかみかがく）（明治 21 年～昭和 14 年（1888～1939））の代表作は絹布であるが，晩年，病気で画壇から隠退してからは和紙を用いた．衰えた体力をふりしぼり，毛筆で何回も和紙（地元の名塩紙か）をこすって毛羽をよじらせ，メラメラと燃え上がる大地の精気などを表現した．

　速水御舟（はやみぎょしゅう）（明治 27 年～昭和 10 年（1894～1935））は自ら局紙（三椏厚紙）で画帖をつくり，鉛筆で 1 本線を引くたび削り直すような鋭敏なスケッチを描いた．越前紙の技巧的な襖紙を用いて意表をつく面白い効果を試みるなど，和紙を生かした表現が多い．晩年は韓国の木灰煮の楮紙を愛用した．本灰煮の紙がかすかに帯びる赤味や緑色も鋭く感じ取っていた．簀編みの乱れた跡も表現に生かしたりしながら，晩年の深く沈潜した哀愁の作風は，韓国紙と結びついたものである．40 歳で亡くなる彼のたどりついた絵画史観は「描いたばかりの〈新しき美〉の時が去り，いっ時はよく見えない時期が来る．しかし，いずれ〈時代の色〉が加わった美しい時が来る」というものであった．第 3 の時まで生き抜いてくれる支持体（紙）の強靭な生命力を求めていたのである[12]．

　わが国の版画家は，当然ながら和紙をよく駆使している．しかし，従来の枠を破って新境地を開拓した作家は少ない．その中で，谷中安規（たになかやすのり）（明治 30 年～昭和 21 年（1897～

1946))の一貫してガンピの薄様紙を用いた木版画の業績は群を抜く．敗戦直後，焼野原の堀立て小屋で人知れず栄養失調で亡くなったが，現在，膨大な量の超現実主義の作品の評価は高まりつつある．裏から彩色して表の墨の図柄を浮き立たせるなど，ガンピの薄様紙の表現をさまざまに追求した．ゴーギャンの雁皮紙の木版画と類似する表現もあるが，谷中は映画のフィルムを研究して，現代感覚にみちた鋭い効果を雁皮紙から新しく引き出している[13]．

第二次世界大戦前の日本の美術界と和紙の交流の黄金時代とも呼べる高い成果は，使い手である美術家が和紙をよく知っていたことが大きい．日本人の生活にはまだ和紙が豊富に使われていたのである．

**c. 昭和後期**

1) 復興と高度経済成長

敗戦直後の昭和20年（1945）の紙屋の数は1万戸弱と推定される．昭和16年（1941）の戦時統制下で全国手漉和紙工業組合が組織されたときは13,172戸であった（戦力として認められず組織されなかった紙屋も相当数あったはず）．岐阜県の紙屋が1941年の2,515戸から1944年の1,488戸へと6割に減少していることや，戦地から帰ってこなかった紙屋たちのことなどを考え合わせると，戦後和紙史は1万戸弱から出発したものと考える．

敗戦直後の深刻な物資不足の時代は，障子紙，温床紙，ちり紙など何でもつくれば売れた．洋紙の世界でも裏がざらざらの仙花紙全盛時代があった．こんな空騒ぎが長続きするわけもなく，人に希望を与えなかった．

戦場から身も心もぼろぼろになって帰国してきた紙屋には，家業を再開する見通しも自信もなかった．その中の1人であった近江鳥の子の成子佐一郎（明治44年〜昭和48年（1911〜1973））は，復員列車で手にした新聞に掲載されていた壽岳文章の「和紙の美」を読んで，紙を漉く勇気を得た．「日本は戦争に敗れ，日本人の心まで変えた．しかし和紙の美しさは昔と変わらない」．成子は，かな料紙や和染めの出版用紙，京都の高級表具用紙などの用途を開拓した．壽岳はそれを助けた．

先の空騒ぎが落ちついた昭和25年（1950）ごろから，各産地では技術研修会や見本帳づくり，展示会と，徐々に着実な活動を始めた．

例えば，輸出和紙の代表であった土佐典具帖紙は戦争で輸出が絶えたわけであるが，タイプライターの使い手側も困ったわけで，アメリカは3年間研究を重ね，マニラ麻を原料とする機械漉きで，仕上がった紙がエンドレスに巻き取られる製法を発明し，イギリスで企業化していた．戦後，日本にやってきたGHQ（連合国総司令部）の天然資源局の課長ハロルド・マードックは以上の現状を告げるとともに，本来の典具帖紙の滅亡を惜しみ，再興を援助した．その結果，10数年の空白を克服して戦前の4割まで盛り返したこともあったが，手漉きのため紙の値が高いことや仕上がった紙が1枚ずつ分か

れていて巻き取れず，タイプライター用紙の加工の流れ作業に乗ることができないなどの理由で次第に衰退した．

和紙業界全体の復興が一応完成したことを示すのが，昭和36（1961）年に開催された「全国手すき和紙振興展」である[14]．戦後はじめて全国規模で和紙を集め（総計252点），次の各部門に分けて審査し，賞を与えた．その出品リストをみると戦後の新しい状況が理解できる．

　（1）「障子紙」

かつて全国各地で漉かれていた手漉き障子紙が，戦後登場した機械漉き障子紙（当時で約70工場稼動）によって駆逐され，純生漉きに近い高級障子紙（本美濃紙・改良書院など）のみが残った．

　（2）「楮紙」

49点の出品中，30点の紙名が異なるほど変化が多い．細川紙程度の厚さを基準として，より厚い仙貨紙の類，より薄い京花紙，提灯紙などの類がその後姿を消した．つまり現在の楮紙が当時より単調になっていることを物語る．

以上はコウゾ繊維の強度を尊ぶ紙であるが，新しく画仙紙（雅仙紙）のように書道用に他繊維を配合したものが登場した．これは戦後，一時中国との貿易が中断されたときに中国紙を和紙の製法で模倣したものが，その後も発展したものである．この新傾向は次の三椏紙の部門でより顕著になる．

　（3）「三椏紙・雁皮紙」

三椏紙の主要産地であった鳥取（青谷町と佐治村），山梨（中富町西島），愛媛（川之江市）が書道用紙や書道半紙を漉くようになった．ミツマタという短繊維を漉く伝統的な技術が，各種の木材パルプを混合して漉く書道用紙に生かされた．福井のミツマタの局紙や，高知，岐阜のガンピの謄写版原紙などは，その後衰退した．

純雁皮紙（箔打紙，間似合紙など）や純三椏紙（金箔台紙，図引紙など）は産地としてではなく，1人や数人の特定の紙屋の仕事となった．

　（4）「工芸和紙・輸出和紙」

工芸和紙としては福井（越前紙）の美術小間紙と美術襖紙，岐阜（美濃紙）の美術紙（ランプシェードなど），民芸紙としては島根（出雲民芸紙），鳥取（青谷町），富山（八尾町），輸出としては高知（土佐典具帖紙），福井などが代表的な存在であった．現在，全国に普及している「和紙の貼り絵」や「和紙の花」は，この段階では登場していない．

復興して安堵する暇も与えず，次の嵐が吹いてきた．高度経済成長政策である．昭和36年（1961）に池田内閣は「所得倍増」を提唱し，成長を阻むのは「農業の遅れ」と見なした．和紙や漆工や染織などの伝統工芸産業は農村に原料づくりや働き手という基盤をもつため，存立の危機に直面した．

昭和37年（1962）の紙屋が3,869戸，翌年には2,868戸，それから7年後の昭和45

年には847戸という激減を統計数学が冷厳と示す．当時に身を置いた者の実感からすれば，毎冬，紙屋が半分ずつに減るという，大地が揺れ動く恐怖であった．

小路位三郎（明治41年～昭和48年（1908～1973））は，製紙試験場長として戦前，戦中，戦後の和紙業界を指導してきた，いわば通産畑の人物であるが，昭和38年（1963），文化財保護委員会に「私は今，ここに白旗をかかげてまいりました」と和紙を無形文化財として保護することを陳情した．当時，文化財の本格的な修復事業を始めるにあたって，和紙や漆などの基礎資材を確保する必要に迫られていた当局は，早速，全国にわたって実態調査を開始した[15]．

その成果として，昭和43年（1968）に「越前奉書」の八代岩野市兵衛（明治34年～昭和51年（1901～1976））と「雁皮紙」の安部榮四郎（明治35年～昭和59年（1902～1984）が重要無形文化財の保持者（人間国宝）として認定され，翌年には「本美濃紙」（岐阜）と「石州半紙」（島根）の技術者集団が認定された．その結果，それまで時代遅れの仕事と自らを卑下することの多かった紙屋に，大きな誇りと自信を与えたのである[16]．

江戸時代から続いた大きな和紙問屋は，早々と洋紙問屋に転じていたが，高度経済成長のもとでの産地崩壊を目の前にして，地元問屋たちも和紙の将来に見切りをつけて転業した．各産地にあった製紙試験場の多くは，合理化の名のもとに県庁所在地の工業試験場に統合，縮小化され，紙屋より前に消滅した．紙屋は裸で放り出されたわけである．その中から技量と気力のある紙屋が，自ら漉いた紙の荷をかかえて大都会の和紙の小売店を1軒ずつ訪ね歩く苦労を重ねて，販路（時には仲間の分を含めて）を開拓していった．

一方，小路位三郎は純粋に手漉きの紙屋のみの全国組織をつくるために尽力した．昭和38年（1963），島根で全国手すき和紙振興会を発足させた．第7回大会（昭和44年（1969））で全国手すき和紙連合会と改名して組織を強化し，以後，継続して毎年大会を開催している．当初は，紙問屋の出席を拒否して紙屋の自由な発言を守るような努力をはらった．当時，多くの紙屋は自らの紙の値を自由に決定できない状態であった．

明治時代は大蔵省印刷局抄紙部，昭和前期は各産地の製紙試験場，敗戦後は壽岳文章らの和紙研究者も加わって，非力な紙屋の代わりに和紙界の主役をつとめたが，最後の局面に至って紙屋自身立ち上がって主役となった．

昭和50年（1975）には「手すき和紙青年の集い」が発足する．各産地に孤立して悩む若い紙漉きを一堂に集めて話しあおうという趣旨で，事務局も会長もなく，ほかから1銭の援助もなく，徹底的に自発力に依存したものだが現在も続く．1組合の青年部でなく，和紙界全体の青年部ともいえるもので，全国に散在する紙漉きの後継者は一度はこの門をくぐって，自らの成長の糧とした．

この青年たちに刺激を受けて中堅が集ったのが，昭和52年（1977）から開催された「伝統の手すき和紙十二匠展」である．このころになると，毎年，中央の百貨店では全国和紙展が盛大に開催され，多くの人々を集めていた．その中で「産地の紙の中には良い紙

も悪い紙もある．本当に責任の取れる本物の紙は個人名で提供しなければならない」と考えた．全国の主要な産地から12名の紙屋が集って，東京をはじめとして全国を巡った．12名の紙はいずれも産地の伝統を受け継ぎながらも，現代に生きるために個性ある努力が加えられていた．壽岳文章はこの集まりを「和紙流芳会」と命名した．はじめ参加者の中には，産地問屋から原料の供給や紙の販売を絶たれた者もいたが，この展示会はまさに紙屋の自立と和紙の普及，さらに技の向上の貴重な機会であった．15年間継続したのち，平成3年（1991）に終結した．それは次代の紙屋へバトンが渡されたことを意味する[17]．

2) 国際交流

第二次世界大戦後の和紙界を特徴づけるものの一つは，活発な国際交流である．和紙愛好者が世界中に広まるばかりでなく，外国人で熱心に紙漉き技術を学び，自らの国に帰って和紙技術を活用する例は多い．

和紙の海外展も活発であった．安部榮四郎は，昭和8年（1933）に東京銀座の資生堂で紙屋としてはじめて個展を開いた人であるが，戦後は昭和49年（1974）のフランスのパリ展，次いで昭和51年（1976）のアメリカのニューヨーク，ロスアンゼルス，サンフランシスコ展，最後にお里帰りとして昭和55年（1980）の中国の北京展と，個人の和紙展として大団円を遂げた．土佐紙のヨーロッパ展（昭和59年（1984））のように産地の組合が海外への販売普及をはかった海外展も多かった．

そうした和紙の国際交流が最も高まったのが，昭和58年（1983）に京都で開催された「国際紙会議'83」であった．京都の岡崎公園の中の会館で，韓国の伝統的な紙漉きなど世界中の紙漉きを実演で比較してみた．和紙ばかりでなく各国の紙関係者が集まり，連帯感で盛り上がった．山盛りの行事を列挙することすら，この紙面では不可能だが，会場の片隅で行われたささやかなエピソードを記しておこう．

南米の山奥から出て来た男は地べたにタパの製品を並べた．山奥から大都会に出たのが今回ではじめてだという男の言葉を通訳する人がいない．ようやく1人の市民が探し出され，会議中，店を閉じて世話をしてくれた．南米の山奥の紙屋を京都まで呼び寄せた紙会議の求引力，会議を支えた京都市民の熱意を思い起こすだけで胸が熱くなる．

この紙会議が機縁となって，昭和63年（1988）に「紙・アカデミー」が京都で創立され，平成7年（1995）に念願の「国際紙シンポジウム'95」を京都で3日間にわたって開催した．

なお，戦後の日本画は前田青邨，奥村土牛（明治22年～平成2年（1889～1990））らのように伝統的技法を継承する者もいたが，大半は強い表現効果を求めて，顔料を厚く塗る新法を取り入れた．伝統的技法では，膠の使用をなるべく控えて，支持体の和紙の弾力や浸透性，保存力など本来の特性を生かそうと努める．新法では，顔料の厚い層を接着する膠が基底の和紙に浸透して逃げてしまわないように強い礬水をかけ，和紙の素肌は画面にほとんど現れなくなった．和紙の素材感を強く打ち出した新しい表現は，訪

日して，紙漉きに関心をもったラウシェンバーグ（Robert Rauscheberg：1925〜　）のような外国人を含めて前衛的な作家の方にむしろ多くみられるようになった．

波瀾にみちた和紙の近現代史を生きる紙屋の典型として，赤い糸のように鮮明な軌跡をみせる土佐典具帖紙を私は追ってきた．ただ1人残った土佐典具帖紙の紙屋の濱田幸雄（昭和6年（1931）〜　）は他の紙に転向せず，土木などの労働をしながら，なんとか紙漉きを維持させていたが，和紙の貼り絵の素材に取り上げられ息を吹き返す．通常の楮紙の貼り絵は油絵のように重厚になるが，典具帖紙の貼り絵は水彩画のように透明で明るい色調になるのが魅力である．

一方，海外で再び土佐典具帖紙が注目されていた．昭和41年（1966）にイタリアのフィレンツェが大洪水にみまわれ，多くの文化財が泥まみれとなった．修復のために日本から土佐典具帖紙が送られた．傷んだ羊皮紙の表面を覆っても下の文字や絵が透けてみえる．このとき，イタリアの文化財修理の指導者が壁画の修理に役立てることを考えついた．

濡れた典具帖紙を土壁に描かれた壁画の上に張り，紙粘土のように丸めた紙に洗浄液を含めて典具帖紙の上から押しつける．次に絵の具を接着する液を含ませて押しつける．作業が終わり，濡れた典具帖紙を剝がすと，きれいになった壁画以外に何も残らない．典具帖紙の，柔軟でどのような曲面にも張ることができ，液体の浸透力に優れ，かつ水に濡らしても破れない強靭な薄紙であるという特性が見事に引き出されて活用された．最近では，ローマのヴァチカンにあるミケランジェロの「最後の審判」の壁画の修復にも生かされている．

昭和47年（1972）に高松塚古墳の壁画が発見され，土壁の壁画の保存という問題に新しく直面した文化庁から，壁画修復の経験の深いイタリアに研究員が派遣され，その現場で土佐典具帖紙が大切にされていることをはじめて知ったのであった．イタリアの修理技術者は「テングジョウシ」と発音し，これを漉くのは1人だけだから，特別に貴重な壁画のみに使うと語った．

土佐典具帖紙は，濱田幸雄1代の間でもさまざまに用途を変えた．典具帖紙のみが和紙だと考え，他の紙には見向きもせず，典具帖紙一筋に精進してきた濱田にとって，貼り絵も文化財修理も念頭になかった．先人が練り上げた型である典具帖紙の究極をめざしたのみである．海外の天才的ともいえる使い手が，紙屋の濱田の思いもつかない特性を次から次と，土佐典具帖紙の宝庫から引き出してくれたのである．

漆器の食器や染織の衣服は日本人の肉体の生理に直接つながるゆえ，滅びそうで根強く残る．そのようなつながりをもたない和紙は国内ではひと足早く衰退する．しかし和紙は人間の普遍的な知性と結びつき，国境を越えて世界中に用途が広がる．和紙の将来は国際性の確立いかんにかかっている．

〔柳橋　眞〕

## 注・文献

1) 和紙の近現代史の複雑な動向を明示するために，本文においては，産地，人物，紙名をできる限り少数にとどめるよう努力した．したがって，産地は土佐紙，越前紙，美濃紙の3産地を中心にした．それらの沿革に関しては次の基本文献を参照した．
　清水　泉（1956）：土佐紙業史，高知県和紙協同組合連合会．
　前川新一（1982）：福井県和紙工業協同組合五十年史，福井県和紙工業協同組合．
　森　義一（1946）：岐阜県手漉紙沿革史，岐阜県手漉紙製造統制組合．
なお，『福井県和紙工業協同組合五十年史』p. 28 に政府統計に基づいた「全国和紙製造戸数」の表があるので紹介する．

全国和紙製造戸数

| 明治27年 | 62,685 | 明治35年 | 63,914 | 明治43年 | 54,917 | 大正　7年 | 45,474 |
|---|---|---|---|---|---|---|---|
| 28 | 65,204 | 36 | 63,526 | 44 | 55,412 | 8 | 45,025 |
| 29 | 65,226 | 37 | 59,518 | 大正　1年 | 53,472 | 9 | 43,798 |
| 30 | 66,356 | 38 | 61,641 | 2 | 52,319 | 10 | 40,196 |
| 31 | 66,702 | 39 | 61,262 | 3 | 48,960 | 11 | 36,364 |
| 32 | 65,514 | 40 | 59,300 | 4 | 47,232 | 12 | 34,793 |
| 33 | 67,207 | 41 | 58,515 | 5 | 45,621 | 13 | 32,793 |
| 34 | 68,562 | 42 | 55,617 | 6 | 45,861 | 14 | 30,190 |

2) 輸出和紙については『土佐紙業史』が詳しいが，最も情報を知る立場にあった大蔵省印刷局の佐伯勝太郎の次の論文が全国的な視野に立って的確である．
　佐伯勝太郎（1904）：本邦製紙業管見．佐伯勝太郎伝記並論文集，p. 557，印刷局（非売品）．

3) アンソールに関しては，わが国で次のように大きな展覧会が開催され，図録が発行された．
　① ジェームス・アンソール展：1972年，神奈川県立近代美術館など．
　② アンソール展：1983年，兵庫県立近代美術館など．
　③ アンソール版画展：2000年，東京ステーションギャラリーなど．
いずれも版画は数多く展示されたが，アンソールは同じ版画を長期にわたって摺師を変えて数多く刷りを重ねている．したがって，初版の用紙を知ることが困難であったが，③の展覧会で初版の摺師や用紙が厳しく吟味された．目録上では和紙と記されているが多くは楮紙で，特に「極上局紙」と明記されているものもある．初期の局紙は三椏厚紙であるが，遅く制作された大正10年（1921）の「極上局紙」は楮局紙で，粗い繊維がみられ，輸出された局紙の時代による変遷まで知れるのは興味深い．

4) ブリジストン美術館（東京）は「レスタンプ・オリジナル」の版画全96点のうち86点を所蔵している．先行する協会版のものなど12点を追加して2000年に特集展示を行った．その際の図録には福満葉子の論文「レスタンプ・オリジナルという冒険」と作家・作品解説が掲載されている．目録に版画技法は記されているが，用紙については説明がない．

5) ゴーギャンの展覧会は数多く開催されているが，油絵のみならず版画を数多く展示したのは，1987年に東京国立近代美術館で開催された「ゴーギャン展」である．その図録に掲載された本江邦夫の論文「序論」において，ゴーギャンの版画制作が紹介されているが，用紙についてはふれていない．作品解説において，紙と和紙の区別はあるが，雁皮紙については記述されていない．しかし，掲載されている小さな図版からも雁皮紙の特色はうかがえる．

6) 前掲『岐阜県手漉紙沿革史』第5章資本主義爛熟期の和紙　第3節生産紙の原価計算．

pp. 323〜327.
昭和10年（1935）4月当時の岐阜県製紙工業試験場が県下の主要生産紙の原価計算を調査した．1人あたり最高月収は典具帖紙の20円45銭2厘で，最少は森下紙の7円17銭3厘であった．輸出が絶える直前の当時においても，輸出紙が一般の紙の3倍近くの紙価であったことがわかる．

7) 前掲『岐阜県手漉紙沿革史』第6章統制時代の手漉和紙　第3節製紙原料の統制，pp. 357〜377.
コウゾ，ミツマタ，ガンピおよびトロロアオイ（黄蜀葵）については農林省指定の日本原麻統制株式会社が統制したが，製紙用の木材パルプなどは別に商工省による紙統制株式会社が配給した．

8) 風船爆弾については軍関係の資料が明らかにされつつあるので，近年，多くの著書が刊行されている．主要なものとしては次のものがあげられる．
　　足達左京（1975）：風船爆弾大作戦，学芸書林．
　　鈴木俊平（1980）：風船爆弾，新潮社．
　　林えいだい（1985）：女たちの風船爆弾，亞紀書房．
　　林えいだい（1985）：写真記録風船爆弾，あらき書房．
　　吉野興一（2000）：風船爆弾，朝日新聞社．
一方，前掲の戦後まもなく出版された和紙産地史は，著者がその渦中にあって苦労したためか，いち早く紙屋の立場で記述している（『岐阜手漉紙沿革史』，pp. 352〜356；『土佐紙業史』，pp. 245〜247）．

9) 佐伯勝太郎（1937）：中田製壁画用紙ノ製造ニ就テ，明治神宮外苑志（笹川種郎編纂），明治神宮奉賛会（非売品）．
現在，20巻からなる『明治神宮叢書』（国書刊行会）の刊行が始まっており，2000年に最初の『第20巻図録編』が出版された．
その後，中田鹿次の業績を受け継いで，土佐紙で画材用紙を漉いているのは尾崎金俊（1936〜，伊野町）である．はじめは謄写版原紙用紙（雁皮薄様紙）を漉いていたが，新しい用途を模索していた．1973年に銅版画家の中林忠良（東京芸術大学教授）の依頼で版画用紙"NB"（中林氏のNと，高知県製紙試験場長・別役氏のBをとる）を完成した．これは表面がガンピ，裏面が木材パルプの2層の紙であった．その後，日本画用の麻紙を研究した．原料は特別の許可を得て，栃木県の大麻を用い，純麻のものからコウゾを半分混入したものなどを試みた．1967年に日本画家の吉田善彦（1912〜2001）の依頼で雁皮薄様紙の画材用紙「吉田紙」（90×180 cm）を完成した．麻紙の研究をさらに進め，1983年に「高知特製大判和紙」の製法と装置を完成させた．紙の大きさは3×4 mで，原料は麻，麻とコウゾ，コウゾとガンピ，コウゾなどと多様な注文に応じられる態勢である．

10) 岡太紙が漉かれた当時の貴重な資料として次のものがある．
　　丹尾安典・志邨匠子編（2001）：大観・観山〈明暗〉および早稲田大学旧図書館建築基礎資料，早稲田大学会津記念博物館研究紀要，第2号，pp. 47〜86.
この中で次の文献が壁画「明暗」の成立について記している．
　　林癸未夫（1927）：図書館の壁画，早稲田学報，第384号．
　　高田早苗（1927）：早稲田大学図書館の大壁画に就て，学術，第5巻第6号．
　　斎藤隆三（1927）：早稲田大学図書館壁画『明暗』描成始末，学術，第5巻第6号．
　　斎藤隆三（1948）：早稲田の壁画，芸苑今昔，創元社．
なお，岩野平三郎のもとに横山大観，小杉放庵ら多くの日本画家が送った書簡とその絵画

を展示した「和紙と日本画展」(福井県美術館，1997年6月) が開催された．特に文面ばかりでなく，小杉放庵のように画家が注文した紙に記している場合があり，書簡用紙とともに画材用紙の実物がみられる点で貴重な展示であった．図録には近代の大型画材用紙の成立に関する次の論文が掲載されている．

  高橋正隆：近代日本画壇と越前和紙．

また初代岩野平三郎の自伝というべき次のものも参考になる．

  成田潔英 (1960)：紙漉き平三郎手記，製紙博物館．

11) 横山大観は何も語っていないが，私は「明暗」の構想を，厳島神社蔵『平家納経』の「厳王品」の経文の背景の旭日の図から得たものと推測している．「厳王品」の表紙では釈迦の月が隠れ，経文の背景では慈氏の日がわずかに昇り，見返しでは旭日の光に2人の女人が合掌する．重要なのは図様が酷似していることだけでなく，釈迦没後の現世を暗黒界と見なす法華経の思想を大観が抱いていたことである．「明暗」以後，大観の絵はいかに華麗であっても，つねに日本の国家と日本文化の存亡の危機感がひそみ，沈痛な緊張感がただようことの根底を説明してくれる．

横山大観は岩野平三郎を励まし，背後から援助して，岡太紙から大型日本画材用紙「雲肌麻紙(くもはだましし)」へ発展させた．しかし，晩年の「或る日の太平洋」(1952年，84歳) などでは，画面の天地方向に喰い裂きの表具手法で10段ほども和紙を継いでいる．そのため喰い裂き部分に毛細管現象で黒い横筋が現れるのを大観は気にかけず，画面全体の繊維方向が天地に揃うことを願った．天に昇る龍の毛筆の細線の勢いがそこなわれるのを嫌ったのである．容易に手に入る大型画材用紙では繊維方向は画面の左右に走ることになる．晩年の大観は和紙の要諦は紙の大きさではなく，繊維のからみ方であると見なした．それは襖に間似合紙を4段，5段と天地方向に継いだ和紙表具の原点の姿である．大観がたどりついた和紙理解の深さを思い知らされる．神宮紙で活躍した前田青邨も晩年は平然と継紙の跡を見せて，傑作を発表しているのであった．

12) 柳橋　眞 (1999)：速水御舟と手漉き紙．速水御舟大成第3巻 (吉田耕三監修)，pp. 221～227.

なお，御舟の晩年の弟子吉田善彦は，御舟の画法をよく知る者として高く評価され，東京芸術大学教授をつとめた．自己の画用紙として「吉田紙」(雁皮薄様紙) を開発し，高知の尾崎金俊が漉いていることは先述した．吉田善彦は着彩の途中で紙を濡らして竹箆(たけべら)で画面をこする．濡らした水で絵の具の膠が戻り，ゆるやかになったところを竹箆でこするので，絵の具が相互に混ざり合う．また「あかした金箔」を画面に置いて，竹箆で線状に付着させる．その上からさらに胡粉をかけたりする．そのため色彩も金彩も霧を通してみるが如く，あるいは紙の底からかすかに輝くが如く，神秘的な精神性を帯びる．特製の肉厚の太い竹箆が摩滅して使いつぶされるほどである．薄い雁皮紙でありながら，竹箆の酷使に耐える強靭性に改めて驚嘆させられる．片岡球子は墨付きの良さを求めて吉田紙に土を混入させるなどの工夫を加え，ほかにも多くの画家が吉田紙を愛用している．戦後，新しく誕生した大型日本画用紙の優品として注目される．

13) 谷中安規の回顧展として没後50年を記念して，展覧会「谷中安規の版画世界展」(1996年，横浜そごう美術館など) が開催され，図録が刊行されている．この図録に谷中安規の業績をかえりみる論文「版に刻んだ夢と愛」(島田康寛) が掲載されている．ただし，版画用紙の雁皮紙については記述がない．

なお，谷中安規の生涯についての著書には次のものがある．

  吉田和正 (1998)：かぼちゃと風船画伯，読売新聞社．

14) 「全国手すき和紙振興展」は1961年2月14日から6日間, 東京の日本橋三越で, 通商産業省, 農林省, 中小企業庁, 主要な和紙産地が存在する16の共催県, 全国製紙技術員協会, 全国和紙協会の共催で開催された. 最初の開催打ち合わせ会は1959年4月に行われたが, 会場や経費の件で進捗せず, 2年に及ぶ関係者の尽力があった. 特に埼玉県製紙工業試験場で全国和紙協会副会長であった小路位三郎が中心となって事業を推進した.

15) 小路位三郎は高知県吾川郡伊野町の出身で, 高知, 島根, 埼玉, 鳥取などの製紙試験場などに勤務した. 大戦中は陸軍兵器行政本部に兼務して, 風船爆弾用紙の開発に従事したものとみられる. 1946年に38歳で鳥取県工業試験場長に就任. 1957年には埼玉県製紙工業試験場長となる. 埼玉の試験場(埼玉県小川町)は東京に近いため, 中央から重要視される存在だった. 全国手すき和紙連合会の創立にも尽力し, 戦後の和紙界の指導者であった. 文化財保護委員会の依頼により1964年から4年間かけて, 全国の和紙の実態調査を行い, その後, 文化財保護審議会専門委員として手漉き和紙の保護策を指導するとともに, 技術記録を作成した. 著書に, ①『和紙の製法』(1968, 紙パルプ技術協会), ②「手漉和紙の製法」(1969, 竹尾洋紙店刊行の『手漉和紙』所載), ③『無形文化財技術記録手漉和紙〈越前奉書・石州半紙・本美濃紙〉』(1969, 文化庁刊行)などがある. また, 『手漉和紙大鑑』(1973, 毎日新聞社)の編集の中心人物として尽力していたが刊行なかばで癌を発病, 65歳で亡くなった.

16) その後の重要無形文化財の指定としては, 技術者集団として「細川紙」(埼玉)が, 個人としては「越前奉書」(福井・九代岩野市兵衛), 「土佐典具帖紙」(高知・濱田幸雄), 「名塩雁皮紙」(兵庫・谷野武信)が認定されている.

そのほか, 文化財の保存修理に用いられる, または無形文化財の技を支える文化財保存技術に, 次の和紙関係者が選定され, 補助を受けている. 「美栖紙」(奈良・上窪正一), 「宇陀紙」(奈良・福西弘行), 「補修紙」(高知・井上稔夫), 「漆濾紙」(吉野紙, 奈良・昆布尊男), 「手漉和紙用具製作」(全国手漉和紙用具製作技術保存会).

なお, 経済産業省では1974年から伝統的工芸品の指定を始めている. これは業者の申請に基づくものだが和紙関係では次の9品目が指定されている. 「内山紙」(長野), 「美濃和紙」(岐阜), 「越中和紙」(富山), 「越前和紙」(福井), 「因州和紙」(鳥取), 「石州和紙」(島根), 「阿波和紙」(徳島), 「大洲和紙」(愛媛), 「土佐和紙」(高知).

17) 「伝統の手すき和紙十二匠展」(和紙流芳会)の事務局長は中西弘光で, 十二匠は次の人々であった. ①遠藤忠雄(宮城・奥州白石紙), ②久保昌太郎(埼玉・細川紙), ③吉田桂介(富山・八尾紙), ④坂本宗一郎(石川・加賀紙衣), ⑤齋藤博(石川・加賀奉書), ⑥九代岩野市兵衛(福井・越前奉書), ⑦岩野平三郎(福井・越前鳥の子), ⑧古田行三(岐阜・本美濃紙), ⑨成子ちか(滋賀・江州雁皮紙, 成子佐一郎の妻), ⑩中村元(京都・黒谷紙), ⑪久保田保一(島根・石州半紙), ⑫沼井淳弘(愛媛・大洲和紙).

---

**コラム**　　**紙漉き唄**

　大森貝塚発見者のE.S.モースが来日当時(明治15年(1882))「どこへ行っても律動的な物音がし, 働く時は必ず唄っている. 日本の労働者

## 3.7 明治時代以降の紙

は，辛い，厳しい労働を，気持ちのよい音や拍子で軽める，面白い国民性」と述べています．

けれども，労働形態の変化や，作業の機械化等により，わが国の伝統ある作業唄が消滅していきました．そうした折，「ごっぽり　ごっぽり」，「パシャ　パシャ」，「チャプリン　チャプリン」と合いの手の入った「紙漉き唄」が，津々浦々の里に伝わっていることを知りました．しかし，歌詞は残っていても，「曲節」が定かでなく，覚えておられるのは，ご年配で，しかも年々少なくなってきているのに気付かされ，消えてしまわぬうちに，どうにかして一曲でも多く残しておかねばとの思いにかられました．

仕事の合間を縫っては，時間と競争しているような切迫した感じで，カメラ，ビデオ等を持って北海道から沖縄まで走り廻りました．

「何の因果で紙漉き習うた　夜星　朝星いただいて」（吉野）
「何の因果で紙漉き習うた　朝もとうから　水しごと」（内子）
「朝は早よから紙叩き　昼は紙漉き　夜には雁皮の皮をとる」（黒谷）
「昼は紙漉き　夜は紙叩き　日暮れまぐれにゃ　簀を洗う」（唐津）

といった厳しい仕事のなかから生まれてきた唄．また，

「晴れた　晴れたよ　晴天晴れに　ピッカリ千両の紙を干す」（小川）

と唄われたように，お日様の下で紙を干し，きよらかな水が，人々に与えた自然の恵みのなかで，額に汗して働く貴い姿を教えられました．

「紙が漉けない紙槽（ふな）神様に　どうか　この手が上るよに」（小川）
「わしは紙屋の紙漉きおなご　にべの加減がまだ知れん
　にべのかげんはもう知れたけど　紙の目方がまだ知れん」（黒谷・近江）

と，けなげな思いで，神様に祈り，先達から教わろうとの一生懸命な姿や，

「紙を漉く手に　つげ櫛持って　梳いてやりたや　みだれ髪」（八尾）
「お前ゃ紙漉き　わしゃその小役　とけて　お前にすかれたい」（伊野）

等，情緒ある歌詞に出合い，素晴らしい漉き人さん達にお目にかかりました．

そうした和紙づくりの辛さ，厳しさ，仕事にかける誇り，さまざまの思いを唄い込んだ，文化が凝縮された紙漉き唄．やっと，『日本の紙漉き唄』に百曲ほど収録し，音譜にも写すことができました．でも，二十数年かけての取材でご縁を結んだ多くの方のなかには，幽明境を異にされた方々が殆どで，そのご冥福を祈りたいと念じていました折，和上・守屋弘斎法師が，「紙衣」を着て精進潔斎し修行される，千二百年の伝統ある東大寺二月堂修二会の声明を，そのご供養のため，自らカセットテープに収録してくださいました．まるでグレゴリアン・チャントを聴くようでした．紙漉

きに携わってこられた方々の霊への，何よりの挽歌としてその本に収めさせていただくことができました．

　日本の文化を支えてこられた紙漉き人，紙に関わってこられた方々のこころの思い，そしてそれらの唄を次代に継いでいきたいと切望いたしております．
〔阪田美枝〕

文　　　献

1) 浜田徳太郎・成田潔英編（初版 1951）：注解紙すきうた（紙業叢書第一編），製紙記念館．
2) NHK編（1952～1991）：日本民謡大観，日本放送出版協会．
3) 毎日新聞社編（1973）：手漉和紙大鑑，毎日新聞社．
4) 阪田美枝編著（1992）：日本の紙漉き唄（各地手すき和紙・歌詞・楽譜・解説編・CD4枚），竹尾研究所（入手希望の場合は筆者に問い合わせのこと）．
5) 阪田美枝（1982～　）：紙漉き唄をもとめて．百万塔（53号以降に時折掲載），紙の博物館．

### 3.7.2　ライプチヒコレクション

**a. 海外に渡った和紙**

江戸末期～明治にかけて，わが国の多様な紙が紙商や万国博覧会を通して海外にも広く紹介されるようになった．特にヨーロッパでは現在，ライプチヒ，ベルリン，ミュンヘン，ウィーン，パリ，ライデン，ロンドン，コペンハーゲンなど各地の博物館や美術館に収蔵されており，現代のわが国ではみられないものや稀有なものが多い．それらのうちで最大規模の和紙コレクションは，ライプチヒのドイツ図書館にあるいわゆる「ライプチヒコレクション」である．

**b. ドイツ図書館のコレクション**

ライプチヒコレクションは，旧東ドイツのライプチヒにあるドイツ図書館（Deutsche Bücherei）の中のドイツ図書館付属書籍文書博物館（Deutsche Museum für Schrift und Buch）に収蔵されている．

ライプチヒの紙のコレクションは，明治34年（1901）にハノーバーのゼーゲルから買い入れた11,500枚の模様紙と，1910年にウィーンのバルツから入手した約5,000枚で構成されており，17～20世紀にかけて世界各地で生産された多種類の紙を収集している．

ドイツ図書館は第二次世界大戦中に一部が破壊され，コレクションの当初のリストが消失し，また戦後は，1949年のドイツ分割以降は，ライプチヒが東ドイツに属することになり，東ドイツ政府の下では非公開であった．1990年に東西ドイツが統一され，1992年から紙の歴史部門の責任者であるシュミット（Frieder Schmidt）が精力的に資料整理を始め，和紙関係のものは21箱に収納されている．

## 3.7 明治時代以降の紙

### c. バルツによるコレクション

ウィーン万国博終了後に展示した紙は現地で処分されたが，オーストリア・ハンガリー帝国のウィーン税関の高官だったバルツ（Hofrad Franz Bartsch：1836〜1910年）は，オーストリア商務省の中近東・東アジア委員会から入手した1873年のウィーン万博で展示された100余種のほか，日本館の壁などから剥がしたものや包装紙などを収集した．その後1910年までにウィーン，ライプチヒ，ベルリン，ハンブルクなどの紙商から買い集めたものを加えて，総数は2,086点で，全体がバルツコレクションと呼ばれる紙のコレクションである．

そのコレクションはバルツの死後，1910年にライプチヒのドイツ書籍協会に遺贈され，ドイツ図書館付属書籍文書博物館に保管されている．本項で記すライプチヒコレクションとは，バルツのコレクションの一部をなしている和紙のコレクションである．

### d. ライプチヒコレクションの分類

バルツによる「ライプチヒコレクション」は，1873年のウィーン万国博出展のものとそれ以降のものに分類される．以下に，1998年に日本の各地で開催された『19世紀の和紙展——ライプチヒのコレクション帰朝展』の図録にある久米康生氏らの解説などを参考にしながら，内容を略述する．

1) ウィーン万国博以前の紙のコレクション

1867年の大政奉還後，富国強兵と殖産興業を重要な国策として掲げた明治政府は，1873年のウィーン万国博覧会を日本の工芸技術を海外に紹介する最初の好機としてとらえ，1871年に博覧会事務局を設けて準備を進めた．当時和紙は浮世絵版画を通して印象派の海外に影響を及ぼしており，西欧知識人の間ですでに高く評価されていた工芸産業の一つであり，政府は主要な紙産地に働きかけた結果，『岐阜県下造紙之説』，『越前紙漉図説』，『四国産諸紙之説』などの図説が作成された．

ウィーン万国博には紙299種，紙製品38種，製紙原料および用具33種を出展した．檀紙，奉書紙，鳥の子紙など高級なものの一部は1帖単位，そのほかは大体1束単位，磐城紙は2締（20束）集め，また加工紙はほとんど枚数単位であるが，彩雲紙と扇地紙は2束，薬袋紙は1束，千代紙180枚，金革紙440枚，金革壁紙162枚，羊羮紙60枚で，出展総数は約5万〜6万枚であった．ほとんどは全紙版ではなく，2分の1，ないし6分の1に切ったものが台紙に1〜5枚張られており，吉野漆濾紙は24枚綴じの束が保管されている．

金革壁紙は東京の竹屋が1872年に大判の十文字紙で壁装用として創製したもので，欧米に壁紙の輸出が始まるきっかけとなった貴重なサンプルである．そのほかにも現代の日本ではみられない明治期の貴重な和紙が数多く含まれている．

ウィーン万国博関係は448点あり，出展された和紙はそのうち106点で，内訳は白紙103点，加工紙3点である．ほかは日本館の日本庭園に設けた茶室から剥がしたものと

包装紙類である．

ウィーン万国博に出展した紙および紙製品395点のうち，白紙は約190点であるが，その54％がライプチヒコレクションに保管されており，他のコレクションではみられない高岡紙（宮崎県），百田紙（鹿児島県），諸口紙（広島県），岩原紙（高知県），宮本紙（長野県），大津軽紙（福島県）などがある．

ウィーン万国博に出展された和紙を，加工していない素紙と加工和紙に分けて記す．

　（1）　ウィーン博の素紙

当時の和紙は書写材料としてだけでなく，布地や皮革の代用として各種の生活用品の素材として使われた．また各地の紙漉きたちにより大小，厚薄，粗密など多様に漉きこなされた．コレクションには100枚ほどの素紙があり，奉書紙，美濃紙，半紙などが主で，今は消滅している和紙も含まれている．

　（2）　ウィーン博の加工和紙

出展目録によると古代からの染紙，詠草和紙，から紙のほか，江戸末期から開発された縮緬紙，都好紙，太平紙，彩雲紙，金革紙など約100点，さらに紙衣，紙布，合羽，一閑張，煙草入れ袋などの紙製品が約40点出展されている．特に加工和紙が布地や皮革にも代用され用途が広いことが大いに注目を浴び，加工和紙の耐久性やデザイン性に興味をもったバルツは加工和紙に収集の重点を置くようになった．

  2）　ウィーン万国博以降の加工和紙

和紙の海外への輸出は，江戸末期から始まった．明治10年（1877）ごろまでは80％以上が中国向けであったが，その後は中国向けが30％ほど減り，欧米向けの比重が高くなった．

輸出和紙を紙種別にみると，雁皮薄様紙35.7％，壁紙15.9％，擬革紙5.3％，模造紙15.9％，その他28.2％となっており，雁皮薄様紙と壁紙，擬革紙が花形であった．

雁皮薄様紙の多いのは，欧米人が「薄くてもねばりの強い」和紙を愛好したからである．この壁紙には襖障子用のから紙も含んでいると考えられるが，東京にも直属工場をもっていたイギリスのRottman Wallpaper Co. などの販路に乗ってヨーロッパに広く流通し，バルツは紙商や紙の交換会と通じて多彩な加工和紙を収集した．

欧米の紙研究家たちは，和紙の素晴らしさは加工されて用途が広いことにあるといっているが，バルツもまたその加工和紙に最も強い関心をもったと思われる．

彼のコレクションによって，明治期の市民生活を多彩に支えていた加工和紙の実態を知り，和紙の最も輝いていた時代を回想することができるが，その時期は明治初期に導入された機械による洋紙技術と競い始める時期に符合する．

またデザインについては，から紙には京風のものとともに江戸風のものも多くあり，擬革紙にはアラベスク文様のものよりも日本的なものが優勢である．特徴的なものを図録から記す．

(1) 薄様紙

当時のドイツでは薄様紙を"Seidenpapier"（絹紙）と呼んで珍重したが，雁皮紙の薄様のほかコウゾ（楮）製の薄美濃紙，典具帖紙，吉野紙なども含む．また透かし文様のあるものが多い．

(2) 染紙と詠草料紙

写経には染紙を用いるのが原則であったが，染紙の加工は中国の技法に学んで奈良時代から発展し，同時に金銀箔や砂子，泥での加飾も始まっている．平安時代にはさらに部分染めともいえる打雲，飛雲，墨流しなどの加工や紋唐紙を模造した木版摺りのから紙の加工が加わり，和歌や俳句などの草稿のための多彩な詠草料紙がつくられた．

(3) 千代紙

はじめは肉筆で文様を描いたが，木版印刷術の技法で量産された．奉書紙，杉原紙，西ノ内紙などに版木の文様を写し取った．贈答品の掛紙として京都で始まった．京千代紙は渋い色使いだが，のちに華美な江戸千代紙が優勢になり，西欧に多く輸出された．

(4) 更紗紙

室町末期に南蛮貿易によってもたらされたインド更紗，ジャワ更紗などの人物，鳥獣，花などの文様を彫った型紙を用いて捺染した紙である．表具や紙細工に用いられた．東京が主産地で，1883年の東京府の加工紙統計では更紗紙は加工紙合計の85%を占めていた．

(5) から紙

有職文，幾何文や琳派文を基調とする京から紙の木版摺りがから紙づくりの基本であるが，江戸では金銀砂子振りを多用し，型紙捺染の技法が発展し，文様も町人層の好みを反映し，伝統にとらわれない自由で柔らかみのある多彩なものが考案された．ドイツにある和紙のコレクションには，公家社会から町人社会への展開に伴って育まれた多様な紙が含まれている．

(6) 擬革紙と金革紙

擬革紙とは皮革になぞらえてつくった紙であり，江戸初期にオランダの交易船がもたらした金唐革の模造の過程で油紙からつくられたものである．また擬革紙のうち，金属箔を押しワニスを塗って金色にしたものを金皮紙，金革紙という．ライプチヒの和紙コレクションには擬革紙が特に多く保管されており，現代の日本で消失しているデザインのものも数多くある．

### e. ライプチヒコレクションのもつ現代的意義

わが国に洋紙技術が導入され，生産が最初に行われたのは1874年で，本格的に生産が開始されたのは，1875年の抄紙会社（のちの王子製紙）によるものである．和紙の生産量は明治の末期に洋紙に凌駕され，その後急激に減少していく．1873年のウィーン万国博の時期は，江戸時代から続いた多彩な加工和紙が最も輝きを示していた時代で

ある.見方を変えると,その時期から洋紙という強力な競合技術が出現し,和紙は衰退に向かい始めた時期ともとらえられる.

筆者(尾鍋)は,東西の冷戦構造が崩壊して10年後の2000年,ドイツの学会の折りにベルリンから汽車でライプチヒを訪れた.経済に活気のあるベルリンを離れると車窓には旧東ドイツの社会主義社会の名残を思わせる荒涼とした農村が続いたが,ライプチヒではドイツ図書館で書物文化の重厚さに深い感銘を受けると同時に,同じ建物の中で100年以上前の和紙のコレクションをみて深い感慨を覚えた.このようなコレクションが大切に保存されている背景には,政治体制にかかわらず中世の写本時代から続く西欧社会の書物文化と紙を尊重する伝統が深く関係しているのかもしれない.

〔フランソワーズ・ペロー/尾鍋史彦〕

### 文　　献

1) 19世紀の和紙展 —— ライプチヒのコレクション帰朝展,1998.
2) 季刊和紙,No.13,わがみ堂,1997.

## 3.8　現　代　の　紙

### 3.8.1　文化財修復と和紙

日本の絵画や文書など紙に描かれ,筆写されたものはもちろんであるが,絹に描かれた絵画でも裏面からの補強に和紙を使用している例は多い.

和紙は,文化財そのものとして,そして文化財を補強する素材として,さらに文化財を包み保護する素材として利用されてきたし,現在も利用されている.それも国内だけでなく国外の文化財保存修復の現場で,和紙は役割の一端を担っている.

#### a.　修復に必要な和紙の供給

絵画や古文書の修復を担当しているほとんどの工房は,表具師工房を兼ねている.そのような伝統があるので,修復工房で使用する三大和紙,薄美濃紙と呼ばれる楮薄紙,三栖紙(みすみがみ)(時代により美栖紙,御簾紙という異称があった),宇陀紙(うだがみ)をはじめとして多くの和紙が,現在でも表具材料商を通じて文化財修復工房へ提供されている.しかし一方では,和紙工房が直接修復工房と連絡を取り合って,希望する紙の注文を受けて納入する場面も増えている.

近年の古文書を中心とした修復水準の向上に伴って,裏打ち用の和紙だけでなく,補修用の紙を少量ずつ多品種にわたって製造する場合が多くなり,高知県の井上稔夫氏が文化財補修用和紙の製造技術によって,選定保存技術者として認定されている[1].

また，各工房でも独自の調査に基づいて，補修用和紙を抄造する場面が増えている．古代，中世，近世の文書料紙などは，現代の手漉き和紙にはみられない特徴があり，再現は難しいものだが，修復工程の中で料紙を詳細に調査する機会をもつ修復工房は，数葉の紙を再現する試みをするにふさわしい場所といえる．所定の厚さや品質の和紙を大量に抄造する和紙工房と，わずか数葉の紙を得ればよい修復工房とでは，同じように良質の和紙を抄造するといっても，その取り組み方が異なるのである．

海外への供給では，国内の表具材料商や和紙商から直接，あるいは現地の文化財保存資材商や紙商を通じて供給されている．国立機関などでは，海外に直接支払いできない場合が多く，どうしても現地の商組織が必要となる．

イギリスで文化財保存資材や機材を扱うある会社は，保存処置用紙を一つのジャンルとしている．その中には，写真保存用紙，文書用紙，吸い取り紙，薄様紙，補修用紙，無酸紙，漉き嵌め用繊維，シリコン紙のほかに，和紙と刷毛などを中心とした表具用資材を扱っている．ただ，「修復用和紙」という項目に，特に日本の和紙商の名前を冠した項目を立てている．その和紙商では，保存修復用和紙として販売する和紙については，数種の測定データを付している．大きさはもちろん，$1\,m^2$ あたりの重さであるメートル坪量，繊維種類，煮熟剤，乾燥方法，添加物などを明らかにしている点が，特に西欧の保存修復専門家から評価されているものと思われる．このような和紙販売方法は，国内の工房へ和紙を提供している材料商では行われていない．

## コラム　絵画や書の修復に用いられる和紙

　日本の絵画や書は，作品が作家の手を離れた段階では紙片または絹片だけの脆弱な状態にある．それを観賞するにしても取り扱いが難しい．そこで，装潢（表装）技術により，裏面に紙を貼ったり（裏打ち），書画の周囲を布地で補強したり，木製の組子下地に和紙で下張りしたものなどに張り付けるなど，取り扱いが容易になるよう掛軸，巻物，屏風，襖などの形に仕立てられる．

　表装された伝世の書画が傷むと，いったん裏打ちされたり形づけられたものを解体し，作家の手を離れたときの原初の姿に戻す．その後，欠損部を補填したり再び裏打ちをしたりして組み立てられ，最初の完成されたときの状態に戻す．これが修復である．

　修復に使用される和紙は，大きく2つに区分できる．一つは，書画が

描かれた本紙（素地）を補填する紙である．これは，本紙と同じ性質をもつ紙で，欠損部などを補填し，当初と同じ状態に戻すことが基本である．本紙と同じ性質の紙はほとんどの場合現存しない．従来は，古紙のストックから本紙にできるだけ近い素材のものを見つけてきて使用したが，その判断は職人の永年の経験に基づく勘に頼っていた．しかし，現在では顕微鏡観察や試薬による分類などの科学的調査ができるようになった．繊維の種類（コウゾ，ミツマタ，ガンピなど），太さ，長さ，漉き方，加工の有無などを調べ，その組成を判別することにより，小さな面積なら自工房でも復元が可能となった．復元を試みると，繊維の加工の加減によって，視覚的にも物理的にも修復する本紙により適合することが判明したのである．

調査は高知県立紙産業技術センターの協力を得ている．この10数年間で1,000例近くのデータを確保し，コンピュータでの記録，分類を進めている．数多くのデータの蓄積ができたとき，製紙方法や加工の仕方，さらには時代区分などがより明確になり，補填材として復元できる上，より適切な利用が可能になるだろう．

紙による修復は1,000年以上も続けられてきたが，科学的な調査にのっとった紙の復元は新しい試みである．こうした試みにより，修復技術者が細部にわたって精度の高い作業ができるようになってきている．

もう一つは，本紙となった後，形にするときの用紙である．軸物であれば，本紙の周囲に布地を付着させるが，同時に3〜4枚の紙を裏打ちする．裏打ちの紙により本紙の強度を保たせ，本紙と周囲の布地との強度のバランスをとるのである．

裏打ちには，通常，3種の紙を使う．1枚目は主に楮紙．これは丈夫で，弾力性，伸縮性があり，巻き解きに有利である．2枚目の美栖紙は，白土や胡粉を漉き込み，弾力性，柔軟性がある．これは，特殊な製紙方法により薄糊に対しても接着性が良い．3枚目は宇陀紙．これにも白土が漉き込まれていて，柔軟性に富み，巻き解きに必要な性質をもっている．美栖紙に比べると紙面は滑らかで，弱アルカリ性の白土や胡粉が添料として混入されている．そのため，酸化を緩やかに止める作用ももっている．

屏風や襖では，通常，木製の組子下地に8層の紙を張る．まず，強度のある楮紙でガードをし，炭酸カルシウムや土などの入った弱アルカリ性で光線や空気の通りにくい間合紙を張り，その上に楮紙を張り重ねていく．こうして，下地の軽量化を図り，同時にそれぞれの紙の特性を活かしているのである．

日本の絵画や書の仕立て（表装）および修復においては，和紙自体に，また使用の仕方に，それぞれが一つ一つ意味をもっている．良い紙＝良い修復材料ではなく，目的に適った紙を用いることがきわめて重要なのである． 〔岡　岩太郎〕

#### b. 修復資材としての和紙

修復資材としての和紙の特性は，① 補強の際の本紙との親和性，② 水に濡れたときに十分柔らかくなる作業性の良さ，③ 透明性，④ 高度の耐折強度があげられる．

和紙がサイズされていないことのメリットは大きい．繊維マットとしての和紙は，強度のある長繊維が緩く絡み合っているので，加湿によって容易に成形が可能になる．修復の際には，典具帖紙のように薄く，弱く，無方向性の和紙でも，大いにメリットを発揮する．絵画の表面によくなじみ，適量の糊を含み，接着性が良好である．伝統的技術は水を多用するウェットな技術が多いので，その中では大いに実力を発揮している（図 3.8.1.1）．

そのほかの特性に，アルカリ性がある．和紙は，繊維を抽出するのに天然のアルカリ物質である木灰や石灰を使用しているが，それらが紙中に残り，でき上がった紙をアルカリ性にしている．結果として，紙の化学的劣化のほとんどを占める酸によるまたは酸性側で促進される劣化を抑える効果をもつ．

日本の伝統的手法で描く画家は，紙や絹に絵を描くとき礬水（ドウサ）という，膠水溶液に明礬を添加した酸性のサイズ剤を塗布する．アルカリ性の和紙は，紙に残るアルカリ性物質が緩衝剤（バッファー）の役割をして，なかなか酸性にならない．また，すでに酸性になった紙や絹に和紙で裏打ちすると，和紙に残留しているアルカリ性物質がデンプン糊液に溶け出して酸性を中和する．たくまずして，手漉き和紙は化学的にも長寿命を助長する性質をもつこととなった．工業紙の中でも，辞書用紙など炭酸カルシ

**図 3.8.1.1** 典具帖紙（1986 年，宮田順一氏撮影）

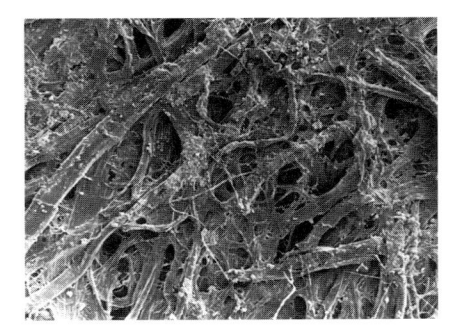

**図 3.8.1.2** イタリア手漉き古紙（1986 年，宮田順一氏撮影）

ウムを含む紙は，アルカリ性で寿命も長い．

表具などの裏打ちに三栖紙や宇陀紙が使用されるが，この2種の紙には炭酸カルシウムを混入しているため，酸性物質がきても中和してしまい，なかなか酸性化されない．いわば，絵画を裏面から物理的に守るだけでなく，化学的にも守っている結果となっている．

楮紙を中心とする和紙がもつ強さと柔軟さ，「正倉院文書」などで証明されている長年月の安定性と寿命が，修復用素材として，保存用素材として利用され，紙に書かれた文書，描かれた絵画，印刷された版画，地図，ポスターなどの補修に活躍している理由である．近年，日本だけでなく，欧米そのほか世界中の紙に関する文化財保存にかかわる専門家の間で，文化財の修復にも利用されている．

## コラム　紙の修復，紙による修復の科学

紙の劣化要因としては，化学的劣化，物理的劣化および生物的劣化がある．化学的劣化には酸による加水分解，酸化，光劣化などがあるが，特に酸加水分解による劣化が問題となっている．酸はサイズ剤などとして紙の製造時から入っているもの，紙あるいはその添加物の分解によって生じるもの，大気汚染物質として後から紙に入ってくるものまである．これらの酸を中和するには，アルカリ性紙（通常中性紙と呼ばれている）の使用が有効とされている．製紙工場で生産される紙もその多くが酸性紙よりアルカリ性紙に変わってきた．和紙や西洋の手漉き紙には蒸解に用いたアルカリ成分が紙中に残っており，その保存性に寄与してきた．表具に使われる宇陀紙や三栖紙には積極的に炭酸カルシウムが添加されており，アルカリリザーブとして紙の酸性劣化の抑制と，抄紙時において繊維間結合を抑制し大変柔らかい紙とすることに寄与している．特に，三栖紙は漉いた後プレスせず直接乾燥板に湿紙を移す「簀伏せ」によってつくられるので，嵩高な独特の風合いの紙である．

文化財修復ではどれだけ「オリジナル」なものを後世に伝えていけるかが問われる．それは表面的な情報だけではなく，文化財そのものの材質なども含む．そのため，いかに修復によってモノとしての情報を失わせないかも重要である．修理も繰り返し行うことが普通であるので，繰り返しの修理に適した方法が求められる．裏打ち（別の紙を接着させること）は，

接着剤が本紙（絵が描かれている絹や紙）に染み込むことで本紙のもつ風合いが失われるので，できるだけ控えるようになってきた．しかし，どうしても強度的にもたない場合には行われる．両面に文字がある場合は本紙を2枚に相剥ぎして中に新しい紙を挟み込んでもとに戻す方法がある．しかし，大変技術と時間を要する方法であった．ライプチヒで開発された「ペーパースプリット法」はゼラチンでサポート紙を本紙の両面に貼り，生乾きで本紙の中心部がまだ濡れている状態のときにサポート紙ごと左右に広げることで容易に本紙を相剥ぎし，中に新しい紙を非水性の接着剤で貼り付け，湯などでゼラチンを溶かしてサポート紙を外す方法である．すでに，新聞紙修理のための連続式の機械も稼働している．このように，紙の修理は水の分量をうまくコントロールして行われる．

　紙中の水分量の変化は，紙資料の物理的損傷を招く．そのため，桐箱や杉箱中に資料は保管されてきた．現在では紙の箱でも類似の効果が期待できるので，多くの適用例がある．箱の湿度変動への緩衝作用は箱の密封度に依存しているが，紙中に調湿剤を漉き込んだ調湿紙を箱の裏に1枚貼り付けただけで，短期的な湿度変動が飛躍的に改善されることが明らかになっている．密封は外からの酸などの攻撃も抑制するが，内部の資料そのものから発生する酸による自己触媒反応による加速度的な劣化を招く．よって，多少の換気が望ましく，少し密封性の悪い（換気の良い）箱に調湿紙の組み合わせが，劣化が進んだ資料の収蔵には望ましいことになる．文化財保存の場面では，紙そのものの安全性のみでなく，その周辺で用いられる接着剤なども含めたトータルな安定性を考慮するべく努力が続いている．

〔稲葉政満〕

### c. 海外における和紙の利用と評価

　国内で絵画や文書などが修復される現場で和紙が使われている様子については，コラムの中で宇佐美直治氏と岡 岩太郎氏が，紙の修復の科学については稲葉政満氏が書かれているので，ここでは，海外ではどのような使い方をされているかについて紹介する．

　1966年11月，イタリアのフィレンツェは，市中心部を流れるアルノ川の大洪水により，多くの建物とそれらの内部が泥水による被害を受けた．中でも，第二次世界大戦でのドイツによる攻撃から守るために国立図書館地下室に保存されていた，12世紀以来の蔵書の3分の1が水に漬かり，泥水による被害が出た．教会内部の木製の調度や彩色彫刻は水によってバラバラになり，彩色が剥がれ，絵画の多くが支持体や絵画層の膨潤によって剥落し，汚染し，加えておびただしい古文書が泥水により汚染された．

　西欧における紙製文化財の保存と修復は，この災害を受けた文書類を救助するため

に各国から集まったボランティアの修復専門家たちの活動を契機に高まった．ウィリアム・J．バロー（William J. Barrow）氏の論文[2]による，酸性紙問題の提起とともに大きな契機であった．

フィレンツェには，日本の専門家から和紙が送られた．その時期以降，修復用資材としての和紙と和紙を使いこなす表具の技術に関心が高まり，日本と西欧の和紙取扱店を通して，文化財修復専門家へと和紙が供給されていった．また機会をとらえて来日し，表具技術を研修する西欧の修復専門家が出始めた．

和紙が使われる以前に西欧で行われた紙製文化財の修復で，筆者がみた実例をあげると，地図は麻布で裏打ちされ，中国の経巻はクラフト紙で裏打ち，あるいは，ごく薄い，目の粗い絹を表面に張りつけているなど，外見の変化が大きいばかりでなく，修復後の耐久性もあまり長く期待できないなどの技術であった．

西欧において，素描，エッチング，水彩画など，紙に描かれた美術品や古文書など紙製文化財の修復に和紙を使用する理由は，和紙のもつ薄さ，強さ，柔軟さによって，裏打ちによる強化修復を終えた素描などの仕上がりが，西欧の紙による結果よりももとの状態に近いからである．和紙のもつ修復資材としての特性は，西欧の版画，書籍などの修復に対しても大いに役立っているのである．

それらの実例を，1998年に行われた和紙と表具技術を利用した修復例の報告会[3]やAATA[4]に掲載された文献から抜き出すと，以下に記すように多様な使われ方をされていることがわかる．

1) 大画面の絵画などでは，最も和紙の強さが活かされた利用法といえる．

「大型紙本油画の修復」，「両面に描かれたバロック期の旗の修復」，「中国製壁紙の修復」，「大画面木炭画 2×3 m の裏打ち」，「テンペラ画修復の際の表面保護」，「カンバス油絵修復の際の表面保護」，「竹篭の修理」，「劣化の激しいモザイクの修復中の保護」．

2) 和紙の薄さ，柔軟さを利用した補修

「トレーシングペーパーの補強」，「大英博物館におけるチベット・タンカの修復」，「イラン，13世紀のコーラン手稿本の修復に応用した手漉和紙技術」，「蜘蛛の巣に描かれた水彩画の修復」，「絹織物文書の補強」，「エジプト，パピルス文書修復における日本技術の利用」，「エジプト，死者の書やミイラの亜麻布」，「樺皮文書に和紙の裏打ち」，「書籍破損箇所の修理」，「羊皮紙文書の修理」，「紙表面の膠層を除去する」，「嵌め込みマッティングに和紙の細帯を利用する」，「金箔押し革ベルト」．

3) さらに和紙ではないが，その原料繊維を利用する例

「文書補強用繊維を漉き掛ける技術に和紙繊維を利用」．

4) 広い適応力を示すもの

「応急手当の一方法としての和紙ヒンジ（蝶番）によるマウンティング」，「博物館仕様のマウンティングに喰裂（くいさき）した和紙を利用」．

伝統技術による製紙工房をほとんど失った西欧では，修復用に手漉き紙を得ることが難しい．手漉き紙の原料が麻ボロであったため，原料入手が困難なことがその大きな原因でもある（図3.8.1.2）．それに対して，アジアの手漉き紙の原料は栽培植物から得ることができるので現在でも入手可能で，したがって伝統的方法での手漉き紙製造が維持できるのである．その事情も和紙が利用され続けている原因の一つなのかもしれない．

西欧では，修復専門家が各美術館や博物館などに配されていて，館の収蔵品修復にあたっている．そこでは，修復専門家が保存科学者と修復予定文化財の紙質を調査して，その紙質いかんによって修復に和紙を採用するか否かが選択され，また和紙の種類を選ぶ．

多種類にわたる和紙の選択には，修復専門家が和紙のさまざまな性質に関する知識をもつことが必須である．その和紙の性質は製造方法に起因するものであり，色や表面の感じ，濡れたときの強度，吸水性など，すぐわかるものもあれば，耐折強度，酸性度，寿命など，重要な性質でありながら，身近で測定できずに専門家に依頼して初めてわかるものもある．

そこで西欧では，独自にそれらの諸性質を測定し公表して，修復や保存の専門家が処置に適した紙を選ぶことを援助する活動がある[5]．

## コラム　修復における和紙の重要性

　先人の残した文化遺産を次の世代に受け渡すのが，修復技師の役割です．私は，主に，絵画や書籍などの修復を行っています．修復に用いる材料などは，文化財そのものに絶対に悪影響の出ないものを選択し使用します．中でも，文化財に直接触れる和紙には特に気を使います．製作工程で薬品などで処理された和紙は，将来的に変質のおそれがあり，それが文化財に何らかの影響を及ぼすことが懸念され，安心して使用することができないからです．

　和紙は修復のさまざまな局面で大変重要な役割を果たしています．大きく分けると，本紙や表具裂の裏打ち紙，掛軸や建具などの工程の中で使用する和紙，古文書の欠損部分の繕い紙などがあるといえます．

　まず，本紙や表具裂の裏打ち紙として和紙を使用することによって，損傷の激しい本紙でも，肌裏紙を打ち替えるだけで再び「張り」を取り戻すことができます．これには，薄美濃紙を使用します（写真1，2）

　次に，掛軸や建具などの工程の中で使用する和紙には，本紙と裂との厚

写真1　古文書の欠損部分を繕う　　写真2　薄美濃紙にて古文書の裏打ち作業

みや表具自体の厚みの調整（増裏，中裏）をするために使用する美栖紙や掛軸の裏面（総裏）に使用する宇陀紙があります．

　また，建具の下張りには強靭な石州紙，屏風の羽根（蝶番）には黒谷の楮紙を使用します．

　最後に，古文書の欠損部分の繕い紙ですが，修復を行う前に必ず技術者が事前調査を行い，原料，簾の目，風合いなどによって和紙を選択します．この繕い紙の選択には，永年の経験が必要となるのです．時には，本紙をより詳しく調査するために，高知県立紙産業技術センターなどの研究機関に依頼して，本紙の繊維を光学測定機器で，原料の種類や製作工程，添加物の有無や種類などの調査を行う場合もあります．そして，その調査の結果に基づき，各地方の伝統技術を守る紙漉きの方々に，修復対象物の特徴などのデータに基づいた和紙を「復元補修紙」として製作していただいています．古文書や書籍などの欠損部分の補修には，それらの「復元補修紙」を修復作業に使用しています．

　このように，修復には和紙が深くかかわっており，古来からの形態，技法，原料を用いて漉かれた和紙は必要不可欠な存在といえます．

〔宇佐美直治〕

　文化財全体の保存に必要な和紙の総量はいったいどのくらいが適切かといった論議にはまだ至っていないが，文化財建造物については，それを維持するための資材の一つとして，文化庁が生産状況調査を行っている[6]．生産量，消費量についての記述は，昭和57年度（1982）の高知県内コウゾ生産量が記述されているのみであるが，入手可能な和紙について，その繊維分析まで含めて技術的な視点からの調査項目が詳細に記述されている．そこには，和紙を必要とする重要文化財建造物の数量も記されている．引用すると，昭和57年3月4日時点で，和紙を必要とする指定建造物490棟のうち，民家が最も多い317棟，次いで社寺，客殿，方丈書院の99棟が数えられている．

仮にその障子紙の張り替えに必要な和紙をざっと見積もると，1棟につき障子が平均50枚として，最も普通の大きさ縦60 cm×横90 cmの和紙が約6万枚，平均100枚として和紙12万枚となる．和紙づくりには，煮熟や叩解，ちり選りなど準備に手間がかかるので，1工房で4人程度が従事しないと毎日紙漉きを行うことができない．ほぼ毎日紙漉きが行える和紙工房を想定すると，年間230日程度の労働で生産できる和紙は，6万9,000枚程度となる．すると2軒の和紙工房が障子紙だけを抄造すれば，ほぼ日本全国の指定建造物の障子紙をまかなうことができることとなる．

この数字は，あくまでも筆者の頭の中での推測にすぎないが，和紙工房が減少していく現状を考えると，絵画や文書の修復，さらには海外での需要などを見込んだ和紙の必要量に見合った，和紙工房を確保するための手段も構想していかねばならない．

〔増田勝彦〕

## 文　献

1) 昭和50年（1975）の文化財保護法の改正によってこの制度が設けられ，文化財の保存のために欠くことのできない伝統的な技術または技能で保存の措置を講ずる必要があるものを，文部大臣は選定保存技術として選定し，その保持者および保存団体を認定している．国は，選定保存技術の保護のために，自らの記録の作成や伝承者の養成などを行うとともに，保持者，保存団体などが行う技術の錬磨，伝承者養成等の事業に対し必要な援助を行っている（文化庁のホームページより）．
2) Barrow, William J. (1964)：Permanence/Durability of the Book-II, pp. 79, W. J. Barrow Research Laboratory.
3) Japanese Paper Conservation Seminar 98 (15/17 Dec. 1998), Kyoto International Community House（京都市国際交流会館）．
4) Art and Archaeology Technical Abstract（美術及び考古材料技法研究抄録）の略称．文化財の保存関係者が参加している国際文化財保存学会（IIC）では，文化財に関係する文献だけでなく，文化財保存にとって必要と思われる一般的な科学技術文献を含め，その内容抄文をまとめて，AATAとしてオンラインで公開している．
5) Barrett, Timothy (1989)：Early European Papers/Contemporary Conservation Papers－A Report on Research Undertaken from Fall 1984 through Fall 1987－, The Paper Conservator, 13, pp. 3-108.
6) AATAには次のような文献が紹介されている．
　　1．欧州2社が扱う和紙55種について老化テストを行い，保存修復用として合格した紙をあげている．
　　"Zur Alterungsbeständigkeit von Japanischen Seidenpapieren und Japanpapieren (The Resistance to aging of Japanese tissue paper and Japanese paper：Part 1, Part 2", Eine vergleichende and Rudniewski Piotr, "Restauro 97", No. 1, pp. 43-47, No. 3, pp. 185-191, 1991.
　　2．美術作品に使用されていた和紙や修復工房で使用されていた和紙30種をエネルギー分散型X線分光法で調査した結果を示す．
　　"Characterization of Japanese papers using energy-dispersive x-ray spectrometry" "Restaurator Supplement 13, No. 2", Koestler, R. J., Indictor N., Fiske B., pp. 58-72, 1992.

3. アメリカ国内4社と日本1社が保存修復用として提供している和紙84種類の冷水抽出pH, 繊維組成を調査した結果.
"Study of the quality of Japanese papers used in conservation", Murphy Sue, New Directions in paper conservation. 10th anniversary conference of the Institute of Paper Conservation 1986, Oxford, pp. C10-C16, 1986.

4. 機械漉き Mino Tengujo 和紙のメートル坪量, pH, 引張強度, 白色度, 黄色化度, 透明度, 分子量, 含有灰分, 微細構造の調査を3ロットについて調査し, 1ロットは pH が低く, 1ロットは分子量が低いとの結果を示している.
"Quality control of the Japanese manuscript-laminating paper Mino Tengujo No. 25502 "in rolls,"" Anon, "Bolletino dell'Istituto Centrale per la Patorogia del Libro, 35", pp. 195-199, 1978

7)「文化財建造物修理用資材需給等実態調査報告書(3)(和紙)」, 文化庁, 昭和60年12月, 文化庁文化財保護部建造物課編集, 全129頁.

### 3.8.2 生活文化の中での和紙――近代デザイン史とのかかわりについて

#### a. ウィーン万国博を通してウィーンに渡った和紙

19世紀後半（1873年）のウィーン万国博への日本の和紙の出品について, その経緯を簡単に記す. まずはじめに, オランダの東インド会社の社員で科学者のエンゲルベルト・ケンペル（Engelbert Kämpfer：1651～1716年）が1690年から2年間長崎に

表3.8.2.1 ウィーンと和紙の関係年表

| 年 | ことがら |
|---|---|
| 1864 | ・オーストリア美術・工業博物館開館 |
| 1868 | ・オーストリア美術・工業博物館付属ウィーン美術工芸学校設立 |
| 1869 | ・ハインリッヒ・シーボルト来日, オーストリア公使館の通訳に任官 |
| 1873 | ・ウィーン万国博, 日本の伝統工芸品出品 |
| 1886 | ・オーストリア美術・工業博物館, ハインリッヒ・シーボルト所蔵の日本美術コレクション購入（この中にウィーン工房の装飾文様に大きな影響を与えた染織の型紙が多数含まれていた）<br>・ヨハン・ユスッス・ライン（Johann Justus Rein：1835～1918年）日本へ工芸事情の調査, ライプチヒで出版（和紙について報告） |
| 1894 | ・ベルヴェデーレ宮「日本の民族と文化展」 |
| 1897 | ・オーストリア美術家同盟（分離派）設立 |
| 1898 | ・第1回ウィーン分離派展 |
| 1900 | ・オルブリッヒの分離派館で第2回ウィーン分離派展<br>・分離派の第6回展で日本美術特集<br>・アドルフ・フィッシャーの日本美術コレクション691点および, フランツ・フォン・ホーエンベルガーの日本の情景（京都, 日光, 東京）が展示される<br>・日本の木版画展（ドレスデンのアーノルド・コレクション）を開催し博物館はこれを購入する<br>・エミール・オーリック（Emil Orlik：1870～1932年）来日 |
| 1901 | ・オーストリア美術・工業博物館,「北斎の作品展」（美術商E.ヒルシェラー商会主催, S.ビングからも作品借用） |
| 1903 | ・ヨーゼフ・ホフマン, コロマン・モーザー, ウィーン工房設立 |

滞在して日本の国情を観察し,『廻国奇観』を出版.その中に和紙の製造に関して詳細に記録している.これに刺激を受け,カール・ピーター・ツンベルク (Carl Peter Thunberg：1743～1828年) が1775年に来日し,日本の植物や和紙の原料の植物について研究した.次いでオランダ商館の医師として長崎に来たフィリップ・フランツ・フォン・シーボルト (Philipp Franz von Siebold：1796～1866年) が1823年に来日して長崎に診療所兼学習塾を開き,多くの青年を教育したことは有名である.その後シーボルトは,1830年に帰国してから毎年"Nippon"を出版し,世界に日本を紹介した.

この間に,1853年,ペリー艦隊が浦賀に来航し,鎖国を解くことになる.1868年,明治の世となり,その後シーボルトは1859年,30年ぶりに長男アレキサンダー (Alexander von Siebold：1846～1911年) とともに長崎へ来訪した.アレキサンダーは残り,フィリップは1862年に帰国.1866年,日本に関する資料をミュンヘンで展示する.その中に和紙に関するものも多く含まれている.アレキサンダーは1873年のウィーン

図 3.8.2.1 日本の型紙1 (19世紀,オーストリア工芸美術館)

図 3.8.2.2 日本の型紙2 (19世紀,オーストリア工芸美術館)

図 3.8.2.3 1903年,コロマン・モーザー,紙に金と多色印刷 (本の見返し) (オーストリア工芸美術館)

図 3.8.2.4 1918年,チゼック派,リノリウム (ウィーン工芸美術大学)

博にも協力し，積極的に日本の参加を求め，西洋に日本の美術工芸品を紹介した．次男のハインリッヒ（Heinrich von Siebold：1852～1908 年）も通訳として兄とともにウィーン博の仕事をした．佐野常民にゴットフリート・ワグネルを顧問に推薦したのも彼である．1873 年のウィーン博に出展された和紙は，1871 年に展覧会事務局を設けて準備を進めた．出展総数は約 5～6 万枚にのぼった．

　ウィーン博では，天井からぶら下がった色とりどりの提灯が印象深かったとされるし，また，幻にはなったが，紙の大仏（15 m）が飾られる予定であった．戸外に展示し，和紙の強さを印象づけるはずであった．展示後は現地で売られるなどしたが，オーストリア・ハンガリー帝国の官僚バルツは展示品 100 種のほか，日本館の壁などを剥がしたものや，包装紙などを収集した．これらは，ライプチヒのドイツ図書館付属書籍文書博物館に収蔵され，のちに 1999 年に開催された「19 世紀の和紙展」の展示品となる．出品されたものは，素地のほか，加工紙は多数で欧米に壁紙を輸出するきっかけとなったものが多く含まれている．

### b. ウィーン工房と和紙

　1900 年の日本美術特別展で出品された型紙が，ウィーン工房のデザイナーに大きな影響を与えた．オーストリア美術・工業博物館（現オーストリア工芸美術館）に現存する型紙は，19 世紀中ごろ～末とされていて，図 3.8.2.1, 2, 5 のようなものである．それらは，ウィーン工房の機関誌である "Ver Sacrum"（日本芸術の精神）にも載っていて，

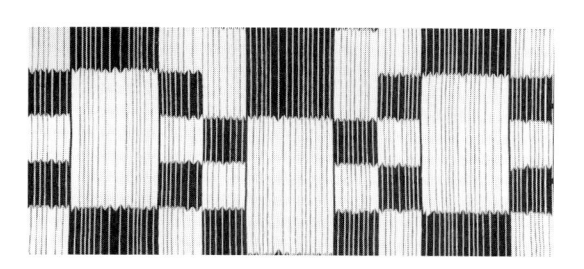

**図 3.8.2.5**　日本の型紙 3（19 世紀，オーストリア工芸美術館）

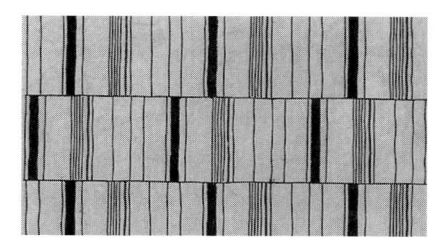

**図 3.8.2.6**　1923 年，マリア・リカルツ，絹にプリント（オーストリア工芸美術館）

**図 3.8.2.7**　1929 年，ヨーゼフ・ホフマン，リネンにプリント（オーストリア工芸美術館）

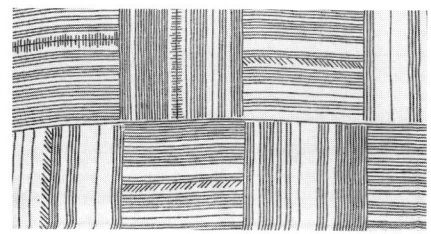

日本の染織型紙として，紹介されている．これらの型紙が刺激となり，また一方ではジャポニズムの時期と重なり，多くのデザイナーたちが日本への関心を高め，その図案方法が特別な意味をもったようだ．

例えば，図3.8.2.3, 4, 6, 7に示すように，はじめのうちは日本の染織型紙（図3.8.2.1, 2, 5）に大変似通った図柄になっているが，徐々に自分たちの分野に立ち戻っていく様が見て取れる．

しかし，和紙が大変貴重であこがれの紙であることには変わりなく，1960年代にもウィーン市中で有名な菓子屋がわざわざ和紙の包装紙を用いているところがあった．ウィーン応用美術大学教授のエバ・フックスも日本に何度も来て高知のシンポジウムにも出たり，木版で和紙に刷る作品を多くつくっている． 〔鈴木佳子〕

### 3.8.3 現代建築と和紙

現代建築にとって，和紙はきわめて魅力的であり，にもかかわらず非常に扱いにくい素材であった．

なぜ扱いにくかったのか．その最大の理由は，現代建築に流れる時間と，和紙という素材に流れる時間とが，基本的に異質だったからである．難しくいえば異質の時間ということになるが，簡単にいえば，和紙は弱い素材だったのである．和紙が破れやすく，また汚れやすく色も変わりやすい．現代建築においては，そのような弱く移ろいやすい素材は嫌われた．強く，メンテナンスの容易な素材が好まれた．コンクリート，鉄，ガラスはその強い素材の典型である．そのような強く，変化しにくく，メンテナンスが容易な素材を用い，しかもそれを20年たらずで取り壊し，スクラップにするというのが，現代建築に流れる時間の特質である．なんというおぞましく殺伐とした時間なのだろうか．

一方和紙は，ていねいにメンテナンスし続けなければならない素材である．ちょっとした不注意ですぐに破れてしまうし，空気が汚れていれば，その汚れが付着し，すぐに黄ばんでしまう．絶えず大事に取り扱われなければならず，継続的なメンテナンスが不可欠である．

現代建築は，このような素材を取り扱うのが苦手であった．より正確にいえば，現代建築の根底にある社会のシステムが，そのような素材の取り扱いを苦手としたのである．予想できない不定期なメンテナンスを可能な限り排除することが，建築に要請されていたのである．

にもかかわらず，和紙は現代においても十分に魅力的な素材であった．その魅力に引きつけられた建築家は，数多い．例えば，吉田五十八（1894〜1974年）は，そのような建築家の一人であった．彼が着目したのは障子の幾何学性である．そこにおいて和紙はモンドリアンの絵画のような抽象的な幾何学性を獲得する．サッシによって分割され

たガラスにおいて，そのような抽象性を達成することはできなかった．
　ガラスをサッシに取りつけるための煩雑なディテールが，抽象性を遠ざけてしまうのである．しかし，障子においては，乱雑に扱えば折れてしまうほどの桟の細さと，材と和紙との接着を基本とする簡潔なディテールとによって，世界の他のいかなる開口部においても達成されたことのないほどの抽象性が獲得されるのである．吉田五十八はその幾何学性を極限まで追求した．彼は粗組みと呼ばれる，割りの大きな障子のデザインを創始し，桟のディメンジョンにおいても極小を追求した．障子の取りつけのレールのディテールにおいても彼の追求は徹底しており，レールの存在は視覚的に消去され，障子という抽象的なエレメントが，突然何の媒介もなく床や天井という建築エレメントと接合されているような表現が可能となった．現代建築の目標の一つが空間の抽象性の獲得であったとするならば，障子を用いた彼の挑戦は，現代建築の一つの極北と呼ぶに値する．
　しかし，その彼といえども和紙の弱さを克服することはできなかった．彼は和風建築という限定された趣味的な領域においてのみ，この抽象性の獲得に成功するのである．和風建築においては，弱さが許容されていたからである．そこでは，障子は注意深く取り扱わなければならないものであり，メンテナンスの手間と出費とは，趣味の領域という限定のもとに仕方がないもの，やむをえないものとされていたのである．
　趣味の外側の領域，すなわち公共的な空間における吉田の作品は凡庸である．そこでは桟を細くすることもできなかったし，和紙という弱い素材の使用も限定されてしまったのである．すべてのエレメントは武骨であり，空間は少しも抽象的ではない．
　和紙に魅せられたもう一人の建築家，村野藤吾（1891～1984年）も同様の限界をかかえていた．吉田が和紙の抽象性を追求したとするならば，村野は和紙の薄さ，その皮膜性を追求した．吉田と同じく，和風建築の中で村野の試みは全面的に成功する．和室の天井にまで和紙は用いられ，弱く，それゆえに人を真綿のように優しく包みこむような空間の生成に，村野は成功する．
　しかし，村野といえども，和風の外にその達成を拡張することは容易ではなかった．和紙をその外に持ち出すことを彼は断念する．代わりにタイルやリシンのような素材を用いて彼は皮膜性，表面の薄さを達成したのである．それは現代建築の歴史の中でも特筆すべき達成には違いない．しかしやはり，そこには和紙の弱さ，優しさはない．
　和風という限定の外に和紙を持ち出すこと，より普遍化していえば，和紙に代表される「弱さ」を，建築の世界に回復すること．21世紀の建築の課題はそれにつきるといってもいい．その大きな課題の達成のために，この和紙という弱き素材は依然として多くのヒントをわれわれに与え続けるのである．　　　　　　　　　　　〔隈　研吾〕

### 3.8.4 和紙のあかり

#### a. 照明素材としての和紙を考える

　和紙の活用分野の一つに照明器具がある．日本古来の伝統的なあかりには提灯や行灯など和紙を使ったものが多く，現代もなお日本人にとって，和紙のあかりの表情はなじみが深い．しかしそれだけに，その利用法は経験や感情だけに頼られてきたことも否めない．また和紙は手に入りやすく加工が楽なため，時として安易なデザインを氾濫させている．建築照明のあり方や照明器具デザインを考える照明工学の視点から和紙を検証し，その特性を客観的にとらえることができれば，もっと効果的な利用法が生まれると考えられる．

　一般に照明器具素材の特性をはかる評価基準は，光の「透過」，「反射」，「屈折」，「吸収」，「拡散」などの光学的な特性と，「重量」や「強度」，「加工性」などの物理的な特性があげられる．適度な透過性と拡散性を併せ持つ素材にはスリガラスや乳白アクリルなどがあるが，それらの拡散光は均一なためフラットな印象を与えやすい．それに対し和紙は厚さや，テクスチャーの変化により千差万別な表情をもつ．洋紙と違い和紙は臼でよく叩きつぶす（叩解）のに手間をかけるため，繊維がほぐされるだけでほとんど切断されない．この自然なままの繊維を流し漉きにより絡みあわせるため，内部に多くの隙間をもち，和紙を通した光は，隙間を直接透過する光と，繊維にぶつかり屈折，回折する光が混在する．それによって，スリガラスやアクリル，洋紙などを透過した光とは違ったいきいきした表情をつくり出すことができる（図 3.8.4.1）．

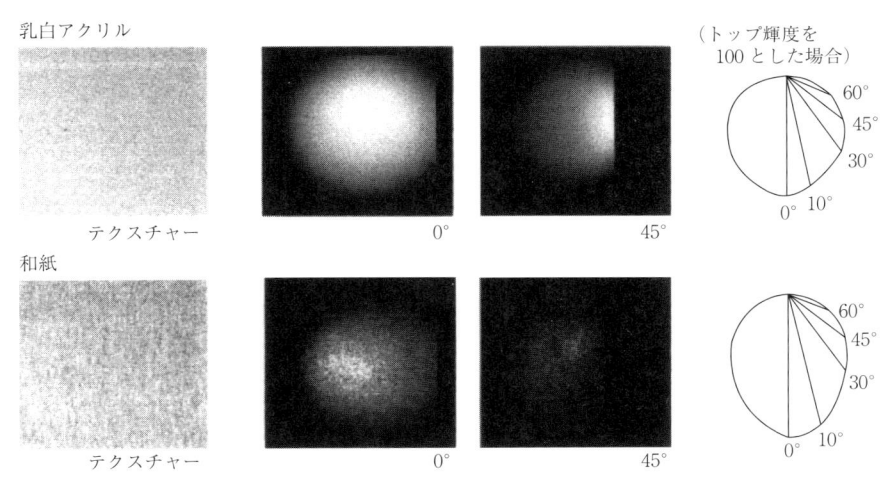

**図 3.8.4.1**　和紙（美濃障子紙）とアクリル（乳白 0.8 mm）における光の透過と拡散の傾向（中島龍興照明デザイン研究所調べ）

さらに，透過した光は，色温度が若干変化し，特に昼光を透かした光は暖かみのある光へとなる傾向がある．また和紙は光を透過させると同時に反射させるので，用い方によって美しい間接光が得られる．例えば障子は昼間は外の光を透過させるが，夜間では室内の光を反射させ，明るくする．

このような光学的特性に加え，和紙を照明素材に利用する利点は，変形，造形の自在性にある．折る，ちぎる，畳む，のばす，こよる，張り合わせるなどが容易で，桟や枠を使えば強度も補強され，また色をつけたり，絵や文字を書くことも可能である．さらに静電気によるほこりの付着がほとんどない．和紙にとって当たり前なこれらの特性は，照明素材のガラスやプラスチックなど他の素材には求められない．この特性を生かし，先人が残した多くのあかりのデザインを提灯や行灯などにみることができるが，反面，伝統的なあかりへの和紙の利用は光源の暗さに制限されていた．現代の明るい光源を用いればもっと大胆な造形やテクスチャーの表現など，まったく新しい発想が生まれ，その造形手法の多様さがさらに広がる可能性がある．

#### b. 和紙とあかりの歴史

日本のあかりに和紙が用いられたのは，奈良・平安時代に灯籠の火袋に使われたことに始まる．次いで室町期前後にはのちの行灯や提灯の原形に相当する籠提灯が現れ，これにも和紙が用いられている．さらに江戸時代に入ると急速に和紙を使用した灯火具が生まれる．すなわち，木枠フレームに和紙を張ることにより裸火を風から守り光を透過させるもの（行灯，雪洞(ぼんぼり)など），携帯や保管のための折り畳み収納ができるもの（提灯など），反射板としての効果をもつもの（八間(はちけん)）など，紙の特性である光の透過性と反射性，加工の容易さを生かしたさまざまなあかりが出現した．

また和紙を用いた古灯器の形態だけを取り上げても，置き型，掛け型，吊り下げ型，懐中用など，今でいえばスタンド，ブラケット，ペンダント，懐中電灯など，現代の照明デザインの基本的なタイプがすべて出そろった感がある．ただしこれらが現代の照明と決定的に異なるのは，生活様式と光源の著しい変化によることはいうまでもない．現代の明るい電灯照明に慣れたわれわれには，行灯などの油用灯火具に用いられた灯芯や燭台をはじめ提灯や雪洞に使われた蠟燭のあかりが，いかに乏しいものであったかはまったく想像もつかないほどである．

照明文化研究会の深津 正氏らの実測調査では，灯芯1本のあかり（光束）はわずか6ルーメンという値が出ている．これは現在の60W電球が約810〜850ルーメンであるのに対して120分の1以下である．

このように乏しい明るさの光源に対し，和紙の果たした役割は「火袋」という名の示すように風よけが主であって，現代の和紙を用いた照明器具にみるような光の拡散効果は単なる副次的なものとしてあったにすぎない．光のデフューザーとしての和紙の効果はむしろ障子にそのルーツを求めるべきである．深い軒や庇により陽光が入りにくい日

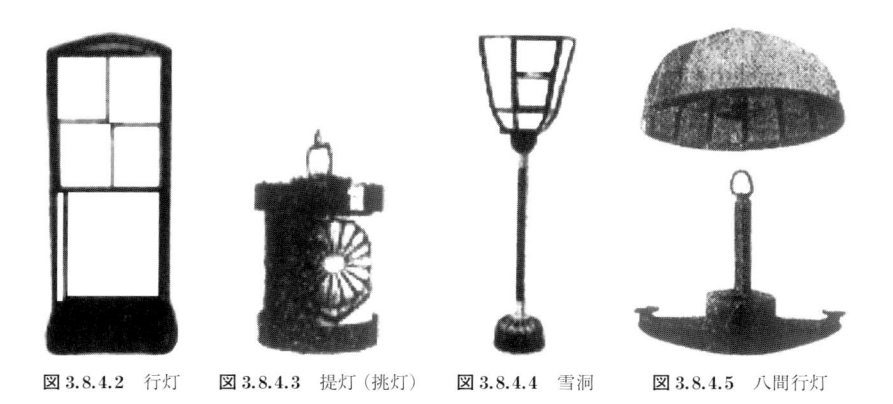

図 3.8.4.2 行灯　　図 3.8.4.3 提灯（挑灯）　　図 3.8.4.4 雪洞　　図 3.8.4.5 八間行灯

本建築において，庭園など外部の反射光が和紙を通して陰影の表情に富んだ光で室内を満たす障子は，鎌倉〜室町時代の書院造の発展とともに「あかり障子」として普及するが，それは最初の「建築照明」であるとの見方が強い．

1) 行灯（図 3.8.4.2）

裸火を風から守るため，周囲に枠をつくり，和紙を張った火袋つきの油用灯火具．行灯の語は，元来文字どおりの携帯用の灯火具の意味で使われたが，江戸時代には，室内に据え置く「置行灯」が主流となり，その他，在来の「手提行灯」をはじめ「吊行灯」，「掛行灯」，「辻行灯」など，多くの種類を生んだ．「置行灯」は一名「座敷行灯」とも呼ばれたが，その形状から角型，円筒型（丸行灯），棗型，蜜柑型などに分かれている．丸行灯にも，外側が回転して開く遠州行灯（円周行灯）など変わったデザインのものがあり，また角型のものにも，外蓋を抜いて台とし，夜寝つくときこれをかぶせ常夜灯とした「有明行灯」や，レンズを用いた「書見行灯」などがあり，用途による変化にも富んでいた．行灯の光は暗いため，読み書きには火袋を開け直接光でこれを行った．このとき，和紙の火袋の内面は反射板の役目を果たした．また掛行灯には屋号などを記し，看板として用いられたものもあった．

2) 提灯，挑灯（図 3.8.4.3）

細い割竹（ひご）を巻いて骨とし，これに和紙を張り上下に口をつけ伸縮自在とした蝋燭用灯火具．竹籠に和紙を張った室町時代の「籠挑灯」を原形とし，16世紀の後半，火袋の折り畳みができるものが考案された．江戸時代には携行用灯火具として急速に普及した．武家や上流の家庭，儀式，遊郭などで用いた「箱提灯」，旅行のための懐中用「小田原提灯」，棒の先に下げ持ち歩いた「ぶら提灯」，竹の弾力を利用して火袋を上下に支えた「弓張提灯」，竿の先につけ門前の目印や祭礼の行列などに使われた「高張提灯」，社寺への献灯用，祭のときに民家の軒に吊るした「御神灯提灯」など種類はさまざまである．提灯には屋号や定紋を書いたり色彩を施したものがあった．和紙ならではの特徴

である．また提灯によっては防水用に荏油や桐油などの乾性油を塗布したものがあった．

3） 雪洞（図 3.8.4.4）

蠟燭用灯火具の一種．燭台や手燭に木枠と紙や布製の火袋を取りつけたもの．「ぼんぼり」の語は，紙や布で覆われた光がほのかに透けるさまを「ほんのり」と形容したことから生まれたといわれる．上部が開いた六角筒のものが一般的だが，円筒型，棗型，蜜柑型のものもあった．手燭型が室内における手元や足元の照明に利用するため持ち歩かれたのに対し，燭台型は座敷に据え置かれた．日本のあかりの火袋には和紙の使用がほとんどであったが，雪洞には「紗」と称する薄い絹布が使われた例がみられる．

4） 八間行灯（図 3.8.4.5）

単に八間ともいう．油用灯火具の一種で，数少ない吊行灯の系列に属し，湯屋，寄席，遊廓や大家の台所など広い場所の照明に用いられた大型器具．木や竹の枠に紙を張った大型の笠と火皿とこれを載せるくも手または金属製のカンテラとからなる．四方八方を照らすところから八方の名もあった．遊廓では各部屋で用いた残りの油を集めて利用したという．灯芯も数多く必要とするので，時には布裂をもって灯芯に代用した．和紙を使った灯火具の中で八間行灯について特筆すべきことは，他の灯火具が和紙を用いた火袋を透過する光を得るのに対し，この器具の場合，大型の笠の内側から反射した光を広い範囲に広げる点にある．その意味では電灯照明の場合の笠型シェードに当たるとみてよい．

**c. 近代照明デザインと和紙**

和紙に取り組む近現代の建築家，デザイナーなどの造形作家の関心事は，日本人の美意識の復権とグローバルな視点での生活デザインの可能性の間で揺れている．特に照明の分野においては明治以降，光源が電灯に変わったことにより，従来の日本人の伝統的生活がもっていた陰影に対する豊かな感受性が失われる過程でもあった．

「洋燈が輝けば夜の闇黒は後退する．行灯や燭台の周囲にもやもやとにじんで居たうす暗がりは，洋燈に依って完全に隣の室まで追ひやられた．」

これは版画家の川上澄生が明治初期のランプが導入されたころの思い出を書いた一節だが，今から思えば薄暗いオイルを使ったランプの光でさえ，当時の目からみれば明るすぎるくらいの印象を与えていたことは注目してよい．そしてランプの時代になると，それまで和紙が担っていた風よけの役割は透明なガラスのほやに取って代わられる．例外としては，日本家屋の意匠に合わせて竹と和紙のフードをもった「籠ランプ」と呼ばれるデザインスタンドや行灯の中にランプを入れるというような変則的な使い方もあったようだが，本格的な意味で「和紙」が再び照明器具に使われるようになるのは，電球照明が採用されたあとのことである．そして蠟燭や灯芯を使った古灯器に使われた和紙の主な役割が風よけだったのに対して，近代的な照明器具においては和紙のもつ光の拡散性により，まぶしい光を和らげることにその主な役割が変化したことを見逃してはな

らない.

　電球が登場してしばらくは，単なる明るさのみを追及し，多くの照明器具はランプがむき出しにまぶしく輝き，効率中心の笠が取りつけられたものが主流を占めていた．昭和初期に日本を訪れたブルーノ・タウトは，本格的なすばらしい和室に照明だけが貧しく天井中央に1灯ぶら下げられていることを嘆き，自ら近所の寺の提灯の笠を手に入れてそれをシェード代わりにかぶせ，さらに部屋の片隅に寄せることにより微妙な光の表情を手に入れたことを喜んでいる．また，陶芸家のバーナード・リーチが和紙のブラインドを透かした自然光で作品を鑑賞したことはよく知られた逸話であり，フランク・ロイド・ライトのタリアッセンに使われたブラケットやテーブルランプにも和紙が使われているなど，和紙を意図的に光を和らげるために使うことに注目したのはむしろ外国人だった．また和室の意匠に合わせて，古い日本のあかりが模倣された多くの通俗的な和風照明には，もちろん和紙が使われることもあった．

　しかし，照明デザインという立場から本格的に和紙素材が利用されるのは戦後を待たなければならなかった．1950年代に彫刻家イサム・ノグチが発表したakariは芸術家の造形哲学と岐阜提灯産業の歴史的伝統を見事に融合させ，世界的な普遍性を獲得した例である．以後，アプローチの方法は異なっても，吉田五十八，村野藤吾などの和風建築の近代化に取り組んだ建築家たちも，自らの建築に和紙を使った照明を採用し，日本人の光への感性を蘇らせた傑作が生まれていった．また，和紙ではないが，デンマークのP. V. イエンセン・クリントによる紙の見事な造形によるランプシェードの発表とそのシリーズのレ・クリントは，照明デザインに衝撃を与え，イサム・ノグチのakariとともに，超えられるべき規範として，多くの作家の挑戦を受け続けてきている．

### d. 和紙照明の現在と未来

　現在，和紙と照明デザインの関係は多くのデザイナーと和紙産地の提携によって活発化し，世界的に高い評価を受けている作品が生まれつつある．中でも，最近の傾向としては，和紙のもつさまざまなテクスチャーを創造力の源にしたデザインが目覚ましい．伝統的な古灯器は，効率よく照明効果をあげるため均一な薄い素材の紙を用いていたが，明るい電灯を光源とした場合，明るさは2次的な問題となり，むしろ和紙のテクスチャーがもたらす光の表情にデザイン表現の大きな可能性がみえてきた．また採光を目的とする照明とは別に，オブジェとしての照明というアプローチもみられている．多くの和紙産地で開発されている創作和紙は，和紙を日常的な実用性から解放し，素材，色合，繊維の大胆な漉き込み，揉み皺など，多彩な表現を生み出してきた．これからの和紙照明の新しいデザインの展開を考えるとき，多彩な和紙独特のテクスチャーを光のデザインに生かし，現代の日本人が忘れつつある微妙な陰影の世界を取り戻すことが課題であるといっても過言ではない．それにはデザイナーと和紙生産者との緊密な情報交換がますます必要となってくるだろう．以下にイサム・ノグチをはじめ代表的作家の和紙の照明

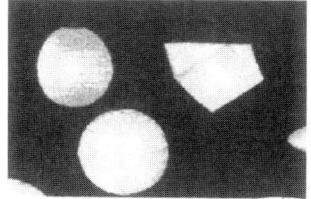

194    3. 紙 の 文 化

**図 3.8.4.6** イサム・ノグチの akari 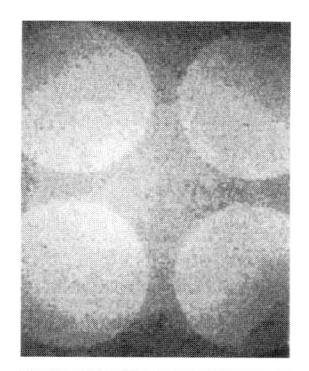   **図 3.8.4.7** 喜多俊之の TAKO

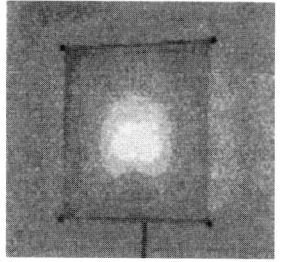

への取り組み例をあげる．
　1）　イサム・ノグチと akari（図 3.8.4.6）
　和紙を使った照明器具のうちで，最も記念碑的な仕事は彫刻家イサム・ノグチによる akari シリーズである．その芸術的完成度の高さと普及度において抜群であるこのシリーズは，1951 年，ノグチが美濃和紙の産地で岐阜提灯と出会ったことに始まり，生涯で 100 種類を超える akari を生み出している．
　light とは「明るさ」と「重力からの解放」との二重の意味をもち，和紙との出会いは彼のこの理念を満たし，「光の彫刻」を完成させた．
　2）　喜多俊之と TAKO（図 3.8.4.7），KYO
　1960 年代後半よりミラノを拠点に家具デザイナーとして活躍する喜多は，1970 年初頭，美濃和紙の魅力を，透かしや紙ひもを漉き込んだ平面に裏面より光を透過させたシンプルなフォルムの TAKO，皺を均等に入れた KYO を発表．日本の手漉き和紙の風格や気品をヨーロッパの人々に理解させた．日本の伝統工芸職人とデザイナーの本質的コラボレーションの先駆けとなった．
　3）　伊部京子と阿波（図 3.8.4.8）
　阿波山川の楮紙に注目した伊部は，前後左右に簀を動かすことで複雑に繊維が錯綜し

3.8 現代の紙　　　　　　　　　　　　　　　　　　　195

図 3.8.4.8　伊部京子の阿波シリーズ　　　　図 3.8.4.9　インゴ・マウラーの
　　　　　　　　　　　　　　　　　　　　　　　　　　　The MaMo Nouchies

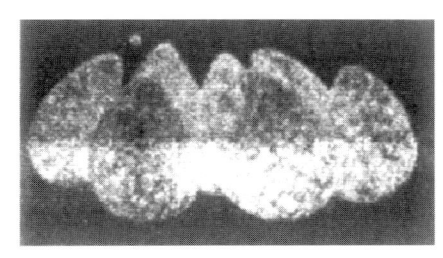

図 3.8.4.10　堀木エリ子の立体和紙照明

た新しい和紙を独自なテクスチャーとして創り出した．光を柔らかく透過・拡散させるこの和紙を照明デザインに生かすに当たり施された揉み皺とこよりの手法が，さらに微妙な拡散透過光と直射光のバランスを創り出している「阿波シリーズ」は，1970年代後半発表以来のロングセラーである．

  4) インゴ・マウラーと The MaMo Nouchies（図3.8.4.9）
  1997年，ドイツの照明器具デザイナーのマウラーは，和紙に独自の絞り加工を施した素材を開発．この素材を用いた一連の照明器具シリーズ The MaMo Nouchies を発表．軽いウィットに富んだこのシリーズは，紙がもつ自由な造形性と素材開発の可能性を示唆している．
  シリーズ名にイサム・ノグチの頭文字 No を入れ，敬意を表している．
  5) 堀木エリ子と立体造形（図3.8.4.10）
  「紙は平面」という常識打破に挑戦し，卵型の照明器具を独自の技法により，骨組みなしの立体成型で完成させ，さまざまな立体和紙照明を発表している．2000年，ハノーバーメッセで挑戦した「光る和紙の自動車」は評判を呼んだ．

日本から闇が失われて久しい．人工衛星から夜の日本列島をみた写真では，列島の地形がそのまま光で描かれている．まさに光の洪水の中で私たちは暮らしている．その中で，かつて日本人がもっていた光と陰影に対する繊細な感性が見直されてきている．和紙とあかりの関係を考えることは，日本人の光に対する感性を考えることと同義であるといっても言いすぎにはならないだろう．障子を透かした季節や時の移り変わり，祭のあかりの華やぎ，茶室へいざなう露地行灯の心づくしなど，和紙を透かして光をみることが暮らしと心を豊かにする．

われわれはこの伝統に培われた感性を受け継ぎながらも，和紙という自然素材がもつエコロジカルな意味や，空間環境を形成する素材の物理的特性をより深く極めていくことにより，次の世代につながる普遍的なデザインを生み出していきたいものである．

なお，本項執筆に当たっては，深津　正（照明文化研究会），中島龍興（中島龍興照明デザイン研究所）の両氏にご協力いただいた． 〔田代すみ子〕

## 文　　献

1) 壽岳文章 (1946)：日本の紙，大八洲出版．
2) 久米康生 (1977)：和紙の文化史，木耳社．
3) 町田誠之 (1978)：和紙の四季，駸々堂．
4) 日本古灯器大観，社団法人照明学会．
5) ブルーノ・タウト著，篠田英雄訳 (1981)：日本の家屋と生活，岩波書店．
6) 川上澄生 (1977)：ランプ，東峰書房．

### 3.8.5　ホビークラフトの展開

#### a.　紙の造形

紙ほど有用なものはないし，およそ紙でできないものはないと古くからいわれてきた．日々の暮らしに欠かせない素材として，紙は私たちの暮らしを支えて久しい．身辺を見渡してみれば紙でできたものがいかに多いことか．朝起きて新聞を読み，外出には紙幣で切符を買い，書類や書物に囲まれて1日を終える．産業資材としても大量に消費され，今日の社会は紙なくしては成立しない．

紙は造形美術でも多用される素材である．紙だけでも多種多様な造形ができるが，他の素材と組み合わせれば，さらに可能性は広がる．またその扱いやすさと安価な面から，試作のための模型づくりにも重宝される．この汎用性は，紙が手のなしうるほとんどすべての造形行為を受け入れることからくる．

紙に応用できる手技を列挙してみると，描く，書く，掻く，染める，切る，破る，ちぎる，貼る，削る，塗る，折る，織る，編む，包む，積む，巻く，束ねる，縫う，綴じる，刷る，摺る，揉る，型に抜く，燃やす，焼く，溶かす，捩る，紡ぐなどである．これほど多くの手法にこたえられる素材はほかにない．またこれらの手法をいくつも組み

## 3.8 現代の紙

合わせて加工度を高めれば，出発点である未加工の紙からは想像もできないような結果になる．ある種の紙は石や金属のように重く硬くもなるし，違った種類の紙と技法を組み合わせれば，雪のように軽く柔らかくはかないものにも変貌する．透明の液体以外なら紙でできない形はないといっていいほどである．紙の造形素材としての可能性は実に大きい．

手漉き紙であらゆる生活用品をまかなってきた日本独自の紙文化は，かねがね諸外国の驚嘆するところであった．加工技法が多彩であることと，原材料のコウゾ（楮）ひとつから数百種の紙を漉き分けたことは，ヨーロッパの紙では考えられないことだった．

19世紀後半に日本は開国し，国際社会にデビューするため万国博覧会に出展し始めた．和紙は江戸幕府下のロンドンでの第1回目から展示され，それ以降の万博にも毎回出品されてヨーロッパ市場への参入に成功した．薄くて軽くしかも強靭な和紙は，書写材料や包装材料としての紙しか念頭になかった西洋の製紙工業に大きな影響を与えたようである．ドイツ図書館蔵の，19世紀ヨーロッパで収集された和紙のコレクションには，千代紙や版画などの彩色和紙に加えて，色や紋様付きの典具帖や，日本では漆濾しに使われた吉野紙などが数多く残されている．これら薄様と呼ばれる紙は，平安時代に当時の大宮人に流行したものだが，19世紀中ごろのヨーロッパでは宝飾品の包装用やナプキン，広告の用紙として珍重された（図3.8.5.1）．懐紙や鼻紙に布が使われていた当時，薄様の紙はおしゃれな雑貨として愛用されたに違いない．コレクションには日本でつくられ輸出されたものがほとんどであるが，どうみても現地でのコピー商品と思われるものが混在している．明らかに機械漉きの紙に日本風のデザインを印刷したものや，薄様をまねた半透明のものなども見受けられる（図3.8.5.2）．コレクションとともに残されているドキュメントには，和紙のリサーチのためにデザイナーが日本に派遣されたと記録されている．これらは当時の日本とヨーロッパの紙事情の違いを物語っている．手加工のみでつくられた和紙は，パルプで機械生産される洋紙に比べ当時でも高価で，供給

図 3.8.5.1　紋典具帖（薄様紙）（バルツコレクションより）

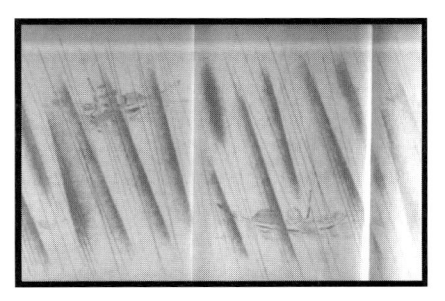

図 3.8.5.2　日本のイメージからデザインされたと思われる彩色紙（バルツコレクションより）

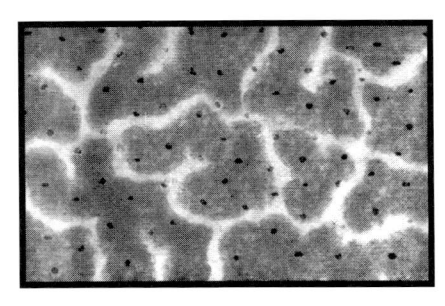

図 3.8.5.3　ヘビ革紙（擬革紙）（バルツコレクションより）

量にも限界があった．大量生産と消費の始まっていた市民社会のニーズには，はるか東洋の果て日本からの輸入品だけでは対応しきれなかったに違いない．そこで和紙風のものを自国でつくろうと製品開発が始まったとみてよかろう．今日使い捨てにされる薄くて柔らかい家庭紙やティッシュペーパーの原点はここにあるようだ．

薄様の紙の対極にあるのが金唐革紙である．これほど手が込んだボリュームのある加工紙は世界に類がない．もとはといえば，鎖国下に唯一交易を許されていたオランダからの輸入品であったレリーフ紋様付きの金彩レザーを和紙で模造したものであったが，不揃いな動物の皮革と違い和紙製の模造品は壁紙にもってこいだった．ヨーロッパのデザインをコピーした初期のものから次第に日本的なデザインも施され，19世紀〜20世紀初頭のジャポニズムに沿った輸出の花形商品となった（図3.8.5.3）．

西洋と日本の紙はこのように出会い，相互に影響を与えあい，紙の世界は急速に豊かになっていった．日本では西洋の近代工業生産に出会うことによって，和紙のみでは到底達成できなかった紙の恩恵に浴する豊かな暮らしが実現した．日常の用に供される洋紙の数はおそらく数千種あるに違いない．その上わずかではあっても，和紙がまだ暮らしに生きている．上記したようなさまざまな技法を駆使して加工された和紙の製品が伝統工芸品としてわずかではあるが生産され，その技法はかろうじて伝承されている．こうした伝統工芸の匠たちとまったく新しい発想で紙を現代造形の素材とする芸術家たちを両極として，子供たちの紙工作や折り紙，和紙を生かした数々の手工芸から洋紙を使うペーパークラフトと身近で豊かなものづくりの世界が身辺に満ちている．なぜこれほどまでに紙造形は普及し，人を魅了するのだろうか．

この疑問に対して，British Origami Society のオーガナイザーで折り紙作家であるPaul Jackson は，以下のように答えている．

「ただ切る，折る，糊で貼るだけで紙ほど自由に平面を立体に即座にドラマチックに変えられる素材はない．木，土，布，金属ではこうはいかない．この変幻自在さは芸術というよりはマジックに近い．いわば錬金術のようなものだ．最もありふれたものが突

## 3.8 現代の紙

然予期しえないすばらしいものへと変貌する．ありふれた紙が人手にかかると生き生きと性格づけられる．」

そして，彼は紙を造形する行為に manipulate という動詞を使う．この言葉はつくるというよりは操るとか細工する，またはもてあそぶに近い意味で，行為の成果品は必ずしもアートやクラフトに限定されるものではないという．そして紙で造形する多くの人々を paper manipulator と呼んではどうかと提唱した．

paper manipulation という概念で紙の造形を包括しようとする彼の考え方は，西欧のハイアートを頂点としたヒエラルキーや，アートとクラフトの線引き論争を越えるものとして新鮮に感じられた．和洋紙を駆使したさまざまなホビーが生活に定着しているわが国は，世界で最も paper manipulator の多い国といえよう．本来生きるためにものをつくり始めた人類が，時代を経て思いを託する形を求め続けてきた今日までのものづくりの歴史的成果を線引きして分けることに，どれほどの正当な理由と意味があるのだろうか．庶民の手遊びが洗練されて普及した，日本のお家芸ともいえる折り紙への興味からスタートし，独自の世界を展開している英国人の折り紙作家の提言は，大いに共感できる．

### b. 紙を素材としたホビー

1) 折り紙（origami）

Paul Jackson の言葉を借りれば，「紙さえあればいつでもどこでも誰にでも，あまりお金をかけずにできる」折り紙は，最も基本的な紙造形である．折り紙は今や origami で通用する国際語である．1950年以降急速に世界に広がり，今日では世界35か国で origami society が結成されている．これらの多くはワークショップや教室の開催，雑誌の発行，展覧会の開催などにより普及活動に努めている．中には数千人のメンバーを有する強力な組織もあり，定期的に国内・国際会議を開催している．組織間の交流も活発で，国際的なイベントが各国持ち回りで開催されている．日本では，紙が庶民の暮らしにも行き渡るようになった江戸時代に入り，折り紙は普及し始めた．寺子屋で教えられたり，テキストブックが市販されてさまざまな形が競って考案され，今日の原形となっ

図 3.8.5.4　吉澤　章氏の折り紙作品「バランスと姿態－体操」
（朝日新聞社提供）（口絵 16）

たようである．鶴が折れるか無作為に抽出して調査したところ，現在でも60％以上の日本人ができたという．いつどこで習ったというのではなく，成長の過程で自然に身についてしまうことは，日本以外の国では考えられない．このことからだけでも日本の紙文化の歴史的な豊かさが見て取れる．紙を折るだけで立体にするという共通点以外，その表現は具象，抽象ともに多彩である．動物や人物の動作をみごと折りだけで表現し天才とたたえられている故 吉澤 章氏（図3.8.5.4），物理学を折り紙に応用し，科学的な折り紙の国際的な連携の中核となった伏見康治博士・故 満枝ご夫妻，1枚の紙に折ると切るとを組み合わせ小さな建造物をつくることを origamic architecture と名づけた茶谷正洋氏，一方向から力を加えるだけで開閉できる三浦折りを考案し宇宙開発に応用している三浦公亮博士など，その活動の独創性と質の高さにおいても，日本は今日でも折り紙大国である．

## コラム　折り紙の世界

　和紙，洋紙を素材として造形する方法は幾多ある中で，折り紙はその一分野である．1枚の平らな紙を，折り線を構成し，線と面の屈折だけで立体またはレリーフに表現する独得な造形である．古くから紙，もしくは類似した平らなものを折ることは，日本をはじめ世界各地に発生し，長年行われてきた．

　現代の折り紙の表現の手法は，写実的に生物を表現するにはそのものの本質と自然の法則に従って創作する．

　「もの」の形を抽象的にとらえたり，感動する「こと」に出合ったイメージは，抽象または具象形として表現する．技法的に1本の折り線を直線または曲線で表すか，面は直面または曲面で構成するかということもある．折り線は1本でも省略して，よりテーマの核心に近づくことができるかなど，創作の課程では種々の難しい理論的な問題や技術的な事柄がある．

　しかし折ることも，見る形としても美しく，楽しいものでありたい．動物は生き生きと，小鳥はさえずるように，花や草木には香りを感じるように折り，また，生活の中の無機的な形もあたたかさを感じる作品に表現することを心がけてきた．

　折り紙は造形の基礎としての要素が大であり，また教育性を求めるとき誰も幾何学を想像する．1枚の紙を縦2つに折る．また対角線で折って

3.8 現代の紙

折り紙作品「佛面」(左)と「白鳥」(右)(口絵 17)

直角二等辺三角形をつくる，ほとんどは，この2つの方法で折り始める．カド，辺をどこかに合わせて折れば，もっとも合理性のある折り線が生まれ，辺や角度の等分，正三角形，正五角形，正六角形の折り出し方など，限りなく数学的であり，物理的なおもしろさも加わる．かつては私も折り紙は幾何学そのもののように考えたこともあったが，情緒性豊かに自然物や人の心を形づくりたいと創作している（写真）．

今，素材として和紙，洋紙とも多様であり，テーマに似合う紙を選ぶことができる．以前には考えられなかったように多彩であるが，裏打ちや合紙にして特殊な用紙をつくり制作することもある．

折る回数の多い複雑な折り方が高級であり，シンプルな折り線構成のものは単純な作品と考える傾向にあるが，決してそのようなものでなく，それぞれの作品に難易がある．私はつねに基礎的な勉強，教養に加えて，好奇の目で対象と率直に向き合って観察し，与えられた独自の感性は，品格のある作品を創作することができた．

現在，国内はもちろん，海外にも"ORIGAMI"は普及した．世界の人々の関心は，現代の折り紙の基礎を成した理論と技術の習得にあり，さらにはその真髄が求められている． 〔吉澤 章〕

2) 和紙人形

古代遺跡からの多くの出土品からもわかるように，人がたはどの民族にも共通にみられる造形物である．布，木草，土，石などおそらくあらゆる素材で人がたはつくられていたに違いない．江戸時代，紙が庶民の暮らしにも行き渡り生活に余裕ができ始めると，紙を使った手遊びも盛んになった．木版刷りの千代紙や染紙（そめがみ）が出回り，それらを収集したり紙細工を楽しむことが婦女子の間で流行した．人形の呪術的意味合い

図 3.8.5.5　内海清美氏の作品「憐慈愛」

がだんだん薄れて，つくることを楽しみ鑑賞の対象とすることへと次第に移り変わっていった．てるてる坊主に紙を巻きつけたような簡単なものから徐々に具象的に洗練を重ね，江戸時代の末期には姉様人形の形へと完結した．母から子へと伝承されてきたこの形を現代に蘇らせたのは石垣駒子氏である．駒子の姉様人形は戦後ライフスタイルが急速に洋風化していく中で，日本情緒を掻き立て誰にでもできる簡単なつくり方で受け入れられた．和紙加工業者が絞り染めや和染め紙，シルクスクリーンを使った千代紙や友禅染めの彩色和紙をつくり，新しいニーズにこたえた．彩色紙に縮緬加工した柔らかな縮緬紙も見直され，和紙を扱う店頭は活気にあふれ，にわかに色彩豊かになった．素材に触発されて新しいスタイルの創作和紙人形が盛んになり，グループや流派が結成されて，1980年代には一大ブームとなった．現在ホビーとしての活動はピーク時ほどではないがなお根強いファン層を維持し，長らく持続的に創作し続けてきた工芸家の優れた作品が輩出している．群像によってダイナミックな人形絵巻の華麗な世界を展開する中西京子氏，音響と照明に最先端の技術を取り入れて空間物語芸術という独自の世界を構築する内海清美氏（図3.8.5.5）など，国内外の多くの人々の共感を受けている．

3）和紙ちぎり絵

紙をちぎって貼り，平面構成する技法が美術史に登場するのは，20世紀前半である．キュービズムと呼ばれた前衛芸術の旗手たちは，絵筆で描くことだけにこだわらず，広告や雑誌などの印刷物や色紙をちぎってキャンバスに貼りつけ，制作し始めた．それ以来この技法はパピエ・コレ（papier collé）と呼ばれ，今日の紙造形の起点といわれている．芸術家の創意によって集められた紙片は，それぞれの因果関係と素材感を主張しながら違ったイメージへ再統一され，芸術家のメッセージとして作品化される．同じく紙片を貼り集めるにしても，和紙ちぎり絵はおのおのの紙片が主張することは少なく，むし

**図 3.8.5.6** 亀井健三氏の和紙ちぎり絵作品「春遠からじ」

ろ逆に貼ったり重ねたりしてあることをできるだけわからせないように努力しているようにもみえる．和紙ちぎり絵は薄様紙をいわば絵の具に代わる色料と見なし，手でちぎった小片を貼り重ねてつくる絵画である．薄く透けてみえる染め和紙を手で引っ張ってちぎると，裂け目には伸びきってちぎれた和紙の繊維が輝いて密生してみえる．薄糊（CMC）で台紙に貼りつけると，すっかりなじんでまるで最初から1枚であったかのように自然に溶け込んでみえる．貼ってあると気づかないほど精巧に制作されたものもある．

　この和紙の特性に着目し，本格的に絵画の制作に取り入れたのは，中野はる氏であった．彼女の活動に触発された亀井健三氏は世界で最も薄いといわれる土佐の典具帖紙に出会い，絵画材としての適性を発見し，精力的に研究と普及活動を行った（図 3.8.5.6）．和紙ちぎり絵には，絵画制作に不可欠な筆遣いや混色による色づくりの熟練はあまり必要でない．
　(1) 画材の色紙を下絵なしに指先で大胆にちぎる．
　(2) 下絵を描いてその上を色鉛筆か水筆でなぞり，ちぎっていく．
　(3) 鉄筆を軽く使い，その線をちぎる．
など，多様な方法を組み合わせる．色和紙のちぎり端の，繊維の毛羽立ちを生かすことが大切である（ただしモチーフの質感を重視．例えば壺にいけた花を描く場合，花や葉はちぎっても，壺は鉄筆を強く使うか，はさみを使う）．これらを台紙に貼るので，初心者でもまずは満足のいく形になる．それに和紙に手を触れぬくもりを体感することは，いかにも心地よい．各地でサークル活動が運営されて，層の厚い草の根の芸術活動として成果をあげている．1990年以降，亀井氏を中心に紙の発祥地中国との文化交流が始まり，いくつかの大学でのちぎり絵講座の開設，日中合同展の開催など中国での普及活動が続けられている．国内では和紙絵のコンクールが開催され，若手の芸術家が静物や風景といったそれまでの具象絵画とは違った斬新な作品を出品し注目されている．画材

に和紙を使うことと平面に仕上げることだけが制約なので，紙に使えるあらゆる造形技法を駆使した魅力のある作品群が展示される．和紙ちぎり絵の愛好者たちの従来の作風と，新しく和紙にチャレンジし始めた芸術家たちの個性的な作風が今後どのような展開をみせるのか，大変興味深い．

4) 和紙の花

花を神に捧げることは宗教心から発する世界共通の行為である．仏に花を捧げる習慣は日本の花道の源でもあるのだが，造花を捧げることはすでに奈良時代から行われていたようだ．季節の限定や生花のはかなさを避けるためといった理由よりは，丹精込めてつくられた清冽な和紙を使って花をつくる行為が神に仕える敬虔な作業として重んじられたこともあろう．この習慣は今でも続いている．また和紙産地や地方の祭には和紙でつくられた花が使われて，祭事を華やかに彩っている．

西洋のアートフラワーの素材としてクレープペーパーが20世紀はじめにドイツで開発されて普及した．安価で扱いやすいために一時は日本でも流行したが，工業製品の紙に和紙のもつ雅味は期待できず，紙に目の肥えた日本人には飽きられていった．西洋の技法を再編成して和紙の花制作を始めたのは海部桃代氏である．今より40年前，アメリカ，イギリスにてフローラルアート（生花のアレンジ，造花，ならびにそのデコレート）を学び習得した彼女は，「和紙でどうしてつくらないの？」という海外の友人たちの指摘に触発されて素材を変えてみた．それ以来和紙の魅力に開眼し，この道一筋に花づくりに専念，展示会や教室の開設と積極的に普及に努めている．また並行して和紙の研究と産地探訪を続け，著作も数多く手がけている．和紙を愛し，深い理解から生まれる華麗な世界は海外にも多くのファンをもち，高く評価されている（図3.8.5.7）．

**図 3.8.5.7** 海部桃代氏の和紙でつくった花

## コラム　花の命を和紙に託して

　根腐れしそうな長雨や目眩い陽光に灼かれ，激しい野分に煽られ，苛烈な寒気にも耐え抜き，唯一の花を咲かせて惜しげもなくその生命を果てる生花の素晴らしさを想うとき，誰しも花にまつわる思い出を懐かしがらずには居られますまい．

　和紙は，7世紀の初めに日本に伝来した紙を，私たちの祖先がこの美しい風土の中で最高の品質に磨き上げたものである．その優れて比類ない和紙は，長い間人々の日々の営みの中で重要な位置を占めていたが，明治以降洋紙の出現により，従来和紙がもっていた機能は大きく奪われてしまった．それでも少数の和紙は，美しさ，暖かさ，強靭さとともに今日まで紆余曲折を経ながら漉き継がれている．

　和紙は植物の靭皮繊維を原料として人の手で漉かれたものであるから，長く細い繊維が薄く絡み合い，丈夫な層を形づくっている．この素材を染め，切り，折り，曲げ，捩るなどして造る「和紙の花・ももよ草」は，日ならずして萎れてしまう生花に今一度の命を与えてくれた（写真）．

　和紙を野山に咲く愛しい季節の花々に化身させて改めて，私は和紙の素晴らしさを識った．和紙の花づくりは，和紙一枚一枚がもつ個性を理解すれば誰にも容易につくれるもので，憩いの一時など日本伝統の文化に親しむ楽しさは格別である．植物から生まれた和紙の花には，他の造花とはひと味違う生花との親近感と独特の奥ゆかしさがある．

　和紙から生まれた花々の清楚な味わいと飽きのこない美しさに共感して旅行くとき，ふと見かけた花，ある機会に印象づけられた花，歓びの使者であった花，人それぞれの思い出を，時経たある日に手繰り寄せ，心安らかにつくることこそ，和紙の花づくりの私の信条といえようか．

　花づくりの素材，和紙を求めて，少なくなった全国の紙漉き場を巡り始めてから，すでに40余年の歳月が過ぎた．それぞれの地と今も交流し情報交換など続けているが，鬼籍に入られた先人も数知れない．思い出多い漉き場の中で，再三にわたる新潟県刈羽郡小国町（2005年4月，長岡市と合併）の訪問は，図らずも国際交流に役立てたことで記憶に新たである．

小国は国の無形文化財，小国紙の産地で，深い雪に埋もれた白銀の中を懸命に辿り着いた30年ほど前，すでに紙漉きは絶え絶えになっていて，ともに故人の保存会長の木我忠治さんと，全国で最正統派の漉き手といえた江口ミンさんにお会いした．その後小国町山野田に小国芸術村会館が誕生する奇縁に加えて，オープニングに和紙の花を飾るよう依頼され，残雪の中を再度訪れ，1995年に3度目の小国行となった．

小国町は1986年にスイスのヴォー州ロマンモティエと姉妹都市になっているが，小国町の訪問団が小国和紙で創作した私の和紙の花を贈り，好評を得たと伝え聞いた．

数年来，私はプラハ，ベネチア，ヘルシンキなどで開催される日本文化祭に和紙の花の展示を続けているが，スイスのベルン市での文化祭にも同じく和紙の花を展示した．その折り，請われてロマンモティエを訪れ，予想外の歓迎を受けた．フランスとの国境に近いこの地は人口わずか350人，緑の谷間にたたずむ小さな村は小国によく似た風情であったが，村の教会に大勢の子供が集まって私の到着を待ち侘びていた．持参した和紙を使い，簡単な花のつくり方を教えたが，小さな手ですぐ上手につくり上げ，歓声をあげていた．この子供たちは，花をつくる素材は変わっても，自ら手づくりの花を愛でる豊かな心の持ち主になるに相違ないと確信した．

〔海部桃代〕

和紙の花

5) 紙粘土人形

紙粘土は純粋な意味での紙ではないが，繊維と水，樹脂などのつなぎとなる成分からできており，紙の原料であるパルプや繊維を主成分としていることから，紙粘土と総称されている．シート状であることが紙の条件とすれば紙とはいえないが，広義的には繊維由来の素材という面で紙の形を変えた姿と考えてよいだろう．紙粘土や新聞紙をちぎって溶かし，糊を混ぜて粘土状にしたものは，子供のとき教材として一度は触れる素材である．また，粉や土に水を加えてこねて物をつくり出すという作業は，人間の生活

や遊びにとって非常に根源的で興味尽きない所作であるといえよう．

この紙粘土を素材に人形や動物を制作するのが岡田 瑛氏である．彼女はまさに，ホビーの原点ともいえる「誰にも教わらず，自分の中から自然発生的に湧き上がってくるアイデア」の赴くままに，状況に応じて「とっさにひらめく機知」を楽しみ，「身近な素材を使い，お金をかけない」を信条とし，テーマとしては「必ずストーリー性のあるもの」，それも「どこかおかしみのあるもの」がいいという．子育てや孫との付き合いでつねに童話や絵本が身近にあったことが制作の源流にあるが，「人形」という言葉からくる「生命のない」不活発なイメージを振り払うには，「おかしみがいちばん」という．幼いころ厚紙で精緻なピアノや小さな家をつくるのが好きだったが，小学校・女学校時代は戦時と重なり，終戦直後に突然女子に開かれた旧制高等学校を紅一点で過ごすという異色の3年間を経て京都大学で生物学を学んだのち，カトリックの女子短大で36年間女子教育に携わった人生は，ホビーとはまるで無縁であった．ただ，50歳のころ，ズングリした「おにぎり」型の人形を紙粘土でつくるグループ展をのぞいたとき，会場でこの素材を実際に手にとってみる機会をもち，その感触に印象づけられたのが紙粘土との出会いという．そのとき「このような素材で，おにぎり型でなく自由な"姿態"を表現すれば」と思い，教え子らの大学祭の展示を人形で表現させたこともあったが，結局自分で制作したいという思いが実現するのは退職後，70歳を超えてからであった．

イメージの中の姿態のままに，竹串を折り曲げ，造花用のワイヤーを添わせ，巻きつけ，基本の骨格を整える．そこから，耳，鼻，手，足，角，とさか，たてがみ，牙，…などを，荷札についている細いワイヤーなどで形づくり，固定する．すべては手指を使うだけの仕事で，何ひとつ特別な道具や火を使うなど専門的な加工を必要としないのである．この骨格の上に，紙粘土で肉付けする．現在，市販されている紙粘土は多種多様にわたり，それらの中から試行錯誤を重ねて特性を探り，選び出した数種類を使い分けて肉付けし着色して仕上げる．こうしてできたストーリーの主人公や脇役たちは，発泡スチロールの保冷ケースなどでつくられた舞台に，竹串で固定され，子供にも大人にも懐かしい名場面が完成する．紙粘土，ワイヤー，竹串のほか，よくみれば枝豆の袋，ストロー，紙，縫い糸などなど，キッチンや机のまわりにあふれるものばかり．誰にも親しまれる物語を立体化した作品は，自身を投影するかのように知的センスにあふれ，明快で，そこはかとなくおかしみをたたえ，豊かでユニークな世界である（図3.8.5.8）．

画材店や文具店の片隅に数十種類積み上げられている「紙粘土」（繊維由来の粘土）も，現在ではさまざまな開発が進み，昔ながらのパルプ状のものから，ここに使われるような進化したテクスチャーのもの，再生パルプ，コルク，パルプに木粉を配合したものなど，さまざまな原料やテクスチャーのものが市販されている．今後素材の進化とともに，手指で「こねる」という根源的な作業により，魅力あるテーマを新しい切り口で表現するこうした創作の分野が，どのように広がりをみせるか楽しみである．

**図 3.8.5.8** 岡田 瑛氏制作の紙粘土人形
宮沢賢治作，茂田井武画『セロひきのゴーシュ』(福音館書店刊)
の本のイメージから制作した．

6) 切り絵

　紙を切って平面造形をしたものを切り絵，切り紙といい，古くから各国に手工芸として伝承されている．メキシコでは古くから祭祀に神の姿を切り抜いたものを奉納していた．その昔縁日で大道芸人が紙を切ったり，寄席で口上とともにはさみで紙を切って形をつくる紙切り芸も日本には存在する．20世紀の芸術家マチスも晩年に切り紙を使った作品を制作した．

　剪紙は中国に古くから伝わる民間工芸品で，はじめは祭事，祝事や年中行事の祭祀用やまじない，厄よけのためにつくられた．その後民衆に広まり用途も刺繍の型紙や室内装飾，贈り物へと広がっていった．広大な中国の各地に分布し，地方によりさまざまな特色をもち，題材も吉祥を表す文様や文字，神話や民話などの人物や風景，日常生活を写すものなど多岐にわたっている．

　日本に現存する最も古い切り紙は天平宝字元年（757）献納の正倉院の「人勝残欠雑帖」とされている．日本の切り紙は中国と同じように民間習俗や神事，仏事の中に見出すことができ，白い和紙で吉祥を表す動植物や十二支，文字，人形を切り抜いたものや，愛知県奥三河の花祭の「ざぜち」のように祭の会場に飾ったり，正月や旧正月に神棚に飾ったりする．祭の灯籠の飾りにも切り紙が使われている．この技法は目的を変えて染色用の型紙として発展し，友禅や小紋，紅型の型紙，伊勢型紙が生み出された．

　こうした工芸としての切り紙は，やがて芸術，文化のジャンルとして発展する．戦後，日中友好協会は文化紹介の一環として剪紙の紹介を始め，1958年には『中国の剪紙』，『中国民間剪紙』など剪紙を紹介するパンフレットを発行し，普及のために切り紙の講習会を開催する．1967年には日中友好新聞において第1回切り紙紙上コンクールを開催，回を重ねやがて全国を巡回し多くの才能を発掘する．各地で研究会や講習会，教室が始

まり，1978年には日本きりえ協会が結成され，東京都美術館において第1回日本きりえ美術展が開催された．こうした動きを通して切り絵，切り紙の創作活動は全国に広がりをもち，絵画そのものをつくり上げる手法として紙を切る技法を取り入れた「切り絵」という美術の新しいジャンルが確立されていった．

一方で，1969年から朝日新聞の「朝日家庭欄」に掲載された滝平二郎氏の切り絵作品が好評を博し，翌年には朝日新聞の日曜版に掲載され，「切り絵」の存在を社会に広げていった．

これ以前からも個々に切り絵を創作する作家もおり，黒くなった印画紙で切り絵をつくっていた東君平氏，雑誌のカットに切り絵を使った加藤義明氏，棟方志功の版画に触発され紙を彫ることを始めた挿絵画家の吉原澄悦氏らが本や雑誌の挿絵に切り絵を発表していた．金子静枝氏は生業の刺繍の型紙彫りから，またグラフィックデザイナーだった宮田雅之氏は中国の剪紙からヒントを得て切り絵を手がけ，谷崎潤一郎をはじめ多くの文芸作品の挿絵を創作した．安野光雅氏らも出版を通して切り絵を広め，デザイナーやイラストレーターからも多くの作家を生み出していった．

白と黒のコントラストのみで表現するものや，裏打ちして彩色したり，染色した和紙を切り抜き貼り合わせて彩色したものなど，絵画的なものから軽妙で明快な表現までバラエティー豊かである．また切り抜いた部分で形を表すものや，反対に切り残した部分により形を表すものもある．こうした多様な表現技法に作者の個性が加わり，独自の世界を競い合っている．

上記で紹介した以外の紙を素材としたホビークラフトを列挙してみると，押し絵，くるみ絵，継紙，染紙，紙紐細工，こより細工，水引細工，結び，紙布，折形，和紙盆栽，紙塑人形，陶紙細工，紙粘土細工などがある．このほかにも一閑張りや，張子などの古くから伝承されてきた民具や玩具の復興，表装表具，木版拓本などの伝統工芸を初心者に教える試みも始まっている．西洋ではペーパークラフト，パピエ・マッシェ，パピエ・コレに最近はブックアートと折り紙がブームである．和紙に対する関心がこれらのホビーの周辺で高まっていることも国内の事情と同じである．手づくりの味わいを残した和紙の質感が手をいざない，つくる快感を得やすい素材であることを日本人は当たり前のこととして暮らしてきた．19世紀後半の機械生産の導入によって和紙は生活必需品としては衰退の一途をたどってきたが，人間の美的欲求を刺激し続け，趣味や芸術といった新しい領域に活路を見出してきた．こうした世界はいずれもそのルーツをたどれば人間共通の表現欲の一貫性を基盤とする行為であり，形の違いが豊かさとして肯定される文化活動なのだ．paper manipulation がグローバルに浸透していく世界の状況は，物質文明の豊かさがあってのことである．生きるためにものをつくり始めた人類が，つくることに生きることの意味を求め始めた結果でもあろう．世界的に手でつくることの意味と価値が大きな転換期にきているようだ．

**文　　献**

1) 現代日本文化論 10　夢と遊び，岩波書店，1997.
2) ON PAPER NEW PAPER ART Craft Council MERRELL.
3) 「19 世紀の和紙展」カタログ，日本・紙アカデミー．

### 3.8.6　現代美術と紙

#### a.　New American Paperworks

　日本の紙文化が世界に比類ないことは，17 世紀にケンペルの『日本誌（廻国奇観）』にも紹介されているように，日本通のヨーロッパの有識者にはかねがね定評のあるところであった．当時は鎖国下にあったためそれらは比較研究と収集に留まり，和紙がヨーロッパの市場に広く出回るのは開国を待たねばならなかった．明治時代の和紙の国際化については前に述べたところである．

　1883 年生まれのアメリカ人デザイナー，ダード・ハンターは 1908 年から何度かグラフィックデザインの研鑽にヨーロッパに滞在し，手漉き紙と活字制作や印刷を含めたヨーロッパの伝統的な本づくりの世界にめぐりあった．帰国後彼は持ち帰った資材や資料をもとに手づくりの出版工房を開設し，本づくりを実践し始めた．時には紙と活字も自らつくり，デザインに趣向を凝らし，手漉き紙に関する著作を次々と出版した．彼は優れたデザイナーであったが，それ以上に手漉き紙の世界で最初の偉大な研究者，収集家，著述家であった．1938 年までに当時世界で行われていたほとんどすべての紙漉き場を調査し，多数の実物サンプルを添付した数々の不朽の名著を著した．1933 年には東南アジアの調査の際，日本に立ち寄り，おびただしい量の紙および道具，書籍や資料を持ち帰った．現在アトランタのジョージア工科大学附属のアメリカ製紙博物館に収蔵されているこれらのコレクションは，すでに本国にはないものもあり，かけがえのない貴重なものである．彼が撮影した当時の写真も数多く残されており，現在ではなくなってしまったアジア辺境の紙漉き村の記録は，技術史の資料としても大変価値あるものである．生涯を手漉き紙に捧げた彼の活動は多くの若手の芸術家を触発し，ハンターはアメリカでの手漉き紙のルネサンスの偉人とたたえられている．

　ハンターの著書の愛読者の一人であったダグラス・ホーエルは，第二次世界大戦後 GI として日本に滞在した．彼は日本の文化に興味をもっていたが，ハンターの本の影響で，中でも和紙に最も惹かれていた．帰国後彼は手漉き紙工房を開設し，3 次元の彫刻的な紙の作品を漉いてつくる技法を考案した．このことは，紙といえば平面であると思い込まれていた概念を根底からくつがえす革命であった．多くの芸術家が注目したが，その中の一人は，アメリカの名門アートスクールであるクランブルックアカデミーオブアーツで版画を教えていたローレンス・ベーカーであった．彼はほどなく紙漉きを自身の講座に導入し教え始めた．のちにアメリカ各地で紙造形推進の中核となるアーティスト，ウォルター・ハマディー，アリス・コートリアス，ウィニフレッド・ルッツも彼の

教室の出身である．卒業後，ハマディーは優れたブックアートの作品を発表しながらウィスコンシン大学で教えていた．彼女の紙造形教習のプログラムは，その後相次いで開設される大学の美術学部の紙造形講座の手本となった．1970年にスタジオミルを開設し，アメリカの手漉き紙工房のプロトタイプとなったツインロッカーペーパーミルの設立者，キャサリン・クラークとハワード・クラークは，ハマディーから紙漉きを習得した．コートリアスはロスアンゼルスのタマリンドファインアートリトグラフィーの主席版画家で，彼女によって紙の造形と西海岸の版画工房とが結びつくことになった．ルッツは彫刻のキャスティングの技法を応用して，パルプを素材に優れた3次元の彫刻作品をつくり，芸術性を高めていった．のちにイェール大学で講座を開設し，ここから今日第一線で活躍中の優れたアーティストが輩出した．

平面から立体への展開にさらに弾みをつけたのが，バキュームフォーミングの開発であった．もともと紙は繊維を水の媒介で絡み合わせてシートにし，乾燥させたものである．繊維は水と縁が切れたときに紙になるわけで，いかに原形を損なわずにシートに含まれた水分を取り去るかが紙づくりの要点といえる．紙の工業生産のラインでは，ベルトコンベアーの毛布の上の湿紙はドライヤーの直前にバキュームの脱水装置を通り，十分脱水された湿紙となってから乾燥の工程に移行する．手漉き紙にこのシステムを応用しようと試みたのは西海岸在住のチャールズ・ヒルガーとその友人たちであった．彼らはコンプレッサーと小さな穴をたくさんあけたテーブルとを組み合わせたバキュームテーブルを考案した．この上に漉いた紙を乗せてプラスチックシートで覆い真空コンプレッサーを作動させると，湿紙に含まれている水分は空気といっしょに抜かれて湿紙はテーブルに密着する．前もって凹凸のある小さな物体を湿紙の下に置いて脱水装置を作動させれば，紙はその形に沿って密着して脱水されるのでレリーフ状になる．従来の紙づくりでは湿紙を積み重ねた上に重石を置いて時間をかけて徐々に脱水していたので，表面は平滑にしかならなかった．この制約から解放されたいとの欲求はバキュームテーブルの開発によってかなえられ，可能性は一挙に拡大することとなった．こうして1970年代の後半には，紙の造形が普及するすべての条件が整った．

文化的な社会情勢も追い風であった．1960年代のアメリカは前衛芸術で世界をリードし始めており，工芸と芸術を等価に扱うアーツアンドクラフツの運動が始まっていた．新しい試みは歓迎され，紙造形の講座が大学の美術学部に次々に開設され，日本の手漉き紙生産者のような家単位の手漉き紙の工房が各地で稼動し始めた．彼らは自らの設備を使って作品をつくると同時に，芸術家やデザイナーに手漉き紙をつくって提供した．当時は版画がブームであり，多くの画家や彫刻家も版画を試み美術市場をにぎわしていた．芸術家によってさまざまな新しいアイディアが手漉き紙工房に持ち込まれ，協同制作によって新しい造形の世界は急に豊かに拡大していった．タマリンドの技術担当ディレクターであったケン・タイラーは，1965年に独立してジェミニを設立し，当時の流

行であったポップアートのスターアーティストたちを招いて紙づくりと他の造形技法を組み合わせて新しい作品づくりに取り組んだ．ローシェンバークやホックニー，ローゼンクイスト，フランク・ステラなどの有名芸術家に彼のスタジオを開放したり，時にはフランスやインドの手漉き紙工房に同行し，制作を取り仕切ってエディションとして発売した．現在はニューヨークの郊外で立体の紙づくりを始め，印刷からあらゆる設備の完備したスタジオを構えて世界の一流芸術家を受け入れて制作をプロデュースし，世界中の美術館に作品を納めている．

アメリカの1970年代はカウンターカルチャーの熱気に包まれていた．特に西海岸には若い才能のある多くの芸術家が世界中から集まり，異文化が混在し輝いていた．1978年，紙の新しい造形が世界へと広がるきっかけとなる2つのイベントが開催された．3月にワールドプリントカウンシルによってサンフランシスコで行われた紙会議（Paper Art and Technology）と，秋に京都で開催されたWCC（世界クラフト会議）であった．サンフランシスコの会議には初めて日本の紙漉きが招かれて実演を行い，400人のアメリカの関係者が流し漉きを直接みることとなった．WCCには和紙の部門に海外からの参加者が殺到し，主催者を驚かせた．

この2つのイベントによって日米の手漉き紙関係者の交流が始まり，日本での会議開催の機運が高まっていった．ダード・ハンター生誕から100年，来日から50年が過ぎようとしていた．京都で開催された国際紙会議IPC '83は，和紙の伝統とアメリカで始まった新しい芸術活動が直接出会った画期的なイベントであった．アメリカ側は，"New American Paperworks"展を巡回してそれまでの成果を一挙に公開し衝撃を与えた．この展覧会を企画したジェーン・ファーマーは，分科会のパネルディスカッションで手漉き紙に現代美術家が強い関心をもつ理由を5つ列挙した．すなわち，① 手工芸品への再評価の一部としての手漉き紙の復活，② 工芸の芸術への同化，③ 現代美術の新しい傾向であるミックスメディアによる作品の盛行，④ 現代社会への関心を作品に反映するべく生態的なものや天然素材への関心，⑤ 技巧や装飾の域を越えて現代美術を拡大したいという要望，である[1]．

この展覧会に選ばれた12人の作家たちの3分の2が作家自身の漉いた作品を展示，3分の1が国内外の既製の紙を使った作品であった．同時に開催された日本と韓国の美術家による「現代紙の造形　日本と韓国」は，手漉き紙の伝統をもつ国の洗練とストイックな一面をみせ，好対照であった．日本と韓国の作品のほとんどはでき上がった紙でつくられたものだった．

13か国からの手漉き紙のパイオニアと日本の伝統的な手漉き紙の生産者，海外の芸術家と日本の紙漉きの国境を越えた交流が力強く始まった．アメリカの新しい動向にかかわりなく独自の手法で和紙を素材に創作してきた日本の芸術家たちは，勇気を得て開かれた世界に向けて優れた作品を次々と発表し評価を高めていった．各国で紙造形の国

際展やシンポジウムが定期的に開催され，紙を素材に制作する芸術家は世界に拡大していった．会議以降，日本の紙漉きと芸術家の関係にも大きな変化が現れた．伝統的な紙漉きの後継者たちが芸術家やデザイナーを受け入れ始め，紙づくりの工程に芸術家が踏み込んで制作できるようになった．それまでは伝統工芸としての和紙づくりは完結した世界であり，紙漉きがつくった紙を芸術家は選ぶという分業が定着していた．芸術家が紙を漉き始めたアメリカでは，日本とは異なり漉く技術は芸術行為の一部であった．漉き場に国内外の芸術家を受け入れて制作をサポートし，積極的に海外に出かけていく和紙づくりの後継者が次第に増えていった．1980年代の後半になると国内の美術館でも紙造形の企画展が開催されるようになり，造形美術の一分野として広く受け入れられていった．

### b. アメリカ-日本-ヨーロッパのネットワーク

日本とアメリカが出会った1980年代のはじめのヨーロッパは，静かではあるがアメリカの動きに追随していった．もともと日本以上にアメリカとの結びつきが強いヨーロッパ諸国から，1960年代以降アメリカへの美術留学生が増え始め，習得した技術を自国に持ち帰って手漉き紙スタジオを開設する芸術家が現れた．当時のヨーロッパは繊維の造形ファイバーアートが，伝統的な手織物の文化基盤の上に現代芸術として育っているところだった．1961年，ローザンヌの市立美術館で国際タピストリービエンナーレが開催され，繊維を素材にする造形の，世界の登竜門として高い評価を確立していった．1970年の後半には織りを専攻していた芸術家が新しい動きに触発されて紙を扱い始める．紙も織物ももとはといえば繊維の造形で，この2つがオーバーラップしたのは自然の成り行きであった．1980年には紙の作品が選ばれ始め，それ以降毎回紙造形が増えていった．1983年の第11回ビエンナーレに合わせてローザンヌの市立装飾美術館で"Papier-Un nouveau langage artistique"という企画展が開催され，紙造形のヨーロッパへの伝播を予感させた．このころからタピストリービエンナーレは停滞期に入り，21世紀の到来を待たずに40年の歴史を閉じることとなった．それに取って代わるように紙の造形は広がり始め，1986年にドイツの紙産業中心都市デューレンの市立美術館において，ニューウェーブを決定づけるように紙造形のビエンナーレが始まった．同時に紙造形家と手漉き紙の生産者の相互交流を促進する国際組織，インターナショナルアソシエーションオブペーパーメーカーアンドアーティスト（通称IAPMA）が発足した．1988年の第2回ビエンナーレは，アメリカからスペインに移住し，バルセロナ郊外でスタジオを開設していたローレンス・ベーカーと私（伊部京子）を審査員とゲストオブオナーとして，13か国からの選りすぐりの作品を展示し，ヨーロッパで初めての充実した内容の国際展となった．アメリカと日本の活動は高い水準でヨーロッパに受け継がれた．この展覧会からさらに優れた作品だけを選び出し再構成した展覧会が，デンマークの国立美術館ノルジランドクンストミュージアムで展示されたあと，京都，東京，徳

島と巡回した．この企画は1983年の国際紙会議の成果を継承し，国際的なネットワークの核となるために結成された文化団体日本・紙アカデミーの発足記念事業であった．IPC '83以来初めての本格的な紙造形の国際展は，充実した内容で多くの観客を魅了した．IAPMAは隔年に世界持ち回りで総会を開き，1995年には日本・紙アカデミーが中心となって開催された国際紙シンポジウムIPS '95に合わせて，日本で総会を行った．IPS '95は「紙の道　その源流から未来まで」をテーマに広く紙の文化史を通観し，未来の紙のあり方を探るためのものであった．前回の国際紙会議から12年が経ち，ペーパーアートの広がりを示すように21か国からの参加者が京都に結集した．

**c. メディアの成熟を目指して**

「紙と芸術」のシンポジウムでジェーン・ファーマーは次のように語った．アメリカでの紙造形の有力なプロモーターであり，1983年の国際紙会議のパネラーであった彼女の発言は，紙造形振興に尽力した当事者の内側からの提言として注目された．少し長くなるが，引用してみよう．

「今，われわれは，（アートメディアとしての紙は，）20歳そこそこだといえると思う．他の多くの20数歳のものと同様に，1990年代の外見上は抗しがたくみえる世界において役割を見出そうと模索を続けているところだ．（中略）

われわれが思っていたような紙造形についての批判的な考えは，この20年間に何度も進化してきた．そして今や，紙造形は昔から分裂状態であったファインアートとクラフトとの間の掛け橋になることさえできるのだ．最高のファインアーティストの手にかかれば，紙は何の問題もなく，ファインアートメディアになれるのだ．（中略）

他の多くのメディアや文化的，歴史的，経済的な境界を越えるメディアとして，紙は現代芸術のもつ問題点をもう一度考えさせる役割をもっている．（中略）」

さらに紙造形の今後について次のように続けた．

「この（紙の）道はわれわれをどこへ導くのか．20歳そこそこの若者のように，アートメディアとしての紙はまだ成熟の途上にある．そしてやがて紙はそれを育ててくれた社会に対して，紙ならではの恩返しをすることになるのだ．」

1983年の国際紙会議での彼女の発言とここに引用した言葉を合わせてみると，その間に生起した紙に関する世界のさまざまなできごとが1本の線につながって紙の道となっていた．彼女はアーティストに呼びかけた．

「ペーパーワークはアートだと声に出していうべきところに私たちはきています．私はそれをメディアの成熟という言葉で表現しています．最初は全く新しいメディアでした．そして私たちはそれまで身近にあった主題に対して新しい見方が出てきたという，それだけのことだと私は思います．（中略）アメリカではものすごい量のエネルギーが突然に，しかも非常に速い速度で広がりました．紙は全く新しく，エキサイティングなものだったからです．人々はおもしろがり，アーティストはそれで作品をつくるように

なりました.」

アーティスト自身が素材から紙までつくる場合と,既存の紙から始めて作品をつくる場合と違いがあるか,との質問には次のように答えた.

「違いはないと思います.私は連続性だと考えています.アーティストには連続した可能性があり,彼らがみんなつくりたいんだと声に出していっているように私はみています.(中略)私はすべてのアーティストがそれぞれの場合において選択すべきものだと思います.彼らは自分たちの目的にあった紙が存在するかどうかによって,紙をつくるかどうか決めているのです.重要なのは素材を見つけることだけです.」[2]

1983年の主張に加え彼女は,紙は自然素材であり,アーティストの環境に対する考えと一致することを新たに強調した.そうした観点からの作家の活動がスライドで紹介された.トム・リーチの作品は,第4回の国際紙造形ビエンナーレ"Paper and Nature"のテーマ作品として出品されたものである.リーチは1990年と1992年のエベレスト環境登山隊のメンバーで,チョモランマのチベット側のベースキャンプに遠征した.彼はそれまでの遠征でも紙のごみを集めてベースキャンプでリサイクルした経験があった.出品作は受け取った郵便物をリサイクルして,チベットの風習にならってラングマと呼ばれる祈りを書くための紙に再生した.チベットではラングマは人々が祈りを書いて,屋外に連ねて掲げられる.彼はA3大の自作のリサイクルペーパーに彼の祈りをコラージュで表現し,チョモランマへの祈りと命名した.作品は一夏会場であったデューレン市立レオポルドホーエッシュミュージアムの芝生の前庭に掲げられ,雨風を受けて次第に変化し,展覧会のシンボルとしての使命を果たした.私はこの作品を審査員の一人としてみることができたのだが,日本の七夕飾りにも通じるチベットの風習は東洋的アニミズムを感じさせ,紙の使い方として納得しやすいものだった(図3.8.6.1).

この作品によってジェーン・ファーマーは,アーティストがヒューマニストやエコロ

図 3.8.6.1　トム・リーチの第4回国際紙造形ビエンナーレ出品作品 "Prayer for Qomolungma"

ジストとしての役割を果たすことができることを示そうとしたと語っている．チベットに残る伝統的な紙漉きと風習に感銘を受けた彼女は，チベットの手漉き紙をもう一度世界に紹介し再興する目的でペーパーロードチベットというプロジェクトをトム・リーチと始め，現在も活動を続けている．チベットの紙がペーパーロードの国際的なアーティスティックコラボレーションのあり方を考え直すきっかけになったことを，彼女は率直に認めている．1980年のはじめからファーマーとは世界各地で活動をともにすることがたびたびあったので，彼女の行動の変化はアメリカのペーパーロードの先端部分を象徴しているようで感慨深かった．20年間の紙と社会の関係の変化は造形の世界にも顕著であった．1983年の会議当時は情報革命によるペーパーレス社会のイメージや資源環境問題など紙にまつわる今日的な問題はまだまだ希薄であった．

IPS '95に主催者側が企画したのは，「Touch, Please展」という展覧会であった．キュレーターの森口まどかは，展覧会の基本的な考え方を以下のように語った．

「従来作品というのはみるということが中心であるのに対して，紙の特質，光を透過するとか，加工がしやすいなどなどのほかに，紙は日常的に使われてわれわれの身体に触れて感じるものだということに着目しています．つまり従来の造形作品は視覚が中心であったところから，何か紙に触れて体感するということに主眼を置いているわけです．タッチプリーズ展では，どの作品も触っていただくことができます．」[3]

この基本的な考え方は，森口も認めているように主催者たちの発案であった．触っていいという条件は作品が破壊されることも予想されるわけで，作家の了解なくしては成り立たない．主催者の中に作家が多かったためにこのような提案が実現し，会議に参加したほとんどの作家が快く呼びかけに応じ，楽しい力作ぞろいの展覧会となった．終わってみると心配したような破損はなく，作品を通じてつくり手と受け手のコミュニケーションが深まり，双方に好評であった．参加者と鑑賞者との和やかな交流が活発に繰り広げられて，難解で堅苦しいと敬遠されがちな現代美術の展覧会とは一味違った活気のある催しとなった．公開される芸術作品にはつきものの「触れてはいけない」というバリアーを取り外し，鑑賞者が手触りを楽しめるようにしたいという作家側の働きかけは，紙の造形のこれからの方向性を模索する実験として大成功であった．

2001年7月，イギリスのクラフトカウンシルは"On Paper New Paper Art"を開催した．テキストアンドメッセージ，ニューホールディング，カットアンドコンストラクション，ネーチャーアンドスピリッツの4部門で構成されたこの展覧会は過去50年の紙造形の展開を通観するものであった．5か国36作家の作品は先に引用したPaul Jacksonのpaper manipulationというにふさわしく，現代美術の気負いを意識的に避けた企画者の意図がよくわかる展覧会であった．

現在,世界的に1980年代当初のような熱気はないものの,紙を扱う芸術家の層は厚い．原料の採取から始めて作品まで一貫して自分で行う芸術家から，プロの手漉き紙生産者

のサポートで制作する者，でき上がった紙から創作を始める者と，それぞれのスタイルでこの領域への挑戦は続いている．平面，立体，インスタレーションとあらゆる表現形態が試されてきた．日本でも，紙はメディアとして珍しがられる時代ではなく，多くのアーティストが手がける素材となった．中国伝来の造紙を流し漉きに改良し伝承するわが国は，新しく手漉き紙を始めたアメリカの動向に刺激されて柔軟に対応し，次第に開かれてきた．しかしメディアとしての成熟が語られる一方で，最近の傾向を紙のもつ確かな素材感に安易に寄りかかるある種の安易さと苦言を呈する美術関係者が出始めていることに留意しなければならない．紙のもつ広大な可能性への新たな挑戦はまだ始まったばかりの今日，和紙1,500年の文化基盤の上に時代を反映した斬新な作品が期待される．

〔伊部京子〕

### 文　　献

1) 国際紙会議83ファイナルレポート，国際紙会議実行委員会，pp. 54, 1983.
2), 3) 紙の道，わがみ堂，pp. 210-216, 1996.
4) 樋口邦夫訳（1996）：紙と共に生きて，図書出版社〔Dard Hunter（1957）：My Life with Paper〕．
5) Cathleen A. Baker（2000）：By His Own Labor：The Biography of Dard Hunter, Oak Knoll Press.
6) 伊部京子編（2000）：現代の紙造形，至分堂．
7) PAPER ART AND TECHNOLOGY, THE WORLD PRINT COUNCIL, 1978.
8) NEW AMERICAN PAPERWORKS, UNITED STATES INFORMATION AGENCY, 1980.
9) 現代紙の造形　日本と韓国，国際芸術文化振興会，1983.
10) 2nd International Paper Biennale 88, Leopold-Höesch Museum, 1988.
11) International Paper Art Exhibition in Japan 89, 日本・紙アカデミー，1989.
12) Papier－Un nouveau langage artistique, Musée des Décoratifs Ville de Lausanne, 1983.
13) 和紙のかたち，練馬美術館，1999.

## 3.9　本の世界

### 3.9.1　ブックデザインと紙

#### a. ブックデザインの歩み

「ブックデザイン」と紙について論じるに当たり，まず，「ブックデザイン」といった観点から論じてみたいと思う．出版デザインが「装幀」から「ブックデザイン」へ変化していくこと，いわゆる絵画的で表面的な装幀に代わって，本文から本表紙，見返し，

扉に至るまでの全体を総合的に把握しようとするブックデザインの流れは，戦後のグラフィックデザイナーの力によるものと考える．戦後日本のグラフィックデザインを牽引した亀倉雄策氏は，1953 年 8 月に中部日本新聞に「装てい談議」という文章を寄稿しており，この時代の出版デザインをこう論じている[1]．すでに欧米では文学書の装幀も一流デザイナーが機知を発揮しているのに対して，日本では古い感覚の画家による装幀がまかり通って表面的な演出に留まっているとし，「箱，ジャケット，本表紙，見返し，トビラまで一貫した造形的な流れと時間的な効果がないと優れた造本とはいいがたい」と指摘し，「文字や哲学も新しい感覚による造本術で著者の品格にピッタリと波長を合わせたものとデザイナーの手によってつくられるようにならなければ装幀界もきっと新しい世界が拓かれると思うがどうであろう」と．つまり戦後のデザイン界を代表する者として，出版界に対し，新しい時代の装幀として「ブックデザイン」といったグラフィックデザイナーによるデザインを提案したものであるといえる．また，亀倉氏と並んで戦後モダニズムをリードした原 弘氏も，1955 年に亀倉氏の呼びかけで開かれた「グラフィック '55」展において，ブックデザインを中心とする展示を行い，ポスターが花形であった時代に出版デザインに最も力を注いだ一人であった．原氏は装幀に代わるブックデザインの概念を明確に提示しており[2]，「書籍となると，本のヒラ（表）もあれば背もあり，立体的なもので，厚みのある本なら立体性は強く発揮される．その上，資材面からみても紙だけとは限らず，布，クロス，化学繊維，プラスチックと幅広く利用されている」と指摘し，函やカバーなど外部のデザインは，商品のパッケージと同様に「グラフィックデザインとインダストリアルデザインとが交差する領域」であると位置づけている．原氏はこうした認識のもと，遅れていた材質面での充実をはかろうとして，現在ファインペーパーと称されている紙の開発にも惜しみない助言を行った．自ら開発した用紙が備える紙質感，あるいは存在感を意識的に生かしたデザインを試みたのは，彼が最初だといっていいだろう．しかしながら，この時代はまだデザイナーが，本の内部まで任せてもらうことはなく，「本文の活字の選択からポイントの大きさ，行間，字間の空きまで含めてデザインするのが，本当の意味での装幀の仕事ということになる」としているのも，当時，本文のレイアウトは，編集者がするのが当たり前であったことをうかがうことができる．

　こういった出版デザインのあり方を変え，本文組みを含めたトータルな作業に果敢に挑んだのは，杉浦康平氏や粟津 潔氏，勝井三雄氏ほかの次世代のデザイナーたちであり，当時もたらされた欧米のエディトリアルデザインの新しい思想，とりわけタイポグラフィーにおける原理的なアプローチからの影響によるものである．特に杉浦氏は，1960年代よりすでに斬新な提案を行っており，全ページ見開きという特異な写真集における構成を行ったり，判型の決定とも連動するタイポグラフィーのさまざまな追求や小口への着目，書物を穿つ穴，1 冊の中で論文ごとに違う用紙の選定，洋装本と和装本などの

その後のブックデザインの展開に大きな影響を及ぼした．無論これらは，印刷用紙のバリエーションの一段の拡充とデザインの自由度を広げる印刷手段や技術の発展があったことも忘れてはならない．つまり「ブックデザイン」の変化には，紙の発展という存在もつねに同時に必要であったといえ，紙は文化のバロメーターといわれているが，このことからもそれを指し示すものであることがいえる．

**b. 本に関する紙の歩み**

さて次に，「ブックデザイン」の材料として大切な「紙」の時代的変遷を少し論じてみよう[3]．日本での製紙工業の始まりは，1872年に渋澤栄一らによって「抄紙会社」という名の製紙会社が設立されてからであって，当時日産約16tの抄造であり，その当時の洋紙輸入高は約3,100tであった．このころに「洋紙」という言葉が使われ始めたと思われる．当初舶来洋紙，輸入洋紙，西洋紙と呼ばれ，国産紙を国産洋紙，西洋紙といっており，「和紙」と区別するようになったと思われる．こうして始まった洋紙の発表はその後の「ブックデザイン」の萌芽に深く影響し始め，漱石，藤村が活躍したあたりの1900年代はじめの印刷の進歩，良質の紙の輸入，それに菊判や四六判などの規格普及により，その当時の造本装幀にも少なからず影響を及ぼしていた．その後，昭和の円本ブームによる読書層の開拓や文芸書の初めての大量生産による製本所の近代化，用紙，クロスなどの国産化の促進がみられた．そして，1941年ドイツ工業規格を模倣した日本用紙規格の採用があった．しかしながら，戦後は用紙事情が極度に悪く，装幀や造本にはみるべきものがなく，出版物も仙花紙や再生紙を用いた「カストリ」本の全盛時代であった．1950年ごろより用紙事情も好転し，印刷技術も復旧する傾向がみえ始め，原 弘氏装幀による角川書店の『昭和文学全集』全60巻が出版されたのもこのころであった．その後の高度成長に乗り，全集ブームも起こり「ブックデザイン」の時代を迎えることになる．和紙やヨーロッパからの輸入紙が主体であった時代から，国産のファインペーパーといわれる，色やパターン，独特の風合いや質感をもった紙も生産され始めた．1930年に特種製紙より羅紗肌のPRラシャが発売を開始し，円本ブームとともにその後のファインペーパーの市場へと結びつけ，1950年代には，グラフィックデザイナーの原氏もこういった開発に参加し，数多くのファインペーパーを残している．デザインと紙が相互に刺激し合い何かを生み出していくこの伝統は，現在でも多くのデザイナーとともに紙を開発していることにつながっている．また，こののち大量消費時代を迎え，印刷方式や技術の多様化の時代に，さまざまな専用紙といった紙も抄造されるようになる．この「ブックデザイン」のメッセージは，出版界はもとより他のデザインあるいは，日常生活を過ごす大衆に対しても，デザインが何であるかを伝えることもできる時代となった．そしてこのころが，日本の書物が自在で豊かな表情にデザインされる時代でもあった．デザイナーの固有性の要求とともに紙への固有性も求められた時代であり，多数のメーカーによるファインペーパーもつくられるようになった．書物もまた文字以外

のジャンルを広げていったほか，さまざまな領域の人々が小説を発表する時代となり，ブックデザインの領域でも，文字のレイアウトから書体に至るまで，ほとんど可読性を無視した本などもつくられた時代だった．そしてデザイナーとともにイラストレーターやアートディレクター，アーティストなど，多様な領域の人々がブックデザインをすることにもなり，ブックデザインの多様化していく時代であった．

「100年後，本はボロボロ……洋紙の添加物が元凶……」という衝撃的な記事が1982年11月27日付の朝日新聞（夕刊）で報じられた．この記事がこの後の紙に大きな影響を及ぼすこととなった．つまり洋紙の中性紙化を促すこととなる．紙の酸性物質が書籍，印刷物の老化を早めることがわかって，製紙会社各社は酸性物質を含まない，耐久性のある中性紙，弱アルカリ性紙の開発に取り組み始めることとなったのである．伝統のある日本の手漉き和紙は，不純物の少ない純度の高い繊維からできている紙で，靱皮繊維の調成工程で木灰，石灰などが使われており，pHは中性か，弱アルカリ性である．海外でも，重要外交文書や絵画，書籍の修復などにも用いられ，その耐久性，保存性は世界にも認められている．酸性紙である普通の紙は，時には6か月くらいで色がやけて変色し，赤味を帯びてくることもある．この問題に対し，日本の製紙会社各社も酸性物質を含まない耐久性のある「中性紙」を開発することとなり，現在では多くの書籍に使われるようになっている．

こののち，1980年代後半から浮上した環境問題への対応を製紙業界全般が迫られる時代となり，古紙利用による再生紙化，また非木材紙の開発，ダイオキシン問題に対応するための無塩素漂白パルプの使用などが進み，これらを特徴とした紙も多くつくられるようになる．印刷方式もオフセット印刷が主流となり，景気後退期には，コスト優先で紙が選択される時代となり，コスト面と環境問題，印刷機能を兼ね備えた高機能な紙の開発へのニーズも高まった．このような中で発表された紙として，ラフ・グロスという領域の新しいファインペーパーのジャンルも生まれた．多くのデザイナーに，風合いを保ちながらマットコートを超える印刷再現性をもつ紙として，ジャケットや表紙，本文用紙として利用されるようになった．

最近では，IT革命の流れで，電子出版といった方向も出てきており，ブックデザインも変化を余儀なくされる時代となったが，本という人が手に触れて楽しむ文化は今後もすべてが電子化されることはないと考える．

#### c. 本に関する紙の基礎知識

「ブックデザイン」と紙についての実際的に必要な知識を少し紹介する．

本には多くの紙が使われている．上製（ハードカバー）の場合，帯紙，ジャケットカバー，表紙，芯紙，見返し，扉，本文用紙，箱（函），その他である．表紙用としては紙クロスや布クロス，四六判（1,091×788 mm）の紙で110 kg（全紙1,000枚の紙の重さ）以上の厚さの用紙を使用し，汚れなどを配慮しニス引きやラミネート加工も行うこ

ともある．表紙の芯地には，黄板紙やチップボールなどを用いる．黄板紙は堅いことが特徴で，チップボールは少し柔らかいが，軽く加工しやすいこと，糊づけ適性がよいこと，灰白色で価格的にメリットがあることが特徴である．厚い表紙の場合など，表紙の反りといった問題が発生することもあるため，紙の流れ目の使い方，糊の量，濃度，乾燥の仕方，プレスの方法にも十分気を付ける必要がある．各用紙のくせや，水分と乾燥の関係を経験的に把握しておくことが大切である．

見返し用紙は本来，表紙と本文をつなぐ紙で，表紙と本体の水分などの移動を防ぐ役目や，装飾的な役目もある．本の厚さや，本の開閉頻度に応じて見返し用紙の連量を決めている．一般的には，上質紙で四六判 90 kg 以上，ファインペーパーでは四六判 100 kg 前後を使用する場合が多いが，引張強度や，引裂強度，耐折強度，時には耐候性なども考慮する．本来の見返し用紙の役割は，本の表紙が汚れたり傷んだりした場合に，改めて表紙をつけ直すときのために本体を守っている紙である．

本文用紙は，情報を記録，伝達する（読む）ための媒体であるため，目の疲れにくい白さ，色，裏の字が透けず読みやすい不透明性，頁のめくりやすさ，倒れやすさ（紙の流れ目に関係する），印刷適性，製本適性が要求される．最近では中性やアルカリ性であり，紙の劣化を促進する物質を含まないことなども要求されている．印刷適性では，カラー印刷の場合，再現性や光沢など目的に応じた特性が要求され，これは印刷用紙とほぼ同じだが，文字を中心とすると着肉性や，文字の再現性，裏写りや裏抜けを起こさない紙を選ぶ必要がある．裏抜けは紙の厚さにも関係しているが，現在では，いかに軽くして嵩の出る紙を開発できるかといったことも研究されているため，同じ連量でも，商品の違いによって実際の紙厚が違ってくることもある．また薄くても裏抜けの少ない紙の開発もされており，辞典用紙などはその一つである．そのほか，製本適性では，折り適性やかがりやアジロ無線綴じに対する特性も要求され，引裂強度や，適切な糊の浸透性が要求される．そして，用紙のロットごとのバラツキがないこと，再版のときにもその紙があることも重要な要素となる．このようなことから，本文用紙もそのブックデザインされる本の内容や目的によって十分吟味して選ばなくてはならない．このためには，これらの知識のほかにも紙をいかにたくさん知っているかなど，紙の種類や特徴といった幅広い知識が必要となる．

和紙や洋紙，印刷用紙からファインペーパー，板紙から包装紙，フィルムその他のさまざまな材料が現代の本には使われ，書店での差別化や，本そのものの内容を表現する素材として使用されることも多くなってきている．加工適性も含め，デザイナー自ら，印刷会社や製本所はもとより紙商といわれる業種のショールームなどを利用することもおすすめする．

また，本に使用する紙の分類（図 3.9.1.1），本の判型と紙の寸法と流れ目（表 3.9.1.1），書籍各部分の名称（図 3.9.1.2）も参考としていただきたい．

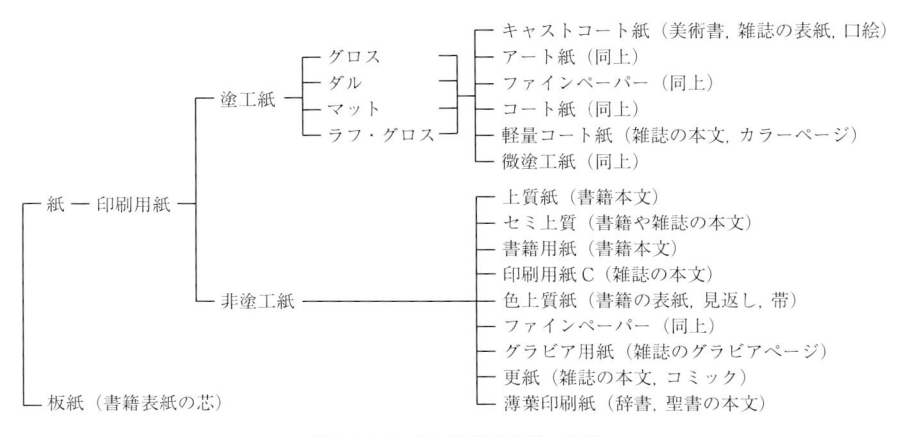

```
                              ┌─ キャストコート紙（美術書, 雑誌の表紙, 口絵）
                     ┌─ グロス ─┼─ アート紙（同上）
              ┌─ 塗工紙┤ ダル   ├─ ファインペーパー（同上）
              │       │ マット  ├─ コート紙（同上）
              │       └─ ラフ・グロス─ 軽量コート紙（雑誌の本文, カラーページ）
              │                └─ 微塗工紙（同上）
紙 ─ 印刷用紙 ─┤       ┌─ 上質紙（書籍本文）
              │       ├─ セミ上質（書籍や雑誌の本文）
              │       ├─ 書籍用紙（書籍本文）
              │       ├─ 印刷用紙C（雑誌の本文）
              └─ 非塗工紙┤ 色上質紙（書籍の表紙, 見返し, 帯）
                       ├─ ファインペーパー（同上）
                       ├─ グラビア用紙（雑誌のグラビアページ）
                       ├─ 更紙（雑誌の本文, コミック）
                       └─ 薄葉印刷紙（辞書, 聖書の本文）
└─ 板紙（書籍表紙の芯）
```

**図 3.9.1.1** 本に使用する紙の分類

**表 3.9.1.1** 本の判型と紙

| 判　型 | 大きさ（mm） | 紙 | 流れ目 | 用　途 |
| --- | --- | --- | --- | --- |
| B4判 | 257×364 | B全判・四六判 | 横目（Y） | グラフ雑誌, 美術書 |
| B5判 | 182×257 | B全判・四六判 | 縦目（T） | 雑誌, 辞典 |
| B6判 | 128×182 | B全判・四六判 | 横目（Y） | 書籍, 雑誌 |
| A4判 | 210×297 | A全判・菊判 | 横目（Y） | ファッション雑誌 |
| A5判 | 148×210 | A全判・菊判 | 縦目（T） | 書籍, 教科書 |
| A6判 | 105×148 | A全判・菊判 | 横目（Y） | 文庫本 |
| 四六判 | 127×188 | 四六判 | 横目（Y） | 文芸書 |

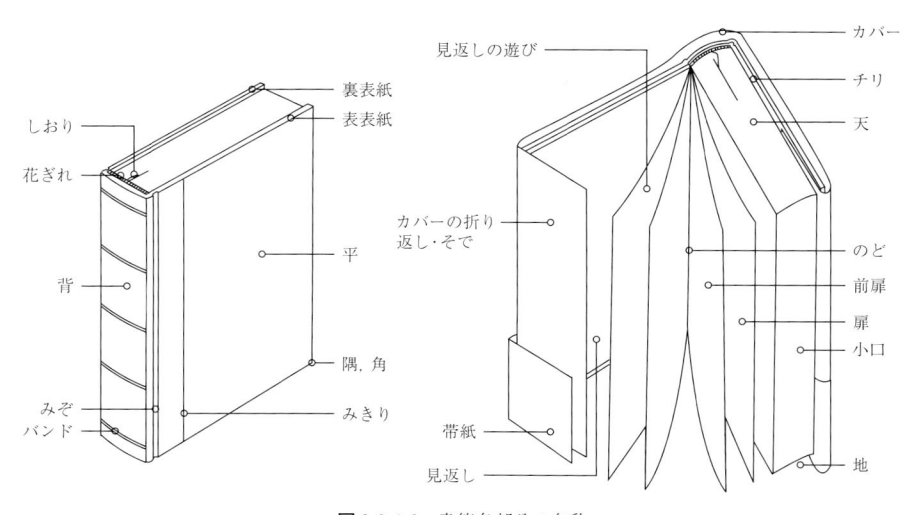

**図 3.9.1.2** 書籍各部分の名称

「ブックデザイン」と紙についてさまざまな角度から述べてきたが，紙のもつさまざまな表情がデザインというメディアを経て人々の目に触れ，その感触や色味が生活に浸透し，新しい感性をつくり上げる．このダイナミズムが今も昔も人間にとって不可欠なものだと考えるあるグラフィックデザイナーは，「紙はデザインを盛る器であり，デザイナーは料理人である．料理を盛る器は，日本料理では料理より高いものを使い，料理を引き立てさせることもある．そのくらい料理にとって器は大切なものであるから，紙選びもデザイナーにとっては大切な，デザインの一つである」といっている．

紙は私たちの日常生活の中で最も身近な存在であり，さまざまに使用された紙の表情は身近すぎてなかなか気づかないかもしれない．しかし，つくり手のみならず生活するすべての人々に記憶して残されていくものと考える．その一番身近なものが本であり，「ブックデザイン」で飾られたすばらしい情報物である．〔磯　弘之〕

### 文　献

1) 「構造物」としてのブックデザインの展開，株式会社竹尾デスクダイアリー，2001.
2) 第5回「造本装幀コンクール」パンフレット，1970.
3) 原　啓志 (1992)：紙のおはなし，日本規格協会．
4) 竹尾ファインペーパーの50年，紙とデザイン，株式会社竹尾，2000.

### 3.9.2　印刷文化と紙

#### a. 紙と印刷の源流

ドイツの有名な見本市にドルッパ (drupa) というのがある．ドルックウントパピーア (Druck und Papier) というのが正式名称で，4年に一度デュッセルドルフで開かれて2004年で13回目．世界中から約40万人が集まった．出品コマは1,800はあり，ドイツ国内で開かれる各種の見本市の中で最大級だ．ドルックは印刷，パピーアは紙で，印刷と紙の見本市．両者は切っても切れない関係，つまり唇歯の間柄だ．

東洋では，仏像の刻印が紙に押され摺仏となって印刷の源流となり，7世紀のはじめ中国に伝えられた．その中国では金石文と印章の使用が古くから行われ，漢時代の官印私印があり，これらは現代でいう印刷と一脈通ずるものである．中国は暗黒の時代を経て唐代に発展を遂げ，玄奘三蔵はインドに渡って経典を持ち帰り，帰国後，訳して人々に伝えた．

1400年ごろ西洋では，民衆の間に遊びのカルタが流行した．一方，経済の発展に伴って前119年武帝は紙幣を初めてつくった．敦煌から出土した金剛波羅密経は868年と印刷されたといわれ，唐宋2代の間に馮道は孔子9経277巻を完成した．

#### b. 世界最古の印刷物は和紙

わが国の「百万塔陀羅尼経」は同年代のさらに古い印刷物で，神護景雲4年 (770年ごろ)

**図 3.9.2.1** 世界最古の印刷物「陀羅尼経」を納めた百万塔に見入る人々（マインツ，グーテンベルク博物館で）

に完成するまで数年かかっている（図3.9.2.1）．三重の木塔の中に陀羅尼経を納め十大国分寺に10万基ずつ分納した．実際は100万あったかどうかは疑問であるが，現在大部分は紛失して法隆寺に200基あまり残すのみで，102基が重要文化財となっている．紙は麻，コウゾ（楮），黄麻の3種あり，長さ50 cm，幅54 mmほどの巻物だが数種ある．制作に携わった者157名，版材は木版説と金属説とある．木版から砂型をとり，銅の地金を流し込んで複製版をつくったという説もある．100万という多数は複版と考えるのが自然であろう．これに対し木版では耐刷力があるまいという考え方もあったが，昭和35年（1960）日本印刷学会で実際に押印実験をした結果，十分刷れることがわかった．異版4種類を考慮して25万という数は木版でも金属版でも可能だが，複版の可能性からみて銅版説を支持したい．

**c. 木版の工程**

この時代の木版は，薄紙に書いた原稿を乗せ，墨が板に移るようにし，彫刻刀で彫った．刷るには墨を版につけてから紙を乗せ，紙の裏からバレン（馬連）でこする．木材としては中国ではナシ，カツラなどが用いられた．わが国ではツバキ，ツゲなどを使用した．同じ木版といっても板目と木口とがある．板目は中国，韓国，日本で用いられる．木を輪切りにした木口木版は西洋木版といい，用紙にも彫刻の手法にも違いがある．

最盛期の江戸時代における木版の工程は絵師，彫師，摺師の分業であった．絵師は墨版を美濃紙に摺り，版下画として板に糊で張りつけ，顔を得意とする者，また他の部分の彫師が担当して彫り上げる．摺師は10枚ほど美濃紙に墨摺りして絵師に渡し，色指定をしてもらう．絵師は色名を書き込み，ぼかしなどを入れた試し刷りを絵師が校正をする（校合摺り）．本刷りでは最初200枚ほどを刷る．

紙は明礬を塗布して乾燥させた紙にあらかじめ湿気を与えたものを使う．色合わせ用の見当は絵の右下につけておく．これは摺りが進むにつれて狂ってくる．版木が伸び

るからである．そこで乾燥させたり用紙も乾かしたりして見当を合わせる．これが摺師の腕のみせどころである．摺りの技法は，ぼかし，雲母摺り，空摺りなどがあり，技法が多い．

摺りはバレンで紙の裏をこする．バレンは竹のひもを竹の皮で包んでつくる．馬の毛を包んだこともあったからこの名が出たのであるが，滑らかな方がよい．芯は竹の皮でこよりをつくり円盤状にして当て皮で包む．かなり面倒なつくり方をするが，紙をこするため，傷つけない配慮である．「摺り」が「刷り」になったのはグーテンベルクの功績の一つである．彼のプレスはブドウ搾り機の改造であるが，らせん棒を回転させて強圧を得た．

### d. 1300度刷りの木版

木版画の最大傑作は「孔雀明王像木版画」で，原画は京都仁和寺が国宝として所蔵し，天地 167.1 cm，左右 102.6 cm あるが，明治37年（1904）木版刷りとしアメリカのセントルイス市の万国博覧会に出品したもの，制作者は光村利藻で光村印刷の創立者である．平成になって創業90周年を記念して再版した．初版は田村鉄之助の1300度刷りで，今回は，工房は芸艸堂で用紙は福井県岩野製紙工場特漉の楮紙を使用，摺師は椙本喜一．写真撮影により，原画と同じ色調見本をコロタイプで礬水（ドウサ）引きした薄い和紙に印刷，これを版木に合わせ主版をつくり，これから他の色版の数だけ摺りとり，各色版の版木に張って彫った．用紙は1000度刷りに耐えるよう2枚を漉き合わせ厚さを100分の20～30 mmとした版木は22枚で1枚でほかの色版を共通させ版木の数をできるだけ少なくして効果をあげた．このような多数の印刷に耐えるのは和紙の特長の一つである．

### e. グーテンベルクの功績

さて，ふたたび目を転じてドイツはマインツのグーテンベルクの活字をみよう．彼は謎にみちた人物であって，自伝も信ずべき肖像もなく，残っているのは借金の証書と作品群である．元来金属細工のマイスターであって，巡礼用に金属の鏡をつくっていた．修道院で本をつくる作業を見学した折り，修道士たちの聖書の手書き作業は細心の注意を要すること，しかし手書きゆえの誤記もあり，たいへんな労力がかかることを知って，製本に使うパンチで印刷ができないかと考えたのが，活版印刷の発明につながった．長年の考案により1440年ごろ鉛合金の活字をつくった．

また，強い圧力を加えて印刷するために摺りでなくてプレスを考えた．活字に次ぐ発明である．そのヒントは製本における表紙の文字プレスだったかもしれない．

ところで，2000年になって米国プリンストン大学の教授がグーテンベルクは1本1本の活字をつくったのではなくて1行分の行活字（スラッグ）をつくった，という新説を発表し，全世界の注目を浴びている．最近進歩したデジタル技術のおかげで，グーテンベルクの傑作42行聖書の各ページを子細に点検した結果，各文字の書体と幅（セッ

ト）とアクセントなどの符号の不一致から単活字ではなかったと判断し，1行分の活字を組み砂型で鋳型をつくり，これに鉛合金を流し込んで1行分を鋳造したというのだ．従来の説では，活字と同様の突起した父型を真鍮（しんちゅう）のような金属に打ち込んで母型とし，これに1本ずつ鉛合金を流し込んで活字をつくったとしている．これでは活字のボディをつくる鋳型の調整が困難で，ボディの正確な位置に文字を入れるのが難しいとの考えもある．いずれにせよ，この行活字新説はどの程度学者に評価されるか，次の報告を待ちたい．

さて，活字を並べてのプレスはブドウ搾り機に着想を得たといわれる．この手のプレスは現在も欧州の古い農家の納屋にある．テコを使って強圧をかける必要のある活版印刷では，グーテンベルクの工夫（活字，インキ，書体など）の中でも傑作である．強烈な圧力により，インキは紙（あるいは羊皮紙）の中の繊維にまでめり込み，副次的にマージナルゾーンを形成したけれども，それはかえって長所となった．現代の色彩学的視野によっても，グーテンベルクの聖書が代表する印刷物の文字は，黒々と均一でインキがムラなくつき，紙の白色との対比が美しい．

このような紙とインキの印刷適性は，遅まきながら1930年ごろから基本的な研究が始まり，ドイツ政府印刷局，イギリスのPATRA（現PIRA），アメリカのTAGAでも発表されるようになった．日本では昭和26年（1951）ごろから印刷局研究所，各製紙会社，印刷会社の研究所で研究が始まり，紙の物性だけでなく印刷適性，印刷効果というジャンルまで探究されるようになった．コーテッド紙（アート紙）は戦前から日本でも三菱製紙などが製造していたが，現在でいうコート紙は1958年から製造された．アート紙が$1m^2$あたり$20g$の塗被をするのに対し，コート紙はわずか数gで塗被する技術は製造上も大きな困難があったが，印刷では仕上がりがきれいになるし，アート紙のような風合いもあり，カラーにも大いに利用されるようになった．最初のころは煙草のピースの箱のコート紙印刷がワイシャツに転移するなど苦情もあったり，当時の人々は苦心した．

このころより，紙は白くありさえすれば印刷ができるという安易な考えは揺らぎ始め，印刷適性という言葉が業界や学界で聞かれるようになった．当時の十條製紙と細川活版所とが広範囲の印刷試験を行ったり，三省堂工場ではインディア紙に関する適性試験を行ったりした．また日本印刷学会では，紙パルプ技術協会と提携して用紙の印刷適性に関する月例懇談会をつくり，印刷側から製紙側に提案すべき事項をとりまとめるべく大蔵省印刷局と民間主要印刷会社が中心となってデータの整理を行った．昭和27年（1952）のことである．このほか東京印刷工業会の技術対策委員会でも印刷用紙の問題をとり上げ，日本洋紙会と会合をもつに至り，印刷インキ工業会も参加し，さらに昭和33年度（1958）には通産省鉱工業技術試験研究補助金が紙パルプ技術協会に交付され，同会で紙の印刷適性試験法に関する基礎的実験が行われた．

大日本印刷では明製作所と提携して印刷適性試験機 RI テスターを完成し，ウェット印刷（前刷りのインキが乾かぬうちに次のインキを重ねる）におけるトラッピングや紙むけ，毛羽立ちなどを試験できるようになった．

〔山本隆太郎〕

### 文　献

1) 庄司浅水 (1973)：印刷文化史，印刷学会出版部．
2) 中根　勝 (1999)：日本印刷技術史，八木書店．
3) 高分子学会編 (1970)：印刷適性，印刷適性研究会，印刷学会出版部．

## 3.10　紙と包装文化

### a.　今，パッケージは

　情報社会の中，百貨店，スーパー，コンビニエンスストアには大量のパッケージがあふれている．ここにあるすべての商品は，利便性，機能性，安全性，簡易性，輸送性等のデザインが施され流通している．それらは表面に中身が何であるかの情報メッセージが，ぎっしり表記されている．このメッセージをビジュアルデザイン化し，人目を引く工夫がなされ各々が競い合っている．それは安全，安心，信頼を売っているのである．

　もちろん，現代これらの包装は環境問題が考えられた素材が使われ，エコロジー時代にあるべき姿が工夫されているため，それぞれは安全でデザインもすばらしいし，便利でもあるが，しかしどの商品も画一的にみえる．人の心を豊かにしてくれる余韻がない．無味乾燥の工業・化学技術製品ともいえるのである．価値観の多様化という見方も一方ではあるが，大量生産，大量消費のシステムはまだ続くであろう．世の中の市場性，経済性の追求がどこまで続くのか，消費者が選ぶ目にも問題があるように思われる．良い商品が良いパッケージで私たちを喜ばす世相になってほしいものである．

### b.　「包む」は作法の中にある

　戦後，筆者の姉が嫁ぐ日に床の間に結納の飾り物が飾られた．子供心にきれいなものだと感じた日を，懐かしく思い出す．これらの儀式に使われた形は，みな日本の伝統パッケージである．日本には，年間の月ごとの催事にはそれぞれの季節で和紙を使ったもの，自然の植物などを使ったパッケージで，祭事を営む習慣が未だに残され，生活に潤いを与えてくれている．

　またそのころ，新聞紙に包まれた洋食焼きをよく買っておやつにしていた．当時，新聞紙の包装はよく使われていて日常的であった．あの温もりがなんともいえない．感触があり和やかであった．ニッキ水，ラムネの瓶も忘れがたい．今になれば，カバヤのキャラメル，グリコのおまけ付きキャラメル，森永のミルクキャラメルのパッケージが懐か

しい.

母の鏡台の上には，資生堂の化粧品が並んでいた．今思えばレトロに感じるが，当時はきれいなボトルや紙パッケージが母の宝であった．ちょっと内緒で使ってみたくなり，香りを嗅いだりしたものだ．湯上がりにテンカ粉(ふん)をはたいてもらった．あの紙パッケージも懐かしい．あの手づくりの良さが未だに記憶の中にある．

昔のパッケージの装飾性，機能性の伝統的な様式を大切にしたいものだ．懐古趣味ではなく，伝統パッケージの良さ，構造システムは今後も伝承していきたいものである．

私たちの生活空間の中で人との付き合い，交流，交際という行為は，人が生きていく過程で最も重要な要素である．その中で生まれる作法は，交際をスムーズにする潤滑油である．「包む」という行為は用途により作法の中で磨かれた．贈進物を考えても一つのルールがあり，包むものによって，またイベントによって数多くの仕組みと形が生まれ，歴史のノウハウとデザインが蓄積され，今に活かされている商品も多くみられる．贈る，いただく，売る，買う，という行為の中に作法という要素が重要な位置を占めているのである．

#### c. 伝統のパッケージから

古い時代から「包む」デザインは存在し発展してきた．その技術は催事，場所によって，より一層美化され，日本人の美意識と日本の季節が「包む」技術を培ってきた．昔より「包む」素材は多くの人間の知恵で活かされ，種類も豊富にあった．まず，自然のものでは木，ヘギ，木の皮，葉の類，草，稲の茎，竹，つるなどがある．その他，なんといっても日本の和紙であろう．和紙の原料であるコウゾ（楮），ミツマタ（三椏），ガンピ（雁皮）の類の特長を活かし，上手に使っている．和紙の加工品も多くみられる．近代にも伝承され日常生活の儀式の中で，未だに活かされ，伝統の美しい形が神事，伝事，催事の中で特にその良さが発揮されている．折形，熨斗(のし)，水引，掛け紙，たとう，金封，箸袋などの包み紙に今でもみることができる．これらのルール，デザインは西欧文化の影響を受けたデザインが横行する中でも，伝統の包むルールは日本人の日常生活空間の中で，永遠に活かされていくものと思う．

伝統パッケージの中には，保存性，強度，季節感，輸送性，利便性などの特長が素材により工夫され，またその組み合わせにより適切な選択で機能を発揮している．「包む」ということは，贈り主の心が表現されるもので，人柄，生活観が表れる．贈る中身も大切であるが，それを飾るラッピングも心を抜けない儀式が必要なのである．また「包む」ということは，開け広げていく過程が大切で，ドキドキワクワクする気持ちを味わうことで，贈り主の心を感じる感覚が作法であると思われる．

#### d. 現代のパッケージ

『年鑑日本のパッケージデザイン2001』[1)]という書籍がある．この本では今の日本の市場に出回っている優秀なパッケージデザインが一覧できる．この本に収録されるため

## 3.10 紙と包装文化

に公募されたパッケージは，1,000点を超す数である．市場にはこれの数倍の商品があふれている．まさに日本は「包む」文化の国である．そして，その商品をみていると，日本の良き歴史と伝統の形式が取り入れられているものも数多く見受けられるのである．デザインの様式には西欧の文化が取り入れられたが，今日ではその様式も日本流にアレンジされ，日本人の感性の良さにまとまっている．

パッケージデザインはグラフィックデザインと，立体デザインを組み合わせるデザインの形式である．それに中身の商品を保護し，説明し，その安全を表す機能的エレメントの集積がパッケージである．今やパッケージは広告だともいわれ，まさに情報の塊である．そしてそれを表現するため，形，色，文字，絵，写真と素材によってデザインを競って市場に旅立つのである．新技術によって加工度が高く，完成度が優れ，プラスチック，ガラス，金属，フィルム，木材などの素材の成型品で，ありとあらゆる形のデザインも可能になり，売り場での訴求力をそれぞれ競っている．

パッケージの中で使用される素材ではやはり紙類が最も多く，最近は紙の種類，紙加工品も多種多様である．紙パッケージは基本的にトムソン加工を施す組箱が最も多く，特異なデザインと強度をもたせることができる．次に，保護性，輸送性，訴求力を考えた形にするコンストラクション加工がある．パッケージの構造，仕組みをデザインし複雑な形でも可能にする設計である．また，中身の保護のために仕切り（ゲス）のデザインもこの範疇のものである．昔からある貼箱もの，伝統ものの加工もある．素材の紙は洋紙，板紙，和紙に大別される．洋紙の中には白いもののほかに，ファンシーペーパーがあり，色もの，柄もの，風合いものがある．この手の紙は最近特に種類も豊富で，なんといっても，視覚，触覚に訴える力に優れ，手触り感からくる訴求力は人の心を揺さぶり，紙自体が語りかけてくれる．特徴があるものでギフトもの，菓子類，包装紙の用途がある．板紙は大量生産型の商品に使われるカートン型のパッケージに使われ，経済的な紙である．食品などのパッケージにみられるようにシズル感を表すビジュアル，中身を正確に伝える写真の表現をみせる場合には印刷の再現性にも優れ，便利な紙である．和紙は伝統パッケージに使われ，金封，熨斗，折形，箱張り，包装紙，パーソナルラッピングなどに使用され，柄もの，風合いもの，加工ものも種類が多く，まだまだ和紙の利用度は高く評価されている．

最近のパッケージデザインは，環境問題を無視してデザインは成り立たず，素材，形，すべてをエコロジーの中で考え，廃棄のときの状況も考慮したデザインでなくてはならない．また，ユニバーサルデザイン，バリアフリーのことも考え併せたデザインでなくては市場価値を失うのである．

現在，上市されている商品をジャンル別にみると，食品，菓子，アルコール飲料，一般飲料，化粧品，香水，化粧雑貨，電気機器関連商品，一般雑貨，家庭用品，衣料品，医薬品，包装紙，ショッピングバッグ，ギフトボックス，贈答品，輸送用ケースのよう

に分かれる．パッケージ加工技術は商品の新製品開発の速度に合わせ，日進月歩発展している．そのスピードは目を見張るものがある．技術の進歩とデザイン技術のバランスが取られてこそ，機能的な製品がつくり出される．パッケージデザインはあらゆる企業の条件を駆使し，乗り越えていく作業が必要で，その中になお，新しさを求めていかなければならない．

### e. パッケージに想う

自然の中には木や草などの植物の実，また動物類の卵子にはすばらしい形が存在する．ミカン，ブドウ，モモ，スイカ，クリ，ギンナン，カボチャ，トマト，卵などなど．これらは皆，パッケージである中身と形が実に合理的で，しかもシンプルでバランスの取れた美しい形にまとまっている．これらはそのものに命があるから美しいのである．これらの形は愛らしく，抱きしめてしまいたくなるほどの自然の恵みである．

現代のパッケージをみていると，無味乾燥なテクノロジーの中で生まれているものが多いように思われる．一方，テクノロジーの発展は人間生活に多大な恩恵を与えてくれていることも事実である．しかし，工業技術にプラス命を吹き込むデザインマインドも必要ではないか．これからの日本のパッケージは大きく変わっていくであろう．社会の変化，ライフスタイルの変化はあろうが，いつの時代も変化しないものは，商品が人間的であり人の心の追求であると思う．人の心に対応できるパッケージこそ永遠のデザインである．そして，日本は長い年月をかけて，外来文化を受け入れてきた．その中で日本の伝統文化の影響が，どうなっているのか見直す時期でもある．東洋と西洋の文化，伝統，哲学，思想がバランスよくミックスされ，「もの」の表現に表れているが，この中での創造性を考えると，やはり基本は日本的でなければならないだろう．

良い商品が生まれ，良いパッケージが良い文化を創出していくのである．ライフスタイルも向上する中，消費者の「もの」の見方，選び方の目のグレードをアップさせる提案に，ものづくりの真価が問われるときであろう．

これからのパッケージは心の表現があるべきで，親しみやすく美しいものでなくてはならないこと，これが21世紀の基本である．日本の包装文化を考えたとき，歴史と伝統の再発見と伝承こそが，新世紀の文化を創出すると思われる． 〔岡　信吾〕

### 文　献

1) 社団法人日本パッケージデザイン協会：年鑑日本のパッケージデザイン 2001, 六耀社.

# 第4章 紙の科学と技術

## 4.1 概論

　本書の前半では紙の歴史的側面（第2章）と文化的側面（第3章）に関して記したが，紙の文化が長い歴史的時間経過の中で形成されてきたのは，その基盤としての紙をつくる技術と，その結果としての紙製品が存在したからである．本章では紙の文化を支える材料としての紙の科学技術的側面に関して記す．

### 4.1.1 和紙と洋紙

　既述のように，紙は前2世紀ごろに中国で生まれ，朝鮮半島を経て7世紀初頭にわが国に伝えられて和紙技術として発展し，現在に至っている．一方，中国から西に向かったその技術は，中央アジア，中東，北アフリカを経て12世紀にイベリア半島とイタリア半島からヨーロッパに入り，中世ヨーロッパの社会に広がっていった．

　そのころの技術は原料として麻やボロを使う手漉き法であり，技術に改良が加えられ，徐々に進化していったが，基本的に少量生産型技術であった．大きな技術革新は18世紀末（1798年）のフランスにおける連続型製紙法の発明であり，この方法が近代的洋紙産業のもととなった．この技術は産業革命期のイギリスで改良が加えられ，19世紀中ごろから原料に木材パルプが用いられるようになり，アメリカ大陸で大量生産技術として発展し，明治初期（1874年）にわが国に伝えられた．

　このような歴史的経緯により，現在のわが国には和紙と洋紙の技術が併存している．本章の前半（4.2節）では現代の大量生産型技術である洋紙製造に関する科学技術に関して記し，後半（4.3節）では明治末期に洋紙に生産量，消費量ともに追い越されてしまったが文化の素材として現代社会において重要な役割を果たしている和紙の科学技術に関して記す．

### 4.1.2 紙の定義——狭義と広義

和紙と洋紙を比較考察する目的で紙の定義を考えてみよう．和紙はコウゾ（楮），ミツマタ（三椏），ガンピ（雁皮）などの靱皮繊維を，洋紙は木材パルプを主な原料とするが，両者とも植物性繊維を原料とすることには変わりがない．したがって，和紙も洋紙も「植物性繊維を水に分散させ，脱水，乾燥の工程を経て繊維を絡み合わせて薄葉物，すなわちシート状にしたもの」といえる．これが本来の紙の定義（狭義の紙）であり，原料が植物性繊維という資源の限定がある．

シート化という面から考えると，上記以外の各種の植物性繊維から紙の製造が可能である．しかし，経済的および技術的理由から，現代の洋紙産業では森林資源として大量に存在し安定供給が可能な木材のチップを主原料としているのが現状である．

一方，狭義の紙と異なり，紙の原料やシート化の方法を限定せず，シート状のものをすべて紙（広義の紙）と見なすことも可能であり，無機繊維，金属繊維，有機繊維，複合材料の繊維などからできた特殊紙や機能紙という分野や，さらにフィルム状のものまで含めると広義の紙の含む範囲は非常に広い．また，広義の紙は狭義の紙の機能のレベルを向上させたり，狭義の紙では得られない新たな機能を発現させることが可能で，先端的分野で広く用いられる．

### 4.1.3 紙の機能

紙が発現する機能は，紙のもつ特性に依存している．靱皮繊維や木材パルプのような植物性繊維からできた紙の主成分はセルロースであり，紙はセルロースの水酸基に起因して親水性を示す．紙には基本的な機能として「書く」（write），「包む」（wrap），「拭う」（wipe）という3W機能があるとされているが，さらにこれらの機能を向上させたり，新たな機能を付与する目的でセルロース以外の材料と複合化させることがある．またシート化目的の繊維材料自体を植物性繊維ではなく，無機・有機・金属繊維などに置き換えることにより，耐熱性，電磁気的特性，生理活性などの機能を付与することが可能となる．これらは機能紙と呼ばれ，情報，電子，バイオ，衣料などの分野に用いられる．

また，紙の機能は，紙の物性に依存した物性機能と，人間の感覚への訴求力に依存した感性機能に分類可能であるが，これらは4.4節で扱われる．

### 4.1.4 紙の製造法

洋紙の場合には，木材チップから繊維間の接着剤の役割を果たしている非繊維質であるリグニンを除去し，繊維質のセルロースが主成分となるパルプがつくられる．このパルプを水に分散させ，各種の薬品を添加し，脱水，乾燥の工程を経て紙がつくられる．さらに使用目的に応じて塗工などの加工処理を行い，最終の仕上げ工程を経て紙製品が

つくられる．洋紙製造において原料から製品までの工程はパルプ製造工程，抄紙工程，加工・仕上げ工程に分類することができる．

和紙の場合には，手漉き法と機械抄き法に分類され，また手漉き法は，溜め漉き法と流し漉き法に分かれる．わが国特有の手法として発達してきたのは流し漉き法である．

### 4.1.5 紙の分類

紙の分類法はいくつかあるが，一つの分け方は洋紙と和紙に分ける方法である．洋紙が木材パルプからつくられ，実用性を目的として大量生産されるのに対して，和紙は靭皮繊維を主体としてつくられ，実用目的以外に工芸品などとして用いられ，手漉き法または機械抄き法により比較的少量しか生産されない．

洋紙は厚さと機能により紙と板紙に分類される．日本製紙連合会による品種分類では，紙は新聞用紙，印刷・情報用紙，包装用紙，衛生用紙，雑種紙に，板紙は段ボール原紙，紙器用板紙，その他の板紙（建材原紙，紙管原紙，ワンプなど）に分類される．既述の特殊紙や機能紙は雑種紙に分類される．

〔尾 鍋 史 彦〕

## 4.2 洋紙の科学と技術

### 4.2.1 洋紙の資源・原料（森林資源）

#### a. 紙の原料

日本の製紙産業の歴史は，一面では資源確保の歴史といえる．資源の少ない日本において原料確保はきわめて重要な課題である．特に，今後のアジアを中心とした紙の需要の伸び，環境問題の重要性の高まりの中，長期的資源確保はますます重要になってきている．本項では，世界の中での日本の位置づけを概観したうえで，日本の製紙産業が取り組んできた原料対策について紹介する．

1) 世界の中での日本

日本の紙・板紙の生産量は約3,000万 t（3,046万 t：2003年）で，世界の生産量（3億3,900万 t：2003年）の約9％に相当する．経済の拡大に伴い紙の需要は今後も伸びることが予想されるが，重要なのは中国などアジアの需要増である（図4.2.1.1）．

一方，原料となる木材資源についていえば，日本は国土の64％を森林に覆われた世界でも有数の森林国ではあるが，国土面積が小さく，森林の絶対面積は世界の0.6％にすぎない（表4.2.1.1）．このような中で，原料確保のためのさまざまな対策がとられてきた．

**表 4.2.1.1** 世界の森林面積（2000 年）(FAO)[2,9]

|  | 国土面積 | | 森林面積 | | 森林率 |
| --- | --- | --- | --- | --- | --- |
|  | 100万 ha | 構成% | 100万 ha | 構成% | % |
| 日本 | 38 | 0.3 | 24 | 0.7 | 64.0 |
| その他アジア | 3,036 | 23.3 | 524 | 13.8 | 17.2 |
| 北中米 | 2,103 | 16.1 | 549 | 15.5 | 25.7 |
| 南米 | 1,752 | 13.4 | 886 | 25.2 | 50.5 |
| ヨーロッパ | 2,260 | 17.3 | 1,039 | 27.0 | 46.0 |
| アフリカ | 2,937 | 22.5 | 650 | 15.1 | 21.8 |
| オセアニア | 849 | 6.5 | 197 | 2.6 | 23.3 |
| 計 | 13,048 | 100.0 | 3,869 | 100.0 | 29.6 |

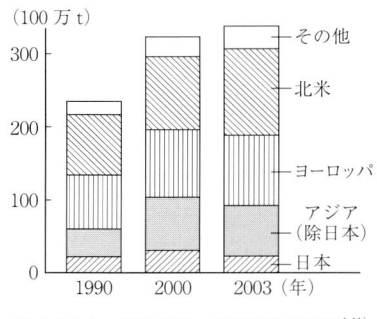

**図 4.2.1.1** 世界の紙・板紙消費量推移[1,11]

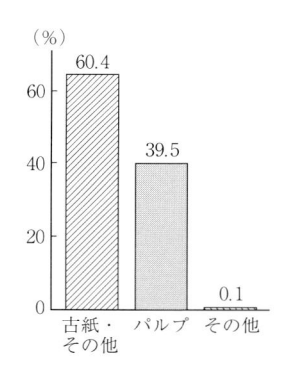

**図 4.2.1.2** 日本の製紙産業の原料内訳（2004 年）[3,9]

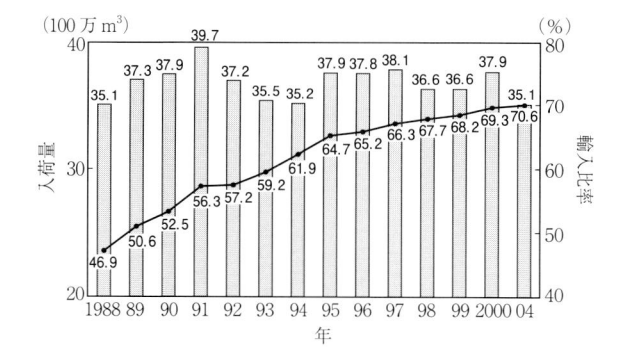

**図 4.2.1.3** 木質原料消費量推移[4,11]
棒グラフは入荷量，折れ線グラフは輸入比率を示す．

2) さまざまな原料対策

(1) 古紙利用の拡大

日本の特徴の一つは，古紙の高い使用率である．2003 年現在，製紙原料の 61％は古紙で，これは世界平均の 48％を大きく上回る，世界でも有数の古紙利用国である．日本の製紙産業は古紙の比率を 2005 年までに 60％とすることを目標に取り組んできたが，2003 年に達成された．古紙の利用を拡大することは重要課題であるが，技術的な限界は存在する．その他は非木材資源であるが，その比率は約 0.2％できわめて小さい（図 4.2.1.2）．

(2) 木質原料調達の多角化

製紙原料の約 39％は木材，主に木材チップからつくられるパルプである．パルプは古くは針葉樹からつくられていたが，より広範に利用可能な広葉樹の使用，原木から製材廃材を利用したチップへと，その中身は大きく変わってきた．

海外からのチップ輸入は 1965 年に開始され，現在では木質原料の 3 分の 2 以上が輸

入チップによりまかなわれている（図4.2.1.3）．チップ輸入は日本の製紙産業を特徴づける重要な発明といえる．資源の乏しい日本にとって，これなくしては現在の製紙産業は存続しえなかったであろう．

図4.2.1.4は，製紙原料だけでなく一部ボード原料向けのチップを含んだものだが，世界のチップ輸入の約7割は日本により行われている．近年韓国，台湾で類似の輸入が行われているが，米国，カナダ，ヨーロッパなどは主に域内からの輸入であり，日本のようなチップ専用船を使った大規模なものとは異なる（図4.2.1.5）．

(3) 木質原料構成の多様化

それでは，どのようなものが木質原料として使われているのだろうか（図4.2.1.6）．

国産材においては製材残材が45％を占めるが，この多くは輸入された製材用原木から発生する背板(せいた)である．天然林低質材はほかに用途のない2次林などからの出材で，人工林の中にはスギ，ヒノキなどの植林木の間伐材が含まれる．

輸入材においては天然林低質材が22％，人工林が65％，製材残材が13％を占める．人工林の比率が増えてきているのが特徴的である．一部で，製紙産業は原生林を伐採して環境破壊を助長しているとの非難の声を聞くが，ここでいう天然林低質材はすでに伐採などが行われた場所に育つ，いわゆる2次林からの生産で，ほかに用途のないものが

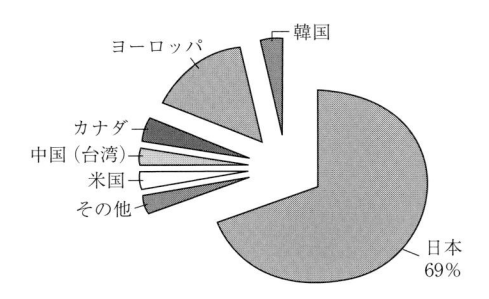

**図 4.2.1.4** 国別木材チップ輸入（1998年）[5]

**図 4.2.1.5** チップ専用船 M/S Prince of Tokyo

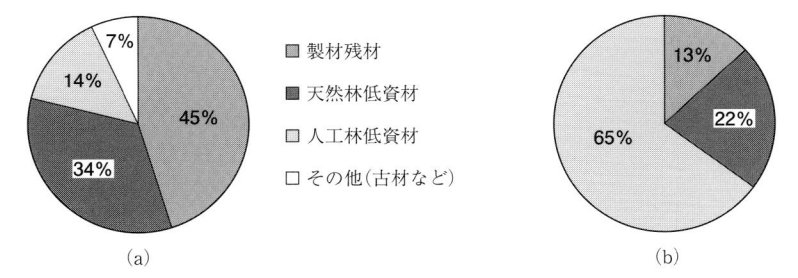

**図 4.2.1.6** 木質原料の内訳（2004年）[6,9]
　　　　　　(a) 国産材，(b) 輸入材．

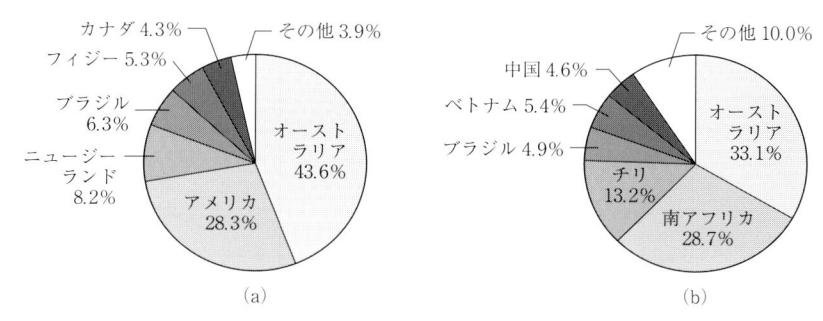

**図 4.2.1.7** 輸入チップの調達先（2004 年）[9]
(a) 針葉樹（2,784 千 BDT），(b) 広葉樹（11,190 千 BDT）．

主体である．

以上のとおり，木質原料は国内材，輸入材ともにほかに用途のない廃材，低質材および人工的管理された人工林から構成された循環型の資源である．しかし，不要な誤解を避けるためにも，今後さらに天然林からの比率を下げていきたいと考えられている．

現在の輸入チップの調達先は図 4.2.1.7 のとおり，南米，南アフリカなど，すでに地球の反対側にまで拡大している．

このような中，今後の需要増の中で資源の一定部分を安定的に確保するため，製紙会社による海外植林が行われることになった．

3）海外植林

日本の製紙業界による海外での産業植林が開始されたのは 1970 年代前半であるが，その後の円高によりチップの輸入ソースが大きく拡大し，産業植林は一時停滞した．それが再び本格化したのは 1990 年前後からである．日本製紙連合会は自主行動計画の中で，2010 年までに内外で 55 万 ha の植林を実現する目標を発表したが，2004 年 11 月に 60 万 ha に拡大した．その主体は海外での産業植林となる．現在で 9 か国，30 か所で事業が行われており，2003 年末時点での植林済み面積は約 36 万 ha にのぼる（表 4.2.1.2）．

海外での産業植林の第一の目的が，将来の資源の安定確保にあることはいうまでもないが，さまざまな付帯効果が期待される．

（1）天然林に対するプレッシャーの削減

先に述べたとおり，天然林 2 次林の利用も資源の有効活用の一つで，悪いことではないが，きちんと管理された高収穫の人工林を造成することにより，より多くの天然林の保護が可能となる．

（2）地域環境の改善

新規事業の導入に伴う雇用の創設などの経済効果のみならず，防風林，土壌侵食防止，塩害防止など多方面の効果が期待される．

表 4.2.1.2　日本の製紙業界による海外植林実績[9]
（単位：1,000 ha）

| 国　名 | 事業地数 | 2003年3月末植林済み面積 | 目標面積 |
|---|---|---|---|
| オーストラリア | 17 | 112.2 | 190.5 |
| ニュージーランド | 3 | 43.0 | 54.4 |
| チリ | 3 | 50.3 | 63.5 |
| ベトナム | 1 | 9.2 | 10.5 |
| パプアニューギニア | 1 | 8.4 | 10.0 |
| 南アフリカ | 1 | 4.2 | 10.0 |
| 中国 | 2 | 2.4 | 6.0 |
| エクアドル | 1 | 3.0 | 10.5 |
| ブラジル | 1 | 123.7 | 110.0 |
| 計 | 30 | 356.4 | 465.4 |

(3)　地球温暖化対策

植林は，牧場など，今まで木のなかったところに新たに森を造成することを原則としており，炭酸ガスの固定上も大きな効果が期待される．

森林による固定吸収効果の評価ついては，2001年6月のCOP6（気候変動枠組条約第6回締定国会議）再開会合で基本合意がなされた．日本の削減目標達成には海外での対策がポイントとなるが，その意味で発展途上国における植林事業による吸収源CDMが対象に含められたことは重要である．森林復活は炭酸ガス問題だけでなく水問題，食料問題に直結した重要な課題で，植林事業がCDMとして評価されることにより森林復活の輪が広がることを期待している．しかし，その後決まった基本ルールでは，吸収源CDMについては，追加性の検証，非永続性の制限など，実施に当たって多くの制約条件が課せられており，現段階で承認された事業はまだない．

産業植林で使用されるのは高成長の早生樹種で，それだけ固定効果も高い．日本の製紙会社による産業植林は原料造成という経済目的があるがゆえに，規模的にも永続性からも地球規模での環境貢献が可能と期待される．2005年2月には京都議定書が発効し，森林の炭酸ガス吸収効果への関心がますます高まっている．

日本の製紙産業は，木という再生可能な資源を使う，誠にユニークな産業で，循環型産業のリーダーたりうる産業である．　　　　　　　　　　　　　〔神田憲二〕

## 文　献

1) Pulp & Paper International (2001)：*Annual Review*, July 2001：8-9.
2) Food and Agriculture Organization (FAO) (1997)：State of the World's Forests 1997, pp. 177-189.
3) 日本製紙連合会 (2001)：紙・パルプ — 紙・パルプ産業の現状，No. 629 (2001年特集号)：4.

4) 同上（2001）：同上：17（経済産業省「紙・パルプ統計」より）．
5) FAO（1998）：Yearbook of Forest Products 1998, p. 66.
6) 日本製紙連合会（2001）：会員統計．
7) 同上（2001）：同上：18（財務省「通関統計」より）．
8) 同上（2001）：同上：24.
9) 日本製紙連合会（2005）：紙パルプ―紙パルプ産業の現状，No. 681（2005年特集号）．
10) 同上（2004）：No. 675.
11) 株式会社竹尾（2005）：紙の生産と市場―現状の動向．

**b. 紙の素材としてのセルロース**

1) 植物の化学成分

ほとんどすべての紙は，植物由来の繊維（パルプ）を主成分として製造されている．その植物繊維の主要な化学組成としては，多糖類であるセルロース，ヘミセルロースと，ベンゼン環を有する複雑な高分子であるリグニンの三大成分に区別される（図4.2.1.8）．

セルロースは，三大成分の中で最も量が多く，植物の乾燥重量の40～80％を占め，構成糖であるブドウ糖（グルコース）が$\beta$-1,4型のグリコシド結合で直鎖状に結合している．天然の植物の状態では1本のセルロース分子中で結合しているブドウ糖の数（重合度：DP）は1万程度と考えられているが，機械的あるいは化学的なパルプ製造工程および漂白工程を経るとセルロースの重合度は低下する．重合度は，市販の製紙用の針葉樹由来の漂白クラフトパルプで1,200程度，広葉樹由来の漂白クラフトパルプで900

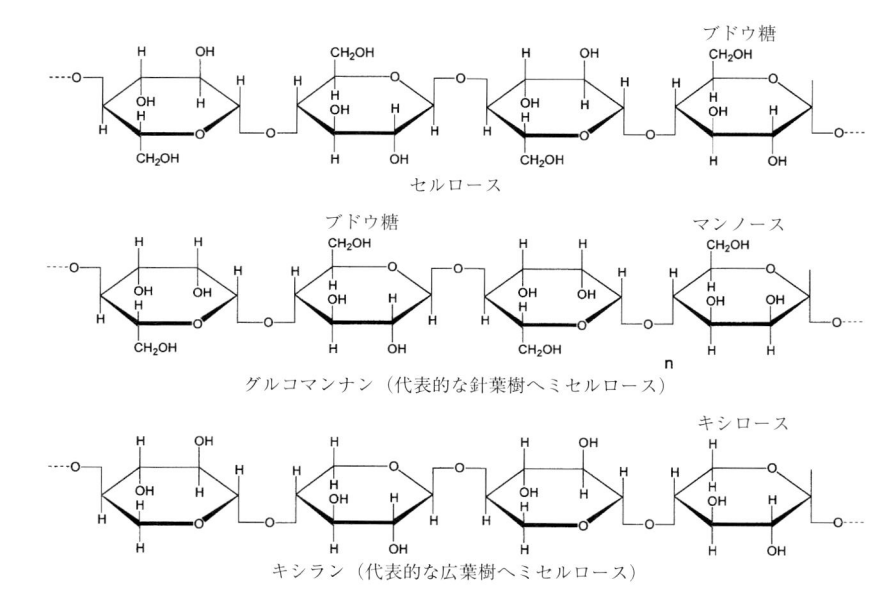

図 4.2.1.8　植物繊維の主成分であるセルロ

程度となる．これらの重合度の値は，パルプを 0.5 M の銅エチレンジアミン溶液に溶解させ，粘度法により求めることができる[1,2]．

　針葉樹の代表的なヘミセルロースはグルコマンナンで，ブドウ糖とマンノースをほぼ 1:3 の割合で含み，セルロースと同様，$\beta$-1, 4 型のグリコシド結合により直鎖状につながり，重合度が 100 程度の多糖類である．広葉樹の代表的なヘミセルロースはキシランで，キシロースが $\beta$-1, 4 型のグリコシド結合で結合していて，重合度は約 200 である．セルロースに比べてヘミセルロースは重合度が小さいので，濃アルカリ水溶液に溶解しやすい．製紙用の化学パルプでは，ヘミセルロース含有量が多いほど繊維間結合形成に寄与し，結果的に紙の力学特性は向上する．一方，再生セルロース，セルロース誘導体製造原料としての溶解パルプの場合はヘミセルロースの存在が品質低下につながるため，$\alpha$-セルロース含有量（セルロース含有量の目安）を一定値以上にするように，パルプ化方法，パルプ化前処理，パルプ化後の処理などによってヘミセルロース含有量を制限して使用するか，あるいはもともとセルロース含有量の高いリンターを原料にしている．

　セルロース，ヘミセルロースはともに「グリコシド結合」で，単糖同士がつながることにより，多糖を形成している．このグリコシド結合の特徴として，「アルカリ性条件下では比較的安定であるが，酸性条件下では加水分解により切断されやすい」という特

針葉樹リグニン模式図

ース，ヘミセルロース，リグニンの化学構造

徴をもつ．したがって，酸性条件での紙の使用や保存，酸性条件でのパルプ化反応，漂白反応では，場合によってはこれらの多糖類の低分子化が起こり，紙としての力学強度が低下する場合がある．

　一方，リグニンは針葉樹材の約30%，広葉樹材の約20%を占め，植物中の生合成の過程で，酵素によって制御されないラジカル反応という有機化学反応を主体として高分子化しているため，一義的に定義されない複雑な化学構造を有している．リグニンには，ベンゼン環に加えて微量のC=O基，C=C基などの共役二重結合構造が存在あるいは形成されることによって着色構造が生成しやすく，紙やパルプの色の原因となる．機械パルプあるいは機械パルプ由来の古紙パルプからなる紙はリグニンの含有量が高く，光，酸素，熱などによって退色（色戻り，黄変化して白色度が低下すること）する．一方，リグニンを多く含む機械パルプを原料とした紙は，パルプ繊維が剛直なために空隙が多くなり，インキ受理性と不透明度が向上するため，新聞用紙のような高速印刷に適している[1]．

　2)　セルロースの高次構造

　セルロース分子は，豊富な親水性の水酸基（C-O-H）と疎水性のC-H基を有しており，分子間で水素結合，疎水結合を多数形成してミクロフィブリルというセルロース分子数十本からなる束を形成して存在している．ミクロフィブリルが集合して植物繊維の細胞壁を形成し，植物繊維が集合して植物体を形成している．このように，植物にはセルロース分子から植物体に至るまで繊維状の階層構造が存在する（図4.2.1.9）．

　セルロースミクロフィブリルには，セルロース分子が規則的に配列した部分（結晶領域）と，規則性が低下した非晶領域が存在する．結晶領域の量はセルロースの50〜80%であり，X線回折法などによって測定することができる．植物が単繊維化（パルプ化）されて紙になるまでに受ける機械的な処理，熱処理，パルプ化処理，漂白処理，抄紙工程，乾燥工程ではセルロースの結晶領域はほとんど変化しない．一方，結晶領域の表面を含むセルロースの非晶領域およびヘミセルロース部分は，水分の吸脱着が起こり，酸加水分解のような化学処理を受けやすく，リサイクルの過程で角質化という一種の疎水化が起こり，紙の添加剤成分などの異種物質と相互作用し，結果的に紙を含むセルロース系材料の物性を大きく左右する．図4.2.1.10には，保存環境の相対湿度変化に対する紙の各種物性値変化の模式図を示す．相対湿度の変化によるわずかな紙の含水率変化が，結果的に大きな物性値の変化をもたらす．これらの変化は，紙中のセルロース非晶領域およびヘミセルロース領域の水分吸着量の変化に伴って引き起こされる．また，高等植物由来のセルロースの非晶領域は，図4.2.1.11に示すように，結晶領域と非晶領域が交互に分布していると考えられており，酸性紙の保存，酸性系のパルプ化および漂白反応ではセルロースの重合度が短時間で急速に低下し，力学強度の著しい低下をもたらす[1]．

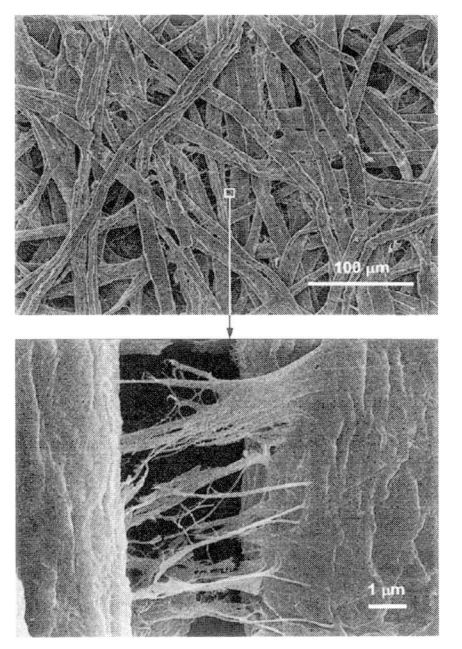

**図 4.2.1.9** 紙および木材パルプ表面の電子顕微鏡写真
セルロース分子の束であるミクロフィブリルが観察される．

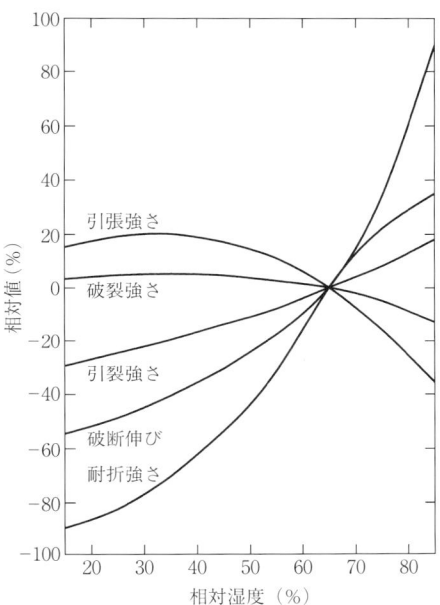

**図 4.2.1.10** 保存環境の相対湿度変化による紙の物性値の相対変化

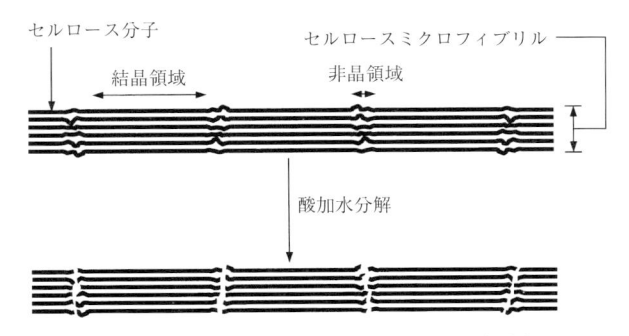

**図 4.2.1.11** セルロースミクロフィブリル中の結晶領域と非晶領域分布と酸加水分解による重合度低下

　木材を含む植物由来のパルプ中のセルロースは，セルロースⅠ型の結晶構造を有している．不織布製造などに用いられるレーヨン繊維は，セルロースを溶解－再生して製造され，セルロースⅡ型の結晶構造を有していて結晶化度は30％程度である．セルロー

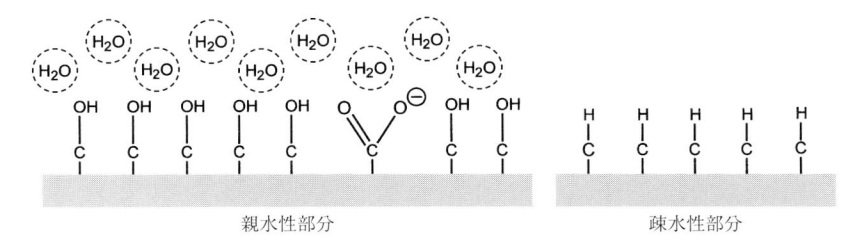

**図 4.2.1.12** セルロース分子およびミクロフィブリル表面に存在する官能基

スⅠ型とⅡ型の区別は，X線回折パターンから判別できる[2]．

3) セルロース繊維表面の化学構造と特性

製紙工程でパルプを水に分散させた際に，セルロース繊維表面（実際にはセルロースミクロフィブリル表面あるいは分子状に繊維表面に飛び出しているセルロースおよびヘミセルロース分子）の化学的および構造的特性が，製紙薬品成分との相互作用，紙中での繊維間結合形成などに関与する．図4.2.1.12に示すように，豊富な水酸基は水素結合によって水分吸着，繊維間結合形成，繊維内結合形成に，C-H基はセルロース分子間あるいは疎水性の添加剤成分との疎水結合形成を担う．また，微量ではあるがカルボキシル基（漂白クラフトパルプで0.02～0.1 mmol/g程度存在．もともと植物中に存在するか，あるいはパルプ化および漂白過程での酸化反応によって生成する）は，パルプ繊維のマイナスの表面荷電を支配し，静電的な相互作用によって製紙薬品成分との相互作用に寄与する[1]．

〔磯貝　明〕

## 文　献

1) 磯貝　明 (2001)：セルロースの材料科学，東京大学出版会．
2) セルロース学会編 (2000)：セルロースの事典，朝倉書店．

### 4.2.2　洋紙の製造法

#### a. パルプ化から漂白まで

主要な製紙用原料は木材だが，竹，わら（藁），バガス，アシなどの非木材資源も，比較的少量だが使用される．それらの主成分がセルロース，ヘミセルロースおよびリグニンであることから，これらの資源を一般にリグノセルロース資源という．製紙用パルプには，このような原料を単に機械的処理によって繊維化して製造される機械パルプと，蒸解工程によってこのような原料中に含まれるリグニンを可能な限り選択的に除去して得られる化学パルプ，および両者の中間的なパルプ（セミケミカルパルプ）がある．したがって，化学パルプは基本的にセルロースおよび一部のヘミセルロースからなる．1999年の通産省の統計によれば，わが国における製紙用パルプの13%強を機械パルプ

が，また85％強を化学パルプが占めている．機械パルプには，木材を回転する砥石に押しつけて繊維化する砕木パルプ（SGP），木材チップをリファイナーを用いて連続的に繊維化するリファイナーGP（RGPまたはRMP），木材チップをあらかじめ130℃程度の高温水蒸気の雰囲気で加熱，軟化させたあとリファイナーによって繊維化するサーモメカニカルパルプ（TMP）がある．これらの方法では木材中のリグニンの全量がパルプ中に残存しており，パルプ収率も90～95％に達するとされている．TMPは製造時における繊維の切断や結束繊維の生成が少なく，機械パルプの中では最も強度的性質に優れている．この特徴を一層強化する目的で開発されたものに，ごく軽度の化学処理をしたのちTMPの製造を行うケミサーモメカニカルパルプ（CTMP）がある．化学パルプについては，そのほぼ全量がクラフト法によって製造されている．世界的にみても北欧，北米を中心にサルファイト法による製紙用パルプの製造が一部行われてはいるものの，クラフト法を中心とした状況に大きな相違はない．以下，化学パルプ，特にクラフトパルプに焦点を絞って述べることとする．

リグノセルロース資源中では，主成分であるセルロース，ヘミセルロースおよびリグニンが単に混合物として共存しているのではなく，何らかの化学的，物理的結合によって互いに結合した状態で存在していると考えられている．化学パルプの製造においてリグニンを分離，除去する際にも，そのような結合の選択的開裂あるいはリグニン自身の選択的分解などの反応を必要とする．

クラフト法，正確にはクラフト蒸解法は，蒸解薬品として苛性ソーダと硫化ソーダを使用し，170℃程度の高温で原料（主として木材チップ）を蒸解する方法で，それまで蒸解法の主流であったサルファイト法が酸性下での蒸解であったのと際立った対照をなしている．サルファイト法に代わってクラフト法が隆盛を迎えるに至った要因としては，薬品・熱エネルギー回収技術の完成，パルプ繊維の優れた強度的性質，多様な樹種に対する適用性，短い蒸解時間，二酸化塩素漂白の開発をはじめとした漂白技術の進歩などがあげられているが，さらにパルプ収率向上のための技術あるいは排水，排ガスの処理技術など，環境関連技術の進展も重要な要因となっていよう．

クラフトパルプに代表される化学パルプの製造におけるパルプ化反応とは，すでに述べたようにセルロースはいうまでもなく，ヘミセルロースについても，その分解を可能な限り抑えて，リグニンを選択的に除去するプロセスである．これによって互いに膠着していた繊維が分離するとともに，個々の細胞壁も非常に柔軟性に富んだ化学パルプが得られる．原料木材について細胞壁レベルでのリグニンの分布をみると，平均的には全リグニンの70～80％が2次壁に，また20％程度が複合細胞間層（中間層と1次壁を合わせたもの）に存在するとされているが，蒸解時の薬液の浸透が細胞内腔を通じて進行するため，2次壁からの脱リグニンが先行すると考えられる．蒸解が進み，細胞間層部分のリグニンも十分に脱離し，繊維同士が十分に分離した段階を繊維離解点といい，そ

の段階の脱リグニン度(脱離したリグニン量の,もとのリグニン量に対する割合)として針葉樹材のカラマツで86%,稲わらでは91%という値が報告されている[1]．

クラフト法の利点の一つに,それがアルカリ性下で行われることがあげられる．フェノール性水酸基を有するリグニンが,基本的にアルカリ性水溶液に可溶であり,必要程度に低分子化されたリグニンは容易に木材組織から溶出,除去されると考えられる．さらに,多糖を構成するグリコシド結合が,酸性条件に比較してアルカリ性条件下でより安定であり,熱アルカリ条件でのクラフト蒸解においても開裂,劣化の程度が比較的低く,結果としてクラフトパルプは高い強度的性質を保持している．しかし,蒸解条件を過度に強化すると,多糖,特にセルロースの変質も無視しえなくなり,結果としてパルプ収率およびパルプの強度的性質の低下を招くことになる．蒸解時間とパルプ中のリグニン量の関係をみると,蒸解時間とともにリグニン量は当初には急激に低下するが,もとの木材中に存在したリグニン量の約90%が脱離した段階から,その低下は非常に緩やかになる．蒸解条件を強めることで脱リグニンをさらに進めることは可能ではあるが,先に述べたようにパルプ収率あるいはパルプ粘度が低下する結果となる．このように蒸解の最終段階でも,なおパルプ中に存在するリグニンを残存リグニンといい,その化学構造上の特徴,残存する理由の解明は,パルプ化工程の改善および引き続く漂白工程の技術開発にとってきわめて重要である．

パルプの収率,強度的性質に悪影響を与えることなく,残存リグニン量を低下させるために,蒸解時の脱リグニンを促進する助剤の開発,あるいは蒸解装置の改良などの多様な技術開発が進められてきた．脱リグニン助剤としては野村[2]およびHolton[3]らによるアントラキノン(AQ:図4.2.2.1)の発見があげられる．蒸解薬液に0.01%にも満たないAQを添加することで,脱リグニンを一層進めることが可能となる．このことは同一の脱リグニン度に達するのに要する蒸解時間をより短時間に設定することが可能であることを意味しており,その結果,より高い収率でパルプを得ることが可能となる．AQの作用機作としては,アルカリ性下でリグニン構成単位間の主要なエーテル結合(アリルグリセロール-$\beta$-アリルエーテル結合)を効率的に開裂することが知られている．また,最近AQに加えてポリサルファイドを添加した蒸解薬液を使用することで,

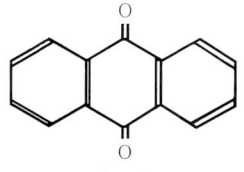

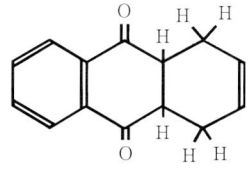

アントラキノン　　　　　テトラヒドロアントラキノン

**図 4.2.2.1** パルプ化における脱リグニン助剤として使用されるアントラキノン系化合物

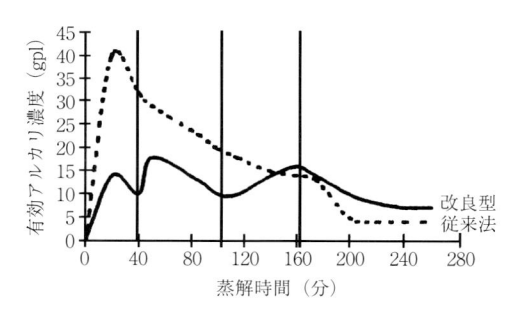

図 4.2.2.2 従来法と改良型蒸解法における有効アルカリ濃度の変化

明確に高い収率でパルプが得られることに注目が寄せられている.

セルロース,ヘミセルロース,リグニンの蒸解の全段階における挙動の詳細な検討に基づいて,プロセスの改良が試みられてきた.蒸解段階における高い脱リグニン選択性を保持するためには,全蒸解過程を通じて薬液組成,温度などの条件を適切に保持することが重要である.蒸解開始時に木材チップに薬液の全量を加える旧来型の蒸解では,蒸解初期には過剰に存在したアルカリが,蒸解の終期には逆に不足する状態となっている.初期の過剰なアルカリは多糖の過度の変質と溶出,および木材中のリグニンのアルカリ縮合反応を促進することになる.一方,蒸解後期には薬液中のアルカリおよび硫化ソーダ濃度の低下によって,脱リグニン反応の効果的な進行が阻害されることになる.また,この段階でのアルカリ濃度の低下が蒸解液中にいったん溶出したリグニンおよびヘミセルロースのパルプ繊維表面への再沈着を引き起こすことも指摘されている.このような問題点の解決を目的として提案された技術に拡大脱リグニン法(extended delignification法)がある.Hartlerらによって検討が進められたこの方法[4,5]の主要な点は,① 蒸解初期の活性アルカリ濃度の低減,② 全蒸解工程を通じての高硫化度の保持,③ 蒸解終期における蒸解液中の溶存固形分の低減であり,これらの条件を満たすために種々の改良型蒸解法が提案されている.図4.2.2.2に,従来法と改良型蒸解法における有効アルカリ濃度の変化の一例を示す.改良型蒸解法にはバッチ蒸解法として,RDH,スーパーバッチ(superbatch),エナーバッチ(enerbatch),連続蒸解法としてMCC(modified continuous cooking),EMCC(extended modified continuous cooking)などがある.

蒸解工程で可能な限り選択的に脱リグニンを進めたあと,蒸解釜から排出された漂白前のパルプを未晒パルプという.クラフト法で得られる未晒パルプは,濃暗褐色を呈しており,このままでは一部の包装用紙,段ボール原紙以外の用途には不適当である.このような未晒パルプから白色の製紙用パルプを製造する工程を漂白工程という.換言す

れば，蒸解工程でパルプ中に残存したごく少量のリグニンを，蒸解工程以上に選択的な反応によって分解除去する工程が漂白工程であるといえる．実際の漂白パルプの製造では，未晒パルプはアルカリ性下で加圧酸素で処理され，残存リグニンの約半分が除かれたあと，通常の漂白工程に入ることになる．そのため，ここではアルカリ性酸素脱リグニン工程を含めて漂白工程として説明する．アルカリ性酸素段では，酸素が遊離フェノール性水酸基を有する構造を選択的に分解する特性に基づいている．蒸解工程での反応によって，残存リグニンは天然リグニンに比較して多くのフェノール性水酸基を有している．この特性を利用して，アルカリ性酸素に対し大きな反応性を有しているリグニン部分をあらかじめ分解除去したのち，引き続く漂白段に移ることとなる．

　アルカリ性酸素段に引き続いた漂白工程では，異なる処理を組み合わせた多段処理によって残されたリグニンが除去される．従来，塩素（C），アルカリ抽出（E），ハイポ（次亜塩素酸塩：H），二酸化塩素（D）による処理を組み合わせた，例えばC-E-H-D-E-D，あるいはC/D-E-H-Dといった多段漂白が用いられてきた．これらの漂白工程で中心的役割を果たしてきたのは塩素であった．酸性の塩素水溶液中で未晒パルプ中のリグニンは効果的に分解，低分子化され，引き続くアルカリ抽出段で容易に除去される．この段階でなお残存するリグニンは，ハイポ段，二酸化塩素段で除かれ，最終的に純白の漂白パルプが得られることになる．このように，塩素段を含む多段漂白は純白のパルプを製造するという点においては，きわめて有効であった．しかし，塩素段において低分子化とともに進行する塩素化反応によって，リグニンは各種分子量の塩素化フェノール類あるいは塩素化ダイオキシン類を含むその他の有機塩素化合物に変換されることとなる．これらの塩素化合物の生態系に及ぼす深刻な影響を避けるために，以下のような漂白プロセスの大幅な変更が，近年世界的に進められている．

　漂白プロセスの変更の主眼は，従来の塩素およびハイポに代えて，二酸化塩素およびその他の非塩素系漂白剤，すなわち，オゾン，過酸化水素などを使用するものである．二酸化塩素を使用した漂白プロセスをECF（elemental chlorine free）漂白，二酸化塩素も使用しないプロセスをTCF（totally chlorine free）漂白といい，世界的には後述するように先進工業国におけるパルプ漂白の大半がECF漂白に移行しつつあるといえる．塩素に代わって漂白の主役を果たすことになった二酸化塩素は，それ自身分子内に塩素原子を含み，塩素系漂白剤ともいえる．事実，二酸化塩素による漂白反応中に，分子状塩素あるいはハイポが生成することは，理論的に予測されている．しかし，実際の反応中に塩素化合物が生成することはきわめて限られており，塩素化合物の一種である塩素化ダイオキシン類の生成については，検出限界以下であるとされている．

　漂白プロセスの変更はスカンジナビア諸国において先行して進められ，すでにすべての漂白パルプ製造工場が，ECF（一部はTCF）化を終えているといわれる．世界最大のパルプ生産国である米国においても，急速にECF化が進められており，近年中にす

べての工場においてこの変更が完了するとされている．わが国においては，原料木材が主に広葉樹材であり，蒸解段階での脱リグニンを高度に進めることで，漂白工程への負荷が軽減されていること，酸素脱リグニン段がすでにすべての漂白ラインに導入されていること，漂白排液の処理が十分になされていることなどによって，漂白パルプ製造工場からの排出水中の塩素化ダイオキシン類濃度が，すでにきわめて低いレベルにあった．このことから，パルプ漂白プロセスの本格的な変更が，これらの欧米諸国に比較して遅れた感はあるが，今後急速に進むものと予想される． 〔飯塚堯介〕

## 文　献

1) Zhai, H. M. and Lee, Z. Z. (1989)：*J. Wood Chem. Technol.*, **9** (3)：387.
2) 野村芳禾，岩井　誠，佐藤晴雄：特願昭 49-115486.
3) Holton, H. H. (1977)：*Pulp Paper Mag., Can.*, **78** (10)：T218.
4) Carno, B. and Hartler, N.：(1976) Report B 382, Swedish Forest Products Research Laboratory, Stockholm.
5) Hartler, N. (1978)：*Svensk Papperstidn.*, **81** (15)：483.

### b.　古紙処理技術

　わが国の 2000 年の紙・板紙の生産量は約 3,000 万 t で世界の約 10％を占め，米国に次いで世界第 2 位の規模であり，国民 1 人あたりの消費量は 239 kg である．その原料の 56％は古紙であり，古紙は重要な資源であるばかりではなく，その利用は環境（ごみの減量）にも貢献している．製紙連合会は 2005 年には古紙利用率（国内の紙・板紙生産量に対する古紙消費量）を 60％にする目標を掲げていたが，2000 年度では 57.3％と，米国の 40％前半や EU の 40％後半と比べて高く，さらに，2001 年に入ってからも，グリーン購入法の施行が追い風となって，2003 年には目標達成となった．一方，古紙回収率（紙・板紙消費量に対する古紙回収量）は，2000 年 4 月には 59.0％と初の 59％台を突破した．わが国の古紙の利用率は世界のトップクラスにあるが，回収率はそれ以上である．

　ところで，紙の生産自体は 1～4 月では前年同期比で 1.2％減少しているが，古紙の消費は前年同期比で約 8％とむしろ大幅に増加しており，それだけ古紙の利用が促進され，古紙配合が進んだことを示している．特に板紙よりも紙での古紙の利用がアップしている状況にある．ここでは，わが国の古紙利用率が世界でも高い要因にもなっており，今後も重要性の増すであろう処理技術（古紙パルプ製造技術）について，新たな技術革新も加えて概説する．

#### 1)　回収される古紙の種類と利用法

　わが国において発生する新聞古紙などの古紙の種類とその利用の状況を表 4.2.2.1 に示す．表から明らかなように，新聞古紙は，30％のチラシを含んでいるとして，回収率は 100％を超えて 113％であり，主に新聞用紙に配合されている．段ボール古紙は 83％

**表 4.2.2.1** 古紙の品種別回収率[1]（単位：t，％）

| | 1999 年実績（品種別） | | | | 回収可能率 2005 年見込み |
|---|---|---|---|---|---|
| | 国内消費 (A) | 古紙種類別 | 古紙回収量 (B) | 回収率 B/A | |
| 新聞用紙（97％）<br>チラシ（混入率30％） | 3,648,481 | 新聞古紙 | 4,118,622<br>(2,883,035) | 112.9％<br>(79.0％) | (128.8％)<br>90.0％ |
| （チラシ） | ①（1,563,635） | | (1,235,587) | (79.0％) | 90.0％ |
| 印刷・情報用紙<br>新聞（3％）<br>晒し包装紙<br>雑種紙<br>マニラ（3％）<br>衛生用紙 | 10,953,641<br>112,840<br>303,018<br>1,028,251<br>21,551<br>1,697,074 | 上白<br>中白<br>構造色上<br>切付<br><br>雑誌古紙 | ②<br><br>2,105,647<br>③<br>2,392,796 | (7,855,666)<br>(26.8％)<br>(3,000,000)<br>(79.8％) | 30.0％<br>90.0％ |
| 小計 B<br>（雑誌向け） | 14,116,375<br>(3,000,000) | 小計<br>再計(チラシ込) | 4,498,443<br>(5,734,030) | 31.9％<br>(40.6％) | (35.8％)<br>(45.8％) |
| 段ボール<br>未晒し包装紙 | 9,160,792<br>652,623 | 段ボール<br>茶模造 | 7,635,660<br>243,894 | (83.4％)<br>(37.4％) | 90.0％<br>30.0％ |
| 小計 | 9,813,415 | 小計 | 7,879,554 | 80.3％ | |
| 紙器用その他板紙<br>マニラ（97％） | 2,265,681<br>696,803 | | | | |
| 小計 | 2,962,484 | 台紙 | 563,946 | 19.0％ | 30.0％ |
| 総計 | 30,540,755 | 合計 | 17,060,565 | 55.9％ | 62.5％ |

古紙問題研究会調査報告．
古紙再生促進センターおよび全国製紙原料商工組合連合会の検討資料に基づき試算．
注：① チラシ混入率30％として逆算．
　　② 小計 B の国内消費（チラシ向け，衛生用紙，雑誌向け消費）．
　　③ 雑誌向け消費（300 万 t と推定）．

回収され，主にクラフトライナーに配合されている．一方，印刷・情報用紙からの古紙は27％しか回収されておらず，また，利用率も低い．今後，利用率を向上させるためには，印刷・情報用紙からの古紙や，回収率が推定30％と低い雑誌古紙を利用することである．雑誌古紙の利用が少ない理由は，雑誌の背糊のホットメルトや綴じ込みシールの粘着剤が，抄紙工程でトラブルを起こし，製品にしみとなって品質を低下させるためである．

2）2種類ある古紙パルプ

古紙パルプは，その用途に合わせて，大きく2種類に分けられる．一つは，段ボールなど板紙の中層や裏層などに使用される古紙パルプである．構造材として使用されただけであるため，古紙に印刷されているインキを除去する必要はなく，古紙を機械力でバラバラにしたあと，古紙に含まれる異物（プラスチックなど）を分離する2工程で処理されるもので，離解古紙パルプと呼ばれている．この目的に使用される古紙は主として

新聞古紙，雑誌古紙，段ボール古紙で，使用される古紙の83%を占めている．もう一つは，DIP（deinked pulp：脱墨パルプ）と呼ばれ，主に洋紙に使用される．そのため，上記の離解古紙パルプを，さらにインキを除去し，白色度をアップするために漂白して使用される．

3）古紙の処理技術（DIP製造技術）

古紙からDIPをつくるには，原料として用いられる古紙の種類にかかわらず，大きく分けて4つの工程が必要である．そのフローを図4.2.2.3に示す．

第1は「離解」であり，パルパーと呼ばれる離解機の中で，古紙に水と繊維の離解を促進するためのアルカリを加えて，機械力で紙を繊維にほぐしていく．この工程では，インキの繊維からの剥離を促すため，高級アルコール系の界面活性剤である脱墨剤を加える場合が多い．この工程でのポイントは，繊維をきれいにほぐし，インキは細片になることを抑えつつ，繊維から剥離する点である．

第2は「除塵」であり，古紙に含まれているプラスチックなどの異物を，スクリーンや比重差を利用して分離除去するクリーナーを用いて古紙から除去する工程である．

第3は「ソーキング（熟成）」であり，ここは「離解」の場合と同様に，異物が除かれた古紙パルプにアルカリを積極的に加えて，加温してインキの繊維からの剥離を促す．この場合，繊維はアルカリにさらされるため黄色化するので，それを防ぐ目的で少量の過酸化水素が添加される．また，白色度を上げたい場合には，さらに多くの過酸化水素が添加される．

第4は「脱墨」であり，繊維から剥離されたインキを除去する工程である．インキの除去法には，大量の水でインキを洗浄，除去する洗浄法と，インキを脱墨剤で凝集させたあと，パルプスラリー中に微細な気泡を吹き込み，気泡表面に微細インキを付着させ，浮上分離するフローテーション法があり，両者の比較を図4.2.2.4に示す．わが国ではフローテーション法が一般的であり，米国では洗浄法が主流となっている．ただ，米国でも最近は，フローテーション法に切り換える工場が増えてきている．一方，わが国で

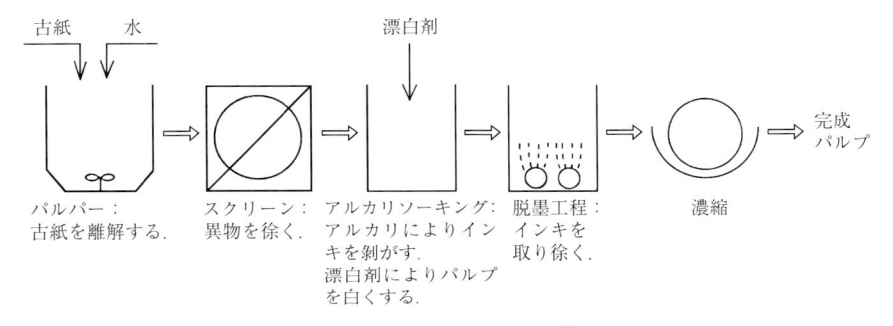

**図4.2.2.3 古紙処理フロー**[2]

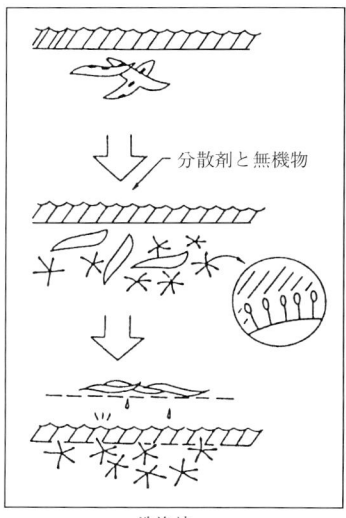

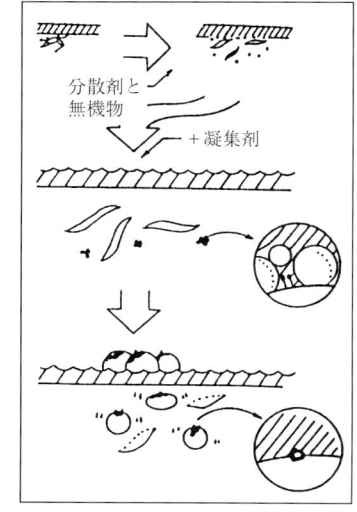

図 4.2.2.4　洗浄法とフローテーション法の比較

は近年，強固に酸化重合したオフセットインキや，複写機で熱融着したトナーなどの剥離しにくいインキが増えてきたので，除去のために，高いパルプ濃度で機械的にインキをパルプ繊維から剥離，分散させるディスパーザーやニーダーが「脱墨」の前に採用されるケースが多くなっている．さらに，より一層のインキ除去を進める方法として，2回フローテーションを行う方式（二段フローテーション）を採用する工場も多くなってきている．

以上が一般的なフローであるが，最近では，DIPを原料とするコピー用紙や高白新聞紙などでは，パルプの白色度を70〜80％まで漂白する必要もあり，その場合には，漂白工程を新たに設けることになる．古紙パルプは，新聞や雑誌に由来するMP（機械パルプ）を多く含むため，リグニンなどの着色成分を酸化もしくは還元して淡色化して白色度を向上させる漂白法が採用されており，歩留りの減少も少ない．酸化漂白剤としては過酸化水素が使用され，還元漂白剤としてはハイドロサルファイトやフォルムアミジンスルフィン酸が使用されている．図4.2.2.5[4]に白色度70％以上の高白色新聞向けのDIPフローを示す．

4) 新しい技術
(1) 排水負荷の減少技術

現在の古紙処理法では，脱墨用にアルカリを多く使うため，排水のCOD負荷が高い．この対策として中性で脱墨する方法が研究されている．アルカリを使用しないと脱墨効

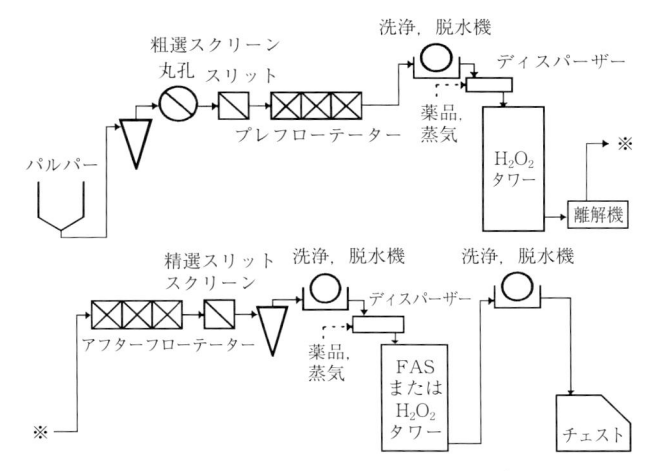

**図 4.2.2.5** 高白色新聞 DIP 製造フロー例[4]
上図の※を出た原料が下図の※に入る.

率が低下するので,その代替として,セルラーゼなどの酵素を使う方法があり,これについては多くの報告がある.今のところ実用化された例はないが,杉野ら[5]は,トナー印刷をニーダーなどの機械処理の際にセルラーゼを用いると,フローテーターでのトナー除去率が向上することを報告している.

(2) 省エネルギー技術

古紙を処理してつくられる DIP はエネルギー消費が少なく,省エネルギーのパルプ化法であるが,さらに $CO_2$ を削減するためにも一層の省エネルギーが求められる.特に最近,古紙の種類が多くなったり,粘着異物などが増加して古紙の質が低下する反面,上級紙への古紙配合率のアップが求められるため,古紙処理システムが複雑になり,スクリーンなどの除塵工程での動力原単位が増加してきている.古紙処理設備メーカーの調査[6]では,板紙用の離解古紙では古紙処理に要する動力の半分が,洋紙用の DIP の製造では,70〜80％が,除塵工程で使用されている.この設備メーカーでは,スクリーンバスケットの表面形状を変えることにより,新聞古紙を同じ開口幅のスクリーンで同量処理した場合には,約 50％省エネができることを示している.

(3) 漂白技術

オゾンは強い酸化力を有する漂白剤であるために,化学パルプには用いられているが,古紙パルプに用いられる例はほとんどない.酸化力の強いオゾンを用いると,インキのビヒクルに作用し,インキ粒子の細片化が期待されるので,トナーが多く用いられるタイプ模造古紙を脱墨し BKP の代替にする場合には,有効な方法になりうる.山口ら[7]は,タイプ模造古紙を実機で処理する際に,ソーキングタワーの前のミキサーにオゾンを添

表 4.2.2.2 オゾン処理実機テスト結果[7]

|  | コントロール | オゾン処理 |
|---|---|---|
| 白色度（％） | 82.8 | 82.8 |
| L* | 93.0 | 93.2 |
| b* | 0.4 | 0.9 |
| 残留インキ面積率指数 | 100 | 55 |

オゾン添加率 0.05％．

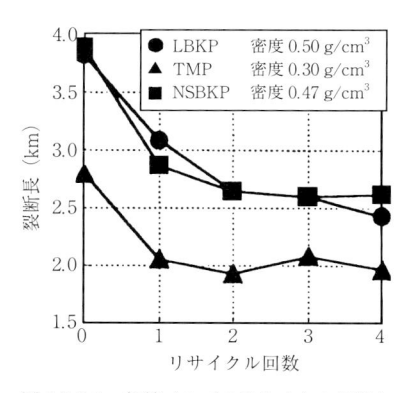

図 4.2.2.6 各種パルプのリサイクル回数と裂断長[9]

加する方法をテストした．その結果，表 4.2.2.2 のように白色度はコントロール（オゾンなし）と変わらなかったが，残留インキ面積率指数は 45％減少し，オゾンが有効であることを示した．強度はコントロールと同様であり，オゾンの価格次第では採用の可能性もある．

製紙連合会が目標とする古紙利用率 60％は，すでに 2003 年に達成されたが，さらに向上させるには課題も多い．一つには，古紙の受け皿になっている板紙の段ボール原紙が，すでに現在の古紙配合率が技術理論上の上限に近づいており，ほとんど配合増は期待できないこと．また，段ボールそのものの需要が海外にシフトしつつあること，一方，洋紙では古紙利用率を高めにくい上級紙系の需要が，カラー印刷化などが進んでいることを背景に高まっていること．さらに，紙の原料である木材繊維は再生するたびに劣化が進み，繊維の強度や印刷物では重要な不透明度が減少するので，古紙利用は自ずと物理的限界をもつことである．

例えば，新聞用紙の場合には限界利用率は 74％，印刷・情報用紙では 42％といわれている[8]．新聞古紙では現在の利用率は 51％であり，これを上げるには，CP（化学パルプ）は DIP よりも強度が高いので新聞紙の高速印刷を考えると置換は難しく，従来と同様に MP を代替することになり，新聞用紙に含まれる CP の比率が増加してくる．リサイクル回数が増えると，CP は MP に比べて，DIP 工程で用いるアルカリの影響を受けて繊維のへたりが増加するため，図 4.2.2.6 のようにリサイクルによって，MP との強度（裂断長）の差が少なくなってくる[9]．一方，不透明度の点では MP の方が CP よりも断然高く，リサイクルを行っても，この優位性が続くので，MP を単純には減らすことができない．また，MP はかさがあり，これが減少すれば新聞用紙の巻き径の減少や印刷適性にも影響してくるなどの課題もある．

印刷・情報用紙の場合，現在の利用率は 24％で，上限が 42％といわれている．しかし，

カラー化が進展しており，印刷適性や見栄えの点から，古紙を多く使うことは嫌われやすく，上限まで順調に進むかは難題である．さらに，印刷・情報用紙の比率が高いため原料の白色度が高く，かつ安価である MOW (mixed office waste：オフィスから排出される古紙) は有力な原料として注目されるが，いろいろな異物や種々の印刷・情報用紙が混入しているために，その除去のための設備や上級紙に必要な品質を得るための装置が必要となり，製紙会社での投資額が増えることになる．また，CP を DIP に置き換えると，使用する化石燃料が増加する．これらの点で，古紙を回収する側は，選別を強化するなどの努力と，製紙や設備メーカーなどは協力して安価で効率的な処理システムを構築すること，また，ユーザー側は，高い白色度を要求する意識を，環境面から低い値に転換することなどが課題といえる． 〔岩崎　誠〕

## 文　　献

1) 日本製紙連合会 (2001)：2005 年度の古紙利用率目標について．紙パ技協誌, **55** (3)：2-4.
2) 岩崎　誠 (1992)：古紙の再生技術について．電子写真, **31** (2)：141-148.
3) McCool, M. A. *et al.* (1989)：*Tappi J.*, **72** (11)：75.
4) 新井　勝 (1998)：高白新聞 DIP の製造技術．紙パ技術協会主催「パルプ基礎講座」，81.
5) 杉野光広, 高井光男：酵素脱墨のメカニズムに関する研究 (第 3 報)．紙パ技協誌, **54** (12)：69-76.
6) 金澤　毅 (2001)：最近の古紙処理に関するニーズと関連する技術．紙パ年次大会資料, 661-669.
7) 山口裕之, 矢口時也 (1996)：古紙の脱墨工程におけるオゾンの利用．紙パ技協誌, **50** (8)：105-111.
8) 板　荘二 (2000)：循環型社会とオフィス古紙の役割．平成 12 年度オフィス古紙全国サミット資料, 1-10.
9) 山口裕之, 岩崎　誠 (1999)：リサイクルによるパルプ品質の推移．繊維学会予稿集, G-8.

### c.　調成，抄紙，塗工，加工，仕上げ

主として木材繊維から構成されるパルプを紙・板紙製品として製造するには，調成，抄紙，仕上げと呼ばれる工程を経る．塗工と加工工程を付け加えることにより，紙製品に付加価値と用途別の機能を付与することが可能となる．

1) 調成

(1) 調成の役割

調成 (stock preparation) とは，化学パルプ，機械パルプ，古紙パルプなど各種パルプを，目的とした製品に適するよう処理したあと，混合し，所定の濃度に希釈して，抄紙機に送るまでの工程の総称である (図 4.2.2.7)．板紙で多層抄きの場合には，調成工程もより複雑になるが，基本とするところは単層抄きの場合と同様である．調成工程においては，パルプだけでなく，填料，紙力増強剤，歩留り向上剤，ピッチ処理剤なども

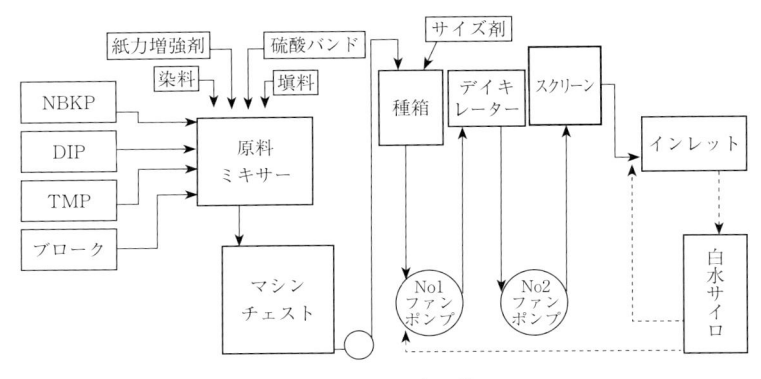

**図 4.2.2.7** 調成工程

必要に応じて添加される．製紙における調成の特徴は，原料の大半が木材繊維と無機物を主体とするスラリーから構成される点である．
　(2) 離解とパルプスラリーの調成
　パルプ製造設備をもたない工場はもとより，パルプ製造と抄紙を一貫して製造するインテグレーテッド工場（integrated mill）でも，さまざまな理由によりパルプを購入して使用することは多く行われている．多くの場合，このような外販パルプは，ベール（bale）という形で供給される．代表的な例としては，鉄の針金で固定された1tベールのクラフトパルプである．このような場合には，パルパー（pulper）で 水を加えて離解（slushing）されパルプスラリーとする．工場で一貫生産されたパルプの場合は，すでにスラリー状態であるので，このような工程は，抄紙機や塗工機から戻され再利用されるブローク（損紙）処理を除き，必要とされない．
　(3) 叩解
　叩解は，現在では，リファイニングとほぼ同じ意味をもつ[1]．ディスクリファイナー（disk refiner）が最も一般的な叩解装置である．パルプ繊維をカットすることとフィブリル化（毛羽立たせること）が主な目的である．特にクラフトパルプでは叩解は重要であり，針葉樹，広葉樹などの樹種と目的とする紙に応じて，叩解の制御が行われ，最終的な紙の地合と強度に大きな影響を与える．
　2) 抄紙
　(1) 抄紙機の構成
　調成工程で用意された紙料は，抄紙機により紙の形に整えられる．抄紙機は，ヘッドボックス，ワイヤーセクションまたはフォーミングセクション，プレスセクションから構成されるウェットエンドとドライイング，カレンダリング，リーリングから構成されるドライエンドに大別される．装置の名称は各セクションに対応してフォーマー

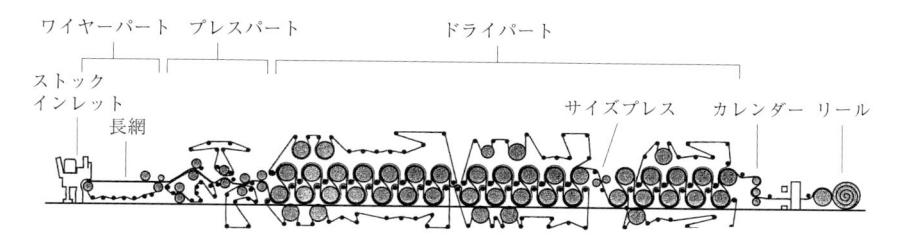

**図 4.2.2.8** 長網式抄紙機

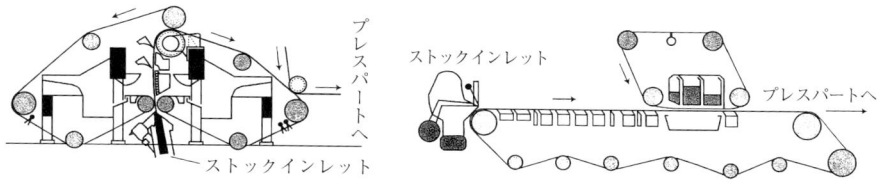

**図 4.2.2.9** ギャップフォーマー

**図 4.2.2.10** オントップフォーマー

(former), プレス (press), ドライヤー (dryer), カレンダー (calender), リール (reel)と呼ばれている（図4.2.2.8）. 表面強度や層間強度向上のためにサイズプレス (size press) でデンプンなどを塗工したあと, 再度アフタードライヤーで乾燥する方式が一般化している. このため, 通常のプレスセクション後のドライは区別してプレドライヤーと呼ばれることもある. いずれの場合も, ドライヤーのあと, カレンダーで紙の平滑化とマシン幅方向の紙厚の均一化を行い, リールで巻き取る.

(2) ヘッドボックス

ヘッドボックスは, ストックインレット (stock inlet) から送られてきた濃度1%以下の希釈混合紙料をワイヤー上にスライスを通して送り出す装置である. 抄紙機横方向の坪量均一化のためにスライスの開度を調整する. 最近では, スライス開度のみならず, マシン白水により紙料を希釈し, 坪量制御をする白水希釈型システムが増加している.

(3) ワイヤーセクション

ワイヤーセクションまたはワイヤーパートは, 希釈混合紙料をワイヤーと呼ばれる網の上で脱水しながら紙層を形成する部分である. 長らく金属製, 主としてブロンズの網が使用されてきたためワイヤーと呼ばれるが, 現在ではプラスチック製のワイヤーが主体である. ワイヤーセクションの方式には, フォードリニア (Fourdrinier) すなわち長網というワイヤーが1枚の方式と, ツインワイヤー方式がある. ツインワイヤーには図4.2.2.9のギャップフォーマーと図4.2.2.10のオントップフォーマーがある. 脱水方式にもフォーミングロールによるロール脱水 (roll dewatering) とブレード脱水 (blade dewatering) に大別される. 両方を組み合わせた方式もある. 抄紙機が高速化される

に従い，長網からツインワイヤー方式になり，ツインワイヤー方式でもロール脱水とブレード脱水を組み合わせたギャップフォーマーが新設マシンでは主流となりつつある．単層抄きでは長く使用されてきた長網方式は改造，新設により減少傾向にある．板紙では4〜7層など多層抄きで生産される場合があり，この場合は，長網が採用される場合も多い．

(4) プレスセクション

プレスセクションすなわちプレスパートでは，フォーマーで形成された紙層をさらに加圧により搾水する．加圧脱水により，繊維間の結合がさらに高まり，紙力が増強される．プレスは複数のロールと脱水された水を吸収するフェルトにより構成される．プレスは通常3〜4回連続して行われる．プレスセクション後に，紙の平滑性をより向上させるためのスムージングプレスを設ける場合もある．抄紙の高速化に伴い，プレス圧も高くなって紙厚が低下する傾向にある．この欠点を解消する目的で，シュー（shoe）プレスと呼ばれるニップ面長を長くしたプレスが新設のマシンでは導入されることが多い．設計速度2,000 m/分の抄紙機では高速での通紙（threading）と表裏差の解消のためにタンデム配置のシュープレスが採用されている例もある．プレス後の固形分（dryness）はおよそ40〜50%である．

(5) ドライセクション

プレスセクションまでは，意図的な加熱なしに脱水を行うが，ドライセクションまたはドライパートでは，加熱による乾燥脱水を行う．通常は，シリンダードライヤー（cylinder dryer/can）に加圧蒸気を送り，ウェブを直接接触させ，加熱により乾燥させる．図4.2.2.11のように，紙はカンバスによりシリンダードライヤーに圧着し乾燥効率が高められる．上下にジグザグ状に連続して設置されたシリンダードライヤーにより紙の表裏を互いに乾燥する方式が主流であった．この方式により紙のカールと表裏差を減少できる．しかし，抄紙速度が1,500 m/分となると，通紙に重点を置き，紙の裏面すなわち下面のみをシリンダードライヤーに接触させるシングルデッキ方式が主流となり

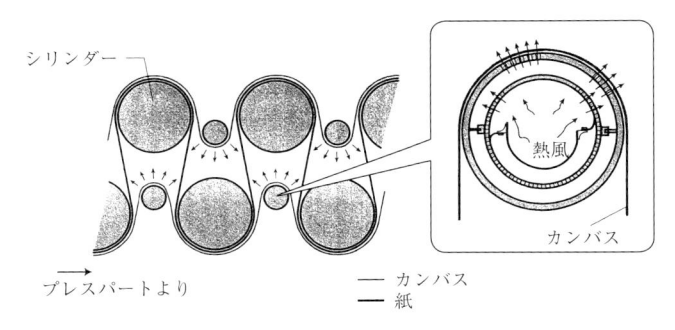

図 4.2.2.11 シリンダードライヤー

**図 4.2.2.12** ツーロールサイズプレス

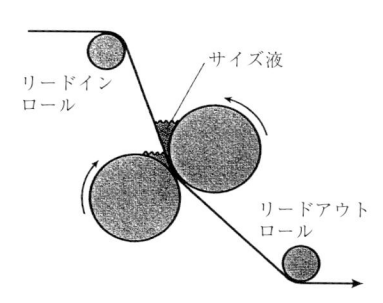

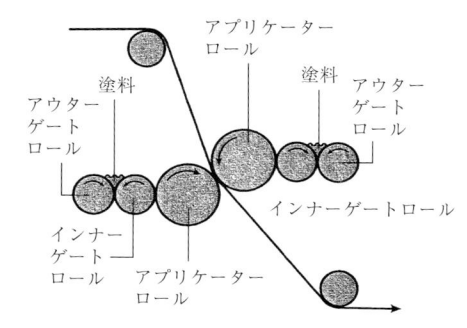

**図 4.2.2.13** トランスファーロールサイズプレス

つつある．この場合には，カールと表裏差はカレンダーなどドライヤー以後のセクションで補正することになる．

(6) サイズプレス

　紙の内部強度と表面強度を補強する目的でデンプンなどを塗布するサイズプレスが使用されることも多い．図 4.2.2.12 のように 2 つのロールの間に塗料のポンドをつくり，その間に紙を通すことによって紙内部に塗料を浸透させる方式が長く使われてきた．抄紙速度の上昇とともに，サイズプレスのポンドの安定性という基本的な問題点を解決するためにサイズプレスから派生した多くの塗工方式が開発されてきた．それらの塗工方式の中で最も成功したものとして，ゲートロールコーターという名でよく知られたトランスファーロールサイズプレス（図 4.2.2.13）がある．これは，傾斜型のサイズプレスにインナーゲートロールとアウターゲートロールと呼ばれる 2 つのロールを付加した構造である．塗料は 2 つのロールの間に供給する．塗料はインナーゲートロールからアプリケーターロールに転写されたあと，紙に再度転写される．塗布量の調整は通常のサイズプレスと同様に塗料濃度によって行うことができる．また，アプリケーターロールの速度（線速度）に対してインナーゲートロールとアウターゲートロールの速度を低めに設定することによっても塗布量調整が可能である．日本ではこの形式のサイズプレスをデンプン塗工だけでなく，ピグメント塗工にも応用している．このように，トランスファーロールサイズプレスは，サイズプレスの欠点を多く改良したものの，塗料のポンドが存在するために，ポンドの安定性はサイズプレスよりはよいが，やはり重要な問題である．そこで，ポンド自体を構造から取り除くために，図 4.2.2.14 の構造のものが開発された．ブレードまたは棒状のロッドを転写前の計量に使用する．この方式はプレメタリングサイズプレス，またはブレード-ロッドメタリングサイズプレスと呼ばれている．トランスファーロールサイズプレスにもプレメタリング機能があるため，プレメタリングサイズプレスの一つである．また，この方式のものはデンプンサイズプレスだけでなくトランスファーロールサイズプレスと同様にピグメント塗工にも使用されてい

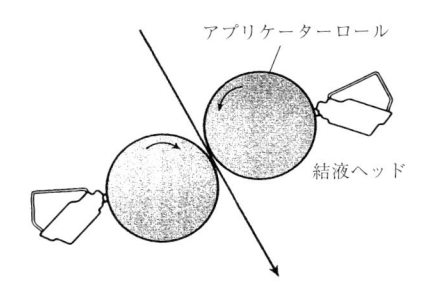

図 4.2.2.14 ブレード-ロッドメタリングサイズプレス

る．

(7) カレンダリング

カレンダリングの目的は，平滑性の付与と，幅方向の紙厚の均一化である．平滑性の向上は，印刷適性の重要な要素の一つである．抄紙機上でのカレンダリングは複数の金属ロールによる加圧が一般的であった．近年では，紙厚と印刷適性の両立が可能であり，表裏差の補正も可能であることから，ソフトニップカレンダーの設置が増加している．カレンダリングのあと，リールに巻き取られる．塗工紙生産の場合にはその後，塗工工程があり，非塗工紙の場合にはそのまま加工，仕上げ工程に送られる．

3) 塗工

(1) 塗工の効果

塗工とは，「白土などの鉱物性顔料と接着剤を混合した塗料または合成樹脂などを原紙の片面または両面に塗布すること」である．通常のピグメント塗工紙の場合には，塗工される塗料の成分はカオリンクレイ，炭酸カルシウムなどの無機填料とラテックスやデンプンなどのバインダーを分散媒体としての水に分散させたスラリーである．すなわち，支持体の紙である塗工原紙の上に塗料すなわちコーティングカラーを塗工し，その後乾燥することにより製造される．塗工とカレンダリングを併用することにより，より一層の平滑性の向上が可能となる．カレンダリングは，通常では塗工後に行われる．塗工と塗工後の平滑処理により，平滑性だけでなく，光沢度（鏡面光沢度）の向上効果が得られる．

ピグメント塗工の量，すなわち，塗工量（塗布量）は，塗工原紙の片面あたり $5〜20\,\mathrm{g/m^2}$ であり，通常は同一の塗料が両面に塗工される．塗工量は，紙のグレードの高いものほど多くなる傾向がある．上質塗工紙の場合には，片面 $10〜15\,\mathrm{g/m^2}$ である．低塗工量の微塗工紙では，片面 $6/\mathrm{m^2}$ 程度のものも存在する．塗工量が多いアート紙では，片面 $20\,\mathrm{g/m^2}$ 以上の塗工量となる場合がある．このような場合には，塗工が片面2回，両面で計4回のダブルコーティングや片面3回のトリプルコーティングのマルチコーティングが行われる．塗工量が同一の場合でも，ダブルコーティングにより塗工を2分割した

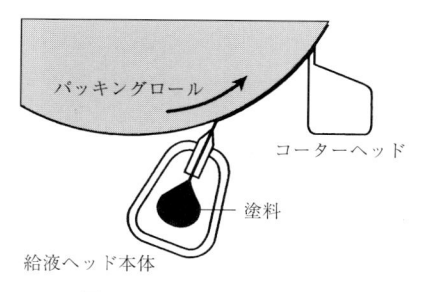

図 4.2.2.15　ブレードコーター

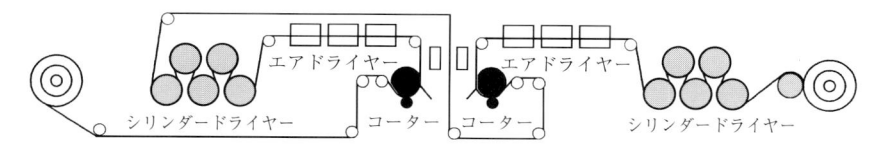

図 4.2.2.16　塗工機

方が，1回の塗工（シングルコーティング）よりも平滑性などの塗工紙品質は向上しやすい．このようなマルチコーティングは，ヨーロッパで特に多く行われている．
(2) 塗工方法

塗工はコーターで行う．コーターの方式も各種あるが，生産速度と品質（塗工の均一性）の両方を満足するものとして，ブレードコーターが最も多く使用されている（図 4.2.2.15）．ブレードコーターの原理は，アプリケーターによる塗料の原紙への転写（application）と，引き続くブレードによる計量（metering）を基本としている．ブレードにより計量された塗料は乾燥機（ドライヤー）により乾燥される．このような設備を2セット連続で設置し，塗工原紙の両面に塗工する（図 4.2.2.16）．
(3) 塗料の種類と塗工資材

塗工に用いられる塗料は，基本的には填料と接着剤と助剤を水に分散または溶解させたスラリーである．塗料の組成は，塗工方法および塗工紙の供される印刷方式によって異なったものとなる．塗工紙が使用される印刷方式はオフセット（offset）印刷とグラビア（rotogravure）印刷が大半であり，オフセット印刷が主流である．グラビア印刷は巻き取り（ロール）紙が使用される．オフセット印刷には，シート状に裁断された平判用紙を用いるオフセット平判印刷（sheet-fed offset）と，巻き取りを使用するオフセット輪転印刷（web-fed offset）がある．平判印刷では，酸化により定着する酸化型のインキを使用するため，乾燥設備は用いない．一方，輪転印刷では通常の場合は乾燥設備を使用する．

紙塗工には，カオリンクレイ，炭酸カルシウム（図 4.2.2.17），二酸化チタン，タル

(a)　　　　　　　　　　　　　(b)　　　——1 μm

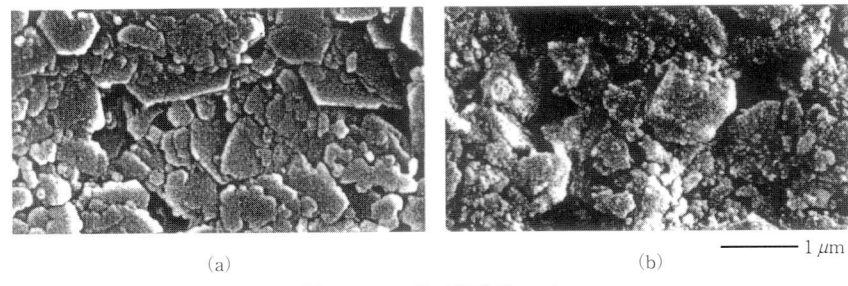

**図 4.2.2.17**　塗工用ピグメント
(a) カオリン，(b) 炭酸カルシウム．

ク，サチンホワイトなどの無機系ピグメントや，有機系のプラスチックピグメントが使用される．日本で塗工用に使用されているカオリンクレイは，米国，ブラジル，オーストラリア産の輸入品が大半を占める．二酸化チタンは，高屈折率（2.5〜2.7）のために不透明度に優れるが，高価であるため使用量は限られる．結晶系により，ルチル（rutile）型とアナテース（anatase）型がある．ルチル型の方が屈折率が高いが，コストも高くなる．炭酸カルシウムは，日本国内で製造可能であることから多く使用されている．乾式や湿式でグラインドされた重質炭酸カルシウムで，2 μm 以下の粒子が 90% のものが最もよく使用される．軽質炭酸カルシウムは，水酸化カルシウムと二酸化炭素の反応により製造される合成品である．反応によりいろいろな形状と粒度のものが製造可能である．一般的な特徴としては，高白色度，高吸油性などがあげられる．プラスチックピグメントは，粒径 0.2〜1.0 μm のスチレンを主原料とする球状のポリマーである．粒子の内部に空隙をもたせて不透明度や光沢度の発現性を高めた中空型や，内部に空隙をもたない密実型に大別される．プラスチックピグメントは，塗工層をポーラスにする働きがある．また，熱可塑性に優れるため，カレンダー処理での光沢度の発現性に優れる．

　塗料中のピグメントの接着と塗料と塗工原紙への接着のために，接着剤（バインダー）が使用される．その使用する種類と量もまた，塗工方式と塗工紙の供される印刷方式とにより変化する．最も多く使用されているのは，スチレンブタジエン系のラテックスバインダーである．塗工紙の用途により，ゲル含量やガラス転移点の異なるものを選択して使用する．補助バインダーとしてデンプンを用いることも多い．デンプンは接着力とともに塗料の保水剤（増粘剤）としての性質も有する．粘度の調整と塗工紙の品質のために，各種の処理を施したデンプンが使用される．酸化デンプン，エステル化デンプン，エーテル化デンプンなどの化学処理によるものや，アミラーゼによる酵素変性を行ったものがある．また，その種類も，トウモロコシ，小麦，馬鈴薯（ジャガイモ），タピオカなどがある．日本国内ではトウモロコシの変性デンプンが主に使用されている．

　塗料の調製にはピグメント，バインダーに加えて，助剤を添加することが多い．助剤

# 朝倉書店〈科学一般関連書〉ご案内

## 紙の文化事典
尾鍋史彦総編集　伊部京子・松倉紀男・丸尾敏雄編
A5判　592頁　定価16800円（本体16000円）（10185-0）

人類の最も優れた発明品にして人間の思考の最も普遍的な表現・伝達手段「紙」。その全貌を集大成した本邦初の事典。魅力的なコラムを多数収載。〔内容〕歴史（パピルスから現代まで・紙以前の書写材料他）／文化（写経・平安文学・日本建築・木版画・文化財修復・ホビークラフト他）／科学と技術（洋紙・和紙・非木材紙・機能紙他）／流通（大量生産型・少量生産型）／環境問題（パルプ・古紙他）／未来（アート・和紙・製紙他）／資料編（年表・分類・規格他）／コラム（世界一薄い紙・聖書と紙他）

## 科学大博物館 ―装置・器具の歴史事典―
橋本毅彦・梶　雅範・廣野喜幸監訳
A5判　824頁　定価27300円（本体26000円）（10186-7）

電池は誰がいつ発明したのか？望遠鏡はどのように進歩してきたか？爆弾熱量計は何に使うのか？古代の日時計から最新のGPS装置まで、科学技術と共に発展してきた様々な器具・装置類を英国科学博物館と米国スミソニアン博物館の全面協力により豊富な図版・写真類を用いて歴史的に解説。〔内容〕クロノメーター／計算機／渾天儀／算木／ジャイロコンパス／真空計／走査プローブ顕微鏡／DNAシークエンサー／電気泳動装置／天秤／内視鏡／光電子増倍管／分光計／レーザー／他

## 文化財科学の事典
馬淵久夫・杉下龍一郎・三輪嘉六・沢田正昭・三浦定俊編
A5判　536頁　定価14700円（本体14000円）（10180-5）

近年、急速に進展している文化財科学は、歴史科学と自然科学諸分野の研究が交叉し、行き交う広場の役割を果たしている。この科学の広汎な全貌をコンパクトに平易にまとめた総合事典が本書である。専門家70名による7編に分けられた180項目の解説は、増加する博物館・学芸員にとってハンディで必須な常備事典となるであろう。〔内容〕文化財の保護／材料からみた文化財／文化財保存の科学と技術／文化財の画像観察法／文化財の計測法／古代人間生活の研究法／用語解説／年表

## 法則の辞典
山崎　昶編著
A5判　504頁　定価12600円（本体12000円）（10197-3）

「ニュートンの万有引力の法則」は万人が知る有名な法則である。この他、世の中には様々な法則が存在する。一方、同じ定義の○○法則でも分野が違うと、○○関係式と呼ばれるなど言い方も異なると言った例も多々ある。本辞典では、数学・物理学・化学・生物学・地学・天文学から医学にいたる分野で用いられている、法則や、法則に順ずる規則、原理、効果、現象、理論、定理、公式、定数など約4400項目を採録し、どういうものかが概略分かるよう、100字前後で解説した。

## 人間の許容限界事典
山崎昌廣・坂本和義・関　邦博編
B5判　1032頁　定価39900円（本体38000円）（10191-1）

人間の能力の限界について、生理学、心理学、運動学、生物学、物理学、化学、栄養学の7分野より図表を多用し解説（約140項目）。〔内容〕視覚／聴覚／骨／筋／体液／睡眠／時間知覚／識別／記憶／学習／ストレス／体罰／やる気／歩行／走行／潜水／バランス能力／寿命／疫病／体脂肪／進化／低圧／高圧／振動／風／紫外線／電磁波／居住スペース／照明／環境ホルモン／酸素／不活性ガス／大気汚染／喫煙／地球温暖化／ビタミン／アルコール／必須アミノ酸／ダイエット、など

## フォーブス 古代の技術史（下・I）―日常の品々 I ―
R.J.フォーブス著　平田 寛・道家達将・大沼正則・栗原一郎・矢島文夫監訳
A5判 672頁 定価16800円（本体16000円）（10593-3）

下巻では食料品と皮革・ガラスを中心に、古代の身近で代表的な工業製品について、製造法と役割を解説。〔内容〕化粧料・香料／食物・アルコール飲料・酢／古代の食物／発酵飲料／塩類・保存・ミイラ作り／砂糖／皮革／漉青・石油

## 科学史ライブラリー 入門化学史
T.H.ルヴィア著　化学史学会監訳　内田正夫編
A5判 240頁 定価4515円（本体4300円）（10589-6）

錬金術の始まりから現代までの種々の物質の性質と変換の研究をたどる。元素についての理論、元素や化合物を分類する要求、科学としての化学の位置づけ、実践から理論への貢献、などのテーマについて、化学史を初めて学ぶ人々へ平易に解説

## 眠りを科学する
井上昌次郎著
A5判 224頁 定価3990円（本体3800円）（10206-2）

眠り（睡眠）を正しく理解するためその本質を丁寧に解説。〔内容〕睡眠論のあらまし／睡眠と覚醒はいつ芽生えるか／二種類の脳波睡眠／生物はどのように眠るか／睡眠が乱れるとどうなるか／眠りは人生を豊かにする／睡眠とうまく付き合う他

## 匂いと香りの科学
澁谷達明・市川眞澄編
A5判 264頁 定価5040円（本体4800円）（10207-9）

ヒトはどのように匂いを感じるのか？　香りの良し悪しの違いは？　等の疑問に答える、匂い・香りの科学的知識を解説した好著。〔内容〕匂い・香り分子の化学的特性／匂い受容体とメカニズム／匂いと行動遺伝／匂いと心理／嗅覚障害／他

## 感性の科学 ―心理と技術の融合―
都甲 潔・坂口光一編著
A5判 228頁 定価4725円（本体4500円）（10199-7）

心理学、工学、栄養学、文化人類学など幅広い観点から感性と技術の融合について解説。〔内容〕心理学と感性／デザインを介した情報伝達と文化／身体の感性とデジタルアート／テクスチャーの感性工学／食感性の可視化／食感性の食育／他

## 感性バイオセンサ ―味覚と嗅覚の科学―
都甲 潔編著
A5判 264頁 定価5040円（本体4800円）（20109-3）

21世紀の個性ある豊かな生活に向け、"感性"という最も生物・人間的な感覚を定量化するための科学技術の最新情報を解説。〔内容〕食文化／おいしさの科学／味・匂いの受容から認識まで／味覚センサ／匂いセンサ／感性バイオセンサへ向けて

## 毒と薬の科学 ―毒から見た薬・薬から見た毒―
船山信次著
A5判 224頁 定価3990円（本体3800円）（10205-5）

「毒」と「薬」の関係や、自然界の毒、人間の作り出す毒などをわかりやすく解説。身近な話題から専門知識まで幅広く取り上げる。〔内容〕毒と人間文化／毒の歴史／毒の分類と毒性発揮・解毒／生物界由来の毒／化学合成された毒／無機毒

## おいしさの科学
山野善正・山口静子編
A5判 280頁 定価7140円（本体6800円）（10124-9）

食の問題に取組む研究者・技術者にとって〈おいしさ〉の問題は究極の課題である。おいしさの基礎から最先端部分までを学際的なアプローチにより総合的に捉えたわが国初の成書。〔内容〕おいしさの知覚／味／におい・香り／テクスチャー／色

## アロマテラピーの科学
鳥居鎮夫編
A5判 248頁 定価5460円（本体5200円）（30066-6）

近年注目を集めているアロマテラピーを、科学的に解説。代替・相補医療としてのアロマテラピーの実際と展望も詳述したテキスト。〔内容〕精油の化学／精油の薬理学／嗅覚の生理学／嗅覚の心理学／身体疾患／皮膚科疾患／精神疾患

## 生理人類学（第2版訂正版）―自然史からみたヒトの身体のはたらき―
富田 守・真家和生・平井直樹著
A5判 216頁 定価3780円（本体3600円）（10159-1）

生物としてのヒトの特性を、自然史の側面から詳述した生理人類学の教科書。〔内容〕生理人類学を考える／自然人類学におけるヒトを見る3つの視点／生理機能の基礎事項／生体変化による適応／行動による適応／近未来環境における人類

## 最新 生理人類学
佐藤方彦編
A5判 168頁 定価3360円（本体3200円）（10148-5）

人の視点から人と環境の関係を解明。〔内容〕人間研究と生理人類学／ヒトの感覚特性／ヒトの自律神経機能／ヒトの内分泌系／ヒトの精神機能／ヒトの運動能力／ヒトの発育／ヒトの老化／自然環境とヒト／人工環境とヒト／ヒトの遺伝／他

## アカデミック・ライティング ―日本文・英文による論文をいかに書くか―
桜井邦朋著
B5判 144頁 定価2940円（本体2800円）（10213-0）

半世紀余りにわたる研究生活の中で，英語文および日本語文で夥しい数の論文・著書を著してきた著者が，自らの経験に基づいて学びとった理系作文の基本技術を，これから研究生活に入り，研究論文等を作る，次代を担う若い人へ伝えるもの。

## 入門テクニカルライティング
高橋麻奈著
A5判 176頁 定価2730円（本体2600円）（10195-9）

「理科系」の文章はどう書けばいいのか？ベストセラー・ライターがそのテクニックをやさしく伝授。〔内容〕テクニカルライティングに挑戦／「モノ」を解説する／文章を構成する／自分の技術をまとめる／読者の技術を意識する／イラスト／推敲／他

## 「考える」科学文章の書き方
M.F.モリアティ著　長野　敬訳
A5判 224頁 定価3780円（本体3600円）（10172-0）

「書く」ことは「考える」ことだ。学生レポートからヒポクラテスまで様々な例文を駆使し，素材を作品に仕上げていく方法をコーチ。〔内容〕科学を考える・書く／読者と目的／抄録／見出し／論文／図表／展望／定義／文脈としての分類／比較／他

## 科学者のための 英文手紙の書き方（増訂版）
黒木登志夫・F.H.フジタ著
A5判 224頁 定価3360円（本体3200円）（10038-9）

科学者が日常出会うあらゆる場面を想定し，多くの文例を示しながら正しい英文手紙の書き方を解説。必要な文例は索引で検索。〔内容〕論文の投稿・引用／本の注文／学会出席／留学／訪問と招待／奨学金申請／挨拶状／証明書／お詫び／他

## 論文要旨にみる 英語科学論文の基本表現
河本　修著
A5判 192頁 定価3570円（本体3400円）（10208-6）

論文要旨の基礎的な構文を表現カテゴリーの形で示し，その組合せおよび名詞の入れ替えで構築できるよう纏めた書。〔内容〕論文題名の表現／導入部の表現／結果の表現／考察の表現／国際会議の予稿で使われる表現／英語科学論文に必要な英文法

## 実用的な英語科学論文の作成法
河本　修・C.アレキサンダー著
A5判 260頁 定価4095円（本体3900円）（10193-5）

本書は科学論文の流れと同じ構成とし，単語や語句のみではなく主語と動詞からなる1500に及ぶ文全体を掲載。単語や語句などの表現要素を置き換えれば望む文章が作成可能で，より短時間で簡単に執筆できることを目指している

## アカデミック・プレゼンテーション
D.E.&G.C.ウォルターズ著　小林ひろみ・小林めぐみ訳
A5判 152頁 定価2730円（本体2600円）（10188-1）

科学的・技術的な情報を明確に，的確な用語で伝えると同時に，自分の熱意も相手に伝えるプレゼンテーションのしかたを伝授する書。研究の価値や重要性をより良く，より深く理解してもらえるような「話し上手な研究者」になるための必携書

## 理系のための 入門英語プレゼンテーション
廣岡慶彦著
A5判 136頁 定価2625円（本体2500円）（10184-3）

著者の体験に基づく豊富な実例を用いてプレゼン英語を初歩から解説する入門編。学会・会議に不可欠なコミュニケーションのコツを伝授。〔内容〕予備知識／準備と実践／質疑応答／国際会議出席に関連した英語／付録（予備練習／重要表現他）

## 理系のための 実戦英語プレゼンテーション
廣岡慶彦著
A5判 144頁 定価2835円（本体2700円）（10182-9）

豊富な実例を駆使してプレゼン英語の実際を解説。質問に答えられないときの切り抜け方まで，とっておきのコツも伝授する。〔内容〕心構え／発表のアウトライン／研究背景・動機の説明／研究方法の説明／結果と考察／質疑応答／重要表現

## 理系のための 状況・レベル別英語コミュニケーション
廣岡慶彦著
A5判 136頁 定価2835円（本体2700円）（10189-8）

国際会議や海外で遭遇する諸状況を想定し，円滑な意思疎通に必須の技術・知識を伝授。〔内容〕国際会議・ワークショップ参加申込み／物品注文と納期確認／日常会話基礎：大学・研究所での一日／会食でのやりとり／訪問予約電話／重要表現他

## 理系のための 入門英語論文ライティング
廣岡慶彦著
A5判 128頁 定価2625円（本体2500円）（10196-6）

英文法の基礎に立ち返り，「英語嫌いな」学生・研究者が専門誌の投稿論文を執筆できるよう手引き。〔内容〕テクニカルレポートの種類・目的・構成／ライティングの基礎的修辞法／英語ジャーナル投稿論文の書き方／重要表現のまとめ

## 講座 感覚・知覚の科学〈全5巻〉
心理物理学・脳科学の成果も含めて体系的に解説

### 1. 視覚 I ―視覚系の構造と初期機能―
内川惠二総編集　篠森敬三編
A5判 276頁 定価6090円(本体5800円)(10631-2)

〔内容〕眼球光学系－基本構造－(鵜飼一彦)／神経生理(花沢明俊)／眼球運動(古賀一男)／光の強さ(篠森敬三)／色覚－色弁別・発達と加齢など－(篠森敬三・内川惠二)／時空間特性・時間的足合せ・周辺視など－(佐藤雅之)

### 2. 視覚 II ―視覚系の中期・高次機能―
内川惠二・塩入 諭編
A5判 280頁 定価6090円(本体5800円)(10632-9)

〔内容〕視覚現象(吉澤)／運動検出器の時空間フィルタモデル／高次の運動検出／立体・奥行きの知覚(金子)／両眼立体視の特性とモデル／両眼情報と奥行き情報の統合(塩入・松宮・金子)／空間視(中溝・光藤)／視覚的注意(塩入)

### 3. 聴覚・触覚・前庭感覚
内川惠二総編集・編
A5判 224頁 定価5040円(本体4800円)(10633-6)

〔内容〕聴覚の生理学－構造と機能, 情報表現－(平原達也・古川茂人)／聴覚の心理物理学(古川茂人)／触覚の生理学(篠原正美)／触覚の心理物理学－時空間特性など－(清水豊)／前庭感覚－他感覚との相互作用－(近江政雄)

### 4. 味覚・嗅覚
内川惠二総編集　近江政雄編
A5判 228頁 定価5040円(本体4800円)(10634-3)

〔内容〕味覚の生理学－神経生理学など－(栗原堅三・山本隆・小早川達)／味覚の心理物理学－特性－(斉藤幸子・坂井信之)／嗅覚の生理学(柏柳誠・小野田法彦・綾部早穂)／嗅覚の心理物理学－特性－(斉藤幸子・坂井信之・中本高道)

## デザイン事典
日本デザイン学会編
B5判 756頁 定価29400円(本体28000円)(68012-6)

20世紀デザインの「名作」は何か？―系譜から説き起こし, 生活～経営の諸側面からデザインの全貌を描く初の書。名作編では厳選325点をカラー解説。[流れ・広がり]歴史／道具・空間・伝達の名作。[生活・社会]衣食住／道／音／エコロジー／ユニバーサル／伝統工芸／地域振興他。[科学・方法]認知／感性／形態／インタラクション／分析／UI他。[法律・制度]意匠法／Gマーク／景観条例／文化財保護他。[経営]コラボレーション／マネジメント／海外事情／教育／人材育成他

## 形の科学百科事典
形の科学会編
B5判 916頁 定価36750円(本体35000円)(10170-6)

生物学, 物理学, 化学, 地学, 数学, 工学など広範な分野から200名余の研究者が参画。形に関するユニークな研究など約360項目を取り上げ,「その現象はどのように生じるのか, またはその形はどのようにして生まれたのか」という素朴な疑問を念頭に置きながら, 謎解きをするような感覚で自然の法則と形の関係, 形態形成の仕組み, その研究の手法, 新しい造形物などについて, 読み物的に解説。各頁には関連項目を示し, 読者が興味あるテーマを自由に読み進められるように配慮

〈第59回毎日出版文化賞受賞〉

ISBN は 978-4-254- を省略　　　　　　　　　　　　　　　　（表示価格は2008年5月現在）

## 朝倉書店
〒162-8707 東京都新宿区新小川町6-29
電話 直通(03)3260-7631　FAX(03)3260-0180
http://www.asakura.co.jp　eigyo@asakura.co.jp

としては，分散剤，滑剤，耐水化剤，保水剤または粘度調節剤，着色顔料または染料，防腐剤などが適宜選択されて塗料配合に加えられる．分散剤はピグメントの分散補助と分散後の再凝集の防止を化学的な反発により行う作用がある．ポリアクリル酸系が多く使用される．滑剤は，カレンダー処理などでの汚れ防止の目的で使用される．ステアリン酸カルシウム系，オレイン酸系，ポリエチレンワックスエマルジョン系などがあるが，機能，価格から金属石鹸であるステアリン酸カルシウムが多く使われる．耐水化剤は，オフセット用の塗工紙の耐水強度を増加させる目的で添加される．ホルムアルデヒド樹脂，グリオキサールおよびその変性品，AZC (ammonium zirconium carbonate) などが使用されている．保水剤または粘度調整剤とは水系のスラリーである塗料中から水および溶解成分が塗工原紙に過度に浸透するのを抑制するために添加する助剤のことである．すなわち，塗料を塗工に適した粘度に調節すると同時に，塗料を原紙表面に保持し，結果として被覆性を良くする働きをする．近年，動的な保水作用が解明されるにつれ，保水剤の開発も多く行われるようになった．最も一般的なカルボキシメチルセルロースに加え，アクリル系 (polyacrylate) が多く使用される．

4) 加工, 仕上げ

加工と仕上げは，まとめて論ぜられることが多い．ラミネートなど特殊な加工を除けば，印刷用途の一般の紙，板紙の場合の加工は，平滑処理すなわちカレンダリングを意味することが多い．仕上げは，ワインダー処理，平判加工，包装などの工程からなる．

(1) カレンダー，スーパーカレンダー

カレンダリングについては，2) 抄紙の (7) 項でも若干言及したが，ここでは加工処理としてのカレンダー処理に重点を置く．カレンダーの目的は，紙の平滑性の向上と白紙光沢度の向上にある．より光沢度が要求される場合にはスーパーカレンダーが使用される．スーパーカレンダーは10段から12段に金属ロールとコットンロールまたは樹脂ロールを組み合わせた加圧装置である．通常は，塗工機のあとに設置され，高光沢紙や高平滑紙の製造に用いられる．速度が遅いため，2台設置されることが多い．ヨーロッパでは非塗工紙にスーパーカレンダー処理を行い，グラビア印刷用途の紙（super-calendered paper) を製造することも盛んである．

スーパーカレンダー処理された紙は，高圧処理により紙厚が低下する．また，前述のように処理速度が遅い．この欠点を解決した装置がホットソフトニップカレンダーである．抄紙機や塗工機に組み込まれて使用される場合と，スーパーカレンダーのように単独で使用される場合がある．1スタック1ニップをタンデムに配置したタイプと，スーパーカレンダーのように多段のものがある．ともに，加温金属ロールと耐熱性樹脂ロールの組み合わせで使用する．紙厚を維持しつつ平滑性が良好な紙が製造可能なため，その製品が光沢を必要とされない新聞マシンにも設置されることが多い．

## (2) ワインダー，平判断裁，包装

リールで巻き取られた紙は，ワインダー（winder）直径も小さな形態に加工される．この工程をワインダリングという．ワインダリングされた巻き取りはロールと呼ばれる．このまま包装され，巻き取り製品として出荷される場合と，引き続き平判加工工程に搬送されて平判に加工されたのちに包装され出荷される場合がある．

平判処理（sheeting）とは，一定の縦横寸法にロールを切断（sheet cutting）する工程である．平判印刷用の大きさから，コピー用紙のA4サイズなど，用途によりさまざまな寸法がある．

紙，板紙とも何らかの包装をして出荷される．包装の目的は，製品を保護するとともに，環境により影響を受けやすい紙製品を，防湿包装材により脱吸湿しないようにするという目的がある．巻き取り，平判製品とも，ラミネートされた包装紙や，包装材自体の再利用のために，再生可能な防湿包装紙で包装される． 〔藤原秀樹〕

## 文　献

1) 門屋　卓，臼井誠人，大江礼三郎編（1982）：製紙科学，p.1, 中外産業調査会．
2) Thorp, B. A. (book ed.) and Kocurek, M. J. (series ed.) (1983): Pulp and Paper Manufacture, 3rd ed., Vol. 7, Paper Machine Operations, The Joint Textbook Committee of the Paper Industry TAPPI (USA) and CPPA (Canada).
3) Korius, M. (book ed.) and Kocurek, M. J. (series ed.) (1983): Pulp and Paper Manufacture, 3rd ed., Vol. 8, Coating, Converting, and Specialty Processes, The Joint Textbook Committee of the Paper Industry TAPPI (USA) and CPPA (Canada).
4) Paulapuro, H. (book ed.), Gullichsen, J. and Paulapulo, H. (series eds.) (1999): Papermaking Science and Technology Book 8, Papermaking Part 1, Stock Preparation and Wet End, Finnish Paper Engineers' Association (Finland) and TAPPI (USA).
5) Karisson, M. (book ed.), Gullichsen, J. and Paulapulo, H. (series eds.) (1999): Papermaking Science and Technology Book 9, Papermaking Part 2, Drying, Finnish Paper Engineers' Association (Finland) and TAPPI (USA).
6) Jokio, M. (book ed.), Gullichsen, J. and Paulapulo, H. (series eds.) (1999): Papermaking Science and Technology Book 10, Papermaking Part 3, Finishing, Finnish Paper Engineers' Association (Finland) and TAPPI (USA).
7) Lehtinen, E. (book ed.), Gullichsen, J. and Paulapulo, H. (series eds.) (1999): Papermaking Science and Technology Book 11, Pigment Coating and Surface Sizing of Paper, Finnish Paper Engineers' Association (Finland) and TAPPI (USA).
8) Walter, J. C. (1993): The Coating Processes, TAPPI Press.
9) Kline, J. E. (1982): Paper and Paperboard－Manufacturing and Converting Fundamentals－, Miller Freeman Publications, San Francisco.
10) Kearney, R. L. and Maurer, H. W. (1990): Starch and Starch Products in Paper Coating, TAPPI Press.
11) A Project of the Coating Additives Committee of the Coating and Graphic Arts Division Committee Assignment (task group chairman: Kane, R. J.) (1995): Paper Coating

Additives, TAPPI Press.
12) 大山平作（1999）：概論－ヘッドボックスおよびフォーマーの歴史．紙パ技協誌，**53** (12)：3-10.
13) 畑野泰宏（1999）：最新のギャップフォーマについて．紙パ技協誌，**53** (12)：11-16.
14) 松本正信，原田尚幸（1999）：ギャップフォーマの設計思想．紙パ技協誌，**53** (12)：17-22.
15) 村上　潤（1999）：ヘッドボックスに関する最新の設計思想．紙パ技協誌，**53** (12)：45-51.
16) 坂本文彦，藤木恵一（1999）：ヘッドボックスに関する最新の設計思想．紙パ技協誌，**53** (12)：52-59.
17) ミッコ・タニ，山崎秀彦（1999）：次世代のロングニップカレンダー．紙パ技協誌，**53** (12)：71-77.
18) 泰井　修（2000）：最新のプレスパート．紙パ技協誌，**54** (5)：16-21.
19) 三浦　博（2000）：最新のプレスセクションコンセプト．紙パ技協誌，**54** (5)：37-41.
20) マルチ・トゥオミスト，山崎秀彦（2000）：オンラインマルチニップカレンダー．紙パ技協誌，**54** (5)：64-69.
21) 藤井博昭（2000）：抄紙機ドライヤーについて．紙パ技協誌，**54** (11)：3-13.
22) 大平和仁（2000）：高速マシンにおけるドライヤ．紙パ技協誌，**54** (11)：14-20.
23) 小野豪臣（2000）：カレンダーの理論と展開．紙パ技協誌，**54** (12)：1-15.
24) TAPPI (1997)：How Paper is Made － An Overview of Pulping and Papermaking from Woodyard to Finished Product －（CD Version），TAPPI Press.
25) 藤原秀樹（大矢晴彦監修）（1997）：高純度化技術大系 第3巻，高純度物質製造プロセス，pp. 1131-1138.

### 4.2.3　洋紙の性質

#### a.　紙の物理的性質

　紙は，植物の短い繊維を水に分散させて抄き網上で脱水，圧搾，さらに乾燥させることによりつくられる．この間の脱水工程における濾過作用により，紙の基本構造である繊維のネットワーク構造と層状構造がつくられ，次の乾燥過程においては繊維同士が密着して繊維間に結合が生じる．さらに繊維の間には水に代わって空気が入るので，でき上がった紙は，多孔性の平面材料になる．紙の諸性質の大半は，この紙の構造と直接あるいは間接に関連する．したがっていずれの紙の性質にもほぼ共通するのは，性質に方向性があることである．すなわち，繊維が層状に並ぶため厚さ方向と平面方向では性質が大いに異なり，ヤング率（静的弾性率）を例にとると，厚さ方向のそれは平面方向のそれの数百分の1と考えられている[1]．また市販の紙では繊維に配向があり，抄紙方向とそれに直角方向での性質を区別しなければならない．また，繊維懸濁液中では繊維フロックの離合と集散が繰り返されており，これが主な原因となって紙層中の繊維集合状態をより不規則にするなど，紙の構造はいくつかの点で不均一である．また，紙は親水性をもつセルロースを主体とする材料なので，吸水性がある．紙中の水分が多いと実質水素結合と考えられている繊維間結合が減少するので，力学的性質に及ぼす含分率あるいは相対湿度の影響は図4.2.3.1に示すようにきわめて大きい[2]．したがって紙の性質を

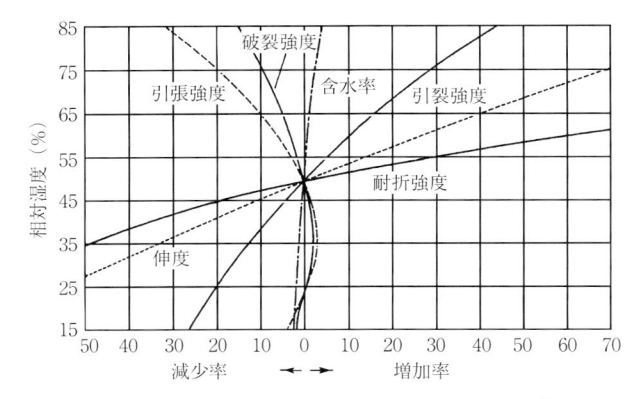

**図 4.2.3.1** 紙の強度的性質に及ぼす相対温度の影響[2]

測定する際は一定の条件で調湿および測定する必要がある．さらに乾燥工程およびその後の水分変化による伸張/収縮が大変大きいことも紙の特徴の一つである．

1) 紙の構造的性質（坪量，厚さと密度など）

面として利用することの多い紙の最も基本的な量は，面積あたりの質量，すなわち坪量である．これは表面に関する性質を除くほぼすべての性質に大きく関与する．例えば力学的性質は坪量にほぼ比例するので，これで規格化した値で比較，検討することが必要になり，光学的性質である不透明性も坪量とともに増大する．なお，上記した紙の構造および，繊維懸濁液中での繊維フロックなどを原因として，紙面における坪量（質量）には変動がある．厳密には密度の変動も含むが，この変動は地合と呼ばれ，紙の性質，特に力学的性質およびその変動に大きく影響する場合がある[3]．

厚さは坪量に次いで基本的な量であって，ヤング率や密度や空間的な占有体積の計算に，他方，自販機での紙の移動や給紙などの機械装置の設定に不可欠である．通常その測定は一定の圧縮応力下で行われるが，紙の圧縮性，地合および以下に述べる紙表面の粗さの影響が大きいので，研究目的には種々の水銀法あるいはゴム板法による測定が推奨される[4]．

紙の密度は，填量の存在，叩解程度やカレンダー処理の有無などによって大きく変わる．これらの条件をある程度揃えれば，密度の値と諸性質の間にはほぼ比例的な関係があり，諸性質を予測する量として密度が最もよく用いられる．

紙の表面においては，叩解により程度の大小はあるが，上記の層状構造の本質として生じる繊維幅あるいは厚さおよび質量分布に由来する表面粗さ（表面構造の不規則性）がある．塗工紙でも同様に粗さがあるが，表面にあるのが繊維より1オーダー以上サイズの小さなクレイなどの無機顔料であるために，粗さのオーダーも1桁以上小さい．このような紙表面にある構成要素の影響に加え，カレンダーがけの有無などにより，表面

構造が決定される．この表面構造は，インクの吸収性や印字の再現性など，広く印刷や印写など情報用紙としての性質を支配する最大の要因である．

2) 紙の多孔的性質

フィルムや金属箔など他の多くの平面材料と比べて，紙の特徴的な点はそこに空隙があり，多孔的性質を示すことである．その空隙率は大きなものでは90％を超え，グラシン紙のような小さいものでも約20％，通常の紙でも40～60％程度である．繊維の間に形づくられた空隙は相互に連絡しており，その隘路の大きさや相互連絡性が通気性などの多孔的性質を大きく左右する．また液体を吸収して保持するのは空隙であり，これはさらに紙に新たな機能を与えるための物質の収納空間でもある[5]．

紙の両面間の圧力差に基づいて空気（一般には流体）が移動する際の通りやすさを示すのが通気性である．基本的には一般の多孔体と同様，Darcy則に従って圧力差に比例，厚さに反比例して空気が流れる．

紙への液体の浸透はその空隙に生じる毛管力による．液体の浸透高さは次のLucas-Washburn式によって記述される場合が多い．

$$H = \sqrt{\gamma r t \cos\theta / 2\eta}$$

ここで，$H$と$t$は液体の浸透の高さと時間，$r$は平均毛管半径，$\gamma, \theta, \eta$はそれぞれ液体の表面張力，接触角，粘度である．ただし水系液体では，繊維の膨潤に伴う空隙構造の変化により，この関係から次第に逸脱する．

3) 紙の力学的性質

紙は平面材料なので，その力学的性質としては紙面方向に，圧縮や曲げでなく引張により応力が加えられた際の変形や破壊挙動が論じられることが多い．紙を構成する繊維は主としてセルロースからなる繊維であるため，紙のごく微小な変形下での粘弾性挙動は純粋セルロースのそれに類似し，クリープでは重ね合わせによるマスター曲線が作成されている[6]．ただしセルロースは結晶性の高分子であり，その粘弾性の温度および周波数依存性は小さい．むしろ，水分による変化の方がはるかに大きく重要である．

基礎的な力学的性質としてはまず引張強度，ヤング率および面内破壊靱性を取り上げる必要がある[7]．引張試験で得られる荷重－伸び曲線の初期勾配（厳密には伸び0.3％程度まで）はヤング率を与える．これは地合など大きなスケールでの構造的因子の影響をあまり受けず，スケールの小さな構造的因子である応力を担う繊維間結合の程度にほぼ比例すると考えられる．すなわち，単繊維の弾性や紙の構造は大差がないので，繊維間での結合強度が一定とすれば結合面積に比例することになる．なお測定法は異なるが，紙のこわさや「腰」と呼ばれている性質も，性格的にはヤング率と同じである．さらに引張すると見かけ上弾性変形に加え塑性的変形を示すようになる．この間ミクロには繊維間結合の一部が破壊し，最大応力直前では一部の繊維も破断するが，主として単繊維の不可逆的な伸びにより紙全体の伸びが数％に達した後に紙の破断に至る．このときの

最大応力が引張強度である．またここに至る仕事量（破壊エネルギー）をタフネス強度として評価する場合もある．脆性破壊を示す多くの物体では，欠陥部での応力の集中がその破壊に直結するので，切り欠き付き試験片での破壊エネルギーを一般に破壊靭性として評価する．近年紙でもこの考えを取り入れ，紙抄造時での断紙現象を予測する手段としてJ積分法や，実質破壊仕事法，また，き裂先端開口変位法で破壊靭性を評価する試みなど破壊力学理論の応用がなされている．叩解に対する変化に限定すると破壊靭性は引張強度と類似した挙動を示すが，ある程度以上の叩解ではほぼ一定の値を示す傾向が認められる[8]．

引張強度に次いでよく用いられるのが引裂強度である．これは紙を引き裂く際に要する仕事量であり，繊維の引き抜きに伴う仕事量が多いので繊維長さに敏感な性質である．

破裂強度は引張強度に引張伸びを加味したような実用的な性質であり，実験が容易なことから引張強度の代用として使われることも多い．

耐折強度は一定の引張荷重下における破壊に至るまでの繰り返し曲げ抵抗時間を測定するものであり，一種の疲労強度でもある．なお一連の引張荷重条件下で行うとクリープ破壊寿命試験の代用にもなる．

4) 紙の光学的性質

入射した光に対し，紙は多重散乱体として挙動する．すなわち紙中で繊維表面はいろいろの方向を向いているので，光は繊維表面には種々の角度で当たり，一部は反射し，また一部は屈折して繊維壁内を透過する．入射した光はこのような過程を多数回繰り返し，全体としての反射光には角度分布が生じる．図4.2.3.2にみられるように，表面加工を施していない紙（図中ボンド紙）の反射光の強度分布は，正反射方向に極大をもつ

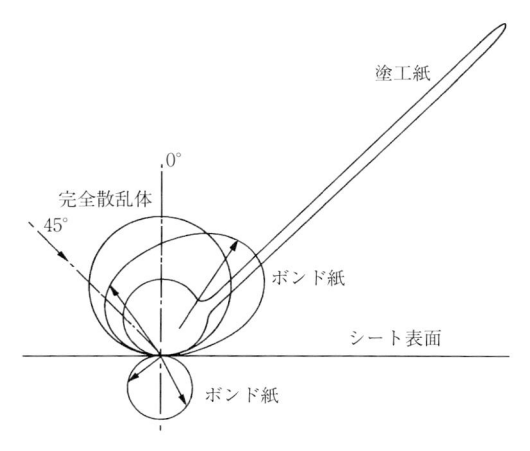

**図4.2.3.2** ボンド紙および塗工紙における45°入射光に対する光の空間分布[9]

楕円状，また透過光のそれはほぼ円形である．他方，塗工紙では正反射成分が突出しており，光沢度の高い紙であることを示している[9]．

　紙を構成する繊維は元来無色であるセルロースを化学的主成分とするので，光の吸収がなく，散乱光のスペクトルは入射光のそれとほぼ同じであり，たいていの紙は白色にみえる．このことは古今東西，情報・文化用途として紙が賞用されてきた最大の理由の一つであり，情報用紙としては白色が好ましい．しかし，染料や顔料など着色物質によりある範囲の波長の光が吸収されると色を呈する．多くのパルプでの着色原因が残存リグニンであり，それが呈する黄褐色の強さが多くの紙での白色の程度を示すので波長457 nm での反射率を白色度と定義することが便宜的に行われている．

　紙は光を反射および散乱させる能力が高く，結果として透過する光は少ない．透過光が少ないことは不透明であることを示し，印刷および筆記に際して裏側の字がみえないことを意味する．紙が情報・文化用に長年使われてきた最大の理由は，この不透明性とその白さである．材料としての紙を最も特徴づけているこの光散乱能力は，散乱光を記述する Kubelka-Munk 式で解析できる．実験的には黒色で裏当てしたときの反射率と下地の影響の出ない程度に重ねたとき（坪量 60 g/m$^2$ の紙で 6～8 枚程度）の反射率および坪量から求められる散乱係数および吸収係数で表示される．この理論では，散乱物体構成要素のそれぞれの値との間に単純な加成性が成立するので，パルプや填料の混合などに際しての散乱係数の変化の予測に利用できる．ここで得られる散乱係数は，光学的な空気-繊維界面の面積あるいは紙の内部表面積とも考えられ，繊維間結合の大小をも反映する値である．したがって，紙の構造と光学的性質さらには力学的性質のいずれにも関連する紙の基礎的性質として，散乱係数は非常に便利である．

　紙の物性が基礎的観点から本格的に検討され始めて約 50 年が経過した．一方で未解決な点も多いがその間の成果は膨大であり，なにぶんにも限られた紙数で紙の物性を説明するのは困難である．紙の構造や物性について書かれた本がすでにいくつか出版されているので[3,4,6,10]，詳しく知りたい方はそれらを参考にしていただきたい．

〔山内龍男〕

## 文　　献

1) Baum, G. A., Brennan, D. C. and Habeger, C. C. (1981): Orthotropic elastic constants of paper. *Tappi J.*, **64** (8): 97-101.
2) Smook, G. A. (1992): Handbook for Pulp & Paper Technologists, pp. 329-342, Angus Wilde Publications.
3) Brandon, C. E. (1981): Properties of paper. Casey, J. P. ed., Pulp and Paper Chemistry and Chemical Technology, 3rd ed., pp. 1715-1972, John Wiley & Sons.
4) Fellers, C., Andersson, H. and Hollmark, H. (1986): The definition and measurement of thickness and density. Bristow, J. A. and Kolseth, P. eds., Paper Structure and Properties,

pp. 151-167, Marcel Dekker.
5) 山内龍男（1999）：基礎編　紙系多孔質体．竹内　擁編，多孔質体の性質とその応用技術，pp. 223-234，フジ・テクノシステム．
6) Brezinski, J. P. (1956)：The creep properties of paper. *Tappi J.*, **39** (2)：116-128.
7) Seth, R. S., Robertson, A. G., Mai, Y. and Hoffman, J. D. (1993)：Plane stress fracture toughness of paper. *Tappi J.*, **76** (2)：109-115.
8) 上坂　鉄，岡庭尚子，村上浩二，今村力造（1979）：紙の引裂き破壊抵抗とその特性化．紙パ技協誌，**33** (6)：39-45.
9) Van den Akker (1982)：Optical properties of paper. Rance, H. F. ed., Handbook of Paper Science, pp. 127-174, Elsevier.
10) 門屋　卓，角祐一郎，吉野　勇（1989）：新・紙の科学，中外産業調査会．

**b. 紙の化学的性質**

紙は，パルプ繊維を水中で絡み合わせることにより形成される．パルプ繊維の構成成分は，BKP（漂白クラフトパルプ）においてはセルロースを主成分とし少量のヘミセルロースを含み，UKP（未漂白クラフトパルプ）においてはセルロース，ヘミセルロースと微量のリグニンからなり，MP（機械パルプ）ではセルロース，ヘミセルロース，リグニンが木材とほぼ同じ構成割合で存在している．これらセルロースなどの構成成分の詳細については 4.2.1 項 b に記されているので，ここでは簡単な説明にとどめる．

セルロースやヘミセルロースにおいては，その構成単位である単糖がグリコシド結合した多糖類である．セルロースでは直鎖状で，ヘミセルロースでは分岐構造をもつ．これらの多糖類の多くは側鎖に水酸基をもち，繊維としての性質に大きな影響を与える．

パルプ繊維においては，セルロース分子が配向し，結晶化しており，全体としては結晶領域と非結晶領域からなる．これが親水性をもちながらも水には溶けないという独特の性質を発現する理由である．

一方，パルプ繊維を抄紙して得られた乾燥シートは，繊維間が水素結合で自己接着しており，その自己接着力は叩解により大きく向上する．

紙がシート構造を維持しているのは，水素結合による繊維間結合が形成されているためである．なお，繊維間で形成された水素結合は水分に弱く，紙を水に浸漬し，攪拌すると容易にほぐれ，分散する．この原理を利用して古紙の再生が行われる．

紙の性質を化学的な側面から考察する場合，やはり水酸基と水素結合の存在が重要となる．また，市販の紙は，普通，種々の製紙薬品（例えばサイズ剤，デンプンなど）が添加されており，それらの薬品も紙の化学的な性質に少なからず影響を及ぼす．

1) 紙の化学的性質

紙は，天然高分子であるセルロースを主成分とする親水性のシート状材料であり，水分および熱的条件下では時間とともに変化を受ける．特に劣化においては紙の化学的性質が大きな役割をする．現在では，酸性紙から中性紙への大幅な転換が行われたが，その目的の一つは，紙の保存性や耐候性を向上させることにある．

① 耐候性

　紙は，長期間保存すると耐折強さ，引張強さ，引裂強さなどの力学特性が著しく低下するが，逆に主成分のセルロースの結晶化度や湿潤引張強さなどは，時間経過とともに増大する．紙がどれくらい周囲の環境変化に劣化しないで耐えられるかという性質を，耐候性（permanence）というが，特に書物の長期保存において重要性が増し，近年研究が活発に行われている．

　紙の劣化は，セルロース，ヘミセルロースの加水分解や酸化による崩壊が主な原因だが，微量に存在するリグニンその他の成分の変質も原因となりうる．セルロースは室温や中性付近では安定性の高い高分子であるが，パルプ化を経たパルプ中のセルロースはある程度変質している．すなわち，加水分解による還元性末端基の生成，ピーリング反応や酸化によるカルボキシル基やカルボニル基の導入があり，変質基は高分子としてのセルロース分子が切断される出発点となる可能性が高い．化学パルプ化法や機械パルプ化法などのパルプ化法によりパルプの耐候性は異なるので，紙の耐候性も異なってくる．

　また，抄紙のときに加える薬品により，できたシートの耐候性は異なってくる．特にサイズ剤であるロジンの定着に使用する硫酸アルミニウムでは，水の存在で硫酸イオンがセルロースやヘミセルロースなどの繊維多糖類の加水分解を引き起こし，耐候性を低下させる．そのために長期保存の必要な紙にはロジンと硫酸アルミニウムではなく，中性サイズ剤を用いる中性抄紙法が使われ，中性抄紙法で填料として用いられる炭酸カルシウムは，酸化により生成する酸性基の中和剤としての役割を果たしている．

② 熱的特性

　紙は，セルロース繊維自身の熱的特性とシートの密度，空隙構造により，特有の熱的性質をもつ．すなわち，熱を保持し上昇させる性質である熱容量と，熱を伝える性質である熱伝導性，また外部の熱的環境の変化に対する熱安定性が重要である．紙を構成するセルロース繊維，空隙構造中の空気，吸着した水分などの効果が複合化してシートとしての熱的特性が発現される．

　紙の材料としての熱定数には，比熱容量，熱伝導率，熱膨張率がある．比熱容量は単

**表4.2.3.1** セルロース系材料および水の熱的性質

| 材料 | 比熱容量 (kcal/kg・℃) | 熱伝導率 (kcal/m・h・℃) |
|---|---|---|
| 水 | 1.0 | 0.51 |
| コットン | 0.29〜0.32 | 0.03〜0.05 |
| 紙 | 0.28〜0.32 | 0.01〜0.14 |

**表4.2.3.2** 紙の有効寿命に対する温度と湿度の影響

| 年間平均温度（℃） | 年間平均湿度（％） | | | |
|---|---|---|---|---|
| | 70 | 50 | 30 | 10 |
| 35 | 0.14 | 0.19 | 0.30 | 0.68 |
| 25 | 0.74 | 1.00 | 1.56 | 3.57 |
| 15 | 2.74 | 5.81 | 9.05 | 20.70 |

注：米国の図書館での標準状態25℃，50％RHでの有効寿命を1.00とした場合の比較値．

位重量の紙の温度を単位温度だけ上昇させるのに必要な熱量だが、水の比熱容量がセルロースのそれよりも約3倍であるので、紙の比熱容量は含水率に大きく依存する（表4.2.3.1）。熱伝導率は紙の中を熱が伝わる速さの尺度であり、空隙中の空気と比べてセルロースと水の熱伝導率がはるかに大きいので、紙の熱伝導率はシート密度と含水率に大きく依存する。熱膨張率は、紙の場合に線熱膨張率が$10^{-5}$〜$10^{-6}$のオーダーであり、水分による寸法変化に比べてはるかに小さい。

一般的に紙は、熱によりセルロースの重合度低下が起きる。それにより生じる紙の劣化への抵抗性を熱安定性という。一般に紙は100〜150℃で水分の蒸発が起き、その後セルロースなどの構成成分の熱分解が生じて質量が減少する。表4.2.3.2に、米国の図書館で行った、紙の有効寿命に対する温度と湿度の影響を比較したデータを示す。

③ その他の耐候性

（1） 紫外線に対する性質

紙に紫外線を照射すると白色度が低下し、湿潤引張強度を除く力学強度が低下するが、結晶化度の低下は起こらない。また酸化的反応が生じ、カルボキシル基やカルボニル基が生じる。またセルロースやヘミセルロースの重合度が低下し、それに伴い分子間水素結合が増加し、親水性が減少する。しかし紫外線は紙にマクロな形態的な変化は起こさない。

（2） 放射線に対する性質

紙やパルプがガンマ線の照射を受けると、リグニンの有無にかかわらずセルロースの重合度低下が起き、酸化基の生成が起き、全体として機械的性質の劣化が生じる。したがってパルプの状態で照射を行うと、叩解のしやすいパルプが得られる。

段ボールに、滅菌などの目的でガンマ線照射が行われるが、ある照射線量以下では白色度の変化もなく、接着剤の崩壊もないので、接着強度の低下もみられない。しかし、力学強度は影響を受け、特に破裂強度、引裂強度、耐折強度の低下は著しい。

（3） 電子線に対する性質

紙は、電子線の照射によってセルロースの重合度が低下することで、強度特性が低下する。

2） 紙の化学的性質を向上させる方法

紙をいろいろな方法で改質することにより劣化を防ぎ、耐候性を向上させることができる。次に各種の化学的改質法を記す。

紙を構成するパルプ繊維の表面には多数の水酸基が存在するので、水酸基を置換したり、新たな官能基を導入することにより紙の特性を変えることが、ある程度まで可能である。これらの目的で用いられる反応は、アセチル化、シアノエチル化、カルボキシメチル化、アミノ化などで、新たな機能発現を目指している。

① アセチル化法

無水酢酸を用いて行うが，アセチル基の置換度により効果は異なる．寸法安定性，電気絶縁性，耐熱性，白色度保持性などの向上の目的で行われる．

② シアノエチル化法

アクリロニトリルの付加により行われ，シート強度がわずかに増加し，防カビ性，高誘電性，熱安定性，高圧電性付与などの目的で行われる．

③ カルボキシメチル化法

モノクロロ酢酸を用いて行うが，紙にアニオン性基を導入することができ，親水性を向上させ，水溶紙の製造に用いられる．

④ アミノ化法

種々の方法があるが，紙にカチオン性基を導入することができ，イオン交換紙，抗菌紙などの用途がある．

⑤ バルカン化法

パルプ繊維を塩化亜鉛水溶液に浸漬すると繊維の表面がゼラチン化し，バルカン化繊維シート（vulcanized fiber sheet）と呼ばれる硬化した繊維シートが得られ，高温で圧縮することにより高強度・高絶縁性という特性が発現する．バルカン化により繊維相互の接着力が高まり，強度や弾性が増大するものと思われる．バルカン化により結晶化度の低下は少なく，結晶領域への影響は少なく，全体として繊維の形態は維持される．現在電気製品の基盤や電気絶縁材料，研磨用紙基盤，ホイルの切り刃などに使われているが，天然高分子を素材としていることから，環境調和性の高い生分解性の材料として期待されている．

3) 紙の耐候性の試験法

紙は，水分や熱という条件を与えなくても時間とともに自然劣化し，それは強度低下や変色に認められる．自然劣化により単繊維強度や繊維間結合強度が低下し，また架橋の増加によりこわさや湿潤強度が増加し，また$\alpha$-セルロースが減少する．自然劣化における耐候性は，本来は自然劣化の時間をそのまま用いるべきであるが，試験時間の短縮を目的として，熱や光により加速する加速劣化または強制劣化という方法が用いられる．

① 加速劣化試験

紙や板紙の長期保存に伴う劣化に対する抵抗性，すなわち長期保存性の推定を目的として行われ，処理条件はJAPAN TAPPI No.50に記されている．劣化促進のために乾式法では加熱を，湿式法では加熱・加湿を行う．加速劣化処理と自然な経年劣化の関係は，105℃で72時間の加熱による加速劣化は常温での自然劣化約25年に相当するとされているが，これは紙の組成により異なる．

② 退色度試験

紙や板紙の光および熱に対する退色度を測定する方法で、試験片を露光または熱風加熱し、処理前後の白色度差または色差で退色度を表す。処理条件は JAPAN TAPPI No. 21 に示されている。処理装置としては紫外線カーボンフェードメータ、キセノンフェードメータ、ギヤ老化試験機を用いる。

〔鈴木恭治〕

## 文　献

1) 大江礼三郎, 臼田誠人, 上埜武夫, 尾鍋史彦, 村上浩二 (1991): パルプおよび紙, 文永堂出版.
2) 紙パルプ技術協会 (1992): 紙パルプ技術便覧.
3) 紙パルプ技術協会 (1995): 紙パルプの試験法.
4) Finnish Paper Engineers' Association (1999): Papermaking Science and Technology Series Vol. 17 (Pulp and Paper Testing).
5) ヒシャム・レダ・ハメッド, 上埜武夫, 鈴木恭治, 遠山信行 (1995): バルカナイズドファイバーの製造とその性質 (第2報). 木材学会誌, **41** (4): 399-405.

### c. 紙の印刷適性

1) 紙の印刷適性にみる印刷技術の進歩

近代印刷の祖とされるヨハネス・グーテンベルクが、ブドウ絞り機にヒントを得てつくったとされる「グーテンベルク活版印刷機」で紙に初めて印刷して以来、印刷用紙と印刷技術は、ともに密接に連携しながら発展してきた。

従来の活字を利用した活版 (凸版) 印刷と並行して、水と油の反発を利用した平版 (オフセット) 印刷が使われるようになると、印刷版上にある湿し水に印刷用紙がさらされるため、耐水性がさらに必要になってきた。このとき印刷用紙は従来と異なり、ウェットな状態での紙むけや引張強度が求められることになった。また、印刷機そのものもカラー化、高速化により多色輪転機が使われるようになると、従来にも増して引張/引裂強度が必要になり、また巻き取り紙に対しても印刷時の用紙蛇行を防ぐため、均一な巻き取りが求められるようになった。加えてこの多色輪転印刷機では、印刷後の印刷用紙はインキを瞬時に乾燥させるため、印刷機上にある熱風乾燥機で 200℃ を超える熱風にさらされ、紙面温度は 100℃ を超えるようになる。このため、用紙に含まれる水分含有率 (含水率) も、印刷前の 4～6% から、乾燥機通過直後には 2% あるいはそれ以下と極端に低下し、印刷後の加工工程における折り曲げ強度の低下や、ブリスターと呼ばれる水分が急激に蒸発するために発生する「火ぶくれ現象」や、印刷方向に平行に画線部に「ひじわ」と呼ばれる波打ちが発生することがある。このために、用紙抄造工程では使用パルプの見直しや、繊維の配向性を抑えたり、コート層を工夫するなどの改良を行っている[1]。

近年、平判用紙を1枚ごとに印刷する枚葉印刷機の分野でも、大きな技術進歩がみられる。従来の枚葉印刷機では、まず片面を印刷し、その後乾燥させてから用紙を反転し

て反対面を印刷していたが，印刷用紙の表裏を一度の印刷パスで行う，両面印刷機といわれる印刷機が増えてきている．この印刷機では印刷後用紙上のインキが乾燥，固化する前に積み重なることになり，インキの裏移り防止が課題となる．インキの迅速なセット，乾燥が必要で，インキセットがしやすい平判印刷用紙が求められることになる．

印刷用紙の軽量化も活発に進められており，新聞用紙では，1975年の第1次軽量化で $52\,g/m^2$ から $49\,g/m^2$ となったのをはじめ，数次の軽量化が行われ，2001年からは，超軽量紙として $40\,g/m^2$ の製品も使用され始めた．これらは，抄紙機のツインワイヤー化や加温砕木パルプ（TMP），クラフトパルプの採用といったパルプ組成の見直しにより可能となった[2]．同様に商業印刷分野でも，通販カタログなど軽量紙への要望は根強いものがある一方，雑誌などの定期刊行物の印刷では，従来のアート紙，コート紙から，塗工法の技術進歩により軽量塗工でも紙の平滑性が得られるようになり，軽量塗工紙の採用が増えるといった軽量化の方向に向かっている．

これらの動きと並んで，印刷品質向上のため印刷用紙の改良が続けられており，最近の一部のA2コート紙では，光沢が55％，70％，75％と向上してきている．これにより従来に比べ良好なコントラストが得られる，いわゆる「メリハリの利いた」カラー印刷画像が再現できるようになってきた．

一方，グリーン購入の動きも活発になっており，1998年に改訂されたエコマーク認定基準（日本環境協会）では，環境負荷軽減の面から白色度70％の印刷用紙利用が推奨されている．

2) 印刷前工程のデジタル化とさまざまな印刷，印刷用紙の動き

従来，印刷前工程（prepress）では活字，カラーフィルム，写植といった材料を撮影，切り貼り，フィルム合成などアナログ的に処理して，印刷に使用する原版を作成していた．しかし近年，コンピュータ化，デジタル化が急速に進み，第1の波といわれる活字組版の自動処理化から，コンピュータによる自動写植（第2の波），ミニコンを利用した専用機による画像処理（第3の波）を経て，第4の波（The Fourth Wave）といわれる[3,4]パソコンを利用した文字/画像データ処理にプリプレス工程が変化し，アナログ処理の時代に比べ，工程フロー，材料，装置，スキルとも，大きくその形態を変えている．ここでは，図4.2.3.3に示したプリプレス工程図にあるように，プリプレス工程を大きく3つに分けて考える．まず画像などの材料をコンピュータで処理するためデジタルデータに変換する入力・デジタイズ工程，次にそれらのデータの色調など体裁を整え，文字，画像のレイアウト編集を行うDTP（desk top publishing）編集・エディティング工程，そして最終結果を出力するアウトプット工程である．

入力にはデジタルカメラも多く使われ，その場合，撮影後すでにデジタルデータになっているため，色修整などの処理がすぐに可能である．その後，文字・画像などのレイアウト編集後，ネットワークを利用して得意先など遠隔地に設置してあるカラープ

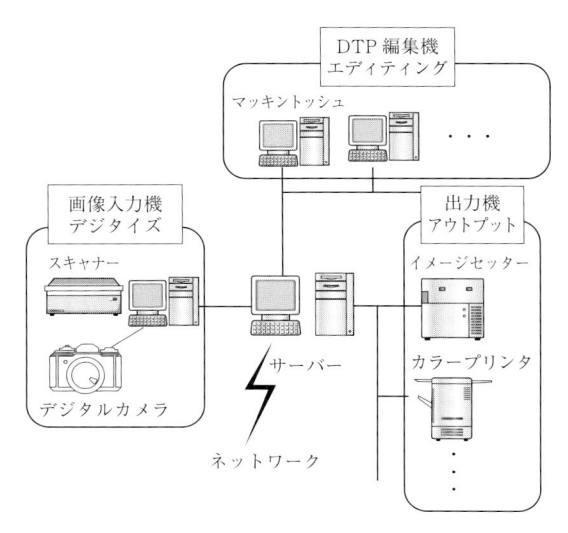

図 4.2.3.3　プリプレス工程図

リンタへ出力する「リモート色校正」も行われている．また出力では，直接印刷するための版，刷版をレーザで出力する CTP（computer to plate）も盛んに使用されるようになっており，多色印刷時の色見当精度向上など，品質，作業性の点で多大なる改善をもたらしている．

このようにコンピュータ処理が一般化し，さまざまな新しい業務が開発，運用されている．従来の印刷物のほかに，得意先データベースから必要なデータだけを検索・出力して指定の位置に印刷する「バリアブル印刷」や，携帯電話の利用明細などにみられる，得意先企業の各顧客に向けた請求書などの大量データを，大型インクジェットプリンタを使用し，1部ごとに誌面内容が異なる印刷物を作成するというような印刷が大量に行われている．ここでは，オンデマンドといわれる，必要なデータを必要なときに，必要なだけ印刷する高速インクジェット用プリンタ用紙やカラープリンタ用紙の開発など，新たな需要が喚起されている．

3）印刷色標準化と印刷用紙

編集後の印刷用データを CD-ROM などのデータ記録媒体やネットワークを利用して遠隔地に送信しても，データそのものは変わらないが，印刷条件（標準印刷色）が各印刷工場，印刷会社，あるいは各国によって異なるため，結果として同じ色調再現が得られない．一方，すでに画像は画像データになっており，コンピュータを利用してターゲットとなる色調に合わせる色管理方法 CMS（color management system）が開発，利用されている．この CMS を有効に活用するためその基準，ターゲットとなる標準印刷色

## 4.2 洋紙の科学と技術

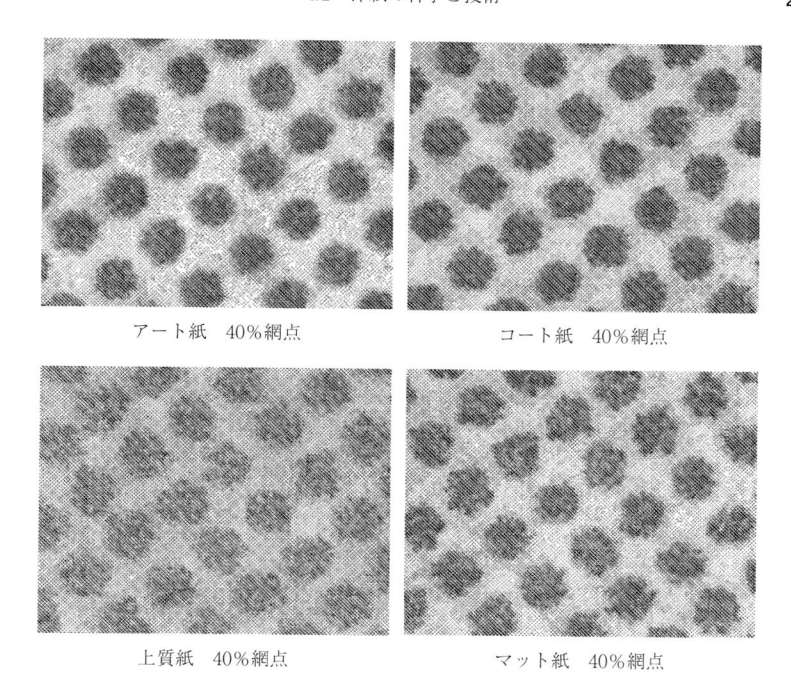

| アート紙　40%網点 | コート紙　40%網点 |
| 上質紙　40%網点 | マット紙　40%網点 |

**図 4.2.3.4** 印刷網点（×50）

が改めて注目されている．

日本では，国際標準化機構 ISO の国内委員会として ISO/TC130（印刷技術）国内委員会が組織されており，日本の印刷色標準 ISO/Japan Color を提唱している[5,6]．ここでは，オフセット印刷における色の標準として，枚葉印刷用 Japan Color 2001，輪転印刷用 Japan Color 2003，新聞印刷用 Japan Color 2002 が紹介されている．このうち，枚葉印刷用 Japan Color をみてみる．これは ISO 規格用紙タイプ 1, 2, 3, 4 それぞれに相当する国内用紙としてアート紙，マットコート紙，コート紙，上質紙を選定し，別途定められた標準インキを使用し，オフセット枚葉印刷機による標準印刷条件で印刷して，日本の印刷色の標準としている．ここで実際に印刷された 40%網点の拡大図（写真）を図 4.2.3.4 で，また，このとき用いられた印刷用紙表面の拡大図（写真）を図 4.2.3.5 で示す．これをみると，上質紙では繊維が露わに観察され，これが印刷物着肉性に影響を与えているのがわかる．マットコート紙は，その凹凸のため網点が変形しており，インキ着肉性がやや劣る．一方，アート紙，コート紙では良好な網点を形成しており，総じて用紙塗工層によるインキ着肉性の違いと印刷網点形状の違いがわかる．これを印刷色再現範囲でみようとしたものが図 4.2.3.6 である．これは，それぞれの印刷物の 1 次色（黄，紅，藍，墨）と 2 次色（赤，緑，青紫）を CIE Lab 色空間上にプロットし，L 軸（Z 軸）

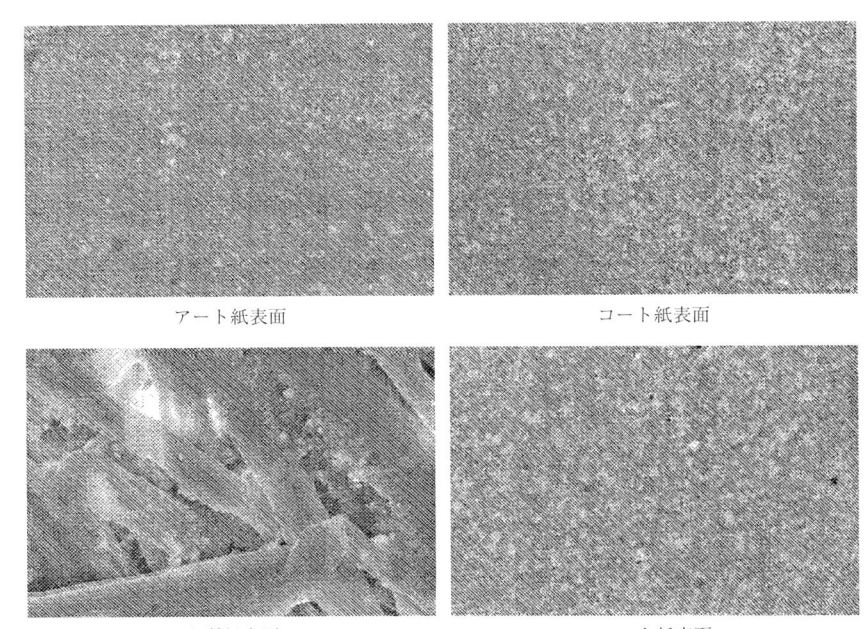

| | |
|---|---|
| アート紙表面 | コート紙表面 |
| 上質紙表面 | マット紙表面 |

**図 4.2.3.5** 印刷用紙表面（×500）
Japan Color 色再現印刷を拡大撮影．

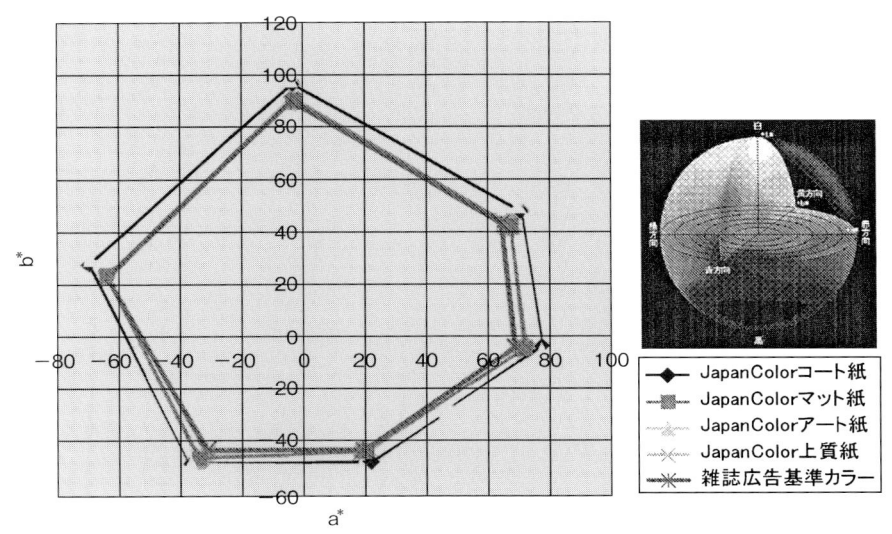

**図 4.2.3.6** 色再現範囲
CIE Lab 色空間にマッピング．

方向から観察したものである．CIE Lab 色空間では外側に広がるほど彩度が高くなり，色再現範囲が広いことになる．上質紙が最も内側にプロットされており，次にマットコート紙がその外側にあり，コート紙，アート紙はさらにその外側に広がっており，豊富な印刷色を再現できることがわかる．

また，図 4.2.3.6 では，雑誌広告基準カラーも同時にプロットしてみた．これは社団法人日本雑誌協会が提唱している印刷色のターゲットカラー，JMPA カラー（Japan Magazine Publishers Association）である[7]．このターゲットカラーは，出版社，広告会社，印刷会社が協力して，各社に設置するカラープルーファーのターゲットとなる色基準を決めたものである．この基準は，印刷会社の本機印刷をシミュレーションした DDCP（direct digital color proofer）出力の最大公約数を色ターゲットにして，広告会社で作成した DDCP の色調をこれに合わせて定義している．JMPA カラーは基本的にコート紙ベースであるが，各印刷会社印刷物の最大公約数をターゲットにしたため，Japan Color と比べると，マットコート紙の再現範囲に近いことがわかる．

この JMPA カラーでは，色標準・色票を DDCP で出力し定義しているが，このとき使用する印刷用紙（コート紙）がすでに 2 回変わっている．用紙メーカーの統合もあったが，用紙改良により白色度が変わり，そのつどキャリブレーションをし直している．また，前述のように，光沢，白色度は毎年改良され向上してきている．Japan Color も標準印刷用紙を定めているが，用紙メーカーの努力で毎年白色度は向上しており，これらをどのように基準に取り込んでいくか，工夫が求められている．

自動車や電機メーカーといった印刷物の発注者である顧客企業は，すでにグローバルに展開し，これらの企業からは世界中どこでも同じ用紙，同じ色調の印刷物が求められるケースも出てきている．ISO の活動を通じ印刷標準化の動きも進んでおり，文字・画像などの印刷用デジタルデータは，各国と交換できる環境が整っている．今後は，用紙メーカーを含め，印刷の国際的な視野に立った対応が必要になってきている．

〔石井健三〕

## 文　献

1) 平林哲也ほか（2003）：ヒジワ発生のメカニズムと用途からの品質対応．紙パ技協誌，**57**，紙パルプ技術協会．
2) 重谷恒久（2004）：日本印刷学会誌，**41**(5)，社団法人日本印刷学会．
3) Seybold, J. W. (1988)：Publishing joins the computer mainstream. *The Seybold Report on Publishing Systems*, **17**(9).
4) Solimeno, W. J. (1988)：Fourth Wave newspaper and magazine systems/How do we get there from here? *The Seybold Report on Publishing Systems*, **17**(9).
5) 社団法人日本印刷学会，ISO/TC130 国内委員会（2003）：Graphic Technology（印刷技術）における標準化 ISO/Japan Color.

6) 江川裕仁（2004）：印刷関連 ISO 規格の近況．日本印刷学会誌，**41**(4)．
7) 社団法人日本雑誌協会（2003）：雑誌広告のデジタル化と JMPA カラーについて．

## d. 紙の液体吸収性

### 1) 紙の構造と親水性

紙は多孔性物質なので液体を吸収する．紙の主体をなす木材パルプは植物の細胞壁であり，多糖であるセルロースとヘミセルロースからなる．天然セルロースでは長いセルロース分子が微細な結晶性繊維（ミクロフィブリル）をつくり，これが寄り集まって大きな束となり，それらがさらに合板のように積み重なって細胞壁をつくっている．セルロースの分子は多数の水酸基をもち，これが繊維の表面に露出しているので，脱リグニンしたパルプ繊維は親水性であり，よく水を吸う．綿や麻の繊維も同じで水をよく吸収，吸着する．これは植物繊維に共通する性質であり，人体になじみやすい独特の感触のもととなっている．

パルプ繊維など植物繊維の太さは 20〜40 $\mu$m の程度なので，そのままで紙を漉くとその中には 20 $\mu$m 程度の空隙ができる．しかしこれでは空隙が大きすぎ，また繊維同士の接着が弱くて良い紙ができないので，製紙工程においては叩解という処理を行って繊維を軟らかくするとともに毛羽立たせる．また白色度と不透明度を上げるために，クレイや炭酸カルシウムなどの無機物粒子を混ぜる（顔料の内添）．その結果，普通の印刷用紙はかなり緻密化しており，細孔径は 1〜10 $\mu$m 程度まで小さくなっている．

### 2) 毛管浸透の基礎

このように，紙は多孔性材料なので液体を吸収し透過させる．ろ紙はその性質を利用したものである．多孔物質への液体の浸透は，2 つの要素で支配される．一つは毛管の内壁を液体が濡らそうとする表面張力の作用，もう一つはその際の流動に対する粘性抵抗である．前者は界面科学理論の Young-Laplace の法則，後者は流体力学理論の Hagen-Poiseulle の法則により記述される．これらを合わせて液体が多孔物質と接触したときの浸透挙動を記述するのが次の Lucas-Washburn の式である．

$$H = \sqrt{\gamma r t \cos\theta / 2\eta}$$

ここに，$H$ は $t$ 秒後の浸透深さ，$\gamma$ は液体の表面張力，$\theta$ は液体と毛管の接触角，$\eta$ は液体の粘性係数である．この式で記述される挙動の特徴は，浸透深さが時間の平方根に比例するという点である．先述のように繊維の表面は親水性なので（無サイズの場合．サイズ処理については後述），水との接触角は 0 としてよい．また有機溶媒でも $\theta$ は 0 と考えて大きな誤差は生じない．ただし，唯一の例外として，水銀など極端に表面エネルギーの大きい液体金属がある．水銀は通常の物質に対しては接触角が 180°に近いので，細孔にまったく入っていかない．ただし，大きな圧力をかけると押し込むことができ，そのとき浸入できる細孔の径は圧力に依存する．このことを利用して多孔体の孔径分布を求めることができる．これが水銀圧入法である．この式は多孔性物質を均一な円筒毛

管の集合として扱う単純化したモデルに基づくものだが，多くの場合，定性的には正しい挙動を与える．

3) 紙への水の浸透

しかし水と有機溶媒では，紙への浸透挙動はかなり異なる．最初に述べたように，パルプ繊維は微細なセルロースミクロフィブリルからなるが，乾燥状態ではミクロフィブリルは水素結合により相互に密着しており，繊維の実質部にはほとんど空隙がない．しかし水は水素結合を切ってミクロフィブリルの間に入ることができるので，紙が水に濡れると繊維自体が水を吸って膨らむ．そうなると繊維間の空隙も大きくなるので，水を吸い取る作用はさらに強まる．

このように，紙への水の浸透は複雑な過程であり，Lucas-Washburn モデルとはかけ離れたものであるが，それでも見かけ上はこの式に当てはまることが多いので，これを用いて解釈されることが多い．

4) 紙のサイズ処理

紙の吸水性は吸い取り紙やペーパータオルなどの用途には都合が良いが，印刷や包装には具合が悪い．そこで，紙に耐水性をもたせるために「サイズ処理」が行われる．これは抄紙前のパルプ懸濁液に疎水性薬品を加えて繊維表面を覆い，水をはじくようにすることである．この薬品を「サイズ剤」と呼び，古くからロジン（松脂，化学名はアビエチン酸）が用いられてきた．近年は石油からつくられる合成サイズ剤としてアルキルケテンダイマー（AKD）やアルケニル無水コハク酸（ASA）などが使用されている．これらはいずれも長鎖アルキル基をもち，その疎水性によってサイズ効果が出る．そして，いずれも分子内にジケテン，酸無水物などの反応性官能基をもっている（反応性サイズ剤）．当初，反応性基はサイズ剤分子がセルロースの水酸基と結合して繊維に定着するために必要であると考えられたが，詳細な検討の結果，これらはセルロースと反応はしていないことが明らかになった．反応性基はサイズ剤がコロイド粒子として湿紙に定着した後，繊維の表面に広がって疎水化する上で何らかの作用をしていると考えられる．

一つ不思議なことは，紙を漉く水に 0.2% といった低濃度で加えたサイズ剤が抄紙過程で繊維に付着して紙中に留まることである（サイズ剤の定着機構）．この過程ではコロイド系のイオン的相互作用が大きな役割を果たす．定着剤としてアルミニウム塩やカチオン性高分子が加えられるが，その添加順序もサイズ効果を左右する．

サイズ処理の程度はサイズ剤の添加量で調節され，紙には強サイズ，弱サイズなどの種類がある．通常の筆記・印刷用紙は強サイズ紙である．内添サイズのほか，印刷の仕上がりを良くするために行われる表面サイズや顔料塗工も，疎水性で緻密な表面層をつくるので耐水化の効果が大きい．しかしこのような処理をした紙でも，水で十分に膨潤させて機械的処理をすると，もとのパルプ繊維にまではぐすことができる．古紙をリサイクルできるのはこの性質のおかげであり，他の材料にはない紙の特徴である．

### 5) サイズ度の評価

このように紙の液体（特に水）の吸収性は用途に応じてさまざまに制御される．その程度を評価する「サイズ度」の指標として ステキヒト法，コップ法，ブリストー法，動的走査吸液法などの方法がある．以下，簡単に解説する．

#### (1) ステキヒト法

互いに接触すると呈色反応を起こす2種類の水溶液を紙の両側から同時に浸透させ，発色するまでの時間を計る．用いる試薬は，錯体をつくって赤褐色を呈するチオシアン酸アンモニウム溶液（A液）と 塩化第二鉄（$FeCl_2$）溶液（B液）である．紙試料で舟状の試験片をつくってシャーレに入れたA液の上に置き，同時に試験片の中央にB液を1滴落とす．両液が紙の中央部で出合って発色するまでの時間をストップウォッチで計り，「ステキヒトサイズ度12秒」などと表記する．この方法は簡便であり，わが国では広く用いられているが，原理からわかるように紙の厚さに直接影響されるので，地合の悪い紙では場所によるバラツキが大きい．また浸透が一瞬で終わる弱サイズ紙では正確な計測が難しい．

同じ原理で別の検出方法を用いるものに，紙の表から裏への浸透を光の反射率や電気伝導度の変化で検出する方法があり，北米で多用されている．

#### (2) コップ法

これも原理的には簡単な方法である．試験液を入れた適当な容器の口に紙を密着させてふさぎ，すばやく逆さまにして紙と接触させる．一定時間経った後に紙を外して余分の液を拭き取り，重量を測る．これは意味のはっきりした浸透速度指標を与えるが，拭き取り方や重量測定までの蒸発ロスなどの不確定性があり，バラツキが大きいという欠点がある．短時間の測定が難しい点はステキヒト法と同じである．

#### (3) ブリストー法

多孔性固体への液体の浸透をミリ秒オーダーで追跡することは，上記2法では困難である．これに対しブリストー法では，対象液体を小さな桶に入れ，その下部にあるスリット状開口部を介して液体と紙試料を接触させた状態で開口部を紙に対して移動させる（実際には紙の方を動かす）．こうすると紙の1点からみた液体との接触時間は，「スリットの幅（運動方向の長さ）÷移動速度」に等しくなる．そしてそのときの液体浸透量は，一定量の液体が紙の上に描いた帯の長さから逆算することができる．つまり時間を距離に変換する測定法であり，これによればミリ秒オーダーまでの浸透挙動を定量的に追跡することが可能となる．

#### (4) 動的走査吸液測定（DSA）

ブリストー法の欠点は，細長い試験片をつくり，走査速度（すなわち接触時間）ごとにその上に試験液の濡れ跡をつくって長さを測らねばならないことである．これは大層手間のかかる作業で，求めたい「吸液量 vs 時間」のグラフ1つを得るのに数時間を要す

る．そこでこれをコンピュータ制御によって自動化した，動的走査吸液測定法が考案された．この方法では，①液の吸収速度を帯の長さから求める代わり直接計測し，②ターンテーブルを使用することで走査パターンをらせん型にし，③ターンテーブルの回転を自動制御する．これによれば，ブリストー法で半日程度かかっていた測定を3分で行うことができる．

5) 水を吸う塗工紙（インクジェット用紙）

通常の顔料塗工は白粘土，炭酸カルシウムなどの顔料を合成バインダーラテックスで固めることで行われる．無機顔料は親水性であるが，ラテックスはポリスチレン，ポリブタジエン，アクリル酸エステルなどの共重合体であり，疎水性である．これが顔料粒子同士を接着して空隙を埋めているので，塗工層は緻密かつ疎水性である．これ対し，1990年ごろに水をよく吸う塗工紙という新しい技術が生まれた．それはデジタルカラー画像技術の一翼を担うインクジェット用紙である．オフセットなど通常の印刷では油性の顔料インキを用いるが，インクジェット印字では水性の染料インキを用いるので，インキをすばやく吸収して発色性と解像度を良くするために，多孔質で親水性の塗工層が必要なのである．

そのような塗工層は，シリカゲルとポリビニルアルコールなどの親水性バインダーを用いてつくることができる．現在カラーインクジェット用紙として提供されている製品は，ほとんどがこのタイプである．その画像品質は未塗工紙および普通塗工紙と比べると格段に良く，技術的には完成の域にあるといえる．なお，インクジェット方式において最近では，鮮明な発色と耐候性向上の目的から，顔料インキも使用される．残された問題は，①耐水・耐候性の改善と，②光沢の付与であろう．①は水性インクジェット方式そのものに起因する問題であるが，塗工層をカチオン化することにより改善が進んでいる．②はキャストコートという方法により可能であり，製品も出ているがコストの高いことが難点で，解決策が求められている． 〔空閑重則〕

### e. 紙の電気的性質

紙の電気的性質としては，用途により「絶縁性」，「導電性」，「誘電特性（誘電正接，誘電率）」などが求められる．ここでは，これらの電気特性を必要とする代表的な紙を取り上げ，それぞれの特質を示す．

1) 電気絶縁紙

わが国における電気絶縁紙の変遷は，第二次世界大戦でパルプ輸入が困難になりクラフトパルプを国産化したことから始まる．以後，誘電特性の良好な木材の選定，パルプ蒸解法の検討，さらには破壊強度の改良のため低密度高密度紙の開発へと進んだ．1960年代には，さらなる誘電特性の改良のため，抄紙用水のイオン交換水使用技術が確立したが，1970年代になって合成紙が出現したことにより，現在では通信ケーブル用紙，電力ケーブル用紙ともポリエチレンが主流となっている．

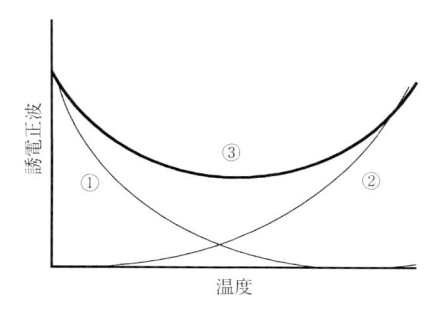

**図 4.2.3.7** 紙の誘電正接と温度特性
① 双極子による損失, ② 電導による損失,
③ 全損失 (①+②).

しかし,高度の信頼性が要求される超高圧分野では,誘電特性の優れたプラスチック材料と機械的強度が強く,信頼性に実績のあるクラフト紙の両者の長所を生かした複合材料である半合成紙の電力ケーブル用絶縁紙が開発された.

その代表例であるPPLP (polypropyrene laminated paper) は両面クラフト紙にPPサンドイッチ型であり,1988年に275～500 kVOFケーブルとして本州四国連系線に敷設,海外でも1998年に直流500 kV海底ケーブルなどに採用敷設されている[1].

主な特性をクラフト紙と比較すると,耐電圧特性はACで20～30％,雷インパルスで30～40％の増加,誘電特性の誘電率 $(\varepsilon)$×誘電正接 $(\tan \delta)$ は1/2～1/4に低減し,機械的強度は同等である.

絶縁紙の電気特性で最も重要なのは,誘電損失をいかに減少させるかである. $\tan \delta$ の温度変化を模式的に示すと図4.2.3.7のようになる.すなわち,全損失は低温領域における双極子振動による損失と,高温領域における電導による損失の和で表され,③のようなUカーブになる.

低温領域での $\tan \delta$ はパルプ中の極性基,すなわちセルロース中のOH基の回転または振動による損失が主因である.このOH基は,結晶領域中にあるものはミセル形成に関与しているので比較的安定であるものの,非結晶領域にあるものは不安定で,その双極子モーメントは大きいと考えられる.

一方,高温領域ではイオン電流による損失が主因であり,紙中の金属イオン,特に1価陽イオンの含有量が支配的要因となる.したがって絶縁紙用パルプは徹底した洗浄が行われ,抄紙工程でも清浄さには十分な注意が払われて,イオン交換水による洗浄,抄紙が行われる.また,パルプ組成上からは,カルボキシル基がイオン吸着源となる.紙中のカルボキシル基が少なくなると,遊離のイオンが増加し, $\tan \delta$ は悪くなる.また,ヘミセルロース,リグニン含有量が少なくなると $\tan \delta$ は悪くなるが,これも含有カルボキシル基が少なくなるためである[2,3].

2) 電子写真用基紙

カールソンによって発明された電子写真方式，すなわちレーザー方式は現在，複写・印刷分野で広く応用されている．

このうち，光導電性の酸化亜鉛を用いた感光体は通常，紙を支持体としている．酸化亜鉛感光体が帯電・露光され発生した電荷は支持体を経由して逃がす必要があるため，支持体には導電性が要求される．紙は吸脱湿によりヒステリシスカーブを描き，環境変化によってその導電性は大きく変わる．紙の含有水分の少なくなる低湿環境でいかに導電性をもたせるかが重要となる．

紙は低湿環境では急激に電気抵抗が上がり，感光体の残留電荷が増加する．よって通常は紙を導電化する方法がとられる．導電処理方法としては用途に応じて，次のような方法がとられる．
① 紙にアルミニウムのような金属処理をする．
② カーボン，無機イオン化合物などを紙に抄き込む．
③ カーボン，金属酸化物，金属粉末，高分子電解質などを塗布したり含浸したりする．
図 4.2.3.8 に紙の導電処理と電気抵抗の湿度依存性を示す[4]．

3) 電子写真用転写紙

電子写真方式において，転写紙は基本要素の一つであり，紙特性を抜きにして特性評価はできない．特に電子写真プロセスの中で，転写性は紙の電気特性に大きく関係する．

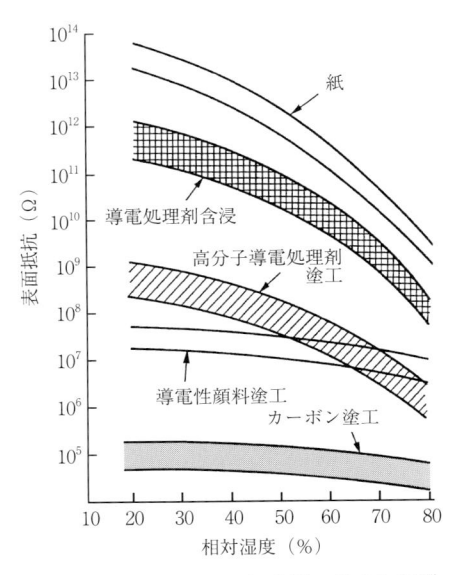

**図 4.2.3.8** 導電処理紙の表面抵抗の湿度依存性[4]

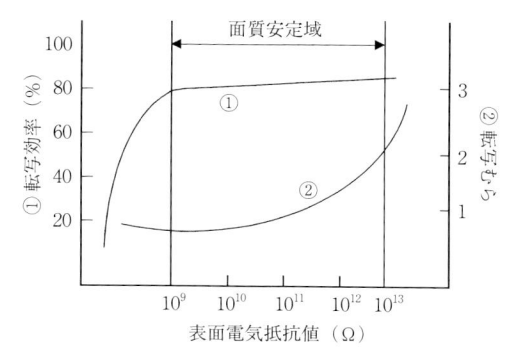

図 4.2.3.9 表面電気抵抗と印字品質[5]

感光体上のトナー像は,静電的に紙に転写される.紙の電気抵抗値が低いと転写に必要な電界がかからず,トナー転写が悪くなり,画像の濃度低下や画像の欠落が生じる.逆に電気抵抗値が高すぎると紙剥離時の放電によってトナー飛散などが起こり,画像の乱れが発生する.最適な転写効率を得るための紙の表面電気抵抗値範囲は図4.2.3.9に示すように,$10^9 \sim 10^{13}$ Ωといわれてきた[5].

しかし近年,カラー複写,プリンタの高速・高画質化や,両面プリント,また転写紙の多様化(ケナフ紙,印刷用塗工紙)などから,転写紙に要求される電気特性も厳しく限定されるようになってきた.

例えば,ケナフパルプ含有紙の場合,複写後の画像品質低下と複写機内での走行性,複写後のカールトラブルを防止するために20℃ 65% RH での体積電気抵抗値を $10^9 \sim 10^{12}$ Ω cm に限定した例[6]がある.

また,高画質化,高光沢化,カラー再現には印刷と同様に平滑な塗工紙の使用が有利であるが,印刷用塗工紙をそのまま使うと転写時に画像のベタ部分が粒子状のむらとなる転写不良が発生する.特にトナーを複数回転写するカラーコピーの場合は顕著である.それを防ぐために紙の表面電気抵抗値を $6 \times 10^9 \sim 1 \times 10^{11}$ Ω の狭い範囲に抑える例もある[7].さらに両面コピーとなると,C,M,Y,B の4色トナーの鮮明な発色のため十分な熱量を与えて定着する.したがって,片面コピー後の転写紙水分は少ない状態で裏面コピーを行うことになり,各色のトナー転写時に受ける電荷の蓄積が増加して,転写紙からの放電現象が発生し定着前のトナーが飛散することによる画像欠陥が出る.これを防ぐために,体積電気抵抗値の制限とともに静電容量を限定する特許もみられる[8,9].

いずれの場合でも,導電剤としては2)で述べた材料などから選択し,バインダー,顔料の組み合わせにより対応している.

4) 非セルロース紙(機能紙)

合成繊維などの非セルロースを用いて湿式・乾式抄造法により,特徴あるシートが開

発されている．ここでは，電気特性的に特殊機能をもった湿式抄造シートを紹介する[10]．

(1) ステンレス繊維シート

表面が水溶性高分子で被覆された，繊維径 12 $\mu$m 以下，繊維長 1～6 mm のステンレス繊維を水に分散し，繊維状結着剤を少量溶かして抄造する．次いで結着剤樹脂を非酸化雰囲気中で焼結し，分解除去すると，ステンレス繊維同士が融着し，ステンレス 100％のシートが得られる．

このシートの特殊機能として電磁波シールド効果があげられる．特に現在はノートパソコン，電子手帳，携帯電話などが普及しており，これらはいろいろな場所で使われるため，ノイズを機器から発信したり受信したりしないためには電磁波の環境に耐えられる材料が要求される．本シートの場合，7 GHz 程度でも 50 dB 以上を示し，大きな電磁波シールド効果がみられる．実際の応用例としては本シートを接着したプリント基板がノートパソコンに使われている．

(2) フッ素繊維シート

ポリテトラフルオロエチレン（PTFE）は合成高分子中最も低誘電性の絶縁材料であり，周波数および温度依存性が少ないため高周波用材料として適している．PTFE は溶融温度は 327℃ と高いが，適当な溶剤がなく繊維状に加工しがたいため，これまでシート化が困難であった．しかし最近，ビスコース中に PTFE 粒子を分散させ紡糸し，繊維径 15～45 $\mu$m，繊維長 3～5 mm の繊維が得られるようになった．これをバインダーとともに水に分散し抄造し，次いで PTFE の融点以上で焼成することで有機物の炭化分解除去および繊維同士の溶融接合により，PTFE 100％のシートが作製できるようになった．

本品の用途としては，プリント基板用芯材が有望である．近年のデジタル製品は多くの情報量をより高速で伝える必要性から，高周波化にシフトしている．一般に信号伝播速度は誘電率の平方根に反比例するため，できるだけ誘電率を下げる必要がある．また，誘電体損失は誘電率の平方根と誘電正接の積に比例するため，誘電率と誘電正接の値の小さな材料が必要である．その意味で本フッ素繊維シートは優れているが，このままでは基板用としては寸法安定性に欠けるため，ガラス繊維と混抄することにより低誘電特性プリント基板に応用できる．

一例として，ガラス繊維 20％混抄シートで誘電率 1.77（1 MHz），誘電正接 $5.02 \times 10^{-4}$（1 MHz）が得られている．

〔岩井眞明〕

## 文　献

1) 武　祐一郎（2001）：電気絶縁紙の技術史．百万塔，No. 110：12-29．
2) 桑原秀光（1995）：電気絶縁紙．コンバーテック，No. 3．
3) 松田瀋司（1989）：紙の電気特性．電子写真，**28**（2）．
4) 岩井眞明（1988）：CPC 用記録紙．電子写真技術の基礎と応用，pp. 515-521，コロナ社．

5) 坂本　祥（1988）：普通紙タイプ情報用紙．紙パ技術タイムス臨時増刊：156-159.
6) リコー：特開平 8-328288.
7) 富士ゼロックス，王子製紙：特開平 5-297621.
8) 富士ゼロックス，王子製紙：特開平 8-171225.
9) キヤノン（2001）：特許第 3227380 号．
10) 鈴木孝典（2001）：機能性シートの電子材料向けへの応用．紙パ技協誌，**55**（8）：94-102.

### 4.2.4　洋紙の製品

　洋紙製品は，新たな機能付与などの市場からの要求に対応する形で絶えず新たな開発が行われ，分類法は多様で複雑である．現在では，特に新しい印刷方式や情報記録方式に対応して新製品が生産されつつあり，また新たなパルプの使用，古紙の増量，填料や顔料の出現，および塗工や表面処理技術の変化も新製品の開発に影響する．洋紙製品は原料，用途，坪量，製造法などで区分され，地理的にはヨーロッパ，米国，日本で分類法が異なる．

　わが国の場合，紙は洋紙と和紙に分類され，また洋紙は厚さと機能により紙と板紙に分類される．原料から分類すると，洋紙が木材パルプからつくられるのに対して，和紙は靭皮繊維（木の皮からつくった繊維）を主体としてつくられる．また洋紙が実用目的で大量生産されるのに対し，和紙は実用以外に美的要素を重視する工芸品などの素材として使用されるために，手漉き法または機械抄き法により比較的少量しか生産されない．

　市場規模でみると，洋紙の売上高は上位 5 社で約 3 兆 5,000 億円である．それに比べて和紙は約 40 億円にすぎず，洋紙の 1,000 分の 1 以下の規模である．したがって，市場での紙の製品といえば，ほとんどが洋紙といえる．

　用途別には文化的用途，工業的用途，家庭用途という分類が可能で，日本製紙連合会による品種分類では，紙は印刷・情報用紙，包装用紙，衛生用紙，雑種紙に，板紙は段ボール原紙，紙器用板紙，その他の板紙（建材原紙，紙管原紙，ワンプなど）に分類され，特殊紙や機能紙は雑種紙に分類される．

　なお日本製紙連合会による分類については，8.2 節に詳しく記すが，以下に概要を記しておく．

（1）　印刷・情報用紙

　紙の文化的用途とみることができるが，新聞用紙，印刷用紙，情報用紙に分類される．印刷用紙は，非塗工，微塗工，微塗工および特殊印刷用紙に分類される．情報用紙は複写原紙，感光紙用原紙，フォーム紙，PPC 用紙，情報記録紙，その他の情報用紙に分類される．

（2）　包装用紙

　紙の工業的用途とみることができるが，包装用紙，段ボール原紙，紙器用板紙に分類される．包装用紙は未晒し（未漂白）と晒しに，段ボール原紙はライナーと中芯原紙に，

紙器用板紙は白板紙，色板紙，黄板紙，チップボールに分類される．
 (3) 家庭用紙

衛生用紙と家庭用雑種紙に分類される．衛生用紙はティッシュペーパー，ちり紙，トイレットペーパー，生理用紙，タオル用紙，その他の衛生用紙に分類される．家庭用雑種紙は書道用紙，その他に分類される．

 (4) 工業用雑種紙

加工原紙，建材原紙，その他の特殊紙，その他の板紙に分類される．加工原紙は化粧板用原紙，壁紙原紙，積層板用原紙，食器用原紙，塗工印刷原紙に，建材原紙は石膏ボード原紙，防水原紙に分類される．またその他の特殊紙としては電気絶縁紙，ライスペーパー，グラシンペーパー，その他の工業用雑種紙がある．その他の板紙としては紙管原紙，ワンプなどがある．

本項では，大量生産され日常生活で広く用いられる a. 汎用型の紙と，b. 特殊な工業用目的のための少量生産型の紙，さらに c. 日常生活に使われる特殊な紙，および美的要素と感性機能を重視した d. ファンシーペーパーに洋紙製品を分類し，以下に説明する．

〔尾鍋史彦〕

### a. 汎用型の紙

1) 新聞用紙（印刷・情報用）

日本における新聞は宅配が主体であり，毎朝確実に読者に届けられなければならないため，印刷所におけるトラブルがないことが重要である．代表的なトラブルは印刷中の断紙などによる刷了時間の遅れであるが，最近は巻き取り（例：50 連巻き取りの巻長さは 13,650 m. 1 連とは，規定寸法の 1,000 枚分）を 1,000 本使用しても，断紙は 3～6 回の断紙が一般的な数値といえる（2,300～4,500 km に 1 回切れる）．断紙原因のうち，用紙原因はさらに低く，1 万本で数回程度である．

また，近年はカラー化が進み，印刷品質に対する要求が一層強くなっている．カラー面の数も 4～16 個面までが一般的であるが，最近ではすべてのページ（40 個面）をカラー印刷可能な新聞社も出てきている．

 (1) 新聞用紙の重量とその変遷

一般の新聞用紙の重量（坪量：$1 m^2$ あたりの重さ）は現在 4 種類あり，その使用比率は 43 グラム紙（SL 紙）が約 90％であり，次に 40 グラム紙（XL 紙）が 6％弱である．その他 46 グラム紙（L 紙）が 3％弱，さらに 49 グラム紙（S 紙），52 グラム紙（H 紙）がそれぞれ 1％弱である．しかし，軽量化の技術革新は急激なので，この比率は年々変化している．

新聞用紙の軽量化の歴史を図 4.2.4.1 に示す．1975 年以前は 52 グラム紙のみであったが，1976 年に第 1 次軽量化（49 グラム紙）が始まった．その後，1980 年ごろから第 2 次軽量化（46 グラム紙）が始まり，1990 年から第 3 次軽量化（43 グラム紙）が始まっ

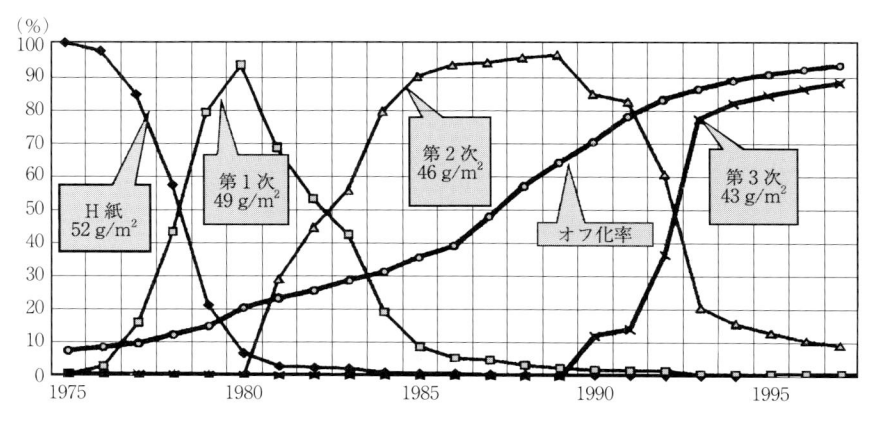

図 4.2.4.1 新聞用紙軽量化とオフ輪比率の推移

た．特に第3次軽量化はいわゆるバブル経済がはじけたために軽量化が急速に普及した．2000年10月からは，日本経済新聞社が48ページ印刷の朝刊を印刷するのに，新聞紙1部あたりの重量を軽くする目的で40グラム紙を使用開始した．

(2) 原料の変遷

新聞用紙に使用されている原料は大きく分けて化学パルプ，機械パルプ，古紙パルプがある．戦前は針葉樹化学パルプのサルファイトパルプ（SP）と針葉樹丸太をすりつぶした砕木パルプ（GP）のみであったが，戦後広葉樹を使用した半化学機械パルプが開発され，1970年代には原料の半分近くが広葉樹であった時代があった．しかし，1976年からの第1次軽量化に伴い，不透明度や強度の面で劣るこのパルプは使用量が減り，新たに開発されたチップから製造する機械パルプ（RGP）や新聞古紙を脱墨したDIPに取って代わられ，1980年代には半化学機械パルプは使用されなくなった．さらに1975年ごろにはRGPより強度の優れるTMPが開発され，第2次軽量化の際にはDIP，TMPの配合量が大幅に増えた．1990年代に入り省資源，省エネルギーの観点からDIP設備の増設が図られ，現在は新聞用紙のDIP配合は平均で60％前後に達している．それ以外の10～15％が化学パルプで，さらにその残りが針葉樹チップの機械パルプである．

また，軽量化に伴い図柄が裏に透ける「裏抜け」が悪化するが，パルプのほかにインキを吸収する裏抜け防止剤，通称「ホワイトカーボン（含水珪酸）」と呼ばれる填料が数％添加されている．さらに，新聞用紙は酸性紙であるが，最近は新聞古紙使用率が高まったこともあり，中性新聞用紙も市場に出てきている．中性新聞用紙には填料として炭酸カルシウムが使用される．

以上のように，軽量化が進んだのはただ単純に重量を軽くしたのではなく，その時代

表 4.2.4.1　JIS と品質規格の比較表

| | 旧 JIS 規格の品質規格値 | 団体規格(参考値) |
|---|---|---|
| 厚さ | 0.080 mm 以上 | 72 μm |
| 坪量 | 52±2 g/m² | |
| 引張強さ（縦） | 17.7 N {1.8 kgf} 以上 | 2.2 kN/m |
| 伸び（縦） | 0.7％以上 | 1.1％ |
| 引裂強さ（横） | 190 mN {20.0 gf} 以上 | 340 mN |
| 平滑度 | 表・裏の差が少ないこと．数値は当事者間の協定による | 30 秒 |
| 吸油度 | 数値は当事者間の協定による | |
| 白色度 | 青色フィルターを使用した場合 45％以上 | 52.5％ |
| 不透明度 | 89％以上（注：新表示では 93.5％以上） | 92％以上 |
| 剛度 | 数値は当事者間の協定による | |

の最先端技術を導入した結果，作業性，印刷性においてもより品質の向上された軽量化が達成できたといえる．

現在160か所前後の新聞印刷工場があるが，製紙メーカー各社は，それぞれの印刷所に適した新聞用紙を製造しており，みた目に差はないがカスタムメイドされている．

従来，新聞用紙の規格に関しては JIS P 3001 があったが，1999 年に廃止され，日本新聞協会と日本製紙連合会との間で新たに団体規格として制定された．従来の JIS 規格の数値と団体規格の数値を参考として表 4.2.4.1 に示す．ただし，団体規格の数値は規格でなく，最近の 43 グラム紙の平均的な数値を示している．

強度以外にも新聞用紙の品質は向上した．1970 年代はじめは 2〜3％あった用紙原因による断紙率が，49 グラム紙に変わり始めた 1975 年ごろには 1％前後に下がり，46 グラム紙が始まった 1980 年ごろには 0.3〜0.4％台に減少し，現在は 0.1％以下となっている．これはパルプ強度が上がったことよりも，パルプ中の不純物が減少したことが大きいといえる．

(3) 印刷品質向上

新聞用紙の印刷には，長年凸版輪転機が使用されてきた．印面品質の優れる新聞用オフセット輪転機（オフ輪）が開発されてから 1976 年までのオフ輪の普及率は 10％に満たなかったが，その後徐々に増え，1980 年で 20％，1985 年で 35％，1990 年で 70％，1995 年には 90％を超え，2000 年は約 98％である（図 4.2.4.1 参照）．最近はカラー面のページを増やすため，両面カラーを同時に印刷できるタワープレスが盛んに導入されている．

新聞用紙は従来長網抄紙機で抄造されていたが，表裏差があることから 1980 年代にはツインワイヤーマシンの新設と改造が行われた．さらに 1990 年代に入るとオフセット輪転機が普及したことにより，粘度の高いインキを使用するオフセット輪転機での紙

粉堆積による印刷面品質の劣化（かすれ）が顕在化したため，紙の表面にデンプンなどの接着剤を塗布する設備（ゲートロールサイズプレスなど）が抄紙機に導入された．現在は国内の新聞用抄紙機にはすべて設置されている．塗布量は1 m$^2$あたり0.3～0.8 g前後である．

なお，紙の表面にデンプンを塗布した新聞用紙を使用しているのは日本の新聞社だけで，海外では使用していない．紙の重量も，海外ではまだ49グラム紙や45グラム紙が主体である．また，紙に平滑性を付与するカレンダー装置に，金属ロールに代わって樹脂ロールを使用したソフトカレンダーと呼ばれる装置が多く導入されてきている．

最近は海外から輸入される紙が多いが，新聞用紙は国内メーカーによる海外委託生産約10％を除くと，輸入紙は2％未満と少ない．これは，海外の新聞用紙工場はデンプン塗布装置がないので，印刷時の紙粉問題がクリアできず，それが日本市場に参入できない要因の一つと考えられる．　　　　　　　　　　　　　　　　　　　　〔羽鳥一夫〕

2）印刷用紙

印刷用紙とは「書籍，雑誌，チラシなど出版用途，商業印刷メディア用途を中心として用いられる紙」の総称であるが，日本では新聞用紙と情報用紙を除くすべての印刷用の紙を指すことが多い．また，これらの用紙は一般的には平版，凸版，凹版など従来の印刷方式を対象にしているが，印刷方式が多様化している現在，平版と他の情報記録方式（インクジェットやレーザービームプリンティングなど）との共用紙なども一部市場に出回っている．

日本工業規格では，以下のように非塗工印刷用紙，塗工印刷用紙，微塗工印刷用紙，特殊印刷用紙の4つに分類している．

（1）非塗工印刷用紙

非塗工印刷用紙とは，表面が顔料などで塗工されていない紙を指す．しかし，通常は筆記性改善や表面強度などの印刷適性向上のため，デンプンやその他の薬品が表面に塗布されることが多い．非塗工印刷用紙は日本工業規格では上級印刷紙，中級印刷紙，下級印刷紙，薄紙印刷紙に分類され，さらにそれぞれが細かく分類されている（表4.2.4.2）．

上級印刷用紙は晒し化学パルプを100％使用しており，印刷用紙の代表品種で汎用性に富んでおり，印刷用紙A，その他印刷用紙，筆記・図画用紙に区分されている．印刷用紙Aはいわゆる上質紙で，マニュアルや本文など日常よく使われる品種であり，ペン書き適性やオフセット印刷に耐えるよう表面処理を行っている．「その他印刷用紙」

表4.2.4.2　非塗工印刷用紙の分類

| | |
|---|---|
| 上級印刷用紙 | 印刷用紙A（上質紙），その他印刷用紙，筆記・図画用紙 |
| 中級印刷用紙 | 印刷用紙B（中質紙），印刷用紙C（上更紙），グラビア用紙 |
| 下級印刷用紙 | 印刷用紙D（更紙），印刷仙貨紙 |

で代表的なものは書籍用紙，ノートや便箋，図画用紙などである．書籍用紙は製本適性にかかわる紙の柔軟性を，ノート，図画用紙は筆記適性（サイズ性）を付与した品質としている．

中級印刷用紙は一般的には中質紙と呼ばれ，化学パルプ以外のパルプ，すなわち機械パルプあるいは古紙パルプを含有するという点においては上質紙との識別は容易である（化学パルプの配合率は，印刷用紙Bが70～100％．印刷用紙Cは40～70％）．中質紙内での品種あるいはグレードの分類は必ずしも明確でない．現在中質紙のグレード分けは白色度をベースにしてある．用途としては，機械パルプの特性を活かし，高不透明度を要求されるものや，かさを要求されるものなどに使用されており，雑誌本文向けが主体となっている．

下級印刷用紙は中質紙の下位にある品種群で，白色度は50～60％の範囲にあり，コミック誌の本文用紙などに使用されている．このクラスになると古紙配合率は高くなり，みた目の白さは落ちてくる．しかし，このクラスの紙は白色度よりもむしろかさや低価格を要求されている紙となり，機械パルプの配合率は中質紙よりさらに多い（化学パルプ配合率は40％未満）．

(2) 塗工印刷用紙

塗工印刷用紙は，紙の表面にカオリンや炭酸カルシウムなどの顔料と接着剤などを含む塗料をブレードコーターなどの塗工機で塗工し，印刷適性を向上させ，カラー印刷などの品質ニーズに対応した紙を指す．塗料を塗工することにより，表面を平滑にし，インキ受理性を良くし，網点の再現性，印刷光沢，印刷不透明度などの印刷品質を向上させ，印刷物の立体感，質感，高級感を表現することを特徴としている．塗工印刷用紙の分類は，原紙のグレードと塗料の塗工量の差によって，さらにアート紙，コート紙，軽量コート紙，その他塗工印刷用紙に分類され，印刷用紙の中で最も大きな割合を占める品種である．塗工印刷用紙の出荷において，印刷業および出版印刷向けで80％以上を占め，美術書，口絵，本文，カタログ，チラシなど各種の用途に使われる（表4.2.4.3）．

(3) 微塗工印刷用紙

市場に登場したのは1987年ごろからで，印刷用紙の中では新しい品種である．塗工量の違いにより塗工印刷用紙とは区別されている．一般的に印刷塗工用紙より塗工量を低めに設定（1 m$^2$あたり12 g程度）されており，抄紙機のサイズプレス（ゲートロールコーターまたはこれと同等の機能をもつ装置）や塗工印刷用紙と同様のブレードコー

**表 4.2.4.3 塗工印刷用紙の分類**

| | 原 紙 | 上質紙ベース | | 中質紙ベース | |
|---|---|---|---|---|---|
| 塗工量 | 40～50 g/m$^2$ 前後 | A1 | アート紙 | − | − |
| | 20～30 g/m$^2$ 前後 | A2 | コート紙 | B2 | 中質コート紙 |
| | 15～20 g/m$^2$ 前後 | A3 | 軽量コート紙 | B3 | 中質軽量コート紙 |

表 4.2.4.4 微塗工印刷用紙の分類

| 微塗工紙1 | 塗工量 12 g/m² 以下，白色度 74～79% |
|---|---|
| 微塗工紙2 | 塗工量 12 g/m² 以下，白色度 73%以下 |

従来の微塗工上質紙は上質軽量コート（A3）に統合．

ターで生産されている．非塗工印刷用紙と比べて，平滑性やインキ受理性が良く，印刷適性に優れるため多色刷りに多く使用されている．1999年1月のグレード分け変更により，微塗工印刷用紙は白色度の違いにより微塗工紙1および2に分類されるようになった（表4.2.4.4）．用途は，雑誌本文への使用が主体で，カタログ，チラシ，DM用など幅広い分野において使用されており，近年最も市場拡大が著しい品種である．

(4) 特殊印刷用紙

特殊印刷用紙は色上質，官製はがき，その他特殊印刷用紙に分類される．

色上質紙は染料で染めたパルプを使用した紙で，表紙やカタログ，DMなどあらゆる用途に使われている．官製はがき用紙は印刷適性に加え，筆記適性を重要視している紙である．「その他」には証券，小切手，ファンシーペーパーなどがあり，他の印刷用紙と比較して生産量は少ないが各用途に適した品質となっている． 〔内藤　勉〕

3) 情報用紙

情報用紙は情報の入出力媒体であり，情報のデジタル化，ネットワーク化が進む中，人間が電子情報を認識するためのインターフェースとしても有用であり改良が進んでいる．

(1) 電子写真用 PPC（plain paper copier）用紙

電子写真方式の複写機，プリンタは，小型化，低価格化の方向に伴い，オフィスでの標準機種として広く使用されている．酸化亜鉛を用いた直接型電子写真（electrofax）が一時普及したが，現在はPPC用紙にトナーを転写する間接型電子写真（xerography）が一般的である．最近は高速印字による少量印刷も可能になっている．

PPC用紙としては，トナー受理性，定着性を向上させるため無機塩，高分子電解質を塗工することにより表面電気抵抗の調整，また適度な表面平滑性をもたせたり，複写機，プリンタ内での良好な走行性を，また熱定着後も安定な用紙を得るため，繊維配向，水分率調整によるカール制御など，種々の工夫がなされている．

最近では，普通紙を利用する他の印字方式のプリンタも普及し，PPC用紙もそれらにも兼用できるよう用紙面からの品質改良が行われている．例えば，表面の平滑性を向上させ熱転写適性を付与したPPC用紙，紙中の填料，サイズ剤，定着剤の最適化を行い，インキの吸収性，定着性を考慮してインクジェット適性を付与したPPC用紙などがある．

古紙含有率が70～100%のPPC用紙も市場で使われるようになった．

またカラー化の普及に伴い，用紙はより良好な色再現性を得るため，高い白色度，ト

ナー受理性，平滑性などを，さらに印刷に近い高級な光沢感をもつよう改良が加えられ，白地，画像部ともに光沢が維持され，光沢感あふれるカラー画像を発現させることもできるようになった．

今後，装置側からはよりシンプルな機構をもつ白黒−カラー兼用機などの開発が，トナー側からは高解像度，高画質化，また低温定着化が可能な重合トナーの開発も進んできており，今後も市場拡大が期待されている．PPC用紙もさらに新たな機能を付与しながら進化していくと思われる．

(2) 感熱紙（ダイレクトサーマル）

1 mm に 8～24 本の発熱体をもつサーマルヘッドで，用紙を直接加熱して文字画像を得る感熱記録方式（ダイレクトサーマル方式）は，小型，安価，高信頼性，さらに用紙の交換だけでよいという利便性から，ファクシミリに広く用いられた．その後，感熱紙の新規開発と品質改良が行われ，他の用途，例えばハンディターミナル，ビデオプリンタ，ATM/CD などの出力用紙，また食品・物流用 POS ラベル，衣料用タグ，乗車券，バス整理券，ポイントカード，遊園地などのチケット，POSレジ用紙，さらにナンバーズや toto といった宝くじなど，身近な用途に使用されている．このように普及したのは，記録方式のメリットに加え，感熱紙側から高感度化，印字走行性などの基本特性の向上のほかに，風合いも普通紙ライクとなり，用紙へのカラー印刷も可能になり，さらに高機能化が図られ，それまで使用できなかった分野でも十分に使用が可能になってきたためである．

感熱紙は，一般に無色のロイコ染料と酸性物質との発色反応を利用して記録画像を形成させており，通常の使用条件ではほとんど問題ないが，過酷な，また特殊な使い方をした場合，消色の可能性があり，より強い画像を得るため，開発がなされてきた．材料面からは酸性物質，添加剤を工夫する方法，また発色反応系にイミノ化合物とインソシアナート化合物を使用し顔料タイプの画像を得る方法，また表面に高分子化合物からなる保護層を設ける方法がとられ，画像保存性については問題ないレベルになっている．

機能を付加した感熱紙として，黒と赤（青）を同時に印字できる2色感熱，3枚同時プリントが可能な3枚複写感熱，熱ラミネートが可能な高耐熱感熱，定着型感熱，超光沢感熱などの各用紙も新たに提案されている．今後も機器組み込み型の小型プリンタ，ラベルプリンタなどに伸びが期待されており，より広い分野での展開が期待できる．

また熱を利用した可逆記録材料，すなわちディスプレイとハードコピーの特徴をもった情報の書き換えができる媒体も開発され，資源保護の面からも注目を受けている．用途としてはポイントカード，IC カードなどへの応用が図られている．

(3) 熱転写用紙

サーマルヘッドで，ワックス系，あるいは樹脂系のインキを受像紙上に転写させ，画

像を得る溶融熱転写方式と昇華型染料（分散染料）を昇華拡散させ，受像紙上に設けたポリエステル系樹脂に染着させ，画像を得る昇華熱転写方式がある．受像紙として前者はインキ受理性向上のため，表面平滑性，インキ親和性，溶融インキを保持する適度な空隙などが必要とされる．また後者では比較的大きな熱エネルギーが必要なため，熱で変形せず，かつ適度なクッション性と断熱効果のある支持体が，また，得られる画像は銀塩写真と比較されるため，画像の高画質化，画像安定性，高感度化，表面光沢などが要求される．

(4) インクジェット用紙

インクジェット方式は約20年前から開発が進んでいたが，近年，簡単に銀塩写真に近いフルカラー画像が得られるカラープリンタの普及で急速に伸びてきている．またプロッター印刷の分野にも広く使用されている．使用されるインキは染料と顔料タイプ，さらにインキ形態も水性，溶剤タイプなどが，またインキの吐出量もプリンタにより異なっていることから，インクジェット用紙の設計も条件に合わせて工夫されている．また用途に応じた開発が行われ，シール，名刺，はがき，ラベル，OHP，写真と同様な光沢をもつ用紙のほか，多岐の用途にわたっている．

用紙に要求される代表的な特性としては，高濃度，色再現性，ドット再現性，インキ吸収性，画像耐水性などに優れ，インキの裏抜け，コックリング（紙の収縮）のないことである．用紙としては，非塗工タイプと塗工タイプの光沢紙，マット紙がある．より高解像度の画像を得るためにはドットサイズが小さくなるよう設計され，銀塩写真並みの高精細なフルカラー画像を得るためには数種類のインキを所定のドット径で用紙上に受け取る必要があり，さらに光沢も要求される．この要求を満たす用紙としては，キャスト紙とポリエチレンで紙の両面をラミネートした写真用印画紙原紙（RC紙）を使用した用紙がある．

キャスト紙は，原紙にインキ吸収層と光沢層を積層している．光沢層を通過したインキは，下層の多孔質無機顔料からなるインキ吸収層，原紙に達する．画像濃度を得るため，色材を効率良く表面に近い部分に定着させることがポイントである．RC紙はそれ自体，インキを吸収しないことから，インキ受理層だけで大量のインキを保持しなければならない．このため，インキ受理層は無機微粒子を主体としたインキ吸収浸透タイプと，PVAなどの水溶性高分子でインキを保持する膨潤タイプがある．

これらの用紙は銀塩写真と遜色ない画像が得られることから，デジタルカメラなどの普及に伴い，伸びが期待できる． 〔平石重俊〕

4) 包装用紙

包装用紙（wrapping paper）は包装に使用される紙で，そのまま内容品を包んだり袋に成形して使用される．内容品を保護することが目的であるので強度が必要であるのは当然であるが，それだけではなく，美粧性が要求され印刷適性が重要視される用途も

ある．包装用紙は，漂白されていない茶褐色の未晒し包装紙と，漂白された白い晒し包装紙に大きく分けられる．

未晒し包装紙には重袋用両更クラフト紙（heavy duty sack kraft paper），その他両更クラフト紙，その他未晒し包装紙がある．重袋用両更クラフト紙は，UKP（未晒しクラフトパルプ）を原料として使用した強度の高い紙で，セメント，肥料，米，農産物，飼料，合成樹脂ペレットなどの重量物を入れる産業用の多層の大型袋に利用される．内容品によっては強度だけでなく，防湿性，耐水性，透気性が要求され，また伸張性能を与えることにより耐衝撃性をさらに高めたものもある．その他両更クラフト紙は重袋用ほどの強度を要求されない軽包装用に使用され，一般両更クラフト紙と特殊両更クラフト紙がある．一般両更クラフト紙はUKPを原料としたもので，角底袋，小袋，一般包装，加工用などに使用され，特殊両更クラフト紙はSBKP（半晒しクラフトパルプ）を使用したもので，手提げ袋，一般事務用封筒などに使用される．その他未晒し包装紙には筋入りクラフト紙（ribbed kraft paper），片つやクラフト紙（machine grazed kraft paper）が含まれる．筋入りクラフト紙はヤンキーマシンで抄造される筋入り模様のある片面光沢のもので，ターポリン紙，果実袋，封筒などに使用され，片つやクラフト紙はタイル用の原紙，果実袋，合紙などに使用される．

晒し包装紙には原料としてBKP（晒しクラフトパルプ）が使用され，純白ロール紙，晒しクラフト紙（bleached kraft paper），その他晒し包装紙がある．純白ロール紙はヤンキーマシンで抄造される片面光沢の紙で，包装紙や加工用原紙として使用される．晒しクラフト紙には長網抄紙機で抄造される両更晒しクラフト紙とヤンキーマシンで抄造される片つや晒しクラフト紙があり，主に，手提げ袋，封筒，小袋などの軽包装用や加工用に使用される．その他包装用紙にはヤンキーマシンで抄造後スーパーカレンダーがけをした両面光沢の薄口模造紙や純白包装紙，色クラフト紙などがあり，一般包装用や加工用に使用される．

包装用紙に関する規格としては，クラフト紙についてのJIS P3401があり，クラフト紙1～5種として，引張強さ，引裂強さ，伸びなどが規定されている．

5）段ボール原紙

段ボール原紙（fibreboard）は段ボールの製造に使用される板紙で，段ボールの表裏に使用されるライナー（linerboard）と，段ボールの中の波形の段（flute）に成形されて使用される中芯（corrugating medium）に大きく分けられ，板紙の中で最も生産量が多い．段ボールは，加工食品や青果物などの食料品用として最も多く使用され，そのほかに，電気・機械器具用，陶磁器・ガラス製品・雑貨用，薬品・洗剤・化粧品用，繊維製品用，通販・宅配・引越し用などに使用される．

ライナーには外装用ライナーと内装用ライナーがある．外装用ライナーは輸送，荷役，保管などに使用される外装用段ボールに加工されるので強度が要求され，JIS P 3902に

より，圧縮強さ（横）および破裂強さなどによりAA級，A級，B級，C級に分類されている．また，使用する原料によりKP（クラフトパルプ）を主原料とした強度の高いクラフトライナーと，表層にKPあるいはクラフト系古紙を一部使用した，段ボール古紙を主原料としたジュートライナーとに分けられる．一般的にはJISのAA級，A級の強度のものがクラフトライナー，B級，C級の強度のものがジュートライナーに対応するが，AA級，A級のものでも古紙の原料配合率が高まっており，必ずしもJISの強度による規格と原料配合とは対応していない．内装用ライナーは軽量物の内装箱，個装箱，仕切り，緩衝材などに使用される内装用段ボールに加工されるもので，段ボール古紙や雑誌古紙が主原料で外装用ほど強度は高くなく，JISには規定されていない．ライナーとして重要な品質は，第一には段ボール箱に加工されて積み重ねられたときに問題となる横方向の圧縮強さ，その他破裂強さ，引裂強さなどの強度である．またライナーと中芯を貼り合わせて段ボールを製造する際のデンプン系接着剤による接着適性や走行適性も必要である．また，用途によっては耐水性，印刷適性，美粧性が要求される場合もある．

中芯はJIS P 3904では圧縮強さ（横）および裂断長（縦）などにより，AA級，A級，B級，C級に分類されている．中芯も使用原料によりセミケミカルパルプを主原料としたパルプ芯と，段ボール古紙や雑誌古紙を主原料とした特芯に分けられるが，ライナーと同様に古紙の使用比率が高まっており，必ずしもJISによる強度規格と原料配合は対応していない．中芯に要求される品質は，ライナーと同様に，まず横方向の圧縮強さや裂断長などの強度であるが，中芯の場合は波形に成形されて使用されるので接着適性や走行適性だけでなく，成形適性も重要となる．また，用途により耐水性や高強度が要求される場合がある．

6) 紙器用板紙

紙器用板紙（box board）は，段ボール箱以外の紙製の容器に使用される．抄き合わせして抄造された多層の板紙の総称であり，白板紙（white lined board），黄板紙（straw board），チップボール（chip board），色板紙（colored board）がある．紙器用板紙は紙器だけでなく，書籍の表紙，メニュー，はがきなどに使用されるものもある．そのため，製函工程での作業特性，圧縮強さ，引張強さ，引裂強さ，耐折強さなどの強度だけでなく，印刷適性や美粧性も要求される場合がある．また，用途によっては耐水性や表面加工適性も要求される．

白板紙にはマニラボール（manila board）と白ボール（white lined chip board）があり，紙器用板紙の生産量の80%以上を占めている．マニラボールは両面の表層に晒し化学パルプ，中層には機械パルプや化学パルプなどが配合される．白ボールは，一般には表層は晒しパルプ，表下層は脱墨した新聞古紙，中層と裏層には新聞雑誌などの古紙が使用される．どちらも，表層に晒しパルプが使用されているため，印刷適性や美粧性

に優れるが，さらに印刷適性を向上させるために晒しパルプの上に塗料を塗工したものが多く抄造されている．マニラボールは，食品，商業印刷，出版・書籍，文具・事務用品，繊維製品，医薬品，化粧品などに使用される．また，白ボールは，食品，ティッシュペーパー，繊維製品，医薬品　日用品，レジャー・趣味品，履き物，洗剤などさまざまな分野に使用され，紙器用板紙の中では最も一般的なものである．

黄板紙やチップボールは，わらや雑誌などの低級古紙をそれぞれ主原料として抄造される低級板紙である．本の表紙や組み立て箱などの剛度を要求される紙製品の芯材として，表面に上質紙を貼り合わせて使用される．

色板紙は古紙を原料として表面を着色した板紙で，台紙や小型雑貨などに使用され，クラフトボールやその他色ボールがある．　　　　　　　　　　　　　　　〔伊藤健一〕

7）家庭紙

家庭紙の中で代表的なティッシュペーパー，トイレットペーパー，タオルペーパーについて概説する．

（1）ティッシュペーパー

ティッシュペーパーの市場は月間約4万2,000 t（平成13年度，製紙連払出データ）で，すでに成熟しているといわれている．

ティッシュはもともと米国で「フェイシャル」（化粧落とし）として誕生した．米国ではフェイシャルティッシュ，ペーパーナプキン，ペーパータオルなどの使い分けが進んでいるが，日本国内では一般にフェイシャル以外にも簡単な手拭きや口拭き，台拭き，鼻かみ，赤ちゃんのおしり拭きや眼鏡拭きなど，幅広い用途に使われ，生活必需品といえるほど普及している．

ティッシュには鼻かみやテーブル拭きなどの用途から，原料となる広葉樹と針葉樹のパルプに湿潤紙力剤（濡れたときの紙力低下を抑える熱硬化性樹脂）を混ぜ，濡らしたときの紙の強さをもたせているのが一般的である．また，クレープといわれる細かい皺をつけており，これが一般の洋紙ではみられない独特の柔らかさ，温かみを与えている．

ティッシュの形態は，1枚1枚が確実に取り出せるように交互に重なり合って折り畳まれており，紙製の箱（カートン）の中に入れられている．カートンの天面には取り出し口があり，切れ目を入れたポリフィルムを箱の内側から張りつけてティッシュがカートンの中に落ち込まないようにしている．

ティッシュの種類には市場の90％を占める5個ポリパック品のほかに，いわゆる高級ティッシュ，ポケットティッシュなどがある．高級ティッシュには，紙に特別な処理をしてしっとりとした肌触りと滑らかさや柔らかさをもたせたローションティッシュ（保湿ティッシュ）という商品もあり，頻繁に鼻をかんでも肌荒れしにくく，花粉症などのアレルギー性鼻炎の人や，風邪をひいたときに支持を得ている．

(2) トイレットペーパー

トイレットペーパーの市場は月間約8万tあり，家庭紙の中で最も大きな市場を占めている．1960年ごろからの高度経済成長による生活レベルの向上と下水道整備事業の推進による水洗トイレの普及に伴い，従来使用されていたちり紙からロール状のトイレットペーパーに置き換わり，市場が拡大した．ここ数年は年率数％の伸びを示している．

1人あたりの1か月の使用量は，約5ロール（男性2ロール，女性7ロール）であり，一般的な12ロール入り包装の製品は1世帯あたりの使用量に相当している．

トイレットペーパーの品質は，直接肌に触れる商品だけに柔らかさと破れにくい強度が必要である．一般的には，紙の表面に細かいクレープを施して柔らかさを出している．また，水洗トイレに流す際に水解性が必要なため，ティッシュのような湿潤紙力は付与していない．

トイレットペーパーを分類すると，原料に晒し化学パルプ（NBKP, LBKP）を使用した「パルプもの」と再生パルプを使用した「古紙もの」に大きく分類される．またシートの仕様として，重ね枚数（シングル，ダブル）をはじめ，エンボス（浮き彫り）加工，香りやミシン目などがついているものといないものがある．高級品には柔らかい紙質の表面に，美しい模様をプリントしたものや，薄く着色して差別化した商品がある．

(3) タオルペーパー

家庭紙市場の中で消費量が最も大きく伸びているのがタオルペーパーである．タオルペーパーには，主に家庭内の台所まわりで使われる家庭用と，レストランなどでトイレの手拭きなどに使われる業務用の2種類あるが，伸びているのは家庭用である．

米国では，家庭用タオルペーパーはまさにタオルの代わりとして，台所はもちろん，トイレやバスルーム，リビングなど広範囲で使われており，日本におけるティッシュのようなオールマイティーな存在となっている．このため，消費量は日本の約12倍にものぼる．米国より10年遅れているといわれる日本の消費スタイルを考えると，タオルペーパーの市場が膨らみ続けることは容易に想像できる．ちなみに，日本の平均的な4人家族の1か月間の使用量は，ロールタイプで約2本である．

家庭用タオルペーパーの主な用途は，野菜や魚などの水切り，天ぷらの油切り，キッチンシンクやレンジまわりのちょっとした拭き取りである．これらの用途から，水や油の吸収量と強度に対する要求が高い．このためティッシュよりも1 $m^2$ あたりの坪量が高く，吸収量を上げるために1枚1枚の紙にエンボスを入れて張り合わせ，かさをもたせている．また，湿潤紙力剤も多く使われている．

タオルペーパーにはトイレットペーパーのようなロール状のものと，ティッシュのようなボックス入りの2種類があるが，家庭用では大部分がロールタイプである．これは，ボックスタイプよりもロールタイプの方が経済的であり，キッチンに置くときにより小

さいスペースで置くことができるためといわれている. 〔細川和範〕

## コラム　トイレットペーパーの歴史

　哺乳類でお尻の始末をしておるのは人間だけです．人間の歴史は有史にても1万年，紙の歴史は2,000年ほど，人間が尻始末しなければならなくなったのは，二足歩行することになったためといわれます．

　世界の各民族，各地域では現在もいろいろな道具を利用して尻始末をしております．紙を発明した中国では6世紀の『顔氏家訓』治家編にて紙を穢用（不浄なこと）に使ってはならないと，日本では12世紀の『長秋記』に記述があり元永2年（1119）10月21日の項に「其東間為御樋殿（割注で）有大壺紙置台」とあり，すなわち御樋殿とはトイレのこと，「大壺紙」とはトイレットペーパーということになり，日本でもこのころにはすでに紙が使われていたのです．

　トイレットペーパーは，ちり紙，ロール，折り畳み状に大別されます．ここでは，紙がロール状になった歴史について述べます．機械で抄紙できるまでは紙はすべて手漉きでしたから，ある形と長さでした．現在のようなエンドレス状のロールになるためには，手漉きの時代には継ぎの工程が必要でした．明治時代の当時の製紙聯合会が発行した「紙業雑誌」第5巻5号（明治43年7月5日，pp. 221）には，「汽車中の落し紙話し」中に，「備附けのトイレットペーパーを見たるに，（中略）此下等竹紙は継合せて小き巻取りにしてあった」と記述されていて，このころは未だ継ぎ足した巻取紙が使用されていたことになります．紙がロール状になったのは，機械抄紙の場合は一度はロール状に巻き取ったはずです．このことが特許になったのは，ダード・ハンター（1943）"PAPERMAKING"（The History and Technique of Ancient Craft, pp. 367）の1871年の項にアメリカでロール状のトイレットペーパーが初めて使われてSeth Wheelerがアメリカパテントを収得したとあります．そこで日本の特許庁でこのパテントのコピーを捜し，探し当てました．どうもSeth Wheelerという方は発明家ではないかと思われ，同年トイレットペーパーとはまったく関係のないパテントも収得しております．しかもパテントのコピーによれば，断裁した一定の紙を包装するための別の紙をロール状に

して，しかもその紙にミシン目を入れてあらかじめ用意しておくという，現在でいうところの基本特許のようなものでした．

ではこのパテントがきっかけとなったのか，誰が一番最初にトイレットロールをつくったのかは？

旧スコットペーパー社のパンフレットには，最初の日は確定できない，1857年にはゲティ氏が日本でいうところの「ちり紙」状の製品を生産販売したとあり，旧スコット社は1879年設立されて20世紀中スコットブランドで世界を席巻しました．

なお，トイレットロールのミシン目の特許については未だ特許のコピーを発見できておりません．アメリカなのかイギリスなのかもはっきりしません．

明治時代に日本にもトイレットロールが存在していたことはすでに述べましたが，どこで製造したのか？　現在記録上は大正13年（1924）3月に土佐紙会社芸防工場（現在の日本大昭和板紙（株）芸防工場）で原紙が生産されたとあります（日本紙業（株）社内報「芸防抄紙物語」No.11, pp.16）．「当時国内には，トイレットペーパーを製造する製紙会社は一社もなく（中略）最初は原紙のまま島村商会に納め同社が巻加工を行って汽船に積み込まれていた．最初は商品名も外国航路向けの事ゆい，「RISING SUN」としていたが国内向けには，[旭トイレット]とした．（中略）この時のロールは，5, 1/4 吋幅×76 米（四寸四分×250 尺）であった」とあり，小さな巻物にもこのような歴史がありました．

〔関野　勉〕

## b. 特殊な用途の紙

1) 加工原紙（工業用）

(1) 化粧板用原紙

建材，インテリア材としての化粧板の表面化粧用紙，樹脂を含浸後ホットプレスで化粧板とする．オーバーレイ紙，パターン紙（チタン紙），アンダーレイ紙（バリヤー紙），コア紙があり，主体のパターン紙は含浸性，隠蔽性，耐熱性，耐光性，印刷適性が必要で，樹脂の違いによりメラミン，ポリエステル，ジアリルフタレートの各化粧板がある．

(2) 壁紙原紙

壁紙用で強サイズ，難燃性の原紙．表面に塩化ビニル，クレイなどを塗工し，印刷，型付けをする加工適性が要求され，片面に塗工印刷し，他面に接着剤を塗布する．

(3) 積層板原紙

フェノール，エポキシ，ポリエステルなどの樹脂を含浸処理し，電気製品のプリント

基板に使用される積層板用の原紙. プリント配線板は樹脂含浸し加熱加圧した積層板に銅箔を張り配線図を印刷後, 余分の銅箔を溶かしてつくる. コットンリンターや木材パルプの紙の強さ, 吸液性, 電気絶縁性を利用したもので電気製品の小型化, 能率向上に貢献している.

（4） 接着紙原紙

粘着・剝離用の基紙で工程紙ともいう. 粘着紙は紙にアクリル系やゴム系粘着剤を塗布し剝離紙を張り合わせたものでラベルなどに使用する. 剝離紙はシリコン系, パラフィン系, フッ素系の剝離剤を, ポリエチレンラミネート紙やグラシン紙へ塗布して製造し, シール台紙, 感圧接着テープ, 合成皮革用工程紙, カセットテープ走行安定紙などに用いる.

（5） 食品容器原紙

紙コップ, 紙皿, 小型液体容器などに使用される板紙や厚手の上級加工用紙である. 食品添加物規制や重金属と溶出試験のクリア, 曲げ成形性, 強度, 耐水性, 平滑性が要求される. PETやアルミ缶代わりの深搾り型では伸びを出す柔軟性が必要で, ワックス含浸, プラスチックラミネートやコート品が使われる. 紙コップなどでは重ね合わせシール部の段差処理, 液体染み込み対策が重要で, サイズした板紙をヒートシールやホットメルトで接着する. 紙パックはアルミ箔も使用し, 紙皿は平滑性, 腰, エッジ部の耐油性, 耐水性が必要である. 耐熱トレイ用原紙の場合は高温での熱変色を防ぐため中性紙が好ましく, また原紙の焦げを防ぐため水酸化アルミを塗布あるいは抄き込むなどの方法がとられる.

（6） 塗工印刷用原紙

クレイや炭酸カルシウムを主とする塗料を塗工するための原紙で, 上質系は塗工紙A, 中質系はB. 地合の良い, 表裏差の少ない, 厚薄変動の小さい紙が要求される. 長網抄紙機ではワイヤー面の平滑性不足, 填料や微細繊維の分布とサイズ性の表裏差のため, オントップ型のツインワイヤー型が用いられ, サイズプレスにおいても高速化, 高品質化に対応して従来の2ロールのポット方式からメータリング方式が増えている.

（7） その他加工原紙

塗布, 含浸などの加工を施して使用される紙で, 硫酸紙, 耐脂・耐油紙, 防錆紙, 防虫紙, 温床紙, 擬革紙, 研磨紙, ろう紙, 製版用マスター, 印画紙原紙などがある.

2） 建材原紙（工業用）

（1） 石膏ボード原紙

耐火壁材に使う石膏ボード用板紙で, 古紙を主体に補強に木材パルプを加え5〜6層に抄き合わせて$250〜300\,g/m^2$につくる. 強度, 平滑性, 石膏との付着性, そのための吸水性が要求され, 特にラスボード, 印刷や加工する化粧ボードでは要求性能が多い.

### (2) 防水原紙

建材の屋根や防水工事に用いられる基材となる板紙で，ルーフィング原紙は，溶融アスファルトの浸透性，相応の強度，加工製造上地合が良く，厚くて柔らかいことなどが要求される．原料は各種ボロ，古紙，木材パルプを用い，一般的には古紙 40～60％，羊毛，綿，麻などの長繊維 60～40％である．厚物は浸透性のため毛屑などを多くする．

### 3) その他の特殊紙（工業用）

#### (1) 電気絶縁紙

高絶縁，耐久性，厚さや地合の均一性などの特性をもつ電気機器用の紙板紙で，コットン，麻パルプのほか，強度および電気の誘電正接特性から針葉樹未晒しパルプを用い，製造時不純物，特に金属除去のため用水中のイオンを極力除去する．通信・電力ケーブル用絶縁紙，電解・高圧コンデンサー紙，コンデンサー薄紙，絶縁薄紙，変圧器用厚手絶縁紙のプレスボードなどのほか，紙を塩化亜鉛溶液処理し，圧着加工したバルカナイズドファイバー板や化学繊維配合系で耐熱性，寸法安定性に優れた電気用ポリエステル加工紙がある．

#### (2) ライスペーパー

シガレットペーパーとも呼ばれ，巻き煙草用の薄葉紙で，麻繊維を主とし上質の晒し木材パルプも使用する．叩解をかなり進め繊維をフィブリル化し，炭酸カルシウムを 20％前後内添するのが普通だが，高不透明度品には二酸化チタンを併用し，抄紙時には有機酸塩系の燃焼コントロール剤を塗布する．加工作業性，通気性，安全性が必要で，また，低ニコチンのための調節に寄与することが重要である．

#### (3) グラシンペーパー

化学パルプの叩解を進め，粘状叩解して抄造後，適度な水分でスーパーカレンダー処理した半透明薄紙である．高密度でスリガラス状透明性をもち，食品や薬剤の包装，ラミネート加工紙，剝離紙原紙などに使用される．中間的な透明性と平滑性をもつ剝離紙向けセミグラシン紙，顔料染料で着色した色グラシン紙，不透明顔料内添の乳白グラシン紙などがある．

#### (4) その他の工業用雑種紙

高度に粘状叩解した複写用トレーシング，分析・産業・家庭用のろ紙，CMC などの水溶紙，水解紙，X 線フィルム包装用遮光紙，煙草用チップ紙，吸い取り紙などがある．

### 4) その他の板紙（工業用）

#### (1) 紙管原紙

古紙を原料として抄き合わされ，紙，箔，セロファン，テープ，織物，糸などの巻き芯ならびに紙筒などの製造に使われる強サイズ紙である．大きさに応じ各種の厚さのものを用い，平巻きまたはらせん巻きに適するよう断裁するが，特に厚さの均一性などが要求される．

## (2) ワンプ

未晒しクラフトパルプあるいは同古紙を用いて紙板紙の包装に使用する厚紙で，強度，特に破裂強さが必要であり，最近はポリエチレンをラミネートしたものがよく使用される．また紺色，ワイン色，緑色などの着色ワンプが，特に高級品を中心に使用されている．

## (3) その他の板紙

写真張り付け用各種台紙，土地台帳などの地券，製本用芯紙がある． 〔井上茂樹〕

---

### コラム　たばこと紙

　たばこは，酒，茶，コーヒーなどとともに，世界中の多くの地域の人々に共通の嗜好品として親しまれている．主要なたばこ製品であるシガレットは，たばこ刻みを取り囲む巻紙や，たばことフィルターを接続するチップペーパーなどの紙より構成されていて，各々が担う機能に合致した紙を用いている．これらの紙の中で巻紙は，喫煙文化の発展やシガレットの工業化において重要な役割を果たしてきた．

　たばこの歴史を振り返ると，タバコ植物の起源はボリビア，ペルー周辺であるといわれていて，アメリカ大陸の先住民はタバコ植物を燃やして得られる煙を香煙として用い，またその煙を吸煙していたとされている．歴史上にたばこが姿を現すのは，1492年に西インド諸島のサンサルバドル島に上陸したコロンブスによりスペインにもたらされたときで，以降たばこはヨーロッパ諸国に伝播した．17世紀以降，たばこは「煙を吸う」という摂取形態が革命的な嗜好品として定着するようになったが，当時はパイプたばこが主流であり，また嗅ぎたばこがフランス宮廷や上流社会を中心に流行していた．紙巻きのシガレットの登場は19世紀で，比較的新しいたばこの嗜好形態ではあるものの，シガレットにより喫煙行為は簡素化され，社会的に一般化するようになった．

　19世紀後半に両切りシガレット巻上機や小箱の包装機が完成し，両切りシガレット製造の完全な機械化に成功した．その後，口付きシガレット製造の機械化を経て，1931年，世界で初めてフィルター付きシガレットが登場した．これが現代のシガレットのスタンダードとなっている．機械による大量生産により，シガレットは廉価で，誰でも入手可能な大衆的

な商品となり,広告宣伝によって消費が拡大し,現在では全世界の葉たばこ生産量の8割がシガレットとして消費されている.このように,たばこ刻みを巻紙で巻く形態のシガレットという商品の大量生産に端を発するたばこ産業の発展は,巻紙の存在により支えられてきているともいえる.

ところで,シガレットの特徴は,パイプや葉巻のように特別な道具を準備する必要がなく,いつでも短時間に楽しめる手軽な嗜好品であるということである.シガレットが大衆的な商品として浸透して以降,喫煙者の嗜好は両切りシガレットからフィルター付きシガレットへと移り変わり,活性炭フィルター付きのシガレットの登場以降,活性炭フィルター付きのシガレットが国内製品のベストセラーとなっている.近年は,喫煙者の嗜好も緩和な香喫味の製品や低ニコチン,低タール製品へと変化している.また,喫煙者の好みやニーズの多様化に伴い,さまざまな香喫味タイプのシガレットやメンソールシガレットなどが市場に投入され,製品の種類も増加している.今後,巻紙や巻紙に関する技術は多様なニーズへの対応,さらには,喫煙者がより満足できる製品の開発やシガレットの高機能化を支えることで,喫煙文化にかかわっていくことと思われる. 〔花田淳成〕

文　献

1) 上野堅実(1998):タバコの歴史,pp. 50-52, 167-182, 大修館書店.
2) 高岡市郎(1976):たばこ博士の本,pp. 186-190, 地球社.
3) 紫煙のゆくえを考える会(1997):人間・たばこ・文化,pp. 5-15, JTクリエーティブサービス.
4) 村上征一(1989):たばこ屋さんが書いたたばこの本,pp. 56-65, 165-170, 三水社.

## c. その他,特殊な用途の紙

### 1) 紙幣と証券用紙

証券用紙にも多くの種類があるが,ここでは特に紙幣用紙に限定して解説する.偽造券は手触りから発見される場合が少なくない.通常市販されている紙のさまざまな性質と差別化するため,紙幣用紙には非木材繊維(木綿やマニラ麻など)が用いられている.曲げこわさなどの力学特性が手触りに関与していると考えられているが,この点については今までに比較的多くの記述がある.ここでは,これ以外の紙幣用紙に必要な性質を考えてみよう.

紙幣への印刷には,偽造防止上有効な方法として凹版印刷方式を採用することが一般的である.この印刷方式では,比較的固いインキを版面上の凹版画線中に押し込み,この凹版インキを紙に転移させる.実際の印刷では,ローラーにより版面上に転移された

インキのうち，非画線部に乗ったインキを印刷直前に除去する必要があることから，ワイピングという工程を経る．この工程で，非画線部上のインキとともに，画線部中のインキの表面部分も同時に掻き取られてしまう．その結果，画線中に存在するインキの表面は版面表面よりもへこむことになる．凹版印刷するためには，紙と画線中のインキ表面とを物理的に接触させなければならないので，紙に強圧をかける必要が出てくる．したがって，この印刷方式では，用紙の圧縮性やその回復性が問題となる．また，強圧をかけた結果，画線縁端部上の紙にはエンボスが付与される．このとき紙層構造は顕著に劣化するが，このような状態でも，引張，耐折，引裂強さなどの低下を引き起こさないことも必要である．

さらに，紙幣は市中で流通しながら徐々に劣化していくが，このとき耐折性が重要な特性の一つになる．例えばPPC用紙とクラフト袋用紙とを比較すると容易に理解できるが，繊維長は耐折性に大きく影響する．しかし，繊維のみで非常に高い耐折性を達成することは困難なことから，紙幣用紙には通常表面サイズを施してある．サイズ剤の種類や添加量は国によって異なる．

また，各国で使用されている凹版インキの成分はそれぞれ異なるので，インキと用紙の液体浸透性との関係が重要になってくる．前述した表面サイズ処理ばかりでなく，各種添加薬品や紙層構造そのものも液体浸透性に影響する．例えば，米国で使用している紙幣用紙にわが国の国立印刷局で開発した凹版インキを用いて凹版印刷をしても，操業性は悪く，印刷物品質もきわめて低くなることが容易に推定できる．

また，凹版インキの粘度は印刷機の版面上では比較的低いことが必要で，さらにローラー間転移性にも優れていなければならないが，いったん紙に転移（印刷）された後では速やかにその場所にセットされなければならない．短時間で紙上にセットされるときの原理もそれぞれのインキによって異なる．もちろんインキ中の溶剤が用紙中へ浸透して残りの成分が用紙上でセットする場合もある．

また，自販機やATMなどでは，受け入れた紙幣の料額の判別とともに真偽も判定しなければならない．それらの方法はメーカー各社で独自に開発しており，企業秘密に属することである．このとき，製造元として留意すべき点は品質管理ということである．一定の判定基準により真偽を判定するためには，できるだけ一定品質の紙幣を製造しなければならない．製造時の環境がわずかに異なれば，それに対応して最終的に得られる紙の特性も微妙に変化する．機械による諸特性の読み取りは目視による判定よりははるかに高精度である．用紙の諸特性は必然的に一定の範囲でばらつくが，このバラツキをできるだけ小さく抑えることが，地味ではあるがわれわれ紙幣製造元としての重要な使命の一つである．

〔木村　実〕

| コラム | 紙幣の偽造防止 |

　この原稿を準備している時期に，新しいユーロ紙幣デザインの公式発表があった．実際の流通わずか数か月前に，使用する国民に周知したわけである．このことが，偽造を防止する場合の難しさを端的に表している．すなわち，紙幣を使用する国民にはデザインや盛り込まれてある偽造防止技術をよく理解してほしいが，一方，デザインなどを早くから公開すると，偽造団に「すばらしい仕事」をする機会を与えてしまうという，二律背反的な要素があるということである．特に発行当初は使用する側も不慣れなため，偽造券が出回る危険性が高い．日本でも，新しい二千円札の特徴を日本銀行が積極的に宣伝したように，お札の特徴を国民に幅広く知ってもらうことが偽造防止上有効である．

　紙幣は紙またはプラスチックフィルム上へ印刷される．最近では，複写機も高性能になり，スキャナーも普及してきた．この平面的な印刷物に対して，用いられてきた複写防止技術は大きく2つに分類される．一つは，複写するとオリジナル印刷物と異なった模様が出現するものである．複写防止画線，微小文字などがこの分類に属する．複写防止画線とは無数の直線または波状の細画線を印刷し，これらの線と複写機のレーザ走査方向との角度の関係でモアレを生じさせる工夫をしたものである．また，微小文字とは字高250μm以下の小さな文字で印刷することで，複写しようとしてもこのような文字は再現できず，罫線状に印刷されてしまうものである．これらは当然複写機の解像度などに影響される．2つ目は3次元的な効果を与えるものである．二千円札に盛り込まれてある潜像模様，光学的変化インキや外国紙幣で多くみられるホログラム，キネグラムなどがこれに属する．これらは，紙幣の観察角度を変えると，正面からみる場合と異なった像や模様が出現したり，またインキの色が変化したりする．複写物ではこれらの効果はみられない．平面材料という限定された紙幣に複写防止効果を求める技術は自ずと限定されてくる．すなわち，製造方法や原理などに違いが認められるものの，それぞれの効果は同じようになる．1980年代までは，先進各国の紙幣に導入された複写防止技術はさまざまであったが，1990年以降は類似した技術に収斂するようになってきた．各国における採用，不採用の決定は価格と製造技術（安定製造）の問

題となる.

　さて，偽造防止技術を論ずる場合，さまざまな技術を人間の五感で判定するもの，簡易な機器類（ルーペやブラックライトなど）を用いて判別するもの，専門機器類を用いるものといった分類が可能である．オールマイティーな偽造防止技術というものが存在しないので，総合力で勝負といったところである．ここで述べた以外にも偽造防止技術は多くある．最新偽造防止技術を知りたければ，スイスの高額フラン券がおすすめである.

　現在では，自販機やATMなどが急激に普及している．したがって，これら機械読み取り用の偽造防止技術も当然開発されている．しかし，非常に安価で簡便な読み取り装置から，非常に高価で複雑なアルゴリズムを組み合わせたシステムまで幅広く存在する．これらは企業秘密に属し，一般のユーザーは知る必要もないので，ここでは割愛する．　　〔木村　実〕

2) 紙容器（牛乳パックなど紙による液体容器）

液体紙容器は，1930年代に米国で屋根型（ゲーブルトップ）が，そして1950年代にスウェーデンで正四面体型（テトラクラシック）が実用化された．日本では1960年代に普及し始め，スーパーマーケットの発展，学校給食への牛乳の普及にワンウェイ容器としてマッチングし，ガラス瓶に代わる容器として急速に広まっていった．現在では牛乳容器の87％を紙パックが占めている.

液体紙容器は，次のような優れた機能をもっている.

① 軽くて取り扱いが便利であり，輸送効率が良い.

② 中身を衛生的にフレッシュに保護できる．液体紙容器は紙の両面にポリエチレンがラミネートしてあり，水の浸み込みを防ぐと同時に熱シール性能をもたせてあるため，他の接着剤を必要とせず衛生的である．また，紙には遮光性があるが，さらに必要性がある場合は，印刷，遮光層の挿入によりその機能を強化できる．さらに，アルミ箔，バリアー性樹脂層を挿入することにより，内容物の賞味期限を延ばすことができる.

③ 情報・印刷適性に優れているため，中身の情報を的確に伝えられるとともに印刷による商品の差別化ができる.

この3つの特長のほかに液体紙容器は，最近はリサイクル性の観点から，また，地球規模での再生産の可能な資源として地球に優しい包材として注目されている.

現在，液体紙容器はチルド（要冷蔵）流通品と常温流通品に大別できる．チルド流通品はゲーブルトップが主流であり，一方，常温流通品はレンガ型（ブリック）を主流とし一部ゲーブルトップが採用され，牛乳，乳飲料，果汁，コーヒー，茶系飲料，健康飲料，酒，その他清涼飲料などに，パーソナルユース用の小型容器から家庭用，業務用の大型容器まで幅広く使用されている.

〔市丸幸次〕

3) 段ボール

段ボールとは，波型に成形した中芯の片面または両面にライナーを張り合わせた大量生産型容器である．片面段ボール，両面段ボール，複両面段ボール，複々両面段ボールの種類があり，用途によって個装用，内装用，外装用に分けられる．軽量で強度，緩衝性がある，折り畳みができて場所をとらない，開封が容易で安全，いろいろの形にできる，比較的安価で短時間で納期可能などのため，包装資材として多く使われる．欠点として水，湿気に弱く，積み重ね強度が弱いといわれるが，樹脂加工して耐水性をもたせ，紙質や構造を変えれば耐圧強度も増すことができる．段ボールシートはコルゲーターでつくられ，シングルフェーサー部，ダブルフェーサー部からなる．破裂強さによる分類のほか，段の種類には段数によってA, B, C, E段などがある．一般包装用のほか，アルミ箔や発泡ポリエチレンシートをラミネートした断熱包装，導電材を塗布または抄き込んだ静電気遮断，防錆剤，鮮度保持剤，滑り止め剤などをコートした機能包装，さらに襖やドアの芯材，特殊加工した自動車の天井剤，熱交換材，さらに美麗な印刷をしたゴンドラや遊具，家具の用途にも使われる．段ボール原紙にはクラフトおよびジュートの外装用ライナーと内装ライナー，パルプ芯および古紙使用の特芯の中芯原紙がある．近年コストダウンのため，原紙面では低グレード化と薄物化，段ボールメーカーでは原紙の品種，坪量，寸法の単純化が進んでいる．

4) クッキングペーパー

パンをオーブンで焼く場合など，材料が容器に付着するのを防ぐ紙である．針葉樹晒し化学パルプにシリコン系薬品を含浸させたポーラスな紙で，ワックスやフッ素樹脂も用いられ，揚げ物の再加熱などにも用いられる．なお紙鍋は美濃紙の両面にコンニャク糊を塗って乾かして四隅を折ったもので，現代版のオーブントレイは，耐水性をもたせた厚手の上質紙に耐熱性フィルムを張り合わせ，成形加工したもので，レンジで使用可能である．

5) その他の特殊用途の紙

(1) 切手用紙

薄くて適度に強靭であると同時に，細密な印刷に適する高度の印刷適性，すなわち高い平滑性，均一な地合，適度の弾性とインキの着肉性と発色性が求められる．このため高級品にはカオリンなどの超微細粒子顔料を用いた片面ダブル塗工紙が用いられるが，各種インキに対する吸収特性，最高の白色度も求められる．原料には昔からの木綿やリンター，エスパルト，わらなどの圧縮復元性に富む特殊材料のほか木材パルプも使われ，非塗工のときはタルクや炭酸カルシウムなどの軟質微粒填料が20%前後加えられる．

(2) 宝くじ用紙

上質系の坪量 $40 \sim 50 \, g/m^2$ の紙で，平滑性の良いグラビア印刷適性が求められる．ものによっては磁性インキやバーコード印刷を用い，高級品は偽造防止のため着色繊維の

使用や透かし印刷が施されている．

(3) 画仙紙

作品や揮毫用の書画用紙のことである．中国製画仙紙は薄くて柔らかく，墨汁や絵の具によくなじみ，運筆の強弱に敏感に反応してにじみやかすれがよく出るが，にじみの少ないから紙（唐紙）もあり多彩である．唐代の宣紙は青檀の皮を使い，江戸時代の輸入から紙は竹が原料であった．国産の和画仙紙はミツマタやコウゾの皮，ガンピ，竹，わらのパルプや化学パルプを用い，品種ごとに配合も異なる．「雅仙紙」という表記法もある．

(4) 書画用紙

和紙は書と絵，ともに描かれるため，書画用紙と呼ばれる．書道用紙は晒し化学パルプを主原料とした機械抄き和紙であり，書道半紙，書初用紙，画仙紙がある．機械抄き半紙は手漉き品に比べ墨色が十分出ず書き味も劣り，主に練習用に使われる．かな書きは細い筆先の繊細な動きの美しさが必要のため，墨汁をあまり吸収しない，にじみの少ない紙を使用する．図画用紙は製図，絵画，図画などに用いる紙の総称で，厚手のラフ肌仕上げ．用途に応じ化学パルプの配合量が異なる．ワットマン紙は麻を使った手漉きの高級図画用紙である． 〔井上茂樹〕

**d. ファンシーペーパー**

1) 変遷

ファンシーペーパーというのは造語で，英語ではファインペーパーという．色，紙質，紙肌において付加価値の高い感性に訴える力をもった紙を総称してファンシーペーパーと愛称されている．情報の伝達手段としての紙だけでなく，美しく凝った紙という点では，日本古来の和紙の歴史の中でその技術は脈々として流れており，今でいうファンシーペーパーの源流はすでに和紙の中で育っているといって過言ではない．

今から 1,300 年前（天平時代）の和紙の中ではベニバナ（紅花），キハダ（黄檗），アイ（藍）などの植物性色素を利用した色紙（いろがみ）が高級和紙として存在していたし，鎌倉時代には鉱物染料による色紙，さらに江戸時代には透かし込みの紙など感性に訴える力の高い和紙がつくられ，世界的にも日本の紙文化が評価されている．洋紙としてはファンシーペーパーの日本市場では欧州からの輸入紙が先行したが，1928 年雲入り堅紙（ML ファイバー），1930 年 PR ラシャが特種製紙で開発され，これがファンシーペーパーの原形となっている．

多種多様なファンシーペーパーが開発され，本格的に成長し始めたのは 1950 年代～1960 年代である．この時期は東京オリンピック，大阪万博などの国際的イベントが開催され，あらゆる商品においてデザインという付加価値がその商品の盛衰に大きな影響を与えると認識されだした．紙市場においても，ポスター，カレンダー，書籍の装丁（表紙，見返し，カバー，扉），カタログ，パッケージなどの製作企画に，グラフィックデ

ザインという創造性が不可欠のものとなり,デザイン,紙,印刷という要素が相互に刺激し合い,質の高いものへと大きく成長した.1990年以降,今日に至るまで環境問題,IT革命など,時代のニーズが激しく変化していく中で,ファンシーペーパーも再生紙,非木材紙,パーソナルコンピュータのプリント対応紙が開発された.今後もファンシーペーパーは美しい色彩,質感,肌合いなど感性豊かな特徴を保ちながら時代のニーズに合った商品展開が進み,われわれの生活になくてはならない存在になるだろう.

2) 種類

現在,日本市場でファンシーペーパーの商品数は550銘柄以上あり,1銘柄の中に何色かの色数,厚さ,寸法があるので,アイテム数でいえば1万5,000種以上の膨大な数となっている.ファンシーペーパーの種類は一般的に製法による分類ではなく,外観および風合いで分類されている.

(1) プレーン

紙の表裏はプレーンな仕上がりであるが,ビロード風の肌をもったラシャ紙に代表されるように,紙肌が微妙なタッチ感をもつ紙である.凹凸が少なくどちらかというと癖のない紙として,汎用性のある紙である.代表銘柄:NTラシャ,Mケントラシャ,タント,里紙など.

(2) レイド

和紙は竹簀を使い漉き上げられているが,長網ではダンディーロールに,円網では円網自体につけられた簀目の網模様を出すことを特徴とした紙が基本である.原料パルプをそれぞれ別な色に染色したものを混抄したり,木材繊維以外の繊維を混抄するなどの応用がある.代表銘柄:アングルカラー,STカバー,OKミューズコットン,あらじまなど.

(3) 型付け(エンボス/フェルト)

紙の表裏に彫刻ロール,フェルトを使い紙に凹凸を施した紙である.特徴として凹凸パターンは無限といってよいほど創造性の幅があり,著作権を有する(後述)のもこの紙の特徴である.代表銘柄:レザック66,レザック82ろうけつ,マーメイド,サーブル,パミスなど.

(4) ブレンド

木材繊維以外の植物繊維(竹,わら,ケナフ,バガス,コットン,エスパルトなど),動物繊維(羊毛,コラーゲン繊維など),鉱物繊維を混抄したもので,外観上はそれらが不規則的模様となっている.代表銘柄:ウッド,新草木染,星物語,OKサンドカラー,新バフン紙など.

(5) 地合崩し

マーブル紙,和紙の墨流しのように,紙の地合を意図的に崩した紙である.代表銘柄:羊皮紙,新局紙,ローマストーン,アトモスなど.

表 4.2.4.5　さまざまなファンシーペーパーとその著作権

| 商品名 | 著作物の記号 | 登録番号 |
|---|---|---|
| レザック 82 ろうけつ | 雪の足音 | 12464 号の 1 |
| 岩はだ | 岩注ぐ音 | 13105 号の 1 |
| みやぎぬ | 古代への回想 | 13311 号の 1 |
| ローマストーン | 天地変成 | 14720 号の 1 |
| エニール | 縄文へのいざない | 17248 号の 1 |

3) 社会生活とファンシーペーパー

(1) 著作権

ファンシーペーパーにはさまざまな種類があり，その一つ一つにつくり手の創意工夫がなされている．特に独創的な作品は文化的所産として著作物およびそれを使う商品も文化庁より著作権が認められている．該当商品は表4.2.4.5に示したとおりである．

(2) ファンシーペーパーの用途

日常の生活の中でさまざまな用途にファンシーペーパーは使われているが，その用途は大きく① 出版，② 商業印刷，③ 紙製品に分けられる．

① 出版書籍：カバー，表紙，見返し，扉，オビなど．
② 商業印刷：ポスター，カレンダー，カタログ，パンフレット，POP，メニュー．
③ 紙製品：封筒，グリーティングカード，メモ，ノート，手提げ袋，包装紙．

(3) トピックス

2002年のサッカーワールドカップの決勝戦（横浜競技場）終了後，200万羽の折り鶴が会場上空に舞い話題となったが，この紙はファンシーペーパーの一種で非常に薄く，独特の質感と色彩をもつ包装材，装飾紙としての用途をもった「カラペ」という紙である．

〔安並洸一〕

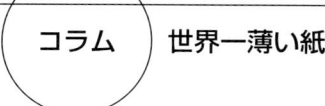

## コラム　世界一薄い紙

　紙は水中に分散した繊維をシート状に抄き上げ，乾燥したものであるが，薄い紙はさらに小さい気孔が揃って多くあることが望ましい．薄い紙はまた軽い紙でもあり，これらの開発の素材には，比重が小で強度があり，各様の繊維を合成紡糸しうるポリエステル繊維を選んだ．

　1926年，デクスター社のフェイオスボーン氏は土佐の和紙，典具帖紙をみて「使用繊維は平均 6 mm で形状は円柱状，両端先細り叩解水和

の必要なく，繊維は総体的に長さ幅が揃い，紙はすこぶる強靭でしなやか」と驚きと興味をみせている．その典具帖紙は高知にて古くから大量栽培された高品質の赤楮を原料としており，その繊維長 4～20 mm，幅 8～20 μm，デニール 1.4～2.6 を良質の分散剤，トロロアオイの粘液を入れた，製紙に好適で豊富な水に分散し，土佐の伝統技術である手漉きの流し漉きに横揺りをかけてできたものである．土佐和紙独特の薄さ，地合の美しさ，強靭さ，折り畳んでも裂けないこと，多孔性で合浸性が良好であることなどの特性も高く，「トサステンシルペーパー」として海外に名声を博した．ちなみにこれら典具帖紙の目付は 11 g/m$^2$ 前後であった．

1981 年，ポリエステル繊維の湿式抄紙試験が世界に先駆けて実施されるに当たり，規格品としては 12 g/m$^2$ を薄物としたが，さらなる薄物に挑戦した結果，0.2 デニール 3 mm カットの繊維を使用し 5 g/m$^2$ の紙をつくることができた．薄い（軽い）紙としては究極の紙であろう．要するに 100％ポリエステルを湿式で抄き上げ，薄さの極限にあって，次の要件を満たしたものである．

① 紙の地合に欠損がない，小さな気孔が揃った大きさで数多くあること．

② 繊維のミクロ分散が良好であること．

③ 繊維ムラのきわめて少ないこと，そして均一で良好な地合を有すること．

薄い紙の抄造には，原質が細く長いことをポリエステルで再現するため，限界小デニールのカット長を繊維長÷繊維幅＝650 程度を目標にした．次に紙層は繊維が最低 4 層重ならなければ紙にならないため，できる限り 4～5 層に抑え，縦横差を少なくする方法を採り，強度はポリエステルの投錨効果を利用するため，抄き上げたシートをドライヤーに熱圧着することにより，すべての繊維が相互密着した，美しく，薄い，強力のある紙が得られた．

抄紙の工法としては，細い長繊維の分散，絡み合い，結束ごみのない手漉きの方式を合成繊維の機械抄紙法に置き換え，薄葉紙を抄造しうる抄紙法により，長繊維をいかに組み合わせシート化するか，そのための抄紙機械工学的検討，フェルト，ワイヤーにも特別配慮の結果，シートフォーミングはフォーマー型円網または短網傾斜ワイヤー方式を採用し，ドライ部分は高温高圧方式を採用した．

典具帖紙に比べポリエステル紙は厚さ約 3 分の 1，坪量半分以下の，薄さ，軽さはさすがに天空に浮かんで漂うの感あり，その美しさゆえか，

アーティスティックな各分野からの照会，使用がすこぶる多い．さらに水中での強度，形状がほとんど変わらぬ特性もあり，文化財補修用，メンブレンなどの特殊フィルター，あるいは電気絶縁資材などに開発されつつある現状である． 〔廣瀬晋二〕

# 4.3 和紙の科学と技術

　和紙とは，日本で発達した紙の総称であるが，明治初期に洋紙技術の導入時に各地に伝統的に存在していた手漉き和紙を区別するためにつくられた言葉である．その後，機械抄き和紙の普及とともに，手漉き和紙，機械抄き和紙の両者を総称する言葉となった．製法は手漉き法と機械抄き法に分類される．また手漉き法は溜め漉き法と流し漉き法に分かれるが，わが国特有の方法として発達してきたのは流し漉き法である．

　和紙の主原料として，コウゾ（楮），ミツマタ（三椏），ガンピ（雁皮）などの靭皮繊維とその古紙が本来使われてきたが，明治後期から木材パルプやマニラ麻を主原料とし，化学粘剤を用いる機械抄き法が始まり，次第に洋紙に近いものが生産され，和紙と洋紙の区別が困難な場合も多くなってきた．最近では，機械抄き法ではレーヨン，ビニロン，ガラス繊維まで用い，機能紙など特殊な機能をもつ少量生産型の製法として用いられている．機能紙の源泉が機械抄き和紙にあるといわれるゆえんである． 〔尾鍋史彦〕

## 4.3.1 和紙の資源・原料

　伝統的な手漉き和紙の主原料には，コウゾ，ミツマタ，ガンピが使われている．下記に詳細な分類を記す．

### a. コウゾ

　クワ科（Moraceae），カジノキ属（*Broussonetia* L'Herit ex Vent.）の植物の総称で，日本，朝鮮半島，中国，東南アジアの熱帯から温帯に分布し，カジノキ（榖），ヒメコウゾ，ツルコウゾの3種が知られ，現在の「楮」はカジノキとヒメコウゾの雑種である．

　1） 楮（paper mulberry）　*Broussonetia papyrifera*×*B. kazinoki*

　カジノキとヒメコウゾの雑種で，カジノキに近いものとヒメコウゾに近いものがある．

　前者は雌雄異株，葉の形はカジノキに似るが表面のざらつきはカジノキほどでなく，若枝の柔毛は少ない．タオリ（手折またはカナメ，要楮），クロカジ（黒楮），タカカジ（高楮），マカジがある．ほとんど果実をつけず，自然交雑，実験交配を含めてタカカジしか果実は得られず，熟期は9月中旬である．

　後者は雌雄同株，葉の形はヒメコウゾに似るが若干カジノキの特徴をもつ．アサバ

（麻葉）と呼ばれるアカソ（赤楮）とアオソ（青楮）がある．葉の切れ込みが深く麻の葉に似る．果実の熟期は6月中旬である．人家近くの林で野生のものも見かける．

苗木を植えて2年目の冬至のころに根元から刈り，枝を払い約1mに揃えた束を大釜の上で桶をかぶせて2～3時間蒸し，靱皮部が柔らかくなったら取り出し，温かいうちに手先で木質部と靱皮部を分離し粗皮を剝ぎ取る．これを乾燥したものが黒皮または荒皮で，表皮を伴う．黒皮を水流に漬けて柔らかくし，包丁により表皮を除いた靱皮を乾燥して白皮を得る．図4.3.1.1に楮の種類および特性を，図4.3.1.2に葉型を示す．図は下から上へ，枝条の下部から上部への葉型の変化を示す．マカジの黒皮および白皮の歩合（収率）は16.2％と6.3％である．単繊維の長さは6～21 mm，幅は0.01～0.03 mmである．

2) カジノキ（穀）　*Broussonetia papyrifera* (L.) Vent.

*Broussonetia*は報告者のフランス人植物学者Pierre Marie Auguste Broussonnet（1716～1807年）にちなみ「ブルーソネの」の意味で，*papyrifera*は「紙の木」の意味である．古くから楮と混同され，現在も楮をカジと呼ぶ地方がある．ヒメコウゾの学名が*B. kazinoki* Sieb.であることはこの辺の事情を示す．漢字では穀，楮，構と書く．穀の字の偏は正しくは木の上に一で，禾ではない．

高さ4～10 mの落葉高木で若枝や葉に柔毛が多く，葉はゆがんだ卵円形で先は尖り，多くはカエデの葉のように裂け，長さ10～20 cm，幅7～14 cmである．裏面はビロード状の柔毛が密生し緑白色を示す．雌雄異株．5～6月のころ，若枝の葉の両脇に花をつけ，晩秋直径約3 cmの赤色球形の集合果がつく．縄文時代中期か後期にわが国西南部に伝播したとされ，古くから栽培されるが野生化し，原産地は不明である．中国中南部，インドシナ半島，マレーシアに分布し，太平洋の島々にも自生する．穀系品種の特性は図4.3.1.1, 2に示す．

古くから布様物のタパ（サモア諸島）やカパ（ハワイ諸島）が，穀の靱皮を平らに叩き延ばしてつくられている．また，太布（古代伝承の紡績織物，古くは神事に用いられ現在も徳島県木頭村で小規模だがつくられている）にも穀が使われている．製紙原料としての登場は古く，『後漢書』蔡倫伝で示された原料のうち「樹膚」は穀の靱皮を指し，他はいずれも麻（大麻と少量の苧麻）である．正倉院御物で大宝2年（702）の御野（現在の美濃），筑前，豊前の戸籍断簡は最古の楮紙とされるが，穀が原料である．『延喜式』（927年編集）にも製紙原料の穀の詳しい記述がある．

なお，紙に含まれるカジノキ属繊維個々の形態および染色による識別は，今日でも事実上不可能である．

3) ヒメコウゾ　*Broussonetia kazinoki* Sieb.

高さ2～5 mになる落葉低木で，山地の道端や荒地などに見かける．枝は斜めにまっすぐ伸び，若枝には柔毛が密に生える．葉は互生し，ゆがんだ卵形，時には2～3片に

| 種類名 | 樹型 | 葉型 | 収量(黒皮) | 黒皮歩合(%) | 白皮歩合(%) | 品質 | 用途 |
|---|---|---|---|---|---|---|---|
| 赤楮 |  |  | 中 | 16.9 | 8.0 | 上 | 典具帖紙 |
| 青楮 |  |  | 少 | 13.0 | 6.8 | 上 | 典具帖紙, 障子紙 |
| 手折(要楮) |  |  | 多 | 16.2 | 7.5 | 中 | 書院紙, 西ノ内紙, サンドペーパー原紙, 障子紙, 温床紙, 宇陀紙, 仙貨紙, 傘紙, 元結紙 |
| 黒構 |  |  | 多 | 15.0 | 7.4 | 中下 | |
| 高構 |  |  | 少 | 17.0 | 7.5 | 下 | 表装裏用紙, 粕紙級 |

図 4.3.1.1　コウゾの種類および特性[1]

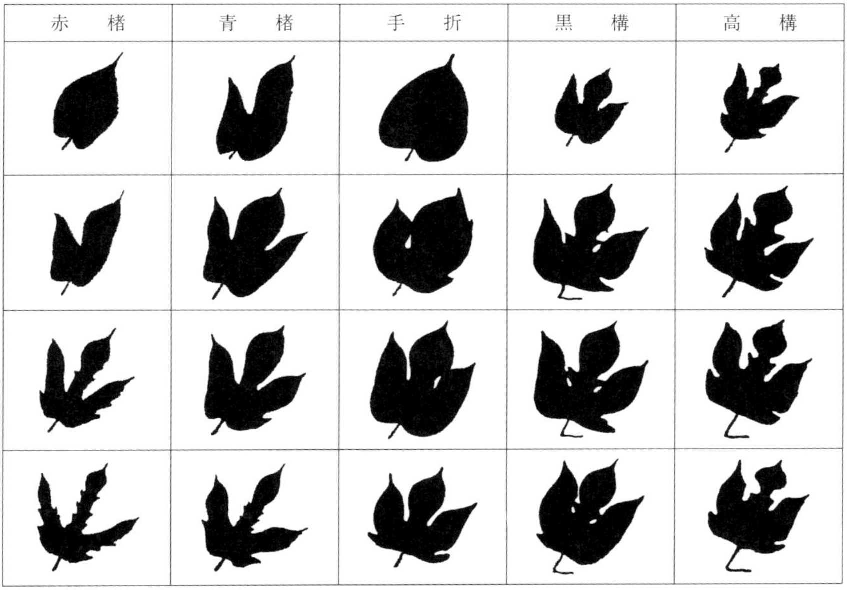

図 4.3.1.2　コウゾの葉型[1]

深く裂け，先が尾状に尖り，長さは 4～10 cm，幅 2～5 cm である．表面は短毛がまばらに生え，裏面は脈状に粗い毛を有する．新たに植栽された個体では 3 年目の枝から，2 年以上経た株の枝条では 2 年目から，4 月中下旬に新梢が伸びるとともに開花し始め 6 月下旬まで続き，6 月には橙赤色直径 1.5 cm の球形集合果を形成する．雌雄同株で，雌花，雄花とも多数集ってそれぞれ雌花穂および雄花穂を形成する．後者は新梢の基部に 1～2 個叢生し，前者はその先の葉の脇につく．

本州（岩手県以南），四国，九州（奄美大島まで），朝鮮半島，中国中南部に分布する．

4) ツルコウゾ *Broussonetia kaempferi* Sieb.

ドイツ人の博物学者で医師であったケンペル（Engelbert Kämpfer, 1651～1716 年）は，1690 年に長崎に来航し，1692 年に離日したが，滞在中に日本各地を回り，風俗や動植物を観察した．帰国後，1712 年にラテン語で『廻国奇観』（Amoenitatum Expticarum），死後の 1727 年には英語で『日本誌』（The History of Japan）が出版された．それらの著書で日本の植物に関する深い洞察を示しており，九州の和紙製造法に触れた部分では，製紙原料にツルコウゾ（蔓楮）をあげている．シーボルトはこの辺の事情を考えて学名を決めている．暖地の林縁に生える蔓生の植物で，茎により他物に絡まり，長さは 2～3 m になる．葉は卵状長円形で先は尖り，長さ 4～11 cm，幅 1.3～4 cm である．4～5 月に若枝の葉の脇に花をつける．雌雄異株である．本州（山口県），四国，九州に分布自生する．製紙用原料としては著しく劣り，下級紙用である．また，靭皮をロープやむしろに用いる．

**b.** ミツマタ（*Edgeworthia papyrifera* Sieb. et Zucc.（*E. chrysantha* Lindley））

ジンチョウゲ科（Thymelaeaceae），ミツマタ属（*Edgeworthia* Meissn.）の植物で，命名者は筆頭のシーボルトおよびモナコ生まれの植物学者ヅッカリニである．黄瑞香，ムスビギ，ミツマタヤナギともいう．年に 1 回分枝し三又に分かれるのでミツマタの名がある．中国の中南部からヒマラヤにかけて分布する．日本への渡来時期に定説はない．栽培するのは日本だけで，宮城県以南の各県でみられるが現在の主産地は高知，愛媛，岡山，島根の各県である．

主に和紙および紙幣用紙用に栽培されるが花木としても知られ，3 月，ジンチョウゲと季節を同じくして黄い総状花を開く．赤花のミツマタもあり満開の様は見事である．これは突然変異種といわれ，繁殖の方法は接ぎ木しかないが，園芸品種として普及しつつある．立ち姿および靭皮の製紙適性とも黄花のミツマタと変わらない．高さ 1～2 m に達し，晩秋蕾をもって越冬し，葉が出るより早く咲く．赤木種（静岡種），青木種（中間種），掻股種（高知種）の 3 種があり，特性を図 4.3.1.3 に示す．赤木種と青木種は近年交雑によりほとんど区別のつかないものが多く，総称して普通種ともいう．図に示すように，赤木種は白皮歩合は少ないが繁殖条件は良く，明治 12 年（1879）に印刷局がミツマタを紙幣用紙原料として採用してから，全国に広まるときの主役を演じた．

## 4.3 和紙の科学と技術

| 種類分類 | 樹型 | 幹長 | 皮厚 | 幹色 | 葉の大小 | 節間 | 伸長程度 | 萠芽型 | 着花数 | 結実数 | 発芽率 | 叉下高 | 分枝階数 | 繊維品質 | 黒皮収量 | 黒皮歩合 | 白皮歩合 |
|---|---|---|---|---|---|---|---|---|---|---|---|---|---|---|---|---|---|
| 赤木 特性 |  (図) | 低 | 厚 | 赤 | 短小 | 短 | 遅 |  (図) | 多 | 多 | 大 | 低 | 多 | 上 | 多 | 中 | 小 |
| 赤木 実数 | | 97cm | | | | | | | 65個 | 657粒 | 89粒 | 35cm | 4階 | | | 15% | 42% |
| 赤木 比率 | | 100% | | | | | | | 100% | 100% | 100% | 100% | 100% | | | 100% | 100% |
| 青木 特性 |  (図) | 中 | 薄 | 淡青 | 長大 | 長 | 速 |  (図) | 少 | 中 | 中 | 中 | 中 | 上 | 中 | 大 | 中 |
| 青木 実数 | | 117cm | | | | | | | 43個 | 76粒 | 79粒 | 49cm | 4階 | | | 17% | 44% |
| 青木 比率 | | 121% | | | | | | | 66% | 12% | 89% | 140% | 100% | | | 113% | 105% |
| 搔股 特性 |  (図) | 高 | 厚 | 青 | 長大 | 長 | 著しく速 |  (図) | 著しく少 | 少 | 小 | 高 | 少 | 最上 | 多 | 大 | 大 |
| 搔股 実数 | | 140cm | | | | | | | 2個 | 4粒 | 63粒 | 90cm | 2階 | | | 16% | 47% |
| 搔股 比率 | | 144% | | | | | | | 3% | 1% | 71% | 257% | 50% | | | 107% | 112% |

**図 4.3.1.3** ミツマタ各種の特性[2]

ミツマタは半陰性で，植栽は平坦な畑地よりも北側の山腹が適するが，最近は休耕田を利用する密植栽培が注目されている．この方法は施肥管理を行い畑作のため若干病虫害を受けやすいが，白皮収量は 30〜36 kg/a で，従来からの粗放栽培の 15 kg/a の2倍以上である．また，通常刈り取りは移植後3年目から行うのに，密植栽培では2年で収穫できる点も有利である．刈り取り時期は11月下旬から翌春4月ごろまでである．根元から刈り取ったミツマタの生枝は乾燥すると靭皮部を分離しにくいので，束ねて切り口を下にして水流に浸す．数日後，枝の束を大釜の上に約 30〜35 kg，垂直に立てかけ，上から桶をかぶせて約 2〜3 時間蒸し，靭皮部が柔らかくなったら桶を除いて取り出す．枝は1本ずつ切り口から 45〜60 cm 程度まで靭皮部を木質部から離しておく．この数本を選び，1人が剥がした靭皮部をまとめてもち，もう1人が残された木質部をもち，互いに反対方向に引いて靭皮部を枝先まできれいに剥ぎ取る．剥ぎ取ったままの表皮付きの靭皮が生皮(ぼてかわ)，乾燥したものが黒皮または荒皮(あらそ)である．白皮は生皮または黒皮を水に浸して柔らかくしたあと，表皮と甘皮(あまかわ)（表皮下の柔組織）を唐嘴(からはし)と称する刃物で除いたもので，じけ皮と晒し皮に分ける．じけ皮は，水浸，水洗，乾燥の作業を，なるべく日光を避けて必要な色素を残し，皮が白くならないようにしたものである．晒し皮は水浸，水洗を十分に行い，水溶成分をなるべく取り去るとともに，水中に溶存する酸素と日光の紫外線により色素を破壊し，白く晒したものである．「じけ」は渥汁，灰汁，地

気と書くが，水溶成分＋色素を示す術語である．半晒しして卵黄色の紙を得たいときはじけ皮を用い，白い紙をつくりたいときは晒し皮を使う．生木に対する黒皮の収率は約25％，黒皮に対する白皮の収率は約40％である．

製紙原料としての記録の初出は，慶長3年（1598）3月4日付けの「家康黒印状」で，修善寺村の三須文左衛門だけに，伊豆一円での鳥子草，ガンピおよびミツマタの伐採を製紙用に認めており，壺形黒印の押捺がある．ミツマタを原料とする和紙は駿河半紙が徳川中期から有名であったが，現在では鳥取県で生産される因州和紙その他がある．単繊維の長さ3～5mm，幅0.01～0.03mmである．ミツマタはアルカロイドを含むとされ，その強い生理作用により，三椏紙はシミ（紙魚）などの昆虫による食害がほとんどない．種子は油脂が多く人畜に対して毒性を示すが，鳥類は中毒しないといわれる．ミツマタの靭皮を剝いだ残りの木質部は，三又に分かれた特異な外観が好まれ，生け花のオブジェやインテリア装飾材料に使われる．

**c. ガンピ**（*Wikstroemia sikokiana* Fr. et Sav., *Diplomorpha sikokiana*（Fr. et Sav.）Honda）

ジンチョウゲ科（Thymelaeaceae），ガンピ属（*Diplomorpha* Meissner）の植物で，*Wikstroemia* は報告者であるスウェーデンの植物学者 J. E. Wilkistrom を記念して「ヴィクストレームの」の意味，*sikokiana* は四国産のものを報告したため「四国の」の意味である．ガンピはカニヒまたは紙斐（かみひ）から転じており，カミノキ，ヤマカゴともいわれる．

静岡県，石川県以西の本州，四国，九州（佐賀県黒髪山）の暖地に自生する落葉低木で，高さは2～3m，樹皮は桜皮に似ている．5～6月のころ淡黄色の花をつける．刈り取りの時期は，着生して3～7年のものでは特に春芽の発生直前が最適である．刈り取った株から翌年出てきた新条は通常5～6年で刈り取り期に達し，以後は肥大したものを選びながら毎年刈り取る．根際から10cmくらいを残して刈り取った生茎は直ちに刃物を用いて切り口の位置で木質部と靭皮部を分け，次に手によって靭皮を剝ぎ取り，速やかに乾燥する．木質部は繊維が短く紙には利用できない．靭皮部を表皮のついたまま乾燥したものを黒雁皮または黒皮という．生茎に対する黒雁皮の収率は16％である．黒雁皮は適時清水に浸し，一夜置いたあと，刃物により表皮および緑皮（甘皮と同じ，表皮下部の柔組織）を掻き落とし，洗浄したあと，乾燥して精白皮（晒し雁皮）を得る．黒皮に対する精白皮の収率は40％である．

紙の原料としては，正倉院御物の大宝2年（702）の御野国戸籍用紙で楮に混抄されて登場する．上古では斐（ひ）と称し，「正倉院文書」の中に斐紙の記載が多くみられ，『延喜式』にも斐紙製造工程の詳細な記述がある．また，抄紙法が溜め漉きから流し漉きに移行する仲介の役を演じている．雁皮紙は中世以降鳥の子紙とも呼ばれ，正徳3年（1913）寺島良安編の『和漢三才図会』で，ガンピ100％の紙は「紙王」とまで称揚される．雁皮紙を薄く漉いたものは平安時代から優美さがもてはやされ，厚く漉いたものは現代に

表 4.3.1.1 コウゾ，ミツマタ，ガンピ白皮の化学組成（％）

| 原料種別 | セルロース | リグニン | ペントサン | ペクチン | タンパク質 | アルコール・ベンゼン抽出分 | 灰分 |
|---|---|---|---|---|---|---|---|
| コウゾ白皮 | 59.5～64.1 | 3.1～7.5 | 8.1～9.6 | 8.2～10.8 | — | 9.3～11.2 | 4.2～5.4 |
| ミツマタ白皮 | 43.3～56.0 | 3.7～5.4 | 16.0～20.2 | 8.6～14.8 | 4.4～6.7 | 1.3～2.9 | 2.4～4.2 |
| ガンピ白皮 | 61.6 | 3.3 | 21.6 | 16.4（ウロン酸） | | 2.1 | 1.8 |

おける洋画の画材にも使われている．単繊維の長さは 3～5 mm，幅は 0.01～0.03 mm であり，ミツマタとほとんど同じであるが，ミツマタに比べてやや長く，細い感じがあり，滑らかである．雁皮紙の風合いと色は雁皮パルプ中に含まれる非繊維細胞が影響している．水中で網を使って非繊維細胞だけを分離しておき，これを同様にして非繊維細胞を除いたミツマタの長繊維に混ぜて紙を漉くと，三椏繊維紙でありながら雁皮紙の風合いと色をもった紙が得られる．

### d. コウゾ，ミツマタ，ガンピの製紙上の特徴

(1) 白皮の化学組成

表 4.3.1.1 に白皮の化学組成を示す．いずれもリグニンは少なく，ペクチンが多いので木灰程度のマイルドなアルカリで十分パルプ化は可能であり，セルロースは傷まない．ただパルプの色は，コウゾでは白いのに，ミツマタでは褐色，ガンピでは淡黄色になる．セルロース含量は高く，重合度も高く，ペントサン量も多いので強度が高く保存性の良い紙が得られる．

(2) 非繊維細胞の存在

どのパルプも柔細胞を 10％程度含有し，これがパルプの色，紙の風合い，強度に影響している．

〔森本正和〕

### 文　献

1) 森本正和 (1999)：環境の 21 世紀に生きる非木材資源，ユニ出版．
2) こうぞ・みつまた図編，印刷局業務参考資料第 7 号，大蔵省印刷局，1962．

## 4.3.2　和紙の製造法

### a. 手漉き法

手漉き和紙が最も盛んであったのは明治 34 年 (1901) で，生産戸数は全国で 6 万 8,562 戸という数字が残されている．ところが，大正～昭和の時代に入ると機械抄き紙の発展や消費構造の激変により，手漉き和紙は衰退の一途を辿ることとなった．明治時代の最

表 4.3.2.1 手漉き和紙の製造工程一覧

| 原料種類 | コウゾ | | | ミツマタ | | ガンピ | |
|---|---|---|---|---|---|---|---|
| | 白皮 | 六分へぐり | 黒皮 | 白皮 | 黒皮 | | |
| 原料煮熟 | ○ | ○ | ○ | ○ | ○ | ○ | ○ |
| 煮熟薬品 | ソーダ灰または消石灰 | 苛性ソーダ | | ソーダ灰または消石灰 | 苛性ソーダ | ソーダ灰または消石灰 | 苛性ソーダ |
| 水　洗 | ○ | ○ | | ○ | ○ | ○ | ○ |
| 漂白 天日 | ○ | | | ○ | | ○ | |
| 漂白 塩素 | | ○ | ○ | | ○ | | ○ |
| 水　洗 | | ○ | ○ | | ○ | | ○ |
| ちり取り | ○ | | | ○ | | ○ | |
| 打　解 | ○ | ○ | | | | ○ | |
| 解　繊 | ○ | ○ | ○ | ○ | ○ | ○ | ○ |
| 除　塵 | | | | | | | |
| 抄　紙 | ○ | ○ | ○ | ○ | ○ | ○ | ○ |
| 圧　搾 | ○ | ○ | ○ | ○ | ○ | ○ | ○ |
| 乾　燥 | ○ | ○ | ○ | ○ | ○ | ○ | ○ |
| 仕上げ | ○ | ○ | ○ | ○ | ○ | ○ | ○ |

原料の種類により，○印の作業のみ行う．
ソーダ灰：$Na_2CO_3$，消石灰：$Ca(OH)_2$，苛性ソーダ：$NaOH$．

盛期から100年経った現在，手漉き和紙生産戸数は42都道府県で400戸あまりになったと推定される．

しかし，最近では伝統産業の見直しが図られ，手漉き和紙を町のシンボルとして位置づけ，伝承館や記念館，博物館，伝統産業会館を設立したり，また，地域の振興策の一つとして農産加工センターや高齢者・福祉施設などで手漉き和紙が製造されている．

一方，ものづくりへの挑戦に生き甲斐を感じる都会の若者が多くなり，「全国手漉き和紙青年の集い」にみられるように各産地の研修生として，また，地域の中心的な役割を担い，伝統ある手漉き和紙技法を守ろうとするすばらしい姿が芽生えつつある．

それでは，時代とともに変遷してきた「和紙の製造法」について工程順に記述する（表4.3.2.1）．

1）　原料の処理
（1）　原料の種類

和紙の主要原料としては，コウゾ，ミツマタ，ガンピが中心で，そのほかにわら，竹，フィリピンガンピ，マニラ麻，木材パルプなどがあるが，近年，タイから輸入されたコウゾが多量に使われ始めている．これらの原料は，手漉き和紙の用途により加工され，原料処理される．

## (2) 原料の煮熟

和紙に使われる原料には，ペクチン質やリグニンが含まれており，繊維と繊維が固着されているので，アルカリ薬品で煮熟し，これらを水溶性物質に変える．なお，原料の煮熟を容易にするため，煮熟前に原料を一晩水に漬け，水溶性の不純物を溶かすとともに，柔らかくする．煮熟により，ペクチンやリグニンは水に溶けやすいペクチン酸やアルカリリグニンに変化し，原料は繊維状にほぐれやすくなる．

### ① 苛性ソーダ煮，炭酸ソーダ煮

苛性ソーダ（水酸化ナトリウム）や炭酸ソーダ（炭酸ナトリウム）で原料を煮熟する場合，原料に対し重量で約10～20倍量の水を釜に入れる．これに，原料に対し重量で約15～20％の薬品を溶かしたのち，火を入れ，沸騰すると原料を投入し，約2時間煮熟する．途中で煮えむらをなくすため，原料を上下回転させ十分に煮る．煮熟後は，煮えむらのない原料とするために一晩釜の中で蒸し込んでおく．

### ② 消石灰煮

消石灰（水酸化カルシウム）で煮熟する場合は，原料に対し重量で約30％の薬品を，釜の中の原料に対し重量で約10～20倍量の水に溶かし，消石灰乳液をつくる．原料を少しずつこの乳液にまぶし，いったん釜から取り出す．この作業を繰り返し全部の処理が終了した後，釜に火を入れ，原料を徐々に釜に戻し（図4.3.2.1），薬液を沸騰させ，約4時間煮熟する．この場合も原料の煮えむらをなくすため，途中で上下回転させる．コウゾを一度に多量処理する場合，薬液を含浸させた原料を釜の上に積み重ねて蒸煮す

**図4.3.2.1** 原料の煮熟作業（口絵5）

る方法もある．

(3) 原料の水洗

アルカリ薬品で煮熟した原料を一晩放置したあと，翌朝から水槽の流水中で水洗する．この作業では，一昼夜ほどで薬液と水溶性物質は取り除かれる．また，漂白を兼ねた水洗作業は，10～15 cm 程度の浅い場所に原料を薄く広げ，川の水や山から引き込んできた谷川の水などで 3～5 日間水洗する．双方の作業とも途中で原料を上下回転させ，十分水洗する．

(4) 原料の漂白

水洗された原料は，まだ繊維以外の多糖類や灰分，樹脂などの物質が含まれているため，茶褐色の状態である．白い和紙をつくるためには，さらに漂白する．

① 塩素漂白

塩素の酸化作用により漂白する方法で，次亜塩素酸カルシウムや次亜塩素酸ソーダを使う．原料に対し有効成分に換算して重量で 5～10% の漂白薬品を原料が完全に浸る量の水に溶かして使用する．水温が 40℃ 未満の温湯で 1～2 時間漂白する．水温が常温の場合は，一晩放置しておけば漂白される．塩素は繊維を傷めるため，漂白作業は注意を要する作業である．

② 天日漂白

天日を利用した漂白方法で，浅い晒し場に原料を薄く広げ，太陽光線が原料に当たるように配慮する．最近は川も汚れ，原料を漂白する場所が少なくなり，手漉き和紙業者も苦労しているが，産地により水田に竹の桟を組んで晒し場にする場合もある（図 4.3.2.2）．天気や漂白の程度にもよるが 3～5 日間を要する．また，寒冷地では，雪晒し法で漂白する産地もみられる．

(5) 原料の水洗

塩素漂白された原料に薬品が残ると，紙が黄色に変色したり，繊維自体が薬品の作用で劣化することがあるので，十分水洗をする必要がある．水洗槽に原料を広げ，水が全面に行き渡るように工夫し，流水中で水洗する．水洗作業は一晩程度で終了するが，原

**図 4.3.2.2** 原料の天日漂白

料を槽から取り出すときも十分洗うことが必要である．

(6) 原料のちり取り

煮熟し，漂白された原料は，白くつやのある原料に変化しているが，まだ繊維中に夾雑物が含まれている．原料の中には，生育途中に木と木がこすれ合って傷になった部分や枝分かれした部分，ツタなどが枝に巻きついてできた堅い部分などが煮熟されずに黒い状態で残ることがある．また，原料処理中に水に含まれている砂や不可抗力で混入する不純物が残っているため除去する．

① 手作業によるちり取り

原料をよく絞り，ちりを手で取り除く作業の「空より」と，原料を少量ずつ水に浮かし，手でさばきながら微細なちりを指先やピンセットで取り除く「水より」作業がある．手作業によるちり取りは欠くことのできない作業だが，1日にわずか約 3.7 kg しか処理できないため，根気のいる一番つらい作業である．特に，寒い冬の作業は，湯で手を暖めながら一日中休むこともなく続けている姿を見かけることも多い．

② スクリーンによるちり取り

ミツマタやガンピは繊維が細く短いため，フラットスクリーンで機械的にちりを取り除く方法がある．1,000 分の 7 インチの間隙をもったスクリーンに原料と多量の水を流す．原料はスクリーンの目を通過し，ちりはスクリーン上に残る．なお，スクリーンを使った作業は，原料の解繊後に行われる．

(7) 原料の打解

原料の打解には，手打ちによる場合と，機械を用いる場合がある．

① 手打ちによる打解

長繊維であるコウゾは強い紐のような状態であり，容易に1本1本の繊維にほぐすことができないため，原料を樫の棒などで叩く．堅い石や分厚い板の上によく絞った原料を並べ，手打ちで約1時間程度叩き，紐状の原料が少しほぐれるようになると少量の水を全体に散水し，5分程度の仕上げ打ちを行い，終了とする．

② 機械による打解

機械的には，モーターの力で太い木枠を振り下ろす，打解機という機械でコウゾやガンピを叩く．時々原料を中央に寄せたり，反転させたりしてまんべんなく叩くことが大切である．なお，一般的にはミツマタは打解作業を必要としない．

(8) 原料の解繊

原料の解繊には，手作業で行う場合と，機械で一度に多量の処理をする場合とがある．

① 手作業での解繊

ネットや布を張ったざるに少しの原料を入れ，流水中で手で原料を掻き分け，繊維分以外の物質を洗い流しながら繊維を解繊する．作業時間としては，紙の用途により 30〜60 分かかる．

② 機械での解繊

手の代わりに精練機という機械を使って，手作業と同様な解繊を行う産地もある．また，ホレンダービーターやナギナタビーターを用いると，5分程度で解繊が終了する．高速回転で行うため，時間をかけすぎると逆に繊維同士が絡み合い，「双眼」，「にない」，「くくり」，「つり」などと呼ばれる結束ができ，紙料として使えなくなるので注意が必要である．堅くてほぐれにくい原料はホレンダービーターの歯を少しの時間下ろすことにより解繊させる．紙は鉄錆を非常に嫌うため，原料に触れる機械や設備はできるだけステンレス製が望ましい．

2） 手漉き作業

(1) 手漉き作業の準備

手漉き作業を行う準備として，繊維を分散させる「ネリ」の準備と，紙漉き用具である「簀桁」の準備が必要である．

① ネリの準備

手漉き和紙の抄紙には，一般的にトロロアオイの粘液が用いられる．この粘液は，多糖類に属する炭水化物で，強い粘性を示すが粘着性（接着性）の弱い性質をもっている．植物から抽出された物質であるため，温度や細菌，空気中の炭酸ガス，酸・アルカリに弱く，夏季には数時間でまったく使用できない状態になることもある．トロロアオイのほかにノリウツギの樹皮やギンバイソウやアオギリの根から粘液を抽出して使用する産地もある．最近では化学粘剤を使用する場合も多くなっている．植物粘液は，和紙の緊縮度を高め，紙の光沢を増し，紙床から湿紙を剝がすときに粘性も消えているなど，手漉き和紙に非常に適した粘液である．しかし，白土などの填料を使用する場合やサイズを施すために硫酸アルミニウムを用いる場合は，金属イオンとトロロアオイが反応して凝集することがある．このような場合は，他の植物粘液や化学粘剤を使用しなければならない．

(ア) トロロアオイ

秋収穫されたトロロアオイは，冷涼な場所に設置されたタンクに貯蔵する．保存剤として石炭酸やクレゾール石鹼液，ホルマリンが用いられる．トロロアオイを使用する場合は貯蔵タンクから1日使用する分量だけを取り出し，薬液や土をよく洗い流し，木槌で打ち砕いて木桶などに入れ，水に浸す．夏場は腐敗を防ぐため，ホルマリンを少量滴下させることもある．翌朝まで放置すると粘液が溶出してくるので，木綿布などで粘液を濾過して使用する．

(イ) 化学粘剤

石油より誘導されるエチレンオキサイドを重合したポリエチレンオキサイドやポリアクリルアミドが一般的に使用される．溶解方法は，水を激しく撹拌しながら，化学粘剤を徐々に振りかけ，未溶解物ができないよう注意する．化学粘剤の場合も濾過して使用

する．
　② 簀桁の準備
　簀桁を使用するときは，簀が波打ったりしないよう清水に十分浸し，桁に簀を合わせて全体に凹凸がないように揃える．特に，簀に紗（うすぎぬ）を敷き紙を漉く紗漉きの場合は，紗と簀の間に空気を含み，凹凸ができやすいため注意して準備をしておく．
　（ア）　簀桁
　簀には竹ひごや萱ひごが使われている．竹ひごは，淡竹や真竹を小割りしてつくられる．1本の径が 0.5～0.7 mm と非常に細く，和紙の種類により太さの違うひごが使い分けられる．萱ひごにはススキの穂軸が使われ，1本の径が 1.0～1.5 mm の太さである．これらのひごを編む糸は，生糸に撚りをかけ，渋引きされた強靭な編み糸が使われる．簀編み作業は，一定間隔に前後から対になった編み糸をひごにかけ，締まり具合いを調整しながら規則正しく編む．また，桁には良質のヒノキ材が使われる．桁は紙料水を汲み込んだとき，その重量で桁が水平になるようにわずかに湾曲した構造をしている．
　（イ）　簀桁の保管
　使用した簀は，付着した原料を取り除き，流水でふるい洗いをした後，板の上に載せブラシで軽くこすり，汚れをとる．再度水洗いをして 70～80℃程度の湯をかけたあと，簀の中心を吊して乾燥する．乾燥後は，丸めて新聞紙などで包装して保管するとよい．桁は，水洗いをし，繊維を十分に除去してから平行に吊して保管する．
　③ 紙料調整
　打解した繊維を紙料というが，紙料やネリ，簀桁の準備ができると漉き槽での紙料調整を行う．漉き槽の8分目まで水を入れ，生紙にして 30～40 枚分の紙料をほぐしながら入れ，「ざぶり」という強く水を動かす工程で細かく分散させる．紙料は約 3～5 分で分散するので途中でネリを入れ，再度ざぶり作業を行う．あとは小振り棒で紙料を掻き回し，最後の調整を行う．紙の用途や厚さ，地合などにより，粘性の調整が必要である．

## コラム　トロロアオイ

　トロロアオイ *Abelmoschus manihot* Medic（＝*Hibiscus manihot* L.）は，黄蜀葵（おうしょくき）とも呼ばれ，中国原産のアオイ科多年草（栽培上は一年草扱い）で，高さ 1～2 m になる．夏～秋にかけて，直径 10 cm ほどの黄色い美しい花をつける．太く肥大した根は多量の粘質物を含み，叩きつぶして冷水に浸漬すると，大量の粘液を得ることができる．

この粘液は「ネリ」,「ネベシ」,「ノリ」,「ニベ」,「タモ」などと称し,手漉き和紙の最大の特徴である「流し漉き」では必ず添加される.近年まで,ノリウツギ,ビナンカズラなどの粘液もネリとして用いられたが,現在はトロロアオイが最も一般的なネリを採る植物である.

　粘液は粘性を示すが,それはデンプンやアルギン酸ナトリウムなどの粘性とは感覚的に異なり,曳糸性,弾性が強く,ゼリー状のゲルはつくりにくい[1].かなり強い界面活性[2]がある.紙料液に粘液を加えると,繊維が凝集しなくなる.さらに,簀の上に汲み上げられた紙料液の濾過速度が低下するので,「流し漉き」特有の簀桁操作が可能になり,長い繊維を原料として薄くて均一な地合の和紙ができ上がる.このような粘液の作用は,粘質物高分子が繊維表面に吸着[2]して,厚い固定層(吸着層)をつくることによって生じる.

　粘液の化学組成は一般の植物性粘質物と同様に多糖類であり,本体はラムノースとガラクツロン酸で構成されたポリウロニドである.トロロアオイ根から抽出されたばかりの新鮮な粘液(ネリ)は,このウロニドの主鎖にアラバン,キシランなどが弱く結合し,さらにデンプンなどが複雑に絡まり合って水に溶けている[3].長時間放置,あるいは加熱やミキサー処理などによって,アラバン,キシラン,デンプンなどは主鎖から分離する.同時に粘性,曳糸性,界面活性などが消失あるいは減退する.この現象は,夏季に実際の紙漉きにおいてしばしば発生し,「流し漉き」の作業を困難にする.

　昔は,秋に収穫したトロロアオイ根は翌春まで貯蔵しがたく,紙漉きはもっぱら寒中の仕事であった.春になると粘液の性能が低下するので,デンプン糊料を補助剤として用いた.『紙漉重宝記』[4]はこのあたりの事情を「寒漉トロロ計にて製するを生漉と唱え,書物に用い年久しく所持するに虫入らず,上品にして石州紙の妙なり,春漉のり加えしは請合がたし」と記述している.

　このように,天然のトロロアオイは腐敗しやすく,価格の変動も激しい.それで,取り扱いの容易な,合成ネリ[5]が開発されている.〔錦織禎徳〕

文　　献

1) 町田誠之 (2000):和紙の道しるべ, pp. 160-172, 淡交社.
2) 錦織禎徳, 千田　貢 (1978):トロロアオイ粘液の若干の性質とビニロン/水界面における吸着挙動. 紙パ技協誌, **32**:99-106.
3) 町田誠之, 内野規人 (1951):ポリウロニドの化学的研究－トロロアオ

イの粘質物の研究．日本化学雑誌，**72**：917-919；(1953)；同，**74**：185-187．
4) 国東治兵衛 (1798)：紙漉重宝記；複製本 (1943)：一壺亭茶話と紙漉重宝記，pp.15，紙業出版社．
5) 錦織禎徳，町田誠之 (1964)：ポリエチレンオキシドの抄紙性．紙パ技協誌，**18**：273-277．

(2) 手漉き

手漉き作業は，紙の用途や産地により相当違ってくるが，「汲み込み」，「調子」，「捨て水」の3段階に大別される．代表的な手漉き和紙である「土佐典具帖紙」は，「汲み込み」作業と同時に横揺れをかけたり，「調子」作業のときに紙料が渦を巻くように簀桁を動かし，コウゾのような長い繊維をできるだけ長い状態で絡ませるようにする（図4.3.2.3）．「本美濃紙」の場合は，「調子」作業で横揺れを十分に行い，紙の地合を良くするようにしている．なお，簀に接した面を紙の表にする産地と，紙の裏とする産地がある．

① 汲み込み

紙料を水平に少し汲み込み，簀全体に勢いよく流す．紙料を返しながら再度汲み込み，揺する．このとき，簀の上についた分散の悪い繊維や結束を針やピンセットで取り除く．

② 調子

紙の厚さや地合を構成する作業で，紙料を比較的多く汲み込み，縦揺り，横揺りを行う．紙料は簀の全面に届くように回流させる．調子作業は，多量の紙料を汲み込むため，

**図 4.3.2.3** 手漉き作業（口絵6）

桁を漉き槽にもたせかけ，縦揺りを行ったり，吊りを利用して横揺りを十分行う．

③ 捨て水

少し紙料を汲み込み，全体に広げながら徐々に簀の前面に送り，捨て水する．捨て水の波を2重，3重に送ることにより，表面を滑らかにし，紙に光沢を出すなど，大切な作業である．最後の捨て水は，勢いよく一度に簀の向こう側に捨てる．

④ 紙床移し

簀桁を漉き槽の梁に載せ，簀を手前に少し寄せて空気が入らないようにひびれを折る．これは，湿紙を乾燥するときに紙床から一枚一枚剥がしやすくするためである．最近ではひびれを折る代わりに細い紐を挟む場合も多い．漉き上がった湿紙を紙床に移すときは，空気を伏せ込まないよう四隅を正確に揃えることが大切である．

(3) 湿紙の脱水

1日の手漉き作業で，200〜300枚の湿紙が紙床台の上に積み重なる．この紙床の全体を麻布で覆い，厚い板を載せ，少し重量をかけて一晩放置する．湿紙中の粘液が時間とともに自然に消え，圧搾してもつぶれなくなるので，厚い板を上下に挟み油圧式の圧搾機で少しずつ圧搾，脱水する．

(4) 湿紙の乾燥

圧搾された紙床は，水分も少なく一枚一枚剥ぐことが困難なため，また，乾燥面からすぐ剥がれることなく容易に張ることができるようジョウロで少し水を含ませ柔らかくする．紙の乾燥方法には，一般的に乾燥機による蒸気乾燥と干板を用いる天日乾燥があるが，湿紙を木枠に張って室（ムロ）で乾燥する場合もある．

① 乾燥機での乾燥

乾燥機は三角型，平型，垂直二面型などがあり，いずれも蒸気を通して表面温度50〜60℃程度で紙を乾燥する．広い紙や弱く破れやすい紙は，細い棒に掛け，そっと乾燥面に移動させるなどの工夫をしている．

② 干板での乾燥

干板には，マツ，イチョウ，トチ材が多く使われる．作業場で干板を横にし，紙床から剥がした湿紙を干板に載せ，刷毛で皺にならないように張る．干板と湿紙との間の空気を追い出すように刷毛を当てるのがコツである．紙が乾燥面から剥げ上がらないように紙の隅は刷毛を強く当てる．また，同様の理由で糊液のついた布で紙の辺の部分が当たる乾燥面を拭いておくこともある．晴天時では，約2〜3時間で乾燥するので，干板を裏返し両面を乾燥させる（図4.3.2.4）．干板を長年使用すると木目の部分が盛り上がり，紙に木目の跡が出てくるので，カンナで木目を削り取ることがあるが，最近ではその木目が手漉きの風合いを醸し出すことから，民芸紙などは逆に木目入りの紙として流通している．

**図 4.3.2.4** 干板での乾燥作業

③ 乾燥刷毛

乾燥用の刷毛には，馬毛刷毛，シュロ刷毛，稲わら刷毛が使われる．馬毛刷毛が最も多く使用されるが，厚い楮紙の場合は，乾燥面に強く張る必要があるため，稲わら刷毛を使用する産地もみられる．

(5) 紙の断裁

乾燥した和紙は，用途により目的の寸法に包丁などで裁断する．手漉き和紙特有のひびれを消費者が好むことが多いため，断裁せず漉いたままの状態で流通する場合も多くなっている．

3) 手漉き和紙の課題

各産地や研修施設などで，若者がせっせと手漉き和紙作業に取り組んでいる姿を見かけることが多くなってきた．ものづくりに人生をかける者，自由に創作意欲を発揮しようとする者，地域の伝統を守ろうとする者など，いろいろな形で手漉き和紙づくりに従事している．一昔前の状態から考えると時代が変わったとの見方もあるが，ここで大切なことは，手漉き和紙の基本的な技術から逸脱しないよう心がけることである．例えば，原料の見分け方，原料の処理技術，紙漉きの技術をしっかりと修得し，伝統ある技術を守り続けることが重要である．

一方，手漉き和紙を支えてきた原料づくりや手漉き用具づくりの技術を，同様に後世にしっかりと伝えることも大事である．安易に外国からの輸入原料，輸入用具を使い始めると，日本古来の手漉き和紙が足もとから崩れ始めるのが目にみえている．手漉き和紙が現代このように存在するのも，これらの人々に支えられてきたおかげだということ

を忘れてはならない．手漉き和紙業者自らが，このような技術者たちに手を差し伸べ，後継者を育成し，「手漉き和紙づくり」，「原料づくり」，「用具づくり」が三位一体となり，日本の和紙文化を守り続けることが大切である． 〔宮崎謙一〕

## コラム　世界一大きな手漉き紙

「平成大紙(へいせいたいし)」は平成元年（1989），株式会社上山製紙所（代表：柳瀬彦左衛門）によって漉かれた世界一大きな手漉き和紙である．

同年に福井県今立町で開催された「IMADATE 展」のメインイベントであった「和紙の力」越前和紙 1000 年国際美術館の作品用紙として，特別に漉き上げられた記念の大紙である．企画段階では昭和年号期であったのが，漉き上げは，新しく「平成」に改元されたときでもあり，「平成大紙」と名称がつけられた．

縦 7.1 m，横 4.3 m，重さ 4.1 kg という，手漉き和紙としては，当時世界ギネスに登録されていた 5.5 m 四方の和紙（同社製：越前大鵬紙）を上回る大きさで，世界一大きな手漉き紙として，1989 年度ギネスに認定された．

この大紙を漉くための漉き桁や簀編みの製作におよそ半年を費やし，漉き場として上山製紙所内の大幅な吹き抜け改築も余儀なくされた．特別に用意された特大の漉き槽と，天井から鎖で吊り下げられるように設計された漉き桁が組まれ，紙漉きには前後 6 人ずつの計 12 人のベテラン紙漉き職人がかかり，大きな掛け声に合わせて桁を揺り動かしながら，1 枚 3 層の漉き合わせで漉き上げられた．

大量の原料のコウゾを十分に吟味し，耐久年数を保つための漂白作業までも留意され，越前和紙の 1,000 年の証として見事に製作されたものである．

また，この大紙企画に感動し，平成元年に生まれ合わせた今立町民より，ぜひ署名の記念サインをしたいという声が挙がり，「平成元. 在今立. 千歳筐. 戴大紙.」と題して，IMADATE 展の期間中，各地区の署名会場を巡回しての署名イベントが開催された．この紙は国際美術館作品とともに残されることとなった． 〔長田昌久〕

### b. 機械抄き法

わが国の紙漉きの歴史において，機械が導入されたのは明治以降のことである．伝統の「和紙」を洋式の機械で抄造しようとする試みは，早くも明治7年（1874），時の紙幣寮が有恒社の輸入抄紙機を借りてガンピの紙を抄いたことに始まり，同14年には富士地区の有識者が余剰ミツマタ処分のため王子製紙に委託して壁紙をつくり，全量を青山御所に納めたとの記録もある．しかし，これらはスポット的な試みというべきで，本格的な和紙の機械抄造は，わが国の産業革命のその後のテイクオフ（離陸：生産的投資が急に上昇する現象．日本では1878～1900年という説が有力）を待たねばならなかった．

そのはしりとされるのは，明治28年（1895）原田製紙が水車動力により小型のビーターと円網抄紙機を運転し，「ネリ」を用いてナプキン原紙を，続いて三椏紙を製造，同年末に真島製紙所が竹簀を巻いた円網で模造の和紙を製造したころである．そして明治39年（1906），日露戦争後の土佐，芸防などの会社組織による円網ヤンキー式抄紙機と電動機による和紙製造からが本格的なものと考えられている．

しかしながら，当時から戦前に至るまで，王子や三菱など，輸入機械を擁する大メーカーでもパルプやノット粕を原料として，「半紙」や「蚕座紙」などを盛んに製造し，これを「機械抄き和紙」と分類して市場に出していたので，これも和紙機械抄きの議論に含めると，焦点がボケてしまうので，これは除外して考えることとする．

同様のことは，戦後の紙不足時代にブームとなった「仙貨紙」についてもいえる．当時古紙を主原料としたこの種の「統制外」の粗悪な疑似洋紙が，業界でも行政面でも「機械抄き和紙」として位置づけされ，昭和24年（1949）から逐次統制解除となるまで，大小の各紙メーカー（ピーク時には459工場）がこぞって生産した過去があり，これがのちのち「機械抄き和紙」のイメージを，粗悪品，二級品，補間品として著しく落とす素因となったこともある．これも当議論に含めることは適当でないので除外する．

したがって本論では，伝統の手漉き和紙の製法をルーツとした「機械化」の問題を中心として，その特異点などを考えてみることとしたい．

1) 和紙抄造の機械化

機械化のメリットは，同一製品の量産と，安定した品質とその精度の良いコントロール，製造コストの低減などにあるが，加えて手作業では困難な極小・長大製品の製作を可能とする点や，作業環境の改善などにもあるはずである．一方機械化は，粗製濫造や過剰生産の危険を含んでいることも争えない．そこで「手漉き」の機械化は，その問題点を排除しつつ，一定の量産効果と安定した品質の確保，および手漉きでは困難な超薄紙や長巻き取りの紙の製造などを，良い作業条件や環境で実現しうるか否かが価値判断のポイントとなるはずである．

ところで，わが国伝統の「手漉き紙」は，細長柔軟な繊維を，粘剤すなわち「ネリ」を用いてよく分散させ，流し漉き方式で，汲み込みの繰り返しと捨て水による繊維配向

の美的交絡と浮遊異物の排除，それによる地合の均一化と良き風合いの醸成にその製造プロセスの特徴があるとすれば，「機械化」の要点はこれらの達成がキーポイントとなるはずである．そこで当初の取り組みとしては，簡易な構造をもつ円網抄紙機を用い，「ネリ」を使用して良好な繊維の分散と濾水速度のコントロールを行いながら，順流式バットにより適量のオーバーをとることによって流し漉き効果を与え，伝統的和紙の特色を求めるという方式が採られることとなった．このような形で，和紙製造の機械化は明治末～大正にかけて，大衆消費用の製品を柱として急速に普及していくこととなった．

最も簡単な構造のものは，直径3～4フィート，幅1,500～2,000 mmの円網シリンダー1基と，直径6～8フィートの鋼板製ドライヤー1基を備えた円網ヤンキー式抄紙機と称されるタイプのもので，抄速は100～150 m/分程度，日産能力5 tあるいはそれ以下のもので，ピーク時にはわが国の全抄紙機の約半分，500台あまりがこのタイプで占められた．装備の不利にもかかわらず数々の工夫と努力によって，黒白のちり紙，半紙，包み紙，後にはトイレットロールなど，家庭用，学童用の紙が安価に製造されるようになり，これらが「機械抄き和紙」として市場に供給されることとなった．中小企業による地場産業としての生産体制の成立である．この体制は，大正中期ごろマニラ麻が機械抄きに適することが判明し，一部で高級薄様和紙の製造も行われはしたものの，基本的には現在に至るまで変わっていない．改良半紙や手代奉書など，コウゾを含めた手漉き紙に代替するような紙の機械化は，まだ先のことであった．

このようにして，和紙製造の機械化は，まず需要の多い実用品の製造から始まったものであるが，その形態下でも品質の向上や抄速および能率アップのための改善努力は競って考案された．例えば，円網バットでの懸け流し，棚付け，底付けなどの方法による手漉き紙感への接近や能率の向上など，この分野独自の成果も多数あげられている．

また，ちり紙やトイレットロールなどに対するクレープ付けやソフトさの付与など，仕上げや加工面でも評価すべき実績も多いが，この分野での最も評価すべき成果は，永年積み上げられた古紙処理技術の進歩についてであろう．タワー熟成法や除塵，洗浄の効率的方式などは，国内外での古紙の活用が注目されるよりはるか以前から開発され，その一部は大手にも取り入れられ海外にも輸出されるなど，誇るべき成果をあげているものもある．

ところが，昭和39年，40年代に入って，従来中小の機械抄き和紙メーカーの独壇場と目されていた家庭用紙の分野に，大手の洋紙メーカーがこぞって参入し，大型マシンと自社製パルプを使用して，日額50 t，100 tの単位でティッシュペーパーやトイレットロールなどを製造するに及び，この情勢は一変してしまった．まともな生産性の競争はできなくなってしまったからである．

対応策の一つは，上記古紙の効率的処理などであるが，抄紙機についても応分の対応策が検討されることとなった．図4.3.2.5に示すフォーマーはその一例である．古紙処

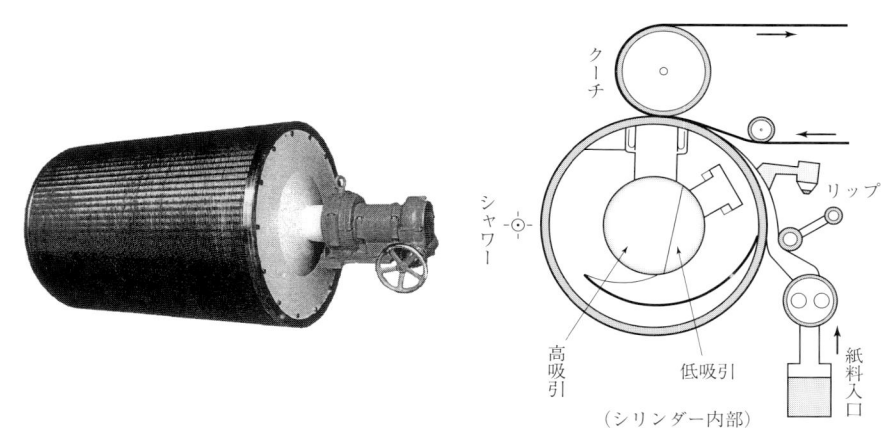

**図 4.3.2.5** 内部吸引式円網フォーマーのシリンダー部
（梅原製作所，ジェットフォーマー）

理技術を下敷きとして，短繊維分の歩留りなどにも考慮し，コンパクトな構造の内部吸引式の円網型フォーマーである．抄速も 400 m/分前後から，他の形式のものでは 800〜1,000 m 可能のタイプのものも製作されている．こうなってくると「粘剤」の使用を除けば和紙と洋紙の区別はつかなくなってしまった．「和紙」機械化の選沢肢の一つの結果といわざるをえない．

2）短網抄紙機，懸垂短網抄紙機と複合抄紙機

本来的な和紙原料を対象として，手漉き並みあるいはそれ以上の別の品質，ないしは手作業では困難な作業や能率の達成を期する抄紙機として，標記のものをあげることとする．

このうち，短網抄紙機は必ずしも当初から手漉き代行を直接狙ったものではない．昭和 26 年（1951）佐野久蔵氏の開発にかかるもので，当時需要の多かった各種機械抄き和紙を，長網に近い品質と能率で対抗すべく，戦災で破壊された部品を集めて，簡易でコンパクトにつくり上げたことから出発したものである．図 4.3.2.6 にそのオリジナルの型を示すが，網は水平に保持され，長網に一般的なサクションボックスやダンディーロールなどは一切ない．網の長さは当時「物品税」の対象からはずれていた 20 フィート以下となっている．構造上の特徴は，網の全長が短くて全機コンパクトであるほか，籠型大径のクーチロール上で搾水されたウェットシートは，そのまま密着するウェット毛布で反転移送されるので，薄いシートであっても紙切れの心配はない．また，網を含めた全体の駆動は，プレスロールを通じて上記 1 枚の毛布でなされるので，速度の部分調節などは一切不要である．このように簡便な構造にもかかわらず，形成されるシートは長網機構と同じく，紙料の流出速度と網の走行速度とをかなり同調させることができ

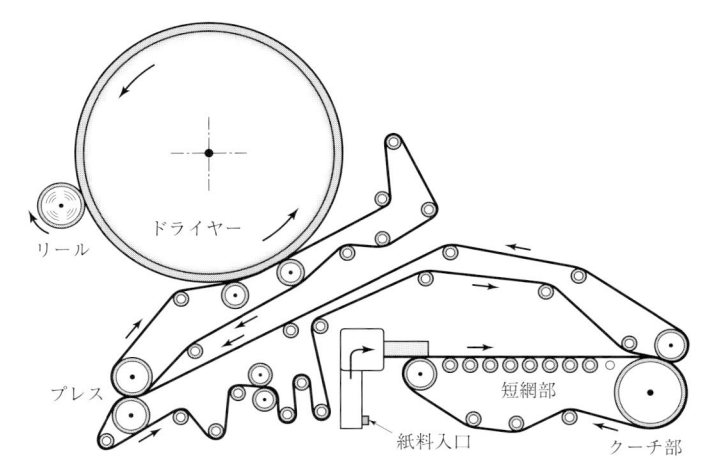

**図 4.3.2.6** 短網抄紙機（佐野久蔵氏原図）

るので，円網のような極端な縦横差を生じない．また速度についても円網のような遠心力による限界もない．「ネリ」を使用して抄速と脱水をコントロールすれば表裏差も少なくできるし，地合も良くなる．フローボックスからオーバーを循環させて「流し漉き」効果を求めることもできる．

　このようにして，円網と占有面積にも大差のない簡単な設置にもかかわらず，手漉き紙の紙質により近づいた紙が能率的に抄造できることが実証されるところなった．オリジナルのものは，抄速 200 m/分程度を目安としたようであったが，現在では速度ではなく，紙質の向上効果に主眼を置いて，縦横差や表裏差の少ない地合の良い紙，またはこれらの要素を自由にコントロールした紙を得ること，および水平網面を利用して各種オンマシン加工や加飾などを容易に実施できる点に利点を求めるケースの方が多くなってきた．例えば，低速で水平な網面への第二の材料，金箔，雲龍，七夕，染め流し，その他の加飾や加工などがその例で，機械抄き和紙の範囲を著しく広げる効果をもたらした．

　このようにして，加工度の高い和紙製品が簡便な機械で抄造できる例が増えてきたが，さらにこの式の抄紙機は，構造簡易の利点を活かして，他の短網または円網との複合設置，すなわち抄き合わせ作業が容易に実施される点にも，大きな利点がもたらされている．いわゆるハイブリッド構成である．これによって薄紙であっても「抄き合わせ」によって良好な地合を現出し，また，異種原料との「重ね抄き」や「模様抄き」ないしは第二の素材のサンドイッチ処理なども容易に実施できるようになった．例えば，模様入り障子紙や化粧紙，壁紙，襖紙，奉書，書道用紙，各種工芸用紙や美術紙などの付加価値の高い和紙製品の製造や，各種機能化処理紙などがその例である．

　次の懸垂短網抄紙機は，昭和 30 年に高岡丑太郎氏によって製作され，自工場で「典

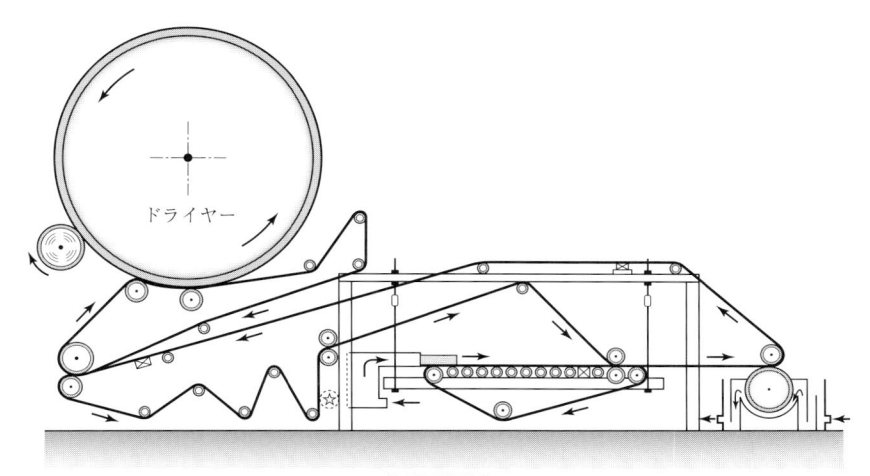

(円網併用例)

図 4.3.2.7 懸垂短網抄紙機（高岡鉄工所）

具帖」を抄いたことから始まったもので，当初から「手漉き」に代わってコウゾなどの伝統的和紙原料の機械抄造を目的としたものであった．

構造は，上記の佐野式短網機よりさらに小型につくられ，抄速も当初は手漉きの10倍程度を狙ったものであるが，手漉きのアクションを取り入れるため，網機構全体を木のフレームなどから吊り下げ，必要に応じてシェーキングや，傾斜配向もとれるようになっている．外形は図4.3.2.7に示すように，サクションボックスの設置その他装置自体の構成も今ではかなり改善され，抄速も130 m/分前後可能の設計もなされている．

円網との複合使用などの利点は，先の短網の例と同じであるが，特に長繊維料による高級薄紙の製造，例えば，京花，画仙，鳥の子，かつての典具帖，コピー紙，謄写版

原紙など，低速でていねいな抄紙に使用されるケースが多く，中でもコウゾを主原料とする高級障子紙などの製造には，この装置によらない限りその機械抄きはほとんど困難とされている．ただ留意すべきことは，これら伝統の長繊維紙料を機械抄紙する場合，抄紙機構だけではなく，紙料液の液送問題について，「もつれ」，「くくり」の発生排除のために，特別な配慮が必要である点についてである．

その他，和紙の分野で使用されている抄紙機としては，「傾斜短網型」のものや「ハーパー型」のものもあるが，前者は湿式不織布の分野に近く，後者は通常長網と本質的に変わらないので省略する．

3) 和紙の機械抄き技術に密接するその他の要素

(1) 粘剤（ネリ）

粘剤すなわちネリは，その使用の有無によって「和紙」と「洋紙」とを区分するほど重要な作業要素である．装備のあまり良くない装置で長繊維の紙料から薄くて均一なシートを得るには，その使用を抜きにしては考えられない．この問題については，永年トロロアオイやノリウツギなどの天然物の大量の安定入手，通年保管の問題に悩まされていたが，昭和40年以降，町田・錦織両氏の研究や国の補助，メーカー筋の努力によって，現在は，分子量400万～500万程度のポリエチレンオキシドと，同500万～1,000万程度でその15～20％を加水分解したポリアクリルアミドなどの希釈水溶液が高度の「曳糸性」を示し，十分に天然品に対抗できることが実証され，今ではほとんどの和紙の機械抄きにこれらが使用されるに至っている．

価格も安定し，常時入手が可能であり，紙料に対し0.1％前後の使用で有効であり，ポリエチレンオキシドは作業中に泡の発生や，光，強攪拌，鉄イオンなどに対する安定性に問題があるものの，中性で使いやすく，アクリルアミドはイオン性があるものの高温，強攪拌，長時間放置などにも安定で，泡も生じず，薬品添加の少ない和紙の場合便利に使い分けされている．またアクリルアミドは若干の接着性もあるので，紙力の補強のほか乾燥時紙面の無光沢仕上げの効果を発現することが指摘され，便利に使用されている．

(2) ナギナタビーター（ナイフビーター）

次に，コウゾなどの長繊維の処理について，ナギナタビーター（ナイフビーター）をあげなければならない．機械抄きの場合，一定のまとまった量の離解・叩解処理が必要となるからである．このうち，打叩問題は別として，「もつれ」のない繊維の均一な離解と分散にこの装置が卓効を示すわけである．図4.3.2.8にその外形を例示するが，昭和初期に開発されたものである．

構造のポイントは，通常のビーターロールに代えて，ナギナタ状の刃を数組放射状に取り付けたロールを設置し，槽底との空きを十分にとった上で，これを300回転/分程度の高速で回転させて槽内の液を回流させる．紙料の濃度は2％以下とし，「粘剤」を

**図 4.3.2.8** ナギナタビーターの外形

十分加えて処理すれば，コウゾなどの長繊維であっても切断されることなく，60分内外で「もつれ」のない均一な離解と分散が達成できる．

ただ，これに関連しても，紙料の液送の問題がある．落差，水車などの利用のほかは，ポンプには適切なものがなく，真空汲み上げによる液送が最適の方法かと考えられている．

(3) 化学繊維，合成繊維の代替使用

最後に付け足したいことは，機械抄き和紙に有効に多用されるレーヨンまたはポリエステル短繊維についてであるが，その1.5デニール（糸の太さの単位．長さ9,000 mの糸の重さが1 gのときを1デニールの太さという），5〜7 mmのものは，コウゾ繊維に酷似し，入手容易で価格も安定している．天然繊維とのなじみも悪くなく，特に比重が同等であるなど，作業性も良く，白さ，手触り，光透過性，均質性では優れ，ごみもなく清潔で，排水への悪影響もないので，広く障子紙や化粧紙，紙ハンカチなどに，コウゾやガンピに代わって高級和紙類の原料として便利に使用されている．

これらの繊維は，その太さや長さの自由な設計が可能のほか，断面形状や色，不透明度などの因子も設定が可能であり，雲龍などの加飾用に使用する場合は中空状の柔らかいものやリボン状のもの，扁平なもの，光沢の有無など選択の幅はきわめて広い．ただ，それ自体ではフィブリル性（毛羽立ち性）の結合力がないので，天然繊維との混抄であってもバインダーの併用が必要となる．これに対応するものは湿熱溶解性の繊維状PVAバインダーである．溶解区分ごとに60〜90℃まで市販されており，いずれもレーヨンなどに対して5%前後が混抄され，ドライヤーや製品の条件に応じて使い分けされる．

機械抄き和紙の範囲拡大と品質向上に対する近年の寄与が大と考えるのでここに取り上げた．ほかではポリアミドやPPなどの使用もあるが，作業性に問題もあり，本格的には不織布の分野に入り込むので省略する．

以上，和紙の機械抄きに関する来歴と特徴について，この100年間の歩みを駆け足で辿ってみた．まだ記述に値すると思われる事項もあるが，紙面の都合で割愛する．

「機械抄き和紙」の今後を考える上で，多少とも参考となる点があれば幸いである．

〔堀　　　洸〕

### 4.3.3　和紙の性質

#### a.　とらえにくい多様な和紙の性質

和紙のもつ特性または機能として「用と美」という言い方がされる．「用」とは実用性であり，「美」とは実用性を離れた美的要素による人間の感覚への訴求力である．和紙が王朝時代から現代まで多様な製品を生み出し，また洋紙全盛の現代においても，量的にはわずかではあるが社会に存在し，日本文化の重要な部分を担い続けているのは，洋紙では得られない特有の性質を和紙がもっているからである．

和紙の性質を把握しようとすると，洋紙とは異なった困難さがある．すなわち洋紙における力学物性，光学物性，化学物性などの物性値をとらえようとしても，手漉き和紙の場合，シート自身が洋紙と比較すると一般的にシート構造と表面特性が不均一であるために，1枚のシートの多くの場所，および多くの試料を測定し平均的な値をとって物性値とせざるをえない．

洋紙が実用を目的として大量生産され，比較的均一な特性をもつのに反して，和紙は美的，また工芸的用途を目的として少量しか生産されず，繊維が比較的長く手漉き法でつくられる．そのため地合が悪く，諸特性が不均一になりがちである．だが，逆にその均一でないという揺らぎのある特性が和紙の美的要素となっている．

和紙は，洋紙と比較すると長い歴史が経過したのにもかかわらず，従来科学的な側面での考察は洋紙に比べてはるかに少ない．洋紙技術の導入後も現在に至るまで物性値から標準的な測定法はなく，洋紙のような形での物性値を示すのは容易ではない．

そこで本稿では，まず和紙の特徴を洋紙と比較する形で記し，和紙特有の性質というものをとらえ，その後，その他のとらえ方を試みてみたい．

#### b.　洋紙と比較した和紙の性質の一般的特徴

和紙の性質は，原料と漉き方および漉いたあとの加工法により決まってくるが，まず和紙の原料と漉き方，加工法の特徴を考察してみよう．

1）　原料に起因する性質

洋紙が木材パルプを主原料とするのに対して，和紙は靱皮繊維といわれるコウゾ，ミツマタ，ガンピという3種類の植物を主原料とする．和紙の靱皮繊維は，木材パルプの3～5倍ほどの長さがあるために紙料液中で凝集体をつくる傾向が強い．また，手漉き法の場合，トロロアオイにより水の粘度を増加させ，また紙料液の分散系を安定にしようとしても，洋紙と比較するとシートは不均一になる傾向がある．また靱皮繊維はリグ

ニンを大量に含む木材パルプよりも温和な化学的条件で繊維が取り出されるために劣化が少なく，セルロースを組成の主成分としながらも，靱皮繊維は木材パルプよりも強靱といえる．

また，コウゾ，ミツマタ，ガンピは育てられる地方の土壌，温度，降雨量などの風土的な条件が異なると特性が異なる．これが地方ごとに異なった和紙を生み出し，多様な品種の和紙が存在する一つの理由である．

2）製造方法に起因する性質

洋紙の場合には，大量生産の目的で，一定の条件下で高速で走行する抄き網の下を真空にして高速脱水し，かつプレス工程を経て湿紙を高速乾燥するためにシートは均一性が高く，かつ緻密になるので密度が高い．それに反して和紙，特に流し漉きによる手漉き和紙では，漉き網からの水の落下を重力に任せたままにすると繊維の落下が早すぎ，配向しにくい．そのため，トロロアオイのようなネリといわれる粘剤で水の粘度を増すことにより，繊維が漉き網を動かす手の動きに従って水が動くようにして繊維を緩慢に配向させる．そのために紙層構造と表面に不均一さが残るが，この不均一さが和紙特有の美の重要な構成要素ともいえよう．また水の落下が緩慢なのでシートはそれほど緻密にならず洋紙と比較すると密度が低い，すなわち，かさ高になる傾向がある．

一方，機械抄き和紙は抄き幅と抄速は洋紙よりもはるかに小さいが，洋紙と同様な方法でつくられるために，均一性が手漉き和紙よりもはるかに高く，均一さは一般的には手漉き法による和紙と洋紙の中間にある．

3）加工法

紙料液中に染料や添加剤などの加工材料を入れると，漉いた紙の紙層全体に加工材料の特性が発現するが，湿紙ができたあと，または乾燥後に加工材料を張り合わせたりすると加工材料の特性は表面にのみ発現する．いずれにしても加工工程において生漉紙では得られなかった多様な機能が和紙に付与される．

**c. 外部からの刺激への応答性に関する性質**

洋紙における物性値と同じ考え方であるが，和紙が光，応力，水分や熱などの外部刺激や環境条件にどのように応答するかという面での特性であり，現状では標準的な測定法は存在しないが，和紙を一定の温度・湿度の条件下に置き，外部刺激や環境条件を与えると物性値としての数値が得られる．

1）光学的性質

和紙は洋紙と比較すると繊維が長いために，紙料液中で一般的に繊維の凝集体をつくりやすく，また繊維や凝集体の分布が湿紙上で不均一になりやすい．そのためにシート中で光の透過度が局所的に異なり，紙層内部で散乱が起き，シート全体としては光が微妙に変化する．そのため，昔から和紙には自然光や灯火の光を柔らかく拡散させる機能があるとされ，障子や行灯に使われたりし，現代においても和室にはその特異な光学的

性質が使われている．

2) 力学的性質

和紙は原料として靭皮繊維が使われるために，耐折（折り曲げ）や引張の繰り返しに強い．その特徴を生かし，日本の紙幣にはある割合で靭皮繊維が配合されているために，折り曲げや引張の繰り返しに強い．また少量の繊維で薄い紙を漉くことが可能で，またそのシートも強度がある．また叩解によりフィブリル化は起きても長繊維がそれほど短縮化されることなく，またトロロアオイ以外の化学薬品をほとんど使わないので劣化しにくく，長期間の保存に耐えるという特徴をもつので，時間が経過しても強さは低下しにくい．現在最古の印刷物といわれる764年の「百万塔陀羅尼経」は，和紙に経文を銅版または木版で刻印したもので，1,200年以上が経過したことになる．

3) 物理的性質

靭皮繊維の主成分であるセルロースの水酸基のために吸湿性と吸水性が良く，水害に遭った美術品の修復などの場合には和紙が使われる．これは，水分のみ吸収し，美術品の変質しやすい材料を保護する役割を担っているからである．また墨が適度に紙ににじむために書画が発達した．実際は礬水（ドウサ）引きにより紙に疎水性を与え，適度に吸水性を制御している．形態的には空隙率が高いのでにじみやすく墨書きには適するが，一般にはインキによるペン書きや印刷には適さない．

## コラム　礬水引き（サイズ処理との比較）

伝統的なサイズ処理として，東洋では膠と明礬（にかわ　みょうばん）の混合液である礬水（ドウサ）液を刷毛で引き，ヨーロッパでは同溶液に紙を漬けるタブサイズが行われていた．この溶液は酸性であり，多量の使用は紙の酸性劣化を招く．しかし，伝統的な紙は蒸解に用いたアルカリが紙中に残存しており，ある程度まではサイズ剤の酸を中和する能力を紙が有していた．

ヨーロッパでは紙にペン書きのために，紙のサイズは絶対必要なものである．また，膠による紙表面の平滑化と強化も必要であった．一方，中国や日本では筆で文字を書くので，サイズは必ずしも必要ではなかった．ただし，写経などで細かな文字をきれいに書く場合には，「打紙」（うちがみ）を行うことで紙面の平滑化とにじみを抑える処置を行っていた．打紙は紙をニレなどの粘剤で黏（ねや）し，平らな石などの上で木槌で紙が乾燥するまで叩いて行った．紙の厚さは当初の2分の1～3分の1までに薄くなる．礬水は東洋

画の彩色材料が顔料を膠水で溶いて使われることから，膠水が紙に吸い込まれ，顔料が紙面に接着されなくなることを防止するために用いられた．

　現在工業的に行われているサイズには内添サイズ剤と表面サイズ剤，そして従来の酸性サイズ剤に対して中性サイズ剤がある．内添サイズとしてはロジンと硫酸アルミニウムを用いたものが過去100年間にわたってよく用いられた．タブサイズに比べて，パルプ懸濁液中に添加できるので，製造コストの上で有利であった．しかし，硫酸アルミニウムによって紙は酸性化し，ここ100年間につくられた紙の保存は大きな問題となっている．

〔稲葉政満〕

### d. 和紙製品からみた和紙の一般的な性質

　和紙の製品には，和紙のもつ特異な性質が総合的に発現しているとみることができる．

　以上の和紙の性質は，洋紙と異なり，標準的な試験法やどのような物性値が重要かというような問題の体系化が行われていない．そこで，現実に市場にある和紙の製品とその用途から，それらが和紙のどのような性質に基づいているのかという考え方から和紙の性質を整理してみたい．和紙は長い歴史の中で科学的よりもむしろ情緒的なとらえ方がされており，その特性も物性値としての厳密な定量的なとらえ方よりも定性的な言葉による表現がなされている．

　原料による特性の違いについて説明する．

　洋紙は，木材パルプから原紙をつくり，次に加工され紙製品ができ上がり，諸特性を発現する．この場合，まず原料の条件と抄紙の条件により原紙の特性が基本的に決まり，次の加工工程で2次的な特性が付与される．

　和紙は，生漉紙または生紙といわれる，トロロアオイ以外の添加剤を一切含まないものから，手漉きの段階で紙料液に染料や加工材料を添加した紙，漉いたあとの湿紙の状態または乾燥後に高度な彩色や加飾を施した装飾紙まで多様な品種がある．まずは原料による一般的な特性の違いをみよう．

(1) 楮紙

　全国各地で栽培され，和紙の大半を占めるが，特性は産地により異なる．コウゾの繊維はミツマタやガンピと比較すると長く，そのためフェルト状に絡み合いやすく，楮紙はかさ高で，粘り強く，強靱である．

(2) 雁皮紙

　繊維は短く，優美で光沢があるために，紙層の密度が高く，緻密で，雁皮紙の表面は平滑性が高く，筆記性に優れている．

### （3）三椏紙
繊維は短いために三椏紙は密度が高く，緻密な紙肌をつくりやすいために，筆記・印刷適性がよい．

### （4）竹紙
若竹の繊維からつくる紙で，主に中国で生産されており，日本ではほとんどつくられない．コウゾ，ミツマタ，ガンピと比較すると，そのままでは強度が弱いので，他の材料に配合して画仙紙に使われる．

### （5）麻紙
麻の繊維は長いために強靭だが，原料処理が困難なため，靭皮繊維に取って代わられている．

### e. 和紙の特徴による特性の分類

和紙においては，実用性と同時に人間の感覚に訴える美的な要素が重要な位置を占めている．実用性に関しては強靭さという言葉で表現される力学物性の物性値の高さなどが重要だが，美的な部分に関しては白さや，しなやかさ，優美さなど，定量的ではなく定性的かつ情緒的な表現がなされている．そのような観点からの特徴を以下にあげてみる．

#### 1）装飾性の高さ
染料や金銀箔で加飾しやすいということは，和紙の繊維が親水性をはじめ，これらの材料との親和性をもつか，または接着剤との親和性が高いためである．また材料が複合化しやすいのは表面が平滑ではなく粗さをもち，紙層構造が空隙をもっているためである．

#### 2）加工性の高さ
靭皮繊維自身が叩解により多様に繊維特性を変化させることが可能で，適度な弾性と塑性を備えている．和紙は強靭さをもちながら切断や成型をしやすく，また他の材料を張り合わせたり，複合化したりしやすく，加工により特殊な機能を付与してより多様な工芸品を生み出してきた．すなわち生漉紙自身には特性や機能に限界があっても，加工処理により欠点を克服し，新機能を付与することが可能である．それにより日本人の生活用品として実用的な多くの用途が見出されてきた．

#### 3）強靭さ
靭皮繊維自身が強靭なため，靭皮繊維による和紙は耐折や引張に強く，紙衣，紙布，傘などの生活用品に用いられた．また薄くてもある程度の強度をもつことができる．

#### 4）人間との親和性の高さ
人間の五感とのかかわりからみた場合，特に視覚への柔らかさ，触覚への柔らかさ，温かさをもつが，これは表面の不均一さと粗さ，繊維の柔軟さが複合的に組み合わさり，人間との高い親和性をもたらす．和紙の用と美のうち，美の部分の重要な要素である．

5) 白色度と光の散乱特性の高さ

漂白した生漉紙は高い白色度をもち，また高い散乱特性は表面の粗さに基づくものだが，この散乱特性が視覚に対して柔らかさを感じさせる．これも和紙の大きな特性とされている．

**f. 和紙の性質の科学的把握の必要性**

和紙は，1,300年近い年月の経過の間に多様な手法により漉き方が改良され，加工を加えられ，優れた特性をもつ多様な製品が生み出されて，江戸末期～明治初期に全盛期を迎えた．しかし明治初年の洋紙技術の導入以降は，民芸運動の刺激で一時復活の動きがあったにせよ衰退の一途を辿り，現在では伝統産業として保護されているが，和紙の将来には危機感がもたれている．

紙の市場で和紙は洋紙の1,000分の1の経済規模にすぎないが，新たな市場を獲得するには現在のアメニティー社会における要求と和紙のもつ可能性を結びつける努力が必要である．そのためには和紙を科学的に解析し特性を把握し，他分野の材料や改良に関する知識を導入し改良を加え，和紙自身を進化させていく必要があろう．

〔尾鍋史彦〕

**文　献**

1) 尾鍋史彦（1992）：和紙の科学－秘密のベールをはぐ．季刊和紙別冊「和紙セミナー講義集2」，わがみ堂．
2) 久米康生（2003）：すぐわかる和紙の見分け方，東京美術．

### 4.3.4 和紙の製品

**a. 手漉き和紙の現状**

手漉き和紙の産地は，1,400年前の誕生以来全国各地に散在しており，情報手段の盛んな現代においても，全国の実態を統一的に把握するのが難しい．それは，漉く技法を守るため産地外の人との結婚を禁止し，江戸時代には藩の有力な財源となる専売品として技術の公開を禁止するなど，産地の状況を外部に秘匿した歴史が長く続いたことによる．

戦後になって「全国手すき和紙連合会」（全和連）が結成され，ようやく産地交流が始まったが，活動の範囲が県・地域単位にとどまり，全国の情況を把握するのは依然難しい状況が続いた．近年，産地の様子が新聞，雑誌，テレビなどで紹介されているが，いずれも地域的な状況，限られた部分的資料に基づいたもので，和紙業界全体をとらえるのは難しく，総合的かつ正確な情報は伝わらずに現在に至った．だが，全和連が2004年に全国の実態調査を行って，257ページにわたる「活路開拓調査研究ビジョン報告書」（以下，「報告書」）（わがみ堂）にまとめたことによって，実態に近い情況がようやくわかるようになった．調査方法は，漉く人，販売店，デザイナー，有識者（50人）

## 4. 紙の科学と技術

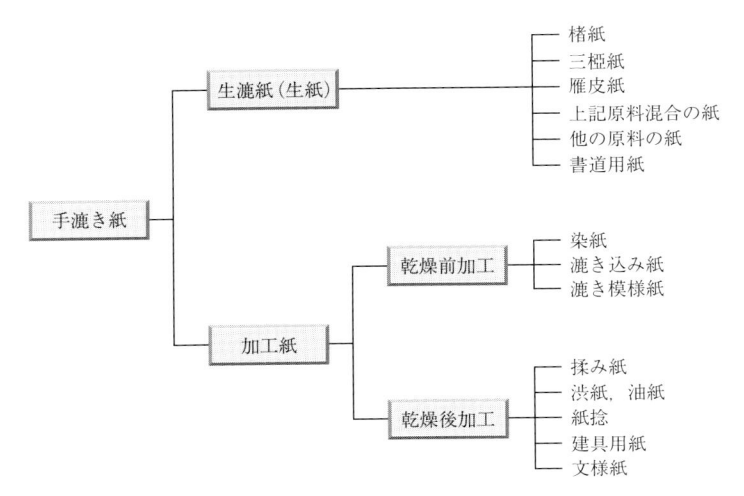

```
手漉き紙 ─┬─ 生漉紙(生紙) ─┬─ 楮紙
         │                ├─ 三椏紙
         │                ├─ 雁皮紙
         │                ├─ 上記原料混合の紙
         │                ├─ 他の原料の紙
         │                └─ 書道用紙
         │
         └─ 加工紙 ─┬─ 乾燥前加工 ─┬─ 染紙
                   │              ├─ 漉き込み紙
                   │              └─ 漉き模様紙
                   │
                   └─ 乾燥後加工 ─┬─ 揉み紙
                                 ├─ 渋紙, 油紙
                                 ├─ 紙捻
                                 ├─ 建具用紙
                                 └─ 文様紙
```

図 4.3.4.1　手漉き和紙の全体図

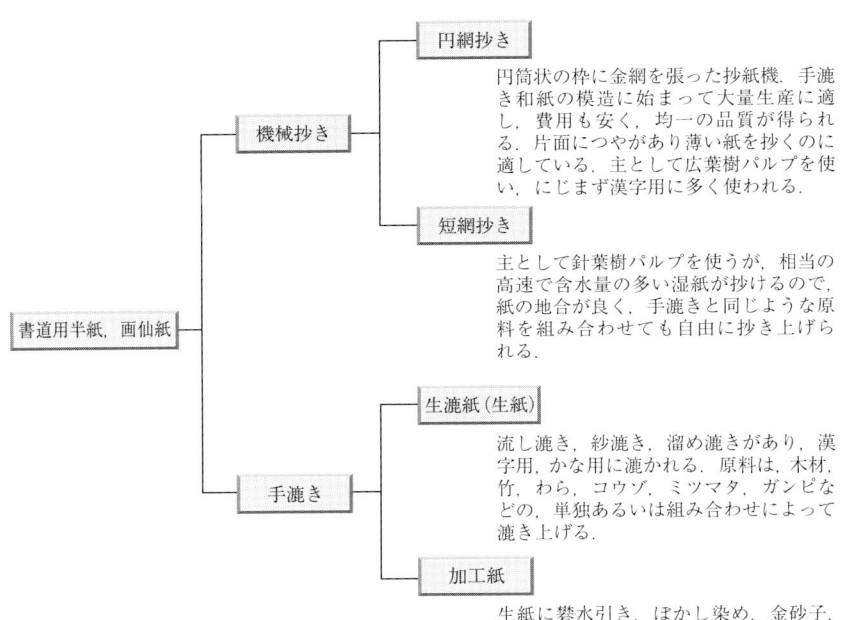

書道用半紙, 画仙紙
―― 機械抄き ――
- 円網抄き: 円筒状の枠に金網を張った抄紙機. 手漉き和紙の模造に始まって大量生産に適し, 費用も安く, 均一の品質が得られる. 片面につやがあり薄い紙を抄くのに適している. 主として広葉樹パルプを使い, にじまず漢字用に多く使われる.
- 短網抄き: 主として針葉樹パルプを使うが, 相当の高速で含水量の多い湿紙が抄けるので, 紙の地合が良く, 手漉きと同じような原料を組み合わせても自由に抄き上げられる.

―― 手漉き ――
- 生漉紙(生紙): 流し漉き, 紗漉き, 溜め漉きがあり, 漢字用, かな用に漉かれる. 原料は, 木材, 竹, わら, コウゾ, ミツマタ, ガンピなどの, 単独あるいは組み合わせによって漉き上げる.
- 加工紙: 生紙に礬水引き, ぼかし染め, 金砂子, 模様入り, 型打ち, 雲母引きなどを用いて加工する.

図 4.3.4.2　書道用紙の分類図

へのアンケート，一般消費者にはネット調査とし，範囲は全国，年齢は10代～60代，8万人の対象者から8,424人を選び，回答を得た．

a～cでは，この全国調査と，私（浅野）が各組合から取材した内容と，公表されている資料などをもとに和紙の全体像に迫ってみたが，それでもなお部分的，一面的にならざるをえない．

1) 現在漉かれている手漉き和紙の種類

手漉き和紙の種類は，数えることが困難なほど多くある．原料の違い，混合の割合の差違，加工の方法の違い，用途に応じて漉く紙など，これらの組み合わせによってさらに新種の紙が生まれる．『枕草子』に「昔ありて今はなき紙」と言われているが，平安時代から世の移り変わりにつれて，新しい和紙が誕生し消えていった．これからもさまざまな紙が誕生し，消えるだろう．

現在漉かれている紙を並べれば限りなく，複雑多岐にわたるので，分類を図解した（図4.3.4.1）．また，書道用紙と文様紙は，種類・量が多く，たくさんの人が使っているが，わかりにくい分野なので取り出してさらに分類した（図4.3.4.2,3）．

2) 手漉き和紙の用途

和紙に魅かれ，あこがれをもち，使ってみたい気持ちはあるが，何に使うのか，何に使われているのかわからないという質問によくぶつかる．

現在主に使われている手漉き和紙の用途は，次のように分類できる．

① 書・画用

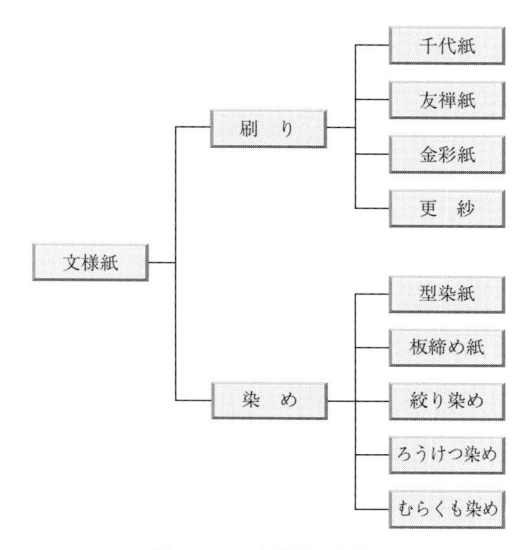

**図 4.3.4.3** 文様紙の分類図

② 便箋，はがき
③ 祝儀・不祝儀袋
④ 美術・手工芸用
⑤ 障子，襖，表具，室内調度，室内装飾，照明など
⑥ 名刺，カード
⑦ その他

東京の販売店での売れ筋をみると，一般の人が買いに行く東京鳩居堂では，① 便箋・封筒，② 祝儀・不祝儀袋，③ はがき，専門家も多く買いに行く小津産業では，① 書道用，② 絵画用，③ はがき・便箋・封筒という順位である（図4.3.4.4）．

3) 現在使われている手漉き和紙の原料

和紙の原料は，低木植物のコウゾ，ミツマタ，ガンピが代表的なもので，用途に応じてわら，桑，竹，サトウキビ，パイナップル，木材パルプなどが使われている．手漉きに重要な役割を果たしている粘剤は，トロロアオイ，ノリウツギ，アオギリが使われる．かつて原料不足の時期もあったが，近年タイコウゾ，フィリピンガンピ，マニラ麻，中国産ミツマタなど輸入原料が増えるに従い，原料不足は解消された．反面，価格の高い国産原料が使われないため在庫が増え，翌年の作付量の減少を生むという，危険な状態

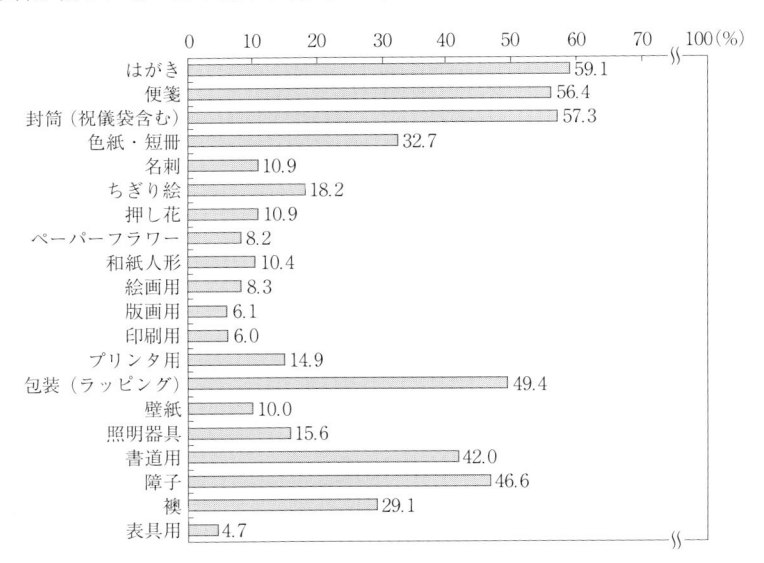

| 用途 | % |
|---|---|
| はがき | 59.1 |
| 便箋 | 56.4 |
| 封筒（祝儀袋含む） | 57.3 |
| 色紙・短冊 | 32.7 |
| 名刺 | 10.9 |
| ちぎり絵 | 18.2 |
| 押し花 | 10.9 |
| ペーパーフラワー | 8.2 |
| 和紙人形 | 10.4 |
| 絵画用 | 8.3 |
| 版画用 | 6.1 |
| 印刷用 | 6.0 |
| プリンタ用 | 14.9 |
| 包装（ラッピング） | 49.4 |
| 壁紙 | 10.0 |
| 照明器具 | 15.6 |
| 書道用 | 42.0 |
| 障子 | 46.6 |
| 襖 | 29.1 |
| 表具用 | 4.7 |

**図 4.3.4.4** 和紙利用情況（「報告書」より）

1位「はがき」で約6割，2位「封筒」(57.3%)，3位「便箋」(56.4%)，4位「包装（ラッピング）」，(49.4%)，5位「障子」(46.6%) と続いている（ただし，包装には和紙類似品も含まれているとみられる）．一方，「絵画関連」や「手工芸」については，そのうち「ちぎり絵」が18.2%となっているが，その他の用途は1割以下となっている．

が続いている．最近の明るいニュースとして，産地周辺の市町村の協力でコウゾの栽培が増え，地元の原料を使った特徴ある紙を漉けるようになり，昔に近い状況が生まれているところもある．

① 国産原料の場合

コウゾ，ミツマタ，トロロアオイの国内での生産は年々減少している．理由は ① 農家の高齢化と ② 外国産に圧されて売れないことである．国産と外国産の原料の違いは，四季を経て育った日本の原料と二季で育った東南アジアの原料とでは，風合い，しなやかさなどがおのずから違い，品質の低下は免れない．ただし，用途によっては外国産原料でも用を満たして十分なものがある．

主な産地は，次のとおりである．なお，原料別生産動向を表 4.3.4.1 に示す．

コウゾ： 1位 高知，2位 茨城，3位 新潟．
ミツマタ： 1位 高知，2位 岡山，3位 山口．
ガンピ： 兵庫，岡山．

**表 4.3.4.1** 原料別生産動向

(a) コウゾ

| 区分 年度 | 面積 (ha) | | 収穫量 (t) | | |
|---|---|---|---|---|---|
| | 栽培 | 収穫 | 黒皮 | 白皮 | 黒皮換算計 |
| 1965 (S40) | 2,490 | 2,270 | 2,953 | 44 | 3,170 |
| 1975 (S50) | 701 | 563 | 837 | 3 | 843 |
| 1985 (S60) | 296 | 272 | 281 | 68 | 419 |
| 1990 (H2) | 203 | 172 | 212 | 13 | 240 |
| 1996 (H8) | 125 | 114 | 87 | 13 | 115 |
| 1998 (H10) | 120 | 105 | 133 | 9 | 151 |
| 2001 (H13) | 95 | 78 | 94 | 8 | 111 |
| 2003 (H15) | 81 | 71 | 73 | 8 | 90 |

(b) ミツマタ

| 区分 年度 | 面積 (ha) | | 収穫量 (t) | | |
|---|---|---|---|---|---|
| | 栽培 | 収穫 | 黒皮 | 白皮 | 黒皮換算計 |
| 1965 (S40) | 5,450 | 2,280 | 1,393 | 541 | 3,120 |
| 1975 (S50) | 2,112 | 763 | 99 | 606 | 1,614 |
| 1985 (S60) | 988 | 430 | 57 | 342 | 915 |
| 1990 (H2) | 942 | 365 | 17 | 318 | 810 |
| 1996 (H8) | 608 | 229 | 10 | 224 | 570 |
| 1998 (H10) | 546 | 200 | 5 | 227 | 566 |
| 2001 (H13) | 495 | 207 | 1 | 225 | 563 |
| 2003 (H15) | 411 | 168 | 14 | 164 | 424 |

(c) トロロアオイ

| 区分 年度 | 収穫面積 (ha) | 収穫量 (t) |
|---|---|---|
| 1965 (S40) | 1,647 | 15,084 |
| 1975 (S50) | 74 | 977 |
| 1985 (S60) | 10 | 109 |
| 1990 (H2) | 11 | 145 |
| 1996 (H8) | 6 | 73 |
| 1998 (H10) | 6 | 66 |
| 2001 (H13) | 6 | 61 |
| 2003 (H15) | 3 | 26 |

トロロアオイ： 1位　茨城，2位　宮城，3位　富山．

② 外国産原料の場合

外国産原料は統計がなく調べる方法がないが，関係筋の推定で，タイコウゾ 450～500 t，その他韓国，中国，ベトナムなどを合わせて外国産は約 600 t くらい，割合にして 3 分の 2 くらいが使われていると推定される．10 年前と比較すると外国産原料の質は向上し，用途に応じて使い分けられている．したがって国産，外国産を合わせれば質を問うことは別にして量の供給は安定している．

4) 和紙製品の輸入状況

原料の輸入だけでなく，タイ，フィリピン，ネパールなどから製品の輸入も増加しており，日本めがけて売り込みに力を入れている．特に中国からの画仙紙の輸入量は高い数字を示している．

一例をあげると，タイの 1 つの紙漉き工場が，140 槽の舟を並べて画仙紙を漉いていたが，日本国内でちぎり絵用染紙が売れている情報を得ると，すぐに一部を染紙に切り換えるなど，日本の市場をよく研究している．外国製品は主として横浜港にコンテナで運ばれ，そのまま市場に出回る．輸入量は推定 1,000 t とも，倍の 2,000 t ともいうほど大量である．さらに国内業者が中国で漉かせて販売している外国産和紙が増加し，国産と区別しにくい状況が生まれている．衣類や電気器具と同じ状況といえる．

5) 問屋・販売店の状況

昔から産地で生産する量は，産地問屋，大消費地の問屋の注文を受けて年間計画を立てて，漉いていた．

しかし，販売店の取り扱い品種のうち機械抄き，輸入手漉きの比率が高くなってきたため（図 4.3.4.5），現在では国産の手漉き和紙の比率が低下している．一方，テレビ，新聞などが産地を紹介したり，各地に和紙の里会館が設立されるに伴って，和紙が観光の対象になり，消費者が急速に産地に接近するようになった．このように，生産者から直接和紙を買い求める人が増加している状況から，生産者と流通（問屋・販売店）と消費者との新しい関係の立て直しが迫られている．

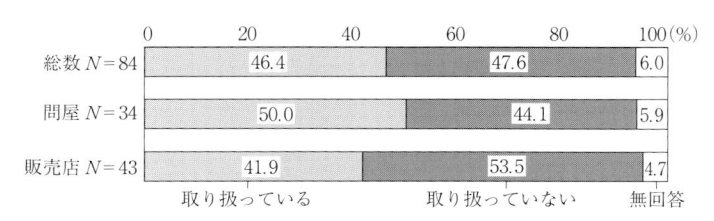

| | 取り扱っている | 取り扱っていない | 無回答 |
|---|---|---|---|
| 総数 $N=84$ | 46.4 | 47.6 | 6.0 |
| 問屋 $N=34$ | 50.0 | 44.1 | 5.9 |
| 販売店 $N=43$ | 41.9 | 53.5 | 4.7 |

**図 4.3.4.5** 問屋・販売店での輸入紙の取り扱いの有無（「報告書」より）

輸入紙を扱っているか否かの有無については，「扱っている」と「扱っていない」が約半々となっている．また，問屋・販売店別にみると，「問屋」の方が輸入紙を扱う比率がやや高いことがわかる．

**表 4.3.4.2 全国の手漉き和紙生産軒数の変化**

|  | 生産軒数 |  | 生産軒数 |
|---|---|---|---|
| 1901 (M34) | 68,562 | 1976 (S51) | 636 |
| 1914 (T3) | 48,960 | 1983 (S58) | 479 |
| 1928 (S3) | 28,566 | 2001 (H13) | 392 |
| 1942 (S17) | 13,463 | 2003 (H15) | 317 |
| 1962 (S37) | 3,748 |  |  |

**b. 産 地**

1) 様変わりしている産地

自然破壊の進んだ日本国内では，もはや紙砧(かみきぬた)の音の冴え渡る紙郷を探すことは難しいが，懐かしい山里の風景を残す産地は多く存在する．だが，穏やかな風景に反し，和紙の里の激変は想像以上のものがある．

① 紙漉き場の減少はまだ止まっていない

主な減少の理由は，漉いていた紙が売れないこと，漉き手が高齢化し，いまさら新しく別種の紙に切り替えることが困難なので，近親者に後継者がいるところ以外は廃業せざるをえない．若者の紙漉き希望者はいるが，漉き場で受け入れる余裕がない．また，紙漉きの技術は習得しても販売先が見つからず，自立することが難しい．人もおり，原料もありながら紙が売れる見通しが立たない限り，減少は止まらない（表4.3.4.2）．

② 和紙生産者の現在の実態（「報告書」より）

2003年の紙漉き戸数は317軒，平均年齢は男性59.1歳，女性61.2歳，年間平均売り上げは300万円未満29.3％，500万円未満7.5％，1,000万円未満21.8％と，3割の人が300万円未満という苦しい状況である．後継者は半数が「なし」で「あり」の36.8％を上回っている．経営上の悩みは利益確保32.3％，販売先開拓31.6％，売れる紙の開発30.1％である．

③ 歴史ある大産地が変貌している

大産地が形成された時期は，特定の紙が国民生活の中で需要があり，それに応じた同種類の紙を多数の人が漉いていた．その売れ筋の紙が生活条件の変化で売れなくなれば，当然漉く紙の転換を迫られるが，そう簡単には大量に売れる紙は見つからず，廃業せざるをえないことになる．特定のお得意先をもった個人の産地より，歴史のある古い産地が時代の変化を強く受け減少している理由である．

大産地の越前（福井），土佐（高知）では，表4.3.4.3～5のような変化がみられる．

④ 輸入紙の影響を受ける画仙紙の産地

中国をはじめとする東南アジアの画仙紙の輸入量は，画仙紙の産地である因州（鳥取）と西嶋（山梨）を直撃し，苦しい情況を生んできたが，産地では懸命の努力で対応策，品種の転換先についてそれぞれ新しい道を歩み始めている．だが，縮小は避けがたい（表4.3.4.6）．

**表 4.3.4.3** 売り上げ高からみた土佐,越前の変化(単位：1,000円)

|  | 土佐 | 越前 |
|---|---|---|
| 1965 (S40) | 780,586 | 368,493 |
| 1985 (S60) | 385,864 | 1,084,493 |
| 1991 (H3) | 315,271 | 1,478,515 |
| 1999 (H11) | 248,687 | 1,138,492 |
| 2000 (H12) | 239,670 | 1,094,131 |
| 2001 (H13) | 238,450 | 1,024,748 |
| 2002 (H14) | 226,874 | 945,366 |
| 2003 (H15) | 226,320 | 944,199 |

**表 4.3.4.4** 生産軒数からみた土佐,越前の変化

|  | 土佐 | 越前 |
|---|---|---|
| 1965 (S40) | 58 | 81 |
| 1985 (S60) | 50 | 57 |
| 1991 (H3) | 42 | 51 |
| 2000 (H12) | 32 | 51 |
| 2001 (H13) | 32 | 41 |
| 2002 (H14) | 30 | 40 |
| 2003 (H15) | 30 | 39 |
| 2004 (H16) | 30 | 37 |

**表 4.3.4.5** 土佐,越前における紙の種類別売り上げの変化(単位：％)

(a) 土佐和紙

| 生産品種 | 1985 (S60) | 1991 (H3) | 2000 (H12) | 2001 (H13) | 2002 (H14) | 2003 (H15) |
|---|---|---|---|---|---|---|
| 障子紙 | 16.8 | 10.3 | 10.3 | 6.4 | 5.4 | 5.7 |
| 表具用 | 19.7 | 20.8 | 18.8 | 18.3 | 14.1 | 15.2 |
| 書道用 | 23.4 | 30.3 | 22.0 | 23.0 | 18.1 | 16.2 |
| 手工芸用 | 18.0 | 20.8 | 25.4 | 27.8 | 36.8 | 36.4 |
| 絵版画印刷 | 14.0 | 15.0 | 19.6 | 19.6 | 19.6 | 21.4 |
| 加工品 | 8.1 | 3.6 | 3.9 | 4.9 | 6.0 | 5.1 |

(b) 越前和紙

| 生産品種 | 1985 (S60) | 1991 (H3) | 2000 (H12) | 2001 (H13) | 2002 (H14) | 2003 (H15) |
|---|---|---|---|---|---|---|
| 奉書類 | 10.1 | 8.8 | 7.2 | 6.8 | 6.0 | 6.3 |
| 画仙紙類 | 10.7 | 22.8 | 25.9 | 27.6 | 27.4 | 32.3 |
| 鳥の子類 | 30.0 | 36.7 | 27.1 | 26.0 | 23.5 | 24.5 |
| 小間紙類 | 39.7 | 25.3 | 33.9 | 34.7 | 36.7 | 31.8 |
| 局紙類 | 9.5 | 6.3 | 5.9 | 5.0 | 6.3 | 5.1 |

**表 4.3.4.6** 因州,西嶋の変化

|  | 出荷額 (1,000万円) | | 事業者数 | | 従業員数 | |
|---|---|---|---|---|---|---|
|  | 因州 | 西嶋 | 因州 | 西嶋 | 因州 | 西嶋 |
| 1989 (H1) | 205 | 65 | 50 | 17 | 550 | 95 |
| 1991 (H3) | 205 | 60 | 50 | 15 | 540 | 91 |
| 1993 (H5) | 200 | 50 | 48 | 15 | 510 | 91 |
| 2000 (H12) | 180 | 40 | 43 | 15 | 409 | 75 |
| 2001 (H13) | 180 | 35 | 42 | 13 | 290 | 67 |
| 2002 (H14) | 180 | 34 | 40 | 13 | 272 | 61 |
| 2003 (H15) | 180 | 34 | 38 | 13 | 261 | 60 |

⑤ 伝統的技法はしっかり継承されている

独特の風合いある手漉き和紙は，1,000年以上の経験が蓄積された技法で漉かれた紙であり，どの産地でも国産の原料で，薬品を使わずに漉く技法が若者に引き継がれている．伝統文化になっている和紙の技術保存と記録作成のため国でも措置を講じており，世界に誇れる和紙の生産は続けられている．

2) 全国の産地現況

北海道 ・笹紙（幌加内町），ふき紙（音別町）：いずれも地元産原料，行政の振興策．

秋　田 ・十文字和紙（平鹿郡十文字町）：1軒・農閑期．

岩　手 ・東山和紙（東磐井郡東山町）：1軒・専業，3軒・農閑期．
・成島和紙（和賀郡東和町）：村の和紙工芸館で，1軒・専業．

山　形 ・月山和紙（西川町）：自然と匠の伝承館で，1軒・専業．
・高松和紙（上山市）：1軒・農閑期．
・深山和紙（西置賜郡白鷹町）：1軒・専業，1軒・農閑期．

宮　城 ・柳生和紙（仙台市）：1軒・専業．
・白石和紙（白石市）：1軒・専業．
・まるもり和紙（伊具郡丸森町）：1軒・専業．

福　島 ・上川崎和紙（安達郡安達町）：1軒・専業，3軒・農閑期．
・いわき和紙（いわき市）：1軒・専業．
・山舟生(やまふにゅう)和紙，鎌足和紙，西山和紙：地元の人と行政の協力で復活の動き．

茨　城 ・西ノ内紙（那珂郡山方町）：3軒・専業．

栃　木 ・烏山和紙（那須郡烏山町）：関東では大きな生産量．1軒・専業．

群　馬 ・桐生和紙（桐生市）：1軒・専業．

埼　玉 ・小川和紙（比企郡小川町・秩父郡東秩父村）：16軒で協同組合．

東　京 ・軍道紙（あきる野市）：行政の力で復活．

山　梨 ・西嶋和紙（南巨摩郡中富町）：書道用紙の因州と並ぶ最大の産地．15軒で組合．

長　野 ・内山和紙（飯山市）：障子紙の産地として10軒で組合．

新　潟 ・小出和紙（東蒲原郡阿賀町/旧上川村）：2軒・専業．
・小国和紙（長岡市/旧刈羽郡小国町）：1軒・専業．
・門出和紙（長岡市/旧刈羽郡高柳町）：1軒・専業．

静　岡 ・駿河柚野和紙（富士郡芝川町）：1軒・専業．

富　山 ・越中和紙（婦負郡八尾町）：富山県和紙協同組合に8軒が加盟．

石　川 ・加賀二俣和紙（金沢市）：3軒・専業．
・ほか能登仁行和紙など：2軒・専業．

岐　阜 ・美濃和紙（美濃市）：和紙を代表する産地．コウゾの代表的な和紙本美濃

をはじめ，伝統的な技法による和紙と漉き込み技術の工芸紙．21軒・専業．
- 山中和紙（飛騨市河合町/旧吉城郡河合村）：膏薬紙で名を馳せ，1軒・専業，2軒・農閑期．

愛　知
- 小原和紙（西加茂郡小原村）：昔三河森下紙．いったん絶えたが復活．小原工芸紙は高い評価を得ている美術的作品で，11人が漉いている．

福　井
- 越前和紙（越前市大滝町/旧今立郡今立町）：1,500年前から紙の里．日本最大の産地．伝統技法と現代生活にマッチした和紙の生産の最前線に立つ．79軒，727名が従事．
- 若狭和紙（小浜市）：6軒・専業．

滋　賀
- 近江和紙（大津市）：雁皮紙で名高い．1軒・専業．

京　都
- 黒谷和紙（綾部市）：手漉きのみの産地．古くから原料の処理の段階から協同組合方式で，種類も豊富．9軒，組合と市が協力し後継者を育成．
- 丹後和紙（加佐郡大江町）：1軒・専従．

三　重
- 大豊和紙（伊勢市）：伊勢神宮の御札用紙が中心．1軒・専業．
- 深野和紙（飯南郡飯南町）：保存会で生産．

奈　良
- 吉野和紙（吉野郡吉野町）：宇陀紙，美栖紙など，他産地ではまねのできない紙を生産．13軒・専業．

和歌山
- 保田和紙（有田郡清水町）：高齢者生活活動センター．
- 高野和紙（伊都郡九度山町）：1軒・専業．

兵　庫
- 名塩和紙（西宮市）：ガンピを原料の間似合紙，金・銀箔合紙．ここでしかできない紙を漉いている．2軒・専業．
- 杉原紙（多可郡多可町/旧加美町）：杉原紙発祥の地．町（加美町）の努力で和紙会館「寿岳文庫」が2000年オープン．
- 淡路津名紙（淡路市/旧津名郡津名町）：1軒・専業．
- ちくさ和紙（宍粟郡千種町）：1軒・専業．

鳥　取
- 因州和紙（八頭郡佐治村・気高郡青谷町）：画仙紙の最大産地．43軒，409人が従事しているが，輸入紙の影響をまともに受けて転換を迫られている．

島　根
- 出雲民芸紙（八束郡八雲村）：伝統技術に現代感覚を加え民芸紙をよみがえらせた人間国宝，安部榮四郎を生んだ産地．
- 石州和紙（那賀郡三隅町）：伝統的技法で漉いている産地．10軒・専業．
- 広瀬和紙（能義郡広瀬町）：1軒・専業．
- 斐伊川和紙（飯石郡三刀屋町）：1軒・専業．

岡　山
- 横野和紙（津山市）：美作紙と呼ばれる箔合紙としてなくてはならない製品の産地．3軒・専業．
- 樫西和紙（真庭郡久世町）：1軒・専業．

| | |
|---|---|
| | ・備中和紙（倉敷市）：鳥の子紙が有名．1軒・専業． |
| 山　口 | ・徳地和紙（佐波郡徳地町）：1軒・専業． |
| 徳　島 | ・阿波和紙（麻植郡山川町）：伝統的技法とデザイン重視の製品，外国に販路をもち，50人が従事．業界大手． |
| | ・拜宮和紙（那賀郡上那賀町）：資料の上では廃業した産地になっていたが，1軒・専業，2軒・農閑期． |
| 愛　媛 | ・伊予和紙（四国中央市/旧川之江市）：書道用紙を中心に組合．11軒・専業． |
| | ・周桑和紙（西条市/旧東予市）：伊予奉書，檀紙．8軒・組合． |
| | ・大洲和紙（喜多郡五十崎町）：ミツマタの書道用紙など．3軒・専業． |
| 高　知 | ・土佐和紙（土佐市，吾川郡伊野町）：原料生産，用具製作，製紙技術，紙の試験所の四位一体の産地．種類の豊富さは福井に次ぐ大産地．32軒・専業． |
| 福　岡 | ・八女和紙（八女市）：九州最大の産地．表装，版画用紙など．13軒・専業． |
| 佐　賀 | ・重橋和紙（伊万里市）：2軒・専業． |
| | ・名尾和紙（佐賀郡大和町）：1軒・専業． |
| 大　分 | ・竹田和紙（竹田市）：1軒・農閑期． |
| | ・九重和紙（玖珠郡九重町）：1軒・専業． |
| 宮　崎 | ・美々津和紙（日向市）：1軒・専業． |
| 熊　本 | ・水俣和紙（水俣市）：1軒・専業． |
| | ・宮地和紙（八代市）：1軒・農閑期． |
| 鹿児島 | ・蒲生和紙（姶良郡蒲生町）：1軒・専業． |
| | ・鹿児島和紙（姶良郡姶良町）：1軒・専業． |
| 沖　縄 | ・琉球紙（那覇市）：芭蕉紙など．1軒・専業． |

### c. 手漉き和紙の危機とこれから

#### 1) 危機の原因について

手漉き和紙の危機が長くいわれてきたが，いまだ歯止めがかからず，廃業が続いている．

全和連は，10年近く危機の原因を ① 原料，② 後継者，③ 用具の3点に絞り全国大会で議論を続けてきた．だが，全和連は親睦団体であるため，意見交換を行うだけで，対策を講ずることができなかった．結局，産地ごとか，個人の努力でしのぐほかなく，局地的な対応ではどうにもならない深刻な事態に立ち至った．

今回の「報告書」は，危機の原因とこれからについて，対策をつくり上げるのに役立つ方向を示している．「報告書」が言わんとするものを正確に汲み取り，理解し，認識を一致させない限り，有効な打開策が生まれないことは自明である．

図4.3.4.6, 7に2つのアンケート結果を示した．この結果から，以下のようなことがわかる．

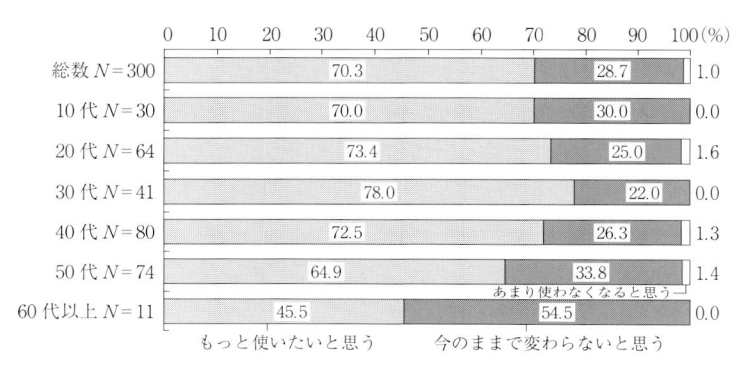

**図 4.3.4.6** 和紙をもっと使いたいかどうか（「報告書」より）

「和紙をもっと使いたいと思いますか」という問いに対し，「もっと使いたいと思う」が約7割と目立って高くなっており，「今のままで変わらないと思う」が約3割となっている．性別では，「女性」の方が今後もっと使いたいという比率が高くなっている．年代では，年齢が高いほど「今のままで変わらないと思う」の比率がやや高いが，目立った傾向はみられない．

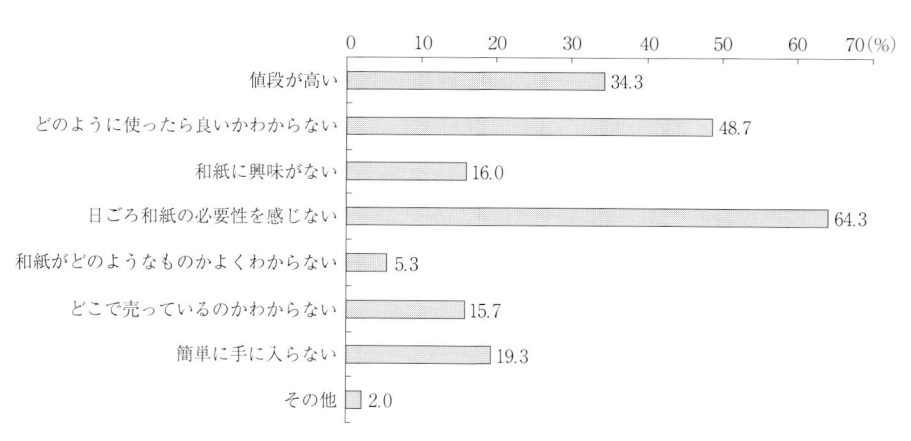

**図 4.3.4.7** 日ごろ和紙を使わない理由（「報告書」より）

「日ごろ和紙の必要性を感じない」が64.3％と最も高く，次いで「どのように使ったら良いかわからない」が約半数となっており，「和紙の利用方法や和紙の楽しみ方がわからない」ため，結果として必要性を感じないとする人が多い．また，「値段が高い」（34.3％）や「簡単に手に入らない」（19.3％），「どこで売っているのかわからない」（15.7％）といった流通に関する点をあげている人も1～2割存在する．年代別の傾向として，年齢が低いほど比率が高いのは，「どのように使ったら良いかわからない」，「和紙に興味がない」で，「どこで売っているのかわからない」も若年層が高くなっている．逆に「日ごろ和紙の必要性を感じない」では高齢層の比率が高くなっている．このことから，若年層は「和紙に興味がない」とする人だけでなく「興味があるが使い方や販売店がわからない」という潜在的なニーズも存在しているものと推察される．

① あまり和紙を使っていない人たちの中に和紙を今後使いたい願望が，若者も含めすべての年代層にある．

② 日ごろあまり和紙を使っていない人が使いたいが使えない理由として，以下のようなものがある．

・どこで買って良いかわからない．

・使い方がわからない．

・価格が高い．

以上の調査結果は，これからの見通しと危機の打開にヒントを与えるものである．

すでに全和連は，平成7年（1995）全国大会において「和紙に未来があるか」を課題にして討論を行ってきたが，この調査結果が，「和紙には未来がある」ことを証明したと言えないだろうか．消費者の要望にこたえ，いつでもどこでも買える販売体制，和紙についての情報や使い方を旺盛に伝えていく方策を講ずるなど，業界側（販売店も含む）の努力で潜在している市場を掘り起こすことができる．

これまで業界側は，ともすれば伝統工芸の世界だからということで安住しがちであった．利用者に紙の特徴，使い方を伝えるなどは初歩的な努力である．それらの反省も含めた自己改革が市場を拡大する鍵ではないだろうか．そのことは消費者から喜ばれ，漉く人たちも報われる情況を生むことができ，未来を明るくする結果を生むことになる．

2）手漉き和紙のこれから

これまで述べたことに対し認識を一致させることができれば，やらなければならない課題はたくさんある．例えば，

① 和紙のもつしなやかで丈夫，優しい風合い，温かい手触りが，喧騒きわまりない生活に，いよいよ必要性を増している貴重な素材であるとの確信の上に立ち，和紙の特性，すぐれた機能を科学的に検証して伝えていく．

② 手漉き和紙は，外国産はもちろん，機械抄きでもその風合いは絶対にまねのできない独特の良さがあることを伝える．

③ 和紙は，洋紙より大きな紙をつくることができる．現在の記録は，4.3 m×7.1 m だが，まだまだ大きな紙を漉くことができ，用途を広げることができる．

④ 和紙は，異質の材料を漉き込むことが可能であり，しかも漉き込んだ材料と融和し，和紙の特性は失われない．

⑤ 和紙は，同一にあきたらずそこにしかないものを求めている人々の要求を満たす，少量多品種の生産に適している．

⑥ 昔漉かれていた紙の中に，今見直して蘇らせるべき技がある．擬革紙，永久保存紙はどうなったのだろうか．

⑦「古きをたずねて新しきを知る」のことばのとおり，見かけなくなった文様紙の中にドキッとするほど斬新な柄がある．再びの陽の目はいかがだろうか．

⑧ 洋紙はパルプのもつ弱点を添加物で補って，多様な用途に対応してきた．和紙も科学の力を利用し，新しい能力を加え利用範囲を広げることができる．例えば和紙＋セラミックスは，保温効果のある紙になる．

⑨ 和紙といえども外国との価格競争を避けることはできない．質で勝負するだけでなく価格面でも努力が必要であり，それをしない業種は滅びていることを知らなければならない．

和紙の歴史は長いが，同じことを繰り返してきたのではない．時代に要求された新しい紙を漉いてきた先人の努力の積み重ねがあったのである．二代目岩野平三郎は，平安時代すでに消えていた麻紙を昭和に蘇らせた．安部榮四郎は，新しい民芸紙で販路を広げた．吉井源太は，時代の要求したインキ止め紙，タイプライター用紙などを開発，用具でも大量生産を可能にする簀や桁の大型化を考えた．また，大蔵省印刷局は，ミツマタの原料処理に苛性ソーダを使用して使い勝手の良い原料にし，新しい紙を誕生させた．

和紙はすでに日本の特産物ではなく，国際市場経済の荒波の渦中にあり，これに対応をしなければ生き残ることができない．

20世紀が大量生産，大量消費の時代であった反省から，21世紀は自然を大切にし，均一なものより個性あるものを求める時代に変わりつつある．和紙にとって追い風に入った．和紙1,500年の歴史は，伝統の技法をみがくことと新しい紙の開発の両輪が相まって，生き続けてきたのである．時代の変化に対応した漉く人の意識改革と，新しい需要に応える懸命の努力によって，和紙のもつ生命力が，和紙を使いたいがピッタリしたものがないもどかしさをもつ多くの人々の不満を解消し，生活に彩りと暖かさを与える夢のある紙を誕生させるに違いない．

2005年，全国手すき和紙連合会は，活路開拓の調査報告書をもとにして，減少を続ける和紙業界の活路を見出すため全国研修会を開いた．時代に適応した新しい道を切り開くスタートになることが期待されている．

〔浅 野 昌 平〕

**d． 京から紙**

私が唐紙の仕事に携わって約30年になるが，「唐紙ってなんですか」と聞かれると一言では説明がしづらくて，いつも困っている．それは，江戸時代には同業者も多くて盛んであったのが，絶えることなく現在まで続いているのは今や，唐紙屋長右衛門こと唐長1軒になってしまって，唐紙という言葉自体が特殊用語になったことによる．最近では，関東の方で長く途絶えていた「江戸からかみ」が復興されたので，やや認識が高まったようであるが，それでも唐紙はまだまだ一般的でない．一方，唐長10代目である亡父，千田長次郎が唐紙現物資料集を出版した折りに，そのタイトルに京を冠して「京からかみ」と名づけて以来，一時は唐紙のことを「京からかみ」といっていた．しかし，歴史的なことを考えると，やはりもとに戻すべきと思い，それ以来私は「唐紙」と表現している．

以下，唐紙について前半はその歴史を説明し，後半は唐紙に使う和紙について話を進

めていく．ただし，前述のように特殊なせいか，唐紙についての研究資料が乏しく，江戸時代から唯一続く唐長の言い伝え，および技法が話の中心になることを前もってお断りしておく．

1）唐紙の歴史

唐紙は，奈良時代にはすでにあったといわれている．それは中国から輸入された紙のことであり，遣唐使らを通じて多くの中国の紙が日本に入ってきた．当然のことながら白の無地の紙が主流であって，その中には色のついた色紙，あるいは文様を施した紋唐紙も入っていたのである．当時はほとんど写経用に使われて，それらの需要が高まり，一部はその模造の国産品も出回ったようである．そして日本でつくられた模造の唐紙のうち，「紋唐紙」が単に「唐紙」となって今に続いている．

さて，奈良時代に写経用として多く使われた唐紙は平安時代になると，仮名文字の発達による紙の需要の増大と製紙術における流し漉きの開発により，薄くて美しい日本独特の和紙がつくられるようになって，貴族階級の女性たちも唐紙を料紙として多く使うようになった．そして唐紙の需要が一気に高まり，大流行したのである．

このように唐紙は当初，書の紙として発達したのが，やがて用途は室内装飾へと広がっていった．その主なものは襖障子用である．ちなみに襖とは一説によると寝室を指し，伏せる間と書いて伏間（ふすま）になったか，寝間をふすまと呼んで文字が変わって襖になったという．これは確証はなく定かではないが，いずれにしても平安時代の寝殿造の建築様式では，今でいうワンルームであり，寝るところは無防備になるので，板でつくられた衝立とか几帳などで囲むのが普通であった．そして，その衝立などに書の唐紙を張るなどして美しく飾ったに違いない．それがやがて時代を経て，鎌倉時代の書院造の影響で可動式の間仕切り襖がより多く使われるようになって，襖用の唐紙が主流になっていくのである．

そして室町時代は，いろいろな職人が活躍した時代であり，例えばこの時代につくられた「七十一番職人歌合」には職人同士が歌を競い合って，同時に職人仕事を紹介されている絵巻物がある．その中に唐紙師がある．またこの時代は襖用としての唐紙の需要が大きく増えたと思われるので，当然にいろいろな文様の板木が彫られたに違いない．それらの文様はもともとの中国風から日本の風土に合ったデザインが数多く生まれたと思われる．

江戸時代に入っても唐紙の需要は衰えず，ますます盛んになっていった．そしてこの時代に活躍した芸術家，本阿弥光悦と俵屋宗達が現在の唐紙に多大な影響を与えたのである．光悦は時の将軍，徳川家康から京都洛北鷹峯に広大な土地を与えられて，そこで芸術村をつくった．ここでは平安時代の王朝文化復興を目指して絵師宗達の協力のもとに陶芸，書画など，数多くの芸術品が生まれた．また，光悦は当時の豪商，角倉素庵と出版事業を興し，嵯峨本をつくった．この中に木版押しの唐紙料紙がふんだんに使われ

ている．ほかに光悦自身の書の料紙としても唐紙が使われた．このころに，現在，唐紙を唯一継承している唐紙屋長右衛門こと，唐長の初代が，光悦の仕事にかかわったようである．

このように唐紙は江戸時代の終わりまで盛んであったが，明治時代に入ると急速に衰退していったのである．それは他の職種も含めて，文明開化の名のもとに海外からの新しい技術の流入の中で江戸ものは見捨てられていったからである．そして唐紙はいわゆる印刷ものに取って代わられて同業者は転廃業して，昔から御所などの特殊な分野を受け持っていた唐長1軒が辛うじて今に続いている．

2) 唐紙に使う和紙

唐紙は板木と絵の具と和紙の三者の組み合わせでつくられる．板木の材質は朴（ホオ）の木で，面が平滑で彫りやすい．絵の具は雲母，胡粉を主体に泥絵の具を使う．それに布海苔（ふのり），姫のりを適量混ぜて団扇形のガーゼを張った「ふるい」という道具に調合された絵の具を塗り，板木に付けて和紙を載せて，手のひらでそっと摺る．唐紙に使う和紙は鳥の子と呼ばれる三椏和紙と楮紙がほとんどである．鳥の子は福井の今立町の越前和紙を使う．ほとんど肌色の鳥の子であるが，時には色指定をして，色鳥の子を漉いてもらうことがある．またそのサイズは3・6判と呼ぶ畳1帖の大きさの紙が主体である．

一方，コウゾの和紙は襖用の場合は厚口の丈夫な揃った和紙を選ぶ．その条件を満たす和紙は福井の越前奉書とか京都の綾部市にある黒谷奉書がよい．サイズはいずれも約40 cm×50 cmの小判である．また，料紙に使う唐紙は薄口の和紙を選ぶ．主にコウゾの和紙を使うが，ミツマタやガンピの和紙も素材感を生かすときに表情が出て，良い場合がある．

いずれにしても，唐紙は文様を施すことによって余白を生かすことが大切な要素で，言い換えれば和紙の良さを十分に生かすのが唐紙なのである． 〔千田堅吉〕

**e. 江戸から紙**

1) 江戸から紙の誕生

「からかみ」は「唐紙」と書くが，その字のごとく，平安時代に中国から渡来した模様のついた美しい紙を日本で和製の紙（和紙）に模造したものである．当時，貴族の間で「歌合わせ」が流行していて歌を筆写する詠草料紙として競って用いられていた．たたまこの紙を襖に張ったことから，から紙を張った襖を「唐紙障子」と呼び，現在も襖を「からかみ」と呼称しているのはそのためである．中世以降は，公家の邸宅や寺社の襖や屏風，張り付け壁，障子腰などにも用いられるようになった．

から紙づくりの中心は京都であったが，江戸時代に入ると徳川幕府による江戸の街づくりが進み，武家や町屋の家を彩るものとして「江戸から紙」が誕生する．

江戸での当時の製造法は，従来の奉書や鳥の子紙のほか，江戸に近い細川紙や西ノ内紙などの生漉紙（きずき）を地紙とし，それに雲母または胡粉を引き（具引き），木版で雲母また

は胡粉や群青色に模様を摺ったもので，従来の描絵などより価格も安く，次第に大名屋敷だけでなく町屋でも用いられるようになる．さらに，江戸の人口の増加とともにから紙の需要も増大し，多くの職人が京より江戸に移住して，多様なニーズに合う多彩な加飾の技法や新しい文様を考案していく．享保千型と称されるほど，享保時代に多くの版木が彫られ，それは文化・文政のころまで続く．現在，財団法人紙の博物館で所蔵している，「禿氏コレクション」（禿氏祐祥：1879～1960年．浄土真宗本願寺派の僧侶．龍谷大学名誉教授の仏教学者，書誌学者）の中に，江戸から紙が見本帳形態で収蔵されている．表紙には「江戸唐紙形」，また巻末には，年号「嘉永元戊申年初秋　十文字屋新調」と墨書があることから，当時すでに「江戸から紙」という呼び名が存在しており，当時のから紙（襖紙）屋である十文字屋で襖紙の見本用に作成されたものであることがわかる．本見本帖には，「具引き地　木版雲母摺り」，「雲母引き地　木版色具2版摺り」，「具引き地　木版雲母色具2版摺り」，「雲母引き地　刷毛引き」，「雲母引き手揉み」など，今でも色鮮やかな「から紙」が収録されている．

2）「江戸から紙」と「京から紙」

「から紙」は，手加工による文様紙である．基本は「木版雲母手摺り」で，文様を彫った版木に雲母（花崗岩の白雲母の粉を布海苔で混ぜたもの）を移し，その上に和紙を載せ，手のひらで優しく撫でて文様を写し取ったものである．主役となる書を引き立たせるための詠草料紙に始まり，襖や屏風などに張られるようになっても，広い面積に張られたから紙の文様は，雲母によるきらめきで，みる角度や光の光線によってみえ方が変わり，上品な美しさを醸し出す．現在もそのつくり方は変わらず，京都でつくられる「京から紙」は，公家向きの格調高い有職文様や寺院向きの大柄の雲，茶方向きの洗練された小紋や幾何学文様などが多い．一方，東京でつくられる「江戸から紙」は，京から紙の文様を基調としながらも，町人文化の自由闊達で伸びやかな文様が好まれ，モチーフも日常生活になじみ深いものや，自然の草花など季節感あふれる文様が多い．

版木は，当初は和紙の寸法に合わせた小判（12枚張り用）であったが，明治後期より大判和紙（3尺×6尺）の製作が可能になり，東京では震災で焼失した版木を復刻する際，作業効率を上げるために幅3尺にして，から紙師自ら彫り起こしたものも多い．新たに考案した文様は，幅3尺で図案を構成したもので，絵画的でさらにのびやかさが強調され，小判の図柄とは異なる世界を生み出している．

技法においては，「京から紙」は家紋などで型紙を用いるほかは木版摺りが主流であるが，「江戸から紙」は木版手摺りを基本としながらも，多彩な加飾の技法を考案していく．版木を用いず，刷毛だけでタテ，ヨコ，格子などの線を描く「引き染め」は，本の表紙から発展したものであるが，「粋」な縞模様は江戸っ子に好まれ，襖用としても多く用いられた．渋型紙による「捺染手摺り」は，文様を彫り抜いた伊勢型紙を使用し，雲母や胡粉，色具を摺り込んでいく技法で，木版とは違ってシャープな細い線を描くこ

とが可能である．室町時代に南蛮貿易によりもたらされたインド更紗やジャワ更紗は，「更紗型多色手摺り」として，襖用にも応用されるようになる．また障壁画などに用いられていた金銀箔や砂子は，単独で「金銀箔」，「砂子蒔き」として展開していく．明治時代には，砂子蒔きや絵師の名人もたくさん出現し，襖の全盛時代をつくったといわれている．それらは次第に専門職化し，木版手摺りはから紙師，渋型紙による捺染手摺りは更紗師，金銀箔や砂子手蒔きは砂子師へと分化していく．

東京では，その後の度重なる震災や災害で版木の多くを失うことになっても，そのつど職人自ら版木を復刻し，現在でも，その技術や技法は，当時のまま江戸っ子の職人衆に受け継がれている．それぞれの東京の職人がつくる「から紙」すべてを「江戸から紙」と称し，長年にわたる普及活動の末，平成4年（1992）8月に東京都知事指定伝統工芸品の指定を，また同11年5月には経済産業省指定の伝統的工芸品の指定を受けた．熱意ある職人衆は，「江戸から紙」の魅力を多くの人々に再認識してもらいたいと願い，さらなる啓蒙・普及活動に力を注いでいる． 〔伴　充弘〕

### f. 染　紙

昔の川は清流で，そのほとりで人々は生活を営み，土地に合った仕事が発展して特徴のある村，町の形を整えた．

「おりがみ会館」の存在する地は，現在，東京都文京区という．古くは昌平坂学問所（東大の前身），伝統院，吉祥寺（駒澤大の前身）といった幕府の教育機関の発祥の地だった．学問が盛んな地にインテリたちは集まり，主幹産業として「紙」を生業とする財閥系企業の人々が発祥した町でもあった．区内の音羽周辺は印刷工場，クロス製造，製本，装丁，箔押し，和綴じ，断裁，帳合いなどの零細な企業から，講談社や共同印刷など大規模な企業まで，出版関係の業種が密集する地帯である．

紙を漉き染める仕事に携わる仲間が神田川の側で仕事をした．「小林染め紙店」も同様で，和紙の一枚一枚に岩谷絵の具や草木染めなどの天然染料を使用して手作業で染めた．

京都から都が江戸に移され，文明開化の波もまずは江戸に侵入．当時の主は好奇心旺盛な人だったから，高価な素材で手作業による染色より，ドイツから入った工業染料で機械を使うことに変えた時期があった．都市ガスでの自動乾燥も試みたが，結局は大勢の職人による手染めで大量の紙を染色することに落ちついた．人海戦術ながら幅広い染色分野をいち早く手掛けることにした．

機械による紙の染色に使用される絵の具は「油性」が主流であるから，筆記用具の筆（墨汁）や万年筆（インキ）などの記録対応には不適当で，当然水性絵の具による染色でなければならず，そこに当社の存在意義があった．

明治の初めに学制が施行された折り，教育効果の高い折り紙が注目され，初等教育の教材「手工紙」として採用された．それは，ドイツでは世界でも初めて幼稚園を開設し

たフリードリッヒ・フレーベルの画期的な教育方針が話題を集め，新しい教育思想が世界に向かって広がり，童具の一つとして折り紙が選ばれたからである．

教育機関（文部省に学用品課成立）からの依頼を受け，その要望に答えるため手染めの技術を生かし，折り紙の量産化に踏み切る．製品化にあたり，文部省の係官とともにさまざまな工夫と研鑽を重ね，色相（日本の伝統色）と寸法が規格化され，単色で色別にして教育機関に供給した．

しかし，ドイツから化学染料が輸入され，紙質も和紙から洋紙へと移り，資材の安定供給の時代を迎えた．

テレビが日本に上陸したとき，タイトルペーパーの必要性が生まれ，NHKやNTV（日本テレビ）と当社との綿密な打ち合わせが連日行われ，本放送が開始された．アメリカの規格に合わせテロップとフリップ（パターン）の2種類のサイズよりなるタイトルペーパーの制作に従事した．モノクロ時代は10色くらいだったが，カラー時代を迎えると約30色に増えた．当時の技術では，ドラマに使用される白い障子や白衣はハレーションを起こし，出演者が光の中で霞むため，薄水色から薄鼠色へ変更された．それも平成の数年前で打ち切られたという，割合新しい話である．

古い話の一つ．大正2年（1923），音羽2丁目にあった万年社という政府金融機関出入りの商人が，札帯紙（紙幣を色別に束ねるために特別に漉かれた泉貨紙，約50 cm×90 cm）の仕事を当社に持ち込んだ．額面ごとに淡い色で片面だけ4色に染め分けたが，それは昭和までであった．その作業は，札束を1 cm幅に紙帯で束ねるために，印刷（油性インク）では，接着上不適正ということで，直接染料（日光と水に強い）で職人が一枚一枚丹念に刷毛引きをしなくてはならない．数色の色が混じり合った淡い色は，犯罪予防を兼ねてか，前回の色調に正確に合わせるよう常に厳しく注文された．

会社や大型店の伝票，帳簿の色管理にもかかわったことがある．平成12年（2000），不人気ながら，沖縄サミットに向けて小渕首相が発案した二千円札発行に際して注文がきたことが，最新の染色事業であった．

染紙も時代とともに変遷の道をたどるが，自然を大切にしたものはいつまでも人の心を引きつけて止まない．巻き手紙を最後に包み込む表紙の部分のデザインに，縦横の刷毛模様（丁字引き）が決まり柄として使われていた．それに和綴じ本，呉服を包むたとうなどに共通して見受けられるように，配色はそれぞれ異なっても，古くより生活に盛んに使われたのである．

その染紙技術が「ゆしまの小林」の担当であり，現在も当工場で伝統となって継承されている．

〔小 林 一 夫〕

### g. 染色技術と文様紙

1）江戸時代における染色技術の発達

江戸時代には染織技術が目覚ましい進歩を遂げたが，特に友禅染に代表される文様染

と小紋や中型に代表される型染（かたぞめ）が著しく発達した．それらの技術的進歩の背後には，小袖がその時代の主要な服装となったことがあげられる．すなわち一枚着の小袖では，それ自体の加飾により服飾美を完成させたと評価されており，近世以降の庶民の服装として重厚な織物よりも軽快な染めによる小袖が発達し，江戸時代の染色技術は小袖の服飾を中心に展開した．

江戸時代初期には紋染を中心に文様加工が展開したが，元禄時代（1688～1704年）を境に各種の文様染が出現し，その後絢爛たる文様染が江戸時代を風靡するようになった．その中の代表的なものとして宮崎友禅による多色染めの友禅染があるが，そのほかに吉半染，小色染，加賀染などの友禅染同様の細かい彩色法による染めや，正平染といわれた油絵の具による染め，光悦染と呼ばれる蠟染めなど多様な染めの技法が展開した．しかし，今日まで続いているのは友禅と小紋や中型など限られたものである．

2) 文様紙の大量需要と染色技術の応用

江戸時代は，衣服の色彩や文様の感覚が和紙にも取り入れられ，装飾紙として多様な文様紙がつくられるようになった．しかし，文様紙の需要の急激な拡大に対して従来の木版摺りによる方法では大量生産に対応できず，衣服の分野で発達した染色技術が文様紙の製造にも応用されるようになった．特に友禅染の多彩で華麗な文様と型染の技術が広く応用された．

(1) 文様紙の分類

文様紙は刷りによる方法と染めによる方法に分類されるが，前者には千代紙，友禅紙，金彩紙，更紗などが，後者には型染紙（かたぞめがみ），板締め染め，絞り染め，ろうけつ染め，むらくも染めなどがある．刷りによる文様紙の領域にも次第に染めの技術が導入され，特に型染の技術は京千代紙や江戸千代紙，また京から紙や江戸から紙にも一部応用されるようになった．ここでは特に大量生産向きで，現在にも生きている型染紙について記す．

(2) 布の型染技術

織り上がった布地を染料で処理して加色する際，模様染めするために型紙その他の染型を用いる．その方法には彩色に型を用いる場合と，防染に型を用いる場合とがある．染型には木型，金属型，紙型その他がある．

型染には反復性，斉一性，量産特性があり，古来染織で織のような反復性と斉一性をもった模様をつくろうとする場合や染織で量産を必要とする場合に活用されてきた．特に近世以来，型染の量産性が本領を発揮し，意匠と技術ともに優秀な技術として発達した．

(3) 型染紙

漉き上げた生漉紙に図案模様（染型）を彫った型紙（染型紙）を用い，糊で防染して染色してつくられる紙．布染めの型置きと同様な手染め法で昭和10年（1935）に芹沢銈介氏が型絵染めの技法を創案したが，そのような多色の繊細な絵の場合に型絵染紙という．から紙の技法では型押し，千代紙づくりでは合羽摺りが使われる．

(4) 型紙

型紙原紙といわれるコウゾの薄紙を蕨渋で張り合わせ，板張り乾燥させることにより耐水性をもった厚紙ができ，それに文様を彫り込むと型紙ができる．しかし現在では機械抄きの型紙原紙やプラスチックシートが増え，手漉きの型紙原紙は衰退しつつある．

3) 現代に生きる型染紙

現代では本の装丁，小間絵，カレンダーなどの広い用途があるが，特に若狭と越中は型染紙の二大産地といえる．

(1) 若狭型染紙

福井県小浜市を中心とする若狭のコウゾの厚紙は水に強く，昭和25年（1950）ごろから京都の和紙加工業者向けに型染用原紙を生産してきた．その後，酢酸ビニールと混抄してつくられようになり，型染するときに水に溶けにくく色もにじみにくいという独特の性質をもつように改良された．その後，京都の型染紙に学んで若狭でも京風の小柄文様を特徴とする型染紙を生産するようになり，美術工芸紙に利用するようになった．

(2) 越中型染紙

富山県婦負郡八尾町は八尾紙の紙郷であり，元禄年間には越中の売薬とともに発展したが，薬包紙に和紙が使われなくなると染紙や工芸紙に方向転換した．型絵染の人間国宝である芹沢銈介氏から技術を学んだ民芸運動で知られる吉田桂介氏が中心となり，沖縄の紅型やアイヌ文様など独特の意匠をもつ八尾紙を代表する民芸紙に発展させた．

〔尾鍋史彦〕

## 文　献

1) 久米康生（2003）：すぐわかる和紙の見分け方，東京美術．
2) 特集「和紙小事典」，季刊和紙，No.21，わがみ堂．
3) 久米康生（1995）：和紙文化事典，わがみ堂．

---

**コラム**　『和紙大鑑』の編集

　『和紙大鑑』とは，正確には，毎日新聞社創刊百周年記念出版　全5巻『手漉和紙大鑑』という（写真）．

　各巻には200点ずつの，基本的には二方耳付きで，大方30 cm×45 cmの現物見本が，二つ折の台紙の中に貼付，折れた台紙の一方には，

『手漉和紙大鑑』全5巻

　和文と英文の短い解説が付され，これを40点ずつ5色の厚紙の簡易な帙に収録，さらに，こはぜ付きの本帙に収納，ほかに各巻ごとにそれぞれの特別作品が数点と和綴の和英文の解説書が入っており，さらに57 cm×43 cm，高さ15〜17 cmの段ボール箱に納められ，全5巻を積み上げると高さは80 cmを超え，また，重さは各巻によって異なるが，約20 kg近くあり，全5巻の総重量は90 kgを超すという大冊である．ここに各巻の内容を簡単に紹介しておきたい．

　第一巻　生漉紙：　全国の生漉紙を網羅（昭和49年5月，第5回配布）．番外特別作品4点：① 百万塔陀羅尼（復原），② 和紙の原料，紙以前の書写材料，③ 加賀奉書5種，④ 変わった原料で漉いた紙．

　第二巻　漉模様紙：　紙漉きによる模様紙（昭和48年5月第1回配布）．特別作品3点：① 大蔵省印刷局製　黒透かし紙　つぼ，② 同　水蓮，③ 越前長田八太夫の漉画　梅松図．

　第三巻　和染紙：　先染め，後染め，染紙のいろいろ（昭和48年12月第3回配布）．特別作品3点：① 及川全三の和染紙5種，② 花絵　遠藤加津子，③ 紺紙金泥経　隅寺心経（復製）．

　第四巻　加工和紙：　加工和紙のいろいろ（昭和49年2月第4回配布）．特別作品3点：① 佐賀錦，② 36人集　重之集破り継ぎ（復製），③ 金唐紙　後藤清吉郎．

　第五巻　千代紙　型染紙：　京千代紙，江戸千代紙100種，型染紙100種（昭和48年7月第2回配布）．特別作品4点：① 型絵染　紙をすく村　芹沢銈介，② 型染紙　紙漉図　岡村吉右衛門，③ 型染紙　鳩のいる風景　小鳥直次郎，④ 世界の手漉き紙．

　ところで『手漉和紙大鑑』（定価32万円）は，発行部数を1,000部限定としていたが，予約で500人のキャンセル待ちを出し，急遽，海外

版（定価60万円）100部を追加発行した．

　自慢めく話になるが，この企画は，永年私の夢であった．年々減り続ける紙漉きを座視できず，減少傾向は時の流れと諦めるとしても，せめて，この世界的伝統技法と，その推移を詳しく記録にとどめ，後世に残すべきという願望が，いよいよ高まりつつあった折もおり，毎日新聞の江口末人氏と逢うことがあり，これが縁となって，それから2年後に，氏の深い尽力がみのり，この大鑑が実現したのである．

　この大鑑の表向きの編集者は，壽岳文章，上村六郎，大沢　忍，関　義城，小路位三郎，佐藤秀太郎，柳橋　眞，春名好重，原　弘の方々であり，社内の編集相当の主な人々は，江口末人（総責任者），荒川浩義（事務局長），久米康生（解説全般担当），内谷貴志（宣伝，販売，会計），田中　年（装幀），森田康敬，山口康幸（産地調査，見本紙調達）を，それぞれが分担した．私たちは昭和47年（1972）11月から半年，第1回目の全国紙産地の調査と調達の旅に出た．その後何回かこの旅は繰り返されたが，時に東京の毎日新聞に詰め，また，寸刻を惜しんで山口君と各地を跳び廻るという，私の人生の中で，後にも先にも，最も凝縮され，充実した幸せな時期であった．そして大鑑の序文には，私のことが斯様に書かれている．

> 「……とくに森田康敬専務は，この二年間業務に専念され，豪雪の辺地に紙漉場を探しあて，まだ記録されていない豊かな情報を集められた．"和紙の鬼"ともいえる執念と精力が前例をみない，この和紙の集大成に最大の寄与をされたことを特記しておきたい．」　　　　　〔森田康敬〕

## 4.4　新しい紙の科学と技術

　わが国においては現在，既述の歴史的経緯により，4.2節で級った木材パルプを主原料とする汎用の実用性を目的とした大量生産型の洋紙と，4.3節で扱ったコウゾ，ミツマタ，ガンピなどを主原料とする実用性よりもむしろ美術工芸などを目的とする和紙が併存している．

　洋紙も和紙も狭義の紙に属するが，これらの材料以外のものを原料とする紙が存在する．一つは，和紙原料ではない植物性繊維，すなわち竹，わら，バガス，ケナフなどの非木材繊維といわれるものを原料とする紙である．もう一つは，洋紙，和紙，非木材などの植物性繊維とは異なった機能性材料による繊維からなる紙である．後者は，特殊紙や機能紙といわれるもので，多様化された紙の用途への市場からの要求に対応するため

```
シート化物 ─┬─ フィルム状 ─── フィルム合成紙
            │                    機能紙
            │
            └─ 繊維の     ─┬─ 湿式法 ─── 従来の紙(洋紙,和紙)
               平面状展開   │            非木材紙
                            │            機能紙
                            │            湿式不織布
                            ├─ 乾式法 ─── 乾式不織布
                            └─ フェルト
```

**図 4.4.0.1**

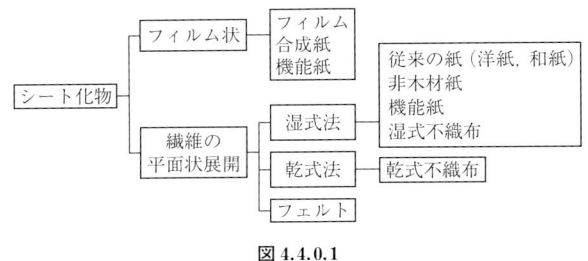

に無機繊維，金属繊維，有機繊維，複合材料繊維など多様な材料が用いられる．

以上はいずれも繊維からシート化物をつくるのだが，「有機材料，無機材料を問わず，湿式，乾式，溶融式などの方法を用いて製造した2次元展開物」を定義とすると，対象となる紙の領域はさらに広がる．このように紙の定義から原料繊維とシート化法の制約を外すと，図4.4.0.1のように全体を紙様薄葉物としてフィルム状のものまで含むことが可能となる．

また，別に原料による紙の分類法が可能である．主原料が天然のセルロース繊維で水を媒介として水素結合による繊維間結合によりシート形成したものを第一の紙，化学繊維，合成繊維などの人造繊維または合成パルプを一部配合した化繊紙，合成パルプを第二の紙，合成高分子を素材とした合成紙を第三の紙とする考え方が，石油からつくられた合成紙が登場したころにいわれた．

次に，従来の紙の概念に入らない紙をあげ，各項で詳述する．

(1) 合成紙

合成紙は，フィルムを基材としたフィルムベース型と，繊維を基材としたファイバーベース型がある．フィルムベース型には内部紙化法と表面紙化法があり，一般的に合成紙といわれるものが入る．ファイバーベース型には合成パルプ紙や一部の不織布がある．

(2) 機能紙

4.1.2, 4.1.3項で記したように，紙の基本機能のレベルを上げたり，植物性繊維では発揮できないような新たな機能を発揮させる目的の紙である．特殊な機能に限定して生産されるので多品種少量生産型の紙であるが，多くの利用分野に多様な展開をみせている．

(3) 不織布

繊維を織布工程を経ることなしに平行または不定方向に配列させ，製造工程により水を介在させる湿式不織布と，水を介在させないで結合に接着剤や溶融繊維を用いる乾式不織布がある．いずれも繊維からなる2次元展開物である．乾式不織布は狭義の紙の範疇には入らないが，フィブリル化させていない木材パルプや化学繊維，合成繊維を紙と同様に水に懸濁させてシートをつくる湿式不織布は，紙の範疇に入る．

本節では，非木材資源による紙と機能性材料による紙に関して記す．〔尾鍋史彦〕

### 文　献
1) 小林良生ほか編（2004）：最新機能紙便覧，加工技術研究会．
2) 繊維学会編（2004）：やさしい繊維の基礎知識，日刊工業新聞社．
3) 門屋　卓編（2001）：新しい紙の機能と工学，裳華房．
4) 尾鍋史彦ほか（1991）：パルプおよび紙，文永堂出版．

## 4.4.1　非木材資源による紙

#### a.　ヨーロッパに端を発する非木材紙

中世前期までパピルスとパーチメントに支配されていたヨーロッパの書写材料は，8世紀の中ごろに，植物繊維を水に分散させたのちにシート化して脱水するという，想像もしないまったく新しい方法と材料の到来によって植物繊維に置き換わるとともに，紙の用途が拡大した．このとき，紙の原料である植物繊維はリネンやコットンの衣料ボロを充当した．これはかなり着古された状態であるため，紙の原料としては大変都合が良かった．さらにリネンすなわち亜麻の靭皮繊維や木綿および大麻の靭皮繊維は，繊維が長く，強靭であるとともにフィブリル化により均質なシートを形成することができた．これらを抄造するための水槽は，大きな樽を使用したタブで，フィブリル化した繊維の濾水性の悪さをタブの加熱で解消した．

木材から紙がつくられるようになる19世紀中ごろまでは，完全に非木材紙の世界であった．紙の用途が聖書の印刷から各種の印刷物へ，あるいは製本材料や，箱などの包装材料にも広まっていく中で，特殊紙，機能紙もつくられるようになり，非木材植物繊維は，多くの種類の紙を産出した．

その他の非木材繊維の一例をあげると，1860年に紙の原料として新たに見出されたエスパルトは印刷用紙，筆記用紙として好評を博し[1]，その後エスパルトとわらのソーダ液の回収装置が開発されるなどその利用は拡大し，1970年ごろには *Vogue* 誌のグラビアページに使用された[2]．また，非木材繊維の特長を生かすファンシーペーパーは20世紀ごろから欧米でつくられ始め，1930年にコットンを配合して風合いを出した用紙が国内で生産される[3]など，新しい文化の匂いのする紙の開発が始まっていった．

非木材植物繊維である木綿や各種の靭皮繊維は薄い紙にすることができるほか，近年では吸液性をインクジェット記録に利用してデジタルプリント用紙をつくるなど，さまざまな印刷用紙が生産されている．機能紙では，通気性や密度の易コントロール性，セルロース純度の高さから電気や熱を通しにくいという性質や耐薬品性といった各種の特性も応用されている．従来，布や金属あるいは動物などの天然物を利用していた各用途においても，食品包装紙や工業用紙がつくられている．

### b. 植物性繊維による紙

製紙原料としての非木材繊維は,木材以外の植物あるいはその一部を指す.この場合,木材は,主として2次木部の木繊維あるいは仮導管が製紙原料として有用であり,周辺に存在するその他の細胞もともに用いられる.これに対して非木材と呼ばれる植物資源は,これら木繊維や仮導管はディメンション的にも小さかったり,量が少なかったりする.しかし,一般に靭皮繊維植物といわれる植物や衣料やロープなどの結束材料に用いられる禾本科(イネ科)の植物あるいは衣料に用いられる木綿といった植物においては,靭皮繊維や維管束鞘繊維,種毛繊維が著しく発達し,繊維資源として有効であるばかりか,製紙用にも供されることが少なくない.また別の観点からは,これら繊維の紡績などの工程から出るくず(waste)や農産廃物の利用という一面も併せ持ち,これらの点でも製紙用に有効利用される.また,近年地球環境保全の見地からも非木材紙が見直されている.

非木材紙は,繊維細胞のみを利用する場合もあるが,木材の場合と同様に繊維に付随する繊維以外の細胞も製紙原料にする場合も少なくない.これらは時として夾雑細胞として扱われ,用紙の特長にもなり,欠点にもなる.ただし,一般には,主体をなす非木材の繊維細胞の形態的な特徴や組成的な特性が用紙の特性を大きく左右する.

### c. 各非木材植物および非木材紙の特性[4]

1) 木綿,リンター

木綿繊維(コットン)は,長繊維と短繊維のリンターがそれぞれ製紙に用いられるが,いずれも他の非木材繊維に比べてセルロースの純度が高く,工業材料としてのセルロース資源としても用いられる.コットン繊維は結晶性も高いため,紙にした場合,適度の叩解処理では,あまり多くの繊維間結合は形成しない.このため,筆記用紙では,欧米でボンド風合いと呼ばれる温かい風合い,テクスチャーを有し,ペンで筆記するときのペン先の独特な引っかかりやインクの吸収性を活用してステーショナリー用紙,印刷用紙(ファンシーペーパー)がつくられる.また,組成的な特長を生かした,化学ろ紙のような特殊な機能紙への応用がみられるほか,繊維をセルロースとして改質して再生セルロース,化学改質繊維として機能紙に展開する例も多い.

2) 亜麻,大麻

亜麻や大麻は,繊維紡績くずを製紙に供することが多い.いずれもその靭皮繊維を主体に利用するが,単繊維は長繊維である.またセルロースが,高次に配向しており,パルプ化した後,叩解を進めることにより,フィブリルやフィブリル束が繊維から多数分岐し,外部フィブリル化が著しく進行する.このため製紙時の濾水性は低下するものの,薄いシートを形成することが容易になり,古来よりバイブル,インディア紙に代表される薄葉紙に用いられている.また,そのフィブリルの大きさと純度から光学的な散乱能が高まり,高不透明性を得ることもできる.さらに,その組成的特長か

## 4.4 新しい紙の科学と技術

**表 4.4.1.1** 木材，非木材植物のディメンション[4,7]

| | 長さ (mm)<br>(重量平均繊維長) | 幅 (μm) | 壁厚 (μm) |
|---|---|---|---|
| 広葉樹 (LBKP) | | | |
| 　ブナ | 0.5〜1.8 | 13〜25 | 2.6〜6 |
| 非木材植物 | | | |
| 　コットン | 10〜56 | 10〜40 | 6〜21 |
| 　亜麻　　靭皮繊維 | 1〜120 | 12〜25 | 4〜8 |
| 　ケナフ　靭皮繊維 | 0.7〜10.3 | 5〜30 | 3.6〜11.4 |
| 　　　　　木部繊維 | 0.2〜1.5 | 10〜46 | 0.8〜1.1 |
| 　　　　　全茎 | (1.59) | | |
| 　竹 | (1.98) | 7〜12 | 3.6〜4.3 |
| 　バガス | 0.5〜2.5<br>(1.46) | 10〜20 | − |

らは，味や均一な燃焼特性が得られ，先の諸特性と合わせてシガレットペーパーにも使用される．

3）ケナフ[5]

ケナフの靭皮繊維は，他の靭皮繊維植物のそれよりも厚壁であり，2次壁にも多くのリグニン，ヘミセルロースなどを含む．これらセルロース以外の成分を抽出除去することにより，繊維間，繊維内結合が高まるという特長も有する．このため，紙にした場合，かさ高で空隙が多い紙層構造を形成して，液体や気体の浸透，透過性が高いだけでなく引裂強さを含め紙力が強くなるという特長を有する．これらの基本特性を利用して，用紙のかさ高性や表面の微妙な粗さ，ラフさを表現した印刷用紙がつくられている．ほかに，墨や藍などの濃色の印刷をしたときの深みのある色彩を表現することもできる．また，吸液性という機能を利用したインクジェット記録などの情報記録用紙や各種フィルター用紙，脂取り紙などにも利用される．

4）バガス，竹，わら[6]

バガスは，サトウキビから糖汁を搾り取った残渣にあたるが，竹や穀物わらと同様禾本科植物で，その茎幹の維管束鞘繊維を主体に各種の柔細胞を含む細胞の集合を製紙に用いる．これらの維管束鞘繊維は，いずれも他の非木材植物繊維に比べて繊維長は短い．また，髄柔細胞をはじめとして薄壁で大きな細胞や厚壁の小さな柔細胞を多く含む．この結果，非木材植物資源の中では，広葉樹のパルプに類似した特性となる．ただし，繊維細胞の太さや壁の厚さ，あるいは構成する柔細胞の中には，特長を引き出すものがあり，書道用紙や半紙，特殊印刷用紙にその利用がみられ，それぞれ風合いだけでなく，墨のにじみやかすれといった吸液特性，印刷適性を有する．

5）マニラ麻，サイザル麻，エスパルト

マニラ麻は，別名アバカとも称される葉繊維である．古来よりロープなどに用いられ

てきたようにその繊維は長く強い．同じ葉繊維の非木材植物として，アガーベ（竜舌蘭）の仲間であるサイザル麻やエスパルト（草）がある．これらの繊維は共通して，繊維の長さに対して細いという特長がある．このため，表面の平滑性，均質性，クッション性を有し，グラビア印刷用紙としても用いられたが，多くは液体の透過性や気体の透過性が要求されかつ強度が必要とされる機能紙に用いられる．ハムなど加工肉製品のケーシング材や，ティーバッグ用紙，コンデンサーペーパーや電気絶縁紙などである．また，マニラ麻は，その繊維の形態的特長とでき上がる用紙の肌触り，軽さなどが和紙にきわめてよく似るため，和紙原料の一部にもなっている．

　また，証券用紙類の高級紙には，耐折強さや引裂強さ，耐久性の点からこれらの繊維が用いられる．マニラ麻より細いサイザル麻では，さらに薄さが要求される機能紙に用いられる．

**d. 今後の非木材紙**

　文化という点からみると，まだまだ新しい風合いやテクスチャーを有する非木材植物の発見や利用が将来考えられるし，その特殊な機能に加えて，天然資源，再生可能資源でかつ環境にも優しい非木材植物の利用範囲は拡大が期待できる．より薄い用紙であるとか，熱分解も含め工程紙として消去される用紙にもその可能性は高い．さらに，現在木材を中心に研究が進められている遺伝子工学の技術を応用したさらなる新しい非木材植物が出現する日も遠くなく，高分子化合物の中でも，優れた特長を有するセルロースを主体にしたこれらの繊維材料は，まだまだ多くの利用が可能である．　〔原　　啓志〕

文　　献

1) 紙パルプ技術協会編（1974）：紙及びパルプ年表，p. 112，紙パルプ技術協会．
2) 原　啓志（1992）：紙のおはなし，p. 168，日本規格協会．
3) 株式会社竹尾（2000）：紙とデザイン，p. 134，株式会社竹尾．
4) 原　啓志（1997）：非木材繊維の利用と問題点．紙パ技協誌，**51**（10）：42-51．
5) 原　啓志（1994）：ケナフパルプによる紙について．紙パルプ技術タイムス，No. 3：1-4．
6) 吉村隆重，望月美秀，原　啓志（1998）：砂糖キビの搾りかすから生まれたバガス紙について．紙パルプ技術タイムス，No. 7：1-6．
7) 紙パルプ技術協会編（1967）：クラフトパルプ，非木材パルプ，pp. 405-408，紙パルプ技術協会．

### 4.4.2　機能性材料による紙

　本項では，セルロース繊維以外の材料による特殊機能をもつ広義の紙に関して記す．はじめにフィルムからなるシートとして合成紙を，次に繊維からなるシートとして機能紙と不織布について記す．いずれも2次元展開物であり，合成紙は合成高分子を主原料

とし，機能紙は無機繊維，金属繊維，有機繊維，複合材料の繊維などあらゆる繊維原料が使われ，不織布には多様な合成高分子が用いられる．また不織布を機能紙に含める考え方もある．今後開発される新素材を繊維状にし，シート化することにより，将来も新たな機能紙や不織布が生まれる可能性が高く，シート化物として成長が期待される分野である．

〔尾鍋史彦〕

## 文　献

1) 小林良生ほか編 (2004)：最新機能紙便覧，加工技術研究会．

### a. 合成紙

1) 歴史

日本では，高度成長下での用紙需要の急増，パルプ資源の将来に対する不安感と石油化学の将来の明るさの点から，昭和43年 (1968) 5月に科学技術庁（当時）資源調査会の「合成紙産業育成に関する勧告」が出され，関連業界に大きな合成紙ブームを引き起こした．数十社が研究開発に取り組み，フィルム法合成紙としては6社が商業生産を開始した．

しかし，昭和48年，54年の石油危機によって状況は一変し，石油・石油化学製品の大幅な価格上昇と経済の停滞による用紙全体の需要の低迷により合成紙は大きな打撃を受け，多くが撤退を余儀なくされた．このような変遷を経て，日本をはじめ世界で数社の製造メーカーによって合成紙市場の拡大が進められてきた．従来の木材パルプによる紙と樹脂フィルム両素材の特徴を併せ持つ合成紙は，新しい機能をもつものとして多方面に利用される素材に成長し，近年になり新たに参入するメーカーも出てきている状況である．

2) 合成紙とは

明確な定義はないが，一般的には「合成樹脂を主原料として，その特徴を残しつつ，木材パルプを主原料とした紙のもつ種々の性質——白さ，不透明性などの外観や広範な印刷加工適性——を付与したもの」ということができる．

合成紙は大きく分けて，フィルム法合成紙とファイバー法合成紙がある．

フィルム法は，合成樹脂，充塡剤に添加剤を加えて混合し，押し出し機で溶融混練後，ダイスリットから押し出して成膜する．延伸タイプ，無延伸タイプがある．

ファイバー法は，合成パルプを原料として接着剤などを混ぜて抄紙するもの，合成樹脂繊維をランダムに並べ熱融着させるものがある．

最近では，合成紙といえばフィルム法合成紙を指すのが一般的になりつつある．また，印刷性や加工性への多様な要求に対応するため表面塗工する合成紙の開発も進んでいる．表4.4.2.1に，主な合成紙メーカーと製品を示す．

表 4.4.2.1 主な合成紙メーカーと製品

| メーカー | 製品名 | 主原料樹脂 |
|---|---|---|
| ユポ・コーポレーション | ユポ | PP |
| 日清紡 | ピーチコート | PP, PET, PS |
| 東洋紡 | クリスパー | PP, PET |
| 日本製紙 | オーパー | PP, 紙 |
| チッソ | カルレ | PP |
| Arjobex | ポリアート | PE |
| NANYA | ペパ | PP |

PP：ポリプロピレン，PET：ポリエチレンテレフタレート，PS：ポリスチレン．

表 4.4.2.2 合成紙ユポとコート紙の物性値測定例

| 測定項目 | 単位 | ユポ FGS-100 | コート紙 128 g/m$^2$ | 測定法（JIS） |
|---|---|---|---|---|
| 厚さ | $\mu$m | 110 | 108 | P8118 |
| 坪量 | g/m$^2$ | 84.7 | 128.5 | P8124 |
| 密度 | g/cm$^3$ | 0.77 | 1.20 | P8118 |
| 白色度 | % | 95 | 83 | L1015 |
| 不透明度 | % | 94 | 96 | P8138 |
| 光沢度 | % | 17 | 76 | P8142 |
| 平滑度 | 秒 | 700 | 3100 | J. TAPPI, No. 5 |
| 引張強度 MD | kN/m | 6 | 5 | K7127/P8113 |
| CD | kN/m | 14 | 4 | |
| 引裂強度 MD | mN | 340 | 900 | P8116 |
| CD | mN | 220 | 890 | |
| 破裂強度 | kPa | 1180 | 260 | P8131/P8112 |
| 耐折強度 | 回 | 10$^5$< | 21 | P8115 |

表中の引裂強度は引裂伝播抵抗を示しており，引裂開始抵抗は合成紙の場合一般に非常に大きい．すなわち延伸フィルムは端部のノッチ，傷によって容易に破断する特性を示している．

3) 合成紙の品質特性

合成紙の品質特性は，製造法，原料樹脂，充填剤の種類や量，成膜条件によりかなり差があるが，合成紙として共通する独自の特徴をもっている．

以下に，天然紙と比較して長所と考えられる特性をあげる．なお，ここでは従来の木材パルプによる紙を合成紙と対比させ，天然紙と記す．

① 均一性：厚み，地合，平滑度．
② 強度：引張強度，破裂強度，耐折強度，衝撃（破断時伸び大）．
③ 耐水性：湿潤強度，湿潤時寸法安定性．
④ その他：耐候性，耐薬品性（アルカリ，酸，油，溶剤，洗剤），無塵性（紙粉が発生しない），気体透過性．

表 4.4.2.2 に，合成紙ユポとコート紙の物性測定値例を示す．

**表 4.4.2.3** 合成紙の用途例

| 用途分野 | 使用理由 | 具体例 |
|---|---|---|
| 商業印刷 | 耐水性, 耐候性, 強度, 透明性 | 屋外ポスター, 大型垂れ幕, 各種POP, 風呂読本, 電飾看板 |
| | 耐久性, 軽量 | カタログ, パンフレット, カラオケ歌集, ブックカバー |
| | 耐折性, 耐水性, 強度 | 山岳地図, 道路地図, 官公庁地図 |
| 情報用紙 | 平滑性, 寸法安定性 | 感熱記録紙, ノーカーボン紙, インクジェット用紙 |
| | 無塵性, 筆記性 | クリーンルーム用紙 |
| | 透明性, 強度 | トレーシングペーパー |
| 特殊紙 | 耐水性, 筆記性, 強度 | 野帳, ゴルフスコアカード, 荷札, ダイバー用手帳 |
| | 筆記性, 開被性 | 選挙投票用紙 |
| 粘着紙 | 耐薬品性, 強度 | 各種ラベルおよびステッカー, 再剥離ラベル |
| パッケージ | 耐水・薬品性, 強度 | 容器ラベル, 植木ラベル, 結束テープ, 手提げ袋 |
| 建材 | 強度, 透湿抵抗性 | 住宅用防湿フィルム, 化粧紙 |

一方,短所としては耐熱性が低いこと,吸水性や浸透性が低く印刷インキの乾燥が遅いため酸化重合タイプのインキを使用する必要があること,接着剤の乾燥が遅いことなどがあげられる.

合成紙の種類によって上記特性が異なるものもあり,また短所を改善した製品も販売されているので,初めて合成紙を扱う場合はメーカーに問い合わせるのがよい.

4) 用途例

現在,合成紙は多種多様な用途に使用されるようになった.当初は耐水性,強度,印刷効果を生かした商業印刷分野が中心であったが,その後平滑性,寸法安定性,耐薬品性,弾力性などの特性を生かした新規な用途が開拓され,特殊紙,粘着紙,情報用紙などの分野に多く使用されるようになった.今後インク受容層を付与した合成紙ベースのインクジェット用紙は伸びていくと思われる.また市場のニーズに対応した製品開発によりさらに用途は広がっていくと考えられる.

表 4.4.2.3 に用途例を示す.

5) 現在の市場と今後の展望

合成紙の市場は発売以来年間約6%程度の成長を続けており,国内で年間3万t近くまでになっているが,紙全体の市場3,000万tの中ではわずか0.1%にも満たないレベルである.

市場のニーズに対応した製品開発を続けることで,景気低迷により変動はあるものの今後も各分野で成長は続くと思われる.また合成紙の知名度を上げることは需要の拡大に結びつくので,製造メーカーとしては各種展示会などを通してアピールしていくことは重要と思われる.

最近,国内,海外に新たに合成紙メーカーが参入し競合が激化している.価格競争は

しばらく続くと思われるが，将来的には品質安定性，供給安定性，テクニカルサービス，顧客ニーズに対する細かな対応など非価格競争力も含めたバランスで用途に応じた棲み分けが進んでいくと考えられる．

近年，世界的に環境保全が注目され，日本でも環境保全関連の法規制が続けて施行されている．これらの規制が高分子業界に与える影響は大きく，合成紙業界も無関係ではいられない．紙業界のように古紙回収システムは整っていないので，末端消費者からの廃棄物（ポストコンシューマー）回収は無理としても，少なくともプレコンシューマー素材（印刷ヤレ紙（損紙）など）は，リサイクルする姿勢が企業にとって重要になると考えられる．
〔須長　勲〕

## 文　献

1) 秋元　章（1988）：合成紙．最新紙加工便覧，pp.150，テックタイムス社．

### b. 特殊紙と機能紙

#### 1) 定義

機能紙（high performance paper）は「従来の紙に新たな機能を付与した紙」と定義づけられ（JIS P0001-6039），「参考」として「植物に限らず，無機・有機・金属繊維など幅広い素材を用い，製紙及び加工の工程で高機能が付与され，主に情報・電子・医用などの先端分野の素材として用いられる」との説明がなされている．

科学技術の著しい進歩に伴って，そこで使用される「紙」（広義の繊維を用いた薄葉物：繊維状物を水中で分散し漉き上げた薄様物）に求められる使用条件は一段と厳しさを増している．一例として耐熱性をとっても，従来の紙の主原料である植物繊維では160℃くらいまでであるのに対し，アラミド系の有機高分子繊維は500℃近くまで耐熱性が向上し，無機繊維を使用することによって2,000℃近くまでの耐熱性が得られる．

繊維の集合体である紙はフィルムに比べ，剛性が大で，有効表面積が広く，また大きさを自由に変えられる気孔により気体，液体，イオンなどの透過性を調整する重要な機能がある．

機能紙開発の概念を図4.4.2.1に示した．最初に目的とする紙の使用条件からそれに必要な機能を徹底的に抽出する．次にこの機能を満たすべく，原料，抄紙，加工方法などあらゆる面から検討して目的を達成する．また，既知の機能を組み合わせることによ

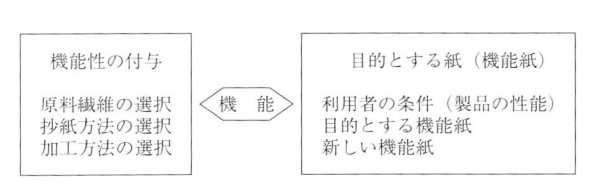

| 機能性の付与 | 機能 | 目的とする紙（機能紙） |
|---|---|---|
| 原料繊維の選択<br>抄紙方法の選択<br>加工方法の選択 | | 利用者の条件（製品の性能）<br>目的とする機能紙<br>新しい機能紙 |

**図4.4.2.1**　機能紙開発の概念

## 4.4 新しい紙の科学と技術

**図4.4.2.2** 機能紙の先端的使用例 ①
自動車用摩擦材.

**図4.4.2.3** 機能紙の先端的使用例 ②
プリント配線用耐熱繊維基盤.

り新製品の開発が容易になる.すなわち,製品の性能を客観的に分別し機能を中心に集約することにより,新製品を個別に研究開発するのに比べ,短期間に目的の機能紙を開発することができる.

機能紙が紙の高度の働きである機能が中心であるのに対し,特殊紙(speciality paper)は,名称の由来が,戦時中に価格,税金,助成などを別にする目的で一般紙と区別するためにつくられた経緯があり,紙の分類の方法の一つといえる.『紙パルプ事典』第5版(紙パルプ技術協会編,金原出版,1989)では特殊紙を次のように定義している.「特定の用途にのみ使う紙で,用途によってそれぞれ適合した性質を付与されている.原料,薬品,抄紙条件が一般紙とかなり異なり,また塗工,ラミネート,含浸などの加工をされたものも含まれることがある.一般紙に対応して用いられる用語で,多品種小ロット製品または高付加価値製品としての意味をもつ」.性能,製造方法,生産数量などの説明がなされているが,「一般紙に対応して用いられる用語」と明示されている.

近代産業における機能紙の代表的な用途として,自動車のミッションボックス内にあって減速や停止などの重要な部品である摩擦材と,携帯電話のプリント配線基盤を図4.4.2.2 および図 4.4.2.3 に示した.ともに耐熱性の芳香族ポリアミド繊維を主原料にした機能紙を樹脂加工して用いる.なお,携帯電話のバッテリー,リチウム電池,アルカリ電池などのセパレーターには,ポリオレフィンやビニロンを原料とした機能紙が使用されている.

また表4.4.2.4は,機能紙の機能別分類と機能性および使用されている繊維の一例である.表中の傾斜機能紙は研究開発中である.インテリジェント機能紙とは,生物の機構のごとく,損傷した場合には自動的に修復したり,条件に対応して変化するなど,これからの素材の高機能化を反映した素材である.

機能紙は主に日本伝統の機械抄き和紙の抄紙技術を用い,原料を植物繊維以上に展開

表 4.4.2.4  機能紙の機能別分類と機能性および使用されている繊維の種別

| 機能 大分類 | 機能性 | 紙の名称 | 使用繊維 |
|---|---|---|---|
| 機械的特性 | 高強度・高弾性<br>耐衝撃性<br>内部補強性<br>耐摩耗性 | 高弾性紙（貫通阻止）<br>FRPの内部補強紙<br>ステンシルペーパー，工程紙<br>制動材，研磨原紙 | 芳香族ポリアミド繊維<br>ガラス繊維，炭素繊維，ボロン繊維<br>合成繊維<br>芳香族ポリアミド繊維，各種無機繊維 |
| 熱的特性 | 耐熱性<br>保温・断熱性<br>感熱性（熱変色性）<br>熱成型性 | 耐熱紙<br>保温・断熱紙<br>感熱紙，サーモクロミック紙<br>成型加工紙，スタンパブルシート | 芳香族ポリアミド繊維，各種無機繊維<br>シラスバルン，ポリアクリル繊維<br>加工繊維，後加工<br>熱可塑性繊維（ポリオレフィン系など） |
| 燃焼特性 | 難燃性<br>不燃性 | 難燃紙<br>不燃紙 | 含塩素・含窒素繊維，芳香族ポリアミド繊維<br>無機繊維 |
| 電気・電子特性 | 絶縁性<br>導電性 | 絶縁紙<br>導電紙，電波遮蔽紙，静電除去紙 | 植物繊維，芳香族ポリアミド繊維，無機繊維<br>炭素繊維，金属繊維，導電加工繊維 |
| 磁気特性 | 磁気記録性 | 磁気記録紙 | 植物繊維，合成繊維，後加工 |
| 光学特性 | 蛍光性<br>燐光性<br>感光性 | 蓄光型蛍光紙<br>燐光紙<br>紫外線検知紙 | 蛍光繊維あるいは後加工<br>植物繊維紙に後加工<br>植物繊維紙に後加工 |
| 音響特性 | 音響遮蔽性<br>振動伝達性 | 遮音制振紙<br>スピーカーコーン紙，振動板 | 鉛繊維，無機繊維<br>炭素繊維，ホヤ，バクテリアセルローズ |
| 耐薬品性 | 耐酸・耐アルカリ性<br>高温耐薬品性<br>防錆性 | アルカリ電池のセパレーターなど<br>溶融塩発電機用セパレーター<br>防錆紙 | 合成繊維（ビニロン，ポリエステルなど），無機繊維<br>炭素繊維<br>気化性防錆剤（VCI）の加工 |
| 濾過機能 | <br>イオン交換性<br>気孔径の規制<br>油水分離能<br>非粘着性 | フィルター（空気・液体用）<br>イオン交換紙，分析用フィルター<br>ガス減菌紙<br>油水分離紙<br>分析用フィルター（粘着性残渣回収） | ガラス繊維，無機繊維，合成繊維<br>イオン交換繊維，後加工<br>植物繊維，合成繊維<br>親水・疎水繊維の組み合わせ<br>四フッ化・エチレン繊維 |
| 耐水特性 | 水溶性<br>防水耐水性 | 水溶性紙（粉末包装・機密文書用紙）<br>防水耐水紙 | CM化繊維，水溶性樹脂繊維<br>極細繊維，ラミネート，防水剤加工 |
| 耐油特性 | 耐油性<br>吸油性 | 耐油紙<br>吸油紙 | 植物繊維紙にメチルセルローズ，PVAの加工<br>ポリオレフィン系合成繊維 |
| 生化学特性 | 薬剤徐放性<br>生体適合性<br>生理検査能<br>抗菌性<br>防虫性<br>生分解性 | タップ剤原紙<br>人工皮膚，止血材，創傷被覆材<br>臨床化学検査紙，遺伝子工学用検査紙<br>黄色ぶどう菌，大腸菌などの抗菌紙<br>蚊やぶよなどの有害昆虫からの防護紙<br>育苗紙 | 植物繊維，合成繊維<br>合成繊維，アルギン酸繊維，キチン繊維<br>植物繊維，機能性繊維<br>抗菌性繊維（硫化銅などの修飾繊維）<br>防虫剤加工繊維<br>植物繊維と合成繊維との混抄 |
| 傾斜機能性 | | 傾斜機能紙（伝熱耐熱型，口径分布規制型など） | （無機繊維と金属繊維との組み合わせなど） |
| 赤外線放射特性 | | 植物の根の発育促進用ポット（育苗紙） | 金属酸化物混練繊維 |
| （インテリジェント性） | | インテリジェント機能紙<br>（自己再生型，条件対応型など） | インテリジェント繊維，加工 |

し，紙の用途を先端産業の要求する過酷な条件に適合する新素材の分野にも展開しており，日本が世界に先駆けている部門である．これからも市場の要求と，新しい機能繊維の開発により，さらに高機能紙の開発が期待される．　　　　　　　　〔稲垣　寛〕

## 文　献

1) 株式会社ダイナクス商品カタログ．
2) 村山定光，村田　守，平岡宏一（2000）：プリント配線板用アラミド基材の開発．機能紙研究会誌，**39**：47-52．

### 2）　機能紙の種類と用途

機能紙は，機械抄き和紙製造技術で製造された高付加価値の紙である．源流は手漉き和紙にまで遡る．江戸時代の紙衣には保温機能，捺染型染原紙には柿渋加工による耐水機能が要求されるなど，手漉き和紙にはさまざまな機能が付与されていた．機能紙は新しい言葉でありながら，実態は古く，手漉き和紙の時代から存在していたことになる．

全国の手漉き和紙の産地では，昭和初期のころから生産効率の良い機械抄き和紙へと転向していった．昭和30年ごろには原料繊維も従来の木材化学パルプやコウゾ・ミツマタ繊維に加えて，ビスコースレーヨン繊維が用いられ，化繊紙と呼ばれた．その後ビニロン繊維，アクリル繊維およびナイロン繊維などが使われるようになり，多岐にわたる機能性が付与され機能紙と呼ばれるようになった．したがって，現在の機能紙メーカーは，昔の手漉き和紙の産地に立地している場合が多いが，機能紙の用途拡大に伴って大手メーカーの参入も盛んになっている．

機能紙の抄紙機は短網，長網，円網も使用されるが，主として傾斜短網抄紙機が用いられている．

また，機能性を付与するために後加工も盛んに行われている．

機能紙は，その機能性を重視した紙の総称であり，「シート状新素材」としてとらえることができる．機能紙研究会では，商品化された機能紙を通商産業省基礎産業局基礎新素材対策室の新素材の分類に準拠して分類し，『新機能紙総覧'97』[1]を発行した．

機能紙はそのほとんどが，紙パルプ統計分類上「工業用雑種紙」として分類され，統計的な実態はほとんど明らかにされていなかった．しかし，『新機能紙総覧'97』により，機能紙の製造実態の傾向が明らかとなってきた．機能紙は新素材の機能性分類のほぼ全領域にわたって分布しており，多種類の機能紙が製造されていることがわかる．

機能紙総覧に掲載された機能紙394品目のうち，機能別の製造頻度は表4.4.2.5のとおりである．これによると，商品化された機能紙の第1位は耐熱性機能紙で，第2位は電気絶縁性機能紙，第3位は接着・粘着・接合・剥離性機能紙である．以下ベスト10位まで表している．

表 4.4.2.5 商品化された機能紙ベスト10

| | 機能紙の種類 | 件数 | | 機能紙の種類 | 件数 |
|---|---|---|---|---|---|
| 1 | 耐熱性機能紙 | 57 | 6 | 感熱性機能紙 | 16 |
| 2 | 電気絶縁性機能紙 | 27 | 7 | 防水・耐水・撥水性機能紙 | 16 |
| 3 | 接着・粘着・接合・剝離性機能紙 | 24 | 8 | 導電性機能紙 | 15 |
| | | | 9 | 吸水・保水性機能紙 | 14 |
| 4 | 気体の吸着・脱着性機能紙 | 24 | 10 | ワイピング機能紙 | 11 |
| 5 | 気体透過性機能紙 | 20 | | | |

ここでは,機能紙の最近の傾向としてベスト3の機能紙の種類と用途について紹介する.

(1) 耐熱性機能紙

無機系耐熱紙では,ガラス繊維紙,アルミナ繊維紙,セラミック紙,無機繊維紙,炭素繊維紙,機能性無機材料充塡紙などがある.用途は,断熱材,不燃建築材,耐熱性工業用素材,燃焼機器用ガスケット,高温保護衣料,滅菌処理容器,面発熱体複合材,高熱炉の内張りバックアップ材,高温パイプ保温材,溶接火花の遮蔽マット,耐熱性触媒担体,耐熱保護管など幅広く使われている.

有機系耐熱紙では,難燃性ビニロン繊維紙,アラミド繊維紙,フッ素繊維シート,ポリエステル繊維紙,耐熱防炎合成パルプ紙,フェノール樹脂内塡紙などがある.用途は,民生機器の難燃化絶縁材料,壁紙裏打ち紙,建築インテリア用,バッキング材,包装用資材,防火用品などの難燃規制分野,プリント基板材,ガスケット材,難燃ケーブル,防炎シートなどに使われている.

(2) 電気絶縁性機能紙

電気絶縁紙はその用途によって,コイル用絶縁紙,ケーブル用絶縁紙,電池セパレーター原紙,コンデンサー用絶縁紙,変圧器層間絶縁紙,プリント基板原紙,無機絶縁紙,セルロース系絶縁紙,ポリオレフィン系絶縁紙,ポリエステル系絶縁紙,アラミド系絶縁紙などがある.

(3) 接着・粘着・接合・剝離性機能紙

粘着紙は,ラベル,ステッカー,粘着シールはがき,粘着加工合成紙,易剝離性透明テープ,粘着シート,再生紙利用粘着紙,両面テープなどのセパレート紙,マスキングテープ,粘着テープとして用いられている.さらに,粘着シールはがきも登場し,はがき料金でプライバシーを保護した情報を送ることができるようになっている.

〔藤原勝壽〕

**文　献**

1) 小林良生,藤原勝壽,稲垣　寛（2004）：最新機能紙総覧,加工技術研究会.

## コラム　機能紙研究会

　現在では，「機能紙」という言葉が紙業関係者のみならず，産業界で広く認識されているが，これは機能紙研究会の歩みとともにつくり出され，育てられてきた言葉である．

　機能紙研究会の前身は化繊紙研究会で，1962年に開催された「化学繊維紙技術講演会」がその始まりである．1950年代中ごろより繊維メーカー，国立研究所および公設試験場において合成繊維紙，化学繊維紙の研究が進められ，中小製紙業界においてレーヨン障子紙やレーヨン化粧紙が工業化され始めたところであった．しかし，原料処理，抄紙工程，製品の品質などで問題点も多く，国公立の試験研究機関，繊維原料メーカー，製紙業者の三者が一体となって化学繊維紙の開発と工業化を試みるという目的で開催されたものである．

　講演会の内容は，化学繊維紙技術講演会講演集として詳細に記録され，化繊紙研究会誌の創刊号となり，機能紙研究会誌として現在に至っている．

　翌年の1963年には，好評を博した前述の講演会を定期的に開催することとし，組織づくりをして発足したのが化繊紙研究会である．

　その後10年間は，高分子工業と石油化学工業に支えられて，化繊紙はレーヨン紙から合成繊維紙まで幅広く包含するようになり，紙の分野の中で特殊なジャンルを創生していった．さらに，この分野は和紙とかなり類似性をもっていることから，手漉き和紙から転向した中小の機械抄き和紙製造企業が積極的に工業化を進めた．

　1976年には化繊紙研究会の体制を見直し，当研究会の技術顧問であった稲垣　寛氏を会長に迎え，関係業界のリーダーシップをとれる体制とした．同時に官界のみで構成されていた役員に産業界からも役員を迎え入れ，研究会運営に産業界のニーズを取り入れる体制へと変革していった．

　1980年代に入り，化繊紙の高機能化を目指す過程で，化繊紙のもつ古いイメージが指摘され，化繊紙に代わる新しい名称を議論した結果，機能紙（high performance paper）に変えることとし，翌1982年，第21回研究会で，化繊紙研究会を機能紙研究会と改称することとした．また，役員構成も幅広い人選を行い，産学官が一体となる協力体制を確立した．

研究会名を改称するにあたり，「従来の『紙』に新たな機能（働き）を付与した紙」と機能紙を定義づけ，紙の元来もっている本質と新しく付与できる性能とを併せて，これを研究開発することを機能紙研究会の目的としたのである．

　その後，機能紙の生産が，紙産業分野の中では新規分野として，また，小規模生産で高機能なものの生産であり，収益率が大きい分野として広く認識されるようになり，機能紙が定着し発展していった．機能紙の発展とともに機能紙研究会の参加者数も増加して，現在では300名を超える研究会となっている．

　会員数が300名前後で推移してくると，組織・運営上，個人の集まりである任意団体では不都合を生じ，また，学官の積極的な参画を期待する場合，法人格の取得が不可欠な状況となってきた．2003年3月，機能紙の製造技術およびその加工技術の研究開発に寄与するための調査研究事業，およびそれらの技術の普及向上を図るための教育啓発に関する事業等を行い，もって社会全体の利益の増進に寄与することを目的として，特定非営利活動法人（いわゆるNPO法人）機能紙研究会を設立した．

　21世紀は環境の世紀といわれ，環境問題は避けて通れない問題であり，ボーダーレス，グローバリゼーション，感性・心の時代といったキーワードが今後の機能紙産業にも大きくかかわってくるものと思われる．機能紙分野も，高機能から超機能へと進むことが予測され，21世紀の紙製品開発の指標となる分野である．

　機能紙研究会は，わが国が育てた新しい紙産業分野における産学官の交流の場であるとの認識に立ち，より一層の機能紙産業の発展に貢献することとしている．　　　　　　　　　　　　　　　　　　　　〔森川　隆〕

### c. 不織布

　不織布は，紙でもなく織布でもないが，繊維からつくられる2次元展開物として重要な位置を占めている．繊維業界と製紙業界が製品をつくっており，衣料用と産業資材用に大別される．織布にできないような細い糸，細かい繊維も原料に使用することができ，多様な機能を付与することが可能で，繊維製品の中では成長の著しい分野である．

　不織布に関してはいろいろな定義があるが，ISOの定義では「繊維を摩擦，接着又は溶融することにより製造された，方向性のある，又はランダムに配向した繊維からなるシート，ウェブ又はバットであり，紙，織物，編物，タフテッド製品，結合用の糸もしくはフィラメントを用いたステッチボンド製品あるいは湿式縮絨機によるフェルト製品

はニードリングの有無にかかわらず除かれる．繊維は天然でも合成でもよく，ステープル，連続フィラメントまたはポリマーから形成されたものでもよい」となっている．また ASTM の定義では「機械的，熱的，化学的または溶剤接着により，繊維，糸またはフィラメントを接着または絡み合わせることによって作ったシートあるいはウェブ構造のもの」となっている．わが国では不織布協会が JIS 化を進め，2001 年に発表された定義は「繊維シート，ウェブ又はバットで，繊維が一方向又はランダムに配列しており，交絡，及び／又は融着，及び／又は接着によって繊維間が結合されたもの．ただし，紙，織物，編物，タフト及び縮絨フェルトは除く」となっている．いずれも狭義の紙のようにイメージしやすいものでなく，定義の複雑さはそれだけ技術の多様性と複合性を表しているとも解釈できる．

不織布の基本的な製造はウェブの形成，ウェブの接着，仕上げ加工工程からなる．またウェブの形成法には湿式法，乾式法，紡糸直結法があり，ウェブの接着法には化学的接着法，熱的接着法，機械的接着法がある．仕上げ加工法は多様に展開しており，物理的処理加工，化学的処理加工，ハイテク技術応用加工などに分類される．今後も，新しい繊維材料や仕上げ加工法の導入により，新たな機能の付加や高機能化が期待される．

〔尾鍋史彦〕

# 第5章 紙・板紙の流通

## 5.1 紙流通の歴史

### 5.1.1 黎明期から揺籃期の製紙業界と流通

　明治初頭の洋紙黎明期，その商品流通の多くを担ったのは，江戸時代に創業された和紙商であった．

　今日の紙流通を担う企業の中にも，元禄年間～江戸末期にかけて，和紙商として創業し，明治以降その取り扱い商品を洋紙へと転換したところが多くある．

　一次販売店である「代理店」，二次販売店である「卸商」を経由し，需要家のもとに供給されるというのが，現在の洋紙流通の基本的な流れであるが，その仕組みは，洋紙黎明期～揺籃期，すなわち明治30年くらいまでの時期にほぼ形成されたといえる．

　代理店制度は，明治15年（1882），中井商店（現在の日本紙パルプ商事）と，抄紙会社（現在の王子製紙）との間による販売特約の締結に始まる．このころ主な製紙会社は4社あったが，紙商は東京だけでも400店以上あったといわれている．洋紙生産が軌道に乗り，その先行きに明るい展望がみえるに従い，各紙商による販売競争も激しくなっていったようである．そこで，メーカー各社は有力な紙商を自社の特約店とすることにより，自社製品の拡販に努め，紙商との緊密な関係を築いていった．

### 5.1.2 財閥によるメーカーの資本集中と紙商の系列化

　明治27年（1894）に勃発した日清戦争，同37年に勃発した日露戦争を経て，洋紙の需要は次第に増大していった．それに伴いわが国の製紙技術は向上し，メーカー各社は生産品目を徐々に増やすとともに，量産体制を増強していった．明治31年（1898）には三菱財閥が神戸製紙所を合資会社とし，三井財閥が王子製紙の経営権を完全掌握するなど，資本の集中が顕著となり，紙業界はメーカー主導型の体制に変化していった．

明治末期より沈滞気味であった景気は，第一次世界大戦が大正3年（1914）に勃発すると一変し，紙業界も，輸出と国内需要の増加により好況となった．この時期，メーカー各社が生産量を拡大していったが，需要を満たすことはできず，市場価格は高騰した．

　このような中，円滑な需給と価格の正常化を目指し，主な紙商による「大正会」という組織が設立された．この会の努力により，市場は平静化へと向かった．

　一方，メーカー各社は樺太などにも生産拠点を広げるとともに，アート紙，グラビア紙，インディア紙など，付加価値が高い紙の開発を進め，わが国の製紙産業は目覚ましい成長を遂げた．

　大正12年（1923）の関東大震災は，紙業界にも甚大な損害を与えた．関東に拠点を置く紙商の多くは，社屋や倉庫を焼失した．資本が集中し生産拠点が拡大していたメーカーに比べ，震災による紙商側のダメージは大きく，紙商の企業体質は弱体化した．そのため，メーカーは紙商に対して資本的援助を行い，紙商はそれぞれメーカー別に系列化されていった．

### 5.1.3　3社合併と流通の混乱

　昭和初頭，これまでの需要の伸びを背景に，資本と生産の集中を進めてきた製紙業界を，金融恐慌とそれに続く国際不況の波が襲った．これにより，製紙業界は深刻な経営不振に陥った．製紙業界の中心をなしてきた，王子製紙，富士製紙，樺太工業の3社の営業も不振に陥り，合併気運が急進展し，昭和7年（1932），3社は合併調印に至った．ここに，シェア80％を超える王子製紙が誕生した．

　3社合弁により，各社の製品をそれぞれ販売していた代理店9社が，一同に王子製紙品を取り扱う体制となった．そのため，当初は過当競争により紙の価格に混乱が生じたが，品種別，地域別の共同販売方式により同系列内での競争を排除した結果，価格は安定した．

### 5.1.4　統制経済への道

　昭和13年（1938）に，わが国では国家総動員法が公布され，戦時経済統制が敷かれた．パルプ輸入が中止となり，石炭などの原料や資材の供給が圧迫され，製紙業界への影響も増大し，生産を削減せざるをえなくなった．

　一方，「紙の消費節約運動」の推進によって使用量が制限され，紙の販売は配給制度の統制下となり，代理店は配給の実務代行機関となった．

　その後，紙の生産は「洋紙共販株式会社」，元売りは「日本洋紙元売商業組合」という体制になり，昭和16年（1941）太平洋戦争が勃発後，同18年には元売り業者の個々の取引が中止された．同19年には，製販を強力に統合する「紙統制株式会社」が設立

され，紙商（代理店，卸商）の商権は完全に消滅した．

### 5.1.5 商権復活

昭和20年（1945）に太平洋戦争は終結し，戦前，樺太などに生産拠点をもっていたわが国の製紙業界は，大きな打撃を受けた．

終戦後も，紙は「国民生活並びに産業上特に重要なる物資」とされて統制が続けられ，販売業務はメーカーが指定する特定販売業者が代行していた．

紙商の多くは戦争により店舗，倉庫を失ったが，商権復活を目標に一致団結し，和洋紙合同でその実現を目指した．

その結果，昭和21年（1946）11月7日，紙商の商権は全面的に復活した．

供給面では，数量不足による混乱を避ける手段として，消費者団体が発行する数量割当切符によって需給の調整を図るという暫定措置がとられた．需給の均衡がとれるに従い，配給統制，価格統制を撤廃する動きが起こり，昭和24年（1949）より品種ごとに段階的に統制が撤廃され，同26年5月，すべての紙取引が自由化された．

商権復活，紙取引自由化の過程において，全国紙商組合連合会，洋紙代理店会など，紙商の全国統一の連絡組織が完成した．

### 5.1.6 王子製紙の分割と流通

昭和24年（1949），「過度経済力集中排除法」によって，戦前80％を超えるシェアを有した王子製紙が，苫小牧製紙，十條製紙，本州製紙の3社に分割された．傍系メーカーの分離などもあり，製紙業界では生産の分散化が進んだ．

この分割は，紙商にも大きな影響を及ぼした．

戦前王子製紙の持ち株比率が50％を超えていた，中井商店，大同洋紙店，富士洋紙店，川島洋紙店の代理店4社は資本的に独立し，メーカー資本から代理店独立資本時代への転機を迎えた．

また，前出4社と，服部紙店，博進社，大倉洋紙店，岡本商店，万常紙店，そして戦後間もなく王子製紙の販売店となった，三幸，日亜商会，山栄洋紙店を加えた12社が，並列的な位置づけで，王子系3社の代理店となった．

この結果，王子系3社と代理店は，従来の専属代理店という関係ではなくなり，代理店各社は複数メーカーの製品を取り扱うこととなった．

### 5.1.7 高度成長期以降の市況状況

昭和25年（1950）に朝鮮戦争が勃発すると，これによる紙の特需が発生し，同28年には生産量がついに戦前の最高値を超えた．

昭和30年代に入り，わが国の経済はいわゆる高度成長の時代を迎えた．

メーカー各社の設備投資は旺盛になり，新鋭マシンの増設により生産能力が飛躍的に向上した．しかし，大幅な生産力増強により供給過剰となり，需給バランスが崩れ，市況は下落した．

各メーカーによる自主的な生産調整が実施されたが，事態は改善されず，昭和33年（1958）から通産省の行政指導による勧告操短（操業短縮）が実施された．操短により在庫が削減されたため，その後の岩戸景気が寄与し，昭和34年，35年と紙業界は順調に業績を向上させた．昭和37年には再び供給過剰となり，勧告操短を実施したが，需給バランスは改善できず，通産省による新増設停止に関する勧告に至った．

### 5.1.8　メーカーおよび流通の再編

昭和30年代～40年代にかけての製紙業界は，設備増強，供給過剰，市況下落，生産調整を繰り返した．

そのような中，政府の紙・パルプ産業に対する，指導・監督方針が，昭和43年（1968）に「保護」から「自由競争」へと大きく転換した．さらに，円切り下げによる外国製品の輸入圧力懸念があり，競争力強化の気運が高まり，紙業界ではメーカー，流通ともに業界再編の動きが活発になった．

流通業界の企業合併には，中井と富士洋紙店の合併（日本紙パルプ商事，昭和45年），大倉洋紙店と博進社の合併（大倉博進，同46年），菱三商会とカシワの合併（三菱製紙販売，同47年），大同洋紙店と王子連合通商の合併（大永紙通商，同48年）などがあった．

### 5.1.9　流通秩序の確立

高度成長期以降の紙流通業界においては，「流通秩序の確立」が大きなテーマとなってきた．

東京洋紙代理店会では，正しい商取引ルールを研究することを目的とし，「取引制度研究会」が設置され，洋紙取引ルール実施細則を決め実施しようという努力がなされた．昭和43年（1968）には，代理店と卸商の合同による「洋紙取引合理化委員会」での議論をもとに，価格，決済，運賃・梱包料など，日常取引をする場合に必要な要件をまとめた「改訂版洋紙取引ルール」が完成，その実践が各企業に徹底された．

### 5.1.10　流通機構の合理化

戦後，わが国の産業界は，生産設備の増強が優先され，流通部門の整備は立ち遅れていたが，高度成長期以降，生産から消費までの流通機能を再構成，合理化し，全体の効率を高めようという運動が起きてきた．

紙業界においては，昭和45年（1970），通産省の産業構造審議会・流通部会のもとに設置された「流通システム化推進会議」の業種別委員会として，同46年に通産省，メー

カー，代理店，卸商の各代表をメンバーとした「流通システム化推進会議 紙・板紙委員会」が発足した．

昭和 47 年 3 月に「紙・板紙流通システム化報告書」により，① 商品計画のシステム化，② 取引処理のシステム化，③ 物的流通のシステム化，④ 経営管理面のシステム化，についての答申がなされた．

以後，メーカー，代理店，卸商が一体となり，取引契約の明確化，紙板紙標準規格の作成，物流センターの建設，パレット規格の統一・共同利用・共同回収の確立など，流通システム合理化への取り組みがなされた．

具体的な取り組みとしては，昭和 45 年ごろからの複数のメーカーや代理店による，大型物流施設の設立があげられる．また，同 46 年に設立された「紙・パルプコードセンター」による業界統一コードの作成も，流通システム化に大きく貢献した．同 47 年には「紙・パルプ業界統一品名コード表」，同 52 年には「紙・パルプ業界統一取引先コードブック」が完成した．以後もコードの登録件数を増やし，今日でもその効果を発揮している．

### 5.1.11　輸入紙への対応，貿易摩擦の激化

昭和 52～53 年にかけて円高が進行し，輸入紙の増加傾向が顕著となるとともに，国内メーカーの開発輸入の取り組みも始まった．また，日本市場での拡販を目指す米国メーカーによる，紙流通業界の取引慣行の改善要請が強まった．

こうした中で，日米相互の理解不足や認識のずれを解消し，信頼関係を確立しようと開催されたのが，昭和 59 年（1984）の「日米紙パルプ会議」であった．この会議で日本の紙流通業界は，「国産品と輸入品との取り扱いに差別はなく，良い品質のものが安定供給されるのであれば，日本の流通機構の利用を歓迎する」という見解を示した．

平成 3 年（1991），通産省は紙業界を含む主要産業に対し，ビジネス・グローバル・パートナーシップ推進行動計画の策定を要請し，これに対して日本紙商団体連合会では，前述の見解をベースとした，推進計画を発表した．また，日米構造協議におけるアメリカ側の独占禁止法運用強化の要請がきっかけとなり，紙業界では平成 4 年，メーカー・流通各社で「独禁法遵守マニュアル」が作成され，その周知徹底が図られた．

### 5.1.12　情報システムの高度化

コンピュータネットワークの活用は，企業活動の合理化，高度化に不可欠な手段として認識されている．

紙流通業界においては，昭和 60 年前後より，いくつかの代理店が，取引のある卸商とネットワークを結ぶようになった．VAN（付加価値通信網）の先駆けである．

昭和 60 年（1985）より，主要代理店 11 社は「VAN 委員会」を設置し，業界 VAN

の構築に着手した．同 63 年に運営会社「カミネット」を設立し，平成元年（1989），紙パ流通 VAN は本格稼動を開始した．同 2 年には，メーカー，代理店，物流業者間の電子データ交換システム "P-EDI" が稼動した．

平成 11 年には，EDI 推進組織の機能強化を目的として，カミネット，紙パルプコードセンター，P-EDI 事務局を統合して新生「カミネット」を設立した．これにより，メーカーから需要家までの一連の流通業務の効率化を目指した業界レベルでの情報インフラの整備と，営業活動に活用できる高度情報管理体制を構築する活動が本格的に始まった．

### 5.1.13　グローバル化への対応

近年，紙・パルプ産業はグローバルな大競争時代に入った．国内メーカーにとって大型の M & A（合併，買収）により巨大化している海外メーカーと伍して競争していくためには，規模の拡大が喫緊の課題となった．アジア諸国においても，経済成長による紙・板紙消費量の増大に伴い，国際競争力をもったメーカーが出現した．

このような状況下，内需型産業として，国内市場中心に着実に発展してきたわが国の紙業界は，国内の需給安定化とともに，国際競争力の強化が大きな命題となり，現在も戦略的な再編の動きが続いている．

紙流通業界においても近年いくつかの企業が合併し，業界の再編が進んでいる．今後とも市場の国際化のスピードに合致した施策が必要であり，アジア経済圏をベースとした経営戦略の立案と遂行が急がれる．　　　　　　　　　　　　　　　　　　〔川又　肇〕

### 文　　献

1) 東京における紙商百年の歩み，東京都紙商組合，1971．
2) 紙の流通史と平田英一郎，株式会社紙業タイムス社，1988．
3) 百五十年史，日本紙パルプ商事株式会社，1996．
4) 東京都紙商組合 50 年の歩み，東京都紙商組合，1998．
5) 紙・パルプの実際知識（第 6 版），東洋経済新報社，2001．

## 5.2　紙・板紙の流通機構

### 5.2.1　物流面からみた紙・板紙の流通機構

わが国の紙・板紙の生産量は，米国，中国に次いで世界第 3 位であり，3,089 万 t（2004 年）に達している（日本製紙連合会調べ）．

製紙工場は，原料立地型であり，かつては紙・パルプ原料となる原木（パルプ材）資

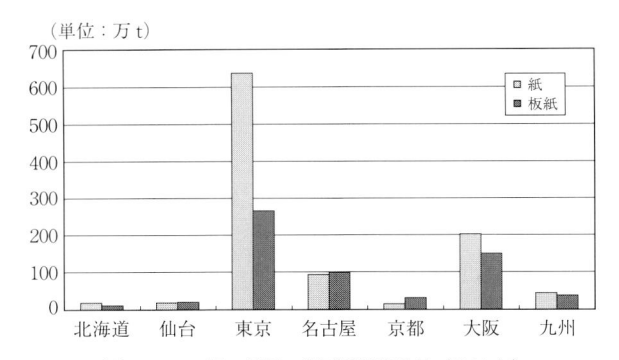

**図 5.2.1.1** 紙・板紙の地区別払出数量（2004年）
日本洋紙代理店会連合会，日本板紙代理店会連合会調べによる．

源と水の豊富な内陸地区に集中していた．近年は，輸入パルプ材の使用が増加するに伴い，内陸型に比べ原料のハンドリングコストが安価で済む臨海型の工場が多くなっているが，内陸型，臨海型いずれの工場も広大な敷地を要するため，その多くが消費地からは遠隔な地域にある．

一方，わが国の紙・板紙の消費量は，3,192万t（2004年）で，米国，中国に次いで世界第3位である（日本製紙連合会調べ）．

紙・板紙の消費は，情報と物の流れに連関している．そのため，情報と物の流れが激しくその量が多い大都市およびその近郊には多くの印刷工場や紙・板紙の加工所があり，そこで大量の紙・板紙が消費されている．一次販売店である代理店の国内出荷を地域別にみてみると，関東圏での出荷が紙で約60％，板紙で約45％を占めており，大都市とその近郊での紙・板紙の消費の大きさがわかる（図5.2.1.1）．

上記の生産と消費の実態に対応した，製紙工場から需要家の指定場所へ納入されるまでの物流面での紙（衛生用紙を除く）・板紙の流通機構を概括的に示すと，図5.2.1.2のようになる．

製紙工場から消費地までの一次輸送はメーカーが責任をもって行っている．製紙工場からの輸送量の輸送機関別シェアをみると，鉄道が約17％，トラックが約51％，船が約32％と，トラックのシェアが高い．近年は，大手印刷工場など大ロット納入先への製紙工場からの直接搬入が増加しており，カーフェリーによる輸送シェアが高まる傾向にある（2003年10月実績，日本製紙連合会物流委員会による製紙会社12社54工場調べ）．

消費地内の配送である二次輸送は主にトラック輸送であり，その多くが代理店ならびに二次販売店である卸商の物流機能に委ねられている．ただし，個々の取引ごとに決められる個別取引契約の内容によっては，卸商が販売した商品を代理店が配送する場合も

図 5.2.1.2 物流面からみた紙・板紙の流通機構

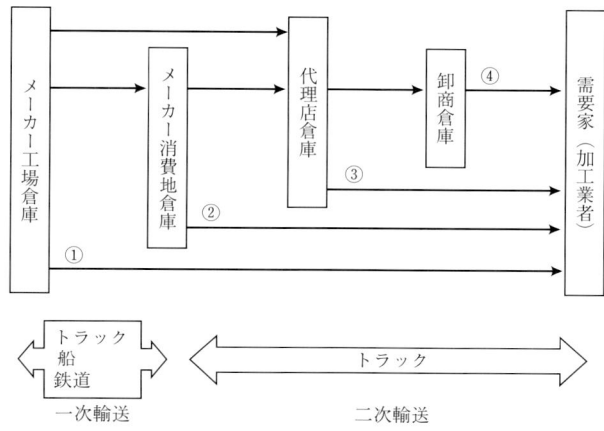

(注) ①の経路によるもの：取引条件に応じ配送するが，大ロット品が主体.
②の経路によるもの：新聞巻取紙，段ボール原紙など，大ロット品が主体.
③の経路によるもの：紙・板紙の巻取比率が高く，大口需要家向けが主体.
④の経路によるもの：紙・板紙の平判比率が高く，小口需要家向けが主体.
断裁・加工など手間がかかり，小口配送が多い.

ある．近年は，大規模印刷工場の郊外移転に伴う配送エリアの拡大とともに，多様化する顧客ニーズを充足するために，多品種・小口・短納期配送が多くなり，二次輸送を円滑に行うためには，適材適地の在庫施設と効率的な配送手段の確保が必須要件となっている．

### 5.2.2 商流面からみた紙・板紙の流通機構

後述する全国組織に加盟しているメーカーは約 40 社，紙・板紙の流通を担っている代理店は 70 社弱（総合商社 1 社を含む），卸商は 500 社以上ある．製紙業界と紙・板紙流通業界の構成を示したのが図 5.2.2.1 である．メーカーから需要家に至る商流面での紙（衛生用紙を除く）・板紙の流通機構を概括的に示すと図 5.2.2.2 のようになる．

需要家に対する紙・板紙の販売は，大手新聞社向けの新聞巻取紙など品種によっては，メーカーから需要家への直接販売が行われているが，一次販売店である代理店がメーカーから製品を仕入れ，二次販売店の卸商を経て需要家に販売されるのが基本的な販売経路である．ただし，実際の紙・板紙の用途は広範多岐にわたっているため，品種，用途，ロット，需要先などに応じて販売経路は変化する．

わが国の紙・板紙の流通は，代理店，卸商，商社が担っているが，それぞれの特徴は，下記のとおりである．

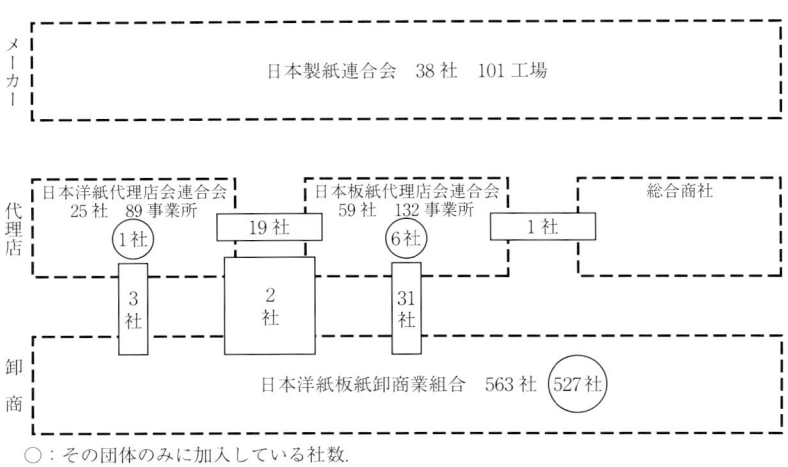

**図 5.2.2.1** 製紙業界と紙・板紙流通業界の構成（2005 年 10 月現在）
「図表：紙パルプ統計 2005 年版」（日本紙パルプ商事株式会社，2005）より．

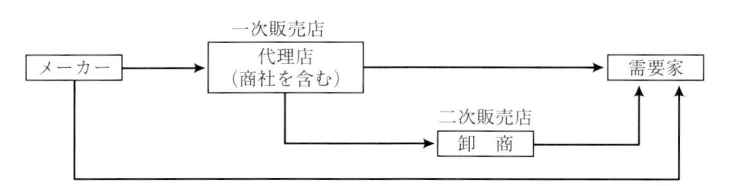

**図 5.2.2.2** 商流面からみた紙・板紙の流通機構

(1) 代理店
① メーカーと代理店の関係は，長い歴史があり，取引面での系列色がはっきりしているが，代理店は個々に独立した経営体である．
② 代理店は，通常複数のメーカーと取引契約を締結しており，メーカーより直接製品を仕入れ，需要家に販売する一次販売店の機能をもっている．
③ 代理店は，全国主要都市に支店を設置し，全国規模での営業展開を図っており，大消費地に自社在庫を有し，大手需要家に直接販売するとともに，各地域の卸商に紙・板紙を安定的に供給する役割を担っている．
④ 大手代理店は，海外に販売拠点を設置し，紙・板紙，パルプ・古紙などの輸出入業務ならびに海外においても積極的な販売活動を展開している．

(2) 卸商
① 卸商は，主として複数の代理店から紙・板紙を仕入れ，需要家に販売する二次販

売店の機能をもっている．

② 通常，代理店と卸商の関係にも歴史があり，個々の卸商は，仕入依存度が高い主力代理店を決めてはいるが，メーカーと代理店のように取引面での系列化はされていない．

③ 卸商は，通常特定地域を販売エリアとし，自社在庫や断裁加工機を有し，主に中小ロットの多品種の小口取引をきめ細かく行い，独自のノウハウにより，地域の印刷会社，紙器加工会社，出版社等の多種多様な顧客ニーズに対応している．

④ 中小メーカーやファンシーペーパーなどの特殊紙メーカーの代理店を兼ね，広い販売エリアを保有している卸商もある．

(3) 商社

① 商社は，メーカーとの間で，海外からの原料手当，設備資金供給，海外投資参画などでの取引関係がある．

② 商社の中には，代理店と同様に，一次販売店の機能をもっているところがある．一次販売店の機能をもつ商社は，原料供給，資本参加を通して一部メーカーとの取引関係を次第に強化するとともに，大手需要家との他部門での取引関係を活かしつつ，紙・板紙製品の販売に進出した経緯がある．

中間素材である紙・板紙は，日常的に使用されるものであり，取引ロットがまとまるため，取引額が大きく，その取引は，企業対企業の信頼関係のもとに成立しており，何らかの大きな支障がなければ，長期間にわたり継続するものである．そのため，数多くの需要家と紙・板紙の流通会社との取引関係は，信頼関係を礎にそれぞれが長期にわたっている．

メーカー，代理店，卸商は，それぞれ全国組織の業界団体を結成している．メーカーは日本製紙連合会を結成し，代理店は日本洋紙代理店会連合会（略称：洋紙代理店会）と日本板紙代理店会連合会（略称：板紙代理店会），卸商は日本洋紙板紙卸商業組合（略称：日紙商）を結成している．なお，代理店，卸商は地区別にもそれぞれ業界団体を結成し，地域特性に合った業界活動を行っている．また，代理店と卸商の会員団体の連合体として日本紙商団体連合会（略称：日紙連）がある．

### 5.2.3 紙・板紙流通の課題

最近の製紙業界は，国内市場の成熟化とグローバル化の進行に伴い，国際競争力の強化が急務であり，大手メーカーを中心とした合併・企業統合などにより業界再編が推し進められている．

紙・板紙流通業界においても業界再編が進んでいるが，サプライチェーンの簡素化が大きなテーマとなってきている中，引き続きその存在価値を維持していくためには，厳しい環境変化に迅速かつ的確に対応し，機能を強化していくことが必要である．

### a. 情報システムの業界標準化の推進

　素材としての紙・板紙の取引における顧客ニーズは多様化しており，顧客は，販売会社に対し，安定供給や品質管理はもとより，ITの進展に伴うオンデマンド印刷市場の拡大や環境保全意識の高まりによる再生紙製品需要の拡大などにより，多品種・多頻度配送でかつ小口・短納期配送などの，きめの細かいサービスを求めている．紙・パルプ業界ではインターネット活用の情報インフラの整備も進んできているが，メーカー，代理店，卸商が共通基盤に立った業界標準化システムの構築をさらに推進し，流通業務の効率化によるコスト削減を実現するとともに，サービスの付加価値向上を図ることが重要な課題となっている．

### b. 物流共同化の推進

　多様な顧客ニーズへの対応，慢性的な交通渋滞による二次輸送の効率低下，排ガス規制による車種規制などの要因により，紙・板紙流通業の物流コストが年々上昇しており，物流コストの削減が喫緊の課題となっている．一方，需要家向けの配送についても，小口化，多頻度化，短納期化の傾向が強まり，さらなる物流施設の整備と効率的な配送システムの構築による物流機能の強化が求められている．コストアップにつながる物流機能の強化と物流コストの削減を両立させることは，個別企業レベルでは対応に限界があり，近年，代理店主導，卸商主導とそれぞれ運営形態の異なる物流の共同化事業の試みが具体化されている．今後も，共同保管・共同配送，断裁加工・引取業務の集約化や，リアルタイムでの高度情報管理などによる物流サービスの高度化を実現した上で，物流コストを削減することを目的とした共同化事業が，メーカーを含めた形で進展していくものと思われる．

### c. 電子商取引の可能性

　現在，電子商取引の将来的な市場規模は未知数であり，どのような紙の品種，用途，業態が電子商取引に適しているのか明確に把握されていない．

　ただし，電子商取引にはローコストオペレーションの確立や取引の迅速性など，供給サイド，需要家サイド双方が多くのメリットを享受できる可能性を秘めており，現在，複数の取引サイトが立ち上げられ，それぞれが業界内でも認知されていることから，今後ネットビジネスの特性が広く理解され，ネット活用が一般化し，取引方法が極力合理化された場合，ネットと非ネットで紙・板紙の取引の住み分けが進む可能性もある．

〔川又　肇〕

## 5.3 少量生産型の紙，和紙の流通

### 5.3.1 ファインペーパー，和紙——特殊紙，機械抄き和紙

　ファインペーパー（特殊紙，ファンシーペーパーとも市場で呼ばれているが，本節では以下ファインペーパーと称す）は，印刷インキでは出せない染色による濃淡の微妙な色合いをもち，地合を崩して不規則な地合模様になっていたり，フェルトの織り模様をそのまま紙面に転写して穏やかな凹凸模様にしてあったり，エンボスロールで具象，抽象の模様をつけてあるなど，固有の質感，風合い，紙色などがある，高付加価値の機能紙である．

　機械抄き和紙は，コウゾ，ミツマタ，麻などの靭皮繊維，レーヨン，木材パルプなどの長繊維を原料とし，流し漉きを主とした手漉き和紙の技術をベースに，粘剤を用いて円網や短網ヤンキードライヤーで抄かれた紙である．極薄の典具帖紙から厚口の局紙，コウゾの筋を活かした雲竜や簀の目などの模様紙，雲母や金銀砂子，植物の葉などを抄き込んだ漉込紙などである．

　なお，手漉き和紙と，ティッシュペーパーやトイレットペーパーなどの衛生用紙（機械抄き和紙と呼ばれている）は，この節では対象外とする．

### 5.3.2 少量生産型の紙——ファインペーパー，和紙

　ファインペーパーは，生産・流通サイドからみるとどのような分類の紙か．経済産業省の統計の分類には，特殊紙・ファインペーパーという独立した分類名はなく，大分類「印刷・情報用紙」中分類「特殊印刷用紙」の中の，「その他特殊印刷用紙」の項に集計されている．ファインペーパーの生産量はわが国の紙・板紙総生産量 30,891,000 t（2004年）の1％にも満たない，全体の割合からみるとごくわずかな生産量の紙類である．

　このファインペーパーに分類されている製品の銘柄数は 500 種以上もあり，連量，寸法，色名ごとに1品種で積算すると 15,000 品種以上の膨大なアイテム数となっている．よって，ファインペーパーは抄速が遅く，抄き幅の狭い小規模のマシンで生産されている「多品種少量生産型」の紙ということができる．

　経済産業省の統計の分類では，その他特殊印刷用紙の中に集計されているが，ファインペーパーの各銘柄の分類・特徴は，東京特殊紙懇話会で作成している銘柄別基本分類表でみることができる（表 5.3.2.1）．

## 表 5.3.2.1　銘柄別基本分類表（東京特殊紙懇話会作成）

(1) 初版 1998 年 3 月，FP-1（248 銘柄）
① プレーン 31 銘柄

| 銘　柄 | メーカー | 銘　柄 | メーカー |
|---|---|---|---|
| NT ラシャ | 日清紡績 | OK フロート | 王子特殊紙 |
| M ケントラシャ | 特種製紙 | エバーリーブ | アメリカ |
| ハーレムブラック | 王子特殊紙 | サイタン | 王子特殊紙 |
| サンピーチ | 日清紡績 | ボルダ | 東海パルプ |
| ベルクール | 日清紡績 | グムンドカシミア | ドイツ |
| ニューカラー R | リンテック | 里紙 | 特種製紙 |
| 黒台紙 | 東海パルプ | NB リサイクル GA | 日清紡績 |
| ジャケットカラー | 特種製紙 | 竹あや GA | 日清紡績 |
| エキストラブラック | 日清紡績 | スーパーコントラスト | 特種製紙 |
| やよいカラー | 北越製紙 | タント-e | 特種製紙 |
| カシミアンカラー | 北越製紙 | ビオトープ GA | 王子特殊紙 |
| レオニア 86 | 東海パルプ | モダンクラフト | 大興製紙 |
| タント | 特種製紙 | エコラシャ | 王子特殊紙 |
| キクラシャ | 日清紡績 | SF カラー森林認証紙 | 東海パルプ |
| ブラック＆ブラック・K | 北越製紙 | エコジャパン R | 王子特殊紙 |
| リンクルドリアス | 王子特殊紙 | | |

② レイド 19 銘柄

| 銘　柄 | メーカー | 銘　柄 | メーカー |
|---|---|---|---|
| ST カバー | 日清紡績 | OK 再生コットン | 王子特殊紙 |
| アングルカラー | 特種製紙 | バガス　リーフ | 東海パルプ |
| OK ミューズコットン | 王子特殊紙 | バガス　ライン | 東海パルプ |
| トーヨーコットン | 王子特殊紙 | エレメント L | アメリカ |
| KSY コットン | 王子特殊紙 | ジャンフェルト | 特種製紙 |
| OK ミューズウエイブ | 王子特殊紙 | コットン 60 | 大日製紙 |
| ワンウェーブ | 王子特殊紙 | ドン | 王子特殊紙 |
| シャレード | 東海パルプ | ハッコーレード R100 | 東海パルプ |
| あらじま | 特種製紙 | ピケ | 特種製紙 |
| ペリーヌ | 東海パルプ | | |

③ ブレンド 42 銘柄

| 銘　柄 | メーカー | 銘　柄 | メーカー |
|---|---|---|---|
| 銀松葉 | リンテック | OK サンドダーク | 王子特殊紙 |
| ことぶき | 王子特殊紙 | フリッカーズ | 東海パルプ |
| ふじ | 王子特殊紙 | こざと | 東海パルプ |
| OK ミューズカイゼル | 王子特殊紙 | パラダイス | 東海パルプ |
| ニューうんりゅう | リンテック | OK サンドカラー | 王子特殊紙 |
| ウッド | 特種製紙 | しこくてんれい | リンテック |
| 新草木染 | 東海パルプ | ファサード | 王子特殊紙 |
| ニューマイケル | 東海パルプ | ワンダーオーキッド | 日本製紙 |
| OK サンドブライト | 王子特殊紙 | メガ | 王子特殊紙 |
| OK サンドミドル | 王子特殊紙 | OK グレートカイゼル | 王子特殊紙 |

## 5.3 少量生産型の紙,和紙の流通

| 銘柄 | メーカー | 銘柄 | メーカー |
|---|---|---|---|
| OK フェザーワルツ | 王子特殊紙 | 新シリアルペーパー | 王子特殊紙 |
| スノーペトル | リンテック | 星物語 | 東海パルプ |
| ふぶき | 東海パルプ | 回生 GA | 東京製紙 |
| KSY くらやしき | 東京製紙 | 新利休 R100 | 王子特殊紙 |
| 新バフン紙 | 王子特殊紙 | モダニイ R100 | 王子特殊紙 |
| OK 再生カイゼル | 王子特殊紙 | 新・清流 | 富士共和製紙 |
| バガス みのり | 東海パルプ | ビアペーパー | ドイツ |
| 越後草子 | 北越製紙 | セビロ | イタリア |
| フェイズ2 | アメリカ | エコ間伐紙 | 東海パルプ |
| OK 新カイゼル | 王子特殊紙 | 間伐材印刷用紙 | 東海パルプ |
| グムンドナチュラル | ドイツ | ルフィーラ | 王子特殊紙 |

④ フェルト 39 銘柄

| 銘柄 | メーカー | 銘柄 | メーカー |
|---|---|---|---|
| マーメイド | 特種製紙 | ビギン | 王子特殊紙 |
| パンドラ | 特種製紙 | グランデーデュプレックス | アメリカ |
| サーブル | 特種製紙 | アンドレ | 特種製紙 |
| パミス | 特種製紙 | エナジー | 王子特殊紙 |
| OK ミューズストーン | 王子特殊紙 | ガイア A | 東海パルプ |
| アフトンカラー | 王子特殊紙 | ピンロード | 王子特殊紙 |
| プリマ | 特種製紙 | ギルエッセ | アメリカ |
| カタン | 王子特殊紙 | ソフトウーブ | 北越製紙 |
| エンドル | 特種製紙 | ボロ | 東海パルプ |
| パステルカバー | アメリカ | ティエラ | 日清紡績 |
| グランデー | アメリカ | フエルトン | 特種製紙 |
| テトン | アメリカ | グムンドナチュラル | ドイツ |
| こもん | 日清紡績 | モコ | 王子特殊紙 |
| ニューラグリン | 東海パルプ | OK ミューズバナナ | 王子特殊紙 |
| OK ミューズアイ | 王子特殊紙 | リーブ | アルジョウィギンス |
| ボス | 特種製紙 | ラグリンクラシック R100 | 東海パルプ |
| OK ミューズマリーン | 王子特殊紙 | クラシックコラム | アメリカ |
| ビバルデ | 東海パルプ | ビオラ 55 | 王子特殊紙 |
| ゲインズボロー | アメリカ | リ・シマメ | 日清紡績 |
| シーラス | 王子特殊紙 | | |

⑤ エンボス 76 銘柄

| 銘柄 | メーカー | 銘柄 | メーカー |
|---|---|---|---|
| OK ゴールデンリバー 70 | 王子特殊紙 | レザック 75 | 特種製紙 |
| カラーシンフォニー皮しぼ | 王子特殊紙 | OK ミューズパーク | 王子特殊紙 |
| ビルゴ | 日清紡績 | ベーテル | 日清紡績 |
| ビルカラー | 日清紡績 | きぬもみ | 日清紡績 |
| コートマリアン | 富士共和製紙 | クレーター | 日清紡績 |
| ハイチェック | 特種製紙 | テンカラーエンボス | 王子特殊紙 |
| レザック 66 | 特種製紙 | レザック 80 つむぎ | 特種製紙 |
| OK ミューズエディ | 王子特殊紙 | OK もみしぼ | 王子特殊紙 |
| トーヨーアタック | 王子特殊紙 | つづれ | 王子特殊紙 |
| トーヨーハニー | 王子特殊紙 | コンボス | 王子特殊紙 |

| 銘柄 | メーカー | 銘柄 | メーカー |
|---|---|---|---|
| ぬのがみ | 日清紡績 | 江戸小染 うろこ | 特種製紙 |
| 縄文 | 北越製紙 | コルキー | 特種製紙 |
| もみがみ | 特種製紙 | カラーマリアン R | 富士共和製紙 |
| OK ぬのじ | 王子特殊紙 | 江戸小染 かすみ | 特種製紙 |
| レザック 82 ろうけつ | 特種製紙 | アルシェ エクスプレッション | フランス |
| てんぴょう | 北越製紙 | エコルムーア | 東海パルプ |
| ブッチャー | 日清紡績 | レザック 96 オリヒメ | 特種製紙 |
| ほそおり | 日清紡績 | コボック | 東京製紙 |
| テンテンレザー | 北越製紙 | ジェラード GA | 日清紡績 |
| ストライプカラー | 王子特殊紙 | ユニテック GA | 日清紡績 |
| あらおり | 日清紡績 | デュークブラウン R100 | 王子特殊紙 |
| OK ニューもみしぼ | 王子特殊紙 | ハンマートーン GA | 日清紡績 |
| ニュートーン（サンミット） | 王子特殊紙 | トラック GA | 日清紡績 |
| ルーパス | 日清紡績 | タチアナ | ドイツ |
| ストライプ | 日清紡績 | エニール | 特種製紙 |
| タイガー | 北越製紙 | 五感紙 | 王子特殊紙 |
| みやぎぬ | 特種製紙 | ウラノス GA | 日清紡績 |
| フレーバーボンド | 特種製紙 | ジャガード GA | 日清紡績 |
| OK リリック | 王子特殊紙 | ミニッツ GA | 日清紡績 |
| ストライプワイド | 王子特殊紙 | クロコ GA | 日清紡績 |
| スライド | 王子特殊紙 | レイチェル GA | 日清紡績 |
| KSY キャバ | 東京製紙 | ソフトフラノ R70 | 富士共和製紙 |
| コットンライフ | 東海パルプ | ワンダー R70 | 富士共和製紙 |
| リベロ | 特種製紙 | タッセル GA | 日清紡績 |
| 江戸小染 はな | 特種製紙 | NT ストライプ GA | 日清紡績 |
| タフタ | 王子特殊紙 | NT ほそおり GA | 日清紡績 |
| 岩はだ | 特種製紙 | ギンガム GA | 日清紡績 |
| ちりめん | 特種製紙 | フィオーレ GA | 日清紡績 |

⑥ その他 41 銘柄

| 銘　柄 | メーカー | 銘　柄 | メーカー |
|---|---|---|---|
| ML ファイバー | 特種製紙 | わたゆき | 東海パルプ |
| パルテノン | 特種製紙 | オパール | 王子特殊紙 |
| サンデックス | 特種製紙 | むらざと | 石川製紙 |
| NB ファイバー | 日清紡績 | まんだら | モルザ |
| マイカレイド | 特種製紙 | アトモス | 王子特殊紙 |
| ファイレックス | 日清紡績 | フリッター | 王子特殊紙 |
| MGS カーデックス | 王子特殊紙 | アベニュー | 王子特殊紙 |
| 新局紙 | 特種製紙 | パルパー | 特種製紙 |
| 堅彩紙 | 東海パルプ | フラスコ | 王子特殊紙 |
| 玉しき | 特種製紙 | オーディス | 日清紡績 |
| 彩雲 | 特種製紙 | ローマストーン | 特種製紙 |
| OK プレスカラー | 王子特殊紙 | フレンチマーブル | 特種製紙 |
| シープスキン | 特種製紙 | ソフライト | 特種製紙 |
| 羊皮紙 | 特種製紙 | エレメント Q | アメリカ |
| 新だん紙 | 日清紡績 | 万葉抄 | モルザ |
| あららぎ | 王子特殊紙 | OK ミューズさざなみ | 王子特殊紙 |
| 新鳥の子 | 日清紡績 | 新アトモス | 王子特殊紙 |
| ザンダースペラム | ドイツ | 羊毛紙 | 特種製紙 |
| フレンチパーチ | アメリカ | ソフトパルパー | 特種製紙 |
| ペルガモン | イタリア | 玉しきあられ | 特種製紙 |
| オイルフィニッシュ | 東海パルプ | | |

(2) 改訂 15，2000 年 12 月，FP-2（277 銘柄）
① 高級印刷/白 84 銘柄

| 銘　柄 | メーカー | 銘　柄 | メーカー |
|---|---|---|---|
| PHO | 富士フィルム | OK ミューズガリバーリラ | 王子特殊紙 |
| デカンコットン | 特種製紙 | タケバルキー GA | 日清紡績 |
| FB 堅紙 | 特種製紙 | タケフィールド GA | 三島製紙 |
| ゴールデンアロー | 特種製紙 | グラフィーエコ 100 | 王子特殊紙 |
| ダイヤペーク | 三菱製紙 | レオバルキー GA | 三菱製紙 |
| ダイヤホワイト | 三菱製紙 | ハイ−アピス | 北越製紙 |
| マサゴオペーク | 特種製紙 | サンローヤル | 北越製紙 |
| オーディン | リンテック | バガスフィールド GA | 三島製紙 |
| 波光 | 特種製紙 | Mr. Bm | 特種製紙 |
| HO マイルド | 北越製紙 | バガス　K100 | 東海パルプ |
| ナポレン | 東海パルプ | バガス　P70 | 三島製紙 |
| サンフーガ | 王子製紙 | OK ミューズガリバーもみしぼ | 王子特殊紙 |
| キャサリン | 東海パルプ | OK エコプラス | 王子特殊紙 |
| サーラコットン | 特種製紙 | ヘリオス GA | 日清紡績 |
| アラベール | 日清紡績 | バガスカンシャ 100 | 三島製紙 |
| 新奉書風 | 東海パルプ | ケナフ 30GA | 三島製紙 |
| DX ダイヤペーク | 三菱製紙 | ミルクアイボリー・エコ 100 | 興陽製紙 |
| DX ダイヤホワイト | 三菱製紙 | グラフィーミルク 100 | 王子特殊紙 |
| レポール | 東海パルプ | FK スラット R50 | 富士共和製紙 |
| ロベール | 日清紡績 | FK マットスラット R50 | 富士共和製紙 |
| レイドプリンティング | 三菱製紙 | FK マジョリカ | 富士共和製紙 |
| グラフィーテキスト | 王子特殊紙 | バガスソフト | 東海パルプ |
| パウダリー | 王子特殊紙 | ジェントル R100 | 興陽製紙 |
| アピス | 北越製紙 | Mr. A | 特種製紙 |
| スワントップ | 東海パルプ | グレートケナフ | 興陽製紙 |
| グラン | 王子特殊紙 | ガバメント 70 | 日本製紙 |
| サンフォーレ | 王子製紙 | ツートップ | アルジョウィギンス |
| A プラン | 日本製紙 | ミセス B | 特種製紙 |
| マシュマロ | 王子製紙 | ミルト GA | 日清紡績 |
| ケナフ 100GA | 三島製紙 | 麻紙 GA | 三島製紙 |
| GA バガス | 東海パルプ | OK スーパーエコプラス | 王子特殊紙 |
| サンルーマー | 北越製紙 | マットカラー HG | 北越製紙 |
| ジェントル | 興陽製紙 | ヘブン | 興陽製紙 |
| ヴァンヌーボ | 日清紡績 | サンシオン | 北越製紙 |
| モデラトーン | 特種・日清紡 | ヒーリングペーパー | 富士共和製紙 |
| G プラン 100　ケナフ | 日本製紙 | ザンダースイコノグロス | ドイツ |
| OK ミューズガリバーしろもの | 王子特殊紙 | ザンダースイコノシルク | ドイツ |
| OK ミューズガリバーエクストラ | 王子特殊紙 | プレミアムステージ | リンテック |
| マーブル | 東海パルプ | SF ホワイト森林認証紙 | 東海パルプ |
| ケナフフィールド GA | 三島製紙 | ルミネッセンス | 特種製紙 |
| Mr. B | 特種製紙 | ガルダパット 13 | イタリア |
| カナディアンメッセ | 東京製紙 | GA スピリット | 特種製紙 |

② 高級印刷/色 13 銘柄

| 銘　柄 | メーカー | 銘　柄 | メーカー |
|---|---|---|---|
| 色上質 | 紀州製紙 | ソフティアンティーク | 三菱製紙 |
| 色上質 | 日本製紙 | アペリオ | リンテック |
| 色上質 | 大王製紙 | エコーカラー | 日本製紙 |
| ハーフトンカラー | リンテック | ベローナエコー | 東京製紙 |
| ソフトカラー | 北越製紙 | サイセイハーフトーン | リンテック |
| サンムーム | 北越製紙 | New パールカラー Re | 三菱製紙 |
| オフトーン | 五條製紙 | | |

③ ボンド/書簡紙 28 銘柄

| 銘　柄 | メーカー | 銘　柄 | メーカー |
|---|---|---|---|
| バンクペーパー | 三菱製紙 | ランカスターボンド | アメリカ |
| サンバレーオニオンスキン | 特種製紙 | ギルクレストボンド | アメリカ |
| ゴールドカップ | 三島製紙 | サンレイド | 北越製紙 |
| TLP | 王子特殊紙 | ギルバートオペークボンド | アメリカ |
| エルジンボンド | 三島製紙 | クレーンクレストボンド | アメリカ |
| エルジンエアメール | 三島製紙 | ストラスモアライティング | アメリカ |
| エルジンオニオンスキン | 三島製紙 | コンケラーボンド | イギリス |
| レンディアボンド | 三島製紙 | ギルバートオックスフォード | アメリカ |
| アイリスボンド | 王子特殊紙 | コンチェルト | カナダ |
| 5リーフ | 東海パルプ | エクロンライティング | 三島製紙 |
| ブルーメール | 東海パルプ | クラシックリネン | アメリカ |
| バンクボンド | 富士フィルム | サンスパン | 北越製紙 |
| スピカボンド | 三菱製紙 | ギルバート CW ボンド | アメリカ |
| スピカレイドボンド | 三菱製紙 | キャピタルボンド | アメリカ |

④ 色カード 12 銘柄

| 銘　柄 | メーカー | 銘　柄 | メーカー |
|---|---|---|---|
| 彩美カード | 東京製紙 | OK AC カード | 王子特殊紙 |
| ケンラン | 富士共和製紙 | ブラック＆ブラック・P | 北越製紙 |
| クローバーボード | 日本大昭和板紙 | サイセイ 21 | リンテック |
| A カード | 北越製紙 | クリーンエコカラー | 北越製紙 |
| テンカラー | 王子特殊紙 | GA ファイル | 北越製紙 |
| KT ボード 81 | 富士共和製紙 | GA ボード | 王子特殊紙 |

⑤ カラーコーテッド 3 銘柄

| 銘　柄 | メーカー | 銘　柄 | メーカー |
|---|---|---|---|
| ロストンカラー | 王子製紙 | シャルト | 東京製紙 |
| クロームかんすけ | 王子特殊紙 | | |

## ⑥ カラーラッピング 18 銘柄

| 銘　柄 | メーカー | 銘　柄 | メーカー |
| --- | --- | --- | --- |
| 3S カラー | 日本製紙 | OK キャッセル | 王子特殊紙 |
| カナディアン | 東京製紙 | 花包 | 特種製紙 |
| コニーラップ | リンテック | ブラック＆ブラック・W | 北越製紙 |
| コープ | リンテック | ニューラップ | 日本製紙 |
| グッピーラップ | リンテック | さこん | 東海パルプ |
| せんだいカラー | 中越パルプ | サイセイカラー | リンテック |
| ネオラップ | 東海パルプ | バガスバッグ | 東海パルプ |
| バッグナチュラル | 王子特殊紙 | ヤンキーバガスバッグ | 東海パルプ |
| 3S タッチ | 日本製紙 | カラペ | 特種製紙 |

## ⑦ カラーキャスト 11 銘柄

| 銘　柄 | メーカー | 銘　柄 | メーカー |
| --- | --- | --- | --- |
| LK カラー | 三菱製紙 | 片面クロームカラー | 王子特殊紙 |
| ルミナカラー | 王子特殊紙 | グロリアニューコート C | 五條製紙 |
| ルミナホワイト RC | 王子特殊紙 | エドワーズ | 富士共和製紙 |
| ファンタス | 富士共和製紙 | エスプリカラー | 日本製紙 |
| ルミナカード | 王子特殊紙 | ハーフトン・オーレ | リンテック |
| 両面クロームカラー | 王子特殊紙 | | |

## ⑧ ケント 24 銘柄

| 銘　柄 | メーカー | 銘　柄 | メーカー |
| --- | --- | --- | --- |
| バロンケント | 東海パルプ | ホワイトピーチケント | 日清紡績 |
| ジュノーケント | リンテック | ドリームケント | 五條製紙 |
| ピュアーケント | 東京製紙 | OK ロイヤルケント | 王子特殊紙 |
| 花紋 | 興陽製紙 | 初雪 | リンテック |
| コニーケント | リンテック | クラークケント | 東海パルプ |
| ネルソンオペークケント | 北越製紙 | ハイネルソンケント | 北越製紙 |
| 13 号ケント | 特種製紙 | ケナフケント | 富士共和製紙 |
| ピーチケント | 日清紡績 | ホワイトエクセルケント | 日清紡績 |
| ベスター | リンテック | 竹ケント | 富士共和製紙 |
| 北雪 | 興陽製紙 | クラーク 70 | 東海パルプ |
| ニューケント | 東海パルプ | 北雪 R100 | 興陽製紙 |
| 孔雀ケント | 北越製紙 | ピーチケント R100 | 日清紡績 |

## ⑨ 画材 14 銘柄

| 銘　柄 | メーカー | 銘　柄 | メーカー |
| --- | --- | --- | --- |
| ワトソン | 王子特殊紙 | AF プロテクト | 特種製紙 |
| アトリエ | 王子特殊紙 | AF ボード | 特種製紙 |
| ブレダン | 王子特殊紙 | クッションペーパー | 特種製紙 |
| アマーノファブリアーノ | イタリア | いづみ | 特種製紙 |
| クラシコファブリアーノ | イタリア | IL ティッシュ | 特種製紙 |
| 水彩紙 | 特種製紙 | かきた | 特種製紙 |
| ペセソレイユ | 日清紡績 | OK ミューズケナフ | 王子特殊紙 |

⑩ 二次加工（蒸着/含浸/塗工）53銘柄

| 銘　柄 | メーカー | 銘　柄 | メーカー |
|---|---|---|---|
| Sベラン | 特種製紙 | ぐびき | 日清紡績 |
| キララ紙 | 特種製紙 | グラビアン | 京王製紙 |
| イルミカラー | エヒメ紙工 | GAコットン | ダイニック |
| ウエブロンカラー | 特種製紙 | はくほう | 北越製紙 |
| MBSテック | 三菱製紙 | OKムーンカラー | 王子特殊紙 |
| ハイボーンA | 東京製紙 | すいはく | リンテック |
| きらびき | 特種・日清紡 | 印字上手 | リンテック |
| ピーチコート | 日清紡績 | 新シェルリン | 東京製紙 |
| ユポ | ユポ・コーポレーション | アルグラス | JTメタリック |
| オフメタル | 王子特殊紙 | OKメタルスウィート | 王子特殊紙 |
| メタドレスV | 東京製紙 | クリスパーコート | 北越製紙 |
| パルルック | 東京製紙 | ソフトウーペ | 川口合成 |
| フジメタリック | 富士共和製紙 | キュリアスIR | アルジョウィギンス |
| オフメタル（エンボス） | 王子特殊紙 | カルレ | チッソ |
| シェルリン | 東京製紙 | セイントエコ100 | 東京製紙 |
| パピエスト | 特種製紙 | レボ | 特種製紙 |
| うるしっく | 東京製紙 | OKミューズキララ | 王子特殊紙 |
| イレブン | 東海パルプ | メタルック | 東京製紙 |
| ハイピカ | 特種製紙 | ニューベルネ | 北越製紙 |
| ペトロレーヨン | 東海パルプ | ニューメタルカラー | 北越製紙 |
| オーパー | 日本製紙 | スノーフィールド | 王子特殊紙 |
| きよがみ | 北越製紙 | リアクション | ドイツ |
| シャイナー | 日清紡績 | ペルーラ | 特種製紙 |
| シェレナ | 東京製紙 | 桃はだ | フランス |
| OKミューズパール | 王子特殊紙 | パチカ | 特種製紙 |
| ペインタス | 東京製紙 | ブライク | イタリア |
| ザンダースメタリック | ドイツ | | |

⑪ 貼合1銘柄

| 銘　柄 | メーカー |
|---|---|
| かさね | 五條製紙 |

⑫ その他16銘柄

| 銘　柄 | メーカー | 銘　柄 | メーカー |
|---|---|---|---|
| ブルーZトレーシング | 巴川製紙 | トーメイライン | アメリカ |
| アートドリープ | 王子特殊紙 | XDTトレーシング | イギリス |
| クラシコトレーシング | 三菱製紙 | クロマティコ | フランス |
| ハーシュカラー | ドイツ | ルーセンスJrはな | 特種製紙 |
| ディアマンテトレーシング | ドイツ | ルーセンスJrフラット | 特種製紙 |
| Nトーメイあらじま | 特種製紙 | ルーセンスJrスモーク | 特種製紙 |
| トーメイ新局紙 | 特種製紙 | エヴァネソングロス，シルク | フランス |
| トーメイオックスフォード | アメリカ | ヴァランティノアズ | ドイツ |

### 5.3.3　ファインペーパーの流通，物流

　ファインペーパーの流通は，印刷・情報用紙の一般紙と同じように，製紙会社の倉庫

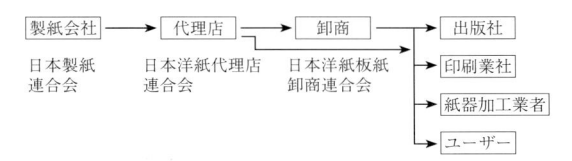

```
製紙会社 → 代理店 → 卸商 → 出版社
                              → 印刷業社
日本製紙    日本洋紙代理店  日本洋紙板紙 → 紙器加工業者
連合会      連合会          卸商連合会    → ユーザー
```

**図 5.3.3.1** ファインペーパーの流通経路

から出荷された製品は，紙の代理店，卸商という流通業者が仲介してユーザーである印刷業者，紙器加工業者，出版社などの指定する場所に納品されている（図 5.3.3.1）．

　代理店は製紙会社と専属代理販売権の契約を結んだ流通業者で，契約を結んだ製紙会社と直接取引を行う会社である[1]．製品特性やその製品の市場を熟知し，また，大手ユーザーとの太いパイプをもとに，全国の主要都市に営業拠点と倉庫や物流センターをもって，大口ユーザーや二次販売店としての卸商に販売している．卸商はファインペーパーを前述の代理店から仕入れてユーザーに販売する二次販売店である．全国各地の卸商はその地域のユーザーへきめ細かでスピーディーな，時にはクレーム処理など地域に密着した販売サービスを行っている．消費財としてのカット判や画材なども卸商から文具店などの小売店に販売されている．

　機械抄き和紙は産地によって異なるが，多くは産地問屋から消費地の卸商に販売され，卸商から用途に合った加工メーカーや小売店へ販売されている．

　ファインペーパーの商取引は，一般紙と同じ流通業者が行っているが，一般紙の流通と異なるところは，多品種少量生産型の紙に対応する倉庫，物流センターを保有していることと，少量生産で多品種少量流通の紙であるため，上質紙やコート紙などの多量生産型の一般紙とは異なった価格帯，価格体系となっていることである．また，ファインペーパーのメーカーや代理店は，商品開発，市場開発のため，消費者がその紙を直接みて触って選べる見本帳をつくり，ショールームや小売店をアンテナショップとして企画運営していることである．

### 5.3.4　ファインペーパー，機械抄き和紙の用途

　ファインペーパーの用途は，中間素材と消費財に分けて考察できる．中間素材としては，書籍の本文，装幀では表紙，見返し，扉，口絵，カバー，商業印刷ではポスター，カレンダー，カタログ，アニュアルレポート，DM，小物印刷ではステーショナリー，カード，チケット，メニュー，ブライダルプリント，紙製品ではノート，便箋，封筒，スケッチブック，手帳，アルバム，ファイル，写真台紙，パッケージでは手提げ袋，タグ，化粧箱，掛け紙，包装紙などと幅広い．消費財としては，大型文具店やホームセンターなどで販売されているカット判の色図工紙，クラフト用紙，画材用紙，版画用紙，インクジェットプリンタ用紙などで，消費者がファインペーパーを生活をエンジョイするため

に自由に使いこなしている．

機械抄き和紙は襖，障子，壁紙などの内装材や，書道，版画，絵画，印刷用紙，手芸用紙などに使われている．近年機能紙として産業分野でも多用されている．

### 5.3.5 ファインペーパーの素材表現力

これらの印刷製品を企画製作担当するデザイナーから，「この紙の素材感を生かしたい」という言葉をよく聞く．紙のもつイメージを自分のデザインワーク，作品の中にどれだけ取り入れられるかと，銘柄によっては，多少の印刷適性，再現性を犠牲にしてでも「この紙の素材感，風合いを生かしたい」と感じられる魅力が「素材表現力」である．

ファインペーパーとは，使う側からみた分類では「素材表現力」をもつ機能紙といえる．

### 5.3.6 ファインペーパーの見本帳

ファインペーパーは高付加価値の特殊機能紙であり，素材表現力のある紙である．一般紙はその製品のスペックで用途に合った紙を選ぶことができるが，ファインペーパーは直接触って肌合いを感じ，色合いをみなければ用紙選びにならない．ファインペーパーメーカーは製品スペック表示のみならず，その製品の主な用途に合ったデザイン素材を使った印刷見本や加工見本を入れたサンプル帳を製作し，ユーザーやデザイナーに頒布し，需要を喚起している．代理店が製作している見本帳は複数のメーカーのファインペーパーを扱っている場合が多いので，見本帳に収録する銘柄数も非常に多くなるため，製品特性や，機能，風合いでグループ分けした冊子になっている．T社のファインペーパー総合見本帳『ミニサンプル』には，14分類された47冊子に394銘柄，約9,700アイテムが収録されており，用紙選びをするクリエイターやデザイナー，印刷会社，出版社にはなくてはならない見本帳となっている．また，流通業者間の受発注時の商品確認にも有効利用されている．『ミニサンプル』がファインペーパーの総合見本帳なら，銘柄ごとには，プロセスカラー4色印刷やシルク印刷，エンボス，箔押しなど，その銘柄に効果的な印刷加工を入れた見本帳シリーズ"Paper & Print"，シート状の印刷見本"Paper Message"，紙色と刷り色の関係をみる"Color on Color"や『竹尾ファイル「紙と印刷」』，機械抄き和紙の印刷適性を記載した『やわらがみ』など，その銘柄を使った印刷製品が仕上がったときの姿をイメージできるようにと各種の見本帳を製作している．

流通各社は，同じような考え方の見本帳を製作することが，ファインペーパーの流通業者には必須条件として，競って企画製作している．

電子商取引の紙関連サイトや紙流通業者のホームページでは，ファインペーパーの商品名や特徴，販売している場所などの情報収集ができるだけで，直接手にとって各紙を

見比べることができないのはもちろん，その紙の加工適性や仕上がりの特異性，意外性を知ることができない．ファインペーパーや和紙の流通で一般紙と異なる重要なことは，5.3.3項で述べたとおり，メーカーや紙流通業者は消費者が使用目的に合った紙を探せるコミュニケーションスペースをもつことである．

## コラム　『－日本の心－2000年紀和紙總鑑』の企画

**発端**

東京，(株)竹尾の会長，故 竹尾栄一氏から1992年，ケンブリッジのフィッツウイリアム博物館学芸課長ポール・ウッドハウズン氏を紹介され，日本の和紙展開催の話し合いがなされた．

その後，同氏の来日や交渉が重ねられて，1998年4月16日，同館長ロビンソン氏より正式要請を受けて，日本側としても発起人会を開催して準備に入った．ところが，1999年8月5日，資金調達困難等を理由に一方的に取り消しの通知を受けた．（当初よりこの経緯については，阪田美枝さんが深くかかわってお世話下さっていた.）

8月7日にあらかじめ予定していた第2回運営委員会を開催して，前後処置を協議した．手漉き和紙業界の有力メンバーが揃っているこの機構を解散することは，誠に残念であることに加えて釈然としないことでもあり，また英国の意向によって挫折するのは，いかにも日本のアイデンティティーを疑われるゆえんとも思われ，折しも2000年紀を目前にしていることから緊褌一番，全日本の和紙を集めての總鑑（見本帳）をつくろうではないかということに衆議一決をした．

翌2000年1月14日，第5回運営委員会において，その大綱が取り決められた．参集したメンバーを主体として運営委員会を構成することとなった．

次にその大綱を記す．

1. 趣旨

（イ）「和紙には，日本の姿が見える…」柳　宗悦

和紙は日本の自然に溶け込み，日本の文化のみならず，日本人の生活にしっかり根付き，息づいて来た．和紙の目立たず，誇らず，骨惜しみしない働きが日本全体を支えてきたのである．そこでこの2000年紀の節目

に日本の和紙を隈なく集め，整理し，記録して和紙の總鑑（見本帳）を発刊することにした次第である.
　（ロ）これを基盤として，和紙産業の興隆，発展を図る.
　（ハ）内外に於ける和紙関連の展覧会を開催して，和紙文化の高揚を図る.

2. 組織
各誉会長：千　玄室（裏千家前家元）
会　　長：小谷隆一（京都商工会議所前副会頭）
副　会　長：福田弘平（全国手すき和紙連合会前会長）
実行委員長：石川満夫（福井　石川製紙（株）会長）
運営委員：吉田泰樹（富山　(有)桂樹舎社長）
（順東より）　河野雅晴（福井県和紙工業協組前事務局長）
　　　　　　　成子哲郎（滋賀　(有)成子紙工房代表）
　　　　　　　栗山治夫（京都　(株)和染工芸社長）
　　　　　　　千田堅吉（京都　唐長十一代目）
　　　　　　　森田康敬（京都　森田康敬和紙研究所代表）
運営委員：宇佐美直治（京都　(株)宇佐美松鶴堂取締役）
　　　　　　　上田剛司（高知県手漉協組事務局長）
事務局長：阪田美枝（京都『日本の紙漉き唄』著者）
運営顧問：上村芳蔵（京都　上村紙（株）会長）

**總鑑骨子**
1. 名称
『―日本の心― 2000年紀和紙總鑑』.
2. 蒐集範囲
日本全域の産地及び個人を網羅する.
3. 内容
① 素紙：産地を代表する紙（生漉に限らない），名紙で復元可能の紙.
② 漉き模様紙：紙を漉く過程に於ける加工紙.
③ 加工紙：乾燥した後に加工した紙.
④ 機械漉き和紙.
⑤ 集録総点数：1,070点.
4. 発行部数
900部，価格300,000円，予定.
5. 仕上げ寸法
巾300 mm×丈200 mm,「和とじ」.

6. 説明の添付

紙名，製造者名，原料名，煮熟剤，乾燥方法，寸法，特長，技法，歴史的由来の記述等．

7. 紙漉き図説，及び和紙の技術と技法

漉き手の心が伝わるような懇切な解説．

8. 図録（展示会の為の）

写真による図録の制作．

9. 英文の併載

海外向けの為，英文の併載．2006年秋の出版を予定し，現在制作の最終段階にある．　　　　　　　　　　　　　　　　　　　　　〔上村芳藏〕

### 5.3.7　紙のショールーム，販売店

ファインペーパーや和紙が自由にみることができて，買えるショールームや販売店を雑誌取材記事やホームページから抜粋して紹介する[2]．

1) 東京都

(1) 見本帖本店

神田で106年の歴史をもつ紙の総合商社「竹尾」のギャラリーのような紙の専門店「見本帖本店」．1階はショップで，検索テーブルには350銘柄，3,000種類の紙が，色のグラデーション別に収納されている．平滑無地，厚い紙などと分類されたファイルもあり，紙を銘柄で探して購入することも可能．三方の壁面は天井から床面まですべて，A4サイズの紙が収められた引き出しになっており，フロア全体が立体的な見本帳のようだ．2階はコミュニケーションスペース．アドバイザーが紙への印刷や加工技術など，紙に関する質問や疑問に応じてくれるほか，紙を使った秀作デザインの展示や21世紀の紙のスタイルを探る展示会やセミナーも開催される．

千代田区神田錦町3-18-3，電話03-3292-3669，http://www.takeo.co.jp

(2) 青山見本帖

「デザイナーと紙の接点」をショップコンセプトとした株式会社竹尾のデザイナーを対象にした用紙選びのコミュニケーションスペース．三方の壁面はすべて木の引き出し，そこに約7,400種類もの洋紙と和紙が4切判で揃えてある．竹尾の見本帳はもちろん，世界各国製紙メーカーの見本帳も揃えてあり，用紙選びのための印刷・加工適性などさまざまな相談に応じてくれる．ショールームのため小売は1種類につき2枚まで．それ以上購入したい場合は神田の見本帖本店1階ショップへ連絡してくれる．

渋谷区神宮前5-46-10，電話03-3409-8931，http://www.takeo.co.jp

(3) 伊東屋　銀座店

文具の老舗．洋紙・和紙ともに種類が豊富．扱い商品の見本が種類別，色別に並べられ目的の紙を探すのに便利．

中央区銀座 2-7-15，電話 03-3561-8311，http://www.ito-ya.co.jp/shops/shops.html

(4) 山田商会

創業明治 41 年（1908）の和・洋紙の販売店．全国主要産地の高級和紙・機械抄き和紙が揃う．印刷加工適性などさまざまな相談に対応．

中央区八重洲 2-6-10，電話 03-3281-1667（代表）

(5) 小津和紙博物舗

創業承応 2 年（1653）の和紙専門の老舗．全国の約 2,000 種類の和紙を扱っている．地方からの電話注文にも応じている．

中央区日本橋本町 3-6-2，電話 03-3663-8788

(6) 紙舗直（しほなお）

日本の和紙からインドやネパールの紙まで，世界各地の手漉きの紙が揃う．オリジナルの創作和紙もあり，ほかにはないユニークなものが多い．

文京区白山 4-37-28，電話 03-3944-4470

2) 京都市

(1) 森田和紙・倭紙の店

昭和 2 年（1927）に福井県出身の先代が創業した，全国でも有数の和紙問屋の小売店．全国の和紙 1,200 種以上を扱い，特に黒谷，吉野，越前などが豊富．また千代紙，友禅染紙など，工芸用紙も揃っている．

下京区東洞院仏光寺上ル，電話 075-341-1419

(2) 紙司柿本（かみじ）

弘化 2 年（1845）創業の老舗で，和紙，洋紙から和小物，色紙，短冊などを扱う．和紙は全国のものが揃うが，特に黒谷など関西以西の紙が豊富．

中京区寺町通二条上ル，電話 075-211-3481

(3) 唐長

約 350 年の歴史をもつから紙工房．江戸時代から伝わる約 650 枚の版木を使って，主に襖や壁紙用のから紙を製作，販売する．注文製作を建前とするが，一部作り置きもある．また，小物ショップも併設．新しい創作柄を取り入れたポストカードなどがある．

左京区修学院水川原町 36-9，電話 075-721-4422

3) 大阪市

・ペーパーボイス

平和紙業の直営店．4,000 アイテムに及ぶ洋紙，和紙が揃う．色からでも，風合いからでも選べる便利な見本帳や，用途による適性など専門家のアドバイスで，目的の紙を

じっくり選べる．

中央区南船場 2-3-23，電話 06-6262-0902

4） 福岡市

（1） ペーパーイン

レイメイ藤井のショールーム兼ショップ．主に洋紙を取り扱うが，和紙もある．1 枚から購入可能．

博多区古門戸町 5-15 レイメイ藤井ビル 2 階，電話 092-262-2264

（2） 河原田和洋紙店・ペーパースタジアム

2,000 種類の洋紙・和紙を常時ストック．各種メーカーの見本帳も揃っており，じっくり選べる．

博多区下川端 10-4，電話 092-262-2206

書籍装幀用としての特殊紙は，もともとはヨーロッパからの輸入紙が主体であったが，本格的に国産されるようになったのは戦後になってからである．流通面ではそのときから特殊紙の寸法や坪量などを規格化して常備在庫し，ユーザーやデザイナーが選びやすい見本帳を整備し，ユーザーが安心して使用できるような価格体系を整えることで，書籍装幀用の需要に応じられる生産・販売システムがつくられた．このシステムセールスはその後，書籍装幀だけでなく，商業印刷，パッケージ，紙製品業界にも営々と引き継がれ，今日では世界に類をみることができないほどの多種類の高付加価値の特殊紙が流通しているのである．IT 産業の発達でペーパーレス時代がくると危惧する声が一部にあるが，デジタル化が進めば進むほどアナログ表現のための紙が必要となる．今後も少量生産型の紙が伸びていくためには，倉庫機能をもつこと，多品種少量販売に合った価格体系を維持すること，そして，見本帳やショールームを中心としたマーケティングが不可欠なのである．

紙は文化のバロメーター．紙の消費量ではなく，紙そのものが文化である．限りある資源を大切にし，知性と感性と，そして技術力とで，いつまでも世界に誇れる日本の紙でありたい．

〔渡邊琢平〕

## 文献

1） 知っておきたい紙パの実際，pp. 24-26，紙業タイムス社，2000．
2） デザインの現場臨時増刊号，pp. 178-179，美術出版社，2000．

## コラム　感性機能紙としての和紙

　ヒトは有史以来近現代に至るまで，主に生存そのものを目的として，モノとかかわってきた．飢えから逃れるための食料，寒さから身を守るための衣類，外敵から身を守る住まい．

　しかし，従来の一部の人々だけでなく，現代の成熟した国の大半の人々は生存のためだけでなく，快適性など自分のライフスタイルを求めてモノとかかわり始めた．

　今までモノはヒトにとって生存のための必要条件でみられていたのが，他の条件も求められてきた．いわば十分条件である．生きるための栄養という必要条件（基本的機能）を有する「エサ」としてだけでなく，食べやすさ，おいしさなどの十分条件（副次的機能）を有する「ごちそう」が求められてきた．寒さから身を守るための衣類から，自分らしさを演出する服飾へと変化してきたのである．

　モノの機能とはモノの本質から発する働きであり，基本的機能を指す．紙については，小林良生（『和紙周遊』，ユニ出版）によれば，6Wである．write（書く），wrap（包む），wipe（拭う），wear（着る），work（機能），will（意志）& wits（感覚）．私はさらに wrap を広義にとらえて建築材料にまで広げたい．

　モノは本質から発する基本機能とともに副次的な機能も有する．副次的機能はさらに物性機能と感性機能に分けられる．物性機能は技術的側面であり，感性機能は人の感性に訴える機能である（尾鍋史彦「紙の多様性と役割」国際紙シンポジウム，1995年10月6日）．

　紙の主要機能である書写機能についてみれば，印刷適性などは物的，技術的定量性を有し，物性機能の範疇に属する．紙質，にじみ具合いなどは感性機能に属する．ここで感性「機能」という以上計測可能で定量化しうることが条件になる．その場合，官能評価に加え，生理学的，心理学的アプローチなど，従来の論理展開とは異なる手法が求められる．

　計測不能な範疇でその人の価値観に属するもの（再生紙の評価など）は，感性機能外である．

和紙は，江戸期には物資の中で米，木材に次ぐ扱い量であり，生活の中に深くかかわっていたが，明治期になり生産様式，生活様式の変化の中で次第に洋紙にその座を譲り，一部を除き徐々に生命力を失っていった．20世紀後半から地球資源の有限性，環境問題などとともに，より人間らしく，自分らしく生きることが，特に先進国の中で顕著になってきた．その中で再び和紙に燭光が射してきた．

　物性機能では洋紙に劣る面もある和紙は，感性機能面において人の生活を豊かにし，その人の個性を表現する素材として各方面で着目されてきた．例えば書写材料として現在のデジタルツールであるインクジェットプリンターなどで和紙が使われる局面が増えている．さらにインテリア材料として壁紙などで和紙壁紙も相当量伸びつつある．また近年和紙を用いた，現代的な意匠の照明器具の需要も増加している．

　いずれにしても，従来的価値とは異なる，物的機能性は劣るけれども，暖かい，優しい，しなやかな，などの感性機能が認められており，人の生活文化の向上に資する材料としてますますその必要性は高まっていく．

〔谷口博文〕

# 第6章 紙をめぐる環境問題

## 6.1 概論

　古代から今日まで，紙は日常の生活面，文化面で人間活動にとって必須のものとして使用され，人類社会の発展に寄与してきた．人類は多種多様な物質の発明，商品の製造によってその恩恵を享受し，人類社会の繁栄を築いてきた．しかし，20世紀後半になって，繁栄の陰に地球環境の悪化の進展と激変の兆候が現実のものと認識されるようになり，環境と調和した生産活動，人間活動の早急な構築が求められている．紙をめぐっても例外ではない．

　和紙，洋紙を問わず，抄紙という行為は，セルロースを主体とする植物繊維を100倍あまりの水に分散した後，薄く均一に重ね合わせ，脱水・乾燥することが基本である．したがって，紙の製造は原料の植物体の集荷，続く機械的・化学的処理による繊維化，抄紙，用途に合わせた仕上げ加工の一連の製紙工程において多大なエネルギー，用水，種々の無機・有機薬品を使用しており，製造された紙の最終的な廃棄物化を含めて環境への負荷を与え続けていることは否めない．和紙製造のような集約的，小規模で添加物の少ない場合は，生産が自然の修復力の範囲内にとどまっており，現在のところ顕著な環境影響は現れてはいないといえよう．しかし，和紙に比較して，圧倒的な大規模集中生産を行っている洋紙は，地球環境問題の高まりの中で生産活動を維持していく上で，さまざまな課題を突きつけられてきている．本節では洋紙をめぐる環境問題について概観する．

### 6.1.1 紙パルプ製造排水の環境問題

　1998年の統計では，わが国の紙・板紙製品1t当たりの新水使用量は，淡水で92 $m^{3 1)}$ である．水資源の豊富なわが国はEUの35 $m^{3 2)}$ に比較し非常に多く，年間の使用量は約27億 $m^3$ に達する．これは冷却・温調水などを除いて，製品処理・洗浄水などの生

産に伴って使用する量としては，わが国の全製造業合計の47％強を占める[1]．この膨大な使用量は，ほぼそのまま排水として環境に放流されている．紙パルプ製造排水中には，微細な繊維，原料植物体中に含まれる繊維以外の成分，製造工程で加えられた種々の薬品やその反応物が存在し，複雑な混合系である．社会の発展とともに紙製品の需要は拡大し，生産規模の拡大および排水量の増大をもたらした．それに伴って環境への負荷・影響も増大するのは必然であり，紙パルプ産業は生産の維持・拡大のために常に排出水質の改善に努めてきた．

以下に，重金属類，SS（懸濁物質），COD（化学的酸素要求量）あるいはBOD（生物的酸素要求量）などの一般水質，ダイオキシンをはじめとする有機塩素化合物，排水総体としての水生生物への急性・亜急性毒性，最近になって大きな焦点となっている環境ホルモン（内分泌攪乱化学物質）などについて，具体的な環境影響と紙パルプ産業の対応について触れてみる．

### a. 一般水質

紙パルプ製造排水が環境への影響で社会的に大きな問題となったのは，1970年代初頭のいわゆる田子の浦のヘドロ公害である．紙パルプ工場から排出された汚濁物質が閉鎖域で堆積し，嫌気性の腐敗を伴って深刻な公害をもたらした．この問題を契機に水質汚濁防止法等公害14法が公布され，紙パルプ工場排水は重金属類，SS，CODあるいはBODなどの厳しい濃度規制を受けることになった．規制に対応するために，わが国の紙パルプ産業は多大な投資を余儀なくされたが，この環境投資によって凝集沈殿装置や生物処理装置が整備され，当時としては世界の紙パルプ産業の中でもトップレベルの水質改善を成し遂げるに至った．21世紀に入り，一層の環境への負荷軽減のために，一般水質についても富栄養化の原因となる窒素（N），リン（P）を加えて，濃度規制から総量規制へと方向転換され始めている．

### b. 有機塩素化合物

紙パルプ産業にとって次の環境問題は，化学パルプの漂白工程で主として塩素とリグニンの反応によって副成するダイオキシン類をはじめとする有機塩素化合物の環境汚染であった．1960年代半ばから，有機ハロゲン系農薬やPCB（ポリ塩化ビフェニル）による環境生物への影響が報告されていたが，1980年代半ばに北米五大湖やバルト海深部のボスニア湾をはじめとする閉鎖水域における生息動物の大量死や奇形現象が顕著となり，紙パルプ工場排水中のダイオキシン類，クロロフェノール類などの有機塩素化合物との関連が懸念された．大規模な調査にもかかわらず因果関係は必ずしも明らかにされなかったが，ダイオキシン類および脂溶性有機塩素化合物は生物への蓄積性が大きく，難分解性であることから，各国は大幅な規制措置をとることになる．アメリカのEPA（環境保護庁）は，紙パルプ産業にクラスタールールと呼ばれる包括的な規制を提唱し，これは1998年に公布された[3]．これらの規制に対応するために，紙パルプ

産業は塩素を使用しない漂白法（ECF：elemental chlorine free, TCF：total chlorine free）への転換と排水の終末処理強化に努めた．2000年末で世界のBKP（晒しクラフトパルプ）生産高の75％がECFおよびTCFパルプとなっている[4]．また，環境への負荷軽減，省資源・省エネルギーの観点から排水の極小化（minimum impact mill）が進められており，さらにクローズド化（mill closure）の検討も盛んに行われている．わが国では，すでに厳しい水質基準が課せられていたこと，化学漂白パルプ工場排水の閉鎖水域への放流が少ないこと，易漂白性の広葉樹パルプが多く塩素使用量が比較的少なかったことから，ダイオキシン類および有機塩素化合物の環境影響は顕在化するに至らず，また放流排水中のダイオキシン類濃度ものちに制定された排出基準よりも低いレベルであった．しかし，一般焼却炉排ガスのダイオキシン汚染が深刻さを増したことにより2000年にダイオキシン対策法が施行され，化学漂白パルプ工場排水にも排出基準が適用されることになった．さらにPRTR（pollutant release and transfer resister：有害化学物質排出移動登録）に指定されているクロロホルムは，非意図的ではあるが漂白工程の塩素段，ハイポ（次亜塩素酸塩）段で大量に副成されることから，その削減の努力がなされている．このような状況下，わが国においてもECFへの転換が急速に進展している．

**c. 水生生物への影響**

PCBおよびダイオキシン汚染は，人の健康に直接悪影響を及ぼす危険性があるものであった．地球環境問題の高まりから，社会的な環境意識は，人の健康影響から環境に生息する生物の生態系維持へと拡大してきている．水生生物に対する排水の影響については，漁業資源の保護を目的に，これまでは人の食用魚貝類に対する急性毒性が問題視されていた．生態系維持の観点では，生物の生死（急性毒性）のみではなく，種の保存に対する影響（亜急性毒性）が重要視される．放流域の浄化，生態系維持，資源保護のために，北米，EUでは産業排水に対し，食物連鎖的な視点から生物影響試験を適用し，規制強化を進めている．OECD（経済協力開発機構）のテストガイドラインには17種類の水生生物試験法が定められており[5]，代表的な生物試験には次のようなものがある．

① 魚類急性毒性試験（2次消費者としての魚の生存に及ぼす影響）．
② 魚類初期生活段階毒性試験（毒性に最も敏感である受精卵の孵化，稚魚成長の影響）．
③ ミジンコ急性遊泳阻害試験（1次消費者としてのミジンコの生存および遊泳への影響）．
④ ミジンコ繁殖阻害試験（甲殻類の代表で，短期間で産仔するミジンコの繁殖への影響）．
⑤ 緑藻増殖阻害試験（1次生産者としての植物プランクトンの増殖に及ぼす影響）．
⑥ 細菌発光阻害試験（有機物の最終分解者としての細菌への影響）．

生物試験の長所は，検体総体としての影響が評価できることであり，紙パルプ工場排水のような複雑な成分からなっている排水には，簡便かつ有効な方法である．1988年から5年間にわたって行われた，カナダのセントローレンス川浄化計画の中の調査では，紙パルプ工場排水は個々の生物試験評価では低いレベルではあるが，環境への放出量が大量であることから，潜在的な環境影響は大きいことが報告されている[6,7]．北米，EU各国ではすでに生物試験による産業排水の放流規制が実施されており，ドイツでは課税も行われている．わが国では，現在のところ生物試験による排水規制はないが，環境における生息生物の生態系維持の重視は世界的な傾向であり，近い将来導入される可能性は高いと思われる．

1990年代の後半になって，生殖腺の萎縮や雌雄同体の野生生物の存在が確認され，ある種の合成化学物質が人間や野生生物のホルモン機能を攪乱する作用があるという指摘がなされた．このような化学物質は，外因性内分泌攪乱化学物質（環境ホルモン）と命名された．合成化合物のほかにも，ある種の植物成分や木材抽出成分に環境ホルモン作用があるという指摘もなされたが，水生生物による確認はされていない．しかし，紙パルプ工場放流口付近に生息するモスキートフィッシュの雌の鰭(ひれ)に雄化の兆候が80％以上の確率で認められたとの報告もあり[8]，今後の環境問題として注視されよう．

### 6.1.2 原料，エネルギー

木材を原料とする近代洋紙産業の発展の歴史は，原料の変遷の歴史でもある．資源小国であるわが国の紙パルプ産業も，生産拡大に合わせて，原料木材を針葉樹から広葉樹，国産材から輸入材，丸太材から建材用端材チップ，天然木から植林木へ，また古紙の大量利用へと変換を図ってきた．原料変換を可能にし，安定した良質の紙製品を供給するための新しい技術開発がなされ，次々と実用化されていった．パルプ化ではサルファイトからクラフトパルプ，砕木パルプからサーモメカニカルパルプへの変換，脱墨パルプ製造技術の進展である．抄紙工程における高速化，広幅化により大幅な生産性向上と省エネルギーを達成し，紙のエネルギー原単位は1990年を100とすると，1981年の140から1999年の92へと，この間約34％の省エネルギーを実現した[9]．

1990年代に入り，資源，エネルギーとともに環境も主要な課題になり，三者が常に連動し，調和した紙生産が求められることになる．紙パルプ産業は原料木材の確保を目的に海外植林を大規模に推進しており，2010年までに55万haまで植林を拡大し[10]，年間450万tあまりのチップの供給を目標としている．地球温暖化対策として，1997年の京都国際会議COP3において世界百数十か国が採択した京都議定書には，$CO_2$などの温室効果ガスの排出量を，1990年を基準にして2012年までに，先進国で平均5％削減することが明記されている．森林の$CO_2$吸収効果は最も効率的であり，この点でも植林の貢献が期待されている．

わが国の 2000 年の古紙利用率は 57％に達し[11]，2005 年までに 60％達成を目標としていたが，2003 年には目標達成となった．古紙は洋紙製造においてもクラフトパルプに次ぐ主原料となった．古紙利用の飛躍的増大は，製造コストの低下，原料木材の大幅な節減に加えて廃棄物の削減という環境面でも貴重な効果をもたらしている．わが国では紙の白さに対するこだわりが強く，古紙パルプ配合の再生紙は品質や機能性よりも，白さにおいて消費者の嗜好性を満足させるものではなかった．しかし，最近の脱墨技術の向上による高白色度化の達成と環境意識が相まって，再生紙需要は急速に拡大している．今後も古紙利用の拡大に向けて，集荷，輸送，脱墨パルプ技術の改善，改良の努力が続けられる一方，プラスチック類のラミネート品やプラスチックとの混合品で製紙原料として利用が難しいものについては，RPF（refused plastic and paper fuel）としてエネルギー回収を目指す動きも始まっている．最近のライフサイクルアセスメントでは，古紙パルプ配合率が高くなれば紙の種類によっては化石燃料の使用量が増加することも明らかにされており[12]，古紙利用においても無原則な拡大ではなく，多方面からの検証を行いつつ進める必要がある．

洋紙原料としての非木材繊維の利用は，現時点ではコスト・技術面でさまざまな課題があり，急激な拡大は望めないが，厳密なライフサイクルアセスメントを行いながら，環境面や土地利用の視点を加えて木材を有効に補完する役割により，将来は利用の進展が期待できるであろう．

紙パルプ産業は，自然物である植物体を原料としており，生産に伴って排水として環境に放出される成分も植物体成分が主である．そのため，小規模生産であるうちは自然の分解・修復力に依存したままでも環境影響は顕在化することはなかった．しかし社会の発展とともに紙需要は急速に拡大し，また紙が多様な機能を求められるに至り，紙パルプ産業は大規模集中生産を採用して，原料，資材，薬品を多種類かつ大量に使用することになった．大量生産に伴って環境負荷は増大することになり，わが国の紙パルプ産業は，高度成長期の 1970 年代初頭～1980 年代にかけて厳しい環境問題に直面し，生産を維持していくために多大な環境投資を実施した．この環境投資はその後の生産拡大にも対応できるものであり，大きな環境影響が顕在化することはなかった．わが国の紙パルプ産業は，この経験を生かし，「持続する生産」に向けて予防原則（precautionary principle）の立場で環境問題に取り組んでいる．各社は独自の環境憲章を制定し，年度ごとの「環境報告書」においてその実施状況を積極的に社会に開示している．

21 世紀を迎えても社会からの紙供給の要請はますます増大している．紙パルプ産業は，地球環境問題という大きな流れの中で，原料，エネルギー，環境の調和をとりつつこの要請に応えていく必要がある．

〔松 倉 紀 男〕

## 文　　献

1) 通商産業大臣官房調査統計部編 (1998)：工業統計表「用地・用水編」および紙パルプ統計年報より計算.
2) CEPI (Confederation of European Paper Industries) (2001)：Environmental Report 2001, p. 19.
3) EPA (1998)：Federal Register, 63, 72, 18504 (April, 15).
4) Alliance for Environmental Technology (2001)：Trends in World Bleached Chemical Pulp Production：1990-2000. http://www.aet.org/science_trends_2000.html
5) OECD：OECD Guideline for testing of chemicals. http://www.oecd.org/ehs/test/testlist.html
6) Costan, G., Bermingham, N., Blaise, C. and Ferard, J.F. (1993)：Potential Ecotoxic Effects Probe (PEEP)：A Novel Index To Assess and Compare The Toxic Potential of Industrial Effluents, Environmental Toxicology and Water Quality 8, pp. 115-140.
7) 楠井隆史 (2000)：北米における水環境管理戦略. 水環境学会誌, **23**：395-399.
8) Parks, L. G., Lambright, C. S., Orland, E. F., Guillette, L. J., Ankeley, G. T. and Gray, Jr. L. E. (2001)：Masculinization of female mosquitofish in kraft mill effluent − Contaminated Fenhollowway River water is associated with androgen receptor agonist activity. *Toxicological Sciences*, **62**：257-267.
9) 紙パルプ技術協会エネルギー委員会 (2001)：第7回エネルギー実態調査報告 (その2). 紙パ技協誌, **55**(7)：737.
10) 日本製紙連合会 (1998)：環境に関する自主行動計画 (1月20日).
11) 日本製紙連合会 (2001)：紙・パルプ産業の現状. 紙・パルプ, **629**：14.
12) 桂　徹 (2001)：LCAの取り組みとその応用. 紙パルプ技術タイムス, No. 6：26.

## 6.2　パルプの製造に伴う問題

### 6.2.1　パルプの製造に伴う環境問題の所在

　紙は，繊維，金属などと同様に，身のまわりにあふれている素材である．しかし，他の素材と決定的に異なっている点がある．繊維，金属などは，衣料あるいは武器などの生活必需品として出発しながら，次第にファッション，彫刻などのような文化の媒体としての機能を有するようになった．しかし，紙はそれとは逆に，もともと文化の媒体として出発しながら，次第に包装用品やティッシュペーパーなどのような生活必需品としての機能をも獲得していった．現在，日本人は平均して年間約250 kgの紙・板紙を使用している．これをすべて新書版の書籍，あるいはコミック雑誌に換算すると，それぞれ，1,600冊，700冊ほどに相当する．卓上型の代表的な大型英和辞典に換算すると70冊ほどに相当する．この量の紙を生産するのに必要な森林面積を，森林の持続的な生産を前提として非常におおざっぱに見積もると，1人当たり約数百 $m^2$ にもなる．こう考

えると，紙の生産を行っていく上では，地球環境を良好に保つよう常に配慮することがいかに重要かが理解できる．

かつては，生産活動に伴って環境が汚染されること，すなわち公害が環境問題であったが，現在では，生産に伴って排出される二酸化炭素の量，製品がリサイクルできるかどうか，消費段階での廃棄物の有無，自然環境（森林）の破壊につながらないかどうか，などの非常に広範囲のことが環境問題の指標とされるようになってきた．本節では前者を「狭義の環境問題」，後者を「広義の環境問題」と呼ぶことにする．

### 6.2.2 広義の環境問題とパルプ製造

広義の環境問題に対して，生産活動のみならず消費活動までもが十分な配慮を払わなくてはならないという意識が一般的になるにつれて，パルプ製造という行為が，図 6.2.2.1 に一般的な例として示すように，本来的には再生産可能なバイオマス資源に立脚した，資源のカスケード型（段階的）利用が可能な環境調和型の生産活動であるという認識も広まりつつある．すなわち，樹木は自然界に放置してもいつかは二酸化炭素へと酸化されるであろう(natural process)．一方，よく管理された森林から定期的に樹木を伐採し，パルプ製造に供された場合も，何段階かのリサイクル（cascade type utilization）を経て最終的には廃棄され二酸化炭素へと酸化される．この際，樹木の伐採を最適に管理することによって，森林の炭素蓄積量，炭素固定速度ともに高いレベルに保つことができる．ここで放出された二酸化炭素は，もともと地球大気と地上との間を循環していたものの一部であるから，循環する炭素量の増加にはつながらない．こうした場合，樹木の利用は環境に対してマイナスにならない，というのがカスケード型利用の基本的な考え方である．

しかし，世界平均の紙・板紙年間消費量（53.1 kg/人，1999 年）が 5 倍となり，現在の先進国の水準である約 250 kg/人に達した場合，はたして森林資源の持続的生産と調和した形でパルプ製造が可能になるだろうか．1998 年統計で，全世界の木材消費量は約 32.7 億 $m^3$ と見積もられ，そのうち現在でもパルプ用材は約 13%（4.2 億 $m^3$）を占めている．その 5 倍に当たる 65%，約 21 億 $m^3$ をパルプ材用に確保するとなると，日

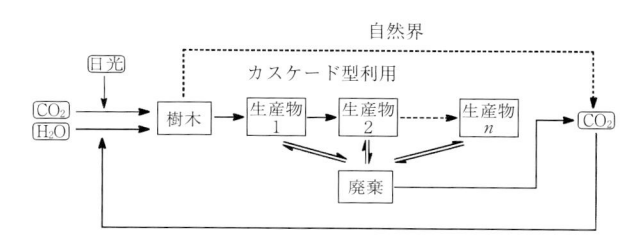

図 6.2.2.1 バイオマス資源のカスケード型利用の一般図

本やスウェーデン，ドイツの森林の蓄積量（それぞれ，29億，26億，28億 $m^3$）に近い数値を毎年伐採しなくてはならなくなる．

これだけの量の消費が森林の持続的生産と両立しうるかどうかを考えるために，日本の紙・板紙消費量を日本の森林でまかなうというケースを，経済的な側面を度外視して想定してみる．日本で消費するパルプ用材は年間約0.4億 $m^3$ であり，国内の森林蓄積量の約1.4%に相当する．地域を限れば，森林蓄積量の1.4%を伐採すること自体は，森林資源の持続的生産と両立しうると思われる．しかし，パルプ用材よりも大きな需要がほかにあり，また，国内の森林全体を持続的生産に適したように管理することは難しいことを考えると，日本のような有数の森林国においても，パルプ生産と森林の持続的生産を両立させるには，数多くの課題があるといえよう．

したがって，紙のさらなるリサイクル，超早成樹木の開発，あるいは非木材資源の利用を推し進める必要がある．このうち，リサイクルという点について考えると，それを進めることが森林資源の保全にはプラスであるとしても，二酸化炭素の排出量の抑制にはつながらないという計算結果が一般的である．また，非木材資源の利用にしても，森林になりうる場所を非木材資源の生産に当てるとすれば，森林における炭素蓄積量の減少につながりかねない危険もある．このように，広義の環境問題からパルプ製造を考えるときには相互に矛盾する結論が出ることは，現時点では避けられないといえる．

### 6.2.3 狭義の環境問題とパルプ製造

パルプ製造が本来的には環境調和型であるといっても，資源を特定の地域に集約し大規模な生産活動を行うという近代的産業である以上，その生産活動が狭義の環境問題に対して影響がないということはありえない．1960年代から顕著になった公害問題として，田子の浦のヘドロはその象徴のように扱われた時期があった．わが国の全産業排水に含まれるTOC（全有機炭素量）の合計量の半数近くが，紙パルプ産業に由来していた．これらの問題は，活性汚泥設備の充実や酸素漂白段の積極的な導入などによって次第に克服され，従来の塩素系漂白に立脚したパルプ製造技術としては，日本のパルプ産業は，世界的に最も環境問題に配慮した設備を備えるに至った．

蒸解工程における技術革新としては，拡張脱リグニン（extended delignification）理論に基づく低カッパー価蒸解のための蒸解装置のさまざまな工夫が，1980年代中ごろ以降なされてきた．蒸解工程におけるこれらの技術革新は，蒸解段階でのパルプのリグニン量を従来より低くすることを目的としたものである．これにより，蒸解後におけるパルプのリグニン含有量（カッパー価）は，従来は針葉樹パルプで約30，広葉樹パルプで約20であったものが，それぞれ，約3割低くできることになった．収率やパルプ強度が多少犠牲になるにもかかわらず，蒸解段階でリグニン含有量の低いパルプをつくることが目的とされるようになったのは，塩素系漂白排水の環境に与える影響が懸念さ

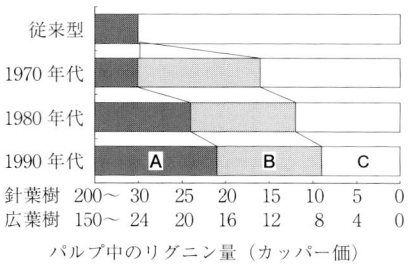

```
          従来型
       1970年代
       1980年代
       1990年代    A      B    C
  針葉樹 200〜 30  25  20  15  10  5  0
  広葉樹 150〜 24  20  16  12   8  4  0
```
パルプ中のリグニン量（カッパー価）

**図 6.2.3.1** 漂白工程で受け持つ脱リグニンの割合の変遷
A：蒸解工程，B：酸素脱リグニン工程，C：漂白工程．

れるようになったからである．塩素系漂白によってダイオキシン類が生成することが確認されたのはその代表的な例である．この問題を解決するために，漂白段階における塩素系試薬の使用量を小さくするだけでなく，漂白段階で受け持つ脱リグニンの割合そのものを低くしたわけである．

図 6.2.3.1 は，蒸解工程と漂白工程で受け持つ脱リグニンの割合が，1970 年代以降どのように変化してきたかを模式的に表したものである．低カッパー価蒸解法と酸素脱リグニン工程の適用により，純粋な漂白工程（図中 C）に頼らなくてはならない部分が，従来に比べ激減していることがわかる．この部分の脱リグニンを，従来型の多段の塩素系漂白ではなく，酸素系と二酸化塩素を組み合わせた ECF 漂白法，あるいは，酸素系漂白のみの組み合わせで行う TCF 漂白法によって行うことにより，塩素漂白に由来する環境問題に対応するのが，現在の世界の趨勢である．

### 6.2.4 将来の展望

パルプの製造は本来的には環境調和型の生産活動である，という特徴をよりよく発揮するための今後の大きな課題としては，草本類などの非木材原料のパルプ生産への利用があげられよう．現在のところ世界的にみると，パルプ生産に占める非木材原料の割合は 10% ほどにとどまっている．草本類として最も注目されているのはケナフであるが，これはその二酸化炭素の固定速度（年当たりの固定量）が高いためである．しかし，面積当たりの炭素蓄積量でみた場合，ケナフなどの草本類の畑よりも森林の方が圧倒的に高いのは明らかである．したがって，森林の一部がケナフなどの草本類に置き換えられる形で，草本類のパルプ製造への利用が進められるのは好ましくないであろう．この意味で，食料生産に伴って不可避的に生産されるわら類の積極的な利用が必要になる．わら類，特に稲わらは多量のシリカを含むため，パルプ生産に供した場合，廃液中にシリカが溶出する．それが廃液を回収する工程その他で析出し，工程に大きなトラブルを引き起こす可能性が高いので，現在のところ中国では重要な資源だが，わが国ではパルプ

原料としてほとんど用いられない．また，利用される場合にも，木材パルプと混合する場合が多い．しかし，わら類の生産量は，FAO 統計から推定すると年間 13 億 t にのぼり，世界のパルプ生産量を上回るものである．したがって，薬品回収プロセスを含めた蒸解工程の技術革新によって，現在よりもさらにパルプ原料として利用できるようになれば，森林への依存を軽減することができ，環境調和型の産業としてのパルプ生産の特徴がよりよく発揮できるであろう．草本類の細胞壁におけるリグニンの存在形態や，樹木のリグニンとの違いなどは，現在でも十分解明されていないので，それについての基礎的な研究を発展させることによって，樹木の蒸解とはまったく異なった発想の脱リグニン法が可能になることが期待される．

　技術的な展望としては，漂白工程の用水のクローズド化があげられる．漂白工程のクローズド化を達成するには，水の使い回しのレベルをできる限り高め，その上で水をエバポレーターなどによって回収することが必要になる．コストの問題以外に，現在最も大きな問題と考えられているのが金属塩と樹木抽出成分の蓄積である．前者は蒸解や漂白工程に由来するもののほかに，樹木自身による持ち込みも相当量ある．この解決のための技術的な努力が世界的に展開されている．一方，漂白工程を完全に酸素系漂白で行うならば，その廃液成分は基本的には木材成分の酸化生成物である．これを土壌有機物の不足を補うものとして自然に返す，という発想も成り立ちえよう．これは，かつてアメリカなどで試みられた塩素系廃液の地表に拡散させる方法（land spreading）とはまったく異なったものである．クローズド化とは逆行するようであるが，このことを環境にとってプラスになるように，かつ安全に達成することが可能かどうかを追求する基礎的な研究が進展することが期待される．

〔松本雄二〕

## コラム　環境報告書 ── 企業の社会的責任と情報公開

　人間の活動そのものが生態系にとって最大の環境負荷である．無秩序に開発が進めば人類が滅びるという共通認識のもとで持続可能な社会を目指すため，リオデジャネイロで地球サミットが開催されたのは，1992 年のことである．これを契機に環境の時代を迎え，21 世紀は経営と環境の共生が企業存続の重要な条件になっている．2002 年にはヨハネスブルクで地球サミットが開催されたが，富める先進国の収奪による資源枯渇と，発展途上国の貧困の社会的不公正の改善についても話し合われた．

　わが国も，一方的に物をつくって供給する大量生産・大量消費の使い捨

て社会から，循環型経済社会へと変貌しており，近年，環境に関心をもつ市民が着実に増加している．そのため，企業自らが事業活動による社会環境への影響について情報を公開し利害関係者（ステークホルダー）からの批判を仰ぐ，説明責任が求められている．そして，あらゆる企業や組織が環境憲章を制定し，あるいは国際環境規格 ISO14001 の認証を取得して環境影響を軽減する取り組みを進めるなど，環境に関わる活動が活発になっている．環境に対する姿勢が企業イメージを左右し，売上高はもちろん収益や資金調達にまで影響する時代である．社会的責任投資（SRI）という活動も普及している．社会環境に対する取り組みに積極的な企業の評価が向上し，また，それを狙って自社製品や経営の環境への調和を喧伝する企業は多く，環境を広告に使うことが流行していることから，正確で公平な情報が求められている．

　ところで，昔から一般市民が紙パルプ産業をみる目には「森林を伐採して水や大気を汚す公害産業」というイメージがあり，それをなかなか払拭することができない．今でも紙の消費と熱帯林の破壊を結びつけて発言されることはよくある．このまま業界が沈黙を続けていては，誤解が解消することはありえない．紙パルプ産業は，循環型資源である木材や古紙を利用する環境の時代にふさわしい産業であるということを，社会に広く認知してもらうために，情報の開示は非常に大切な手段である．

　製紙業界では 1999 年 1 月に初めて日本製紙により環境報告書が発行された．環境に対する経営トップの方針をはじめ，環境負荷低減の取り組みや海外植林，古紙利用拡大などについて 1998 年度の予測値を中心に公表している．その後，各社が競って情報公開を進めるようになって，今ではほとんどの大手製紙会社が発行している．ページ数も増え内容も充実し，それにつれて製紙産業のイメージも良くなってきている．

　一口に環境負荷といっても，課題は多岐にわたる．そもそも製品そのものが環境負荷である．そして，水質汚濁や大気汚染・騒音や振動・悪臭といった特定汚染源の公害規制のほか，廃棄埋め立て・土壌汚染，さらに有害化学物質の管理，資源の枯渇・森林破壊・温室効果ガス・オゾン層破壊など，汚染者責任の追求が難しく，消費者それぞれが汚染者であり被害者でもある環境問題が目白押しである．

　これらの問題の解決に規制的手法を採用すれば行政コストが膨らんでしまうため，関連法の整備も自主取り組みを促す体系へと変化している．自主取り組みには結果の公表が必要であり，報告書に掲載が必要な項目はどんどん増える．環境問題に留まらず，企業倫理や労働安全・防災そして社

会貢献など，企業の社会的責任（CSR）全般についての情報開示を目的に，社会環境報告書として発行する時代になっている．しかし，情報を受け取る立場によって知りたい内容は異なり，まだまだ読者の希望と発行側の思惑が相違している．また，情報開示の方法も紙媒体だけでなくホームページでの公表も定着している．社会的に開かれた企業を目指してこれからも情報開示は進化していく． 〔二瓶 啓〕

## 6.3 紙の製造に伴う問題

製紙工程は，パルプ繊維をワイヤーで漉き取り，乾燥して紙とするというプロセスの性格上，多大な用水を要する．その結果，多量な排水の処理が必要となり，湿紙の乾燥にも膨大なエネルギーを消費するなど，環境に大きな影響を及ぼす．以下，その問題点と対応についてまとめた．

### 6.3.1 用水原単位と白水回収

抄紙機ヘッドボックスパルプスラリー固形分濃度は現状 0.3～1.0％ が一般的であり[1]，抄造量の 100～300 倍の抄造用水を必要とする．ほかに冷却用，ワイヤー，フェルトなど抄紙用具の洗浄用などに多量の用水が使われている．用水は欧州では井戸水も用いられるが，日本ではほとんど河川水に依存しており，水量豊富な河川が近くにあることが抄紙工場立地の重要な条件となってきた．また，工業的抄紙開始以来，新水使用量削減は一貫して抄紙技術の大きな目標であった．1930 年代の欧州では上質紙抄造に 330～350 $m^3$/t 紙の新水が必要だったが，1970 年以降 80～180 $m^3$/t となり，近年では 10 $m^3$/t 近辺の抄紙機もある[2]．

新水使用量を減少，すなわち用水原単位を向上する方策は，白水再利用が一般的である．一方，抄紙機上のヘッドボックス紙料濃度を上げる高濃度抄紙の考え方もあり，パイロットマシンを用い約 3％ のヘッドボックス濃度で上質紙を 600 m/分の速度で抄造した例[3]などもあるが，広幅抄紙機での幅方向プロファイル制御の難しさなどから，実用化に至っていない．

抄紙工程の排水（白水）は，パルプ中の樹脂分，糖分，紙中に定着しなかった添加薬品などの溶解有機物に起因する COD，BOD 負荷も無視できないが，主要な負荷はワイヤーを通過するパルプ微細繊維，填料などに起因する SS 分であり，白水から分離されたスラッジは環境水域で底質に蓄積すればヘドロの原因にもなる．SS 分は抄紙系外で回収されれば廃棄物となるが，抄紙工程内で回収されれば製品となるため，SS 分回

収が白水回収系設計のポイントとなる．最近の抄紙機は三重の循環系[1]をもつ．1次循環系はワイヤー下白水をファンポンプで原料スラリー（濃度3%前後）に混合しクリーナー，スクリーン，ヘッドボックスへ送り，白水の60～90%を回流させる．2次循環系は1次循環系を溢れた白水のSS分を回収装置で除いた白水をシャワー水などに用いる．回収SS分は原料スラリーに混合，抄造系に供給される．2次循環系オーバー白水および各工程からの排水を排水処理し，一部は工程で再利用，残分を排水として工場外に排出する．回収固形分は廃棄物となる．

SS回収装置には濾過方式，浮上分離方式，沈降分離方式などがある．濾過方式としてはディスク型フィルターのようにパルプマットを濾材に用いる方式[1]がよく用いられる．さらに白水のSS分を減らすためには砂濾過方式[4]が有効である．浮上分離方式は装置がコンパクトなメリットはあるが，高比重SS分の分離効率が悪く，適用範囲が制限される．

抄紙用水の系内回流度が増すに従い，SS分の沈積物の発生や配管の閉塞などの問題が起きやすくなる．また，溶解，懸濁有機物の系内蓄積により，スライム（微生物起因の付着物）の増大，凝集物の紙への転写が起こりやすくなる．溶解無機物の蓄積はスケール問題，装置の腐食問題を起こす．白水温度上昇は40℃台までは微生物成長を促進するが，50℃以上では溶存酸素の低減により好気性菌の繁殖はできなくなる[2]．現状スライムなどの微生物問題，スケール問題などへの対応は，主に添加薬品に依存しているが，溶解高分子除去には限外濾過膜（UF）を，溶解無機塩類除去には逆浸透膜（RO）使用技術も実機でテストされている[2]．

製紙産業の用水使用量は他産業に比べ膨大なものであるため，将来的にも用水原単位向上が環境面での技術開発の主要な目標であり続けるであろう．

### 6.3.2　製紙工程における省エネルギー

製紙工程は，シートを抄造し，乾燥させねばならず，また，叩解機，抄紙機などで巨大な動力を必要とするため，膨大なエネルギーを消費する．紙パルププラントと結合した直送工場では，回収ボイラー，バークボイラーのバイオマスエネルギーを相当活用しているが，依然として化石燃料にかなり依存するため，二酸化炭素排出削減の観点から，エネルギー原単位の改善が望まれている．表6.3.2.1[5]にエネルギー原単位推移を示した．

新聞抄紙機は，新聞オフセット印刷化への対応からロールコーターサイズプレスを設置し，蒸気，電力原単位が悪化している．洋紙抄紙機はポンド型サイズプレスがロールコーターへ転換したことも効いて蒸気原単位が改善したが，高速化対応からシュープレス，ホットカレンダーなど電力消費が多い機器を導入するため，新鋭高速機ほど，電力原単位は悪化している．一方，板紙抄紙機では全密閉フード，シュープレスの切り替えが進み，蒸気原単位が向上し，古紙使用比率増大により調成電力が減少し，電力原単位

**表 6.3.2.1** 抄紙機,コーターのエネルギー原単位推移
(1988 年と 1999 年の比較)[5]

| 区分 | 設備 | 蒸気原単位(t/t) | | 電力原単位(kWh/t) | |
|---|---|---|---|---|---|
| | | 1999 | 1988 | 1999 | 1988 |
| 抄紙機 | 新聞抄紙機 | 1.89 | 1.83 | 648 | 559 |
| | 一般洋紙抄紙機(含オンコーター) | 2.40 | 2.96 | 706 | 696 |
| | ライナー抄紙機 | 1.34 | 1.83 | 399 | 470 |
| | 中芯抄紙機 | 1.29 | 1.60 | 303 | 439 |
| 塗工機 | オフコーター(コート紙用) | 0.35 | 0.47 | 164 | 163 |

も改善している.

抄紙工程では,湿紙水分を低減することが湿紙強度を増し,紙切れなど操業性の改善に寄与するため,いかにうまくパルプスラリーからの脱水を進めるかという点が常に抄紙技術の焦点となってきた.特に近年,高速化に伴い,ワイヤーパートでの脱水を効率的に進めるため,洋紙用長網抄紙機はツインワイヤータイプ(オントップ型を含む)へ,板紙の円網抄き合わせ抄紙機は短網抄き合わせ型もしくはオントップ長網抄き合わせ型への転換が進んでいる.蒸気原単位の観点からはドライヤー持ち込み水分を低減させることが焦点となっており,近年,プレスパートへのシュープレス導入[6]が進められてきている.

従来のロールプレスは高速化に伴いプレスニップ数を増してきたが,4P の導入で費用対効果の面からほぼ限界に達している.そのため,プレスニップ滞留時間を増し,ニップバンド中圧力プロファイルを緩やかにすることで地合つぶれを起こさず高線圧がかけられるシュープレスが開発され,プレス出口水分を大きく低減できた[6].ライナー抄紙機で従来のロールプレス 3 段をシュープレス 2 段に置換し[7],蒸気原単位が 20% 改善された例もある.

ドライヤーは密閉フード化し固定サイフォンやタービュランスバーのようにシリンダーの伝熱効率向上技術により乾燥効率を改善してきた.また,高速化に際し湿紙走行安定性改善などの目的もあって,単列(シングルデッキ)ドライヤーを採用する傾向[8]が一般化してきた.

紙数の関係で省略したが,フェルト,カンバス,ドクターなど,抄紙用具の面でも省エネルギータイプ製品の開発も進んでおり,将来的に主要な課題となるであろう.

### 6.3.3 加工(塗工)工程の環境側面

洋紙,板紙を問わず,塗工工程は抄紙工程に比べ,環境に与える影響ははるかに少ない.しかし,ブレードコーターは 2,000 m/分まで高速化する状況にあり,乾燥負荷を

低減させるため，塗液の高濃度化が進められているが，ストリークなどの操業性の問題を回避しつつ高濃度化するため，顔料に流動性のよい湿式粉砕重質炭酸カルシウムを使用する割合が増大している[9]．

また，高速ブレードコーターでのブレード替え頻度を減少させる目的から，セラミックコートブレード，硬質クレームなどのメッキブレードが使用される例[10]が出てきている．

### 6.3.4 仕上げ工程の環境側面

仕上げ工程の環境に対する負荷は相対的に製紙工程の中では最も低くなるが，省エネルギー，生産効率向上による廃棄物の削減などを目的の一つとして，スーパーカレンダーの弾性ロールの樹脂カバーロールへの転換が進み，全段樹脂ロール化する例[11]も現れている．

また，ユーザーでの廃棄物対策から，包装材料リサイクル化が俎上にのぼり，包装紙古紙の再生を容易にするため，ラミネート品から水性塗工品に切り替える例が増えている[12]．

〔鈴 木 邦 夫〕

### 文　　献

1) 紙パルプ技術協会（1998）：紙の抄造, p.3, 紙パルプ技術協会.
2) Bourgogne, G.（2001）：A review of the effects of reduced water consumption on the wet end of the paper machine and the quality of paper. *Paperi ja Puu*, **83**(3)：190.
3) 野村忠義, 和田　清, 野村　實, 吉村三郎, 安藤美代治, 三上敏明（1988）：高濃度抄紙技術の研究開発. 紙パ技協誌, **42**(8)：743.
4) 森　慎吾（1987）：高灰分紙の白水回収システムについて. 紙パ技協誌, **41**(1)：64.
5) 紙パルプ技術協会エネルギー委員会（2001）：第7回エネルギー実態調査報告（その2）. 紙パ技協誌, **55**(6)：737.
6) 河原木親（2000）：7号抄紙機の操業経験. 紙パ技協誌, **54**(1)：83.
7) 佐藤謙志（1988）：シュープレスに依る省エネルギー. 紙パ技協誌, **52**(11)：1566.
8) 藤井博昭（2000）：抄紙機ドライヤーについて. 紙パ技協誌, **54**(11)：1457.
9) 福井照信（2001）：塗工技術概論. 紙パ技協誌, **54**(12)：1651.
10) 金子　豊（2001）：岩国工場コーター操業経験. 紙パ技協誌, **54**(12)：1717.
11) 砂川　健（1999）：全段樹脂ロール化によるスーパーカレンダーの操業経験. 紙パ技協誌, **53**(1)：99.
12) 河向　隆, 石井悦子, 八木寿則（2001）：防湿包装紙「グリーンラップ」の防湿理論. 紙パ技協誌, **55**(1)：65.

## 6.4 資源・環境問題からみた古紙

### 6.4.1 古紙再生の原理

平安時代中期，876年に崩御された清和天皇の女御，藤原多美子が帝の生前の書簡を漉き返した宿紙に写経し，供養したのが紙の再生のはじめと伝えられる．この時代，図書寮の紙屋院では官用に宿紙がつくられており，天皇の綸旨にも使われた．例えば『中右記』(1133年)などが現存している．紙は植物繊維を水から抄造，乾燥してつくられるが，水に漬ければ容易にもとの繊維にほぐせる．製造の原理は乾燥によって湿紙から水が蒸発するときに繊維相互間に水素結合が生成し，紙が形成されることにある．紙を水に漬ければこの水素結合は解裂して繊維は容易に水中に分散する．したがって，つくり損じ，書き損じ，あるいは不要になった紙を再生することは，紙の製造が始まったころから行われていたはずである．宿紙は紙の原料繊維の節約が主目的であったろうが，経文，綸旨など尊い文書を崇める意味もあったであろう．

### 6.4.2 古紙利用のインセンティブの変化

江戸時代には現在と同じような古紙回収システムが確立していたといわれ，古紙が盛んに利用された．明治になって洋紙が和紙に取って代わるが，洋紙，板紙とも古紙が利用される．しかし，古紙利用が本格的に進んだのはむしろ1950年以降のことである．1951年の古紙回収率は15%に満たなかったが，2000年には58%に達し，2003年には60%を超えている．この間，古紙利用のインセンティブは，① パルプの代替，② パルプ材，エネルギーコストの節減，③ 廃棄物の減量化，④ 二酸化炭素発生の抑制と大きく変貌してきている．④ は未だ理念的色彩が強いが，①～③ は現在の製紙産業の根幹にかかわっている．

### 6.4.3 パルプの代替

回収される古紙は，9分類26銘柄に分類されている．上白・カードは市販パルプとほぼ同等の品質で，価格もパルプに近いが，量的には1%に満たない．特白・中白，切付・中更，模造，色上は上質紙，中質紙などの古紙であって，印刷・情報用紙，衛生用紙，白板紙の表層に利用される．これら4品種は製本・印刷工場など産業から回収されるもので，量的には古紙消費量合計の1割程度であって，脱インキされ漂白化学パルプの代替として使われている．

新聞古紙は，主として針葉樹の機械パルプでつくられる新聞紙が主体であったが，最近の新聞古紙にはチラシ広告が4割も含まれる．そのため見かけ回収率は約120%になっ

ている．チラシは広葉樹化学パルプを原料とする塗工印刷用紙が多い．新聞古紙は全古紙消費量の24%で新聞用紙や印刷・情報用再生紙，板紙に使用される．古紙消費量の14%を占める雑誌古紙はミックス古紙的色彩が強く，段ボールの中芯原紙，板紙に利用される．回収が進むと低質の雑誌古紙が増えることが懸念される．段ボール古紙は古紙消費量の45%に達し，段ボール，板紙に再生される．

パルプ繊維を反復して再用する場合，機械パルプは変質が少ないが，化学パルプは角質化によって製紙適性が低下する．実用的にはこの変質による欠点は克服されているが，印刷インキ，接着剤，塗工剤など各種の物質を完全に除去することは困難であるから，原則として古紙はもとの紙・板紙と同等，あるいは低級の品種に再生される．

### 6.4.4 パルプ材，エネルギーの節減

製紙原料として古紙が使用されれば，本来，消費されるパルプが節減される．それはパルプ用木材が節減されることになる．これは統計的に明らかであって，1975年と2000年を対比すると，この四半世紀に紙・板紙の生産は2.34倍になっているが，古紙の利用が3.42倍になったため，パルプの消費は1.5倍であった．これによるパルプの節減量を試算すると760万tとなり，パルプ材に換算すると2,500万$m^3$に相当する．造林ユーカリ材の年間成長量を20 $m^3$/haとすると，125万haの造林を行ったと同等の効果が得られたことになる．

木材を磨砕して製造する機械パルプは，砕木パルプでは1t当たり1,500 kW，サーモメカニカルパルプは2,100 kWと多大の電力を必要とする．一方，古紙は板紙用など，離解するだけであると150 kW，脱インキパルプでも500 kWで済むから，新聞用紙の場合，新規の機械パルプの代わりに新聞古紙を使うと電力が大幅に節約になる．

過去の実例として，1973年，1979年のオイルショックによるエネルギーコストの高騰，1978年からの輸入パルプ材の暴騰によってわが国の古紙利用が著しく進み，1977～1982年の5年間で古紙回収率は5%上昇し，新聞用紙の古紙配合率は10%から47%になった．その一方，輸入針葉樹パルプ材が280万$m^3$減少した事実がある．

### 6.4.5 廃棄物の減量

1998年の紙・板紙消費量は2,993万tであった．古紙回収量の1,657万tとトイレットロール86万tを差し引いた1,250万tが未利用のまま最終的に焼却，あるいは直接埋め立てられたことになる．平成13年（2001）6月の環境省の資料によると，1998年の全国のごみ総排出量は5,160万t，そのうち352万tの紙が資源化されている．それにしてもごみの78%が直接焼却，8%が直接埋め立てに供されたが，最終処分場の残余容量は12年とされている．再生，利用されるにしても紙・板紙は最終的にはごみとして処分されることになる．しかし，リサイクルによって生産・消費の経路に滞留する時

間が延長され，最終処理に向けられるごみを減量することができる．これはまた木材資源の有効利用であり，カーボンシンクとしての意味がある．また，東京都ではごみ処理に，回収経費以外に1kg当たり約30円の処理コストがかかっている．紙・板紙の原料として価値が生まれリサイクルされることは，経済的にも意義が大きい．

資源の有効利用，廃棄物の発生の抑制，環境の保全のため平成3年（1991）にいわゆるリサイクル法が施行され，2000年度に古紙利用率を56％にする目標が立てられた．幸いにしてこれは1999年度に達成され，さらに2005年度に60％とする目標が設定されたがこれも2003年に達成された．また平成12年（2000）から容器包装リサイクル法の完全施行によって段ボール，紙パック以外の紙製容器包装の分別収集・再商品化が始まった．このように，行政的にも古紙回収が推進されている．

### 6.4.6 二酸化炭素排出の抑制

リサイクルの大きなメリットに，二酸化炭素の排出が抑制されることがある．1990年から10年間に紙・板紙消費は1.12倍になっているが，パルプの消費量は0.99倍に留まっている．これは古紙利用が進んだためである．それでもパルプは1,375万t消費されている．国内生産量の86％はクラフトパルプで占められるが，これは木材をアルカリで蒸煮してパルプ化し，有機物を含む廃液は濃縮・燃焼してエネルギーを回収する．つまりクラフト法ではパルプ繊維以外の木材成分をバイオエネルギーとしてパルプ製造に利用しており，エネルギー的にはむしろ余剰が出る．しかし，廃液の燃焼で二酸化炭素が排出される．クラフトパルプを原料とする印刷・情報用紙をリサイクルすれば，この二酸化炭素の排出が抑えられる．新聞用紙の原料の機械パルプは消費電力が大きく，電力に占める化石燃料の比率は大きいから，これも二酸化炭素排出の面で負担になる．

一方，古紙をリサイクルする場合，脱インキ工程で電力が必要である．しかし，詳細にライフサイクルアセスメントを行った結果，新聞用紙，印刷用紙の場合とも古紙をリサイクルする方が新規パルプを使用するよりも二酸化炭素の発生が少なくて済むことが確認されている．

### 6.4.7 古紙利用の意義

パルプの代替としてコスト削減から出発した古紙のリサイクルは，パルプ資源である木材，エネルギーの節減となり，さらにはごみの減量化に大きく貢献することになった．そして二酸化炭素排出抑制の面からも評価されるに至った．すでにわが国の古紙回収率は68％，利用率は60％と国際的に高い水準にあり，2005年までに利用率を60％とする目標はすでに2003年に達成されている． 〔大江礼三郎〕

## コラム　紙のライフサイクルアセスメント

**環境に優しいとは**

人々の環境への関心の高まりに伴って，「環境に優しい」製品やサービスが求められるようになっている．ここで「環境に優しい」とは，どのような状態を示すのであろうか．資源を消費しない，環境を汚さない，温暖化を促進しないなどが答えとして予想されるであろう．しかし，これらは主観的，定性的な表現であるため，「環境に優しい」ことを評価する基準としては不十分である．そこで，環境に与える影響を定量的に評価する方法が必要になってくる．そのような方法の一つがライフサイクルアセスメント（life cycle assessment：LCA）である．LCA は，製品のライフサイクル（原料採取—製造—流通—使用—リサイクル・廃棄）すべての段階において，使用される資源やエネルギーと，排出される環境負荷物質や廃棄物を定量化し，製品が環境に及ぼす影響を科学的，客観的に評価する方法である．

**上質紙のライフサイクルアセスメント**

ノートやメモ用紙に使われる上質紙について分析を行った．図は，ライフサイクル各段階での $CO_2$ 排出量を化石燃料によるものとバイオマスを燃やした際に発生するものに分けて計算した結果である．バイオマスによる $CO_2$ は比較的最近に植物が吸収した $CO_2$ が環境に戻る結果であり，化石燃料による $CO_2$ と異なり地球温暖化には影響しないとされている．木材パルプ（化学パルプ）製造のエネルギーはパルプ廃液（黒液）を燃焼させることにより得られ，$CO_2$ 排出量の多くはバイオマスによるものである．古紙パルプと紙製造のエネルギーは石炭や重油を燃焼させて得られるため，化石燃

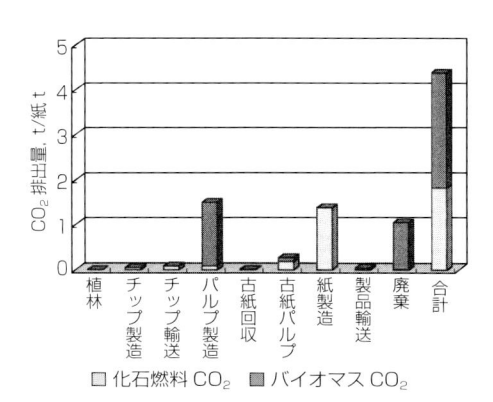

ライフサイクルでの $CO_2$ 排出量（古紙配合率25％）

料による $CO_2$ が排出される．廃棄時に発生する $CO_2$ 量も多いが，これもバイオマスによるものである．

**木材パルプ紙と再生紙の比較**

分析データを利用して，古紙パルプの配合率が上質紙のライフサイクルでの $CO_2$ 排出量に及ぼす影響を試算した．化石燃料とバイオマス合計の $CO_2$ 排出量は古紙パルプ配合率が増加すると減少するが，その中で化石燃料による $CO_2$ 排出量は古紙パルプ配合率が増加するとむしろ増大することがわかった．古紙パルプは木材パルプと異なり，製造時にパルプ廃液のエネルギーを利用できず，エネルギーを化石燃料に頼っているためである．

LCAの観点から木材パルプ紙と再生紙を比較すると，木材資源保護の点からは古紙パルプを使用した再生紙が好ましいが，地球温暖化の防止の点では木材パルプ紙の方が優れている．環境影響の何を大切と考えるかは人それぞれで異なっており，決まった答えはないが，「再生紙ならば環境に優しい」とは，必ずしもいえないように思われる． 〔桂　徹〕

## 6.5 紙の白さと環境，文化の関係

### 6.5.1 生活の中の「紙」と「白」

私たち日本人の生活において，紙は大変大事な役割を果たしている．情報を伝達するための材料としてはいうまでもなく，ほかにもさまざまな面で利用されてきた．

書画，特に水墨画においては，紙の白さと墨の黒さとの対比の中に色相を越えた無色界が表現され，そこでは描いてない空間（余白）の広がりが，みえないもの，人間の空想の飛躍を許すという禅的精神を具現するといわれる[1]．

また，熨斗袋や熨斗紙の白さに慶弔の心を包み，目録紙や奉書紙に献上の心を，神社での御幣や紙垂の白に宗教心を表してきた．これらは非日常的であり，かつ神聖なものの表現として今日でも利用されている．

一方，扇子やうちわ，照明器具（シェード，古くは行燈やぼんぼり）などの生活用具として，また障子などの住居用材としても紙は多彩に利用されている．これらは和紙でつくられており，その柔らかな質感，紙の通気性，保温性が好まれるのであろう．

このように，和紙はその白さによって，芸術性，精神性を表現し，またその機能において実用性を発揮して，日本文化の特質を形成したということができよう．

## 6.5.2　白さのいろいろ——技術と環境問題

**a.　セルロースの純度を上げる（晒し，漂白）**

　和紙の原料である麻やコウゾは，古来から衣料用の繊維であって，紙と布（麻や木綿など植物の靭皮繊維から織られたもの）は共通してセルロース繊維が主成分であり，技術的には同根であるということができる．紙は，繊維を薄く2次元方向に広げ，一方，布は繊維を1次元方向に長く集めて撚りをかけた糸からつくられている．

　綿花はセルロースの含有量が多いが，麻，コウゾなどはセルロースのほかに，ヘミセルロースや，わずかであるがリグニン（芳香族縮合化合物）を不純物として含有している．セルロースは白色であるが，リグニンがあると，薄く黄色味を帯びている．

　古来から繊維製品は，灰汁や炭酸ナトリウム，酸性白土，人尿，石鹸，植物の種子や果皮（サイカチ，ムクロジ）などを用いて，不純物を除去することにより白く仕上げてきた．和紙も，コウゾなどの靭皮繊維（白皮）を灰汁や石灰水，炭酸ナトリウム，水酸化ナトリウムなどアルカリ溶液で加熱し精製する．このような方法で得られる和紙や布の白さは柔らかい白さである．しかし不純物の除去は未だ十分ではないため，次の段階として，日光と水により発生する$H_2O_2$で晒すことにより着色物質を分解し，さらに白くしていた．すなわち自然を利用した一種の漂白処理である．

　洋紙の原料である木材パルプは，リグニンをかなり含むため，そのままでは白い紙は得られない．その上，時間を置くと光，湿度，温度により重合反応を生じて黄褐色に変化する．そのため，含まれる不純物を漂白により分解し，白い紙にしているのが一般的である．さらに白くみせるため，酸化チタンなどの顔料を加えて製紙する．

　漂白（晒し）は着色化合物を酸化反応や還元反応を利用して分解する化学的処理である．現在では過酸化水素，オゾン，塩素ガス，晒し粉，次亜塩素酸ナトリウムなどの酸化剤により漂白処理を行っている．洋紙の原料は，今日ではバージンパルプばかりでなく，古紙をも再利用する．この場合，当然印刷インキを除去しなくてはならない．この脱インキ処理（脱墨）はかなり問題であって，十分な処理効果を得ることとともに，処理剤の環境問題にも配慮しなくてはならない．上記の酸化剤中で塩素系漂白剤は，酸化力が強く漂白剤としては有効であるが，ダイオキシンの発生源やオゾン層破壊へつながることになる．環境問題に真剣に取り組むヨーロッパ数か国（スイス，オランダ，ドイツほか）で市販されている紙製品には，"chlorine free"と表示されている．

　ところで，和紙，洋紙とも漂白によって不純物が分解除去されて純粋なセルロース繊維になれば，「真っ白」になるであろうか．実は，視覚的には純白に映らない．それはセルロースが可視光の中の青紫色のスペクトル光をわずかであるが吸収するため，表面反射率が可視光全域にわたって均一にならず，その結果青紫色の補色である黄色が目に感じられてしまうからである．そこでより白くみせるために行う増白処理法が2つある．

### b. 染料により白くみせる工夫（青みづけと蛍光増白）

増白方法の一つは「青みづけ」である．紙や白布を青色の染料でわずかに染色すると，補色である黄色のスペクトル光が吸収されるため平均的な反射スペクトルが得られ，感覚として黄色みが打ち消されるという方法である．しかしこの青みづけでは全体に明るさが減少してしまう．

2つ目の処理法は「蛍光増白」である．これは紫外線を吸収して青紫色の蛍光を発する蛍光増白染料（蛍光増白剤）を染着させることにより，ちょうど不足していた光を補って真っ白にみえるようになる．しかも，目に入る光の量が増加し，輝くばかりに明るくみえる．紙や白布上の蛍光増白染料の量に応じて，発せられる蛍光の強さも異なるが，染着量が多すぎるとかえって暗くなり（濃度消光），しかも染料粉末の色である黄緑色が出てくる．セルロース繊維である紙や綿布の増白には，直接染料型が適用される．20世紀になって出現した白さである．

## 6.5.3 色としての「白」と「紙」

### a. 日本人の好む「白」と「白さ」

日本人の好きな色は「白」であることが色彩嗜好調査の結果として報告されており[3]，しかも1983～1988年まで連続して[4,5]1位にある．しかしこの傾向は世界的にみると特異であり，海外での同様の調査では決して「白」が嗜好の対象にはなっていない．

12種の白度の異なる綿ブロードを提示して国内の約300人にアンケート調査をした結果，漂白処理のみの布の白さを「白」と認める人は29.2％であって，すでに白の概念が変わってしまったことがうかがえる．「好ましい白さ」はかなり蛍光増白度が高い，輝かしい白さであった[6]．

わが国で市販されている種々の白い用紙の蛍光性は，書道用や彩水墨画用にはあまり蛍光が検出されないが，便箋，封筒，また慶弔用の熨斗紙や熨斗袋にはかなり強い蛍光が検出されている[2]．このことから，非日常的な場では輝かしい白さが好まれることが示唆される．日常的なノートやレポート用紙，コピー用紙は，再生紙が多くなっているものの，かなり白く，しかし蛍光はあまり検出されない．なお，ヨーロッパ，特にスイスではほとんど，「白」ではなく，薄茶色の紙がこれらの用途に使用されている．

### b. 根源的な基本色名としての「白」

世界98か国語について調べた基本色名により，色名の発展段階が7段階に分類されており，その中で日本語は第7段階（8～11語）に属する[7]．基本色名の多少は文化の複雑さに関係し，人口が多く技術が複雑な場合ほど色名数が多くなってくるが，「白」と「黒」はいずれの言語においても共通して現れることから，すべての民族で最も根源的な色名が「白」と「黒」である，と結論づけられている．

#### c. 白と紙と日本文化

日本文化の特質が「根源的な色名である白を好む民族性」に現れており，その具現に紙，特に和紙が重要な役割を果たしてきたと考えられる．しかしその白さは技術の進展により変化しており，今日では蛍光増白された白さを白と考えている人が多い．しかも，場合によってかなり白度の高い白が使用されている．

〔駒城素子〕

### 文　　献

1) 矢代幸雄（1969）：水墨画，岩波書店．
2) 駒城素子（1995）：白さの色彩科学的考察と人間の感性による捉え方．紙パ技協誌，**49**(9)：1290-1298．
3) 柳瀬徹夫（1987）：色彩心理分析の現状．繊維と工業，**43**：P-168．
4) NHK 放送世論調査研究所（1984）：世論調査リポートデータリスト――富士山から漱石まで．放送研究と調査，**34**：2-17．
5) 赤木啓子，坂田勝亮，名取和幸（1991）：日本人の色彩嗜好．色彩研究，**38**：17．
6) 駒城素子（1987）：白と日本人．繊維と工業，**43**(9)：P-178．
7) Berlin, B. and Kay, P. (1969)：Basic Color Terms—Their Universality and Evolution, University of California Press.

## 6.6　包装材料としての紙と環境問題

紙の主要な用途の一つとして包装がある．最近の統計（2003 年）でみると，わが国の紙・板紙の年生産高約 3,000 万 t のうち，印刷・情報用が 49.0％，包装・加工用が 45.6％，衛生用が 5.4％である．包装において紙などの包装資材は，包み，保護し，輸送し，消費者の手に商品が届くまでの流通過程を終えると，その役割は終了する．

地球環境問題全体から考えると，包装資材の省エネ型製造法や省エネ型輸送法が重要であるが，国内の環境問題としては廃棄物問題が重要である．役割を終えた包装資材がそのままゴミとして排出されるとゴミ量の増加につながり，最終処分場の確保にも限界があるので，リサイクルによる再商品化という考え方が生まれた．

循環型社会の構築という考え方に照らすと，廃棄物に関しては発生源の減少，再利用，再使用，焼却という順番で行う処理方法が必要となり，そのための法体系の整備や技術開発が急速に進行してきた．

### 6.6.1　廃棄物問題に関する法体系

過去 10 年ほどの間に，現在の社会システムを循環型に次第に転換させるための法規制が行われてきた．全体の法体系を眺めてみよう．まず 1994 年 8 月に完全施行された

環境基本法の下に「循環型社会形成推進基本法」（2000年6月）が制定され，また廃棄物の適性処理の観点から「廃棄物処理法」（1970年制定）があり，リサイクル推進の観点から「資源有効利用促進法」（1991年制定）がある．

さらに，個別物品の特性に応じた法規制として，容器包装リサイクル法，家電リサイクル法，建築資材リサイクル法，食品リサイクル法などがある．また，グリーン購入法は，リサイクル・再資源化された製品をまず国が積極的に購入しようという，他の法律とは異なった法律であり，リサイクル全体を推進するためのものである．全体の内容として，当初の1R（リサイクル）のみから，容器包装リサイクル法にみられるように，3R（リデュース，リユース，リサイクル）に拡大している．

### 6.6.2 包装と廃棄物問題

廃棄物には産業廃棄物と一般廃棄物とがあり，2000年の産業廃棄物は4億600万t（88.6％）で，一般廃棄物は約5,236万t（11.4％）であり，一般廃棄物のうち66％は生活系で，34％が事業系である．

一般廃棄物における容器包装の占める割合と材料別の割合は，2001年環境白書によると，家庭ゴミの組成は紙が湿重量比28.1％，容積比37.8％になり，プラスチックは湿重量比11.9％，容積比39.1％となり，質量と容積比でも両者が占める割合が大きい．厨芥は湿重量比33.2％，容積比6.2％で，50％以上水分を含むので湿重量比が大きい．

また，家庭ゴミの中の容器包装廃棄物の割合は，容器包装廃棄物以外が湿重量比75.5％，容積比41.1％で，容器包装廃棄物は湿重量比24.5％，容積比58.9％となる．

### 6.6.3 容器包装リサイクル法

紙系の廃棄物問題に関係の深い法規制として，容器包装リサイクル法がある．この法律は，容器・包装廃棄物について消費者，市町村，事業者の三者が責任を分担することによってリサイクル（再商品化）を促進し，一般廃棄物の減量，再生資源の十分な活用を図ることを目的に，1995年（平成7）に公布された．正式名称は「容器包装に係わる分別収集および再商品化の促進に関する法律」である．一般廃棄物のうち，容器包装廃棄物の占める割合は，容積比で約6割，重量比で2～3割に達していることから，三者がそれぞれの責任を果たすことによりゴミ問題や再商品化の問題解決に貢献することを目指している．

三者の役割分担の内容は，① 消費者による分別排出，② 市町村の分別収集，③ 事業者の再商品化，である．

特定容器（再商品化義務の対象となる容器）を利用する事業者，特定容器を製造または輸入する事業者および特定包装を利用する事業者（これらを特定事業者という）は，市町村が分別収集した容器包装廃棄物をその使用量や製造量に応じて，再商品化を行う

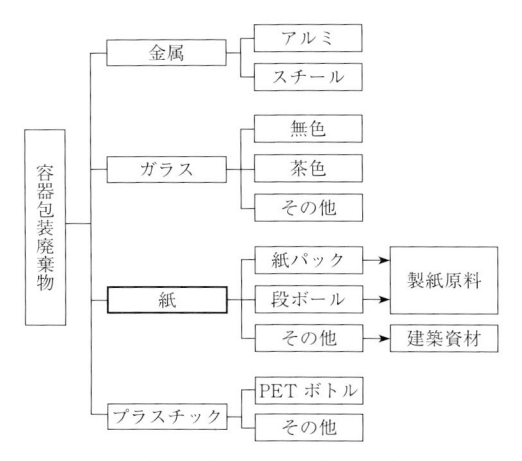

図 6.6.3.1　容器包装リサイクル法と容器包装廃棄物

義務を負うことになっている．ただし特定事業者はこの法律によって新たに設立された指定法人である財団法人日本容器包装リサイクル協会に委託し，委託料金を支払うことによって再商品化義務を履行したものと見なされる．容器包装リサイクル法にかかわる容器包装廃棄物を図 6.6.3.1 に示す．

2000 年 4 月 1 日から容器包装リサイクル法が完全施行され，家庭から出される廃棄物のうち，紙製容器包装（段ボールを主とするものとアルミ不使用の飲料用紙容器を除く）も法の対象となった．例えば紙箱，包装紙，紙袋などである．

特に紙製容器包装の問題を専門に扱う組織として，紙製容器包装のメーカーおよびその利用事業者と企業団体により，容器包装リサイクル法の円滑な実施を目的として，紙製容器包装リサイクル推進協議会が設立された．

この法律は，2005 年で公布から 10 年が経過し，一定のプラスの評価がなされてはいるが，一方では分別収集などの自治体の負担が大きすぎるなどの批判があり，紙製容器包装リサイクル推進協議会からは改正の動きが出ている．

### 6.6.4　包装廃棄物の再商品化

2000 年のリサイクル率は，ガラス 77.8%，スチール缶 84.2%，アルミ缶 80.6%，PET ボトル 34.5%，古紙 58.0% である．古紙に関しては 2003 年ではすでに 60% を超えている．

約 200 万 t の紙製容器包装の再商品化の方法には製紙原料，建築用ボード，固形燃料化などが主であるが，最近では各種の緩衝材や容器としてのパルプモールドの開発が顕著である．

### 6.6.5 環境負荷低減のための包装の変更

　容器包装リサイクル法など，包装に関する各種法律の強化，エコマークの普及，環境に関する ISO14000 の取得の必要性，グリーン調達などの環境問題の深刻化に伴い，包装にも環境負荷の軽減が要求されるようになり，材質変更と形状変更という動きがある．

　材料変更には，一般には紙化，段ボール化，プラスチック化，脱塩素系材料化，蒸着化などがある．また形状変更には袋化，分離可能容器化，段ボール形状変更，薄肉化・低層化，簡素化，リユース，軽量化・小型化，緩衝材料の形状変更などが多い．

　リユースが多くなると，数回使用させるため丈夫で長持ちする材料に変更されるが，1回だけの使用容器は薄肉化・軽量化・減容化などに変わっており，二極化の方向に向かっている．

　紙に関する材料変更では，紙化という面では，プラスチックから紙へ，金属缶から紙容器へ，古紙混入率の増大，発泡カップから紙カップへという動きがある．また段ボールにおいては，発泡プラスチックから段ボールへ，高級段ボールから低級段ボールへ，紙器から段ボールへ，というような動きがみられる．

　紙に関する形状変更では，段ボールからクラフト袋へという袋化，段ボールの軽量化や板紙の軽量化，紙坪量の低減などの軽量化という流れがみられる．

　以上のように，包装材料としての紙は，環境問題の中では再生産可能であり再資源化しやすいという面では有利であるが，持続可能な循環型社会の構築という面では解決すべき問題は多い．

〔尾鍋史彦〕

#### 文　　献

1) パッケージ 2004，紙業タイムス社，2004．
2) 暮らしの包装，日本包装技術協会，1997．
3) 財団法人日本容器包装リサイクル協会ホームページ http://www.jcpra.or.jp/
4) 紙製容器包装リサイクル推進協議会ホームページ http://www.kami-suisinkyo.org/

---

**コラム**　環境の認証（エコマーク，グリーンマークなど）

　1993 年に施行された「環境基本法」では，「環境の負荷の低減に資する製品等の利用の促進」（第 24 条）が国の環境政策の一環として位置づけられた．この基本理念をもとに「グリーン購入法」が 2001 年 4 月に施行され，国や自治体が率先して環境保全型製品を購入するように求め

ている.グリーン購入法における特定調達品目の中に,情報用紙(コピー用紙,フォーム用紙),印刷用紙,衛生用紙(トイレットペーパー)がある.現在の購入基準として,例えば,コピー用紙は古紙配合率100%かつ白色度70%程度以下となっている.印刷用紙とフォーム用紙では古紙配合率の基準が70%以上に緩和されている.さらに,塗工紙に関しては塗工量の基準が設けられている.

エコマーク(財団法人日本環境協会提供)

また,衛生用紙は,古紙配合率100%となっている.文具類の中では,封筒,ノート,クラフトテープなどの紙製品にも基準が設けられている.

グリーン購入法に先立ち,環境への負荷が少なく,持続可能な生産と消費のシステムを築くために,環境保全型製品を普及させていく「環境ラベル」の導入も急速に進んでいる.「環境ラベル」には,ISO14024に定められたタイプⅠ環境ラベルの日本版であるエコマークのほか,事業者などが定めたグリーンマークや牛乳パック再利用マークなどがある.

「エコマーク」(図)は,旧西ドイツの環境保護ラベルであるブルーエンジェルを参考にして環境庁(現・環境省)の指導のもとに(財)日本環境協会が,1989年2月にスタートさせた.ちなみに,タイプⅠ環境ラベル制度は,世界約30か国で実施されている.エコマークの基準作成には,それぞれの商品のライフステージを通じて「環境負荷の検討項目」(① 資源の消費,② 地球温暖化に対する影響,③ オゾン層に対する影響,④ 生態系に対する影響,⑤ 大気汚染に対する影響,⑥ 水質汚染に対する影響,⑦ 廃棄物に対する影響,⑧ 有害物質の使用・排出,⑨ その他環境に対する影響)をもとに,商品がどの程度環境負荷を減らすことが可能かについて考慮される.エコマークの商品類型は45種類に及び,認定商品数も約5,074商品に達している(2004年12月現在).

紙に関するエコマークの基準は,「情報用紙」,「印刷用紙」,「衛生用紙」,「文具・事務用品」,「包装用紙」,「紙製の包装用材」,「紙製の印刷物」の商品類型について設けられており,5年ごとに基準の見直しが行われる.

グリーンマークは,(財)古紙再生促進センターが1981年に開始した事業者などによる環境ラベルである.古紙回収・利用の促進を図ることにより,生活環境の美化,紙の安定供給,森林資源の保護を推進するものである.

〔岡山隆之〕

# 第7章 紙の将来

## 7.1 概論——多様化社会での紙

「紙の将来がどうなるのか」という問題は，紙の生産技術と製紙産業の将来に深く関わっており，また紙製品の将来は，紙製品を受け入れる社会構造や人々の嗜好とつながっている．例えば，包装材料としての紙は，廃棄物問題や環境問題と関わる時代の潮流と，それに関わる法規制とつながっている．また，書物文化の行方は，紙メディアに対して新たに出現した電子ペーパーや電子ブックなどの行方との関わりが深い．伝統文化としての和紙は，伝統に関わる社会の風潮と市場での価格などの経済性に依存している．また，紙のアートなど紙に関わる現代芸術は，その時代の文化・芸術の潮流と深くつながっている．

さらに，総体としての21世紀の社会が環境調和型で持続していかなければならないとすると，従来の技術や新規技術にも制約条件が加わる方向にある．また，製紙産業を資源的にも製品市場的にもグローバルな産業と考えると，資源やエネルギー，紙製品の移動は国際環境に大きく左右され，地域的な紛争などにより原料やエネルギー価格が変動し，製品価格も乱高下し，不確定要素が多い．

わが国の製紙産業は，1996年に年産3,000万tを達成以降，ほぼ一定かマイナス成長であり，国内市場は成熟化したとの見方が強く，新たな成長を求めて中国への進出が活発化しつつある．いずれにしても紙に関する問題は多様であり，現在の状況から時間軸を伸ばして演繹的に推測できる問題と突然起きる不連続な推測不可能な問題とがある．本節では，いろいろな切り口から紙の将来を考えてみたい．

### 7.1.1 製紙技術と紙製品の進化の条件

紙は長い歴史をもつ素材であるが，その時代における技術的環境により製造技術が変化し，文化的環境により紙製品への嗜好が変化して，時代と共に多様な紙製品が出現し

**図 7.1.1.1** 紙の製造技術と紙製品の進化を促す技術的・文化的要素

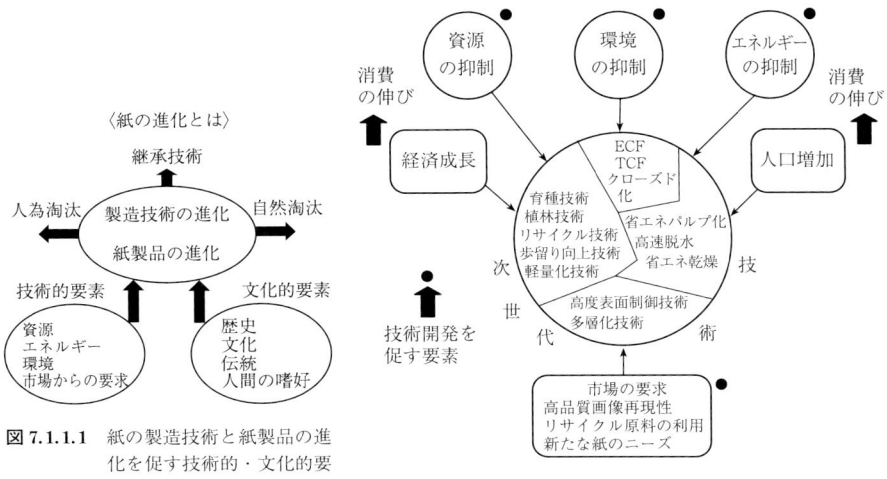

**図 7.1.2.1** 紙の製造技術と紙製品の技術開発を促す牽引力

てきた．すなわち，乾燥工程での脱水による水素結合の形成による紙力発現という製造の基本原理は変化しなくても，その時代の先端技術や社会からの要求に対応する形で既存の技術を取捨選択しながら淘汰され，生き残った技術を継承する形で進化を遂げてきた（図 7.1.1.1）．

### 7.1.2 製紙技術の技術開発を促す要素

21 世紀初頭である現在，製紙産業は地球環境問題といわれる資源，環境，エネルギーという抑制条件の下で紙を生産し続けなければならないが，市場からの新製品へのニーズと共に，これらの条件が新たな技術開発の牽引力となる側面もある（図 7.1.2.1）．時代と共に起きる製紙技術および紙の特性の変化の方向は，製品の特性への新たな要求を生み出し，例えば情報化の進展による新しい出力方式が出現すると，インクジェットやレーザー方式のプリンタに対応した表面特性をもった紙が新たに要求されるようになる．

### 7.1.3 価値観の多様化と紙の将来

価値観が多様化する 21 世紀の社会では，紙への嗜好は多様化し，紙にも多様な機能が要求される．紙は本来，書く（write），包む（wrap），拭う（wipe）の 3 W 機能をもつといわれるが，特殊な高機能を付与した「機能紙」という分野があり，情報・電子・医療用などの先端分野で広がりを見せるだろう．また，不織布，合成紙や包装材料も，新たな機能を付与した商品が多様に展開するだろう．

心の豊かさを求めるアメニティー社会になると，和紙も人間の感性に訴える素材として多様に展開していくだろう．高齢化社会では，紙というしなやかな材料の人間的な特性に期待される部分は大きく，紙や不織布による介護用品市場が急激に拡大していくだろう．

21世紀の高度情報化社会では電子メディアが多彩に展開するが，情報を手元に置いておきたいという人間の欲求から，デジタルメディアの出力のための新たな紙の市場が創出される．また紙メディアは見やすさ，情報の一覧性，保存の安定性などの点からヒューマンインターフェースとしての優位性を発揮しながら，電子メディアと利用分野を住み分けつつ共存していくだろう．今後も，活字文化の担い手として，紙メディアの重要性は不変だろう．高齢化社会では，メディアリテラシー（電子メディアの操作能力）の問題から電子メディアの普及する世代は限定され，特に高齢者には紙メディアへの執着が残るだろう．紙は，地球上で再生産可能な，安価で安定供給が可能な森林資源を主原料とし，また，人間との高い親和性のために21世紀においても人類の文化を創造し，継承する重要なメディアとして歴史を刻み続けるだろう．〔尾鍋史彦〕

## コラム　法科学と紙

　紙の分類の一つに，用途別の分類方法がある．新聞用紙，印刷用紙，包装用紙など，その使用目的を表現したものである[1]．これらの紙の多くはわれわれの日常生活の一部を支えるものとしてあまりにも身近にあるために，通常はその存在を意識することさえまれである．しかしひとたび犯罪が起こると，多くの場合そこにある紙は重要な「目撃者」となる．

　犯行に用いられた紙の断片，その微少な紙片が何を物語るというのだろう．紙は何も語らないと思う人も多いだろう．しかし，紙の中にはさまざまな歴史が刻まれている．犯罪現場に遺留されたり犯行に使用されたりした紙は，本来の用途では使用されていないだけでなく，変形，汚損したきわめて微少なものが多い．この予測できない用途で使用されている紙片がどのような種類のものか，その本来の用途は何かを科学的に証明するために法科学（forensic science）的な検査が求められる[2,3]．

　法科学は法に科学を適用する学問であり，この「紙片」という微細証拠物件の素性，その起源や履歴を科学的に読み取ることにより犯罪の背景を明らかにする．すなわちここでは「人と人または物体とが接触すると証拠物件の相互移行が必ず生じる」という"Locard's exchange principle"[4]

が適用され，「紙片」に犯人の残していった証拠物件としての価値が生じるのである．例えば放火のために火をつけられた新聞紙の炭化紙片，偽造紙幣となったコピー用紙，爆発物の一部となったダンボール箱の切れ端など，その起源や履歴を読み取ることは，犯人とのかかわりを立証するためにきわめて重要である．われわれが毎朝欠かさず目を通し捨てていく新聞を例にしても，その小さな紙片から印刷工場や配達地域が明らかになることもあれば，紙の製造時期がわかることもある．このように微少な紙片であっても，その時代を背景に，事実を物語る断片としてさまざまな情報を伝えてくれるからである．

現代社会は，情報伝達のボーダーレス化が進み，どこにいても同じ内容の新聞を読むことが可能になった．グローバル化は外国製の紙製品を広く流通させ，急激な経済成長は，さまざまな証券，金券，カード類を生み出している．これらの紙製品は偽造されるだけでなく，形を変え用途を変え，犯罪に使用される．そのため，これらのさまざまな種類の紙を鑑定するためには鑑定人も社会の変化に敏感に対応しなければならず，紙の製造工程や原料に関する知識も求められるのである．すなわち，使用されているパルプ繊維や填料が時代の流れによって変化していること，新しい抄紙機や印刷方式の開発，さらに紙の軽量化や新素材の開発など，丸めて捨てられていく紙には多くの技術が凝縮されていることをつねに念頭に置いて判断していかなければならないのである．

21世紀の社会は，科学技術の進歩によってますます成長すると同時に，犯罪はより巧妙化するであろう．法科学の使命は，純粋に，科学的に，犯罪に関係した背景を明らかにし，犯罪を究明していくことにある．生活空間にあるすべてのものが「微細証拠物件」となる可能性がある限り，法科学の研究は続くのである．　　　　　　　　　　　　　　　〔宮田　瞳〕

文　献

1) 日本製紙連合会ホームページ http://www.jpa.gr.jp/
2) 小林　侑，宮田　瞳，工藤雅孝（1992）：法科学の分野における紙片の鑑別について．紙パ技協誌，**46**(10)：1227-1235.
3) 宮田　瞳，篠崎　真（2002）：紙と法科学．繊維と工業，**58**(7)：172-176.
4) Saferstein, R. (1990): Criminalistics, an Introduction to Forensic Science, 4th ed., pp. 3-7, Prentice Hall, New Jersey.

## 7.2 ペーパーアートの将来

　造形芸術は，個人の深い精神活動から生まれるイメージを素材に託してかたちづけたメッセージである．人が時代と社会から無縁でありえないように，個人の営為である造形芸術も時代の産物として文化の軌跡に収斂される．3.8.6項では紙の造形の50年を振り返ったが，その社会的な背景を検討し，過去の延長線上で21世紀のペーパーアートの行方を考えることとする．

　1992年，現代美術のオリンピックといわれている「ドキュメンタ9」がドイツのカッセル市で開催された．この展覧会は最先端の現代芸術の国際展として，ベネツィアビエンナーレと並び称されている．東西ドイツ統一後初めてのこの展覧会は，前衛芸術の有力なプロモーターであるベルギー人のヤンフートをキュレーターとし，20世紀最後の10年の芸術動向を占うものとしても世界の注目を集めた．彼は作品の選考のため精力的に世界をめぐり，各地でマラソントークと称する公開の対話集会を開きドキュメンタを構築していった．イデオロギー闘争なき時代のアートのあり方について，彼は前夜祭の公開インタビューで以下のように語った．

　「今回どこに行っても，芸術家たちが自らの扱う素材に深い信頼を寄せ，制作方法に確信をもっていることがわかりました．芸術家たちの専門的で正確な素材の選び方は，アーツアンドクラフツの要点に相通ずるものです．この制作倫理はここ当分見られなかったまったく新しいものです．」

　1980年代からつねにヨーロッパの現代美術の最先端で芸術家をリードし，旧態然とした純粋芸術の概念を打破し，芸術を社会に対する挑戦だと公言していたヤンフートからこのような発言が聞かれたことは意外であった．彼の選んだ世界数十か国200数十名の芸術家の作品は，絵画，彫刻といった従来の分類には収まりきれない自由な表現で，会場だけでなく公園や街中の至るところに作品が設置されていた．大統領が開会を宣言し，世界中のメディアが集まり現代芸術の魅力とパワーを遺憾なく発揮したこのイベントは，まさに現代芸術の祭典の名にふさわしいものであった．一見奇異にみえる斬新な作品も，注意深くみていくと，作家たちの素材に対する惜しみない思い入れと飽くなき追求の姿勢を理解することができるものが多かった．1980年代のポップアートやニューペインティングは影をひそめ，ヤンフートの指摘したように，素材に対する持続的でひたむきな追求が感じられるものが目についた．およそ考えうるあらゆる自然素材と技法がみられたが，その中に海外の芸術家が日本の和紙の産地で自ら制作した作品も展示されていた．

　同じ年，ハンガリーのブダペストでPaper Mediaという紙造形の国際展が国立美術館で開催された．この展覧会には世界26か国からの作品が展示され，参加国数からい

えば，紙造形の国際展としては過去最多となった．ペーパーアートは声高ではなくとも絶えることなく静かに拡大し，大河となって世界を巡っていた．

「今なぜ紙なのか」は，1980年代以降折りにふれて問われ続けてきたことである．Paper Media 展の審査員であった筆者（伊部）はカタログの序文で3つの理由を指摘した．一つはつくられるプロセスと地域性，2つ目は造形素材としての汎用性，3つ目はポストモダンといわれる時代性であった．2つ目については第3章で述べたところであるので，第一，第三とのかかわりから，21世紀のペーパーアートの行方を推察することとする．

まず第一から検討してみよう．繰り返しになるが，紙とは繊維を水に混ぜて分散させてフィルターですくい上げ，乾燥させたものである．最先鋭の機械生産と世界の秘境で今なお続けられている手漉きとは，原理に大した違いはない．ほとんどすべての繊維は紙にできるから，原料はどこでも手に入るし，制作に必要な道具もいたってシンプルだ．作業の工程に危険を伴わないばかりか，水を使ってものつくることは，本能的な快感を呼び覚まし魅了する．その気になりさえすれば，ありあわせの家庭用品に工夫を加えて台所でつくり始めることもできる．

まずやって意図を手で確かめて次の行為を見つけ，最終作品へと連ねていくのが創作の常套である．日本のように高度な伝統工芸として紙づくりが専業化されてはいないアメリカで，先駆者に刺激された芸術家たちが自ら紙をつくり始めたのは自然の成り行きであった．でき上がった紙から制作を始める場合は，まずスタートに確固たる物体としての紙がある．しかし繊維から始めて作品をつくる工程では，スタート時点の原料と最終の作品とはまったく異質のものとなる．平面の作品を例にとってみると，絵画は基盤となる平面材である紙の上に何らかの色料が定着させられたものである．紙造形ではマスとしての繊維のかたまりが水によって平面に整えられ，乾燥されて作品となる．カラフルな繊維のシートで物理的には紙と見なされても，作者の意図したところは紙をつくることではなくて，作品として完結したものを創作することである．立体のモールドを工夫すれば，繊維のマスから3次元の作品がつくり出せる．紙づくりを制作に結びつけることによって，表現の可能性が一挙に拡大された．つねに新しい素材と技法を模索している芸術家は，この新しい錬金術ともいえる造形法に熱中した．紙を手づくりできるというだけでは，これほど注目されることはなかったであろう．この工程が芸術制作の手法となり，成果品は紙という実用的な製品ではなく作品となる．言い換えれば紙のもつ機能を超越できることに芸術家が気づいたことは大きい．手漉き紙に対する見方の革命といっても過言ではない．

世界の各地で今なお手漉き紙がつくられていることも幸いであった．東南アジアの各国では自国の植物を利用して道具をつくり原料にも使い，手漉き紙をつくり続けている．日本は道具づくりも含めて最も洗練されたかたちで伝統を継承している．日常の用に供

される紙のほとんどすべてを工業生産品でまかなっている今日，こうした地域性をあらわにした手仕事は，生きた技術史としても貴重なものである．ましてや手漉き紙の伝統をもたない国の芸術家にとってはなおさら魅かれるところである．手漉き紙は色濃く風土性を反映する．でき上がってしまえば繊維シートだが，製作工程は清らかで豊富な水のなせる技である．シンプルなだけに，完成品である紙からでもそのよってきたる木と水，さらにはつくられた風土をも直観できる．特に日本の流し漉きは，水の使い方を極め尽くし手漉き紙の王者といわれる和紙へと完成したものである．

　紙の製作工程に介入した芸術家たちの興味は，紙の源流を訪ねる旅へと発展した．航空網が完備した今日，12年かかったダード・ハンターの世界紙漉き行脚を2年で済ませることだってできるだろう．高度に工業化された先進諸国から紙漉きの秘境を訪ねることはまるでタイムトンネルを越えていくように興味の尽きないことである．彫刻家が石切り場に滞在して作品をつくるように，芸術家が日本の漉き場だけでなく世界各国の漉き場へ出かけていって現地制作することが当たり前のこととして定着した．日本の有力産地はこうした芸術家を受け入れるシステムを公に整え始めているが，世界に冠たる和紙の国，日本ならではの国際貢献といえよう．和紙の美を1970年代の後半に登場したフラクタルというキーワードで説明してみよう．まず繊維の分散を良くするためにネリを混ぜるが，これによって繊維はカオス状に水中に分散する．次いでこの混合液を簾桁に汲み上げて手元を動かし水流によって繊維を整えながら簾から水を落下させ，最後に残された少量の水を勢いよく前に落とす．何回かこの動作を繰り返し，目指す厚さになったときに動作をとめて簾ごと桁からはずしてシートにする．動作をとめることで繊維の動きはとまるので，シートを構成している繊維は水の動きを写し取り，乾燥によって固定される．日本独特の「漉く」という言葉の表すところはこの点に尽きる．諸外国のように紙を「造る」といわずに漉くという独特の表現は，水の介在なしには不可能な造形法が自然の摂理を絡めとる究極の技法であることを試行錯誤の末会得した，古人たちの思い入れからきたものであろう．「漉く」という造形行為は，フラクタルな美を求める造形手法といえるのではなかろうか．和紙の情感を「むっくりした」と表現するが，それは自然のもっているフラクタルな美を紙から直観できることからくるにちがいない．この感覚は，河や雲の流れ，波の動き，風化された山並みの稜線といった自然界にある豊かなるものに接するときに湧いてくる感動と同根のものだ．古人たちは自然の造形美を経験的に直観し紙づくりに極め尽くしたのであるが，その技法が薄くて丈夫な物性を和紙に付与するものであることも見事である．和紙という薄様の膜を透かしてみえるものがコンピュータを駆使した最先端の造形美とも通底することは興味深い．

　芸術家たちの意識変革とそれに対応した制作のための条件整備は紙造形の成立に不可欠であったが，それだけでブームともいえる盛り上がりを説明しつくしているとは思えない．受け手側のポジティブな対応がなければ今日の姿はありえなかったことだろう．

ここで，第三の時代性について考えてみよう．語りつくされたことであるが，現代は情報化と脱工業化の時代である．2,000年にわたる情報媒体としての紙の絶対性が根底から覆され，電子メディアを併せ持つようになって久しい．1980年代には情報革命によってペーパーレスの時代がくるといわれたものであったが，その傾向は予想したよりは緩慢なようだ．

　音声で伝えられる言葉は，文字で紙に表記されることによって無形であるものが物質化される．本来音声であるものが，視覚によって人間の認知構造に組み込まれる．電子メディアはこの回路から物質である紙を排除して直接認知される．液晶のディスプレイを目で追っていく行為は，たとえ同じ内容であっても，本を手にとってページをめくり，読み進めていくこととはずいぶん違う．紙媒体との長い結びつきで人間の認知構造が形成され，キーを押して切り替えるように簡単には電子メディアへと変換できないのが実情であろう．紙は化学変化における触媒のように情報と脳の認知構造に介在し定着を強化するのではなかろうか．ものとして存在することの安心感が情報をバックアップしているように感じてしまうのは，過渡期の現象とだけはいいきれない．電子メディアが紙のようになるためには，まだまだ時間がかかるということだろう．

　一方，視覚的なイメージに関してみれば，電子メディアの情報量は圧倒的である．テレビのブラウン管の動く画像からは，一方的に大量の視覚的刺激が垂れ流されている．現代人はテクノロジーによって時空と肉体能力の限界を超えるすべをもったことが現実である一方，自分自身は個として肉体の限界内にしか存在しえないという矛盾に，無意識に折り合いをつけるすべを身につけて対処してきた．そのことの是非を論ずるつもりはないが，ヴァーチャルなイメージの洪水の中では，かえってその対極にある手に触れられて容量をもった実体に確かな手応えを求めようとするのではなかろうか．それは人間の生命を肯定しようというバランス感覚のなせるところであり，命あるものはすべてその根源的な感覚のやすらうところをつねに志向していると考える．芸術家が自己を内省し創造へとつなげていく過程はこれと似ている．意識の深層に漸近することと，つくるという主体的な意志との相克による緊張関係が拮抗する支点を求めることだと筆者は考える．素材に手を加えつつバランスへと導いていく過程は，主体的な自己を追い落としかねない超越的な安らぎの感覚で終結する．紙の造形がエコロジーやヒューマニズムの思想と通底するのは，この超越的な感覚のイメージであろう．そして，人類を育む場である地球および自然環境と人間のつくり出した科学技術との調和の上に成り立つ共生関係の構築を希求する人間の感性を，筆者は eco-aesthetics と呼んでいる．それは人間が本来備えている最も基本的な感性であり，最近日常語となってきた環境保全のためのethic としてのエコロジーとは異質のものである．ずっと以前から紙の造形が共感の和を広げていたことは ethic ではなく aesthetic に基づくところであったと筆者は見ている．

芸術が時代を反映し，また芸術の中に変革への予兆をみることができることをわれわれは経験的に知っている．環境保全が人類の存亡をかけた課題である21世紀にあって，紙の起承転結を通じて自然から造形の仕組みと機能を学び，森羅万象に敬虔に対峙し深く内省することにより新たな発想の糧を見つけ出す芸術家が輩出されることを期待する．幾世代にもわたる継続的な営みが和紙に結晶したように，個に基づく芸術にも群としての継続的な活動を期待してよいのではないだろうか．オリジナリティーが最優先される現代芸術と創造の精神的な糧を共有することとは，矛盾するものではなかろう．

成熟期に入ったともいわれる紙造形の世界の中で，book artの領域は依然として活発である．図書館の歴史に比べれば，美術館の歴史は比較にならないほど新しい．人類の叡智の中核をなしていた本が，電子メディアの出現でどのような変貌を遂げるのか興味は尽きない．究極の伝達手段であった本づくりにかかわるあらゆるノウハウのストックが芸術へと転嫁されようとしている．

2002年に，世界最古の図書館であるアレクサンドリア図書館は現代芸術の国際イベント"Imagining the book"を主宰し，「言語の違いを超えた人類共通のインスピレーションの力をダイナミックに発展させることが図書館の使命である」と宣言している．このイベントは，多くの国のアーティストの共感を呼び成功を収め，2004年には第1回国際ブックアートビエンナーレが開催されている．20世紀の後半の日本では，19世紀のヨーロッパで始まった公立スタイルの美術館の建設が相次いだ．当初は市民に開かれた場であったものが次第に硬直化し，形式主義に陥る弊害も明らかとなり，美術館のシステム自体を問い直す傾向も強くなっている．次々と新しい表現法が現れて新鮮さを誇示していた現代美術も，成熟期に入り手詰まり感を否めない．

モダニズムの中で排斥されてきた自然素材への回帰の傾向も動き出しつつある．art to wear（身につける芸術）という呼ばれ方で衣服や装飾品を含めた領域がfashionとして成立したように，art to live inといった領域も考えられるのではないだろうか．紙が建築構造体として話題を呼び，インテリアでのさまざまな新しい仕事が出始めていることも，将来楽しみなところである．この領域には日本の芸術家の活躍が期待される．

遺伝子工学により生物に対する見方がマクロにもミクロにも激変している今日，植物に依存する紙の世界にも何か変化がくるのかもしれない．それによって紙造形が思いがけない急展開することもありうる．紙文化総体の感性部分としての造形が予兆として機能するためには，科学と芸術の双方を等しく視野に入れた歴史観に基づく文化のアイデンティティーを確認する国際的なネットワークが不可欠である． 〔伊部京子〕

文　　　献

1) Medium：Paper, Mint Foundation, 1994.
2) Documenta 9 Catalogue, Edition Cantz Abrams, 1992.

3) Jan Hoet－On The Way To Documenta 9, Edition Cantz, Time International, 1992.
4) 三井秀樹（1996）：フラクタル造形，鹿島出版会．
5) 三井秀樹（1999）：美のジャポニズム，文春新書．
6) FIRST INTERNATIONAL BIENNALE FOR THE ARTIST BOOK, Arts Center, 2004.

## 7.3 和紙の将来

### 7.3.1 和紙とは

　今日，和紙という言葉は一体どのようなものを表しているのだろうか．1,000年以上の歴史をもつ日本の和紙は，日本の伝統文化と密接にかかわり合いながら発展してきた．工芸品をはじめとする美術品や建築，さらには生活のあらゆる場面で和紙は欠かせない材料として活用されてきた．しかしながら，この100年の間に和紙を取り巻く環境はめまぐるしく変化した．障子や和傘，提灯などといったさまざまな生活必需品が和紙でつくられていた時代は，そのほとんどが人間の力のみでつくられた伝統的な和紙であった．だが，産業構造や生活様式の変化は，機械抄き和紙といった大量生産型の紙を生み出し，さらにはアートやクラフトとしての和紙と呼ばれるジャンルが生み出され，現在では，膨大な種類の和紙と呼ばれる製品が生産され，流通し，そして消費されている．

　しかし残念なことに，何をもって和紙とするかといった，和紙の定義づけは今なおなされていないのが実情である．筆者（長谷川）も業界の一員として反省すべきであり，非常に残念ではあるが，製品を生産する者が和紙という言葉を使用し，市場に提供されたものはすべてが和紙として市場で売買されている．つまりその製品が和紙としてふさわしいものであるかどうかは，消費者自らが判断しなければならないのである．このような現状の下で，定義の確定していない和紙というものの未来について言及するということは，筆者にとってきわめて困難なことである．したがって今後の話を進めるにあたり，今回は伝統的な手漉きの和紙に焦点を当てて，話を進めることをお許しいただきたい．

### 7.3.2 つくり手からみた手漉き和紙

　日本経済が右肩上がりの経済成長を続けていた時代，わずかに残る和紙の需要に必死の思いで応えながら，紙漉きたちは和紙の技術を受け継いできた．需要の減少や機械抄き和紙などの勢力，さらには外国からの輸入紙に対抗しながら生産者たちは，なかなか上がらない生産性を懸命に克服しつつ仕事を続けてきたのである．中には大量生産型の機械抄きによる紙とコスト競争を演じ，敗れて転廃業をする生産者も少なからずいた．過酷なコスト競争は紙漉きたちの生活を厳しいものとし，家業を引き継ぐといった形の

技術の伝承が，収入の面からも難しいものとなってしまった．いわゆる後継者問題である．

しかし，今日低迷する日本経済の中，若者たちの職人ブームや就職難の影響もあってか，家業を継ぐ後継者不足とは対照的に，和紙を勉強し技術を身につけたいと願う若者が増加してきている．紙漉き自らが外部から研修生を受け入れた場合や，産業の継続を切望する行政が新たな取り組みとして研修制度を発足させたもの，さらには自己流のスタイルで新しい和紙の形を提案しながら仕事を始めるものなどさまざまである．だが，研修により技術の習得までは進めるものの，独立し経営を成り立たせていくまでには大変困難な道のりが待っている．現在各産地が抱える大きな問題である．

また，簀や桁などといった，紙漉きを支えてきた用具の生産者も同様の後継者問題を抱えていたが，近年複数の産地で若い研修生が独立し全国の紙漉きの仕事を支えるまでに成長してきている．しかしながら，生産性の決して高いとはいえない紙漉きを支える用具の生産者は，より弱い立場に置かれたままで，抜本的な改善が進んだとは決していえない状態にある．

さらに原料の生産者の場合には，後継者問題が一層深刻で，今なお厳しい状況に置かれている．和紙の市場価格の低迷が，使用する原材料の単価をさらに押し下げる形となり，国内産原料は次々と価格の安い外国産へと切り替えられていった．結果として，安価ではあるものの，和紙本来の特徴は徐々に薄められ，原料という最も和紙の基礎となる部分までもが外国に依存せざるをえない状況となってしまったのである．

### 7.3.3 使い手からみた手漉き和紙

和紙が大量に消費され，膨大なほどの種類や流通量があった時代，生産者と消費者の間には流通業者が働きかけ，適材適所に和紙を分類し生産と消費をつないできた．生産者は，その紙がどのように使用されるかを知らずに生産だけに集中することができた．また，消費者は誰がどのようにして生産したかを知らなくとも，種類および数量ともに豊富なさまざまな和紙のおかげで，最適な和紙を十分に安定して確保することができた．しかし，和紙の多くが，特定の専門的な消費者の間でしか使用されにくい存在となってしまった今日，流通業者にとって和紙は魅力ある商品にはなりにくくなってしまった．それゆえつくり手と使い手をつなぐ，情報の受け渡し役は減少を余儀なくされてしまった．和紙は安心して使える存在ではなくなってしまったのである．和紙を専門的に使用するような仕事のユーザーであればあるほど，和紙の品質に対する要求は高まってくる．今なお日本の伝統的な仕事の中には，和紙の品質に対して厳しい目をもった人たちがいるが，近年このような消費者たちは直接生産者のもとへ情報を求めてくるようになってきた．原材料のことはもちろんのこと，製造工程の詳細についてもである．これによって，再びつくり手と使い手が和紙について情報交換できるようになり，互いに納得できる仕事の進め方が，現在模索されつつある．

### 7.3.4 和紙の将来

これまで，和紙の現状と問題点について述べてきたが，大きく分けて3つのことがあげられるであろう．一つには，技術を残すことには成功したものの，低い労働生産性に甘んじてしまい，経営の近代化に乗り遅れてしまった点．2つ目には，和紙について外に向けて発信できる情報の質的不足と発信力の弱さ．最後には，和紙の定義の曖昧さ，である．

それでは，今後和紙はどのような全体像を示していくのであろうか．筆者は2つの可能性を予想する．前者は，和紙は今後もあらゆる姿のものを飲み込むように肥大化し，ある意味で無秩序ともいえる大きな広がりをみせ，一部を残して伝統的な形態を残す手漉き和紙のようなものは消滅するか，形骸化したものに変わっていくのではないかということである．現在，まだ和紙業界は他の産業に比べて新興工業国の攻勢にそれほどさらされてはいないと考えられるが，和紙の特性を理解させることができず価格競争に陥った場合には，労働コストの安い国に対して勝ち目がないことは，すでに他の産業の例で明らかである．

後者は，生産者である紙漉きや彼らを支える人々が，その顧客たちと連帯感を強め，現在の和紙という非常に曖昧な存在になってしまったものを整理していき，それぞれの分野で独自の路線や定義づけを行って発展していくことである．確かに生産者が一人いれば和紙をつくることは可能である．しかし，生産者だけでは決してつくり続けることはできない．生産者と消費者が密接に結びつき，十分な情報交換により信頼関係をつくり上げていくことが，今後も和紙を継続させていくためにはきわめて重要であると考える．

和紙づくりを担いたいと願う若者は，日本にはまだ数多く残っている．そして今後ますます増えてくるかもしれない．若い世代が，日本伝統の和紙を，その特質を活かしながら積極的に取り組み，国内外に向けて和紙を必要としている消費者に対して安定して供給していけるような環境を，われわれ業界にいる者は今後とも目指していかなければならない．

〔長谷川　聡〕

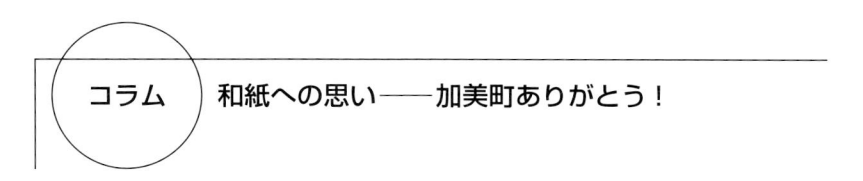

---

## コラム　和紙への思い──加美町ありがとう！

　日本の紙，すなわち「和紙」と称されるものの現状はどうであろうか．土佐や美濃というような和紙生産の名だたる地方では，日本全体としては

特筆に価するいい紙を多量に漉いていて，まことにたのもしい．瞥見したことはあるこういう土地は和紙王国といってよいであろう．

　私が深い愛情をもって見守っている和紙生産地がほかにもある．それはちょうど兵庫県のまん中といってよい場所にある．多可郡加美町がそれである．ふとしたことから深い縁ができて私は度々加美町に通う．道の駅でもあって，大へん楽しい場所である．新幹線新神戸駅から車で2時間ばかりかかる．ちょっと不便な場所だが，こぢんまりとして，いろいろな設備もあり，おいしいレストランもあり，いうことなしである．

　何よりも私が嬉しいのはそこに「壽岳館」（寿岳文庫）というかわいいやかたがあることだ．「壽岳」の家にかかわりのある出版物がすべて収められている．そしてそのやかたのすぐそばに紙漉きどころがあって，そこで井上さんという方が一人で朝から晩まで紙を漉いておいでである．しっかりしたいい和紙だ．兵庫県がその紙を使っていろいろのものをつくっているという．行政がそういうことをやっている自治体は，ほかにはあんまりないのではなかろうか，すばらしきかな兵庫県！

　「壽岳館」という名までいただいて，私はほんとに感激している．私が死んだら「壽岳」という名は永久になくなってしまうと思い込んでいたが，加美町のおかげで，ことはさかさになった．長く「壽岳」の名は残るのである．両親，私と2代続いた和紙への思いは加美町のおかげでしっかり形づくられたのである．　　　　　　　　　　　　　　〔壽岳章子〕

　〔編集部注：　著者は2005年7月に逝去．加美町は同年11月に合併により「多可町」となった.〕

## 7.4　製紙産業の将来

　本節では，製紙産業の将来像を3つの面からとらえてみたい．その第一は，産業の基盤となる紙・板紙の需給動向，世界の紙市場の展望である．第二は，合併・買収（M＆A）を通じて規模の経済性，資本効率や収益性重視を強める主要な製紙企業のビヘイビアやその背景．第三は，将来の製紙産業の需要や供給のあり方（サプライチェーン）に大きな影響を及ぼすであろう情報・通信技術（IT）の革新・普及の製紙産業への影響である．

　これら3つのテーマのほかにも，製紙産業の将来に大きな影響を及ぼすであろういくつかの問題がある．その代表例は，原料問題（古紙の回収・再利用，植林など）や環境問題（大気・水質の保全，省エネルギーや$CO_2$削減など）であるが，これらの問題は

他の章に譲ることにしたい．

### 7.4.1 世界の紙パルプ需給

**高まる中国を中心とした東アジアの地位**

1990年代の世界の紙・板紙消費量は，年率3.1％増と，1980年代の3.5％増から若干鈍化したもののほぼ経済成長率に見合って拡大し，2000年には3億2,300万tあまりに達した．消費量の多い上位10か国の人口は世界の約3分の1を占めるにすぎないが，紙・板紙総消費量のほぼ4分の3を占め，経済（GDP）規模でもほぼ4分の3を占めていることからも推測されるように，紙・板紙の消費とGDPの相関性は高い．

表7.4.1.1の上段は，世界の紙・板紙の生産・消費を地域別にみたものである．1990年代の紙・板紙消費増を牽引したのは，量的にも率的にもアジアであったことがわかる．アジアの1990年代の年平均増加率は5.3％と，欧米のほぼ2倍の増加率となっている．1990年代の消費増加量もアジアは4,180万tと世界の増分（8,520万t）のほぼ半分を占めた．2000年のアジアの市場規模は，北米のそれを上回り，世界最大の需要地域となっている．中でも，中国，アジアNIES（新興工業経済地域），ASEAN諸国を抱える東アジアの消費増は群を抜いている．1990～2000年のこの地域の年平均増加率は5.2％と示されているが，これは低成長にとどまった日本が含まれているためで，日本を除く東アジアの年平均増加率は8.3％の高率となる．消費増分も3,240万t（うち中国で2,185万t）と，この10年の間にほぼ日本の現在の消費量をやや上回る紙・板紙の新たな需要が，日本以外の東アジア諸国で生まれたことを示している．

産業の基盤は需要にある．企業経営は，その需要を自社で獲得するための活動である．世界の主要な製紙企業が，東アジア市場に，中でもその最大の市場である中国に注目する最大の理由は，この市場の高い成長性にある．

一方，1990年代の世界の紙・板紙の生産は，消費とほぼ同様に年率3％で拡大し，2000年には3億2,300万tあまり，そして2003年には3億3,880万tに達した．この拡大を支えたのは消費同様アジア，中でも日本を除く東アジアであった．1990年代の年平均生産増加率は，東アジア5.3％，日本を除く東アジアは8.6％で，世界平均の3％を大きく上回っている．1990年代ではインドネシア，タイを中心とするASEAN諸国の増加率が高く，ASEAN諸国の紙・板紙自給率（生産／消費）は1990年の73％から2000年には120％へ大幅に高まり，輸入地域から輸出地域に転じた．近年（2000～2003年）では，中国の生産が年率10.5％増と消費の増加年率8.6％を上回り，急速に自給率を高めている．

1990年代の世界の紙パルプ産業において注目される点は，高い経済成長，高い紙・板紙需要の拡大を背景に，東アジアで積極的な生産能力増投資が行われたことである．表7.4.1.2は世界の紙パルプ生産能力の推移を示したものであるが，1990年代の東アジ

## 7.4 製紙産業の将来

**表 7.4.1.1 世界の地域別紙パルプ生産, 消費 (PPI資料)**

(1) 紙・板紙

| 地域別 | 紙・板紙消費 (万t) | | | | | 紙・板紙生産 (万t) | | | | 自給率 (%) (生産/消費) | | |
|---|---|---|---|---|---|---|---|---|---|---|---|---|
| | 1990年 A | 2000年 B | 2003年 | 年率 (%) A~B | シェア (%) | 1990年 | 2000年 B | 2003年 | 年率 (%) A~B | シェア (%) | 1990年 | 2000年 | 2003年 |
| 世界合計 | 23,816 | 32,338 | 33,894 | 3.1 | 100 | 23,946 | 32,330 | 33,876 | 3.0 | 100 | — | 92 | 100 |
| アジア | 6,181 | 10,357 | 12,082 | 5.3 | 36 | 5,693 | 9,566 | 11,059 | 5.3 | 33 | 92 | 92 | 92 |
| 東アジア | 5,486 | 9,076 | 10,434 | 5.2 | 31 | 5,272 | 8,821 | 10,194 | 5.3 | 30 | 96 | 97 | 100 |
| 日本 | 2,822 | 3,174 | 3,080 | 1.2 | 9 | 2,809 | 3,183 | 3,030 | 1.3 | 9 | 100 | 100 | 98 |
| 中国 | 1,443 | 3,628 | 4,650 | 9.7 | 14 | 1,372 | 3,090 | 4,166 | 8.5 | 12 | 95 | 85 | 98 |
| NIES | 814 | 1,307 | 1,392 | 4.8 | 4 | 794 | 1,386 | 1,486 | 5.7 | 4 | 98 | 106 | 90 |
| ASEAN | 431 | 739 | 847 | 5.5 | 2 | 452 | 931 | 1,039 | 8.7 | 3 | 105 | 126 | 107 |
| インドネシア | 407 | 967 | 1,312 | 9.0 | 4 | 298 | 1,162 | 1,512 | 14.6 | 4 | 73 | 120 | 123 |
| タイ | 137 | 391 | 539 | 11.1 | 2 | 144 | 694 | 775 | 17.0 | 2 | 105 | 177 | 115 |
| | 119 | 211 | 297 | 5.9 | 1 | 88 | 247 | 447 | 10.9 | 1 | 74 | 117 | 144 |
| 北米 | 8,331 | 9,983 | 9,535 | 1.8 | 28 | 8,801 | 10,618 | 10,028 | 1.9 | 30 | 106 | 106 | 151 |
| 西欧 | 5,983 | 8,231 | 7,987 | 3.2 | 24 | 6,278 | 8,869 | 9,050 | 3.5 | 27 | 105 | 108 | 105 |
| ロシア・東欧 | 1,483 | 1,001 | 1,331 | マイナス | 4 | 1,540 | 1,122 | 1,360 | マイナス | 4 | 104 | 112 | 113 |
| オセアニア | 341 | 441 | 487 | 2.6 | 1 | 282 | 352 | 387 | 2.2 | 1 | 83 | 80 | 102 |
| ラテンアメリカ | 1,143 | 1,858 | 1,918 | 5.0 | 6 | 1,078 | 1,481 | 1,625 | 3.2 | 5 | 94 | 80 | 79 |
| アフリカ | 354 | 468 | 555 | 2.8 | 2 | 274 | 321 | 367 | 1.6 | 1 | 77 | 69 | 85 |

(2) パルプ

| 地域別 | パルプ消費 (万t) | | | | | パルプ生産 (万t) | | | | 純輸出・輸入 (万t) (生産−消費) | | |
|---|---|---|---|---|---|---|---|---|---|---|---|---|
| | 1990年 A | 2000年 B | 2003年 | 年率 (%) A~B | シェア (%) | 1990年 | 2000年 B | 2003年 | 年率 (%) A~B | シェア (%) | 1990年 | 2000年 | 2003年 |
| 世界合計 | 16,255 | 18,752 | 18,442 | 1.4 | 100 | 16,259 | 18,719 | 18,517 | 1.4 | 100 | — | ▲981 | ▲1,172 |
| アジア | 3,047 | 4,847 | 5,126 | 4.8 | 28 | 2,493 | 3,866 | 3,954 | 4.5 | 21 | ▲554 | ▲889 | ▲1,027 |
| 東アジア | 2,829 | 4,389 | 4,574 | 4.5 | 25 | 2,319 | 3,500 | 3,547 | 4.2 | 19 | ▲510 | | |
| 日本 | 1,436 | 1,434 | 1,283 | 0.1 | 7 | 1,133 | 1,140 | 1,058 | 0.1 | 6 | ▲287 | ▲296 | ▲225 |
| 中国 | 1,034 | 2,049 | 2,312 | 7.1 | 13 | 1,000 | 1,715 | 1,721 | 5.5 | 9 | ▲34 | ▲334 | ▲591 |
| NIES | 231 | 397 | 414 | 5.6 | 3 | 73 | 98 | 93 | 3.0 | 1 | ▲158 | ▲299 | ▲321 |
| ASEAN | 143 | 507 | 565 | 13.5 | 3 | 114 | 547 | 675 | 17.0 | 4 | ▲29 | 40 | 110 |
| インドネシア | 74 | 334 | 375 | 16.3 | 2 | 70 | 409 | 520 | 19.3 | 3 | ▲4 | 75 | 145 |
| | 33 | 87 | 117 | 10.2 | 1 | 16 | 76 | 99 | 16.9 | 1 | ▲17 | ▲11 | ▲18 |
| 北米 | 7,167 | 7,392 | 6,831 | 0.3 | 37 | 8,003 | 8,341 | 7,855 | 0.4 | 42 | 836 | 949 | 1,024 |
| 西欧 | 3,748 | 4,411 | 4,421 | 1.6 | 24 | 3,270 | 3,798 | 3,847 | 1.5 | 21 | 478 | ▲613 | ▲574 |
| ロシア・東欧 | 1,278 | 812 | 847 | マイナス | 5 | 1,294 | 941 | 984 | マイナス | 5 | 16 | 129 | 137 |
| オセアニア | 198 | 216 | 238 | 0.9 | 1 | 235 | 255 | 267 | 0.8 | 1 | 37 | 39 | 29 |
| ラテンアメリカ | 629 | 852 | 830 | 3.1 | 5 | 726 | 1,233 | 1,385 | 5.4 | 7 | 97 | 381 | 555 |
| アフリカ | 188 | 222 | 150 | 1.7 | 1 | 239 | 285 | 223 | 1.8 | 1 | 51 | 63 | 73 |

NIES:韓国, 台湾, シンガポール. ASEAN:インドネシア, タイ, フィリピン, マレーシア, ベトナム. 純輸出・輸入の▲印はマイナス (純輸入量).

**表 7.4.1.2　世界の地域別紙パルプ生産能力（PPI 資料）**

(1) 紙・板紙

| 地域別 | 紙・板紙生産能力（万 t） | | | 能力増分 | | | | 能力増加年率（％） | |
|---|---|---|---|---|---|---|---|---|---|
| | 1990 年 A | 2000 年 B | 2003 年 C | （万 t） | | 寄与率（％） | | | |
| | | | | A～B | B～C | A～B | B～C | A～B | B～C |
| 世　界　合　計 | 26,868 | 36,397 | 39,766 | 9,529 | 3,369 | 100 | 100 | 3.1 | 3.0 |
| ア　ジ　ア | 6,703 | 11,126 | 13,020 | 4,423 | 1,894 | 46 | 56 | 5.2 | 5.4 |
| 　東　ア　ジ　ア | 6,144 | 10,136 | 11,698 | 3,992 | 1,562 | 42 | 46 | 5.1 | 4.9 |
| 　　日　　本 | 3,073 | 3,430 | 3,368 | 357 | -62 | 4 | -2 | 1.1 | -0.6 |
| 　　中　　国 | 1,800 | 3,500 | 4,900 | 1,700 | 1,400 | 18 | 42 | 6.9 | 11.9 |
| 　　N I E S | 905 | 1,646 | 1,682 | 741 | 36 | 8 | 1 | 6.2 | 0.7 |
| 　　韓　　国 | 502 | 1,115 | 1,157 | 613 | 42 | 6 | 1 | 8.3 | 1.2 |
| 　　A S E A N | 366 | 1,560 | 1,748 | 1,194 | 188 | 13 | 6 | 15.6 | 3.9 |
| 　　インドネシア | 172 | 910 | 1,005 | 738 | 95 | 8 | 3 | 18.1 | 3.4 |
| 　　タ　　イ | 98 | 365 | 395 | 267 | 30 | 3 | 1 | 14.1 | 2.7 |
| 北　　　米 | 9,516 | 11,578 | 12,143 | 2,062 | 565 | 22 | 17 | 2.0 | 1.6 |
| 西　　　欧 | 6,737 | 9,474 | 10,047 | 2,737 | 573 | 29 | 17 | 3.5 | 2.0 |
| ロシア・東欧 | 1,898 | 1,621 | 1,709 | -277 | 88 | -3 | 3 | -1.6 | 1.8 |
| オセアニア | 339 | 365 | 397 | 26 | 32 | 0 | 1 | 0.7 | 2.8 |
| ラテンアメリカ | 1,345 | 1,829 | 1,996 | 484 | 167 | 5 | 5 | 3.1 | 3.0 |
| アフリカ | 330 | 405 | 454 | 75 | 49 | 1 | 1 | 2.1 | 3.9 |

(2) パルプ

| 地域別 | パルプ生産能力（万 t） | | | 能力増分 | | | | 能力増加年率（％） | |
|---|---|---|---|---|---|---|---|---|---|
| | 1990 年 A | 2000 年 B | 2003 年 C | （万 t） | | 寄与率（％） | | | |
| | | | | A～B | B～C | A～B | B～C | A～B | B～C |
| 世　界　合　計 | 18,381 | 21,096 | 22,129 | 2,715 | 1,033 | 100 | 100 | 1.4 | 1.6 |
| ア　ジ　ア | 3,016 | 4,856 | 4,956 | 1,840 | 100 | 68 | 10 | 4.9 | 0.7 |
| 　東　ア　ジ　ア | 2,731 | 4,369 | 4,444 | 1,638 | 75 | 60 | 7 | 4.8 | 0.6 |
| 　　日　　本 | 1,381 | 1,557 | 1,476 | 176 | -81 | 6 | -8 | 1.2 | -1.8 |
| 　　中　　国 | 1,100 | 2,000 | 2,050 | 900 | 50 | 33 | 5 | 6.2 | 0.8 |
| 　　N I E S | 88 | 126 | 126 | 38 | 0 | 1 | 0 | 3.7 | 0.0 |
| 　　韓　　国 | 40 | 84 | 84 | 44 | 0 | 2 | 0 | 7.7 | 0.0 |
| 　　A S E A N | 162 | 686 | 792 | 524 | 106 | 19 | 10 | 15.5 | 4.9 |
| 　　インドネシア | 111 | 520 | 629 | 409 | 109 | 15 | 11 | 16.7 | 6.5 |
| 　　タ　　イ | 15 | 96 | 99 | 81 | 3 | 3 | 0 | 20.4 | 1.0 |
| 北　　　米 | 8,595 | 9,127 | 9,594 | 532 | 467 | 20 | 45 | 0.6 | 1.7 |
| 西　　　欧 | 3,667 | 4,115 | 4,267 | 448 | 152 | 17 | 15 | 1.2 | 1.2 |
| ロシア・東欧 | 1,612 | 996 | 1,093 | -616 | 97 | -23 | 9 | -4.7 | 3.1 |
| オセアニア | 257 | 291 | 302 | 34 | 11 | 1 | 1 | 1.3 | 1.2 |
| ラテンアメリカ | 916 | 1,343 | 1,558 | 427 | 215 | 16 | 21 | 3.9 | 5.1 |
| アフリカ | 318 | 367 | 359 | 49 | -8 | 2 | -1 | 1.4 | -0.7 |

NIES：韓国，台湾，シンガポール．ASEAN：インドネシア，タイ，フィリピン，マレーシア，ベトナム，

アの生産能力増分が世界の能力増分に占める比率（寄与率）は，紙・板紙で42％，パルプで60％にも達する．伝統的な紙パルプの生産地域である北米の寄与率が紙・板紙で22％，パルプで20％，西欧でもそれぞれ29％，17％であることを考えると，いかに東アジアの能力増投資が積極的であったかがわかる．中でも，中国の寄与率はそれぞれ18％，33％，インドネシアでも8％，15％を占めており，この2か国を中心に投資が進められた．

1997年のアジア経済危機後の2000～2003年になると，中国の紙・板紙生産能力の増加が突出して高くなっている．この間の世界の紙・板紙生産能力増分に占める中国の比率は42％に達し，北米と西欧を合わせた寄与率（34％）を上回っている．一方，同期間の中国のパルプ生産能力の増加寄与率はわずか5％にすぎず，中国を中心に東アジアの紙・板紙とパルプの能力増には大きな乖離を生じさせている．このため，世界の製紙用繊維原料需給に，大きな問題が生じている．表7.4.1.1の下段は，世界のパルプ需給の変化を示したものだが，中国を中心とした東アジアのパルプの純輸出・輸入（生産－消費）は，近年大幅なマイナス（純輸入）となっており，年々拡大しつつある．

中国では，今後当分の間続くと思われる高い経済成長，それにほぼ見合った紙・板紙需要の増大が予想され，拡大する紙市場を目指して内外の製紙企業による紙・板紙の能力増投資を呼び込むことになろう．こうした紙・板紙の生産能力拡大は，一方で東アジア地域を中心とした紙・板紙需給に供給圧力として大きな影響を及ぼす可能性があると同時に，原料サイドではパルプ（その原料であるパルプ用材も含む）や古紙の世界的な需給に需要圧力として大きく影響してくる可能性がある．現在中国では，「林紙一本化」のスローガンの下に，植林に力を入れ，パルプから紙への一貫化比率の向上を目指しており，古紙の国内回収も高める政策を遂行しているが，繊維原料の自給率向上には，なお相当の時間を要しよう．

### 7.4.2　進む世界の業界再編成

**地域内再編から地域間再編へ**

近年，世界の製紙産業の構造変化を最もドラスティックに推進しているのは，主要企業による積極的な合併・買収（M & A）活動である．表7.4.2.1は，世界の製紙企業トップ10社を，M & Aが本格化し始めた1985年と2000年を比較したものである．この表から3つの点が読み取れる．第一は，積極的なM & Aを推進した企業のみがトップ企業として存続し続けていることである．1985年当時の上位10社のうち6社が，2000年のベスト10から姿を消している．逆にいえば，積極的なM & Aによって規模を拡大しえた企業だけが，2000年の上位10社に名を連ねているといえよう．

第二は，北欧企業と日本企業のランクアップである．1985年当時，米国以外の企業は上位10社中1社しかなかったが，2000年には4社（15位まででは非米国企業が8社

入る）に増加している．このことは，欧州や日本のみならず米国でも，それぞれの地域内での上位企業への集中化が進み，現行の独占禁止法上，それぞれの地域内ではこれ以上の大型合併が次第に難しくなりつつあること（特に新聞用紙や印刷用紙）を示唆している．

しかしながら第三には，世界市場での上位10社累計の紙・板紙生産シェアは，1985年の13％程度から2000年は25％あまりへ倍増したものの，トップ企業のシェアはわずか5％程度にすぎず（それでも日本の上場企業17社の売上総額に匹敵するが），他産業に比べ集中化が遅れている．これは，各地域内の統合は進んでいるものの，地域間にまたがる世界的な規模での統合はあまり進んでいないことを意味している．今後は，従来の地域内統合もさることながら，市場が成熟化して成長機会が乏しくなった地域（北米，西欧，日本）から，市場拡大が見込まれる地域（中国を中心とするアジアやロシア，東欧など）への地域間をまたがる統合・連携へと進んでいくことになろう．

それでは，なぜ企業はM＆Aを推進するのだろうか．その要因を4つの側面から分析してみたい．その第一は，スケールメリットの追求である．製紙産業は資本集約型の装置産業であり，設備規模と設備コストには3分の2乗則（設備規模が3倍になっても設備コストは2倍程度にしかならない）が働くといわれている．一般的に規模の拡大は，コスト上有利に左右する．スケールメリットはそうした単なる設備規模の経済性ばかりでなく，① 市場支配力の強化，② 規模拡大を通じての事業分野の選択と集中化による素早い中核ビジネスの強化，生産拠点の最適化，不効率設備や工場の廃棄，③ 販売・物流の最適化，④ 資材・原燃料の調達力強化，⑤ 資金調達力の強化，⑥ 技術開発力，⑦ 人材獲得力の強化などのシナジー効果が期待できる．

第二は，買収は，一般的に新設よりも安価なことである．市場で自社のプレゼンスを高めるためには，設備を新増設して供給力を拡大させるか，他社を買収して供給力を拡大させるかしかない．概して買収は新設より安価だ（例えば，インターナショナル・ペーパー社が1999年にユニオンキャンプ社を買収した際の買収金額は，それを新設した場合の評価額の53％でしかなかったと推計されている）し，買収によるシェア拡大は設備新増設によるシェア拡大と異なり業界全体の生産能力を拡大させず，価格形成に悪影響を及ぼさない．この点は，新鋭設備の最適規模が大型化し，先進国の紙市場のように比較的成熟化した市場では重要な点である．

第三は，素早い成長市場への進出である．前述したように，紙・板紙市場の成長性に国・地域間で大きな差が出てきている現在，企業にとっては成長市場にいかに素早く進出するかが大きな課題となっている．特に，商慣行や法制度が異なる国や地域に進出する場合，当該国や当該地域を熟知し，すでに一定の市場を確保している企業を買収，あるいは合弁事業を興す方が，新たに単独で進出するよりスピーディーで，成長機会を逃さない可能性が高い．

7.4 製紙産業の将来　　455

**表7.4.2.1　世界の製紙企業トップ10**
PPI資料（トップ150社，2001年9月）より．

(1) 1985年

| 順位 | 企業名 | 国 | 連結売上<br>(100万) | 紙生産<br>(千t) | 対世界生産<br>シェア(%) | 備考 |
| --- | --- | --- | --- | --- | --- | --- |
| 1 | ジョージア・パシフィック | 米 | 6,716 | 2,954 | 1.5 | 2000年2位 |
| 2 | チャンピオン・インターナショナル | 米 | 5,769 | 6,107 | 3.2 | 1984年セントレジス買収，2000年IP社へ |
| 3 | インターナショナル・ペーパー | 米 | 4,502 | 4,620 | 2.4 | 2000年1位 |
| 4 | キンバリー・クラーク | 米 | 4,073 | 1,624 | 0.8 | 2000年4位 |
| 5 | ボイス・カスケード | 米 | 3,700 | 2,900 | 1.5 | 2000年10位 |
| 6 | クラウン・ゼラバック | 米 | 3,062 | 1,909 | 1.0 | 1986年製紙事業をジェームスリバーへ売却 |
| 7 | スコット・ペーパー | 米 | 3,050 | n.a. | n.a. | 1994年SDワーレン事業部売却，1995年キンバリーと合併 |
| 8 | ミード | 米 | 2,740 | 2,392 | 1.2 | 2000年順位17位，2002年ウエストベーコーと合併 |
| 9 | ジェームス・リバー | 米 | 2,607 | 1,300 | 0.7 | 1997年フォトハワードと合併，2000年G-P社へ |
| 10 | リード・インターナショナル | 英 | 2,503 | 1,025 | 0.5 | 1988年北米事業部売却 |

(2) 2000年（瑞：スウェーデン，芬：フィンランド）

| 順位 | 企業名 | 国 | 連結売上<br>(100万) | 紙生産<br>(千t) | 対世界生産<br>シェア(%) | 備考 |
| --- | --- | --- | --- | --- | --- | --- |
| 1 | インターナショナル・ペーパー | 米 | 28,180 | 14,423 | 4.5 | ハンマーミル(86)，フェデラルペーパーボード(96)，ユニオンキャンプ(99)，チャンピオン・インターナショナル(00) |
| 2 | ジョージア・パシフィック | 米 | 22,218 | 11,555 | 3.6 | グレートノーザンネコーザ(90)，フォトジェームス(00) |
| 3 | ウェアハウザー | 米 | 15,980 | 5,442 | 1.7 | マクミランブローデル(99)，ウィラメット(02) |
| 4 | キンバリー・クラーク | 米 | 13,982 | 3,800 | 1.2 | スコットペーパーと合併(95) |
| 5 | ストラ・エンソ | 瑞/芬 | 11,997 | 12,971 | 4.0 | ストラとエンソが合併(98)，コンソリデーテッドペーパー(00) |
| 6 | 日本ユニパック・ホールディング | 日 | 11,676 | 7,957 | 2.5 | 十條と山陽国策合併＝日本製紙(96)，日本製紙と大昭和製紙が持株会社方式で事業統合(01) |
| 7 | 王子製紙 | 日 | 11,616 | 7,111 | 2.2 | 東洋パルプ(89)，神崎製紙(93)，本州製紙(96)とそれぞれ合併 |
| 8 | UPM-キュンメネ | 芬 | 8,832 | 8,285 | 2.6 | UPMとキュンメネ合併(96)，リパップ(00) |
| 9 | スマルフィット・ストーン・コンテナー | 米 | 8,796 | 7,445 | 2.3 | ジェファーソンスマルフィットとストーンコテナーが合併(98) |
| 10 | ボイス・カスケード | 米 | 7,807 | 2,300 | 0.7 | アライド・ペーパー(86)，事務用品事業(93) |
| 参考 | ミード・ウエストベーコー | 米 | 8,031 | 6,889 | 2.1 | ミードとウエストベーコーが合併(02) |

|  | 総資本利益率 (%)<br>(利益÷使用総資本) | | 売上高利益率 (%)<br>(利益÷売上) | | 総資本回転率<br>(売上÷使用総資本) | |
|---|---|---|---|---|---|---|
|  | 1999年 | 2000年 | 1999年 | 2000年 | 1999年 | 2000年 |
| 上位150社 | 3.4 | 3.9 | 4.7 | 5.2 | 0.725 | 0.755 |
| 1〜15位 | 4.3 | 4.1 | 5.2 | 5.3 | 0.821 | 0.779 |
| 16位以下 | 2.8 | 3.8 | 4.3 | 5.2 | 0.647 | 0.728 |

図 7.4.2.1　連結売上高上位 150 社の規模別総資本利益率
PPI 資料（トップ 150 社）より．

　第四は，株主権限の強化，株式市場での評価の重要性の高まりである．株主は配当利回りの向上，株価の上昇によるキャピタルゲインを求める．したがって，株式市場は株主資本利益率あるいは総資本利益率が高く，成長性の高い企業を高評価する．企業にとっても，株式市場の評価が高く株価が高い（時価総額の大きい）ことは，資金調達力の強化や企業イメージ（ブランド価値）の向上を通じて，企業買収のみならず紙市場での地位向上などさまざまな面で有利に作用する．

　それでは，M & A が現実に収益性の向上に結びついているのだろうか．図 7.4.2.1 は，世界の製紙企業トップ 150 社の総資本利益率（ROA）を売上規模別にみたものである．無論 ROA は，その時々の市場環境によって上下するが，1999 年，2000 年を例にとると，150 社平均の ROA は 3.4〜3.9％であったが，M & A を積極的に行っている上位 15 社のそれは 4％台，16〜150 位企業のそれは 2.8〜3.8％と，上位 15 社の収益率の方が高い．この差は主として総資本回転率の差によるもので，売価は市場でどの企業にもほぼ同水準に決まるため，売上高利益率にはそれほどの差はない．上位企業の総資本回転率が高い理由は，M & A を推進する理由の第一と第二で述べたように，買収によって設備資産をより安価に取得し，買収後事業分野・設備の選択と集中を主とするリストラ（非中核事業や不効率・不採算設備の売却あるいは撤退・廃棄）により，総資本回転率の分母となる使用資本の額をより小さく抑えることができるからである．

### 7.4.3　IT 革命と紙パルプ産業

**その影響は未知数も，紙・板紙のサプライチェーンの合理化に寄与しよう**

　IT の革新・普及の紙パルプ産業への影響には，2 つの側面が考えられる．第一の側面は，紙需要への影響である．電子メディアの紙需要に与える影響については，ここ 10 数年来，OA 化やニューメディアの発展によりペーパーレス化が進むであろうといわれてきた．しかし，7.4.1 項でみてきたように，世界的に紙の需要は減ることなく増加し続けている．

　図 7.4.3.1 は，日米の実質 GDP 単位あたりの紙・板紙の消費量（紙の量的使われ方を示す）を示したものである．この図をみると，確かに米国では新聞用紙を中心に 1990

## 7.4 製紙産業の将来

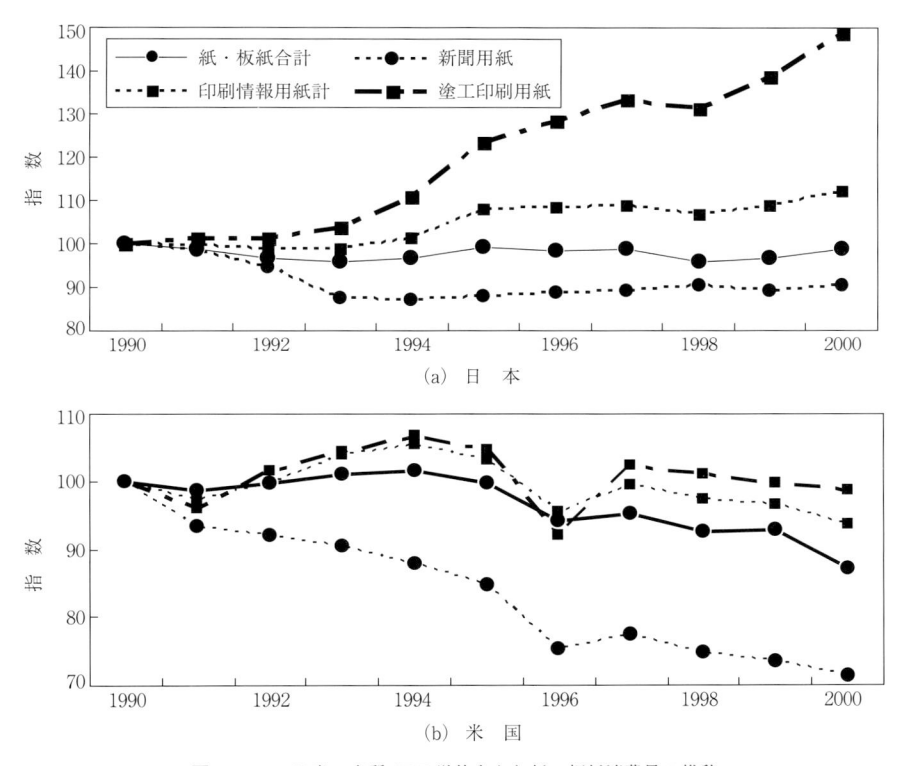

**図 7.4.3.1** 日米の実質 GDP 単位あたり紙・板紙消費量の推移
指数は 1990 年を 100 とする．

年代半ば以降単位あたり消費量の減少が観察される．だが，印刷用紙ではそれほどの減少はない．一方，日本では新聞用紙でも IT 化が進んだ 1990 年代後半のそれはほとんど落ち込んでいない．逆に，印刷情報用紙，中でも塗工印刷用紙の単位あたり消費はこの間に急増している．これは，パソコン，インターネット，携帯電話に代表される IT 化の進展・普及拡大が，それらの機器やソフトを販売するためのチラシやカタログの増加，それらを使いこなすための取り扱いマニュアル，教本類などの新たな紙需要を喚起していることを示しているといえよう．

より長期にみた紙需要への影響については，さまざまな予測が行われているが，その程度は「わからない」というのが正直なところであろう．一般的には，① 紙需要への何らかのマイナス影響は避けられない，② 電子メディアのもつ特性（検索力，情報の膨大な蓄積，迅速な更新，瞬時の送受信，アニメーション機能，安価な比例費など）により，電子メディアへの代替可能性が最も高いとみられる紙媒体は，ダイレクトリー，

辞書類であり，次いで新聞，その後が雑誌（新聞より読者の嗜好性が高い）と書籍（娯楽・趣味系書籍類は代替されにくいが，データベース的書籍や教育・科学書籍類は辞書と同様影響を受けやすい）とみられる．③広告分野では新聞広告や，カタログ，DMなどに影響が出そうだ．だが，④インターネットの普及拡大などにより情報をダウンロードしてハードコピーでみる頻度が高まり，コピー用紙（PPC）などの需要は拡大しよう．

第二の側面は，資材・原燃料調達，生産・販売・在庫・物流・決済，顧客管理など紙のサプライチェーンに与える影響である．紙パルプ産業の製品は最終ユーザーに直接販売するものは少なく，印刷，紙加工などの産業を通じて最終ユーザーの手元に届く製品がほとんどである．したがって，紙パルプ産業でのIT化，Eコマースの対象は，企業間（B to B）取引である．これまでも，大手製紙企業と大口ユーザー間では，取引のEDI化が進められてきた．しかし，近年のコンピュータ性能の向上，インターネットの普及，各種業務を効率的に管理する業務ソフト（ERP，SCM，CRMなど）の発達などから，取引先や顧客企業とインターネットを通じてネットワーク化し，原燃料調達から生産，販売，顧客管理に至る主要業務を統合管理し，合理化する動きが出てきている．

表7.4.3.1はEコマースの問題点（分野別B to B取引移行の可能性，メーカー，流通，ユーザーにとってのメリットとデメリット）や，現在の日米の主要なEコマースサイトを示したものだが，紙パルプ産業のEコマースはまだ緒についたばかりであり，その評価は定まっておらず，本格化はまだ先のことになろう．

当分の間，ITの革新が紙取引に及ぼす影響は，オープンなEコマースサイトでの紙

**表7.4.3.1** 紙パルプ産業とEコマース

(1) 米国紙パルプ産業の市場規模とB to B取引へ移行の可能性

| 分　野 | 市場規模<br>（億ドル） | 市　場　特　性<br>（B to B取引への移行の可能性） |
|---|---|---|
| パ　ル　プ | 60 | ・市場の35〜50％がスポット取引で，品種・スペックも定常的であり，ネット取引に向いている．<br>・上位メーカーのシェア高く，ユーザーは多数． |
| 紙・板紙 | 760 | ・スポット市場は15％程度と比較的少なく，品種・スペックとも多様で，取引形態・価格も数量割引，リベート，長期・スポット契約など契約形態別価格格差など多様で，ネットに乗りにくい．<br>・メーカーは上位寡占もユーザーは多様． |
| 　紙 | 460 | |
| 　板紙 | 240 | |
| 段ボール/紙器 | 420 | ・現行のB to B取引（ウェブ経由の取引）は紙合計市場（1,750億ドル）の5％以下． |
| その他紙加工品 | 570 | ・今後3年間ほどで30％程度（紙525億ドル，木材製品300億ドル）に拡大しよう． |
| 紙パルプ合計 | 1,750 | ・紙パルプ合計の製造原価は約1,200億ドル，その80％近くは購入原燃料類でこれらの取引は製品よりウェブ取引に移行しやすい． |
| 木材製品 | 1,000 | |

資料：モルガンスタンレー・ディンウィッター（2000年6月）．

(2) E コマースのメリットとデメリット

|  | メリット | デメリット |
|---|---|---|
| 製紙メーカー | ・販売力の補完,直接販売の増大<br>・最終需要動向の正確な把握,在庫の削減<br>・計画的生産管理の実施<br>・原燃料,資材調達コストの削減<br>・販売,購買管理要員の削減 | ・価格競争の増大<br>・継続的取引の脆弱化<br>・販売リスク（与信,物流）の増大<br>・IT 関連投資負担の増大 |
| 流通企業 | ・品揃え,販売力の補完・強化<br>　（メーカー系列を超えた取引,小口取引への対応）<br>・与信,物流機能の重要性増大<br>・取引条件の透明化 | ・直接販売の増大<br>　（流通排除,情報機能の低下）<br>・マージン率の低下<br>・IT 関連投資負担の増大 |
| ユーザー企業 | ・調達先の多様化<br>・取引価格の透明性<br>・用紙調達要員の削減 | ・継続的取引関係の脆弱化<br>・特別注文品の割高化 |

資料：日本製紙連合会.

(3) 日・米の主要な E コマースサイト

|  | 社名 | 設立・営業開始年 | 概要 |
|---|---|---|---|
| 米国 | Paper Exchange.Com | 1998 年設立 | ・取引所方式<br>・会員は売り商品・買い商品をリストに掲載（無料），取引成立時売り手に 3% 課金<br>・信用供与，物流サービス仲介，業界・求人情報提供 |
| 米国 | Forest Express | 2000 年 3 月設立<br>2000 年末営業開始<br>資本金：5,100 万ドル | ・インターナショナル・ペーパー，ジョージア・パシフィック，ウェアハウザーの共同出資<br>・手続きが簡単で，情報サービスが充実し，デリバリーが迅速な販売と調達を兼ねたマーケットプレース<br>・当面は木材製品，古紙，印刷用紙が主体 |
| 日本 | イービストレード（株）<br>(beitsubo.com) | 2000 年 6 月営業開始<br>資本金：4 億円 | ・日商岩井，NTT-X の共同出資<br>・会員制のオークションサイト，「売ります」，「買います」，フリー会員制の在庫販売サイト「揃ってます」など<br>・信用供与，物流サービス仲介，業界情報提供 |
| 日本 | （株）フォレストネット<br>(f-n.co.) | 2001 年 4 月設立<br>資本金：4 億 9,500 万円 | ・丸紅，日本製紙，大昭和製紙，北越製紙の共同出資<br>・印刷用紙のネット販売，完全会員制，買い手は当面卸商が主体<br>・効率的で透明性の高い取引，物流，金融機能を提供 |
| 日本 | 板紙ネット（株）<br>(itagami-net.com) | 2001 年 4 月設立<br>資本金：8,000 万円 | ・レンゴー，三井物産，住友商事，三菱商事の共同出資<br>・段ボール原紙，段ボールなどのネット販売 |
| 日本 | 印刷組合ドットコム（株）<br>(ekumiai.com) | 2001 年 11 月設立<br>資本金：1 億 4,600 万円 | ・東京都印刷工業組合の 6 社共同出資<br>・用紙とインキ・PS 版の仲介業務と独自の仕入れ・決済業務<br>・健全なバイヤーと健全なサプライヤーが参加する健全な電子市場を標榜 |

資料：日本製紙連合会.

取引を促進させるよりも，従来の紙取引を補完，効率化させるための在庫，抄造計画などの情報交換，取引成立後の納品・配送指示，決済などの業務をネットを通じて行う企業間ウェブ EDI が主体となろう．そうした活動と並行して進められている E コマースサイトが，既存の流通組織や役割に大きなインパクトを与えるには，なお相当な時間を必要としよう．

　E コマースが普及拡大していくためには，情報の記載，伝達方式のプロトコルが標準化され，誰もが容易に参加できる E コマースのプラットフォームが整備される必要がある．欧米では XML 形式（拡張可能なマーク付け言語）をベースとするパピネット（papiNet）イニシアティブによるグローバルスタンダードづくりが進められている．このイニシアティブをもとに，欧州では大手製紙メーカー 6 社，紙商 3 社が参加する E コマースの技術的プラットフォーム，エクスプレッソ（Expresso）が 2002 年から運用を開始している．

〔加治重紀〕

## 7.5　製紙技術の将来

### 7.5.1　製紙産業技術の全体像[4]

　産業が存続する条件は，① 原料とエネルギーを環境的に持続可能（sustainable）な形態で入手できるかどうか，② 社会のニーズを満たすコスト競争力のある製品を提供できるかどうかによる．したがって，これらの視点で製紙産業技術の現状を紹介し将来を考察する．

　幸せなことに，製紙産業は図 7.5.1.1 のようにその基礎に持続可能な循環（炭素循環）を組み込んだ数少ない大型産業であり，したがって，この循環を効率良く回すことが存続のための技術開発となる．この循環の要は森林（バイオマス）であり，ここで，二酸化炭素が日光のエネルギーによりバイオマスに変換され蓄積される．木材関連産業（製紙産業はこの一部である）はこの木材を製品に変換する．製紙産業では，当然ながら紙をつくることである．この製品である紙は使用後回収され再度紙をつくる原料として利用される．ここで，紙としての循環（リサイクル）があり，他の木材関連産業と環境的に異なった特徴である．

　次いで，再使用できなくなった紙は焼却によりエネルギーを回収する．後で触れるが，この部分が日本ではまだ社会システムとして普及しておらず，今後の大きな技術課題でもある．ここで発生する二酸化炭素はバイオマスからのもので，化石燃料由来のものとは異なり非蓄積性と見なすことができる．言い換えると，このエネルギーは化石燃料の代替となる．最終的には，この二酸化炭素は循環し森林として固定される．この循環の

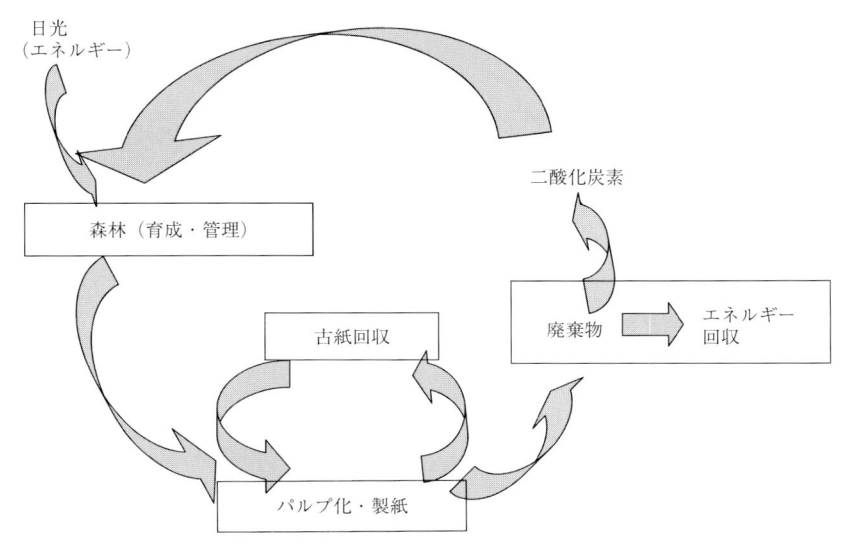

**図 7.5.1.1** 製紙産業をめぐる炭素の循環

中で，おのおのの技術領域の予測を試みてみる．

### 7.5.2 森　　林[1,4]

　上記の循環では森林が大きな役割をもっている．歴史的にも人類は森林とかかわって生きてきている．現在は，焼き畑農業の拡大（人口の増加による），鉱山開発などで森林の破壊が進んでいる．これに対し，森林を資源としている木材関連産業では持続可能な森林管理を進めており，産業がかかわっている地域では，森林が管理され，逆に蓄積が増加している．この点，製紙産業を含め木材関連産業が森林を破壊しているとする一般の認識と大きく異なる．

　森林は，単なる木材の原料だけでなく，多くの機能をもっている．例えば，景色としての森林，水源地としての機能，多様な生物の生存の場としての森林である．この中で，木材資源としての森林をどのように共存させるか，科学的に（感情論でなく）取り組むべき課題である．一方，資源としての森林では限られた面積をいかに有効に活用するかが課題で，どんな樹種をいかに効率的に生産するかが技術の方向となる．この研究（林木育種）は製紙産業の研究開発と離れたところで行われてきたが，製紙産業が原料対策として植林を重視するにつれ，両者の協力が将来の方向となり，製紙産業の製品の用途に適した樹木の開発がより活発化するであろう．さらに，この分野の先端技術はバイオテクノロジーの樹木への応用で，すでに遺伝子レベルで操作した樹木の開発が進んでおり，今後期待される．

### 7.5.3 製品化（狭義の製紙技術）[2,8]

循環の次の技術領域は製品化である．ここは，まさしく製紙産業が歴史をかけて発展させてきたところであり，今後もニーズを満たす製品を開発し続ける必要がある．その技術を，企画技術，原料対策技術，エネルギー対応技術，生産技術，環境対応技術および研究開発力に分類し，特徴と将来を検討する．

#### a. 企画技術

市場と技術が世界共通になるにつれ，その地域の利点を最大に生かした生産形態をつくり上げたもののみが競争力をもちえる．この企画力はまさしく技術の一領域である．例えば，ブラジル（ユーカリ植林と大型クラフトパルプ生産），米国（製材とその廃材チップによるクラフトパルプ生産），フィンランド（scrap and build と競争力のある大型生産システムと国策的な産・官・学の支援体制）がそうである．日本の特徴は，輸入チップによる臨海立地の大型一貫工場と高い操業効率でコストパフォーマンスの良い製品を市場に供給していることで，日本が数十年かけてつくり出した独自の生産形態で，経営的な技術企画力が生み出したものである．今後，さらに，新たな国際環境に対応する企画力が試される．

#### b. 原料対策技術

原料対策は日本の紙パルプ産業が生まれて以来の生命線である．戦後，原木不足から，アカマツ（細胞壁が厚く樹脂が多い）の GP を実用化した．次いで世界に先駆けての広葉樹のクラフトパルプの実用化が日本の製紙の基盤をつくり上げた．さらに需要が増加するにつれ，新たな針葉樹資源として米国西海岸よりチップを専用船で輸入することを試み（1965 年），2000 年には 60 隻以上の専用船が就航している．この輸入チップは以後日本の製紙産業の米櫃となり，次いで，ユーカリをはじめとする広葉樹のチップの輸入が一般化する．その次に注目されたのは，古紙利用である．古紙は板紙の主要原料として広く利用されており，古紙を配合したライナーは日本の独自開発技術で，米国のクラフトライナーに対抗している．この古紙を新聞用紙，印刷用紙に配合しようとするもので，新聞用紙への配合率は 50％を超えている．古紙のリサイクルについては後でまた触れる．

現在，日本の製紙業界は海外植林を次の原料と位置づけ，積極的に展開している．その特徴は，植林により土地の環境を改善することも目的としており，植林が農業などと土地を取り合うものではない．このように産業の拡大を新しい原料開発で支えてきたが，次の原料が何になるのかは，10 年後を目指す大きな技術課題である．

#### c. エネルギー対応技術

日本のエネルギーは非常に割高で，省エネルギーは重要な技術課題である．大きな目安であるが，日本の紙のエネルギー原単位（単位製品あたりのエネルギー使用量）は米

国の3分の2で，きめの細かな省エネルギー技術が高度に集大成されている．このため，今後設備的に大きな改善が望めない．その中で，世界的な二酸化炭素削減目標をいかに達成するか大きな課題である．製紙産業としては，バイオマスからのエネルギーを高度に利用しているが，現在廃棄しているバイオマスのさらなる利用技術が必要になろう．

**d. 生産技術**

生産技術とは，生産性の高い設備を（設備の生産性），効率良く操業し（操業効率），信頼性のある製品を競争力のある価格（コストパフォーマンス）で市場に供給することであろう．日本の製紙産業の競争力の一つにこの生産技術があり，少し詳細に考察する．

(1) 生産性

紙の価格は過去40年間ほとんど値上がりしていない．この間，生産量は14倍となり，原材料価格，人件費などは確実に増加している．この不思議を可能にしたのが，設備の大型化，高速化と省力化で，世界に伍して生産性を高めてきた．しかし，最近は世界の最高水準に遅れをとっている．一方，日本では，中型設備を高効率で運転し，多品種，高信頼性を要求する日本の市場に対応しており，これも世界的な競争で生きるための独自の生産対応の技術と考えられる．しかし，古い小型の設備はいずれ消滅する運命であろう．

(2) 操業効率

日本の特徴は，上記の中〜大型設備を非常に高い操業効率で運転していることで，抄紙機効率90％以上が普通で，これは海外では非常にまれである．この技術はオペレーターの熟練に依存して工場全体を管理するという特性をもっており，この工場全体の運営がノウハウとして根づいている．このノウハウのレベルをいかにシステムに取り込み日本独自の工場管理システムを継承するかが，次世代の技術的課題であろう．

(3) 製品のコストパフォーマンス

日本の製紙産業のもう一つの努力は，製品のコストパフォーマンスが優れていることである．例えば，新聞用紙は米国では100本の印刷中に3回の紙切れが標準であるが，日本では数千本に1回以下となっている．この品質は，強度などの値が高いからではなく，欠陥点の削減，均一性の改善などの品質管理により得られている．一方では，日本製品の方が価格が高い．しかし，ユーザーは価格が高くても断紙しない製品の方が全体としてコストダウンになるため，日本製品を使う．すなわち，製品のコストパフォーマンスが良いのである．

以上の生産性，操業効率，コストパフォーマンスの良さの根底にあるものは，永年かけて開発してきた工場管理のノウハウで，残念ながら，明文化された技術体系とまではなっていない．この技術が，最近のエレクトロニクスの進歩から，設備メーカーの手でシステム化されつつある．これは，技術が普遍化され，日本が競争力を失うことになる．今後，自分のもっているノウハウを自分自身でシステム化することで，世界に対抗すべ

きであろう.

**e. 環境対応技術**

日本の製紙産業はかなり早い時期から環境対策に大きな費用を投入してきた結果,ダイオキシンの汚染を起こさなかった.また,製品のエネルギー原単位が低いこと,60％以上古紙の再利用など,世界的に非常に環境負荷の少ないレベルにあり,これも表面にみえない技術力を現している.この分野での目標は,工場の排水を工場の系内で処理する閉鎖化で,具体的には,排水・排気の清浄度を上げること,廃棄物の量を減らすことである.そのため,製造プロセスに踏み込んだ改善(例えば塩素の非使用)が必要になる.

**f. 研究開発力**

日本の製紙産業は特別に目を引きつけるような設備開発はないが,創意と工夫による研究開発の積み上げで,原料,エネルギーの不利なところで生産活動を継続,拡大できた.結果として,品質の向上,コスト削減に大きなエネルギー(世界的にトップレベルの人員および金額)を投入し,安い輸入品に対しコストパフォーマンスで対抗してきた.

一方,近年では,世界的に技術スタッフの削減が進められ,開発力が製紙企業から関連産業(設備,薬品など)に移り,今までの日本のスタイルも変革が必要となってきている.その際,フィンランドにみられるような効果的な産・官・学の連携が一つのモデルとなるが,克服すべき課題は多い.

### 7.5.4 古紙の再利用[4,5]

紙の最大の特徴は,パルプに戻すことによって再使用できることである.日本では,古紙を原料として古くから使用してきたが,1980年代に世界に先駆けて,古紙パルプを新聞用紙および印刷紙に積極的に使用する技術開発を進めた.現在,古紙の利用率は60％を超え,新聞用紙原料の50％以上が古紙パルプで,かつ,世界でトップの品質を保っている.

古紙の問題点は,回収率を上げると,回収コストや再生の費用がかさみ,経済的な利点がなくなってくる.LCA評価からも,環境負荷が最小となる回収率がある(日本では60％).この回収システムをいかに効率的にするかが今後の社会的な課題である.技術的には,オフィス古紙のパルプ化があげられる.一方,古紙を原料とする製品開発も進められている(例えば,断熱ファイバー)が,まだ量的には限られている.

### 7.5.5 エネルギー回収[4]

前に触れたが,大きな炭素循環で,技術開発を要するのが,再利用できない古紙の燃料によるエネルギー回収である.北欧では,廃棄物の焼却熱は温水として地域暖房に利用されて(回収されて)いる.日本では,社会システムとして電力(またはコジェネレーション)として回収する必要があり,RDF(古紙と廃プラスチックの固形燃料)なども

一つの候補であろう．この技術開発は，単に製紙産業でなく国としての重要課題である．

　紙は，長い歴史の間，技術開発を続けることにより現在に至っている．今後とも絶えざる技術的な挑戦により新しいあり方を見出していくであろう．　　〔飯 田 清 昭〕

**文　　献**

1) 飯田清昭（1999）：製紙産業が次世代のために取り組んでいる諸課題．ミクロセルロースシンポジュウム（1999年10月20日），京都工芸繊維大学．
2) 飯田清昭（2000）：紙パルプ技術の展望－21世紀は．紙パ技協誌，**54**（2）：206．
3) 飯田清昭（2000）：古紙をめぐる種々の話題：その歴史，科学からLCA的評価まで．九州紙パルプ研究会（2000年6月16日），九州大学．
4) 飯田清昭（2001）：紙パルプ産業の歴史・特徴とエコロジー．紙パ技協誌，**55**（4）：417．

## 7.6　メディアとしての紙の将来

　グーテンベルクによる活版印刷術の発明（1453年）から約550年，ロベールによる連続型抄紙法の発明（1798年）から200年あまりが経過した21世紀初頭のメディア状況において，デジタルとネットワークという言葉に象徴される電子メディアが，従来の紙メディアと共存しながらも紙メディアを次第に代替していくのではないかという議論がある．すなわち，テキストやイメージを定着させ，支持体としての役割を果たし，人類の知的財産の創造と継承に寄与してきた紙メディアと印刷文化の将来に関して，電子メディアの急激な広がりに直面した現況において，楽観論と悲観論が交差している．

　楽観論は，紙メディアのもつ人間との強い親和性への信奉と，電子メディアによる新たな紙メディア市場創生への期待感に基づいている．一方，悲観論は，電子メディアが紙メディアと共存しながらも急激に紙メディアを代替していくであろうという考え方で，新しいメディアのもつ潜在的な技術的可能性と市場創生能力に基づいている．

　各種のメディアが多層的に存在する現在のメディア状況における紙メディアに関するこれらの議論において，メディアを受容する人間の心理的側面および人間の集合体としての社会的側面が抜け落ちているのが問題である．すなわち，メディアがもつ人間の身体感覚や社会構造を変容させる能力を考慮する必要がある．

　本節では，人類のコミュニケーションにおける紙メディアの歴史的位置づけを考察し，紙のもつ物性の特徴，紙と対峙する人間が構築する心理的空間の特徴などを考えながら，紙メディアの将来を考えてみたい．図7.6.0.1に，人間からみた紙メディアと電子メディアの比較を示す．

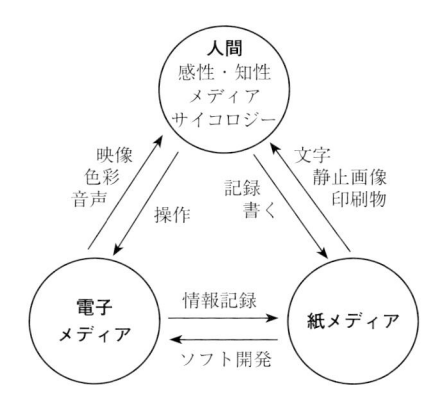

**図 7.6.0.1** 人間からみた紙メディアと電子メディア

### 7.6.1 メディア理論からみた紙メディアの歴史的位置

1960年代に話題となった，カナダの英文学者マーシャル・マクルーハンによるメディア理論は，現代の広範なメディア理論の源流をなす．そこでは，人類のコミュニケーションは次のように説明されている．すなわち，人類は文字もない口承が中心の原始時代には人間の五感（視覚，触覚，聴覚，嗅覚，味覚）を総動員した情報の伝達が行われていたが，活版印刷術の発明による書物の文化の進歩の中でテキストやイメージを紙面に定着させ，視覚のみで認識する方法が生まれ，視覚に限定された時代が500年以上続いてきたというのである．

19世紀から20世紀に至る電話，ラジオ，映画，テレビなどの音声・映像文化の中で聴覚を復活させ，また電気・電子的な情報メディアは人間の連帯感を強化させ，人類の一体感が強まると説いた（"The Global Village"）．これらのメディアの変遷を示すと図7.6.1.1のようになる．

この理論は多様な解釈が可能だが，紙メディアが人間の感覚を視覚のみに閉鎖させたととらえると，紙メディアにはネガティブな評価がされているという見方もできる．現在のインターネットに代表されるネットワーク社会を1960年代に予測した理論として，賛否両論ながらここ数年再評価の議論が盛んである．

### 7.6.2 21世紀のメディア状況が生み出す紙メディア

21世紀のデジタルメディアは，通信系，放送系，パッケージ系に分けられ，3系列のメディアが互いに交差，融合しながら発展していくものと予測されている．紙メディアの将来との関係を考えるには，紙メディアのどのような部分が電子メディアに代替され，新しいメディア状況がどのような新しい紙メディアの市場を創生していくかという問題

## 7.6 メディアとしての紙の将来

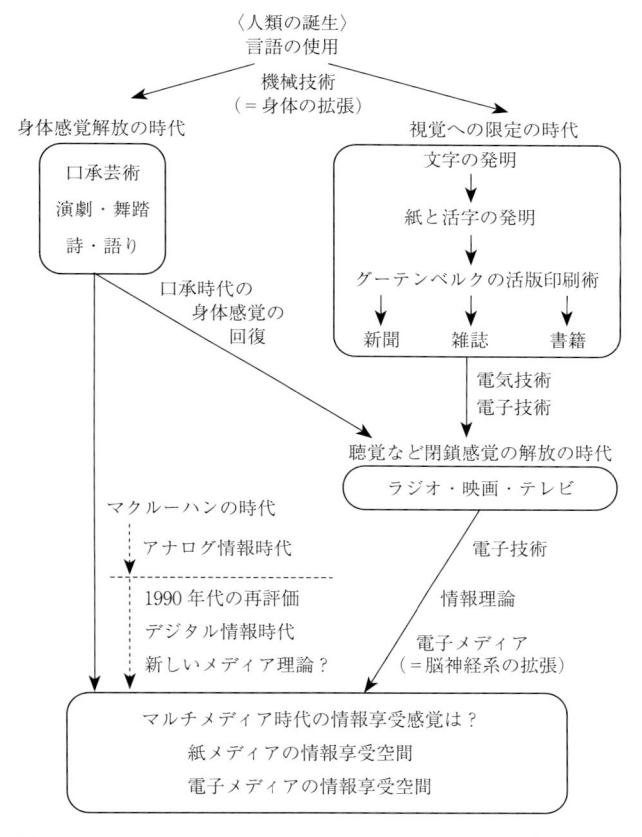

```
                    〈人類の誕生〉
                     言語の使用
                         │
            ┌────────────┴────────────┐
            │     機械技術              │
            │   (=身体の拡張)           │
            ▼                          ▼
    身体感覚解放の時代              視覚への限定の時代
    ┌──────────┐              ┌──────────────┐
    │ 口承芸術  │              │  文字の発明   │
    │ 演劇・舞踏│              │      ↓        │
    │ 詩・語り  │              │ 紙と活字の発明│
    └──────────┘              │      ↓        │
         │  口承時代の          │グーテンベルクの活版印刷術│
         │  身体感覚の          │      ↓        │
         │    回復              │新聞 雑誌 書籍 │
         │                      └──────────────┘
         │                              │ 電気技術
         │                              │ 電子技術
         │                              ▼
         │                  聴覚など閉鎖感覚の解放の時代
         │                   ┌──────────────┐
         │                   │ ラジオ・映画・テレビ │
         │                   └──────────────┘
         │  マクルーハンの時代         │ 電子技術
         │    アナログ情報時代         │
         │ ─ ─ ─ ─ ─ ─ ─ ─            │ 情報理論
         │  1990年代の再評価           │
         │   デジタル情報時代          │ 電子メディア
         │  新しいメディア理論?        │ (=脳神経系の拡張)
         ▼                              ▼
         ┌────────────────────────────────┐
         │ マルチメディア時代の情報享受感覚は? │
         │    紙メディアの情報享受空間         │
         │    電子メディアの情報享受空間       │
         └────────────────────────────────┘
```

**図 7.6.1.1** コミュニケーションにおけるメディアの変遷と身体感覚の変容(マクルーハンの理論をもとに筆者作成)

が重要である.図 7.6.2.1 に 21 世紀初頭のメディア状況と紙メディアとの関わりを示す.放送メディアは,すべてが急激にデジタル化されるとコンテンツの多様な加工が可能になると同時に,多チャンネル化により情報量が相対的に増大し,また DVD などの記憶メディアに蓄積すると同時に,紙メディアにハードコピーして見ようという欲求も相対的に増大し,新たな紙メディアの需要が創出される.

このような 3 系列の電子メディアが普及しても,人間が自己としてメディアとの親和性を求め,他者への情報伝達においてコンテンツだけでなくメッセージ性をメディアに求める限り,紙メディアの電子メディアによる代替は抑制され,同時に新しい電子メディアの状況が新しい紙メディアの需要を創出するものと予測される.

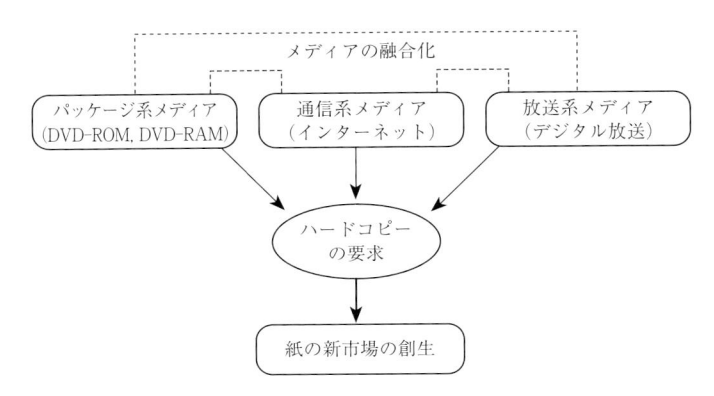

```
                    メディアの融合化
   ┌─────────────┬─────────────┬─────────────┐
   │             │             │             │
┌──┴──────┐  ┌───┴─────┐  ┌────┴────┐
│パッケージ系メディア│  │通信系メディア│  │放送系メディア│
│(DVD-ROM, DVD-RAM)│  │(インターネット)│  │(デジタル放送)│
└────┬────┘  └────┬────┘  └────┬────┘
     └───────────┐│┌───────────┘
              ┌──▼▼▼──┐
              │ハードコピー│
              │ の要求  │
              └───┬───┘
                  ▼
              ┌───────┐
              │紙の新市場の創生│
              └───────┘
```

**図 7.6.2.1** 21世紀初頭のメディア状況と紙メディア

## 7.6.3　紙メディアの消費予測のための定性的モデル

　紙メディアの将来に関して電子メディアによる紙の代替率なる数字が発表され，情報化の進展は紙の消費を減少の方向に向かわせるというとらえ方がある．これらの数字は関係者へのアンケートの集約という形のものが多く，メディアの技術的および市場的側面からのとらえ方であるため，電子メディアの普及が紙を代替するであろうという感覚的・期待的な数字の集約であり，理論的な根拠はなく過度な消費減少の予測となりがちである．

　紙メディアの将来の予測には，各分野（雑誌，書籍，新聞，百科事典，広告など）において紙メディアが電子メディアにより代替されることによる消費の減少部分（$A_i$）と，代替した電子メディアが新たに創生する紙メディア，すなわち消費の増大部分（$B_i$）の両者を考え，紙メディア全体の増減の予測を行う必要がある．筆者は，予測のための定性的モデルの構築（図 7.6.3.1）を試みた．

　予測には，紙メディアの代替を促進する要素と阻害する要素を考える必要があり，またビジネスにおける場合と，プライベートな場合では要素の重みが異なる．ビジネスでのメディアの利用を考えると，経済性に関わるメディアの効率が重要な要素だが，メディアを利用する主体が人間であることを考えると，メディアと人間との親和性が大きく関わる．図 7.6.3.2 にメディアの選択に影響する要素を示す．

　一般的には電子メディアによる紙の代替により $A_i$（消費の減少）は増大するが，同時に $B_i$（新たな紙メディア）も生まれ，この状況は紙の各分野で異なる．$B_i$ はビジネスにおける紙へのハードコピーの必然性が主な要素だが，ディスプレイで視認しながらも手元にハードコピーを置きたいという人間の欲求という要素が大きな因子となる．したがって，これらの変化の総体を比較して，初めて電子メディアとの共存下での紙メディ

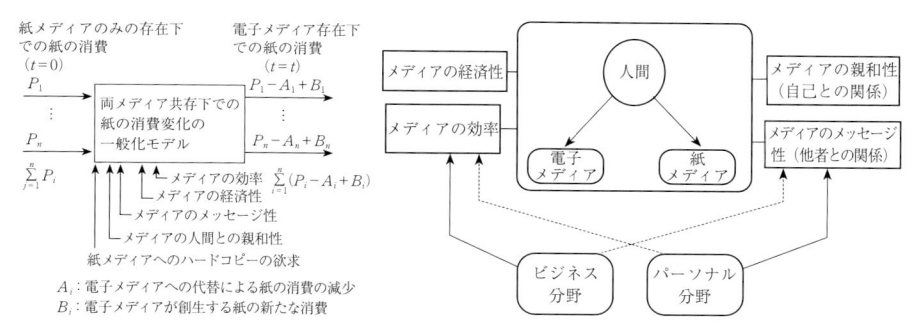

**図7.6.3.1** 電子メディアとの共存下での紙メディアの消費予測のための定性的モデル

**図7.6.3.2** メディアの重層下でのメディア選択に影響する要素

アの増減が議論できるのである．

### 7.6.4 人間が紙メディアへのハードコピーを欲する理由

　紙メディアと電子メディアが多層的に存在する場合，メディア選択の行動に関わる主要な問題を考えてみたい．ここではマクルーハンによる金言の一つである「メディアはメッセージである」が表すa.「メディアのメッセージ性」という問題と，人間がメディアと対峙する場合に感覚が形成するb.「情報享受空間」という問題である．

**a. 紙メディアのもつメッセージ性**

　「メディアはメッセージである」というキーワードによれば，電子メディアの場合のCRT（ブラウン管）・LCD（液晶ディスプレイ）または紙表面の違いが，メディアのもつメッセージ性の違いとして情報受容側の人間の感覚に作用する．図7.6.4.1にメディアの違いによる同一情報に対する心理的空間の差を示す．

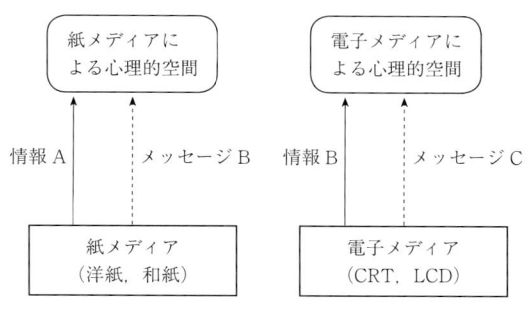

**図7.6.4.1** メディアの違いによって発生する同一情報により生じる心理的空間の違い

紙メディアと人間の関係を考えた場合，その情報受容者が自己か他者かで変わってくる．受容者が自己の場合には，受容者にとって視覚や触覚などを通しての情報の受容における快適さのような因子が重要で，物性値としては紙の白色度，光沢，色彩，文様などである．これらは快適さとコストとの折り合いで水準が決まる．

また，他者への情報の伝達においては，自己に対する場合よりもメディア自身にメッセージ性をもたせようとする場合が多いと考えられる．単なる迅速な情報伝達に重点を置く事務的な文書と感情を込めた私的な文書とでは，メディアのメッセージ性は異なり，メッセージ性を込めようとすればするほど感性に訴える要素を多くもつ紙——すなわち単に地合のよい白色度の高い洋紙ではなく，和紙やファインペーパー，ファンシーペーパーなど——の選択がなされる．

情報（インフォメーション）の伝達においては，情報の内容（コンテンツ）と同等またはそれ以上にメッセージ性を重視する場合には形式（メディア）が重要になり，電子メディアよりも紙メディアが選択される．また，迅速に情報を伝達することが主目的の場合にはメッセージ性をもたせる必要性は低く，伝達速度が重視され，電子メールが選択される．

**b. 書物が醸し出す情報享受空間**

グーテンベルクの活版印刷術は，ユニット化された金属活字を用いて印刷革命をもたらしたといわれるが，活字による空間設計という特徴から「閉じられた空間」という感覚を人間に生じさせた．特に書物は扉と限定された空間をもち，完結性をもつもので，閉鎖性と完結性という感覚を読者に生み出した．メディア理論によると，書くことは言葉を切断し貯蔵する力があり，冊子体の紙メディアにより構成された空間である書物は，視覚により認識される，閉鎖された空間である．これは文字だけでなく挿し絵や図表なども閉鎖空間に押し込められているとみることができ，それを認識する人間も閉鎖された私的な空間の中で情報と対峙する．また，活字による文字自身が秘儀性をもっていることが，閉鎖空間の感覚に大きく寄与しているといわれている．

### 7.6.5 紙メディアと書物の将来

紙メディアと電子メディアは各々特徴をもち，今後，電子メディアはその発展段階に応じて，デジタル版の百科事典や電子辞書の出現のように紙メディアの一部を代替しながらも，両者が相互に補完し合いながら進んでいくだろう．しかし，紙でしか発揮できない感性機能や，紙でしか表現できない書物の物質感などへの人間の欲求のために，紙メディアは将来も永続的に存在し続け，そのような分野には電子メディアは入り込めないだろう．

単にテキストが読めるかどうかというレベルでは，2004年春に発売の電子本といわれるものは，ハードウェアとコンテンツの組み合わせ次第で，ある程度まで普及する可

7.6 メディアとしての紙の将来

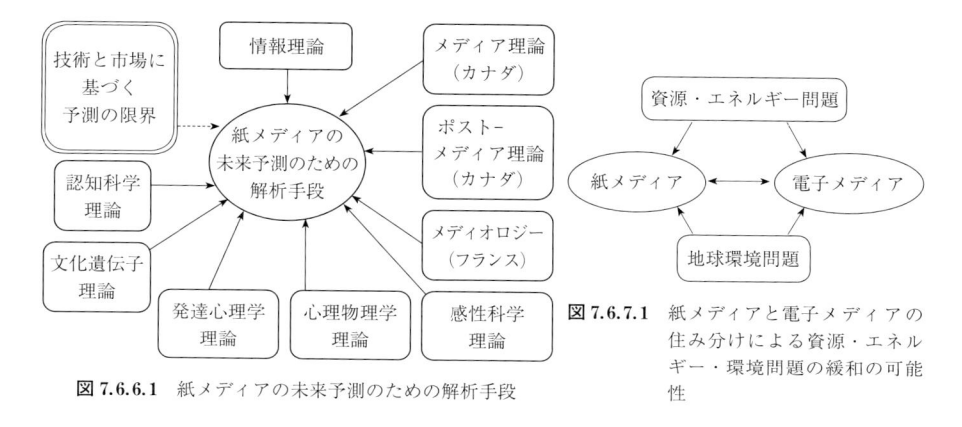

**図 7.6.6.1** 紙メディアの未来予測のための解析手段

**図 7.6.7.1** 紙メディアと電子メディアの住み分けによる資源・エネルギー・環境問題の緩和の可能性

能性がある．しかし，紀元2世紀の冊子体革命に源流をもつ現代の書物というレベルで考えると，現在の電子的表示媒体が真に物質感や質量感をもち，生理的違和感のない電子書籍にまで進化することは，永遠に不可能と思われる．

### 7.6.6 紙メディアの将来を解析するための理論体系

紙メディアの将来を考えるには，現在の技術や市場に重点を置いた議論で欠落している人間に関する諸科学，メディアの歴史性や文化的視点などを包含した新たな紙メディアの理論の構築が必要とされる．それらは同時に，デジタル化時代の新たな紙メディアの設計理論として，またデジタルペーパーの生理的違和感を減らし，実用化に近づけるためのペーパーミメティックス（紙の特性を模倣する技術）としてのデジタルペーパー開発の設計のための方法論として，有効に作用するだろう．そのためには，今後は特に感性情報科学などの新たな学問領域を基盤として，特に人間の視覚や触覚との親和性が重要な役割を果たすヒューマンインターフェースとしての紙メディアの意味を多面的に探る必要があろう．図7.6.6.1のような諸学問が内容を構成するだろう．

### 7.6.7 メディアに必要な住み分け

本節では，紙メディアの将来に大きく関わる要素として，紙メディアの人間との親和性を考え，また紙メディアの特徴を電子メディアとの対比から考えてみた．

紙メディアに対して人間がもつ親和性や感覚というものが，人間が遺伝子的に生得的に有するものなのか，それとも成長過程で経験や学習により習得的に獲得したものかは明らかではなく，解明が待たれる問題である．

グローバルに21世紀の資源・エネルギー・環境問題と調和させたメディアの利用を考えた場合，紙メディアと電子メディアの住み分けが特に重要となる．すなわち，発展

途上国の人口爆発と紙の需要増大を考えると，先進国の側は電子メディアでも済む場合には電子メディアに委ね，紙メディアの消費を減らしていく必要があり，それにより資源・環境問題の緩和が期待できるだろう（図7.6.7.1）．しかし個人の紙への欲求や書物への愛着という嗜好はなかなか消えないので，簡単な問題ではない． 〔尾 鍋 史 彦〕

### 文 献

1) 清水 徹（2001）：書物について，岩波書店．
2) Debray, R.（1998）：Pouvoirs du Papier, Gallimard.
3) 堤 清二ほか（1996）：いまなぜマクルーハンか，中央公論，9月号．
4) 特集—文化はどう進化するか「ミーム論争」．日経サイエンス，2001年月号．
5) Dawkins, R. ed.（1989）：The Selfish Gene, Oxford University Press.
6) 尾鍋史彦（2001）：デジタルペーパーの最新技術．ブックオンデマンドへの応用，シーエムシー．
7) 同（2000）：紛体・微粒子の最先端技術．デジタルペーパー，シーエムシー．
8) 同（2003）：電子ペーパーの各種表示方式と実用化に向けた課題と対応策．紙の特性から見たデジタルペーパー実用化への課題，技術情報協会．
9) Onabe, F.（1998）：Etude médiologique sur le futur du papier, impression et écriture face aux multimédias（マルチメディアに直面した紙・印刷・（思考の表現）書くことの将来に関するメディア論的研究），ATIP 97（フランス紙パルプ技術協会50周年記念大会特集号），Bordeaux；*Revue ATIP*, **52**(2)：2.
10) 同（2001）：The 3rd EcoPaperTech Conference（Helsinki, June 2001）—The Vision of the Future—A Cognitive Science Methodology to Analyze Paper Media vs. Electronic Media Relationship and a New Design Concept for the 21st Century.
11) 同（1998）：21世紀紙は生き残れるか．季刊：本とコンピュータ，7月号．
12) 同（1996）：新産業論—紙パルプ．日本経済新聞，11月5日付．
13) 同（2000）：紙メディアと電子メディアの読書空間の比較—電子書籍コンソーシアム実証実験より．日本画像学会（Japan Hardcopy 2000）要旨集．
14) 同（2001）：紙の永遠の謎の解明—どうして白い紙が人間を魅きつけるのか？ 繊維と工業，**57**(1)：P-30.
15) 同（2003）：紙の歴史と新しい展開．鈴木和夫ほか編，森林の百科，朝倉書店．
16) 同（2003）：紙メディアが発現する感性機能．紙とコスト，宣伝会議．
17) 同（2005）：紙メディアは未来材料か．未来材料，**5**(1)，エヌティーエス．
18) 同（2005）：〈紙メディア学〉の構想．印刷雑誌，2月号．

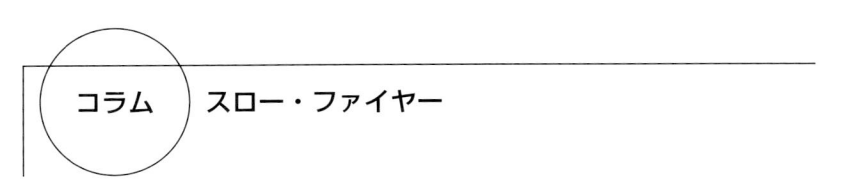

---

### コラム　スロー・ファイヤー

　今，世界中の図書館の本がスロー・ファイヤーによって燃え尽きようとしているのです．

本当なのです．スロー・ファイヤーとはじわじわと燃え広がる火事という意味ですが，紙に含まれている酸がじわじわと紙を劣化させ，人類の英知を記録した書物を焼き尽くそうとしていることをいっているのです．

　紙を手で漉いていた時代にはそんな心配はありませんでした．けれども，グーテンベルクが活版印刷術を発明し，字が読める人，字が書ける人が急速に増加して，紙の需要も大幅に増加しました．ヨーロッパでは麻や木綿のボロを原料として紙を漉いていましたが，原料としていたボロが足りなくなってしまったのです．そこで，製紙業者は木材の繊維に目をつけパルプで紙をつくり出しました．そのため，にじみ止めや漂白などにいろいろな薬品，特に酸性の薬品が多く使われ始めました．製紙業が機械化されるとさらに酸性の薬品の使用量が増え，紙は大量に生産できるようになりましたが，耐久性という面では，質は落ちていったのです．

　古くなった新聞紙や雑誌をみると，まわりが茶色く焼けて，隅のほうを折ると簡単に切れてしまうのを経験した方は多いでしょう．古くなった紙が，焼海苔を揉んだときのようにもろもろに砕けてしまうのです．

　紙に含まれている酸そのものが，紙を劣化させている原因の一つであるという研究が，ヨーロッパやアメリカで発表されましたが，それに耳を傾ける人は少なかったのです．

　しかし，19世紀以降に出版された本は酸を含んだ紙に印刷されているのですから，世界の英知を記録した本を集めてきた図書館はビックリしたのです．哲学者，科学者，文学者，歴史家，宗教家，法律家などが記録してきた何千年にもわたる記録が，このスロー・ファイヤーによって燃え尽きようとしているわけです．それでは何のために図書館は世界中の本を集めてきたのでしょう．図書館の存在基盤そのものが失われてしまうのではありませんか．

　このスロー・ファイヤーをくい止めようと，IFLA（国際図書館連盟）や1億2,800万冊にも及ぶ世界中の出版物を収集してきたアメリカ議会図書館はさまざまな取り組みを始めました．紙に含まれている酸を除去する方法，マイクロ写真に撮っておく方法，デジタル化する方法，などが行われていますが，技術的にも，費用の面でも，利用の面でも，まだこれでよいというものはありません．

　これから出版される図書には，酸を含まない紙，中性紙を使用することが推奨され，欧米ではいうに及ばず，わが国でも製紙会社各社の取り組みが進んでいます．しかし，まだ，経済性に問題があって早急には進んでおりません．でも，書店で注意してみていただくと「この本は中性紙を使用

しています」と表示した本やノートに出合うことがあるはずです.

　このような危機を，警告したビデオが「スロー・ファイヤー：蝕まれゆく人類の知的遺産」（Slowfires—On the Preservation of the Human Records）（American Film Foundation 制作，1987；日本語版，紀伊国屋書店発売）です．私は，図書館情報学を履修している学生たちにこのビデオを必ずみせておりました．紙が劣化していく事実にショックを覚えるらしく，その後，酸性紙の問題に興味をもつ学生が増えてきました．スロー・ファイヤーの知識はもっと普及されるべきですし，学校での総合学習でも取り上げてほしい大切なテーマであると思われます．

〔今　まど子〕

## 7.7　包装材料としての紙の将来

　人が物をつくり，これを蓄え，移動させ，さらにこれを利用して生活や社会の歯車にするという行為は太古から行われており，それを活性化する役割の一つとして包装がある．

　包装という行為を行うためには，内容物の知識，包装の手段，方法，利便性などが必要な要目であり，時代の移り変わりに応じてこの要目は種々変化してきている．

　包装材料としての紙の将来を考えるためには，まず包装の今昔，近代の包装産業を取り巻く社会，環境および包装産業の主軸である包装材料，とりわけ紙・板紙製品の動向を分析し，今後を洞察する必要がある．

　そこで，本節では太古から現代までの主となる包装材料の過去から現代に至るまでの変遷を概略し，次いで包装産業の現状とその定量的な経緯を述べ，これをふまえて今後の包装産業の像を描くことを試みた．

### 7.7.1　包装の過去から現代まで

　ここではまず，包装材料を例に太古から現代までの包装の歴史を概観してみる[1]．人類が生活を営むにあたって包装は不可欠なものであり，太古から種々の包装形態と材料が使われていた．これを列記すると，苞，叺，俵，籠，土器，箱，袋といった材料が使われ，現在でもそれらの一部が存続し使われている．

　大化の改新（645年）から約300年間，新たに菰，薦，蔓や小枝で編んだ笈，木箱，曲物，桶などが増え主流となっていた．

　鎌倉末期（1333年）には，縄，筵，俵，つづら，ざる，モッコ，壺，平包（大きな風呂敷），箱，笈，曲物が使われるようになった．

江戸幕府後期（1854年）になると，きわめて多くの包装材料が出現し，輸送を目的として物品を施す梱包などの「輸送包装」と物品などについて消費者の手元に渡るために施す「消費者包装」の区分がやや明確となり，筵は木綿，和紙，煙草などの包装に，米，木炭，陶器，石炭などには俵，また果物，野菜，繭などには籠が生まれ，さらにつづら，風呂敷，箱，長持，樽，おけなどが使われ，明治へと引き継がれている．

明治以降これらの包装材料は今も存続しているが，新たに海外から導入された洋紙，金属缶，ガラス瓶などが加わり，さらに軍需包装という特異な需要が始まって包装の事情は一変してきた．このことは，後の米軍特需包装にもつながっている．

明治以降導入された主な包装資材は，缶詰用金属缶が明治10年（1877），洋紙の技術が同13年，全自動製瓶が大正5年（1916）である．プラスチック包装材料の代表であるポリエチレンはこれらより40年も遅れて昭和33年（1958）に導入され，包装材料の主役である段ボールの使用が急増したのは1955年ごろなので，本格的に使われ出してからはわずか50年ほどである．

### 7.7.2　現在の包装産業

包装産業という分野は，① 包装材料，② 包装機械，③ 包装作業，サービスなどで構成され，この産業を数的に表示すると，平成16年（2004）の実績は，① は2,086万t，② が57.46万台となり，①＋②を金額として表示すれば，① 5兆6,021億円＋② 4,645億円＝6兆666億円で，GDPの1.2％となる[2]．③の数量化は不確定要素があり諸説があるが，データは古いが一説では①＋②の50％ともいわれ[3]，全包装産業を尺度で示せば2004年現在，年約10兆円とも見なされる．ちなみに，世界の包装産業をその出荷金額で表示すると，1996年の資料[4]では米国が1,250億ドル，西欧1,150億ドル，日本700億ドル，アジア470億ドル，アフリカ220億ドル，その他360億ドルで，合計4,150億ドル（42兆〜50兆円）となり，大別するとアメリカ，西欧，日本を含めたアジア諸国がそれを分割しているとも見なされる．現在はアジア諸国の急成長により，アジア諸国の比率が高まっていると推測できる．

このような近代包装は，主として包装材料つまり紙・板紙製品，プラスチック製品，金属製品，ガラス製品，木製品その他によって成立していると見なすことができる．これらの動向を分析し，これからの社会の動きを洞察することによって，未来像を照らし出すことができる．

製紙産業と包装産業とのかかわりは，紙・板紙という視点では単なる包装容器の原材料の提供のみでなく，最近では資源・環境に大きく関与する主要な役割を担っているといえる．

図7.7.2.1に，平成16年度の包装資材・容器の材料別出荷金額および出荷数量の構成比を示す．

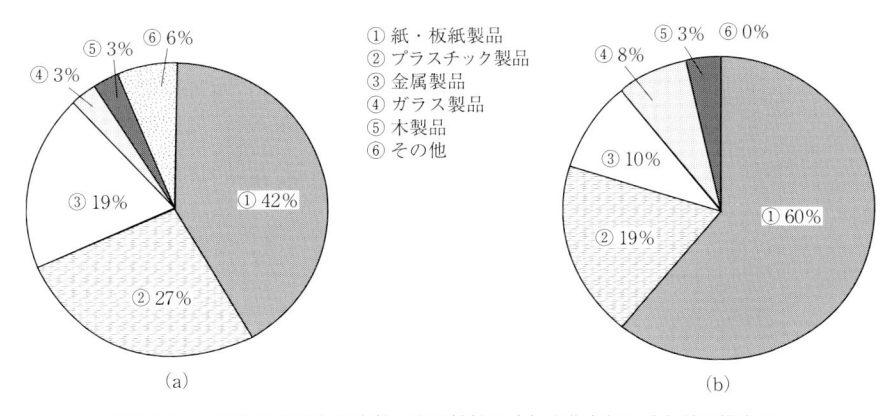

**図 7.7.2.1** 平成 16 年度包装資材・容器材料の (a) 出荷金額と (b) 数量構成比

**表 7.7.2.1** わが国の 1965, 1985, 2004 年次における包装産業統計比較分析（推計値を含む）

| 年次 | | 1965（昭和40）年 | 1985（昭和60）年 | 2004（平成16）年 |
|---|---|---|---|---|
| 包装資材消費総量（千 t） | | 6,344 | 1,7896 | 2,086 |
| 木質系包装資材占有率（％） | | 72.2 | 63.3 | 64.0 |
| （材料別内訳） | 紙・板紙製品 | 48.2 | 53.9 | 60.7 |
| | 木製包装資材容器 | 19.0 | 9.1 | 3.3 |
| | セロハン | 0.83 | 0.3 | |
| 非木質系包装資材占有率（％） | | 27.8 | 36.7 | 36.0 |
| （材料別内訳） | プラスチック系包材 | 4.2 | 12.3 | 18.9 |
| | ガラス製容器 | 12.3 | 12.4 | 7.6 |
| | 金属製容器 | 10.0 | 9.7 | 9.6 |
| | その他 | 4.9 | 2.3 | |
| 国民1人年間消費量（kg/人・年） | | 65 | 149 | 163 |
| 国民1人年間消費金額（万円/人・年） | | 0.7 | 4.9 | 4.4 |

ここで示されるように，紙・板紙包装は全包装資材の金額にして 42％，数量にして 60％を占め，わが国の紙・板紙全生産量の 41％にあたり，包装産業の消長は製紙産業にとって多大の影響を及ぼすことになる．

表 7.7.2.1 は，わが国の包装材料の出荷統計をさかのぼって，1965 年，1985 年，2004 年に区分し，各包装材料の量的占有率の変化を求めた結果である．表では紙・板紙製品，木製包装資材容器，セロハンを一括し木質系包装資材とし，プラスチック，ガラス，金属容器，その他を非木質系包装資材と区分してさらにその内訳を求め，さらに各時代における国民 1 人あたりの年間包装材料の消費量と金額を概算した．1965 年ごろはまだ木箱などの木製容器に依存していた包装が，紙・板紙，プラスチックなどに移行してい

表 7.7.2.2 わが国の包装材料における紙・板紙製品の占有率（1965〜2004年）

| 年次 | 占有率(%) | 年次 | 占有率(%) |
|---|---|---|---|
| 1965 | 48.2 | 1990 | 54.0 |
| 1975 | 52.5 | 1995 | 56.9 |
| 1980 | 53.1 | 2000 | 59.5 |
| 1985 | 53.9 | 2004 | 60.7 |

く状況が推察される．国民1人あたりの年間消費量も現在は1985年ごろの2.5倍にも増加し，金額的にも6.3倍にも達している．

このことは，包装を取り巻く環境の変化が時代とともに大きく変わってきたことと見なされる．特に最近は，国民生活の豊かさも伴って包装は社会生活の歯車として位置づけられ，その役割は他の産業規模にも匹敵するものとなってきた．さらに包装産業が及ぼす環境とのかかわりは大きな影響を与え，最近の包装産業の動向はいわゆる3Rという目標に向かって多大の努力が払われている．

3Rとは，リデュース（reduce），リユース（reuse），リサイクル（recycle）の頭文字で，さらに適正包装という項を加えて包装材料の選択，包装設計，包装物の輸送，諸費にまでこの項目を配慮し，地球環境問題解決の一端を担う必要が生じている．

すなわち，かつての大量生産，大量消費，大量廃棄という経済活動や生活者のライフスタイルの変換，また消費者型から循環型社会システムの転換が必要となっている．平成9年（1997）から一部が施行（完全施行は2000年）された「容器包装リサイクル法」，さらに最近の「家電リサイクル法」，「食品リサイクル法」などは今後の新しい包装産業を構築すべき要因となっている．

包装材料としての紙の将来を論ずるためにはこれらの条件が大前提であることはいうまでもない．紙・板紙包装製品は上記の3R+αの要素を備えるユニークな材料であり，最近の包装分野では紙・板紙の特性に着目して包装容器の設計を推進する分野が次第に増加してきている．

表7.7.2.2には1965〜2004年の包装材料に占める紙・板紙製品の比率を5年ごとに算出したが，かつて48%であった占有率が最近では急上昇し，2000年には59.5%にも達し，さらに2004年には60.7%に達していることが示されており，上記の傾向を裏書きしている．

### 7.7.3 これからの包装と紙・板紙

これまで述べてきたように，包装はかつての社会構造の脇役的存在から，社会環境に影響する大きな存在として機能せねばならないという使命が寄せられている．とりわけ，他の産業と同様に地球環境問題に配慮した十分な対応を組み上げていく必要がある．

このようなことをふまえて，日刊工業新聞社では1996年特集号を企画し，「2001年，これからの包装技術」という課題で包装分野専門家にアンケート調査を行い，「工業材料」誌に発表している[5]．

その冒頭では，「高齢化社会の到来，容器包装リサイクル法の本格実施や環境負荷低減を求められている時代にあって，2001年以降の近未来の包装像を捉えるため105名の包装分野の専門家に55項目のアンケート調査を行い解析した」と述べている．設問の内容は，包装材料，包装と環境問題，高齢者社会と包装，廃棄物処理，東南アジアとの関係など多岐にわたり，多くの意見が寄せられている．

ここでは，これらの中から紙・板紙包装を中心に抜粋しコメントを加えた．

(1) 紙のリサイクル

紙の回収率には限度があり，約66.1%が理論的に可能とされているが，1994年における53.3%の実績から2001年に利用率が56%に達するという設問に対し，回答率は95%と高く，専門家のほとんどが紙のリサイクルはさらに進むと予測している．2003年には利用率が60%に達した．

(2) 紙と森林資源への関心

包装材料としての紙・板紙は世界各国でもその占有率は大きく，わが国では表7.7.2.2にあるようにその比率は年々増大している．紙・板紙包装材料の原料は森林資源であり，これに関する関心度を知る意味で「木本系資源から草本系資源への転換の可能性」について設問した．現在世界の製紙用原料中，草本系すなわち非木材を原料とする比率は13%程度であるが，その比率が近く倍増すると見なす回答は81%もあり，このことは包装材料としての紙・板紙と森林資源との関心の高さを示すものと解釈される．

(3) 紙・板紙包装材料の占有率

(2)にも述べたように，紙・板紙の包装材料に占める比率は年ごとに増加してきており，この比率がさらに増えるかという問いに対しても63.7%と，包装関連分野の専門家たちは今後さらに紙系包材に依存しようとする意向がうかがわれる．

(4) 紙・板紙包装材料とプラスチック系包装材料との競合について

設問はLCA（life cycle assessment：ライフサイクルアセスメント）を前提にして優位性を設問したが，紙・板紙がプラスチック包装材料より優位であるとの回答は59%であり，その背景には包装材料としてプラスチックの役割は大きく今後も存続する材料であることを示唆している．

以上，包装材料の今昔をふまえて大きな流れを示し，近未来の包装材料としての紙・板紙の役割について考察した．

包装産業と社会環境とのかかわりは，最近ISO 14000シリーズ，PL法（製造物責任法），容器包装リサイクル法，家電リサイクル法，包装容器のLCA，あるいは静脈物流としての役割など多くの課題が登場して，以前にも増して新しい時流が生まれ，多くの

対応に迫られている．

　この中にあって，紙・板紙系包装材料は上記の時流に対応できる特性を有する資材として独自の役割を果たしていくものと推定される．　　　　　　　　　　　〔門屋　卓〕

**文　献**

1) 日本包装技術協会編（1978）：包装の歴史，日刊工業．
2) 平成 16 年日本の包装産業生産出荷統計（2005），包装技術，**43**(6)：3．
3) 門屋　卓（1990）：最近の包装材料の進歩，pp.9-16，ユニ出版．
4) 菱沼一夫（1998）：包装技術，**36**(3)：37．
5) 工業材料　パッケージング・テクニック'96，1996 年 10 月臨時増刊号，日刊工業新聞社．

# 第8章 紙のデータ集

## 8.1 紙に関する年表

　人類が誕生し，言語を使い，文字を使うようになり，その文字を記録する材料として世界の各地で粘土板，石，木，竹，獣骨など各種の書写材料が使われ，文明が形成された．これらの長い書写材料の時代を経て紙が現れたが，紙に関して世界各地で民族特有の歴史があり，その全貌を把握するのは容易ではない．ここでは紙の歴史全体を把握するために，①紙の世界史年表を，わが国の紙の歴史に関して②明治以降の紙の歴史年表および③和紙の歴史年表を記す．

表 8.1.0.1　紙の世界史年表

各種の書写材料の時代を経て紙が出現し，21世紀の現在に至るまでの歴史を巨視的に眺める目的で，西洋と東洋の紙の歴史を併せて記す．

| 年　代 | 紙に関係した世界の出来事 |
|---|---|
| 紀元前 | |
| 書写材料出現以前 | ビッグバン（約150億年前），太陽系・地球の誕生（約46億年前），微生物誕生（約6億年前），恐竜の絶滅（約6,400万年前），人類の誕生（アウストラロピテクス，約300万年前），言語の使用（約50万年前），洞穴絵画（約4万年前） |
| 3000頃 | シュメール人が楔形文字を発明し，粘土板に記録（文字の使用の開始と書写材料の出現）．この頃エーゲ文明（青銅器文化） |
| 2850頃 | 表意文字現れる（エジプト） |
| 2500頃 | パピルス紙が現れる（エジプト），石に刻んだバビロニアの楔形文字が現れる．聖刻文字（ヒエログリフ）の使用（エジプト），この頃インダス文明，黄河文明 |
| 1800頃 | ハムラビ法典，石に刻んだ楔形文字が現れる |
| 1600頃 | 図形文字が現れる（クレタ島） |
| 1400頃 | 甲骨文字の使用を開始（中国） |
| 1300頃 | 竹簡・木簡の使用を開始（中国） |
| 1100頃 | ギリシア人がフェニキア人のアルファベット文字を伝承 |

## 8.1 紙に関する年表

**表 8.1.0.1** (続き)

| 年　代 | 紙に関係した世界の出来事 |
|---|---|
| 868 | 中国で石版摺りによる複写が行われる |
| 655 | 象形文字から簡易実用文字が成立 |
| 600頃 | インド最初の文献がヴェーダ文字により完成 |
| 500頃 | 帛書の使用を開始（中国） |
| 484 | 孔子が中国で最初の文書『春秋』を編述 |
| 401 | 旧約聖書の大部分がヘブライ語で書かれる |
| 313 | 葦の茎の先端を削り，筆記用刷毛の代用に使われる |
| 276 | エジプトでパピルスの製造と輸出が独占化される |
| 255 | なめした獣皮をパピルスの代用にする（ペルガモン） |
| 247 | アレクサンドリア図書館で文字を記したパピルスを40万本以上収容 |
| 202 | （〜後24）西安や中央アジア周辺遺跡からこの時代の麻紙断片が出土 |
| 200頃 | 羊皮紙を発明（ペルガモン） |
| 196 | ロゼッタストーン（プトレマイオス5世の石碑） |
| 189 | ペルガモンに大規模な図書館が建つ |
| 179 | （〜142）前漢・武帝，景帝時代の地図らしきものを記した放馬灘紙が存在（1986出土） |
| 118 | 前漢・武帝時代の麻紙の存在（1957出土） |
| 74 | （〜49）前漢・宣帝時代の懸泉紙の存在（1991出土） |
| 66 | 写本出版所が設立される（ローマ） |
| 59 | 定期的な刊行物"Acta diurna"が計画される（ローマ） |
| 52 | 前漢・宣帝時代の金関紙の存在（1972出土） |
| 47 | アレクサンドリア図書館が火災にあう |
| 紀元後 | |
| 67 | インドから西域を経て中国に仏教が伝来 |
| 85 | ローマで羊皮紙本ができる |
| 105 | 蔡倫による紙の発明（蔡侯紙）（『後漢書』，文献上最初の製紙の記録） |
| 125 | 新約聖書の最古の例証としてのパピルスの断片が存在 |
| 150頃 | 中国からトルキスタンに紙が渡来 |
| 300頃 | 中国から朝鮮に製紙法が伝わる（〜600まで諸説あり） |
| 379 | 百済の王仁が中国の文献を日本に伝える |
| 400頃 | 中国文化が日本に浸透し始める |
| 538 | 中国から日本に仏教が伝来 |
| 593 | 中国で木版印刷術が発明される |
| 610 | 高句麗の曇徴が製紙術を日本に伝える |
| 713 | （または742）世界最古の中国木版文献が現れる |
| 745 | 中国に郵便制度が確立される |
| 748 | 中国に最初の印刷された新聞が発刊される |

**表 8.1.0.1** (続き)

| 年代 | 紙に関係した世界の出来事 |
|---|---|
| 750頃 | 慶州・仏国寺の「無垢浄光大陀羅尼経」(新羅,現存世界最古の印刷物とされる) |
| 751 | タラス河畔の戦いで唐軍がアラブ軍に惨敗し,中国人捕虜より製紙法がイスラム世界に伝わる |
| 765 | 木版印刷術が中国から日本に伝来 |
| 770 | 「百万塔陀羅尼経」(奈良の諸大寺に納められた年代の明確な世界最古の印刷物) |
| 793 | バグダッドに製紙工場ができる |
| 806頃 | 中国・広東地方で竹を原料として紙をつくる |
| 807 | 中国で紙製の預金証書を硬貨並みに扱う |
| 824 | バグダッドに図書館をもつ世界最古の大学「知識の家」ができる |
| 868 | 中国で印刷された書籍(巻子本),木版の仏典「金剛般若波羅密経」が刊行される(日付の確実な中国の最古の印刷物) |
| 960 | カイロに製紙工場ができる |
| 976 | コルドバのアラビア図書館の蔵書が40万巻を超える |
| 977 | 中国で仏教聖典(Tripitka)が13万枚の木版に印刻される |
| 983 | 中国語の百科事典1,000巻が完成 |
| 1024 | 中国で紙幣制度が確立 |
| 1100 | モロッコのフェズに製紙工場ができる.ほぼ同時期にヨーロッパにも伝来 |
| 1109 | 紙に書かれた最初のシシリア関係文書が存在(パレルモ記録保存所) |
| 1151 | スペインのハチバでヨーロッパ初の製紙工場ができる |
| 1164 | アラビアの地理学者 Al Idrish による世界地図が発刊 |
| 1170 | パリで最初の書籍商人の免許が与えられる |
| 1225 | トゥルーズ図書館の原稿用紙927号がフランス最古と認められる |
| 1230 | 韓国で銅活字による書籍印刷物刊行 |
| 1231 | ドイツで法律上効力をもつ文書には羊皮紙の代用として紙の使用を禁止 |
| 1236 | イタリアで公証人の文書に紙を使用したものは法律上の拘束力がないことを規定 |
| 1246 | イタリアの紙に書いた記録簿がドイツ最古の筆跡と判明(国立ミュンヘン図書館) |
| 1268 | イタリアのファブリアーノに製紙工場ができる |
| 1282 | イタリアのファブリアーノでウォーターマーク(透かし文様)が発明される |
| 1293 | イタリアのボローニャに製紙工場ができる |
| 1314 | 中国で錫が最初の金属の一つとして流行(金属活字との関係で重要) |
| 1326 | フランスのアンベールに Richard de Bas 製紙所ができる(現在の紙の歴史博物館) |
| 1390 | ドイツのニュールンベルクに最初の製紙工場ができる |
| 1392 | 朝鮮で銅または青銅による字型鋳造技術を発明 |
| 1400 | 中央ヨーロッパに木版彫刻技術が普及 |
| 1403 | 朝鮮で青銅の字型を使用した最初の印刷が行われる |
| 1430 | ドイツで銅版腐食技術が発展 |
| 1445頃 | グーテンベルクが活版印刷術を発明(ドイツ) |

8.1 紙に関する年表

**表 8.1.0.1** （続き）

| 年　代 | 紙に関係した世界の出来事 |
|---|---|
| 1455 | グーテンベルクが42行聖書 "BIBLIA LATINA" を印刷（1452～1455） |
| 1461 | ドイツで最初の挿絵入りの書籍が刊行される |
| 1469 | ベネツィアにドイツ国外ではヨーロッパ初の書籍印刷所ができる |
| 1476 | ドイツで楽譜の印刷に金属製字母が使われる |
| 1476 | 銅版腐食法による最初の地図がつくられる |
| 1490 | 製本術が独立の手職として発展 |
| 1491 | ドイツ最初の印刷地図が現れる |
| 1494 | イギリスの Hertfordshire に最初の製紙工場がつくられる |
| 1500 頃 | 最初のカラー印刷が現れる．ヨーロッパの印刷所は1,000か所以上となる |
| 1502 | 横斜体の印刷字体（イタリック）がベネツィアで始まる |
| 1505 | 南京で青銅と鉛製の印刷字型がつくられる |
| 1521 | 製紙原料に稲わらが使われる（中国） |
| 1522 | ウィッテンベルクでルター訳の新約聖書の初版が刊行される |
| 1534 | ウィッテンベルクでルター訳の新約聖書の全巻が刊行される |
| 1564 | フランクフルトの書籍見本市に最初の書籍目録が現れる．モスクワでロシア初の製紙の試み |
| 1573 | スウェーデンの Tlippan に最初の製紙工場がつくられる |
| 1578 | 最初の紙による新聞として「トルコ新報」がベルリンで刊行される |
| 1586 | オランダで2か所の製紙所の設置免許がおりる |
| 1588 | ケルンでドイツ初の定期的な新聞 "Messrelation" が発刊される |
| 1589 | デンマークの Hven 島に製紙工場が建てられる |
| 1595 | メルカトールの地理書 "Atlas" が刊行される |
| 1606 | 手形の前身がボローニャに現れ，以後オランダ（1608），イギリス（1681）にも現れる |
| 1630 | ライプチヒで日刊の新聞 "Leipziger Zeitung" が発刊される |
| 1633 | 中央ヨーロッパで吸取紙が使われる |
| 1637 | 明末に宋応星が産業技術書『天工開物』（製紙法の記述あり）刊行 |
| 1653 | パリに最初の郵便箱が現れる |
| 1672 頃 | オランダでボロ紙料調成用としてナイフ付きのビーター（ホレンダービーター）が使われる |
| 1690 | ドイツで親書の秘密を法律で保護 |
| 1691 | パリで最初の住所録が現れ，ドイツではライプチヒに現れる（1701） |
| 1698 | ベルリンで郵便夫による手紙の配達が始まる |
| 1703 | ロシアで最初の新聞を発刊 |
| 1716 | 中国で47,000余字を収載した12集の字書『康熙字典』が完成 |
| 1719 | レオミュールが蜂の巣の観察から木材など植物から紙がつくられる可能性を示唆（フランス） |
| 1720 | フランスで最初の紙幣がつくられる（中国は1024年），イギリスで初めて壁紙が使われる |
| 1725 | 中国で1万巻の大百科辞典『古今図書集成』が完成 |
| 1732 | フランスで名刺が流行 |

表 8.1.0.1 (続き)

| 年代 | 紙に関係した世界の出来事 |
|---|---|
| 1757 | 羊皮紙を使用した最初の印刷本としてローマの詩人ヴェルギリウスの著作が発行される |
| 1765 | シェーファーが木材や各種の植物から紙をつくる試み（ドイツ）．この頃産業革命始まる（イギリス） |
| 1774 | 初めての古紙処理と脱インキ法に関する書籍が発刊される（ドイツ） |
| 1775 | 揚水用に蒸気機関が使用される（イギリス） |
| 1783 | ドイツで最初の模造羊皮紙がつくられる（紙の出現後も長い間羊皮紙の重要性が続いた） |
| 1785 | ロンドンで"Times"紙が発刊される |
| 1783 | イギリスでウォーターマーク（透かし）入りの初めての模造羊皮紙がつくられる |
| 1789 | ベルトローがボロ原料の製紙において塩素漂白法を用いる（フランス）．フランス革命 |
| 1790 | フランス革命時のアッシニア紙幣のための抄紙が行われる |
| 1797 | ゼーネフェルダーが石版印刷法を発明（ドイツ） |
| 1798 | ルイ・ロベールが連続型抄紙機を発明（長網抄紙機の原型，1799特許）．国東治兵衛『紙漉重宝記』刊行（日本初の製紙技法書），ロゼッタストーンが発見される |
| 1800 | スタンホープが鉄製手押し印刷機を発明（イギリス）．わら紙を用いて印刷した初の書籍刊行（イギリス） |
| 1802 | グローテフェントが楔形文字を解読 |
| 1803 | ドンキンがロベールの抄紙機を完成させる（イギリス），1804年に2号機設置 |
| 1805 | ブラマーが円網式紙・板紙抄紙機を建造（イギリス） |
| 1806 | フォードリニア兄弟が長網抄紙機を実用化（～1807）（イギリス） |
| 1807 | イーリッヒが鹸化樹脂サイズ法を発明（ドイツ），1808年にオットーも同様の試み |
| 1809 | ディッキンソンが円網抄紙機を発明（イギリス） |
| 1815 | フォスターが最初の植字機をつくる |
| 1819 | ドイツで最初のドンキン抄紙機が稼動 |
| 1820 | クロンプトンが蒸気過熱式シリンダー乾燥法を発明（イギリス） |
| 1822 | フランスのシャンポリオンがロゼッタ碑文からヒエログリフを解読 |
| 1838 | ダゲールがダゲレオタイプ（写真の前身）を発明（フランス） |
| 1839 | タブロットが臭化銀画紙上に写真像をつくる（銀塩写真のはじまり）（イギリス） |
| 1840 | パイエンが木材がセルロースと外皮から構成されていることを立証する |
| 1843 | イギリスの経済紙「エコノミスト」発刊 |
| 1844 | ケラーが摺り石によりポプラを磨砕することによる砕木パルプ法（GP）を発明（ドイツ） |
| 1852 | フォイト社のフェルターが砕木機をハイデンハイムに設置し実用化（ドイツ） |
| 1853 | ワットとバージェスが木材を原料とするソーダパルプ法を発明（イギリス） |
| 1854 | バージェスがアメリカのペンシルバニア州に世界初の木材パルプ工場が建設する |
| 1856 | ハーレイが段ボールの特許を取得（イギリス）．ティルマンが亜硫酸パルプ法を発明（アメリカ）．フランクフルト新聞が発刊され，1943年発行禁止．1949年に再発行（現在の"Frankfurter Allgemeine Zeitung"） |
| 1857 | シュルツが木材中の物質にリグニンと命名 |

## 8.1 紙に関する年表

**表 8.1.0.1** （続き）

| 年代 | 紙に関係した世界の出来事 |
|---|---|
| 1858 | ジョルダンがコニカルビーターを発明（アメリカ） |
| 1860 | バロックが高速輪転印刷機を発明，1863年に特許 |
| 1867 | アイトマンが木材が3成分（セルロース，ヘミセルロース（後年シュルツが命名），リグニン）からなることを確認 |
| 1872 | エクマンが亜硫酸パルプ法（SP）を発明（スウェーデン） |
| 1874 | 日本における洋紙製造のはじまり（有恒社） |
| 1875 | ドイツセルロース製造業者協会創設 |
| 1878 | ミッチェルリッヒが亜硫酸パルプ法の特許を取得．しかし1884年にドイツ大審院が特許の無効を判決．以降SP法は自由に使えるようになる（ドイツ） |
| 1879 | クリーチが凹版印刷法を発明（オーストリア） |
| 1884 | ダールがクラフトパルプ（KP）を発明（スウェーデン）し，間もなくソーダ法を駆逐する |
| 1891 | シュルツが木材中の糖分構成体をヘミセルロースと命名 |
| 1900 | シュタインの中央アジア探検．世界の紙パルプ工場数約5,200．うち1,300はドイツに，512はフランスに存在 |
| 1901 | マインツにグーテンベルク博物館が開館（ドイツ） |
| 1904 | ルーベルがゴム版のオフセット印刷法を発明（アメリカ） |
| 1907 | シュタインが敦煌文書（4～11世紀の写本，印刷物などの古文献）を持ち帰る（「敦煌学」のはじまり） |
| 1908 | ペリオが敦煌文書を持ち帰る（フランス） |
| 1909 | ミルスポーがクーチロールを発明（アメリカ） |
| 1910 | フォイト社がマガジングラインダーを開発（ドイツ） |
| 1912 | ネフゲンが顔料コーティング法を発展させる．ヘルマンがオフセット式輪転機発明． |
| 1913 | 世界の紙生産が約1,000万tに達す |
| 1914 | ライプチヒで世界書籍印刷博覧会 "Bugra" が開催される |
| 1926 | アメリカ林産試験場でセミケミカルパルプ法を実用化 |
| 1929 | ワイスフーン社がセミケミカルパルプ法の特許を取得（Lignocell法，ドイツ） |
| 1936 | 走行中のウェブの真空式ピックアップの発明で抄紙機の高速化が可能となる（アメリカ） |
| 1937 | 世界の年間紙生産量が約3,000万tとなる |
| 1940 | 広葉樹のセミケミカルパルプ化が進展（アメリカ） |
| 1945 | シリンダー24本式輪転機の1時間の新聞紙印刷能力120万部（8頁建）となる |
| 1949 | フォイト社が水平回転式ハイドロパルパーをつくる．新中国（中華人民共和国）の誕生 |
| 1950 | ニューヨーク州立大学で丸太法ケミグランドパルプを発明（アメリカ）．カミヤ社が連続蒸解釜を開発（スウェーデン） |
| 1951 | 戦後初の国際印刷見本市ドルッパ "drupa"（Druck und Papier：印刷と紙に関する世界的展示会）がデュッセルドルフで開かれる（第2回は1954） |
| 1954 | セント・アンネ・ボード社で最初のツインワイヤーマシンを開発（イギリス） |
| 1956 | グールド社でコールドソーダ法ケミグランドパルプの生産を開始（アメリカ）．中国で簡体字を制定 |

表 8.1.0.1 （続き）

| 年代 | 紙に関係した世界の出来事 |
|---|---|
| 1957 | 中国で表意文字である漢字のほかに表音文字としてのローマ字を採用．ローマ字綴りの表記法として拼音（ピンイン）を制定 |
| 1958 | 世界の年間紙生産量は約6,400万tに達する |
| 1960 | バウアー社で大型リファイナーの開発（アメリカ）．リファイナーグラウンドパルプ（RGP）の製造開始 |
| 1965 | 反応性サイズ剤の実用化（アメリカ） |
| 1966 | 世界最初の合成紙の製造開始（日本） |
| 1968 | デファイブレーター社はサーモメカニカルパルプ（TMP）を開発（スウェーデン），ツインワイヤーマシンの発明（アメリカ，Black Clawson社） |
| 1972 | 三井・クラウンツェルバッハ社で合成パルプの製造を開始（アメリカ・日本） |
| 1979 | タンペラ社・モドセル社でPGW（加圧GP）を開発（スウェーデン） |
| 1982 | ジエチル亜鉛による酸性紙の大量脱酸法実験開始（アメリカ） |
| 1984 | フォイト社のツインワイヤーマシン幅9,450 mm，生産量847 t/24時間（ドイツ） |
| 1990 | 紙パルプ産業におけるダイオキシン問題が世界的に浮上 |
| 1997 | 温暖化ガスの削減に関する京都議定書の採択 |
| 1999 | 地球の人口が60億に達する |
| 1998 | フィンランド製紙技術者協会より全21巻よりなる"Papermaking Science and Technology"の刊行開始 |
| 2001 | 中国の紙・板紙の生産量（3,490万t）が日本（3,073万t）を抜き，アメリカに次いで世界第2位となる．生産と消費とも日本と中国が逆転．ただし個人当たりの消費量は日本が242.8 kgに対し，中国は30.8 kg |
| 2002 | 世界の紙・板紙の生産量が3億2,946万t（日本は3,067万tで全体の9.3%） |
| 2003 | 世界の紙・板紙の生産量が3億3,881万t（日本は3,029万tで全体の8.9%）．個人当たりの消費量はアメリカ300 kg，日本242 kg，中国35.8 kg |
| 2004 | ドルッパ2004がデュッセルドルフで開催される |
| 2005 | 京都議定書が発効．世界印刷会議がヨハネスブルクで開催される．中国最古の絵文字が洞窟壁画から発見される（1万～1万6,000年前の旧石器時代のもの）．中国で蔡倫による製紙術発明1900周年記念行事が行われる |
| | 〈紙にかかわる21世紀の動向〉 |
| | 世界的なM&Aと市場のさらなる国際化 |
| | 二酸化炭素削減など地球環境問題の重要性増大 |
| | 中国をはじめとする東アジアの生産と消費の増大 |
| | 電子メディアの台頭と紙メディアへの影響 |

## 8.1 紙に関する年表

**表 8.1.0.2** 明治以降の紙の歴史年表

明治初年に洋紙技術の導入によりわが国の近代的な製紙の歴史が始まり，和紙を次第に代替し，現在に至るまでの歴史を記す．特に企業の変遷と技術の発達が活発に行われた第二次世界大戦後の60年間を詳細に記す．

| 西暦 | 元号 | 明治以降の日本における紙に関する出来事 |
|---|---|---|
|  |  | 〈紙の技術が西遷し，アラブ世界を経て，西欧社会で連続型技術に発展し日本に伝来するまで〉 |
| 105 |  | 蔡倫による紙の発明 |
| 751 |  | タラス河畔の戦いで唐軍がアラブ軍に惨敗し，中国人捕虜より製紙法がイスラム世界に伝わる |
| 793 |  | バグダッドに製紙工場ができる |
| 1151 |  | スペインのハチバでヨーロッパ初の製紙工場ができる |
| 1326 |  | フランスのアンベールに Richard de Bas 製紙所ができる（現在の紙の歴史博物館） |
| 1798 |  | ルイ・ロベールが連続型抄紙機を発明（フランス，現在の洋紙技術の基礎） |
| 1806 |  | フォードリニア兄弟が長網抄紙機を実用化（～1807）（イギリス，ルイ・ロベールの抄紙機を大幅に改良） |
|  |  | 〈明治以降の洋紙の歴史〉 |
| 1868 | 明治1 | 越前五箇村で太政官札用紙を製造．明治維新政府が太政官札を発行 |
| 1873 | 明治6 | 抄紙会社（明治9年に製紙会社に，26年に王子製紙に改称）が設立され，わが国で洋紙製造が始まる |
| 1874 | 明治7 | 東京の有恒社で機械抄きの紙（洋紙）の製造を開始 |
| 1875 | 明治8 | 大蔵省紙幣寮に抄紙局開設（後の印刷局抄紙部） |
| 1876 | 明治9 | 京都のパピール・ファブリック社が長網抄紙機による抄紙を開始 |
| 1879 | 明治12 | 印刷局抄紙部で国産初の円網抄紙機（1号機）完成 |
| 1880 | 明治13 | 製紙所聯合会設立（製紙業界における事業者団体活動のはじまり） |
| 1882 | 明治15 | 日本銀行設立．1885年に紙幣（日本銀行券）を発行 |
| 1886 | 明治19 | 製紙会社が初めて木材を煮て原料に混用 |
| 1887 | 明治20 | 富士製紙の設立．東京洋紙商同業組合設立認可 |
| 1888 | 明治21 | 東京板紙千住工場が落成（わが国初の機械抄き板紙の生産） |
| 1889 | 明治22 | 製紙会社気田工場で木材によるパルプ（亜硫酸パルプ）製造を開始．大阪朝日新聞発刊（1940年に朝日新聞に統合） |
| 1890 | 明治23 | 富士製紙が砕木パルプの製造を開始．製紙会社などの請願で印刷局抄造の印刷用紙の販売を停止 |
| 1897 | 明治30 | 吉井源太『日本製紙論』刊行 |
| 1898 | 明治31 | 合資会社神戸製紙所設立（現・三菱製紙）．四日市製紙芝川工場完成（新富士製紙，富士製紙を経て現・王子特殊紙（株）） |
| 1899 | 明治32 | 印刷局製紙工場の民営化に関する請願書．製紙所聯合会が日本製紙所組合と改称（明治39年に日本製紙連合会と改称） |
| 1902 | 明治35 | 第1次大谷探検隊（西本願寺門主・大谷光瑞による西域探検）が古代の紙資料を持ち帰る |

表 8.1.0.2 （続き）

| 西暦 | 元号 | 明治以降の日本における紙に関する出来事 |
|---|---|---|
| 1903 | 明治36 | 洋紙と和紙の生産量が伯仲．小学校教科書が手漉き和紙から洋紙に変わる．印刷局でも紙幣のみ手漉き，ほかは機械による製造となる |
| 1904 | 明治37 | 日露戦争開戦．新聞用紙の需要が激増し供給不足となり，アメリカから輸入 |
| 1907 | 明治40 | 北越製紙設立．東海紙料設立（現・東海パルプ） |
| 1912 | 大正1 | 大阪紙商同業組合設立 |
| 1913 | 大正2 | 樺太工業設立．日本紙器製造設立（現・日本紙業） |
| 1914 | 大正3 | 高崎板紙設立（現・高崎製紙） |
| 1915 | 大正4 | 加賀製紙設立 |
| 1917 | 大正6 | 日本加工製紙設立（2002年自己破産により解散）．巴川製紙所設立 |
| 1918 | 大正7 | 日本板紙連合会設立（事務所は大阪）．立山製紙設立．三島製紙設立 |
| 1920 | 大正9 | 聯合紙器設立（現・レンゴー（株））．中越印刷（現・チューエツ） |
| 1922 | 大正11 | 全国紙業博覧会を名古屋で開催 |
| 1923 | 大正12 | 関東大震災．大正13年3月末まで筆記用紙，図画用紙，壁紙の輸入税免除．震災で倉庫焼失の新聞社が海軍に新聞用紙の艦艇輸送を請願 |
| 1925 | 大正14 | 富士製紙落合工場（現在のサハリン）でクラフトパルプの製造を開始．日本板紙同業界設立（昭和15年に日本板紙連合会と改称） |
| 1926 | 大正15 | 特種製紙設立 |
| 1931 | 昭和6 | 機械抄和紙同業会設立．「重要産業の統制に関する法律」が公布され洋紙に適用される．製紙業が洋紙製造業と板紙製造業に二分類される |
| 1933 | 昭和8 | 王子製紙が富士製紙と樺太工業を合併．佐野製紙設立（安倍川製紙，富士製紙を経て現・王子特殊紙（株）） |
| 1934 | 昭和9 | 富士写真フィルム設立．不二紙行（株）設立（現・リンテック（株）） |
| 1935 | 昭和10 | 安倍川工業（株）設立（安倍川製紙，富士製紙を経て現・王子特殊紙（株）） |
| 1936 | 昭和11 | 日清製紙設立．理研感光紙設立（現・（株）リコー） |
| 1937 | 昭和12 | 日曹人絹パルプ設立（現・興人）．東洋製紙設立（新富士製紙，富士製紙を経て現・王子特殊紙（株））．大平加工製紙設立（現・大平製紙）．東邦化学工業設立（東邦ワラパルプを経て，現・東邦特殊パルプ）．日中戦争起こる |
| 1938 | 昭和13 | 政府がパルプ増産5ヵ年計画発表．国家総動員法発令．国策パルプ工業設立．商工省が製紙用パルプの輸入制限に基づき，新聞，雑誌の消費制限を指導．昭和製紙と大正工業が合併し，大昭和製紙を設立 |
| 1939 | 昭和14 | 商工省が製紙用パルプの配給制を実施 |
| 1940 | 昭和15 | 戦前の生産量のピーク（154万t）．商工省が洋紙配給統制要項を発表 |
| 1941 | 昭和16 | 日本製紙印刷工業設立．興亜工業設立．太平洋戦争始まる（～1945）．紙配給統制規則の公布．統制経済で原料は配給制に．全国手漉き和紙工業連盟設立．全戸数13,172戸 |
| 1942 | 昭和17 | 製紙工業整備要綱の通達 |
| 1943 | 昭和18 | 四国14工場の合併により大王製紙設立．兵庫製紙設立．日新工業設立．丸三製紙設立 |
| 1944 | 昭和19 | 紙統制（株）設立（洋紙・和紙・板紙統制会社を合併）．風船爆弾の製造が本格化 |

8.1 紙に関する年表

表 8.1.0.2 （続き）

| 西暦 | 元号 | 明治以降の日本における紙に関する出来事 |
|---|---|---|
| 1945 | 昭和20 | GHQ による占領政策開始．商工省繊維局紙業課（後の紙業印刷業課の前身）創設．丸住製紙工業が丸井製紙より分離，独立． |
| 1946 | 昭和21 | 年産21万t．日本パルプ工業設立（王子製紙）より分離，独立．洋紙工業会，パルプ工業会，板紙工業会を結成．物価統制令を公布．中央繊維工業所設立（後の中央板紙）．紙統制（株）の解散．紙配給（株）が発足．本多忠紙工設立（現・大阪製紙）．山陽パルプ設立 |
| 1947 | 昭和22 | パルプ及び紙技術協会設立（現・紙パルプ技術協会）．高岡製紙設立（現・中越パルプ工業）．南信パルプ設立．摂津板紙設立（現・セッツ）．王子製紙江別工場を継承して北日本製紙産業設立（後に北日本製紙に改称）．過度経済力集中排除法．6・3・3制の新学校制度発足 |
| 1948 | 昭和23 | 北上製紙設立．三善製紙設立．王子製紙神崎工場より神崎製紙設立．大竹紙業（株）設立 |
| 1949 | 昭和24 | 出版業者数が 4,581 社を記録．洋紙のうち特殊紙の一部，板紙，和紙の統制解除．新聞出版用紙割当審議会令公布．機械漉き和紙同業会設立．アート紙の統制解除．筆記用紙，図画用紙の統制解除．東京洋紙商協同組合創立．雑誌の休廃刊が続出し，戦後の新興出版社に倒産・休業が相次ぐ．三島パルプ工業設立（昭和25年に東洋パルプに改称）．宇都宮製紙設立．高砂製紙設立．過度経済力集中排除法により王子製紙を苫小牧製紙（後に王子製紙工業を経て昭和35年に王子製紙に改称），十條製紙，本州製紙に三分割．板紙連合会結成．紙パルプ連合結成（現・日本製紙連合会）．三興製紙設立 |
| 1950 | 昭和25 | 一部を除き印刷用紙の配給価格の統制撤廃．民間輸入再開．政府が下級印刷用紙の再統制実施．紙パルプ産業で計画造林を開始．<br>板紙，和紙，洋紙の価格統制の撤廃．製紙記念館開館（現・紙の博物館）．三興パルプ設立（現・大興製紙）．紀州製紙パルプ設立（現・紀州製紙）．東洋パルプ呉工場稼働．朝鮮戦争による特需で，三白（紙，砂糖，セメント）景気始まる |
| 1951 | 昭和26 | 新聞用紙，下級印刷用紙などの輸出を制限．国産が困難で高性能な輸入機械の輸入関税 15% を免除．紙の配給統制を全面解除．セロファン工業会設立．紙の物品税撤廃運動．大昭和製紙富士工場が稼動 |
| 1952 | 昭和27 | 広葉樹クラフトパルプの生産開始（国策パルプ勇払工場）．苫小牧製紙が王子製紙工業に改称．王子製紙春日井工場稼動．王子製紙がストライキに突入．日本パルプ工業米子工場稼動．日本紙類輸出組合発足 |
| 1953 | 昭和28 | 王子製紙春日井工場で国内初のカミヤ連続蒸解釜が稼動．広葉樹セミケミカルパルプの生産開始（丸三製紙原町工業）．愛媛製紙設立．アラスカパルプ設立．東京洋紙代理店会設立．パルプ材輸入協会設置．紙・板紙の生産量が前年比 31% で戦前の最高を突破（176万 t） |
| 1954 | 昭和29 | 冨士洋紙店，川島洋紙店，山栄洋紙店が合併．京都府紙商組合設立．大阪，九州，名古屋，京都，北海道の名称をもつ洋紙代理店会が設立され，後に日本洋紙代理店連合会が発足．北見パルプ設立（現・北陽製紙）．高萩パルプ設立 |
| 1955 | 昭和30 | 生産高 220万 t（戦後 10年で 10倍に拡大）．「木材利用合理化方策」を閣議決定し BKP と SCP のための広葉樹利用を促進．紙パルプ連合，日本洋紙会，パルプ工業会が解散し「紙・パルプ連合会」として発足．<br>兵庫パルプ設立．大津板紙設立．大王製紙が銅山川製紙所を賃借し川之江工場とする．この頃から高度経済成長始まる |

表 8.1.0.2 （続き）

| 西暦 | 元号 | 明治以降の日本における紙に関する出来事 |
|---|---|---|
| 1956 | 昭和31 | 「上質紙輸出協力会」が発足し輸出協定価格制度が確立．「全国中芯原紙協同組合」設立．東京板紙代理店会設立．九州，中四国，名古屋，京都，北海道，大阪の名称をもつ板紙代理店会が設立され，後に日本板紙代理店連合会が発足．全国段ボール協同組合連合会設立．<br>名古屋パルプ設立．新大阪板紙設立．出水製紙設立 |
| 1957 | 昭和32 | 故紙総合対策協議会発足．造林促進のための税法上の助成措置の創設．通産省がパルプ設備の新増設に対する造林を義務化．段ボール原紙，白板紙，上質紙の操短の実施．全日本印刷工業組合連合会設立 |
| 1958 | 昭和33 | 通産省が市販用製紙パルプ，上質紙，クラフト紙に戦後初の操短を指示．大王製紙が西日本パルプを合併．紙パルプ連合会が日本パルプ材協会を統合し林材部とする．本州製紙江戸川工場に排水問題が起きる．水質保全法，工場排水法が制定．王子製紙が無期限スト(144日間のいわゆる王子製紙争議のはじまり)に突入．紙パルプ業界がメートル法を採用．東京洋紙同業会設立．「紙パルプ技術タイムス」創刊 |
| 1959 | 昭和34 | 全国家庭用薄葉紙工業組合連合会設立．段ボール機械の増設が活発化．週刊誌の創刊が相次ぐ．王子製紙の争議解決．本州製紙釧路工場が稼動し，広葉樹クラフトライナーが誕生．アラスカパルプが操業開始 |
| 1960 | 昭和35 | 東海パルプと南信パルプが業務提携．全国木材チップ工業連合会設立．天塩川製紙設立（現・北陽製紙）．大昭和製紙白老工場が稼動．クラフトパルプ（KP）がサルファイトパルプ（SP）の生産を超え主流となる |
| 1961 | 昭和36 | 農林省がクラフト紙袋の使用許可．全国穀用紙袋協会設立．通産省が上質紙の操短指示．紙・パルプ連合会が物品税撤廃運動を開始．山陽スコット設立（家庭紙の普及始まる）．聯合紙器利根川工場稼動 |
| 1962 | 昭和37 | 上質紙の勧告操短実施．水質保全法水質基準決定．紙の物品税全廃．大王製紙が会社更生法の適用申請．製紙用パルプ・紙が自由化に移行．通産省が紙製品造新増設停止を指導．繊維学会紙パルプ研究委員会設立．化繊紙研究会設立（1982年機能紙研究会に改称） |
| 1963 | 昭和38 | セミ上質紙，雑種紙，純白ロール紙，両更クラフト紙に勧告操短指示．十條キンバリー設立．北米より外国産チップの初輸入開始．日本包装技術協会設立．全国障子紙工業会設立．全国段ボール組合連合会設立 |
| 1964 | 昭和39 | 十條板紙が設立されわが国初のインバーフォーム抄紙機を導入．十條製紙伏木工場にわが国初のRGP設備設置．東洋パルプがわが国初のチップ専用船呉丸を就航．通産省が「機械抄き和紙製造業の近代化計画ならびに実施計画」発表 |
| 1965 | 昭和40 | 大昭和製紙がチップ専用船就航．日曜・祝日の新聞夕刊廃止．十條セントラル設立．広葉樹材53％，針葉樹材47％に材種の比率が転換．白板紙に不況カルテル認可．白河パルプ北上工場稼動 |
| 1966 | 昭和41 | 「紙パルプ産業体制問題研究調査会」設置．日本軽印刷工業会設立．三菱製紙が白河パルプを合併．三菱製紙八戸工場稼動．日本加工製紙が世界初の合成紙開発 |
| 1967 | 昭和42 | 本州製紙がカナダのブリティッシュ＝コロンビア州に合弁会社（Crestbrook Forest Industry Ltd.）設立．機械抄き和紙連合会設立 |
| 1968 | 昭和43 | 王子製紙，本州製紙，十條製紙が公正取引委員会に合併の事前審査依頼．半年後に取り下げ．十條製紙が東北パルプの合併に調印．大昭和パルプ岩沼工場が稼動．日本合成紙発足．この頃から公害問題が浮上．大気汚染防止法，騒音規制法が施行 |

## 8.1 紙に関する年表

**表 8.1.0.2** （続き）

| 西暦 | 元号 | 明治以降の日本における紙に関する出来事 |
|---|---|---|
| 1969 | 昭和 44 | 年産 1,000 万 t 達成．わが国初のツインワイヤーマシンとしてバーチフォーマーが設置（大昭和製紙吉永工場）．十條製紙がカナダに合弁会社（フィンレー・フォレスト，インダストリー）設立．大昭和丸紅インターナショナル社とカナダのウェルドウッド社が等分出資の Cariboo Pulp and Paper を設立 |
| 1970 | 昭和 45 | 日本の紙生産量世界第 2 位となる（1,297 万 t）．田子の浦ヘドロ公害問題で，市民団体が 4 製紙会社を告発．公害問題の深刻化に伴い，従来の公害対策委員会を環境保全委員会に改称．南方造林協会設立．日本紙パルプ商事設立．環境庁の設置．東京大学農学部パルプ学製紙学研究室設立（1996 年に製紙科学研究室に改称） |
| 1971 | 昭和 46 | ノーカーボン紙の PCB 問題浮上．水質汚濁防止法施行．日伯パルプ資源調査を設立し，同年セニブラに改称．資本自由化に伴い紙パルプ 100％自由化．円が変動相場制に移行．日ソチップ協定．田子の浦の埋め立て工事始まる（～1977） |
| 1972 | 昭和 47 | 日本製紙連合会が発足（紙パルプ連合会と板紙連合会が合併）．産業構造審議会が「70 年代の紙パルプ産業のあり方」答申．王子系 5 社が (株)日本紙パルプ研究所設立．山陽国策パルプが発足（山陽パルプ，国策パルプ工業が合併） |
| 1973 | 昭和 48 | 紙不足が深刻化し，日本製紙連合会内に紙・板紙斡旋相談所開設（1 年後に閉鎖）．第 1 次オイルショックに伴うトイレットペーパー騒動が全国に波及．通産省が増産と便乗値上げ防止を要請．製紙パレット共同回収機構発足．紙メーカーへの石油供給の 10％以上カット．公害防止対策の投資が増大（～1978 年頃まで継続） |
| 1974 | 昭和 49 | 通産省が学校用更紙の緊急放出対策決定．紙流通業者の売り惜しみ・不当利得自粛宣言．紙，段ボール，紙器が不況業種適用対象となる．古紙再生促進センター設立 |
| 1975 | 昭和 50 | 雇用調整給付金制度の対象に板紙指定．日本製紙連合会が不況対策につき政府に陳情．製紙各社が大幅な操短実施．北越製紙勝田工場が稼動 |
| 1976 | 昭和 51 | 田子の浦港のヘドロ公害による漁業補償問題決着．十條製紙がウェアハウザー社と合弁で NORPAC (North Pacific Paper) 設立（1979 年より新聞用紙工場稼動）．TMP（サーモメカニカルパルプ）の生産開始．新聞の軽量化テスト生産開始 |
| 1977 | 昭和 52 | 板紙構造改善委員会発足．段ボール原紙不況カルテル認可．中小のちり紙，トイレットペーパーメーカーが不況カルテル申請．セニブラ稼動．キノン添加パルプ蒸解法を発明 |
| 1978 | 昭和 53 | ツインワイヤーのティッシュマシンの稼動（王子製紙春日井工場）．円高の進行で輸入紙が急増．板紙不況で中小メーカー相次ぎ破綻．特定不況産業安定臨時措置法（特安法）施行．全国製紙原料商工組合連合会設立．全国家庭紙同業会連合会設立 |
| 1979 | 昭和 54 | 段ボール原紙を特安法に基づく構造不況業種に指定．輸入紙懇話会発足．第 2 次オイルショックで原油価格が高騰．外材輸入チップが高騰．日本製紙連合会内にエネルギー対策特別委員会発足．大昭和製紙がカナダ側と等分出資でケネルリバーパルプ社を設立（1981 年に TMP 生産開始） |
| 1980 | 昭和 55 | 雇用調整給付金制度の対象に段ボール原紙指定．家庭用紙不況カルテル認可．輸入チップに対する貿易管理令の発令．古紙回収促進の街頭キャンペーン．社会経済国民会議が「80 年代紙パルプ産業政策」に提言．十條製紙秋田工場を分離し十條パルプ設立 |
| 1981 | 昭和 56 | 産業構造審議会が「80 年代の紙パルプ産業ビジョン」を答申．日本製紙連合会が「構造改善調査特別委員会」設立．通産省が抄紙機の新増設 2 年間停止の行政指導．コート紙，上質紙，クラフト紙の不況カルテル認可．日本紙類輸入組合設立．日本段ボール工業会発足 |

表 8.1.0.2 （続き）

| 西暦 | 元号 | 明治以降の日本における紙に関する出来事 |
|---|---|---|
| 1982 | 昭和57 | 日米貿易摩擦が紙製品に波及し，市場開放を迫られる．『紙が消える日』（森山 剛）が話題．マクミラン社が電話帳用紙を外国メーカーとして初受注．製紙技術研究組合発足（1987 終了）．日本紙パルプ研究所がつくば学園都市に移転．機能紙研究会発足 |
| 1983 | 昭和58 | OPEC が結成以来初の原油価格引き下げ決定．特定産業構造改善臨時措置法（産構法）施行．洋紙（新聞紙を除く）製造業が産構法の指定業種に．洋紙構造改善指示カルテル発行．やがて紙・板紙の需要が回復．省エネ・省力により原・燃料事情落ち着く．グループ内企業再編進行．軽量化による裏抜け防止用としてホワイトカーボンの需要が増加．この頃から中性紙の普及が始まり，炭酸カルシウムと中性サイズ剤の出荷が増大 |
| 1984 | 昭和59 | 日米紙パルプ会議開催．段ボール原紙構造改善基本計画告示．日本紙パルプ労働組合協議会設立（紙パ労連，紙パ総連合，無所属4組合を統一）．王子製紙が東洋パルプに資本参加．新富士製紙設立（富士製紙を経て現・王子特殊紙（株）） |
| 1985 | 昭和60 | 年産2,000万 t．日米林産品 MOSS 協議が開始され，紙の輸入拡大要求強まる．市場開放のアクションプラン骨子決まる（紙関税の一律20%引き下げ）．板紙市況が急落し，全社赤字操業．雑誌創刊史上最高（245誌） |
| 1986 | 昭和61 | 通産省紙業課が紙業印刷業課に改称．通産省が価格の事後処理（いわゆる建値制度）中止を指示．三菱重工業がベロイト社に資本参加．十條リサーチ設立．十條製紙が十條キンバリーを完全子会社化 |
| 1987 | 昭和62 | 日本製紙連合会内に国際委員会設置．日・韓・台紙パ会議開催．日本・北欧紙パ会議開催．大昭和製紙がカナダにピースリバー工場建設．大昭和製紙がジェームスリバー社のポートエンジェルス工場買収．王子製紙がカナダ側と折半出資のハウサンド・パルプ＆ペーパー社設立 |
| 1988 | 昭和63 | 通産省が紙パルプ統計分類を大改正．洋紙に対する構改法の指定解除．構改法廃止．それに伴い段ボール原紙の構改も終結．首都圏の大手新聞が朝刊32頁建てとなる．日加紙パ会議開催．タイ・ユーカリ資源（株）設立．紙代理店大手11社が紙流通合理化のための（株）カミネット設立 |
| 1989 | 昭和64 | 紙パルプ流通 VAN 本格稼動．エコマーク認定事業開始．日資連が古紙非常事態を宣言．感熱紙各社の海外展開活発化．大王製紙秋田工場建設に関し秋田県・市と覚書（後に計画断念） |
| 1990 | 平成2 | 愛媛県川之江市金生川河口のボラからダイオキシンが検出されたとの報道でダイオキシン問題が浮上，社会問題化．日本製紙連合会はダイオキシン対策特別委員会を設置．漂白化学パルプ工場の自主規制値（AOX 1.5 kg/t 以下）を設定．製紙各社は酸素漂白設備の導入を計画．日本製紙連合会はリサイクル55計画を発表（5年間で古紙利用率を50%から55%に高める）．日本製紙連合会は広報室を設置．古紙再生促進センター内にオフィス古紙回収委員会設置．通産省が商慣習改善指針策定（建値制度などの問題への対処）多くの海外プロジェクトが公表される．日本印刷産業連合会が「印刷の日」を制定 |
| 1991 | 平成3 | バブル経済の崩壊で需要が鈍化．流通関係の簡易包装，包装紙の再生紙使用が進む．東電の呼びかけでオフィス町内会発足．山陽国策パルプが山陽スコットを完全子会社化．全国600か所の製紙工場でダイオキシン緊急調査実施．製紙連合会をはじめ各種団体が環境破壊産業のイメージを払拭するための積極的な活動開始（紙パ業界のPR元年）．ケナフ協議会発足．ECが日本製感熱紙にダンピング裁定．東西冷戦構造の崩壊．地球環境問題の浮上 |

8.1 紙に関する年表

表 8.1.0.2 （続き）

| 西暦 | 元号 | 明治以降の日本における紙に関する出来事 |
|---|---|---|
| 1992 | 平成 4 | ブラジル地球サミット開催．王子製紙・伊藤忠商事がニュージーランドで植林事業開始．日本製紙連合会が独禁法遵守マニュアル作成．通産省が紙・加工・印刷業者に外国紙製品の輸入拡大を要請．三島製紙が製紙業界初の国際標準化機構（ISO）の品質保証規格取得．十條製紙と山陽国策パルプ工業が合併の調印（新社名を日本製紙に決定）．山陽スコットが社名をクレシアに改称 |
| 1993 | 平成 5 | ブラジルサミットを受け環境基本法成立．古紙利用新規用途開拓委員会設置．木材チップ対策協議会設置．通産省が古紙利用製品の積極的利用要請．洋紙業界の再編開始．王子製紙と神崎製紙が合併し，新王子製紙発足．日本製紙誕生 |
| 1994 | 平成 6 | パルプ製造業，洋紙製造業が雇用調整助成金の業種に指定．メーカー，代理店が建値制度の段階的廃止と実勢価格取引への転換を発表．通産省「紙パルプ基本問題検討委員会」がアジアへの積極的進出と環境対策への取り組みを提言．メーカーが販売代理店の減少による集約化を発表．日本紙パルプ研究所が研究を環境問題に集中することを決定 |
| 1995 | 平成 7 | 阪神大震災で紙関連の被害甚大．日本製紙連合会が「ポスト 55 計画」として 2000 年度古紙利用率 56％を決定．PL 法施行に伴い本州製紙，日本製紙が製品安全憲章制定．NTT が 1996 年度から電話帳用紙入札に古紙混入の義務付けを決定．NTT 電話帳用紙全量を日本企業が独占 |
| 1996 | 平成 8 | 年産 3,000 万 t 達成（50 年間で 150 倍に成長）．通産省「紙の資源問題研究会」が 2010 年の植林規模 60 万 ha を答申．日本製紙連合会内に「海外産業植林に関する研究会」設置．紙類の輸入が過去最高を記録．新王子製紙と本州製紙が合併し，新社名を「王子製紙」とする |
| 1997 | 平成 9 | 京都議定書調印・採択．日本製紙連合会が環境自主行動計画を策定．通産省が古紙リサイクル促進のための行動計画策定．容器包装リサイクル法施行．古紙余剰問題研究会発足．日本製紙が「ゼロディスチャージ運動」で廃棄物の極小化めざす．飲料用紙容器リサイクル協議会発足．日本段ボール工業会と全国段ボール工業組合連合会統合．日本紙業と十條板紙が合併し，日本板紙が誕生．紙の博物館が新館に移転．紙パルプ技術協会が創立 50 周年記念行事開催 |
| 1998 | 平成 10 | 海外産業植林センター設立（南方造林協会を改組）．日本製紙がクローン苗育成に成功．地球温暖化対策推進法の公布．王子製紙が段ボール事業を地域毎の 7 社に分社化．北越製紙新潟工場に国内最大級（日産 1,200 t）の無塩素パルプ漂白設備導入．日本パルプモウルド工業会発足．紙・パルプが雇用調整助成金指定業種に．古紙リサイクル連絡協議会設置 |
| 1999 | 平成 11 | 王子製紙，日本製紙，三菱製紙，三島製紙，レンゴーが従業員削減や工場閉鎖の合理化計画を発表．北越製紙，大昭和製紙，大王製紙，王子製紙無塩素漂白化計画を発表．海外植林がブーム．代理店の再編が本格化．日本製紙連合会，製紙メーカーとケナフ関連団体の間のケナフ論争．電子書籍実証実験実施 |
| 2000 | 平成 12 | 循環型社会形成推進基本法公布・施行．段ボールリサイクル協議会発足．日本製紙と大昭和製紙の統合による持ち株会社設立計画を発表（日本ユニパックホールディング）．大昭和製紙が環境会計を導入．製紙業界が日本の植林実績を訴えるために各社植林事業者を温暖化実務者会議に派遣．三菱製紙と北越製紙が業務提携を発表．日本製紙連合会は「ポスト 56 計画」として 2005 年度中に古紙利用率 60％達成目標を発表（2003 年度末に達成） |

**表 8.1.0.2** （続き）

| 西暦 | 元号 | 明治以降の日本における紙に関する出来事 |
|---|---|---|
| 2001 | 平成 13 | 21世紀への転換で中央官庁が再編．環境省が誕生．製紙産業の所管は通商産業省生活産業局紙業印刷業課から経済産業省製造産業局紙業生活文化用品課になる．森林・林業基本法の改定．有害大気汚染物質第二次自主管理計画作成．「紙・パルプ産業検討会」が発足 |
| 2002 | 平成 14 | オゾン漂白法の本格的導入始まる（日本製紙八代工場など）．オーストラリアから植林チップの輸入開始（王子製紙）．日本加工製紙（1917年設立），自己破産を申請．森林認証を獲得（王子製紙，三菱製紙）．レンゴーが中国・インドネシアなどアジアでの段ボール事業を拡大．王子製紙がP＆Gの中国製紙工場を買収．龍谷大学に「古典籍デジタルアーカイブ研究センター」が発足 |
| 2003 | 平成 15 | 王子製紙，廃棄物発電増設．王子製紙，ユーカリのゲノム解析に成功．メッツォSHI設立．新富士製紙と安倍川製紙が合併し，富士製紙が誕生（現・王子特殊紙(株)）．王子ネピア誕生．王子製紙，中国江蘇省南通市への2,000億円以上投資大型工場建設計画である「南通プロジェクト」発表．日本製紙，3工場でRPF燃料に転換．紙パルプ技術協会が製紙産業技術遺産保存・発信プロジェクトを開始 |
| 2004 | 平成 16 | 企業行動憲章（王子製紙，三菱製紙）．三菱製紙，八戸工場におけるECF比率を80%に引き上げ．日本製紙グループ誕生．王子特殊紙誕生．バイオマスボイラーの導入（大王製紙，日本製紙）．アラスカパルプ，特別清算の開始．王子製紙，「南通プロジェクト」の遅れを発表（稼動は2008年）．「シグマブック」，「リブリエ」などの電子ブックが発売される |
| 2005 | 平成 17 | 京都議定書が発効．容器包装リサイクル法の10年目見直し．世界印刷会議．日本印刷産業連合会20周年．印刷文化展（新潟）．紙パルプ技術協会年次大会〈地球の緑と共に生きる更なる技術の発展をめざして〉（新潟）を開催 |

**表 8.1.0.3** 和紙の歴史年表

和紙は洋紙と比較すると生産額は現在では約1,000分の1にすぎないが，紙文化の中で特異な存在であり，日本文化の中で重要な位置を占めているので独立した年表を記す．

| 西暦 | 元号 | 和紙に関する出来事 |
|---|---|---|
| 105 | | 蔡倫による紙の発明．中国は後漢の時代（25～222）．日本は弥生時代（前4世紀頃～後3世紀頃） |
| 300 頃 | | 中国（六朝時代）から朝鮮（高句麗）に製紙法が伝わる（～600まで諸説あり） |
| 379 | | 百済の王仁が『論語』や「千字文」などの紙書籍を日本にもたらす．日本は古墳時代（3世紀末～7世紀） |
| 400 頃 | | 中国文化が日本に浸透し始める |
| 513 | 継体 7 | 百済より五経博士が渡来し，漢字や仏教の普及が始まる |
| 538 | 宣化 3 | 百済より仏像・経典が献上され仏教伝来 |
| 593 | 推古 1 | 中国で木版印刷術が発明される．日本は飛鳥時代（6世紀末～7世紀前半） |
| 600 | 推古 8 | 遣隋使始まる（『隋書』），第2回（607）は小野妹子（『日本書紀』） |
| 604 | 推古 12 | 聖徳太子，憲法十七条を制定 |
| 610 | 推古 18 | 高句麗の僧・曇徴が日本に製紙法を伝える（『日本書紀』） |
| 630 | 舒明 2 | 遣唐使始まる |

## 8.1 紙に関する年表

**表 8.1.0.3** （続き）

| 西暦 | 元号 | 和紙に関する出来事 |
|---|---|---|
| 645 | 大化1 | 大化の改新で戸籍がつくられ，公用の紙需要が増大 |
| 652 | 白雉3 | 班田収授の法実施により計帳と戸籍作成が義務化 |
| 701 | 大宝1 | 大宝律令が完成し，図書寮に造紙手を置き，製紙に従事 |
| 702 | 大宝2 | 最古の戸籍用紙（国産最古の年代がわかる紙が正倉院に所在） |
| 710 | 和銅3 | （〜749：天平感宝1），平城京に遷都し奈良時代始まる（〜784），白紙のほか，染紙や金銀箔などの装飾加工紙がつくられる |
| 720 | 養老4 | 『日本書紀』が完成 |
| 727 | 神亀4 | 正倉院文書に麻紙の名が初めて現れる |
| 731 | 天平3 | （〜748：天平20），正倉院文書に染紙，真弓紙，斐紙，檀紙，金銀装飾加工紙が現れる |
| 770 | 宝亀1 | 年代の明確な世界最古の印刷物「百万塔陀羅尼経」が完成し奈良十大寺に分置 |
| 794 | 延暦13 | 平安京に遷都し平安時代が始まる（〜1192） |
| 804 | 延暦23 | 最澄・空海らが遣唐使に随行して唐に行く |
| 806 | 大同1 | （〜810：大同年間），官営の製紙所である図書寮の別所として紙屋院を設ける |
| 811 | 弘仁2 | 正倉院文書によるとこの頃ネリを使った流し漉き技法が完成 |
| 876 | 貞観18 | 法華経の書写のための宿紙（リサイクル紙）が始まる（清和天皇の女御・藤原多美子） |
| 859 | 貞観1 | （〜869：貞観11），色紙屏風がつくり始められる |
| 894 | 寛平6 | 遣唐使を廃止し，国風化の流れが強まり和紙の役割が増大 |
| 907 | 延喜7 | 『延喜式』撰上 |
| 927 | 延長5 | 『延喜式』に納税の紙や図書寮での紙漉きを規定（初の製紙法記述） |
| 954 | 天暦8 | （〜974：天延2）『蜻蛉日記』に陸奥紙の名が現れる |
| 988 | 永延2 | 性空上人が『元亨釈書』に「紙衣を着用」と記す |
| 999 | 長保1 | （〜1010：長保・寛弘年間）『枕草子』，『源氏物語』が書かれ，陸奥紙や紙屋紙の名が現れる |
| 1068 | 治暦4 | 後三条天皇の即位に際し，美濃の職人に黄紙をつくらせる |
| 1073 | 延久5 | 肥前国松浦軍壁島より宋に上紙100張を輸出（『参天台五台山記』） |
| 1107 | 嘉承2 | 「四面に明かり障子をたてた」との記述あり（『江談抄』） |
| 1112 | 天永3 | 『西本願寺三十六人家集』が成立し，打紙，墨流し，継紙，唐紙など装飾紙使用 |
| 1124 | 天治1 | 「唐紙屏風二帖」の記述あり（『八条相国日記』） |
| 1180 | 治承4 | 「からかみ障子」の記述あり（『長門本平家物語』） |
| 1190 | 建久1 | 武家社会で和紙の需要が増加 |
| 1192 | 建久3 | 鎌倉幕府成立（〜1334） |
| 1219 | 承久1 | 武家には杉原紙が愛用され始め（武家年代記），公家には檀紙が普及 |
| 1271 | 文永8 | 「供花料として雑紙を分ち給ふ」の記述あり（『吉続記』） |
| 1292 | 正応5 | 唐紙師が存在（兼仲卿紙背文書） |
| 1334 | 建武1 | 公家にも杉原紙が広まり，木版印刷の用紙になる |
| 1338 | 延元3 | 越前で奉書紙の名の使用が許可され広まる（三田村家文書） |
| 1392 | 明徳3 | 室町時代始まる（〜1573） |

表 8.1.0.3 （続き）

| 西暦 | 元号 | 和紙に関する出来事 |
|---|---|---|
| 1404 | 応永 11 | 足利義満が明より勘合符を獲得 |
| 1429 | 永享 1 | 李朝・世宗が対馬から倭楮（日本楮）を入手し栽培させる（『世宗大王実録』）．李朝から日本の製紙法を学ばせるために朴瑞生を送る |
| 1434 | 永享 6 | 明との勘合貿易が開始される |
| 1467 | 応仁 1 | 美濃大矢田で紙市が開かれ，美濃市が発展 |
| 1493 | 明応 2 | 奈良紙を「やはやは」と称するとの記載あり（『御湯殿上日記』） |
| 1521 | 大永 1 | 図書寮に宿紙上座，宿紙下座を組織し，漉き返しの紙が漉かれる（『諸司雑々』） |
| 1525 | 大永 5 | 雁皮紙の呼称が初めて文献に現れる（『宗長日記』） |
| 1543 | 天文 12 | ポルトガル人が種子島に漂着し，鉄砲が伝来 |
| 1547 | 天文 16 | 最後の勘合貿易船 |
| 1549 | 天文 18 | スペイン人宣教師フランシスコ＝ザビエル来日．鹿児島でキリスト教布教開始 |
| 1573 | 天正 1 | 安土桃山時代始まる（〜1600） |
| 1584 | 天正 12 | 伊予の兵頭太郎右衛門が泉貨紙を開発 |
| 1590 | 天正 18 | 豊臣秀吉が天下統一をほぼ完成 |
| 1592 | 天正 20 | 朱印船貿易の制定 |
| 1596 | 慶長 1 | （〜1615：慶長年間）伊勢で最古の紙幣「山田羽書」発行 |
| 1603 | 慶長 8 | 江戸時代始まる（〜1867） |
| 1624 | 寛永 1 | （〜1644：寛永年間）越前奉書が幕府の御用紙となり，各藩に御用紙屋ができる |
| 1630 | 寛永 7 | 紙・コウゾの専売制を採る藩が 40 以上にのぼる |
| 1639 | 寛永 16 | 鎖国令を発し，オランダ・中国・朝鮮以外の通行を禁止 |
| 1640 | 寛永 17 | オランダ人を出島に移す |
| 1645 | 正保 2 | 松江維舟が名産の紙製品を記録する『毛吹草』を発刊 |
| 1661 | 寛文 1 | 福井藩が初の藩札を発行 |
| 1668 | 寛文 8 | 武州三郡で紙漉きに課税し，製品の村内自由販売を許可．周防藩が大阪に紙倉を設置し請紙制を敷く |
| 1684 | 貞享 1 | 伊勢の堀木忠次郎が擬革紙を開発 |
| 1697 | 元禄 10 | 宮崎安貞が『農業全書』を著し，コウゾの栽培法を記す．『国花万葉記』に各国産紙の記述 |
| 1713 | 正徳 3 | 寺島良安が『和漢三才図会』を発刊し，市場の紙や製紙法を記す |
| 1714 | 正徳 4 | 大坂の市場入荷商品の中で紙が取扱高第 1 位になる（『日本農業史』） |
| 1720 | 享保 5 | 徳川吉宗が洋書の輸入を解禁 |
| 1752 | 宝暦 2 | 土佐藩が国産方役所を設置し，指定問屋以外への平紙販売を禁止 |
| 1755 | 宝暦 5 | 土佐高岡郡津野山郷の紙漉き職人が一揆を起こし，平紙の自由販売が許可される |
| 1757 | 宝暦 7 | 千代紙の呼称があり，千代紙の流行がうかがえる（『童学要門実語経童子経』） |
| 1764 | 明和 1 | 平賀源内が火浣布（石綿の布）をつくる |
| 1766 | 明和 3 | 大坂で問屋・仲買・小売りが集まり紙商仲間が成立 |
| 1774 | 安永 3 | 杉田玄白が『解体新書』を翻訳 |

表 8.1.0.3 （続き）

| 西暦 | 元号 | 和紙に関する出来事 |
|---|---|---|
| 1777 | 安永 6 | 木村青竹が『新撰紙鑑』を刊行し，諸国産紙の種類や寸法を記す |
| 1784 | 天明 4 | 日本語で手漉き和紙の製法を解説した最初の手写本『紙漉大概』発行 |
| 1792 | 寛政 4 | 江戸で問屋 9 軒，紙店など 34 名の組が結成される |
| 1798 | 寛政 10 | 国東治兵衛が日本初の製紙技法書として『紙漉重宝記』発行 |
| 1810 | 文化 7 | 本居宣長が『玉勝間』で和紙の用途の広さについて記す |
| 1811 | 文化 8 | 木崎攸軒が「製紙勤労図」を作成 |
| 1814 | 文化 11 | 伊能忠敬が「大日本沿海輿地全図」を完成 |
| 1819 | 文政 2 | 江戸の紙問屋が 49 軒に及ぶ |
| 1823 | 文政 6 | ドイツ人シーボルトが長崎に来航 |
| 1829 | 文政 12 | 中川儀右衛門が江戸，深川で大きな紙（宝来紙）を漉く |
| 1836 | 天保 7 | 大蔵永常が『紙漉必要』を刊行（紙の原料・製法を詳述） |
| 1853 | 嘉永 6 | ペリーが浦賀に来航 |
| 1854 | 嘉永 7 | 日米和親条約締結．開国 |
| 1860 | 万延 1 | 高知の吉井源太が大型簀桁を発明 |
| 1862 | 文久 2 | ロンドン万国博に和紙 75 種のほか，から紙などを出品 |
| 1867 | 慶應 3 | 大政奉還．パリ万国博に奉書・鳥の子・美濃紙，文様紙など約 1,000 枚を出品 |
| 1868 | 明治 1 | 明治時代始まる（～1912）．越前五箇村で太政官札用紙を製造し，太政官札が発行される．明治に改元 |
| 1871 | 明治 4 | 手漉き和紙で郵便切手を印刷．パークスが『日本紙調査報告』を英国議会に提出 |
| 1873 | 明治 6 | ウィーン万国博に和紙・和紙製品を出品．随行者が洋紙製造法を学ぶ |
| 1874 | 明治 7 | 有恒社が日本初の機械抄き洋紙を製造．郵便切手用紙を洋紙に変える |
| 1875 | 明治 8 | 大蔵省紙幣寮に抄紙局開設 |
| 1878 | 明治 11 | パリ万国博に三椏生漉きの鳥の子紙を出品．局紙（抄紙局がつくった和紙）が高い評価を受ける |
| 1893 | 明治 26 | 洋紙と和紙の生産量が伯仲 |
| 1897 | 明治 30 | 吉井源太が『日本製紙論』を刊行 |
| 1901 | 明治 34 | 政府の統計で紙漉き戸数が最高の 68,562 戸に達するが，以降は減少に向かう．内務省令で国会の選挙人名簿，投票用紙を程村紙（栃木県），西ノ内紙（茨城県）とする |
| 1903 | 明治 36 | 小学校教科書が国定となり，手漉き和紙から洋紙に変わる．印刷局でも紙幣のみ手漉き，他は機械製造となる |
| 1906 | 明治 39 | 土佐紙合資会社が円網ヤンキー抄紙機で機械による抄紙を始める |
| 1908 | 明治 41 | 土佐紙業組合が土佐郡鴨田村に製紙試験場を併設 |
| 1912 | 大正 1 | （＝明治 45）．大正時代始まる（～1926）．『製紙術』（佐伯勝太郎著）刊行 |
| 1913 | 大正 2 | 愛媛県宇摩郡川之江町に宇摩製紙が設立され，機械抄き和紙製造を始める |
| 1914 | 大正 3 | 土佐紙（株）が芸防抄紙会社を合併（後の日本紙業）．第一次世界大戦始まる |
| 1915 | 大正 4 | 土佐紙業組合製紙試験場の横山博恵がパーチメント紙（硫酸紙，模造の羊皮紙）の製造に成功 |

表 8.1.0.3 （続き）

| 西暦 | 元号 | 和紙に関する出来事 |
|---|---|---|
| 1916 | 大正 5 | 阿波製紙が設立され，機械抄き和紙の製造を開始 |
| 1918 | 大正 7 | 和紙の製造を目的とした北海道製紙設立．第一次世界大戦終結 |
| 1919 | 大正 8 | ベルサイユ条約の正文用紙に局紙が用いられる |
| 1923 | 大正 12 | 土佐紙業組合製紙試験場で自動楮打解機を開発．普通選挙法施行 |
| 1926 | 昭和 1 | （＝大正 14）．昭和時代始まる（〜1989）．佐伯勝太郎が特種製紙を設立．選挙人名簿，投票用紙の程村紙（栃木県），西ノ内紙（茨城県）への限定が廃止（1901 制定） |
| 1928 | 昭和 3 | 農林省農務局編『手漉和紙ニ関スル調査』刊行 |
| 1931 | 昭和 6 | 民芸運動の中心にいた柳 宗悦が「工芸」を創刊．これを契機に和紙の美や伝統の再評価が始まる |
| 1933 | 昭和 8 | アメリカの紙の歴史研究家ダード・ハンターが来日し，全国の紙の郷を巡る |
| 1934 | 昭和 9 | 高知県の東亜竹紙社が自生スス竹，小竹を原料として竹紙を製造 |
| 1935 | 昭和 10 | 桑皮のパルプ化をめざして扶桑紙業が設立される |
| 1936 | 昭和 11 | ダード・ハンターの『日本・朝鮮・中国への製紙行脚』が刊行される．京都和紙研究会設立 |
| 1939 | 昭和 14 | 京都和紙研究会が「和紙研究」創刊．戦時総動員体制に応じて全国手漉和紙聯合会結成．この年の和紙業者数は 15,762 戸 |
| 1941 | 昭和 16 | 全国手漉き和紙工業組合連盟設立．全戸数 13,172 戸．太平洋戦争始まる |
| 1943 | 昭和 18 | 壽岳文章・しづの『紙漉村旅日記』刊行．和紙業者は軍需用紙の製造に動員される |
| 1944 | 昭和 19 | 和紙を使用した風船爆弾の製造が本格化．アメリカ西岸州に山火事をもたらす |
| 1945 | 昭和 20 | 太平洋戦争終結 |
| 1947 | 昭和 22 | 日本手漉和紙商工組合を結成．すき入れ紙取締法公布 |
| 1950 | 昭和 25 | 生産量洋紙 57 万 t，板紙 18 万 t，和紙 12 万 t，合計 87 万 t．製紙記念館開館 |
| 1955 | 昭和 30 | 紙の博物館が「百万塔」創刊 |
| 1960 | 昭和 35 | 生産量洋紙 248 万 t，板紙 165 万 t，和紙 38 万 t，合計 451 万 t．正倉院御物の紙調査始まる |
| 1962 | 昭和 37 | 和紙生産の全戸数 3,748 戸 |
| 1963 | 昭和 38 | この頃から高度経済成長の中で伝統産業が急速に衰退の方向へ．全国手漉き和紙振興対策協議会設立．全戸数 2,868 戸 |
| 1966 | 昭和 41 | 生産量洋紙 406 万 t，板紙 358 万 t，和紙 55 万 t，合計 819 万 t |
| 1967 | 昭和 42 | 紙の統計分類の改正で，機械抄き和紙が洋紙に統合され，和紙の統計がなくなる |
| 1968 | 昭和 43 | 越前奉書の岩野市兵衛，出雲雁皮紙の安部榮四郎が国の重要無形文化財保持者（人間国宝）に認定される |
| 1969 | 昭和 44 | 石州半紙，本美濃紙が国の重要無形文化財に指定される |
| 1970 | 昭和 45 | 正倉院紙調査の報告書『正倉院の紙』を刊行．日本の紙生産量世界第 2 位となる（1,297 万 t） |
| 1973 | 昭和 48 | 『手漉和紙大鑑』刊行．国の記録作成などの措置を講ずべき無形文化財に土佐典具帖紙と小国紙が指定される |
| 1975 | 昭和 50 | 因州和紙が国の伝統的工芸品に指定される |

8.1 紙に関する年表

**表 8.1.0.3** （続き）

| 西暦 | 元号 | 和紙に関する出来事 |
|---|---|---|
| 1976 | 昭和51 | 越前和紙，内山紙，阿波和紙，土佐和紙が国の伝統的工芸品に指定される．石州半紙技術者会，本美濃紙保存会が国の重要無形文化財保持団体の認定を受ける |
| 1977 | 昭和52 | 国の記録作成などの措置を講ずべき無形文化財に西ノ内紙，程村紙，清張紙が選定．国の伝統的工芸品に大洲和紙が指定される．国の選定保存技術保持者として美栖紙の上窪正一が認定される |
| 1978 | 昭和53 | 細川紙（埼玉県小川町）が国の重要無形文化財に指定される．細川紙技術者協会が国の重要無形文化財保持団体に認定される |
| 1978 | 昭和53 | 国の選定保存技術保持者として宇陀紙の福西弘行が認定される |
| 1980 | 昭和55 | 国の記録作成などの措置を講ずべき無形文化財に泉貨紙が選定される |
| 1982 | 昭和57 | 全国の手漉き和紙業者数55戸 |
| 1983 | 昭和58 | 京都で国際紙会議開催 |
| 1985 | 昭和60 | 国の伝統的工芸品に美濃和紙指定される |
| 1988 | 昭和63 | 国の伝統的工芸品に越中和紙指定される．日本・紙アカデミー設立 |
| 1989 | 平成1 | （＝昭和64）．平成時代始まる（～現在）．国の伝統的工芸品に石州和紙が指定される．「和紙文化研究会」発足 |
| 1990 | 平成2 | 高知で第1回国際版画展，和紙国際化シンポジウム開催．全国手すき和紙連合会が季刊誌「和紙（Washi）」創刊 |
| 1993 | 平成5 | 和紙文化研究会が「和紙文化研究」創刊 |
| 1994 | 平成6 | 東京と岐阜で「パークス和紙コレクション」の里帰り展開催．国の選定保存技術保持者として補修紙の井上稔夫が認定される |
| 1995 | 平成7 | 日本・紙アカデミーが京都で「国際紙会議」開催．『和紙文化辞典』（久米康生著）刊行 |
| 1998 | 平成10 | 日本・紙アカデミーが「19世紀の和紙展―ライプチヒのコレクション帰朝展」開催（～1999） |
| 1999 | 平成11 | 国の選定保存技術保持者として唐紙の千田堅吉と吉野紙の昆布尊男が認定される．国の伝統的工芸品に江戸からかみを指定 |
| 2000 | 平成12 | 越前奉書の九代岩野市兵衛が国の重要無形文化財保持者（人間国宝）に認定される．『和紙の道しるべ』（町田誠之著）刊行 |
| 2001 | 平成13 | 土佐和紙典具帖紙の濱田幸雄が国の重要無形文化財保持者（人間国宝）に認定される |
| 2002 | 平成14 | 名塩雁皮紙の谷野剛惟が重要無形文化財保持者（人間国宝）に認定される |
| 2003 | 平成15 | 「手漉き和紙青年の会」東京大会開催 |
| 2004 | 平成16 | 和紙市場約40億円，洋紙市場（上位5社）約4兆円（1：1,000の規模）．第12回和紙文化講演会「東洋手漉き紙の伝統」開催．『和紙の源流』（久米康生著）刊行 |
| 2005 | 平成17 | 日本・紙アカデミーが「紙は今－2005」展開催．第13回和紙文化講演会「古文書・古典籍の料紙とその装幀」開催． |
| 2006 | 平成18 | 『紙の文化事典』（朝倉書店）刊行．『―日本の心―2000年紀和紙總鑑』刊行予定 |

〔尾 鍋 史 彦〕

## 文　献

1) 日本製紙連合会（2005）：紙・パルプ産業の現状．紙・パルプ，No. 681，日本製紙連合会．
2) 日印産連20年史編集委員会（2005）：日印産連20年史，日本印刷産業連合会．
3) 増田勝彦監修（2004）：別冊太陽―和紙と暮らす，pp. 134-138（和紙の歴史），pp. 290-319（年表），平凡社．
4) 柳橋　眞（2004）：手漉き和紙―暮しを彩る和のこころ，pp. 122-123（和紙年表），講談社．
5) 久米康生（2003）：（産地別）すぐわかる和紙の見分け方，pp. 114-115（手漉き和紙の歴史），東京美術．
6) 日本製紙連合会編（2002）：30年のあゆみ，日本製紙連合会．
7) 紙業タイムス社編（2001）：紙パルプ2005―50年史と近未来，pp. 38-107（紙パルプ50年史），pp. 108-118（世界製紙年表），紙業タイムス社．
8) 小宮英俊（2001）：トコトンやさしい紙の本，日刊工業新聞社．
9) デザインの現場編集部（2000）：紙の大百科，美術出版社．
10) Pierre-Marc de Biasi（1999）：Papier―Une aventure au quotidien, Gallimard．
11) 山崎重久（1999）：世界文化史年表，芸心社．
12) 齋藤嘉博（1999）：メディアの技術史，東京電機大学出版部．
13) 日本製紙連合会（1998）：紙・パルプハンドブック，日本製紙連合会．
14) 尾鍋史彦（1998）：戦後の紙パルプ産業と技術を回顧する，どうなる21世紀の紙パルプ，テックタイムス．
15) 紙パ技協誌編集委員会（1998）：紙パルプ技術年表（1977～1997），紙パルプ技術協会．
16) 久米康生（1995）：和紙文化辞典，わがみ堂．
17) 紙の博物館（発行年代不詳）：紙の歴史と製紙産業のあゆみ（来館者用パンフレット）．

## 8.2　紙パルプの統計分類

### 8.2.1　経済産業省による生産動態統計分類

　紙・板紙およびパルプの品種分類は，昭和23年（1948）から通産省（現・経済産業省）の所管事項となった．以後，統計分類の整備は急速に進められてきているが，これは経済環境の変化によるところが大きい．数回にわたる改正の傾向をみると，細分化されるとともに，一方では体系的な簡略化も進められている．時代の絶え間ない変化の中では，これに対応した修正は不可欠であり，今後も改正は一定の間隔を置いて実施されていくものと思われる．

　以下，過去の統計改正の概要を紹介することにするが，ここでは昭和43年（1968）以後の改正に焦点を絞って話を進めることにする．

　最初に紙・板紙について．紙・板紙では，昭和43年1月と同63年1月に大幅な統計分類の改正が行われたが，昭和45年1月，平成9年（1997）1月にも若干の改正が行われた．また平成14年1月にも整理統合などの小改正が行われた．これらの改正につ

いては，① 国際化への対応，② 需要構造の変化への対応，③ 統計項目の整理統合，④ 統計の連続性確保などの点に留意，配慮がなされていることはいうまでもない．

現在の紙・板紙統計分類は，昭和63年に改正（紙のみ）されたものがベースであるが（平成9年，14年にも小改正あり），表8.2.1.1の（3），表8.2.1.2の（2）のように大項目5（板紙3），中項目15（同8），小項目34（同14）からなっている．

以下は，主として昭和43年と63年の改正についてその経過内容を記したものである．

まず，昭和43年の改正では「洋紙」と「機械ずき和紙」が統合されて「紙」となり，それまで「洋紙」，「機械ずき和紙」，「板紙」の3本建ての大分類であったものが「紙」と「板紙」の2本建てとなった．このほかの品種の新設，削減，定義変更の主なものは次のとおりである．

① 「印刷せんか紙」が新設された．これは旧機械ずき和紙の中のせんか紙から，印刷用紙に相当するものを取り出したもので，それ以外は「その他雑種紙B」となった．

② 筆記用紙と図画用紙は1本化され，「筆記・図画用紙」となった．

③ ロール紙は「純白ロール紙」と「その他ロール紙」に分割された．

④ タイプライターペーパーは，旧洋紙の中のその他薄葉紙および旧機械ずき和紙の中の薄葉紙から取り出されたコピー紙と一本化され，「タイプライターペーパー・コピー紙」となった．また旧洋紙の中のその他薄葉紙に含まれていた複写原紙は「複写原

**表8.2.1.1** 紙の品種分類

(1) 昭和43年1月

| 分類 | 品目 | 分類 | 品目 |
|---|---|---|---|
| | 新聞巻取紙 | 薄葉紙 | コンデンサーペーパー |
| 印刷用紙 | 印刷用紙A | | 複写原紙 |
| | 印刷用紙B | | その他薄葉紙 |
| | 印刷用紙C | 家庭用薄葉紙 | ティシュペーパー |
| | 印刷用紙D | | 京花紙 |
| | グラビア用紙 | | ちり紙 |
| | コーテッドペーパー | | トイレットペーパー |
| | 印刷せんか紙 | | 生理用紙 |
| | その他印刷用紙 | | その他家庭用薄葉紙 |
| | 筆記・図画用紙 | 雑種紙 | 加工原紙 |
| 包装用紙 | 重袋用両更クラフト紙 | | 感光紙用紙 |
| | その他両更クラフト紙 | | 統計機カード用紙 |
| | 純白ロール紙 | | 連続伝票用紙 |
| | その他ロール紙 | | 電気絶縁紙 |
| | その他包装用紙 | | 色上質紙 |
| 薄葉紙 | グラシンペーパー | | 紙ひも用紙 |
| | ライスペーパー | | 障子紙 |
| | インディアペーパー | | 書道用紙 |
| | カーボン紙原紙 | | その他雑種紙A |
| | タイプライターペーパー・コピー紙 | | その他雑種紙B |

(2) 昭和63年1月

| 新聞巻取紙 | | | 包装用紙 | 未ざらし包装紙 | 重袋用両更クラフト紙 |
|---|---|---|---|---|---|
| 印刷・情報用紙 | 非印刷用工紙 | 上級印刷紙 | | | その他両更クラフト紙 |
| | | 中級印刷紙 | | | その他未ざらし包装紙 |
| | | 下級印刷紙 | | さらし包装紙 | 純白ロール紙 |
| | | 薄葉印刷紙 | | | さらしクラフト紙 |
| | 微塗工印刷用紙 | | | | その他さらし包装紙 |
| | 塗印刷用工紙 | アート紙 | 衛生用紙 | ティシュペーパー |
| | | コート紙 | | ちり紙 |
| | | 軽量コート | | トイレットペーパー |
| | | その他塗工印刷紙 | | 生理用紙 |
| | 特殊印刷用紙 | 色上質紙 | | タオル用紙 |
| | | その他特殊印刷用紙 | | その他衛生用紙 |
| | 情報用紙 | 複写原紙 | 雑種紙 | 工業用雑種紙 | 加工原紙 |
| | | 感光紙用紙 | | | 電気絶縁紙 |
| | | フォーム用紙 | | | ライスペーパー |
| | | PPC用紙 | | | グラシンペーパー |
| | | 情報記録紙 | | | その他工業用雑種紙 |
| | | その他情報用紙 | | 家庭用雑種紙 | 書道用紙 |
| | | | | | その他家庭用雑種紙 |

(3) 平成13年1月現在

| 新聞巻取紙 | | | 包装用紙 | 未ざらし包装紙 | 重袋用両更クラフト紙 |
|---|---|---|---|---|---|
| 印刷・情報用紙 | 非印刷用工紙 | 上級印刷紙 | | | その他両更クラフト紙 |
| | | 中級印刷紙 | | | その他未ざらし包装紙 |
| | | 下級印刷紙 | | さらし包装紙 | 純白ロール紙 |
| | | 薄葉印刷紙 | | | さらしクラフト紙 |
| | 微塗工印刷用紙 | | | | その他さらし包装紙 |
| | 塗印刷用工紙 | アート紙 | 衛生用紙 | ティシュペーパー |
| | | コート紙 | | ちり紙 |
| | | 軽量コート | | トイレットペーパー |
| | | その他塗工印刷紙 | | タオル用紙 |
| | 特殊印刷用紙 | 色上質紙 | | その他衛生用紙 |
| | | その他特殊印刷用紙 | | |
| | 情報用紙 | 複写原紙 | 雑種紙 | 工業用雑種紙 | 加工原紙 |
| | | 感光紙用紙 | | | 電気絶縁紙 |
| | | フォーム用紙 | | | その他工業用雑種紙 |
| | | PPC用紙 | | 家庭用雑種紙 | 書道用紙 |
| | | 情報記録紙 | | | その他家庭用雑種紙 |
| | | その他情報用紙 | | | |

注：14年の改正では「ちり紙」が削除，「その他衛生用紙」へ包含．

## 表 8.2.1.2　板紙の品種分類

(1) 昭和 63 年 1 月

| 段ボール原紙 | ライナー | 外装用（クラフト） | | 紙板器用紙 | 黄　板　紙 |
|---|---|---|---|---|---|
| | | 外装用（ジュート） | | | チップボール |
| | | 内　装　用 | | | 色　板　紙 |
| | 中しん原紙 | パルプしん | | 建材原紙 | 防　水　原　紙 |
| | | 特　　　しん | | | 石こうボード原紙 |
| 白板紙 | マニラボール | 塗　　　工 | | | 紙　管　原　紙 |
| | | 非　塗　工 | | | ワ　ン　プ |
| | 白ボール | 塗　　　工 | | | その他板紙 |
| | | 非　塗　工 | | | |

(2) 平成 13 年 1 月現在

| 段ボール原紙 | ライナー | 外装用（クラフト） | | 紙器用板紙 | 黄・チップボール |
|---|---|---|---|---|---|
| | | 外装用（ジュート） | | | 色　板　紙 |
| | | 内　装　用 | | | |
| | 中しん原紙 | パルプしん | | 雑板紙 | 建材原紙 |
| | | 特　　　しん | | | 紙　管　原　紙 |
| 紙器用板紙 | 白板紙 | マニラボール | 塗　工 | | その他板紙 |
| | | | 非　塗　工 | | |
| | | 白ボール | 塗　工 | | |
| | | | 非　塗　工 | | |

注：14 年の改正では「白ボール」の塗工，非塗工の区分なくなる．

紙」として独立した．

⑤「家庭用薄葉紙」が新設された．これは旧機械ずき和紙の中のちり紙に「ティシュペーパー」および紙綿の中から取り出された「生理用紙」を追加したものである．紙綿の中のその他のうち，おしめ用紙，ワイパー用紙なども「その他家庭用薄葉紙」に統合されたが，梱包，防音材料など産業用のものは「その他雑種紙B」に統合された．

⑥ 硫酸紙は「加工原紙」または「その他雑種紙B」に含められ，削除された．

⑦ その他雑種紙に含まれていた「連続伝票用紙」と「色上質紙」が独立した．

⑧ 青写真用紙は「感光紙用紙」と改称された．

⑨「その他雑種紙」は「A」と「B」に分割されたが，A は主として従来の洋紙系統，B はそれ以外の機械ずき和紙系統のものを指している．

⑩ 機械ずき和紙に属していたせんか紙，薄葉紙，包装用紙は，それぞれ新分類による該当品種に入れられることになり，削除された．

なお，板紙の分類については「紙管原紙」がその他から分離されたにとどまった．

また，参考までに昭和 45 年 1 月の小改正のうち，紙では，

① 印刷用紙が「非塗工」と「塗工」に区分され，筆記図画用紙が非塗工の範疇に取り込まれると同時に，「塗工」が「アート紙」，「コート紙」，「軽量コート紙」，「その他

塗工印刷紙」に細分化された．

② 包装用紙が「両更包装紙」と「ロール紙」とに再編成された（それぞれを構成する統計項目には変化なし）．

③ その他家庭用薄葉紙は「タオル用紙」と「その他家庭用薄葉紙」に分割された．

④「雑種紙」が「雑種紙A」と「雑種紙B」に再編成された（それぞれを構成する統計項目には変化なし）．

また，板紙では，

⑤「ライナー」の「外装用（パルプ）」が「外装用（クラフト）」に改められた．

⑥「中しん原紙」から「黄しん」が削除された．

⑦「その他板紙」は「ワンプ」と「その他板紙」に分割された．

昭和63年の改正は同43年の改正に次ぐ20年ぶりの大幅な改正であったが，板紙については見送られた．その際特に次のような点が盛り込まれ，改正がなされた．

(1) 国際化への対応

OECD，FAOなどわが国の参加する国際機関が作成している紙パルプ統計の項目分類は，基本的にはわが国のものと同じであった．しかし各項目に報告される品種の内容は必ずしも一致していない場合が多かった．例えば，印刷・筆記用紙の分野においては，わが国が狭義の印刷または筆記に供せられる紙に限定したのに対し，国際統計では連続伝票用紙，PPC用紙，感光紙用紙など複写用，事務用の紙も幅広く包含されていた．これに対し日本ではこれらのほとんどが雑種紙に報告されていた結果，他の先進国に比べて，「雑種紙」のウエイトはきわめて高くなっていた．したがってこの改正は，国際統計との整合性をできるだけ保つことを狙ったものであった．

(2) 需要構造変化に対応

情報化時代の到来を契機に紙の需要構造が大きく変化するところとなったが，その一つは急速なOA化の進展に伴う各種関連用紙の開発と需要の拡大であり，もう一つは印刷のカラー化，ビジュアル化に伴う印刷用紙の紙質多様化であった．情報量の増加とその迅速化に伴い，情報用紙が拡大してきたことから，統計分類の中で情報用紙を明確に位置づけることが必要となった．また，需要の多様化に対応して開発された微塗工紙は従来，非塗工紙に計上されていたが，その市場規模が大きくなってきたことを踏まえて「微塗工印刷用紙」として特掲されるようになった．

(3) 統計管理の簡素化・合理化

需要の多様化は品種数の増大をもたらしたが，これに応じての統計の項目数を増やすことは管理コストの増大を招来する．このため，行政改革の一環としての合理化という時代の要請から，項目の整理統合も実施された．

(4) 統計の連続性確保

統計の取り扱い上で重要なファクターは，統計の連続性を確保することである．産業

の現状を適確に分析し,将来を見通す上で,統計の連続性は不可欠であり,できうる限り連続性が確保されるよう配慮がなされた.しかし品種によっては既存分類中のいくつかの項目に分散していたために一部連続性がないケースも生じた.

以上により表 8.2.1.1 の (2) のとおりとなったが,その主な改正点は次のとおりである.

① 雑種紙 A から取り出された印刷や情報関連品種が,印刷・筆記図画用紙の中に組み入れられ,印刷・筆記図画用紙は「印刷・情報用紙」に改称された.

② 包装用紙が「未晒し」と「晒し」に再編成され,それぞれを構成する品目の一部が名称変更を含めて改正された.

③ 薄葉紙は,その用途に応じて工業用雑種紙,薄葉印刷紙,電気絶縁紙,情報用紙などに振り分けられ,削除された.

④ 家庭用薄葉紙は衛生用紙に呼称変更され,量的に小規模となっていた京花紙は「その他衛生用紙」へ統合された.

⑤ 雑種紙のうち,雑種紙 A は「工業用雑種紙」に,雑種紙 B は「家庭用雑種紙」に改称されると同時に,その内容が整理統合された.

なお,平成 9 年の小改正では衛生用紙の中の「生理用紙」が削除され,「その他衛生用紙」へ包含されたほか,工業用雑種紙の中の「ライスペーパー」と「グラシンペーパー」がともに「その他工業用雑種紙」へ統合された.

板紙は段ボール原紙,紙器用板紙,雑板紙の 3 大項目に再編成され,紙器用板紙は「白板紙」,「黄板紙」と「チップボール」を統合した「黄・チップボール」,「色板紙」から構成されることになった.また雑板紙には「防水原紙」と「石こうボード原紙」を統合した「建材原紙」,「紙管原紙」,「その他板紙」が組み入れられたが,「ワンプ」は「その他板紙」へ統合された.

### 8.2.2 日本製紙連合会による統計分類（細目）

表 8.2.2.1 にあるように業界統計では,経済産業省統計（表 8.2.1.1, 2）の簡素化を補完するように努め,細目ではできるだけ既存細目が使用できるようにしてある.特に進展の著しい情報用紙については,需要の実態が把握できるようにしてある.

現在の細目において一部変更（微塗工紙）したものもあるが,新規細目を加えても総細目数の約 70 は従前と変わっていない.なお,財団法人古紙再生促進センターにより,古紙の統計分類が昭和 54 年（1979）に制定され,平成 12 年（2000）に改定された.

### 8.2.3 パルプ統計項目の改正

次に,パルプの統計項目改正について.表 8.2.3.1 は,昭和 42 年（1967）と平成 13 年（2001）の統計項目を比較したものである.この間,6 回の改正が行われ,平成 9 年の改正を最後に現在の形となったが,同 14 年には紙・板紙同様,大幅な改正が行われた.

表 8.2.2.1　日本製紙連合会分類（細目）

(1) 昭和43年1月

| 大分類 | 中分類 | 小分類 | 細目 |
|---|---|---|---|
| 新聞巻取紙 | | | |
| 印刷筆記図画用紙 | 非塗工 | 印刷用A | 印刷用紙A（除くイミテーションアート） |
| | | | イミテーションアート |
| | | 印刷用B | 印刷用紙B（除くセミ上質） |
| | | | セミ上質 |
| | 塗工 | | 印刷用紙C |
| | | | 印刷用紙D |
| | | | グラビア用紙 |
| | | | 印刷せんか紙 |
| | | | その他印刷用紙 |
| | | | 筆記図画用紙 |
| 画用紙 | 塗工 | | アート紙 |
| | | | コート紙 |
| | | 軽量コート | 軽量コートA |
| | | | 軽量コートB |
| | | その他塗印刷工紙 | 特種コート紙 |
| | | | その他塗工紙 |
| 包装用紙 | 両更包装紙 | 両更クラフト紙 | 重袋用両更クラフト紙 |
| | | その他両更クラフト紙 | 一般両更クラフト紙 |
| | | | 特殊両更クラフト紙 |
| | その他包装紙 | | 晒クラフト紙 |
| | | | 純白包装紙 |
| | | | その他包装紙 |
| | ロール紙 | | 純白ロール紙 |
| | | その他ロール紙 | 片艶晒クラフト紙 |
| | | | 薄口模造紙 |
| | | | 筋入クラフト紙 |
| | | | 片艶クラフト紙 |
| | | | その他片艶紙 |
| 薄葉紙 | | | グラシンペーパー |
| | | | ライスペーパー |
| | | | インディアペーパー |
| | | | カーボン紙原紙 |
| 薄葉紙 | | | タイプライターペーパー・コピー紙 |
| | | | コンデンサーペーパー |
| | 複写原紙 | | ノーカーボン原紙 |
| | | | 裏カーボン原紙 |
| | | | その他複写原紙 |
| | | | その他薄葉紙 |
| 家庭用薄葉紙 | | | ティシュペーパー |
| | | | 京花紙 |
| | | | ちり紙 |
| | | | トイレットペーパー |
| | | | 生理用紙 |
| | | | タオル用紙 |
| | | | その他家庭用薄葉紙 |
| 雑種紙 | 雑種紙A | 加工原紙 | コーテッド原紙（外自工場加工用分） |
| | | | ベークライト原紙 |
| | | | 化粧板用原紙 |
| | | | 蝋紙原紙 |
| | | | 食品容器原紙 |
| | | | 温床紙原紙 |
| | | | その他加工原紙（外自工場加工用分） |
| | | | 感光紙用紙 |
| | | | 統計機カード用紙 |
| | | | 連続伝票用紙 |
| | | 電気絶縁紙 | プレスボード |
| | | | その他絶縁紙 |
| | | | 色上質紙 |
| | | その他雑種紙A | 官製はがき用紙 |
| | | | 電気通信用紙 |
| | | | カード用紙 |
| | | | その他 |
| | 雑種紙B | | 紙ひも用紙 |
| | | | 書道用紙 |
| | | | 障子紙 |
| | | | その他雑種紙B |

## 8.2 紙パルプの統計分類

(2) 昭和63年1月

| 大分類 | 中分類 | 小分類 | 細分類 |
|---|---|---|---|
| 新聞巻取紙 | | | |
| 印刷用紙 | 非塗工印刷用紙 | 上級印刷紙 | 印刷用紙A |
| | | | その他印刷用紙 |
| | | | 筆記・図画用紙 |
| | | 中級印刷紙B | セミ上質紙 |
| | | | 印刷用紙B（除くセミ上質紙） |
| | | 下級印刷紙 | 印刷用紙C |
| | | | グラビア用紙 |
| | | | 印刷用紙D |
| | | | 印刷せんか紙 |
| | | 薄葉印刷紙 | インディアペーパー |
| | | | タイプ・コピー用紙 |
| | | | その他薄葉印刷紙 |
| 印刷・情報用紙 | 微塗工印刷用紙 | | 微塗工上質紙 |
| | | | 微塗工印刷紙1・2 |
| | | | 微塗工印刷紙3 |
| | 塗工印刷用紙 | コート紙 | アート紙 |
| | | | 上質コート紙 |
| | | | 中質コート紙 |
| | | 軽量コート紙 | 上質軽量コート |
| | | | 中質軽量コート |
| | | その他塗工印刷紙 | キャストコート紙 |
| | | | エンボス紙 |
| | | | その他塗工紙 |
| | 特殊印刷用紙 | | 色上質紙 |
| | | 特殊印刷紙 | 官製はがき用紙 |
| | | | その他特殊印刷用紙 |
| | 情報用紙 | 複写原紙 | ノーカーボン紙 |
| | | | 裏カーボン紙 |
| | | | その他複写原紙 |
| | | 感光紙用紙 | |
| | | | フォーム用紙 |
| | | | PPC用紙 |
| | | 情報記録原紙 | 感熱紙原紙 |
| | | | その他記録紙 |
| | | | その他情報用紙 |
| 包装用紙 | 未晒包装紙 | | 重袋用両更クラフト紙 |
| | | 両更クラフト紙その他 | 一般両更クラフト紙 |
| | | | 特殊両更クラフト紙 |
| | | その他未晒包装紙 | 筋入クラフト紙 |
| | | | 片艶クラフト紙 |
| | | | その他未晒包装紙 |
| | 晒包装紙 | | 純白ロール紙 |
| | | 晒クラフト紙 | 両更晒クラフト紙 |
| | | | 片艶晒クラフト紙 |
| | | その他晒包装 | 薄口模造紙 |
| | | | その他晒包装紙 |
| 衛生用紙 | | | ティシュペーパー |
| | | | ちり紙 |
| | | | トイレットペーパー |
| | | | タオル用紙 |
| | | | その他衛生用紙 |
| 雑種紙 | 工業用雑種紙 | 加工原紙 | 建材用原紙 化粧板用原紙 |
| | | | 壁紙原紙 |
| | | | 積層板原紙 |
| | | | 接着紙原紙 |
| | | | 食品容器原紙 |
| | | | 塗工印刷用原紙 |
| | | | その他加工原紙（塗工印刷用原紙） |
| | | | 自工場加工用分 |
| | | 電気絶縁紙 | コンデンサペーパー |
| | | | プレスボード |
| | | | その他絶縁紙 |
| | | | ライスペーパー |
| | | | グラシンペーパー |
| | | | その他工業用雑種紙 |
| | 家庭用雑種紙 | | 書道用紙 |
| | | | その他家庭用雑種紙 |

(3) 平成13年1月現在

| 大分類 | 中分類 | 小分類 | 細分類 |
|---|---|---|---|
| | 新聞巻取紙 | | |
| 印刷用紙 | 非塗工印刷用紙 | 上級印刷紙 | 印刷用紙A |
| | | | その他印刷用紙 |
| | | | 筆記・図画用紙 |
| | | 中級印刷紙 | セミ上質紙印刷用紙B |
| | | | 印刷用紙B（除くセミ上質紙） |
| | | 下級印刷紙 | 印刷用紙C |
| | | | グラビア用紙 |
| | | | 印刷用紙D |
| | | | 印刷せんか紙 |
| | | 薄葉印刷紙 | インディアペーパー |
| | | | タイプ・コピー用紙 |
| | | | その他薄葉印刷紙 |
| 印刷・情報用紙 | 微塗工印刷用紙 | | 微塗工紙1 |
| | | | 微塗工紙2 |
| | 塗工印刷用紙 | アート紙 | |
| | | コート紙 | 上質コート紙 |
| | | | 中質コート紙 |
| | | 軽量コート紙 | 上質軽量コート紙 |
| | | | 中質軽量コート紙 |
| | | その他塗工印刷紙 | キャストコート紙 |
| | | | エンボス紙 |
| | | | その他塗工紙 |
| | 特殊印刷用紙 | 色上質紙 | |
| | | その他特殊印刷紙 | 官製はがき用紙 |
| | | | その他特殊印刷用紙 |
| | 情報用紙 | 複写原紙 | ノーカーボン原紙 |
| | | | 裏カーボン原紙 |
| | | | その他複写原紙 |
| | | | 感光紙用紙 |
| | | | フォーム用紙 |
| | | | PPC用紙 |
| | | 情報記録紙 | 感熱紙原紙 |
| | | | その他記録紙 |
| | | | その他情報用紙 |
| 包装用紙 | 未晒包装紙 | | 重袋用両更クラフト紙 |
| | | 両更クラフト紙その他 | 一般両更クラフト紙 |
| | | | 特殊両更クラフト紙 |
| | | その他未晒包装紙 | 筋入クラフト紙 |
| | | | 片艶クラフト紙 |
| | | | その他未晒包装紙 |
| | 晒包装紙 | | 純白ロール紙 |
| | | 晒クラフト紙 | 両更晒クラフト紙 |
| | | | 片艶晒クラフト紙 |
| | | その他晒包装紙 | 薄口模造紙 |
| | | | その他晒包装紙 |
| 衛生用紙 | | | ティシュペーパー |
| | | | ちり紙 |
| | | | トイレットペーパー |
| | | | タオル用紙 |
| | | | その他衛生用紙 |
| 雑種紙 | 工業用雑種紙 | 加工原紙 | 建材用原紙 化粧板用原紙 |
| | | | 壁紙原紙 |
| | | | 積層板原紙 |
| | | | 接着紙原紙 |
| | | | 食品容器原紙 |
| | | | 塗工印刷用原紙 |
| | | | その他加工原紙 |
| | | | （塗工印刷用原紙） |
| | | | 自工場加工用分 |
| | | 電気絶縁紙 | コンデンサペーパー |
| | | | プレスボード |
| | | | その他絶縁紙 |
| | | | ライスペーパー |
| | | | グラシンペーパー |
| | | | その他工業用雑種紙 |
| | 家庭用雑種紙 | | 書道用紙 |
| | | | その他家庭用雑種紙 |

注：14年の改正により「ちり紙」を削除，「その他衛生用紙」へ包含．

これまでに実施された改正の内容は次のとおりである．

① 昭和43年：「リファイナーグランドパルプ」（RGP）が新設された．

② 昭和48年：「ソーダパルプ」（AP）が削除され，「かすパルプ」が「その他製紙パルプ」へ組み入れられた．

表 8.2.3.1 パルプの品種分類

| 昭和42年 | 平成13年 |
|---|---|
| 溶解パルプ（DP：dissolving pulp）<br>　サルファイトパルプ（DSP：dissolving sulphite pulp）<br>　クラフトパルプ（DKP：dissolving kraft pulp）<br>製紙パルプ<br>　サルファイトパルプ（SP：sulphite pulp）<br>　　さらし（BSP：bleached sulphite pulp）<br>　　未ざらし（USP：unbleached sulphite pulp）<br>　クラフトパルプ（KP：kraft pulp）<br>　　さらし（BKP：bleached kraft pulp）<br>　　未ざらし（UKP：unbleached kraft pulp）<br>　ソーダパルプ（AP：alkali pulp）<br>　セミケミカルパルプ（SCP：semi chemical pulp）<br>　ケミグランドパルプ（CGP：chemi ground pulp）<br>　砕木パルプ（GP：ground pulp）<br>　かすパルプ<br>　その他製紙パルプ | 溶解パルプ<br>製紙パルプ<br>　クラフトパルプ<br>　　さらし<br>　　　針葉樹（N：Nadelholz*）<br>　　　広葉樹（L：Laubholz*）<br>　　未ざらし<br>　半化学パルプ<br>　サーモメカニカルパルプ（TMP：thermo mechanical pulp）<br>　リファイナーグランドパルプ（RGP：refiner ground pulp）<br>　砕木パルプ<br>　その他製紙パルプ |

*Nadelholz と Laubholz はともにドイツ語.

③ 昭和51年：「溶解パルプ」（DP）の「サルファイト」と「クラフト」の区分が削除された.

④ 昭和54年：「サーモメカニカルパルプ」（TMP）が新設された.

⑤ 昭和63年：「サルファイトパルプ」（SP）の「さらし」と「未さらし」の区分が削除され，「クラフトパルプ」の「さらし」（BKP）が「針葉樹」（N）と「広葉樹」（L）に区分された.

⑥ 平成9年：「サルファイトパルプ」が「その他製紙パルプ」に組み入れられ，「セミケミカルパルプ」（SCP）と「ケミグランドパルプ」（CGP）が「半化学パルプ」に一本化された.

⑦ 平成14年：「溶解パルプ」（DP）が統計から外され，「半化学パルプ」が「その他製紙パルプ」に組み入れられた.

昭和42～平成14年の間に行われた7回の改正をみると，新たに項目が設けられたのは"RGP"，"TMP"，BKPの"N"と"L"の4つを数えるにすぎない．ほかはすべて統合ないし廃止であり，パルプの統計改正では「項目の整理」に重きが置かれた感がある．これはパルプの需給構造の変化に原因があるが，項目の統廃合に大きく影響した要因としては，① SPおよびAPからBKPへの需要シフト（APは昭和46年末をもって生産中止），② 古紙利用の拡大によるBKP以外の品目の需要低迷（特にSCPとCGPは大きく減少），③ DPの主要需要先である化繊・セロファンの生産減少があげられる．

一方，"RGP"と"TMP"は，それまでの丸太を機械的処理によってパルプ化する「砕

木パルプ」と異なり，チップ（木片）を機械的処理によってパルプ化するものであったが，それぞれ昭和40年ごろ，同50年ごろに導入され（TMPはRGPの改良版），一定の規模をもつようになったことを踏まえて新設された．なおチップを事前に薬品処理するC-TMPの生産も増えてきているとみられるが，これはTMPに包含されている．またBKPが"N"，"L"別に区分されたのは，両者のマーケットには異なる点があり，需給分析に当たっては細分化が不可欠であったためだが，同時に国際的な分類に合わせるという観点も大きく考慮された．　　　　　　　　〔尾崎脩二・山田　敏・竹内　茂〕

## 8.3　紙の試験規格

　丈夫な紙が欲しいとか，柔らかい紙が必要というような需要があるときに，市場からどの紙を選択すればよいかという判断の基準が必要となる．それぞれの性質を客観的に評価する方法として，試験規格が定められている．試験のやり方を詳しく規定することにより，誰がどこで試験を行っても同一条件で試験を行うことができる．紙パルプ分野でよく使われる試験規格には，ISO（国際標準化機構）規格，JIS（日本工業規格），TAPPI（アメリカ紙パルプ技術協会）試験方法（TAPPI Test Methods），JAPAN TAPPI（紙パルプ技術協会）紙パルプ試験方法の4つがある．国内ではJISが最もよく使用される．国家の規格制度や適合性評価手続が貿易の非関税障壁とならないようにしようとする世界情勢に合わせ，JISの主要な規格のほとんどが，国際規格であるISO規格に整合化されている．

　1998年以降に改正または制定されたJISを表8.3.0.1に示す．以下，重要と思われる事項や背景について解説する．

**試験規格を利用するときに必要な知識**[1,2]

### a.　試験環境

　紙は吸湿しやすい性質があり，水分（moisture content）によって性質が大きく変わる．23℃相対湿度50％（標準状態）で長時間置いてから同状態で試験を行う．また，紙をいったん高湿度下に置くと，湿度を50％に下げても同じ性質の紙にはならない．低湿度側から調湿したときよりも紙の水分が大きくなる特性，つまりヒステリシス（hysteresis：履歴現象）を示し，繊維の膨潤（swelling）および内部応力（internal stress）の解放により厚さ（thickness）は増加し，表面の粗い紙になる．

### b.　基本物性――坪量，厚さ，密度

　ある紙の特性を表現するときに最も基本となるのは，坪量（basis weight），厚さおよび密度（density）である．坪量は，標準状態における紙の質量から計算する．厚さは，

## 8.3 紙の試験規格

**表 8.3.0.1** 1998 年以降に改正および制定された JIS 一覧

| 文書番号および改正または制定年 | 文書標題 |
|---|---|
| JIS P 0001：1998 | 紙・板紙及びパルプ用語 |
| JIS P 0138：1998 | 紙加工仕上寸法 |
| JIS P 0202：1998 | 紙の原紙寸法 |
| JIS P 8111：1998 | 紙，板紙及びパルプ－調湿及び試験のための標準状態 |
| JIS P 8113：1998 | 紙及び板紙－引張特性の試験方法 |
| JIS P 8114：1998 | 紙及び板紙－耐折強さ試験方法－ショッパー形試験機法 |
| JIS P 8117：1998 | 紙及び板紙－透気度試験方法－ガーレー試験機法 |
| JIS P 8118：1998 | 紙及び板紙－厚さと密度の試験方法 |
| JIS P 8119：1998 | 紙及び板紙－ベック平滑度試験機による平滑度試験方法 |
| JIS P 8120：1998 | 紙，板紙及びパルプ－繊維組成試験方法 |
| JIS P 8124：1998 | 紙及び板紙－坪量測定方法 |
| JIS P 8127：1998 | 紙及び板紙－水分試験方法－乾燥器による方法 |
| JIS P 8133：1998 | 紙，板紙及びパルプ－水抽出液 pH の試験方法 |
| JIS P 8134：1998 | 板紙－衝撃あな開け強さ試験方法 |
| JIS P 8135：1998 | 紙及び板紙－湿潤引張強さ試験方法 |
| JIS P 8140：1998 | 紙及び板紙－吸水度試験方法－コッブ法 |
| JIS P 8144：1998 | 紙，板紙及びパルプ－水溶性塩化物の分析方法 |
| JIS P 8202：1998 | パルプーロットの絶乾率の試験方法 |
| JIS P 8203：1998 | パルプ－絶乾率の試験方法 |
| JIS P 8208：1998 | パルプ－きょう雑物測定方法 |
| JIS P 8211：1998 | パルプ－カッパー価試験方法 |
| JIS P 8212：1998 | パルプ－拡散青色光反射率（ISO 白色度）の測定方法 |
| JIS P 8215：1998 | セルロース希薄溶液－極限粘度数測定方法－銅エチレンジアミン法 |
| JIS P 8220：1998 | パルプ－離解方法 |
| JIS P 8221-1：1998 | パルプ－こう解方法－第 1 部：ビーター法 |
| JIS P 8221-2：1998 | パルプ－こう解方法－第 2 部：PFI ミル法 |
| JIS P 8222：1998 | パルプ－試験用手すき紙の調製方法 |
| JIS P 8223：1998 | パルプ－試験用手すき紙－物理的特性の試験方法 |
| JIS P 4505：1999 | ジアゾ感光紙 |
| JIS P 3401：2000 | クラフト紙 |
| JIS P 3902：2000 | 段ボール用ライナ |
| JIS P 3904：2000 | 段ボール用中しん原紙 |
| JIS P 8116：2000 | 紙－引裂強さ試験方法－エルメンドルフ形引裂試験機法 |
| JIS P 8125：2000 | 紙及び板紙－こわさ試験方法－テーバーこわさ試験機法 |
| JIS P 8149：2000 | 紙及び板紙－不透明度試験方法（紙の裏当て）－拡散照明法 |
| JIS P 8115：2001 | 紙及び板紙－耐折強さ試験方法－MIT 試験機法 |
| JIS P 8148：2001 | 紙，板紙及びパルプ－ISO 白色度（拡散青色光反射率）の測定方法 |
| JIS P 8110：2001 | 紙及び板紙－平均品質を測定するためのサンプリング方法 |
| JIS P 8244：2002 | パルプ－アセトン可溶分試験方法 |
| JIS P 8251：2002 | 紙，板紙及びパルプ－灰分試験方法－525℃ 燃焼法 |
| JIS P 8252：2002 | 紙，板紙及びパルプ－灰分試験方法－900℃ 燃焼法 |
| JIS P 8114：2002 | 紙及び板紙－耐折強さ試験方法－ショッパー形試験機法 |
| JIS P 8225：2002 | パルプ－紙料濃度測定方法 |
| JIS P 8150：2004 | 紙及び板紙－色（C/2°）の測定方法－拡散照明法 |
| JIS P 8122：2004 | 紙及び板紙－サイズ度試験方法－ステキヒト法 |
| JIS P 8151：2004 | 紙及び板紙－表面粗さ及び平滑度試験方法（エア・リーク法）－プリント・サーフ試験機法 |
| JIS P 8126：2005 | 紙及び板紙－圧縮強さ試験方法－リングクラッシュ法 |
| JIS P 8223：2005 | パルプ－試験用手すき紙－物理的特性の試験方法 |
| JIS P 8142：2005 | 紙及び板紙－75 度 ISO 鏡面光沢度の測定方法（収束光法） |
| JIS P 8152：2005 | 紙，板紙及びパルプ－拡散反射率係数の測定方法 |
| JIS P 8230：2005 | 古紙パルプ－反射光を用いた計測器による異物の評価方法 |

1枚ずつ測定して平均した値の方が，束ねて測定したときの1枚あたりの平均厚さよりも通常大きくなる．坪量が異なる紙を同じ工程で製造した紙数種（密度がほぼ一定）について坪量と厚さを測定すると直線関係にあるが，外挿すると坪量 $0\,g/m^2$ でも数 $\mu m$ の厚さを示す．これは，微視的にみれば紙の表面が粗いためで，マイクロメータによる測定では表面の出っ張り部分を結ぶ面を表面と見なすからである．マイクロメータの平行板を金属ではなく柔らかいゴムにしたり，水銀に沈めて浮力すなわち体積を測ったりする方法を使うと真の厚さを測定できる．

**c. 表面粗さ**

紙の表面形状を考えるときは，パルプ繊維の大きさ，繊維の凝集体（フロック）に起因する紙の不均一性，さらにはしわや反りなど，小さい領域から大きい領域までさまざまなレベルの粗さを考慮しなくてはならない．しわや反りのような大きな変形は「うねり」であり，通常表面粗さ（surface roughness）として扱うよりもはるかに大きなレベルになる．空気漏洩式で表面粗さを測定するときは，非常に平滑な面と紙表面との間にできた隙間を一定圧力の空気が一定量漏れ出るまでの速度で表す．そのときに圧力をかけて紙を押さえることによってうねりをなくす．パーカープリントサーフ粗さでは，図 8.3.0.1 に示す模式図の平均間隙（あるいは平均深さ）$G_3$ を $G_3=(12\mu bQ/w\varDelta P)^{1/3}$ の式から計算する[3]．ここで，$\mu$：空気の粘度，$b$：空気流出距離，$Q$：単位時間あたりの空気流出体積，$w$：空気流出幅，$\varDelta P$：間隙を通過する前後の空気の圧力差である．表面粗さは，表面の形状を正確に測定することからも求められ[4]，共焦点レーザ，光干渉式[5]，触針式などによって表面形状が2次元的および3次元的に求められる．この場合は紙を押さえる圧力がまったくないかまたは非常に弱い．しかし，フーリエ変換を使った数学的処理によってうねり成分を除いて中心線平均粗さ（基準線または基準面からの平均的な距離）などを求めることができる．

透気度は，紙の一方の面から他方の面に空気が抜ける速さで，測定機によって仕様が異なるが，ISO 透気度（air permeance）$P$ を $P=V/(1,000\times A\varDelta pt)$ と定義することにより，機種に依存しない透気度が得られるようになっている．ここで，$V$：試験面積を

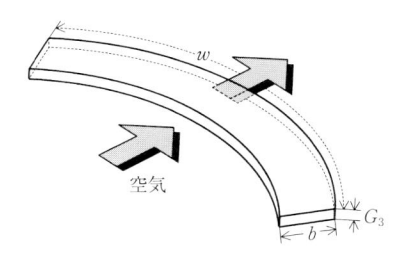

**図 8.3.0.1** パーカープリントサーフ法での空気の流れ

透過する空気の量（mL），$A$：試験面積（m$^2$），$\Delta p$：透過前後の空気の圧力差（kPa），$t$：試験時間（s）である．

#### d. 力学特性

紙が切断または破壊に至るときの強度を測定したいときの主要な物性は，最も基本となる引張強さ（tensile strength），紙袋などの破れにくさを評価する破裂強さ（bursting strength），端に切れ目が入ってしまったときの裂けにくさを評価する引裂強さ（tearing strength または tearing resistance），紙幣や切符などが折り曲げに耐えられる丈夫さを評価する耐折強さ（folding endurance）である．引裂強さは，プラスチックフィルムに比べると比較的強い．紙はパルプ繊維の集合体という特有の構造のために連続体のフィルムと違って破壊が連続的には進行しないためである．繊維長の短い広葉樹パルプから製造した紙では，叩解（beating）が進みすぎると引裂強度が低下する傾向にある．耐折強さは，紫外線や熱履歴に対し比例的に減少することが知られており，紙の劣化試験にもよく使用される[6]．

紙の堅さまたは剛度（stiffness）を判断するには，こわさ試験を行う．コピー用紙のような薄手の紙にはこわさ（クラーク），板紙にはこわさ（テーバー）が適している．ISO 規格[7]では個別の試験方法以外に 2〜4 点荷重の原理と計算法が規定されているが，力を測定するための装置が最低限必要となる．はかりと物差しだけを使って片持ちはりのたわみからこわさを求める方法がある．図 8.3.0.2 は，坪量 $W$ g/m$^2$ の紙を幅 $b$ cm に切り出し，テーブルの端から長さ $L$ cm だけ張り出させ，テーブルの端に当たる部分が浮かないように固定用のおもりまたは磁石を使って固定したときに，紙のたわみが $d$ cm であることを示す．厚手の紙で，自重だけではたわみが不十分なときは，おもり $F$ g を先端にぶら下げる．このとき曲げこわさ $S$ mN·m は，$S=\{(WLb/8)\times 10^{-4}+F/3\}\times(L^3/d)\times 9.81\times 10^{-7}$ となる．おもりをぶら下げない場合は $F=0$ とおけばよい．はじめから反っているような紙は表裏の平均をとる．

#### e. 光学特性──白色度，不透明度，色，光沢

照明/受光の角度（幾何学的特性）は，図 8.3.0.3 に示すように，従来の一方向 45°からの照明（ハンター形）ではなく，積分球の内側で全方向に反射させて得られる拡散光

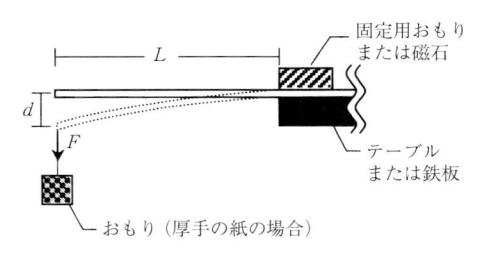

図 8.3.0.2　片持ちはりのたわみから曲げこわさを求める方法

514    8. 紙のデータ集

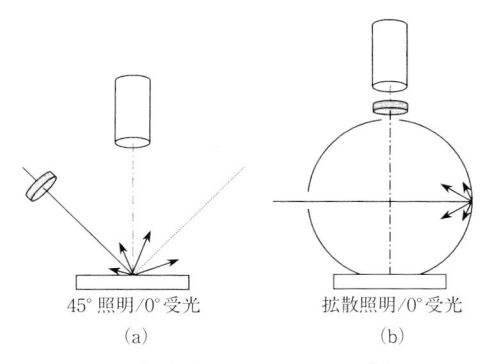

**図 8.3.0.3** 反射率計で用いられる照明/受光のタイプ
(a) ハンター形, (b) 積分球形.

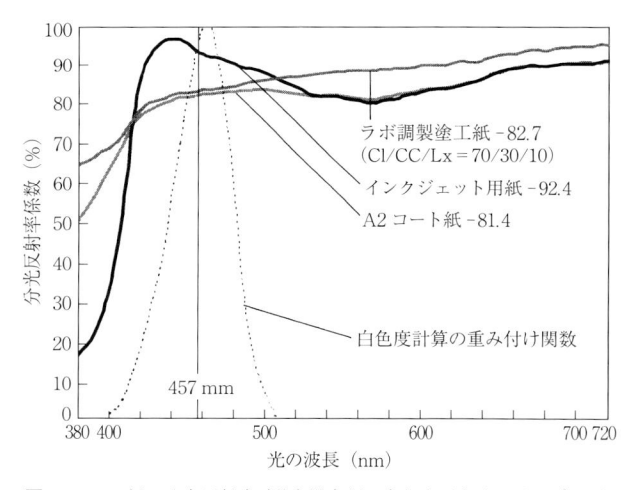

(a) 45°照明/0°受光
(b) 拡散照明/0°受光

ラボ調製塗工紙 -82.7
(Cl/CC/Lx = 70/30/10)
インクジェット用紙 -92.4
A2コート紙 -81.4

白色度計算の重み付け関数

457 mm

**図 8.3.0.4** 紙の分光反射率 (蛍光増白剤は白色度測定波長域でピーク)

を使うことが規定されている．本や新聞などを読む場合，必ずしも一方向からの照明ではなく，周囲からの反射光全体を照明光とするのが普通である．また，紙は方向性があるので，照明および受光の光軸を含む面を試料の縦方向と横方向のどちらに合わせるかによって反射率が異なる．そのため積分球形に移行した．

　印刷用紙をはじめとする比較的高級なグレードの紙には，必ずといってよいほど蛍光増白剤が含まれる．紙に使われる蛍光増白剤は，通常350〜400 nm域の紫外光エネルギーを吸収して，400〜450 nm域の青色光を発光する．黄味を帯びた色調を取り除く効果があり，白色の紙では白さを強調することになる．本や新聞など印刷物を読む場合，蛍光灯や窓から差し込む太陽光が照明となるが，それらには多くの紫外線が含まれる．した

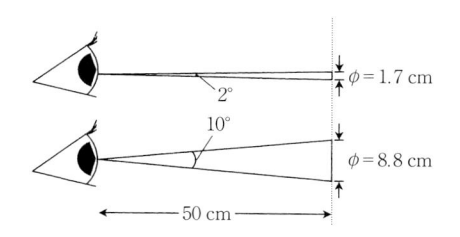

**図 8.3.0.5** 2°視野および10°視野での色の認識

がって紙の色や白色度（brightness）を測定する場合，測定値を現実的な色調に合わせるためには，照明光源に紫外光が含まれていなければならない．この観点から，紙の光学物性を測定する場合の光源としてCIEイルミナントC（C光源）を用いる．イルミナントCは，屋内昼光を模して規定されているが，自然光に近く紫外光成分をさらに多く含んだ合成昼光D65が，他分野（屋外でみることが多い塗料など）では多く用いられている．紙の場合は，自然光が強い窓際よりも電灯を併用した室内で紙や印刷物をみることが多いためイルミナントCが選択されたようである．図8.3.0.4は各種塗工紙の分光反射率係数の測定例で，インクジェット用紙は，440 nm付近に強いピークをもち，蛍光増白剤による励起効果がみられる．ブラックライトでTシャツが白く光ってみえるのも同じ効果である．なお，白色度は457 nm付近の青色光域で測定し，不透明度（opacity）は555 nm付近の緑色光域（人間の目には明るさ感度の最も高い色）で測定する．

色も，イルミナントCを光源として用い，2°視野を用いる．視野角については図8.3.0.5にあるように10°にする試験法もある．網膜の特性のために視野角によって色の見え方が違う[8]ので，2種類の視野角が規定されている．

光沢度（gloss）は，紙の場合，75°の入（反）射角で測定するが，他のすべての材料では，20°，60°，85°で測定する．光の（分光鏡面）反射率は，フレネルの式 $f(\theta, \lambda) = \frac{1}{2}\left[\left(\frac{\cos\theta - \sqrt{n(\lambda)^2 - \sin^2\theta}}{\cos\theta + \sqrt{n(\lambda)^2 - \sin^2\theta}}\right)^2 + \left(\frac{n(\lambda)^2\cos\theta - \sqrt{n(\lambda)^2 - \sin^2\theta}}{n(\lambda)^2\cos\theta + \sqrt{n(\lambda)^2 - \sin^2\theta}}\right)^2\right]$ で表される．ここで，$n(\lambda)$：波長$\lambda$における屈折率，$\theta$：入射角である．光沢度は，ある屈折率$n(\lambda)$の鏡面研磨ガラス面の反射率に対する百分率で表現する．その屈折率は，ISO 8254-1（TAPPI法）では$n(\lambda) = 1.54$，ISO 8254-2（DIN法）では$n(\lambda) = 1.5671$である． 〔江前敏晴〕

## 文　献

1) 江前敏晴（2001）：紙の試験法と規格の体系．第36回紙パルプシンポジウム「紙物性の最適化を目指して－最近の理論と評価法－」要旨集（繊維学会紙パルプ研究会主催），pp. 61-77.
2) 江前敏晴（2000）：紙パルプ試験規格の最新情報．紙パルプ技術タイムス，**43**（5）：17-22.

3) Enomae, T. and Onabe, F. (1997):Characteristics of Parker Print Surf roughness as compared with Bekk Smoothness. *Fiber*（繊維学会誌），**53**(3):86-95.
4) 山内龍男（2001）:紙の表面形状とその測定法．トライボロジスト，**46**(10):747-752.
5) 岡内主器（2001）:白色光干渉型顕微鏡による紙の表面形状測定．トライボロジスト，**46**(10):759-764.
6) 岡山隆之（1997）:酸性紙の劣化と劣化抑制処理．*Fiber*（繊維学会誌），**53**(12):407-411.
7) ISO 5628:1990 Paper and board—Determination of bending stiffness by static methods—General principles.
8) JIS Z 8782:1999 CIE 測色標準観測者の等色関数．

## 8.4 紙の試験方法

　紙の物理的性質に関する試験方法は，JIS, ISO, JAPAN TAPPI 紙パルプ試験方法，TAPPI Test Methods などの規格で規定されている．ここでは代表的な試験方法の概要のみを述べる．詳細や化学的性質に関する試験方法は，節末の文献欄に記されている規格を参照願いたい．

　(1)　試験用代表サンプルの採取方法（JIS P 8110, ISO 186）

　ロットを構成するユニット個数でユニットの抜取個数を規定し，ロットを構成するシート枚数でシートの採取枚数を規定している．

　(2)　調湿および試験のための標準状態（JIS P 8111, ISO 187）

　紙の物理的性質は温度および相対湿度の影響を受ける．紙を調湿したり試験するときの標準状態は，温度 $23\pm1$℃，相対湿度 $50\pm2$% r.h. である．

　(3)　坪量（JIS P 8124, ISO 536）

　試験片の質量および面積を測定する．

$$坪量 (g/m^2) = 10,000 \times m/A$$

ここで，$m$：質量（g），$A$：面積（$cm^2$）．

　(4)　厚さおよび密度（JIS P 8118, ISO 534）

　2 枚の平行な面（直径：16.0 mm または 14.3 mm，圧力：50 kPa または 100 kPa）で試験片の厚さを測定し，厚さと坪量から密度を算出する．

$$密度 (g/cm^3) = W/(T \times 1,000)$$

ここで，$W$：坪量（$g/m^2$），$T$：厚さ（mm）．

　(5)　水分（JIS P 8127, ISO 287）

　試験片の質量を測定し，105℃で恒量になるまで乾燥させる．乾燥後の試験片の質量を測定する．

$$水分 (\%) = 100 \times (L_1 - L_2)/L_1$$

ここで，$L_1$：乾燥前の質量（g），$L_2$：乾燥後の質量（g）．

（6）灰分（525℃法：JIS P 8251, ISO 1762, 900℃法：JIS P 8252, ISO 2144）

試験片の絶乾質量を測定する．試験片を525℃または900℃で灰化させ，灰の質量を測定する．

$$灰分（\%）=100\times m_r/m_s$$

ここで，$m_r$：灰の質量（g），$m_s$：試験片の絶乾質量（g）．

（7）引張特性（JIS P 8113, ISO 1924-1, -2）

定速伸張形（ロードセル形）または定速緊張形（振子形，ショッパー形）試験機で試験片を引っ張り，破断するまでの荷重および伸びを測定する．

$$引張強さ（kN/m）=F/w$$

ここで，$F$：破断までの最大荷重（N），$w$：試験片の幅（通常 15 mm）．

$$伸び（\%）=100\times D/L_i$$

ここで，$D$：破断時の伸び（mm），$L_i$：試験片の初期長さ（通常 180 mm）．

（8）破裂強さ（ミューレン低圧法：JIS P 8112, ISO 2758, ミューレン高圧法：JIS P 8131, ISO 2759）

ミューレン低圧法と高圧法がある．試験片を上下の締付板で締め付け，ゴム膜を介して試験片が破れる最大圧力（破裂強さ：単位 kPa）を測定する．

（9）引裂強さ（エルメンドルフ法：JIS P 8116, ISO 1974）

幅 63.0 mm，長さ約 76 mm の試験片を重ねて幅方向へ 20.0 mm の切り込みを入れ，43.0 mm 引き裂いたときの値（重ねた試験片を引き裂いたときの仕事量を引き裂いた距離で除した値）を測定する．

$$引裂強さ（mN）=16\times A/n$$

ここで，16：試験機の定数，$A$：測定値（mN），$n$：試験片の重ね枚数．

（10）耐折強さ（MIT法：JIS P 8115, ISO 5626）

幅 15.0 mm，長さ約 110 mm の試験片に $9.8N$ の荷重をかけ，毎分 175 回の速度で左へ135°，右へ135°折り曲げ，破断するまでの往復折り曲げ回数（耐折回数）を測定する．耐折強さは試験片の耐折回数の平均値の常用対数ではなく，試験片の耐折回数の常用対数（試験片の耐折強さ）の平均値である．

$$試験片の耐折強さ=\log_{10}N_i$$

ここで，$N_i$：試験片の耐折回数．

耐折強さ＝試験片の耐折強さの平均値

他の耐折強さ試験方法には，ショッパー法（JIS P 8114, ISO 5626）がある．

（11）内部結合強さ（インターナルボンド法：JAPAN TAPPI No. 18-2）

試験片を両面粘着テープで専用のL字金具（アルミアングル）と試料ホルダーに固定する．振子でL字金具を叩き，剥離に要した仕事量（内部結合強さ：単位 mJ）を

測定する．他の内部結合強さ試験方法には，試験片をZ軸方向へ平行に剥離する方法（JAPAN TAPPI No. 18-1）がある．

(12) こわさ ① （クラーク法：JIS P 8143）

試験片を左右に回転させ，回転角90°で試験片が左右に反転するときの臨界長さを測定する．

$$クラークこわさ（無単位）= L^3/100$$

ここで，$L$：臨界長さ（cm）．

(13) こわさ ② （ガーレー法：JAPAN TAPPI-No. 40）

標準寸法（幅25.4 mm，長さ88.9 mm）の試験片の6.35 mmをつかみ，垂直に保持する．つかみ端から76.2 mmの位置に荷重点があり，荷重点と自由端には6.35 mmの距離がある．振子におもりを取り付け，つかみを一定速度で回転させて荷重点に力を与え，試験片を曲げる．荷重点が自由端から離れるときの振子の先端の目盛りを読み取る．

$$ガーレーこわさ（mN）= 11.11R\ (25.4W_1 + 50.8W_2 + 101.6W_3)$$
$$\times (L-12.7)^2/(5 \times 25.4 \times b \times 25.4)$$

ここで，$R$：目盛りの読み，$W_1, W_2, W_3$：おもりの荷重（N），$L$：試験片の長さ（mm），$b$：幅（mm）．

ガーレーこわさとヤング率には，次の関係がある．

$$ガーレーこわさ（mN）= E \times t^3 \times b/(12 \times L^2)$$

ここで，$E$：ヤング率（mN/mm$^2$），$t$：試験片の厚さ（mm），$b$：幅（mm），$L$：長さ（mm）．

(14) こわさ ③ （テーバー法：JIS P 8125, ISO 2493）

幅38.0 mm，長さ約70 mmの試験片を一定速度で15°曲げたときの荷重目盛りを読み取る．

$$テーバーこわさ（mN \cdot m）= 9.81 \times R \times 10^{-2}$$

ここで，$R$：目盛りの読み（gf・cm）×補助おもりの係数．

$$曲げ抗力（mN）= テーバーこわさ \times (10^3/51.8) \times (51.8/50.0)^2$$
$$= テーバーこわさ \times 20.7$$

(15) 平滑度（ベック法：JIS P 8119, ISO 5627）

試験片を圧力100 kPaでヘッド（外径37.4 mm，内径11.3 mmのガラス面）にゴム板で押さえる．ヘッドの中央の穴に通じる真空容器の空気を減圧し，50.7 kPa（380 mmHg）から48.0 kPa（360 mmHg）に下がるまでの時間（秒数）を測定する．ベック平滑度はこの秒数で，10 mLの空気がヘッドと試験片の間を通過するのに要する時間である．

ベックと同じ空気漏洩式平滑度（粗さ）試験方法には，① ベック表示の王研式平滑度（JAPAN TAPPI-No. 5），② ヘッド幅0.051 mmのリングで粗さを平均深さ $\mu$m で表示するパーカープリントサーフ粗さ（ISO 8791-4），③ ベントセン粗さ（ISO 8791-2），④ シェフィールド粗さ（ISO 8791-3），⑤ スムースター粗さ（JAPAN TAPPI-No. 5）

がある．

　平滑度（粗さ）試験方法には，空気漏洩式以外に，触針または非接触変位センサーによる表面粗さ計，光学的な接触率から粗さを求めるマイクロトポグラフがある．

(16)　透気度 ①（透気抵抗度ガーレー法：JIS P 8117, ISO 5636-5）

　質量 567 g の円筒で圧縮された空気 100 mL が，試験片の面積 645 mm$^2$ を通過する時間（秒）である．

　他の透気度（透気抵抗度）試験方法には，① 王研法（JAPAN TAPPI-No. 5），② ショッパー法（ISO 5636-2），③ ベントセン法（ISO 5636-3），④ シェフィールド法（ISO 5636-4）がある．

(17)　透気度 ②（ISO 法：ISO 5636-1）

　一定圧力の空気が単位時間に試料を通過する流量（mL/(m$^2$・Pa・s) = $\mu$m/(Pa・s)）で表示する．ISO 透気度とガーレー透気抵抗度には，次の関係がある．

　　ISO 透気度（mL/(m$^2$・Pa・s)）= 127/ ガーレー透気抵抗度（s）

(18)　サイズ度（ステキヒト法：JIS P 8122）

　2% チオシアン酸アンモニウム水溶液上に試験片を浮かべると同時に，1% 塩化第二鉄水溶液を1滴落とす．3個の赤色斑点が現れるまでの時間（秒数）を測定する．他のサイズ度試験方法には，KBB サイズ度（JAPAN TAPPI-No. 13），ペン書きサイズ度（JAPAN TAPPI-No. 12）がある．

(19)　吸水度 ①（コッブ法：JIS P 8140, ISO 535）

　試験片の片面に水を一定時間接触（通常 30 s, 60 s, 120 s, 300 s, 1,800 s）させ，湿潤前後の質量から吸水度を算出する．

　　吸水度（g/m$^2$）= 10,000 × ($m_2 - m_1$)/S

ここで，$m_1, m_2$：湿潤前および後の質量（g），$S$：面積（cm$^2$）．

　ブリストー法（JAPAN TAPPI-No. 51）はコッブ吸水度より接触時間が短い吸液性が評価できる．

(20)　吸水度 ②（クレム法：JIS P 8141, ISO 8787）

　幅 15 mm，長さ 200 mm 以上の試験片の上端を固定し下端を水に漬ける．10 分間に水が上昇した高さ（クレム吸水度：単位 mm）を測定する．

(21)　ISO 白色度（JIS P 8148, ISO 2470）

　反射率計の光学系は拡散照明/0 度受光である．照明光はイルミナント C で蛍光増白分も測定できる．分光反射率から計算で ISO 白色度を算出する試験機が多い．ハンター白色度（JIS P 8123）は 2003 年に廃止された．

(22)　ISO 不透明度（JIS P 8149, ISO 2471）

　反射率計の光学系は ISO 白色度と同じ拡散照明/0 度受光である．試験片1枚に黒色板を裏当てにして C 光源 2 度視野の $Y$ 値を測定し，次に試験片と同じ試料を重ねた束

を裏当てにして測定する．

$$\text{ISO 不透明度（\%）}=100\times R_0/R_\infty$$

ここで，$R_0$, $R_\infty$：裏当てが黒色板および同じ試料を重ねた束の C 光源 2 度視野の $Y$ 値．

(23) 色（ISO 5631）

反射率計の光学系は ISO 白色度と同じ拡散照明/0 度受光である．C 光源 2 度視野の $XYZ$ 値を測定し，$L^*a^*b^*$ を算出する．

$$L^*=116\times(Y/Y_n)^{1/3}-16$$
$$a^*=500\times[(X/X_n)^{1/3}-(Y/Y_n)^{1/3}]$$
$$b^*=200\times[(Y/Y_n)^{1/3}-(Z/Z_n)^{1/3}]$$

ここで，$Y_n$, $X_n$, $Z_n$：完全拡散反射面の C 光源 2 度視野の値（$X_n=98.07$，$Y_n=100.00$，$Z_n=118.23$）

(24) 75 度鏡面光沢度（JIS P 8142，（　）内は ISO 8254-1 および TAPPI T 480 の規定内容）

75 度入射平行光線（収斂光線）に対する試験片の 75 度鏡面反射光量を測定し，基準面の鏡面反射光量に対する比で表示する．基準面は屈折率 1.567（1.540）の鏡面研磨ガラス面で，基準面の鏡面反射率は 26.46%（26.04%）であるが，この基準面の鏡面反射光量を 100 としている．この方法では，鏡面反射率が 100% である完全鏡面の光沢度は 377.9（384.4）となる．

(25) 水中伸度（フェンチェル法：JAPAN TAPPI-No. 27-B 法）

試験片の坪量の約 1/4 の荷重をかけて，水中に浸漬し伸びを測定する．

$$\text{水中伸度（\%）}=100\times(L_2-L_1)/L_1$$

ここで，$L_1$, $L_2$：浸水前および後の試験片の長さ（mm）．

他の水中伸度試験方法には，試験片に 200 mm の切れ目を入れ 15 分間水に漬けた後の伸びを測定し，水中伸度（%）を算出する方法がある（ISO 5635，JAPAN TAPPI-No. 27-A 法）．

(26) 湿度変化による伸縮率（ISO 8226-1, ISO 8226-2, JAPAN TAPPI-No. 28）

ISO 8226-1：相対湿度を 22%→33%→66% に変化させたときの 33%→66% の伸縮率（%）．

ISO 8226-2：相対湿度を 22%→33%→84% に変化させたときの 33%→84% の伸縮率（%）．

JAPAN TAPPI-No. 28：相対湿度を約 98%→87%→40% に変化させ，そのときの相対湿度および長さを正確に測定し，75%→60% の収縮率（%）を算出する．

(27) 摩擦係数（JIS P 8147, ISO 15359, TAPPI T 549, TAPPI T 816）

水平板およびおもりに試験片を取り付け，JIS では水平に速度 10 mm/分で約 50 mm 移動させ，そのときの応力（摩擦力）を記録する．他の静摩擦係数試験方法には，傾斜

法がある.

静摩擦係数 $= F\mu_S/F_n$

ここで, $F\mu_S$：静摩擦力 (mN), $F_n$：垂直荷重 (mN).

動摩擦係数 $= F\mu_K/F_n$

ここで, $F\mu_K$：平均動摩擦力 (mN).

(28) 耐久性の評価 (ISO 5630-1, -3, -4, JAPAN TAPPI-No.50, TAPPI T 544, ASTM D-3458, -5634, -6043)

紙の長期保存性を推定する目安として加熱・加湿による加速劣化処理条件が規定されている．ASTMでは，処理後の紙質変化割合で耐久性をグレード分けしている．

乾式法①：通常の室内空気を105℃にする方法（ISO 5630-1, JAPAN TAPPI-No.50の乾式法）．

乾式法②：通常の室内空気を120℃，または150℃にする方法（ISO 5630-4）．

調湿法①：80℃, 65% r.h. (ISO 5630-3, JAPAN TAPPI-No.50の湿式法)．

調湿法②：90℃, 50% r.h. (TAPPI T 544, ASTM D-3458, -5634, -6043)．

〔吉田芳夫〕

## 文　献

1) 紙パルプ技術協会 (1995)：紙パルプ製造技術シリーズ ⑨ 紙パルプの試験法，紙パルプ技術協会.
2) 紙パルプ技術協会 (1992)：紙パルプ技術便覧，紙パルプ技術協会.
3) 印刷朝陽会 (2002)：新版 製紙・印刷の試験・計測機器，印刷朝陽会.
4) 日本規格協会 (2002)：JIS ハンドブック 32　紙・パルプ 2002, 日本規格協会.
5) ISO (1998)：ISO Standards Handbook Paper, Board and Pulps, 2nd ed., ISO.
6) 紙パルプ技術協会 (2001)：JAPAN TAPPI 紙パルプ試験方法 2000年度版，紙パルプ技術協会.
7) TAPPI (2002)：2002-2003 Test Methods, TAPPI.
8) ASTM (2002)：2002 Annual Book of ASTM Standards Vol.15.09, ASTM.

## 8.5　紙の情報源

紙に関する情報源は，書籍や博物館，美術館などであるが，最近ではインターネットのホームページが重要となっている．インターネットでは，自宅に居ながらにして，国内はもとより海外の多彩な情報と接触することが可能である．ここでは紙関係の諸団体，学会・協会，大学，試験・研究機関，定期刊行物，博物館・美術館，および海外の諸組織に関して記すが，ある場合には地理的な連絡先が，ある場合にはホームページが示されている．

## 8. 紙のデータ集

**表 8.5.0.1　インターネットのポータルサイト**

ホームページが示されていない場合でも，もしホームページが存在すればインターネットのポータルサイト（情報検索の入口）に固有名詞を入力することにより固有名詞のホームページにたどりつくことができる．

| ポータルサイト名 | URL | ポータルサイト名 | URL |
|---|---|---|---|
| Nifty | http://www.nifty.com/ | MSN Japan | http://www.msn.co.jp/home.armx |
| Yahoo! Japan | http://www.yahoo.co.jp/ | Goo | http://www.goo.ne.jp/ |
| Google | http://www.google.co.jp/ | livedoor | http://www.livedoor.com/ |
| Infoseek | http://www.infoseek.co.jp/ | Exite | http://www.excite.co.jp/sitemap/ |
| Biglobe | http://www.biglobe.ne.jp/ | | |

**表 8.5.0.2　紙と関連分野に関する代表的なホームページ**

インターネットで紙関係の情報を探ると膨大な情報にたどりつくが，どのサイトが相対的に重要性をもつのかはわかりにくい．そこで各分野ごとの代表的なホームページを示すが，いわば各分野のポータルサイトといえるもので，そこから各分野への詳細なリンクが張られている場合が多い．

| | ホームページの名称 | URL | 内　容 |
|---|---|---|---|
| 国内 | 日本製紙連合会 | http://www.jpa.gr.jp/ | 紙全般，製紙産業，製紙業界，統計など |
| | 日本製紙連合会―こどものひろば | http://www.jpa.gr.jp/ja/kids/index.html | 子ども向けの紙のやさしい概説 |
| | 紙パルプ技術協会 | http://www.japantappi.org/ | 製紙業界，製紙技術 |
| | 紙の博物館 | http://www.papermuseum.jp/ | 紙全般，紙の歴史 |
| | 王子製紙―紙と森のエトセトラ | http://www.ojipaper.co.jp/etc/etc.html | 紙と森林の概説 |
| | 王子製紙―紙と森のワンダーランド | http://www.ojipaper.co.jp/wonderland/index.html | 子ども向けの紙と森林の概説 |
| | 日本紙パルプ商事 | http://www.kamipa.co.jp/index.html | 製紙業界の最新情報，流通 |
| | 特種製紙 Pam（Paper & Material） | http://www.tokushu-paper.jp/ | ファンシーペーパー，デザイン関係 |
| | 竹尾/見本帖 | http://www.takeo.co.jp/ | 紙のサンプルの展示 |
| | わがみ堂 | http://www.cna.ne.jp/~wagami/ | 和紙全般の情報 |
| | 和紙の博物館（バーチャルミュージアム） | http://hm2.aitai.ne.jp/~row/index.html | ネットでの和紙の情報源 |
| | 日本新聞博物館 | http://www.pressnet.or.jp/newspark/index.html | 新聞に関する情報 |
| | お札と切手の博物館（国立印刷局記念館） | http://www.npb.go.jp/ja/museum/index.html | 紙幣と切手に関する情報 |
| | 国立印刷局王子展示室 | http://www.npb.go.jp/ja/guide/factory.html#ojitenji | 印刷局の歴史と製紙・印刷技術 |
| | 日本印刷産業連合会 | http://www.jfpi.or.jp/ | 印刷関係の情報 |
| | 日本印刷技術協会 | http://www.jagat.or.jp/ | 印刷関係の情報 |
| | 印刷博物館 | http://www.printing-museum.org/ | 印刷の技術と歴史 |
| | 印刷図書館 | http://www.print-lib.or.jp/ | 印刷関連の情報全般 |
| | 日本包装技術協会 | http://www.jpi.or.jp/ | 包装業界，技術の概要 |

8.5 紙の情報原

**表8.5.0.2** （続き）

| | ホームページの名称 | URL | 内容 |
|---|---|---|---|
| 海外 | Technical Association of the the Pulp and Paper Industry (TAPPI) | http://www.tappi.org/ | アメリカ中心の製紙業界・技術 |
| | The Paperloop Group | http://www.paperloop.com/ | 世界の製紙業界のデータベース |
| | The Robert C.Williams American Museum of Papermaking | http://www.ipst.gatech.edu/amp/index.html | 紙の歴史など広範な情報 |

**表8.5.0.3** 紙関係の業界団体

紙パルプ関係の業界団体は数多いが，業界や技術情報はこれらの団体との接触から得られる可能性が高い．紙に関係した主な業界団体は紙パルプ会館にあり，印刷に関係した主な業界団体は日本印刷会館にある．洋紙に関係した団体はほとんどが東京に集中している．

| 団体名 | 所在地 | 電話番号 |
|---|---|---|
| 日本製紙連合会 | 〒104-8139 東京都中央区銀座 3-9-11 紙パルプ会館 | 03-3248-4801 |
| 紙パルプ技術協会 | 〒104-8139 東京都中央区銀座 3-9-11 紙パルプ会館 | 03-3248-4841 |
| 紙パルプ経営者懇談会 | 〒104-8139 東京都中央区銀座 3-9-11 紙パルプ会館 | 03-3248-4848 |
| 全国クラフト紙袋工業組合 | 〒104-8139 東京都中央区銀座 3-9-11 紙パルプ会館 | 03-3248-4854 |
| 日本板紙組合連合会 | 〒104-8139 東京都中央区銀座 3-9-11 紙パルプ会館 | 03-3248-4845 |
| ・全日本紙管原紙工業組合 | 〒104-8139 東京都中央区銀座 3-9-11 紙パルプ会館 | 03-3248-4845 |
| ・日本色板紙工業組合 | 〒104-8139 東京都中央区銀座 3-9-11 紙パルプ会館 | 03-3248-4845 |
| ・日本白板紙工業組合 | 〒104-8139 東京都中央区銀座 3-9-11 紙パルプ会館 | 03-3248-4846 |
| ・全国中芯原紙工業組合 | 〒104-8139 東京都中央区銀座 3-9-11 紙パルプ会館 | 03-3248-4845 |
| ・全国内装用段ボール原紙工業組合 | 〒104-8139 東京都中央区銀座 3-9-11 紙パルプ会館 | 03-3248-4845 |
| 全国段ボール工業組合連合会 | 〒104-8139 東京都中央区銀座 3-9-11 紙パルプ会館 | 03-3248-4851 |
| 全国家庭用薄葉紙工業組合連合会 | 〒104-8139 東京都中央区銀座 3-9-11 紙パルプ会館 | 03-3248-4861 |
| 日本紙類輸出組合 | 〒104-8139 東京都中央区銀座 3-9-11 紙パルプ会館 | 03-3248-4831 |
| 日本紙類輸入組合 | 〒104-8139 東京都中央区銀座 3-9-11 紙パルプ会館 | 03-3248-4831 |
| 機械すき和紙連合会 | 〒104-8139 東京都中央区銀座 3-9-11 紙パルプ会館 | 03-3248-4861 |
| 衛生薄葉紙会 | 〒104-8139 東京都中央区銀座 3-9-11 紙パルプ会館 | 03-3248-4861 |
| 日本洋紙代理店連合会 | 〒104-8139 東京都中央区銀座 3-9-11 紙パルプ会館 | 03-3248-4866 |
| 日本板紙代理店会連合会 | 〒104-8139 東京都中央区銀座 3-9-11 紙パルプ会館 | 03-3248-4869 |
| 全日本紙製品工業組合 | 〒111-0042 東京都台東区寿 4-2-6 大倉ビル | 03-3844-4434 |
| 全日本紙器段ボール箱工業組合連合会 | 〒130-0005 東京都墨田区東駒形 1-16-1 紙器センタービル | 03-3624-2681 |
| 全国穀用紙袋協会 | 〒104-0061 東京都中央区銀座 6-13-7 新保ビル | 03-3542-3881 |
| 日本角底製袋工業組合 | 〒111-0053 東京都台東区浅草橋 3-18-1 | 03-3866-2261 |
| 日本衛生材料工業連合会 | 〒105-0012 東京都港区芝大門 2-10-1 第一大門ビル 7F | 03-6403-5351 |
| 全国木材チップ工業連合会 | 〒135-0033 東京都江東区深川 2-5-11 木材会館 | 03-3641-1236 |
| 海外産業植林センター | 〒104-0061 東京都中央区銀座 6-16-11 銀座山本ビル 3F | 03-3546-3690 |
| 古紙再生促進センター | 〒104-0061 東京都中央区銀座 2-16-12 銀座大塚ビル | 03-3541-9171 |

## 表 8.5.0.3 （続き）

| 団体名 | 所在地 | 電話番号 |
|---|---|---|
| 日本パルプモウルド工業会 | 事務局なし http://www.pulpmold.gr.jp | |
| 全国製紙原料商工組合連合会 | 〒110-0015 東京都台東区東上野1-17-4 坂田ビル | 03-3833-4105 |
| 紙製容器包装リサイクル協議会 | 〒105-0003 東京都港区西新橋1-1-21 日本酒造会館3F | 03-3501-6191 |
| 日本紙商団体連合会 | 〒103-0007 東京都中央区日本橋浜町2-42-10 紙商健保会館 | 03-3669-5171 |
| 日本洋紙板紙卸商業組合 | 〒103-0007 東京都中央区日本橋浜町2-42-9 浜町中央ビル | 03-3808-0971 |
| 日本新聞協会 | 〒100-0011 東京都千代田区内幸町2-2-1 日本プレスセンタービル | 03-3591-4401 |
| 日本雑誌協会 | 〒101-0062 東京都千代田区神田駿河台1-7 | 03-3291-0775 |
| 日本印刷産業連合会 | 〒104-0041 東京都中央区新富1-16-8 日本印刷会館 | 03-3553-6051 |
| 日本POP広告協会 | 〒104-0041 東京都中央区新富1-16-8 日本印刷会館 | 03-3523-2505 |
| 日本フォーム印刷工業連合会 | 〒104-0041 東京都中央区新富1-16-8 日本印刷会館 | 03-3551-8615 |
| 日本印刷新聞社（＊） | 〒104-0041 東京都中央区新富1-16-8 日本印刷会館 | 03-3553-5681 |
| ニチイン企画（＊） | 〒104-0041 東京都中央区新富1-16-8 日本印刷会館 | 03-3552-8580 |
| 全日本印刷工業組合連合会 | 〒104-0041 東京都中央区新富1-16-8 日本印刷会館 | 03-3552-4571 |
| 日本印刷学会（＊） | 〒104-0041 東京都中央区新富1-16-8 日本印刷会館 | 03-3551-1808 |
| 東京都印刷工業組合 | 〒104-0041 東京都中央区新富1-16-8 日本印刷会館 | 03-3552-4021 |
| 印刷工業会 | 〒104-0041 東京都中央区新富1-16-8 日本印刷会館 | 03-3551-7111 |
| 印刷図書館（＊） | 〒104-0041 東京都中央区新富1-16-8 日本印刷会館 | 03-3551-0506 |
| 全日本製本工業組合連合会 | 〒173-0012 東京都板橋区大和町28-11 | 03-5248-2371 |
| 日本書籍出版協会 | 〒162-0828 東京都新宿区袋町6 日本出版会館 | 03-3268-1301 |
| 全国出版協会 | 〒162-0813 東京都新宿区東五軒町6-21 | 03-3269-1379 |
| 教科書協会 | 〒135-0015 東京都江東区千石1-9-28 | 03-5606-9781 |
| 全国手すき和紙連合会 | 〒915-0234 福井県今立郡今立町11-11 | 0778-43-0875 |
| 全国障子紙工業会 | 事務局なし http://www.shojigami.jp/ | |
| 日本不織布協会 | 〒101-0021 東京都千代田区外神田6-2-9 外神田6丁目ビル3F | 03-5688-4041 |

備考：（＊）は業界団体ではない.

## 表 8.5.0.4　紙の流通関係企業（代理店・卸・商社など）

| 企業名 | URL | 企業名 | URL |
|---|---|---|---|
| 日本紙パルプ商事（株） | http://www.kamipa.co.jp/ | 伊藤忠紙パルプ（株） | http://www.itcpp.co.jp/ |
| 国際紙パルプ商事（株） | http://www.kppc.co.jp/ | 住商紙パルプ（株） | http://www.sumishopaper.co.jp/ |
| （株）カミネット | http://www.kaminet.co.jp/ | 丸紅（株） | http://www.marubeni.co.jp/ |
| 三菱製紙販売（株） | http://www.mitsubishi-kamihan.co.jp/ | サンミック商事（株） | http://www.sanmic.co.jp/ |
| 大倉三幸（株）（＊） | http://www.ospcl.co.jp/ | 服部紙商事（株） | http://www.paperhattori.co.jp/ |
| 岡本（株）（＊） | http://www.paperokamoto.co.jp/ | 吉川紙商事（株） | http://www.yoshikawa.co.jp/ |
| （株）竹尾 | http://www.takeo.co.jp/ | 旭洋紙パルプ（株） | http://www.kyokuyo-pp.co.jp/ |
| 平和紙業（株） | http://www.heiwapaper.co.jp/ | | |

＊の2社は合併し新生紙パルプ商事（株）が発足（2005年10月1日）．URLは http://www.sppcl.co.jp

8.5 紙の情報源

**表 8.5.0.5** 紙関係の学会・協会

| 学会・協会名 | URL |
| --- | --- |
| 紙パルプ技術協会 | http://www.japantappi.org/ |
| 繊維学会 | http://www008.upp.so-net.ne.jp/fiber/ |
| 繊維学会紙パルプ研究委員会 | http://psl.fp.a.u-tokyo.ac.jp/senni_pp/index.htm |
| 日本木材学会 | http://www.jwrs.org/ |
| 日本木材学会パルプ紙研究会 | URL なし |
| Paper Science Forum（PSF） | http://psl.fp.a.u-tokyo.ac.jp/psforum/ |
| 機能紙研究会 | http://www.ehime-iinet.or.jp/kinoushi/ |
| 日本・紙アカデミー | http://www.kit.ac.jp/~kami/ |
| 和紙文化研究会 | URL なし（事務局：東京芸術大学保存科学研究室） |
| 日本印刷学会 | http://www.jfpi.or.jp/jspst/index.html |
| 日本包装学会 | http://wwwsoc.nii.ac.jp/spstj/ |
| 日本包装技術協会 | http://www.jpi.or.jp/ |
| ケナフ協議会 | URL なし |
| 非木材普及協会 | http://www5.ocn.ne.jp/~himoku/ |
| セルロース学会 | http://wwwsoc.nii.ac.jp/csj3/index.html |
| 高分子学会 | http://www.spsj.or.jp/ |
| 日本化学会 | http://www.chemistry.or.jp/ |
| 化学工学会 | http://www.scej.org/ |
| 日本農芸化学会 | http://wwwsoc.nii.ac.jp/jsbba/ |
| 日本化学繊維協会 | http://www.jcfa.gr.jp/ |
| 日本繊維機械学会 | http://wwwsoc.nii.ac.jp/tmsj/japan/ |
| 日本規格協会（JIS） | http://www.jsa.or.jp/ |
| 化学情報協会 | http://www.jaici.or.jp/ |

**表 8.5.0.6** 紙関係の研究を行っている大学の研究室

| 大学の研究室名 | URL |
| --- | --- |
| 北海道大学大学院農学研究科環境資源学専攻森林資源科学講座森林化学研究室 | http://www.agr.hokudai.ac.jp/fres/forchem/member1.htm |
| 宇都宮大学農学部生物生産科学科 | http://agri.mine.utsunomiya-u.ac.jp/ |
| 東京大学大学院農学生命科学研究科生物材料科学専攻製紙科学研究室 | http://web2.fp.a.u-tokyo.ac.jp/lab-pulp.html |
| 東京大学大学院農学生命科学研究科生物材料科学専攻木材化学研究室 | http://web2.fp.a.u-tokyo.ac.jp/lab-woodchem.html |
| 東京農工大学大学院共生科学技術研究部再生資源科学研究室 | http://www.tuat.ac.jp/~recycle/ |
| 東京藝術大学大学院美術研究科文化財保存学専攻保存科学研究室 | http://www.geidai.ac.jp/labs/hozon/ |
| 静岡大学農学部人間環境科学科バイオマス・水環境科学研究室 | http://www.agr.shizuoka.ac.jp/ |
| 京都大学大学院農学研究科森林科学専攻生物繊維学研究室 | http://www.forest.kais.kyoto-u.ac.jp/ |
| 愛媛大学農学部応用生命化学専門教育コース森林資源利用化学研究室 | http://web.agr.ehime-u.ac.jp/~forestchem/shinrin.htm |
| 高知大学農学部森林科学科森林資源利用学研究室 | http://www.fs.kochi-u.ac.jp/ |
| 九州大学大学院農学研究院森林資源科学部門生物機能学講座生物資源化学研究室 | http://brc.wood.agr.kyushu-u.ac.jp/ |
| 九州大学大学院農学研究院森林資源科学部門森林圏環境資源科学研究室 | http://ffpsc.agr.kyushu-u.ac.jp/sffps/ |

表 8.5.0.7　紙関係の試験・研究機関

| 試験・研究機関名 | URL |
|---|---|
| （株）日本紙パルプ研究所 | http://www.jpri.co.jp/index.html |
| （独）国立印刷局研究所 | http://www.npb.go.jp/（国立印刷局．研究所のURLはなし） |
| （独）森林総合研究所 | http://ss.ffpri.affrc.go.jp/index-j.html |
| （独）産業技術総合研究所 | http://www.aist.go.jp/index_j.html |
| 埼玉県産業技術総合センター北部研究所 | http://www.saitama-itcn.jp/ |
| 静岡県富士工業技術センター | http://www.f-iri.pref.shizuoka.jp/ |
| 岐阜県製品技術研究所美濃分室 | http://www.com.rd.pref.gifu.jp/~paper/ |
| （独）産業技術総合研究所四国センター | http://unit.aist.go.jp/shikoku/sangakukan/index.html |
| 愛媛県紙産業研究センター | http://paper.iri.pref.ehime.jp/ |
| 高知県立紙産業技術センター | http://www.pref.kochi.jp/~kami/ |
| 徳島県立工業技術センター | http://www.itc.pref.tokushima.jp/ |
| 福岡県工業技術センター生物食品研究所 | http://www.fitc.pref.fukuoka.jp/ |

表 8.5.0.8　紙に関する定期刊行物など

| 発行元 | 定期刊行物名 | URL |
|---|---|---|
| 日本製紙連合会 | 「紙・パルプ」（月刊） | http://www.jpa.gr.jp/ |
| 紙パルプ技術協会 | 「紙パ技協誌」（月刊） | http://www.japantappi.org/ |
| 紙業タイムス社／テックタイムス社 | 「紙業タイムス」（月2回刊），"FUTURE"（週刊），「紙パルプ技術タイムス」（月刊），"NONWOVENS REVIEW"（季刊） | http://www.st-times.co.jp/ |
| 紙之新聞社 | 「紙之新聞」（週2回刊） | URLなし |
| 紙業新聞社 | 「紙業新聞」（週2回刊） | URLなし |
| 紙業日日新聞社 | 「紙業日日新聞」（週2回刊） | URLなし |
| 日刊紙業通信社 | 「日刊紙業通信」（日刊） | URLなし |
| 紙業新報社 | 「紙業新報」（月3回刊） | URLなし |
| 製紙産業新聞社 | 「製紙産業新聞」（旬刊） | URLなし |
| 日刊板紙段ボール新聞社 | 「板紙・段ボール新聞」 | http://www12.ocn.ne.jp/~itadan/ |
| 薬袋経済研究所 | 「ペーパービジネスレビュー」（週刊） | URLなし |
| 紙の博物館 | 「百万塔」（年3回刊） | http://www.papermuseum.jp/hyakumanto.htm |
| 王子製紙（株）広報部 | 「森の響」（季刊） | http://www.kit.ac.jp/~kami/ |
| 日本・紙アカデミー | "KAMI"（年2回刊） | http://www.kit.ac.jp/~kami/ |
| わがみ堂 | 「季刊和紙」（21号で終刊） | http://www.cna.ne.jp/~wagami/ |
| 和紙文化研究会 | 「和紙文化研究」（年1回刊） | URLなし（事務局：東京藝術大学保存科学研究室） |
| 全国手すき和紙連合会 | 「和紙情報」（隔月刊） | http://www.tesukiwashi.jp/ |
| 福井県和紙工業協同組合 | 「和紙の里」（年刊） | http://www.washi.jp/ |
| 印刷学会出版部 | 「印刷雑誌」（月刊） | http://www.japanprinter.co.jp/ |
| 日本包装技術協会 | 「包装技術」（月刊） | http://www.jpi.or.jp/ |
| （株）ユニパークス | ケナフ関係の書籍 | http://www.kt.rim.or.jp/~kenaf/annai.htm |

8.5 紙 の 情 報 原

**表 8.5.0.9　紙に関する博物館・美術館**

| 名　称 | 所在地 | 電話番号 |
|---|---|---|
| 烏山和紙会館 | 栃木県那須郡烏山町中央町 | 0287-82-2100 |
| 紙のさと和紙資料館 | 茨城県那珂郡山方町舟生90 | 02955-7-2868 |
| 小川和紙資料館 | 埼玉県比企郡小川町青山大字大沢475 | 0493-74-2155 |
| 埼玉伝統工芸会館 | 埼玉県比企郡小川町大字小川1220 | 0493-72-1220 |
| 東秩父村和紙の里 | 埼玉県秩父郡東秩父村御堂441 | 0493-82-1468 |
| 紙の博物館 | 東京都北区王子1-1-3 飛鳥山公園内 | 03-3916-2320 |
| 小津史料館 | 東京都中央区日本橋本町3-6-2 小津本館ビル1F | 03-3662-1184 |
| 凧の博物館 | 東京都中央区日本橋1-12-10 | 03-3275-2704 |
| 特種製紙 Pam（Paper & Material） | 静岡県駿東郡長泉町本宿437 | 055-988-2401 |
| 紙の美術博物館 | 新潟県長岡市小国町大字小国沢2531 | 0258-95-3161 |
| 奥阿賀ふるさと館 | 新潟県東蒲原郡鹿瀬町大字鹿瀬11540-7 | 02549-2-4508 |
| 桂樹社和紙文庫 | 富山県婦負郡八尾町鏡町668 | 0764-55-1184 |
| 和紙工芸館 | 富山県東砺波郡平村東中江218 | 0763-66-2223 |
| 石川県立伝統産業工芸会館 | 石川県金沢市兼六町1-1 | 0762-62-2020 |
| 紙の文化博物館（旧和紙の里会館） | 福井県越前市新在家11-12 | 0778-42-1363 |
| 卯立の工芸館 | 福井県越前市新在家9-21-2 | 0778-43-7800 |
| いまだて芸術館 | 福井県越前市粟田部11-1-1 | 0778-42-2700 |
| なかとみ和紙の里 | 山梨県南巨摩郡中富町西島383 | 0556-20-4556 |
| 富川ふるさと工芸館 | 山梨県南巨摩郡身延町下山1578 | 0556-62-5424 |
| 飯山伝統産業会館 | 長野県飯山市飯山1436-1 | 02696-2-4019 |
| 飯山市民芸館 | 長野県飯山市大字瑞穂4174 | 0269-65-2501 |
| 大町市民俗資料館 | 長野県大町市大字社3954 | 0261-22-0378 |
| 伊那谷道中伝統工芸館 | 長野県飯田市箱川386-1 | 0265-28-1755 |
| 富士市立博物館 | 静岡県富士市伝法66-2 | 0545-21-3380 |
| 和紙のふるさと | 愛知県西加茂郡小原村大字永太郎216-1 | 0565-65-2151 |
| 三州足助屋敷 | 愛知県東加茂郡足助町大字足助字飯盛36 | 0565-62-1188 |
| 美濃和紙の里会館 | 岐阜県美濃市蕨生1851-3 | 0575-34-8111 |
| 岐阜県博物館 | 岐阜県関市小屋名小洞1989（岐阜百年公園内） | 0575-28-3111 |
| 伊勢和紙館 | 三重県伊勢市大世古一丁目10-30 | 0596-28-2359 |
| 鈴鹿市伝統産業会館 | 三重県鈴鹿市寺家3丁目10-1 | 0593-86-7511 |
| 黒谷和紙会館 | 京都府綾部市黒谷町東谷 | 0773-44-0213 |
| 和紙伝承館 | 京都府加佐郡大江町二俣 | 0773-56-2106 |
| 西宮市立郷土資料館 | 兵庫県西宮市川添町15番26号 | 0798-33-1298 |
| 佐治和紙民芸館 | 鳥取県八頭郡佐治村 | 0858-89-1816 |
| 山根和紙資料館 | 鳥取県気高郡青谷町山根128-5 | 0857-86-0011 |
| 安部栄四郎記念館 | 島根県八束郡八雲村東岩坂1754 | 0852-54-1745 |

表 8.5.0.9 （続き）

| 名　称 | 所在地 | 電話番号 |
|---|---|---|
| みとや工芸美術館 | 島根県飯石郡三刀屋町 | 0854-45-2714 |
| 阿波和紙伝統産業会館 | 徳島県麻植郡山川町川東141 | 0883-42-6120 |
| 紙のまち資料館 | 愛媛県四国中央市川之江町4069-1 | 0896-58-2011 |
| 大洲和紙会館 | 愛媛県喜多郡五十崎町大字平岡甲1240-1 | 0893-44-2002 |
| 五十崎凧博物館 | 愛媛県喜多郡五十崎町大字古田甲1437 | 0893-44-5200 |
| いの町紙の博物館 | 高知県吾川郡伊野町幸町110-1 | 088-893-0886 |
| 八女手すき和紙資料館 | 福岡県八女市大字本町2-123-2 | 0943-22-3131 |
| 玉泉洞王国村 | 沖縄県玉城村字前川1336 | 098-949-7421 |

表 8.5.0.10　海外の紙関係の組織

(1) 主要な学会および協会

| | |
|---|---|
| Technical Association of the the pulp and Paper Industry（TAPPI）（アメリカ） | http://www.tappi.org/ |
| Pulp and Paper Technical Association of Canada（PAPTAC）（カナダ） | http://www.paptac.ca/ |
| The Finnish Paper Engineers' Association（フィンランド） | http://www.papereng.fi/portal/english/ |
| L'Association Technique de L'Industrie Papetiere（フランス） | http://www.atip.asso.fr/ |
| The Pulp and Paper Fundamental Research Society（イギリス） | http://www.ppfrs.org.uk/ |
| International Association of Paper Historians（イギリス） | http://www.paperhistory.org/ |
| Appita（オーストラリアおよびニュージーランド） | http://www.appita.com.au/ |
| 中国造紙協会（中国） | http://www.clii.com.cn/cnlic/xhwj/xhzz.htm |
| 中国造紙学会（中国） | http://www.ctapi.org.cn |
| Taiwan TAPPI（台湾） | http://www.tfri.gov.tw |
| Korea TAPPI（韓国） | http://www.ktappi.or.kr/ |
| TAPPI Philippines（フィリピン） | http://www.tappiphils.com/ |

(2) 主要な博物館

| | |
|---|---|
| The Robert C.Williams American Museum of Papermaking（アメリカ） | http://www.ipst.gatech.edu/amp/index.html |
| Musee historique du Papier（フランス） | http//www.auvergne-centrefrance.com/geotouring/musees/detail/mus6312.htm |
| Basel Paper Mill-Swiss Museum for Paper, Writing and Printing（スイス） | http://www.papiermuseum.ch/ |
| Museo della Carta e della Filigrana（イタリア） | http://www.museodellacarta.com/index2.html |
| 中国印刷博物館（中国） | 北京市大興区興華北路25号 北京印刷学院内 |

## 8.5 紙の情報原

(2) (続き)

| | |
|---|---|
| 樹火紀念紙博物館（台湾） | http://www.suhopaper.org.tw/english/museun/museun.htm |
| Panasia Paper Museum（韓国） | http://www.papermuseum.co.kr/index_e.htm |

(3) 主要なデータベース

| | |
|---|---|
| Paperbase International（イギリス） | http://www.paperbase.org/ |
| Paperonline（ベルギー） | http://www.paperonline.org/ |
| The Paperloop Group（アメリカ） | http://www.paperloop.com/ |
| 中国軽工業信息網（中国造紙）（中国） | http://www.clii.com.cn/paper/ |
| 中華紙業網（中国） | http://www.cppi.cn/china/cri/ |

(4) 主要な大学

| | |
|---|---|
| Georgia Tech. Institute of Paper Science and Technology (IPST)（アメリカ） | http://www.ipst.gatech.edu/ |
| Miami University（アメリカ） | http://www.sas.muohio.edu/ |
| North Carolina State University, Dept. of Wood and Paper Science（アメリカ） | http://www.cfr.ncsu.edu/wps/ |
| University of Maine, Dept. of Chemical and Biological Engineering（アメリカ） | http://www.umche.maine.edu/chb/ |
| University of Washington, Paper Science and Engineering Laboratory（アメリカ） | http://www.cfr.washington.edu/research.PSC/ |
| McGill University, Pulp and Paper Research Centre（カナダ） | http://www.mcgill.ca/pprc/ |
| The University of British Columbia, Pulp and Paper Centre（カナダ） | http://www.ppc.ubc.ca/ |
| University of Toronto, Pulp and Paper Centre（カナダ） | http://www.pulpandpaper.utoronto.ca/ |
| University of Quebec (Trois-Riviere), Pulp and Paper Research Centre（カナダ） | http://www.uqtr.uquebec.ca/crpp/ |
| Helsinki University of Technology（フィンランド） | http://www.tkk.fi/English/ |
| Ecole Francaise de Papeterie et des Indutries Graphiques（フランス） | http://www.efpg.inpg.fr/ |

(5) 主要な研究機関

| | |
|---|---|
| SUNY-ESF（アメリカ） | http://www.esf.edu/ |
| Pulp and Paper Research Institute of Canada (PAPRICAN)（カナダ） | http://www.paprican.ca/ |
| Centre Technique du Papier (CTP)（フランス） | http://www.webctp.com/ |
| Finnish Pulp and Paper Research Institute (KCL)（フィンランド） | http://www.kcl.fi/ |
| Swedish Pulp and Paper Research Insitute (STFI)（スウェーデン） | http://www.stfi-packforsk.se/ |
| Paper Industry Research Association (PIRA)（イギリス） | http://www.pira.co.uk/ |

(6) 主要な製紙メーカー

| International Paper（アメリカ） | http://www.internationalpaper.com/ |
| Georgia-Pacific（アメリカ） | http://www.gp.com/ |
| Procter & Gamble（P & G）（アメリカ） | http://www.pg.com/ |
| Kimberly-Clark（カナダ） | http://www.kimberly-clark.com/ |
| Weyerhaeuser（アメリカ） | http://www.wy.com/ |
| Stora Enso（フィンランド） | http://www.storaenso.com/ |
| Svenska Cellulosa（スウェーデン） | http://www.sca.se/ |
| UPM-Kymmene（フィンランド） | http://w3.upm-kymmene.com/ |
| 王子製紙（日本） | http://www.ojipaper.co.jp/ |
| 日本製紙（日本） | http://www.np-g.com/ |
| Asia Pulp and Paper（インドネシア） | http://www.asiapulppaper.com/ |

## コラム　日本・紙アカデミー

　1983年，京都において開催された「国際紙会議」は，紙文化に関する世界最初の最も充実した会議として記憶されており，その成果は世界各地において紙をめぐる活動として現れた．それをさらに展開させるため，世界各地から参加した人々の要望により，1988年に日本・紙アカデミーは京都で設立された．

　日本・紙アカデミーは，紙を文化の面でとらえた唯一のユニークな団体である．紙の本質，歴史，加工，創造，情報媒体，芸術素材など，紙を中核としてジャンルを越えて広がる多次元の世界を結集し，紙に関する文化の振興と発展に尽くしている．研究と情報交換，普及事業，および会員相互の協力と交流を促進すると同時に，紙文化の国際交流における世界の中核を目指して，今日まで活動している．

　創立以来，紙文化にかかわる研究講座や見学会，各種展覧会の開催，国際会議への参加・開催，出版や機関誌の発刊，紙文化振興に貢献した人の表彰などを日常の活動としている．こうした恒例の事業に並行し，1989年に創立記念事業として「紙会議・京都'89」ならびに「国際紙造形展」を開催，展覧会は東京と徳島を巡回した．1995年には「国際紙シンポジウム'95」を京都国際交流会館にて開催，各国の諸問題の専門家を講師に迎え「紙の源流から未来まで」というテーマのもと国内外から多くの

参加者を集めた．同時に開催した明倫小学校跡地での「Touch, Please 展」は作品に手を触れながら鑑賞することのできる展覧会で，好評を博し，同校の文化施設への転用化の実現にこの展示は好例として貢献した．1996年は「全国手漉和紙展―匠たちの技と心―」を開催，手漉き和紙生産者と市民との直接触れ合う機会をつくり，双方の交歓を図ることができた．

1998年秋には，日本・紙アカデミー創立10周年記念事業として「19世紀の和紙展―ライプチヒのコレクション帰朝展―」を総力を挙げて開催．このライプチヒのドイツ図書館付属書籍文書博物館に収蔵されるバルツ・コレクションは，ウィーン宮廷顧問官フランツ・バルツによって1873年（明治6），ウィーン万国博覧会に明治政府から出展された紙・紙加工品を中心に収集された19世紀の和紙コレクションである．コレクションの調査，研究に当アカデミー会員が協力したことが縁となり，125年ぶりの日本への里帰りが果たされた．

21世紀を迎えた2001年には，初代会長の町田誠之から尾鍋史彦会長（2005年5月末退任，現在は会長空席で副会長が代行）への交替を機に，和紙の伝統を現代の問題と融合させ新世紀における紙のあるべき姿を探るべく，日本・紙アカデミーシンポジウム「紙の21世紀」を東京で開催し，あらためて和紙関係者と洋紙関係者との交流を深めた．

人間の文化の中で，紙は記録や伝達をはじめとする文明を築く多様な役割を果たしてきた．しかし現代においては情報化が進み，また紙の製造にまつわる資源，環境，エネルギーの諸問題においても重要な転換点に置かれ，紙を取り巻く状況は複雑であり，さらにその本質と意味が問われつつある．今後このような状況にも柔軟に対応しつつ，紙を愛し，考えるすべての人々に広く門戸を開き，共に紙文化の方向性を探究していきたいと考えている．また，2005年より事務局を京都工芸繊維大学内に移転し，今後，産学交流による新たな活動の展開も期待される．〔渡辺奈津子〕

## 8.6 主な製紙会社のリスト

紙に関連した会社は，紙・板紙を製造する会社，紙・板紙を加工する会社，紙・板紙に印刷をする会社など幅広く，また規模は大小さまざまであるが，ここでは比較的規模の大きな製紙会社を中心に記す．

## 8. 紙のデータ集

**表 8.6.0.1** 日本の主な製紙会社と所在地

(1) は新聞用紙, 印刷・情報用紙, 段ボール, 衛生用紙などの汎用型の紙を製造するメーカーが中心であり, (2) は特殊紙や機能紙などの専業メーカーおよび商社・代理店が中心である. なお (1) のメーカーは日本製紙連合会の正会員会社である.

(1) 汎用紙中心の製紙メーカー (★印は生産量上位 10 社)

| 名　称 | 本社所在地 | 電話番号 |
|---|---|---|
| 愛媛製紙株式会社 | 〒799-0401 愛媛県四国中央市村松町 370 | 0896-24-3330 |
| ★王子板紙株式会社 | 〒104-0061 東京都中央区銀座 5-12-18 | 03-3543-1111 |
| ★王子製紙株式会社 | 〒104-0061 東京都中央区銀座 4-7-5 | 03-3563-1111 |
| 王子特殊紙株式会社 | 〒104-0061 東京都中央区銀座 5-12-8 | 03-5550-3041 |
| 大阪製紙株式会社 | 〒555-0001 大阪府大阪市西淀川区佃 7-1-60 | 06-6472-6331 |
| 大津板紙株式会社 | 〒520-0802 滋賀県大津市馬場 3-10-1 | 077-522-4171 |
| 株式会社岡山製紙 | 〒700-0845 岡山県岡山市浜野 1-4-34 | 086-262-8750 |
| 加賀製紙株式会社 | 〒921-8054 石川県金沢市西金沢 1-111 | 076-241-1151 |
| 紀州製紙株式会社 | 〒104-0028 東京都中央区八重洲 2-2-1 | 03-3274-0180 |
| 北上製紙株式会社 | 〒021-0864 岩手県一関市旭町 10-1 | 0191-23-3366 |
| 興亜工業株式会社 | 〒417-0847 静岡県富士市比奈 1286-2 | 0545-38-0123 |
| 株式会社興人 | 〒103-0022 東京都中央区日本橋室町 4-1-21 | 03-3242-3011 |
| 三善製紙株式会社 | 〒920-0338 石川県金沢市金石北 3-1-1 | 076-267-1151 |
| 山陽板紙工業株式会社 | 〒704-8114 岡山県岡山市西大寺東 1-2-55 | 086-943-6111 |
| ★大王製紙株式会社 | 〒799-0492 愛媛県四国中央市三島紙屋町 2-60 | 0896-23-9001 |
| 大興製紙株式会社 | 〒416-8660 静岡県富士市上横割 10 | 0545-61-2500 |
| 大和板紙株式会社 | 〒582-0004 大阪府柏原市河原町 5-32 | 0729-71-1445 |
| 高砂製紙株式会社 | 〒303-0041 茨城県水海道市豊岡町甲 60 | 0297-24-0611 |
| 立山製紙株式会社 | 〒930-0214 富山県中新川郡立山町五百石 141 | 0764-63-1311 |
| ★中越パルプ工業株式会社 | 〒104-8124 東京都中央区銀座 2-10-6 | 03-3544-1524 |
| 東海パルプ株式会社 | 〒104-0028 東京都中央区八重洲 2-4-1 常和八重洲ビル 9F | 03-3273-8281 |
| 東邦特殊パルプ株式会社 | 〒101-0047 東京都千代田区内神田 1-4-1 大手町 21 ビル 5F | 03-3295-7740 |
| 特種製紙株式会社 | 〒411-8790 静岡県駿東郡長泉町本宿 501 | 0559-88-1111 |
| 株式会社 巴川製紙所 | 〒104-8335 東京都中央区京橋 1-5-15 | 03-3272-4121 |
| 名古屋パルプ株式会社 | 〒509-0295 岐阜県可児市土田 500 | 0574-28-7111 |
| 日清製紙株式会社 | 〒103-0007 東京都中央区日本橋浜町 2-5-1 高橋浜町ビル 7F | 03-3665-0341 |
| ★日本製紙株式会社 | 〒100-0006 東京都千代田区有楽町 1-12-1 新有楽町ビル | 03-3218-8000 |
| ★日本大昭和板紙株式会社 | 〒103-0027 東京都中央区日本橋 2-1-3 日本橋朝日生命館 | 03-3242-7311 |
| 兵庫製紙株式会社 | 〒679-2123 兵庫県姫路市豊富町豊富 2288 | 0792-64-1221 |
| 兵庫パルプ工業株式会社 | 〒669-3131 兵庫県氷上郡山南町谷川 858 | 0795-77-1081 |
| 富士写真フイルム株式会社 | 〒106-8620 東京都港区西麻布 2-26-30 | 03-3406-2304 |
| ★北越製紙株式会社 | 〒103-0021 東京都中央区日本橋本石町 3-2-2 | 03-3245-4500 |
| 丸三製紙株式会社 | 〒975-0039 福島県原町市青葉町 1-12-1 | 0244-22-3111 |

8.6 主な製紙会社のリスト

(1)（続き）

| 名　称 | 本社所在地 | 電話番号 |
|---|---|---|
| ★丸住製紙株式会社 | 〒799-0196 愛媛県四国中央市川之江町826 | 0896-57-2222 |
| 三島製紙株式会社 | 〒104-0061 東京都中央区銀座6-16-12 丸高ビル | 03-3542-3151 |
| ★三菱製紙株式会社 | 〒100-0005 東京都千代田区丸の内3-4-2 新日石ビル | 03-3213-3751 |
| リンテック株式会社 | 〒173-0001 東京都板橋区本町23-23 | 03-5248-7711 |

(2) その他（特殊紙・機能紙などの主な専業メーカーと商社・代理店（☆））

| 名　称 | 本社所在地 | 電話番号 |
|---|---|---|
| 阿波製紙株式会社 | 〒770-0005 徳島市南矢三町3-10-18 | 088-631-8108 |
| 金星製紙株式会社 | 〒780-0921 高知県高知市井口町63 | 088-822-8105 |
| 三晶株式会社 | 〒540-5123 大阪市中央区城見2-1-61 ツイン21MIDタワー23階 | 06-6941-7895 |
| 大福製紙株式会社 | 〒501-3716 岐阜県美濃市前野422 | 0575-33-2131 |
| 谷口和紙株式会社 | 〒689-0515 鳥取県鳥取市青谷町河原358-1 | 0857-86-0116 |
| 株式会社中村製紙所 | 〒834-0024 福岡県八女市大字津江1215 | 0943-23-4188 |
| ニッポン高度紙工業株式会社 | 〒781-0301 高知県吾川郡春野町弘岡上648 | 088-894-2321 |
| 広瀬製紙株式会社 | 〒781-1103 高知県土佐市高岡町丙529 | 0888-52-2161 |
| 三木特種製紙株式会社 | 〒799-0101 愛媛県四国中央市川之江町156 | 0896-58-3373 |
| モルザ株式会社 | 〒501-2603 岐阜県関市武芸川町八幡983 | 0575-46-2751 |
| 株式会社竹尾（☆） | 〒101-0054 東京都千代田区神田錦町3-12-6 | 03-3292-3611 |
| 平和紙業株式会社（☆） | 〒104-0033 東京都中央区新川1-22-11 | 03-3206-8501 |

表8.6.0.2　日本の製紙会社上位10社の生産量と国内総生産における構成比（2003年）

| 順位 | 会社名 | 紙・板紙生産量（千t） | 構成比（％） |
|---|---|---|---|
| 1 | 日本製紙 | 4,874 | 16.0 |
| 2 | 王子製紙 | 4,656 | 15.3 |
| 3 | 王子板紙 | 2,898 | 9.5 |
| 4 | 大王製紙 | 2,337 | 7.7 |
| 5 | 日本大昭和板紙 | 2,074 | 6.8 |
| 6 | レンゴー | 1,810 | 5.9 |
| 7 | 北越製紙 | 1,236 | 4.1 |
| 8 | 三菱製紙 | 985 | 3.2 |
| 9 | 中越パルプ工業 | 876 | 2.9 |
| 10 | 丸住製紙 | 733 | 2.4 |
| | 合計 | 22,479 | 73.8 |

**表 8.6.0.3** 日本の主な製紙工場の所在地
日本製紙連合会の正会員会社の製紙工場を北から順に記した.

| 会社名 | 工場名 | 所在地 |
|---|---|---|
| **北海道** | | |
| 王子板紙株式会社 | 釧路工場 | 北海道釧路市大楽毛 3-2-5 |
| | 名寄工場 | 北海道名寄市字徳田 20-6 |
| 王子特殊紙株式会社 | 江別工場 | 北海道江別市王子 1 |
| 王子製紙株式会社 | 釧路工場 | 北海道釧路市大楽毛 3-2-5 |
| | 苫小牧工場 | 北海道苫小牧市王子町 2-1-1 |
| 日本製紙株式会社 | 白老工場 | 北海道白老郡白老町字北吉原 181 |
| | 旭川工場 | 北海道旭川市パルプ町 505-1 |
| | 釧路工場 | 北海道釧路市鳥取南 2-1-47 |
| | 勇払工場 | 北海道苫小牧市勇払 143 |
| **青森県** | | |
| 三菱製紙株式会社 | 八戸工場 | 青森県八戸市大字河原木字青森谷地 |
| **岩手県** | | |
| 東邦特殊パルプ株式会社 | 北上工場 | 岩手県北上市相去町笹長根 35 |
| 三菱製紙株式会社 | 北上工場 | 岩手県北上市相去町笹長根 35 |
| 北上製紙株式会社 | 一関工場 | 岩手県一関市旭町 10-1 |
| **秋田県** | | |
| 日本大昭和板紙東北株式会社 | | 秋田県向浜 2-1-1 |
| **宮城県** | | |
| 日本製紙株式会社 | 岩沼工場 | 宮城県岩沼市大昭和 1-1 |
| | 石巻工場 | 宮城県石巻市南光町 2-2-1 |
| **福島県** | | |
| 日本製紙株式会社 | 勿来工場 | 福島県いわき市勿来町窪田十条 1 |
| 丸三製紙株式会社 | | 福島県原町市青葉町 1-12-1 |
| 三菱製紙株式会社 | 白河工場 | 福島県西白河郡西郷村字前山西 3 |
| **茨城県** | | |
| 高砂製紙株式会社 | | 茨城県水海道市豊岡町甲 60 |
| 北越製紙株式会社 | 関東工場 勝田 | 茨城県ひたちなか市高揚 1760 |
| レンゴー株式会社 | 利根川製紙工場 | 茨城県岩井市大字岩井 5269 |
| **栃木県** | | |
| 王子板紙株式会社 | 日光工場 | 栃木県河内郡河内町白沢 592 |
| 東邦特殊パルプ株式会社 | 小山工場 | 栃木県小山市大字間々田 340 |
| 日本大昭和板紙関東株式会社 | 足利工場 | 栃木県足利市宮北町 12-7 |
| **埼玉県** | | |
| 日本大昭和板紙関東株式会社 | 草加工場 | 埼玉県草加市松江 4-3-39 |
| リンテック株式会社 | 熊谷工場 | 埼玉県熊谷市大字万吉字夏目 3478 |

8.6 主な製紙会社のリスト

**表 8.6.0.3** （続き）

| 会社名 | 工場名 | 所在地 |
|---|---|---|
| レンゴー株式会社 | 八潮工場 | 埼玉県八潮市西袋 330 |
| **千葉県** | | |
| 北越製紙株式会社 | 関東工場市川 | 千葉県市川市大洲 3-21-1 |
| **東京都** | | |
| 王子製紙株式会社 | 江戸川工場 | 東京都江戸川区東篠崎 2-3-2 |
| **新潟県** | | |
| 北越製紙株式会社 | 長岡工場 | 新潟県長岡市蔵王 3-2-1 |
| | 新潟工場 | 新潟県新潟市榎町 57 |
| **長野県** | | |
| 王子板紙株式会社 | 松本工場 | 長野県松本市大字笹賀 5200-1 |
| **静岡県** | | |
| 王子板紙株式会社 | 富士工場 | 静岡県富士市伝法 1180-1 |
| 王子特殊紙株式会社 | 第一工場 | 静岡県富士市入山瀬 1-1-1 |
| | 芝川工場 | 静岡県富士郡芝川町羽鮒 1231-2 |
| | 富士工場 | 静岡県富士市前田 14-1 |
| | 静岡工場 | 静岡県静岡市柳町 16-1 |
| | 岩渕工場 | 静岡県庵原郡富士川中之郷 1157-1 |
| 王子製紙株式会社 | 富士工場 | 静岡県富士市平垣 300 |
| 興亜工業株式会社 | | 静岡県富士市比奈 1286-2 |
| 株式会社興人 | 富士工場 | 静岡県富士市新橋町 7-1 |
| 大興製紙株式会社 | | 静岡県富士市上横割 10 |
| 日本製紙株式会社 | 富士工場 | 静岡県富士市今井 4-1-1 |
| 日本大昭和板紙吉永株式会社 | | 静岡県富士市比奈 798 |
| 東海パルプ株式会社 | | 静岡県島田市向島町 4379 |
| 特種製紙株式会社 | 三島工場 | 静岡県駿東郡長泉町本宿 501 |
| 株式会社巴川製紙所 | 静岡事業所 | 静岡県静岡市用宗巴町 3-1 |
| | 清水事業所 | 静岡県清水市入江 1-3-6 |
| 富士写真フイルム株式会社 | 富士宮工場 | 静岡県富士宮市大中里 200 |
| 三島製紙株式会社 | 新富士工場 | 静岡県富士市依田橋 37-1 |
| | 原田工場 | 静岡県富士市原田 506 |
| **愛知県** | | |
| 王子板紙株式会社 | 祖父江工場 | 愛知県中島郡祖父江町外平 150 |
| 王子製紙株式会社 | 春日井工場 | 愛知県春日井市王子町 1 |
| **岐阜県** | | |
| 王子板紙株式会社 | 恵那工場 | 岐阜県恵那市大井町 696 |
| | 中津川工場 | 岐阜県中津川市小川町 2-3 |

表 8.6.0.3 (続き)

| 会社名 | 工場名 | 所在地 |
|---|---|---|
| 王子特殊紙株式会社 | 中津工場 | 岐阜県中津川市中津川 3465-1 |
| 特種製紙株式会社 | 岐阜工場 | 岐阜県岐阜市上川手 814 |
| 名古屋パルプ株式会社 | | 岐阜県可児市土田 500 |
| 三重県 | | |
| 紀州製紙株式会社 | 紀州工場 | 三重県南牟婁郡鵜殿村 182 |
| 富山県 | | |
| 立山製紙株式会社 | | 富山県中新川郡立山町五百石 141 |
| 中越パルプ工業株式会社 | 能町工場 | 富山県高岡市米島 282 |
| | 二塚工場 | 富山県高岡市二塚 3288 |
| 日本製紙株式会社 | 伏木工場 | 富山県高岡市伏木 1-1-1 |
| 石川県 | | |
| 加賀製紙株式会社 | | 石川県金沢市西金沢 1-111 |
| 三善製紙株式会社 | 金沢工場 | 石川県金沢市金石北 3-1-1 |
| 福井県 | | |
| レンゴー株式会社 | 金津事業所製紙工場 | 福井県あわら市自由ヶ丘 1-8-10 |
| 滋賀県 | | |
| 王子特殊紙株式会社 | 滋賀工場 | 滋賀県湖南市朝国 65 |
| 大津板紙株式会社 | | 滋賀県大津市馬場 1-15-15 |
| 京都府 | | |
| 三菱製紙株式会社 | 京都工場 | 京都府長岡京市開田 1-6-6 |
| 大阪府 | | |
| 王子板紙株式会社 | 大阪工場 | 大阪府大阪市東淀川区南江口 3-15-58 |
| 大阪製紙株式会社 | | 大阪府大阪市西淀川区佃 7-1-60 |
| 紀州製紙株式会社 | 大阪工場 | 大阪府吹田市南吹田 4-20-1 |
| 大和板紙株式会社 | | 大阪府柏原市河原町 5-32 |
| 三島製紙株式会社 | 吹田工場 | 大阪府吹田市東御旅町 11-46 |
| レンゴー株式会社 | 淀川工場 | 大阪府福島区大開 4-1-186 |
| 兵庫県 | | |
| 王子製紙株式会社 | 神崎工場 | 兵庫県尼崎市常光寺 4-3-1 |
| 兵庫製紙株式会社 | | 兵庫県姫路市豊富町豊富 2288 |
| 兵庫パルプ工業株式会社 | 谷川工場 | 兵庫県氷上郡山南町谷川 858 |
| 三菱製紙株式会社 | 高砂工場 | 兵庫県高砂市高砂町栄町 105 |
| レンゴー株式会社 | 尼崎工場 | 兵庫県尼崎市杭瀬南新町 1-4-1 |
| 岡山県 | | |
| 山陽板紙工業株式会社 | | 岡山県岡山市西大寺東 1-2-55 |
| 日清製紙株式会社 | 岡山工場 | 岡山県岡山市大福 721 |

## 表 8.6.0.3 （続き）

| 会社名 | 工場名 | 所在地 |
|---|---|---|
| 株式会社岡山製紙 | 本社工場 | 岡山県岡山市浜野 1-4-34 |
| **広島県** | | |
| 王子製紙株式会社 | 呉工場 | 広島県呉市広末広 2-1-1 |
| 三島製紙株式会社 | 大竹工場 | 広島県大竹市東栄 1-16-1 |
| 日本大昭和板紙西日本株式会社 | 芸防工場 | 広島県大竹市東栄 2-1-18 |
| **山口県** | | |
| 日本製紙株式会社 | 岩国工場 | 山口県岩国市飯田町 2-8-1 |
| 日本大昭和板紙西日本株式会社 | 芸防工場 | 山口県玖珂郡和木町瀬田 2-3-1 |
| **鳥取県** | | |
| 王子製紙株式会社 | 米子工場 | 鳥取県米子市吉岡 373 |
| **愛媛県** | | |
| 愛媛製紙株式会社 | | 愛媛県四国中央市村松町 370 |
| 大王製紙株式会社 | 三島工場 | 愛媛県四国中央市三島紙屋町 5-1 |
| | 川之江工場 | 愛媛県四国中央市妻鳥町 201 |
| 丸住製紙株式会社 | 川之江工場 | 愛媛県四国中央市川之江町 826 |
| | 大江工場 | 愛媛県四国中央市川之江町 4085 |
| リンテック株式会社 | 三島工場 | 愛媛県四国中央市三島紙屋町 2-46 |
| **徳島県** | | |
| 王子製紙株式会社 | 徳島工場 | 徳島県阿南市辰巳町 1-2 |
| | 富岡工場 | 徳島県阿南市豊益町吉田 1 |
| 日本製紙株式会社 | 小松島工場 | 徳島県小松島市豊浦町 1 |
| **高知県** | | |
| 日本大昭和板紙西日本株式会社 | 高知工場 | 高知県吾川郡伊野町 3380 |
| **佐賀県** | | |
| 王子板紙株式会社 | 佐賀工場 | 佐賀県佐賀郡久保田町大字久保田 1 |
| **大分県** | | |
| 王子板紙株式会社 | 大分工場 | 大分県大分市大字小中島字江ノ道 872-1 |
| **熊本県** | | |
| 日本製紙株式会社 | 八代工場 | 熊本県八代市十条町 1-1 |
| **宮崎県** | | |
| 王子製紙株式会社 | 日南工場 | 宮崎県日南市大字戸高 1850 |
| **鹿児島県** | | |
| 中越パルプ工業株式会社 | 川内工場 | 鹿児島県川内市宮内町 1-26 |

表 8.6.0.4 世界の製紙会社の売上高の順位（2003年）

| 地域 | 順位(地域) | 順位(世界) | 企業名 | 紙パルプ関連売上高（百万ドル） | 従業員数（人） |
|---|---|---|---|---|---|
| 北アメリカ | 1 | 1 | International Paper | 21,503.3 | 83,000 |
| | 2 | 3 | Georgia-Pacific | 11,563.0 | 61,000 |
| | 3 | 5 | Procter & Gamble | 9,933.0 | 98,000 |
| | 4 | 7 | Kimbely-Clark | 9,242.7 | 62,000 |
| | 5 | 10 | Weyerhaeuser | 8,184.0 | 55,000 |
| | 6 | 11 | Smurfit-Stone Container | 7,722.0 | 35,400 |
| | 7 | 12 | MeadWestvaco | 7,191.0 | 30,700 |
| | 8 | 22 | Domtar | 3,165.7 | 15,700 |
| | 9 | 23 | Abitibi-Consolidated | 2,998.6 | 15,000 |
| | 10 | 25 | Bowater | 2,721.1 | 8,500 |
| | 11 | 26 | Temple-Inland | 2,700.0 | 18,000 |
| | 12 | 27 | Graphic Packaging | 2,296.1 | 8,300 |
| | 13 | 28 | Cascades | 2,269.8 | 15,400 |
| | 14 | 31 | Boise | 1,853.0 | 55,618 |
| | 15 | 32 | Sonoco Products | 1,790.9 | 15,200 |
| ヨーロッパ・その他 | 1 | 2 | Stora Enso（フィンランド） | 11,582.3 | 44,264 |
| | 2 | 4 | Svenska Cellulosa（sca）（スウェーデン） | 10,558.2 | 46,000 |
| | 3 | 6 | UPM-Kymmene（フィンランド） | 9,337.0 | 34,482 |
| | 4 | 13 | M-real（フィンランド） | 6,826.4 | 19,636 |
| | 5 | 14 | Mondi International（南アフリカ） | 5,628.0 | 42,000 |
| | 6 | 15 | Smurfit Packaging（アイルランド） | 5,360.6 | 30,305 |
| | 7 | 16 | Worms & Cie（フランス） | 4,919.4 | 48,000 |
| | 8 | 17 | Amcor（オーストラリア） | 4,369.6 | 30,000 |
| | 9 | 18 | Sappi（南アフリカ） | 4,245.0 | 16,940 |
| | 10 | 19 | Norsle Skog（ノルウェー） | 3,324.3 | 8,326 |
| 日本 | 1 | 8 | 王子製紙 | 8,967.7 | 19,417 |
| | 2 | 9 | 日本ユニパックホールディング（現日本製紙） | 8,793.9 | 14,987 |
| | 3 | 24 | 大王製紙 | 2,770.2 | 3,000 |
| | 4 | 29 | レンゴー | 2,194.1 | 2,988 |
| | 5 | 36 | 三菱製紙 | 1,685.7 | 5,219 |

表 8.6.0.5 世界の紙・板紙生産量上位10か国（2003年）

| 順位 | 国名 | 生産量(千t) |
|---|---|---|
| 1 | アメリカ | 80,220 |
| 2 | 中国 | 41,660 |
| 3 | 日本 | 30,295 |
| 4 | カナダ | 20,060 |
| 5 | ドイツ | 19,310 |
| 6 | フィンランド | 13,057 |
| 7 | スウェーデン | 11,062 |
| 8 | 韓国 | 10,391 |
| 9 | フランス | 9,938 |
| 10 | イタリア | 9,372 |
| | 合計 | 245,365 |

表 8.6.0.6 世界の紙・板紙消費量上位10か国と国民1人あたりの消費量（2003年）

| 順位 | 国名 | 消費量（千t） | 国民1人あたりの消費量（kg） |
|---|---|---|---|
| 1 | アメリカ | 88,149 | 300.8 |
| 2 | 中国 | 46,500 | 35.8 |
| 3 | 日本 | 30,797 | 241.9 |
| 4 | ドイツ | 18,517 | 224.7 |
| 5 | イギリス | 12,463 | 206.8 |
| 6 | イタリア | 11,044 | 190.2 |
| 7 | フランス | 10,859 | 179.7 |
| 8 | 韓国 | 8,466 | 174.2 |
| 9 | スペイン | 7,217 | 179.2 |
| 10 | カナダ | 7,200 | 221.5 |
| | 合計 | 241,212 | |

〔尾鍋史彦〕

## 文　献

1) 日本製紙連合会ホームページ http://www.jpa.gr.jp/
2) 紙パルプ技術協会ホームページ http://www.japantappi.org/
3) 日本紙パルプ商事ホームページ http://www.kamipa.co.jp/
4) 製紙メーカー各社のホームページ
5) 機能紙研究会誌, No. 43, 機能紙研究会, 2004.
6) 紙・パルプ, No. 681（紙・パルプ産業の現状）, 日本製紙連合会, 2005.
7) 王子製紙編（2001）：紙パルプの実際知識, 東洋経済新報社.

# おわりに――「紙の文化学」の提案

## 1. 紙の文化学の必要性

　紙がかかわる学問分野は多岐にわたり，多くの研究業績が集積されてきた．しかし，科学・技術，文化，歴史，芸術などの諸分野で独立して研究が行われてきたために，複雑な様相をもつ現実の問題には対処できない場合が多い．ここで，紙にかかわる未知の問題を解明するには，自然科学，人文科学，社会科学および芸術などの諸分野を採り入れ融合させながら，時空を超えてグローバルな視点から包括的に紙を考察する学問の方法論が必要となる．すなわち，文理融合型の紙に関する研究の体系として，ここに「紙の文化学」を提案したい．また，本書を出発点として次世代の紙の愛好者の中から「紙の文化学」の研究者が生まれることを期待したい．

## 2. 紙の文化学の定義

　一般に，「文化学」が自然科学から生まれた技術体系，人間の精神活動の所産としての知識体系，および人間の感性が生み出す芸術を表すとすると，「紙の文化学」とは，「紙に関する自然科学，人文科学，社会科学，芸術を包含し，伝統的な和紙から紙にかかわる現代の諸問題までを包括的に扱う時空を超えた学問体系」と定義できる（下図参照）．

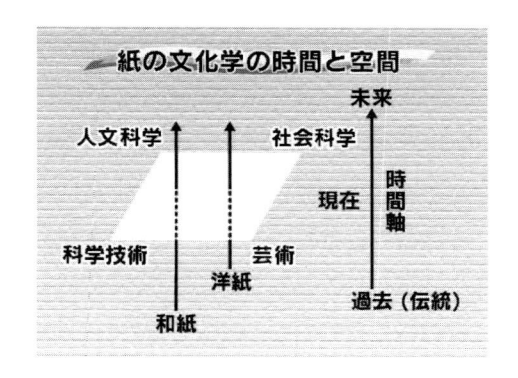

紙の文化学の時間と空間

人文科学　社会科学　未来

現在　時間軸

科学技術　芸術

洋紙

和紙　過去（伝統）

## 3. 紙の文化学が目指すこと

　紙の文化というと，産地別の和紙の分類に象徴されるように，進化がみえにくい博物学的な静的な文化というイメージが強い．しかし，紙の文化がダイナミックに動いている現代社会の多様な問題に対しての作用や機能をもち，問題解決に寄与するには新たな紙文化の体系化が必要である．たとえば，次のような問題の探求と解明には単一の学問では不可能であり，諸学問を動員し，融合させながら多面的に究明を行う必要がある．

1) 紙の科学と紙の文化の関係

科学技術によりつくられる紙は文化の素材であるが，どのような紙が文化・芸術の素材となるのか，紙のもつ物性機能と感性機能との関係，などの究明が必要である．

2) 紙文化の社会的機能

現実の世界から遮断された「文化のための文化」，「芸術のための芸術」というような芸術至上主義的な考え方でも，紙文化の存在意義はある．しかし，現実の社会に起きている環境問題などに働きかけられるような社会的機能を紙文化にもたせるようにするにはどのような学問体系となるべきか，未知である．

3) 紙がもつ人間との親和性

紙が文字の支持体として使われ文化の創成に寄与し，電子的表示メディアが開発されても人間が紙にこだわるのは，紙がもつ強い親和性のためだが，その親和性の解明には心理学，認知科学，脳科学などを総動員して解明する必要がある．親和性の解明により人間が違和感なく使える電子ペーパーや，現在よりも読みやすい紙の設計・開発にも寄与すると思われる．また，白い紙がもたらす人間の創造性という問題も，親和性と関係があるのだろう．

4) その他

紙文化は進化するのか，地理的な文化圏の違いがどのように紙文化の違いに影響するのか，日本ではなぜ連続型抄紙技術が生まれなかったのか，現代社会になぜ和紙が生き残っているのか，など諸問題の解明に「紙の文化学」は寄与すると思われる．

〔尾鍋史彦〕

放送大学テレビ特別講義「紙の文化学」，2005～2008年まで年に数回放映予定．http://www.u-air.ac.jp

# 索　　引

## 欧　文

AF&PA　65
ASEAN　450

BKP　27, 251, 268
BM 計　31
BOD　411

chlorine free　430
CIE Lab 色空間　275, 276
CMS　274
$CO_2$　428
COD　411
CP　252
CRT　469
CSR　421
CTMP　243

DDCP　277
DIP　249, 288
drupa　223, 485

E コマースサイト　458, 459
ECF 漂白　246, 412
Expresso　460

GP　28

H 紙　287

IFLA　473
ISO　275
ISO 規格　510
ISO 透気度　512
ISO14000　435, 478
ISO14001　420

ISO/TC130（印刷技術）　275
IT　449, 456, 457

Japan Color 2001　275
JAPAN TAPPI 紙パルプ試験方法　510
JIS　510, 511
JMPA カラー　277

L 紙　287
LCA　428, 464, 478
LCD　469
Lucas-Washburn 式　265, 278
Lucas-Washburn モデル　279

M & A（合併・買収）　387, 449, 453, 454, 456, 486
MOW　253
MP　250, 268

NIES　450

origami　199, 201

papiNet　460
PCB　412
P-EDI　387
PL 法　478
PPC 用紙　292
PPLP　282
PRTR　412
PVA バインダー　337

1R　433
3R　433, 477

RDF　464
RGP　243
RMP　243
Robert C. Williams American Museum of Papermaking　65
RPF　414

S 紙　287
SCP　27
SGP　243
SL 紙　287
SRI　420
SS　411, 421, 422

TAPPI　65
TAPPI 試験方法　510
TCF 漂白　246, 412
The Institute of Paper Chemistry　64
The Institute of Paper Science and Technology　64
TMP　28, 243, 288
Touch, Please 展　216, 531

UKP　268

VAN　386
VAN 委員会　386

3W 機能　232, 438
6W 機能　408
waste　368

XL 紙　287

# 索　引

## ア　行

青木種ミツマタ　316
青花紙　135
青みづけ　431
青谷町（あおやちょう，鳥取県）　161
赤木種ミツマタ　316
アガーベ（竜舌蘭）　79, 370
あかり障子　124, 125
灰汁（あく）　145, 430
浅草紙　134
アジア　67
アジア的共同体　75, 88
アジア的生産様式　75, 88
アジア的専制主義　75
アステカ文明　78
アセチル化　270, 271
新しいメディア状況　466
アーツアンドクラフツ　89, 211, 441
厚紙類　132
アッシニア紙幣　51, 484
アート紙　25, 226, 291, 383
アートメディア　214
姉様人形　202
アバカ（マニラ麻）　369
アフリカ　75
安部榮四郎　156, 162, 163, 356, 498
亜麻　367, 368
アミノ化　270, 271
アメニティー社会　439
アメリカ　54, 78, 210, 211
アメリカ議会図書館　473
アメリカ独立革命　50
アメリカ独立戦争　57, 58
粗組み　188
新たな紙需要　457
アラブ文化圏　72
アラミド繊維紙　378
亜硫酸法　23
アルカリ性紙　178
アール・ヌーボー　51, 143

アルファベット　480
アレクサンドリア図書館　481
阿波和紙　168
アングロアメリカ　78
アンソール　153, 154
アントラキノン　244
行灯（あんどん）　102, 129, 190, 191

イエズス会　80
イオン交換紙　376
生きるための十分条件（副次的機能）　408
生きるための必要条件（基本的機能）　408
出雲民芸紙　156, 161
イスラエル考古局　44
イスラム教　8, 67
イスラム文化圏　71, 72
板紙（いたがみ）　229
　　――の中層　248
　　――の裏層　248
　　――の分類　233
　　その他の――　233
板紙抄紙機　28
板紙代理店会　391
板紙連合会　29
板締め染め　362
板摺（いたずり）版画　140
市川大門町（山梨県）　119
一閑張り（いっかんばり，一閑張）　136, 172
一切経　86, 103, 124
一般水質　411
一般廃棄物　433
遺伝子工学　32
稲わら　418
井原西鶴　140
伊部京子　194
イメージ　466
衣料ボロ　367
イルミナントC　515
色板紙　296

色紙（いろがみ）　144, 309
色上質　292
色上質紙　145
色戻り　240
岩野市兵衛（二代目）　498
　　――（八代）　162
　　――（九代）　168, 499
岩野平三郎（初代）　158, 159, 166
　　――（二代目）　356
岩原紙　172
インカ文明　78, 79
インキ止め紙　149, 356
インクジェット記録　367, 369
インクジェット用紙　281, 294, 373
イングランド銀行券　51
印刷技術　88
印刷効果　226
印刷・情報用紙　233, 286, 287, 457
印刷適性　226
印刷博物館　52
印刷文化　2
印刷文化学　53
印刷前工程　273
印刷用紙　272, 273, 290, 291, 368, 369, 436, 457, 514
因州和紙　168
印象派　143
インダス文明　8, 10, 67, 480
インダス文字　10
インターネット　466
インディア紙　368, 383
インテリジェント機能紙　376
インド　73
インド・イスラム文化　72
インド更紗　173
インド文化　72

ヴァティカン教皇庁図書館展　47

索　　引

ヴァロットン　154
ヴィクストレーム　318
ウェブ　381
ウォーターマーク　100, 482, 484
浮世絵　51, 89, 101, 139-143, 145
薄紙印刷紙　290
薄美濃紙　173, 174
薄様(うすよう，薄葉，薄様紙)　20, 94, 96, 112, 150, 154, 160, 172, 173
歌合わせ　358
謡本(うたいぼん)　140
宇陀紙　96, 131, 168, 174, 176, 178, 182
打紙　105, 340
打雲(うちぐも)　144, 173
打曇(うちぐもり)　94, 100, 144-146
内山紙　168
団扇(うちわ)　102
裏打ち　175, 178
裏打紙　153
有楽窓(うらくまど)　128
漆絵　140, 141
漆紙文書　109
漆濾紙　168
雲南・ビルマルート　73
雲母(うんも)　358, 359
雲竜(龍)紙　100, 146, 334

瑩生(えいせい)　105-107
衛生的　307
衛生用紙　70, 133, 233, 436
詠草料紙　144, 173, 358
詠草和紙　172
絵入り版本　140
液晶ディスプレイ　469
液体紙容器　307
エクスプレッソ　460
エーゲ文明　480
エコマーク　273, 435, 436
　——の基準　436

エコロジー　229
エジプト　480
エジプト文明　8, 9
エスパルト　37, 367, 369
越前紙　150, 158, 159, 161, 165
『越前紙漉図説』　171
越前鳥の子　168
越前奉書　150, 162, 168, 358
越前和紙　168
越中型染紙　363
越中和紙　168
江戸から紙(江戸からかみ)　356, 358, 359, 362
江戸千代紙　173, 362
エネルギー原単位　422, 462
絵文字　5, 36, 77
『延喜式』　116, 144, 314, 318, 495
塩素　246
塩素系漂白　418, 430
塩素漂白　322, 484
エンボス　298, 305, 310

オイルショック(石油危機)　28, 29, 371, 426, 491
王子製紙　27, 382-384, 489
　——王子工場　22, 23
　——大泊工場　25
　——気田工場　38
　——苫小牧工場　24
奥州白石紙　168
黄蜀葵(おうしょくき，トロロアオイ)　17, 19, 68, 100, 324, 325, 336, 338, 341
王子連合通商　385
凹版インキ　305
凹版印刷　304
凹版方式版画　139
近江鳥の子　160
大川平三郎　23
大蔵省印刷局　356
大蔵省印刷局抄紙部　152,

155, 157, 162
大蔵省紙幣寮印刷局　22, 165
大蔵省紙幣寮抄紙局　150, 151, 487, 497
大倉博進　385
大倉洋紙店　384, 385
大洲(おおず)和紙　168
大谷光瑞　11, 68, 487
大谷探検隊　11, 487
大津軽紙　172
岡太紙(おかふとがみ)　158, 166
岡本商店　384
小国紙(おぐにがみ)　150, 157, 206
尾崎金俊　166, 167
捺染(おしぞめ)手摺り　359
オセアニア　81, 84
オゾン漂白法　494
御伽草子　140
オフィスから排出される古紙　253
オフセットインキ　250
オフセット印刷　220, 259
お札紙　119
折形　130, 228, 229
折り紙　199, 200, 209, 360, 361
オルコック　139
卸商　390, 401
温床紙(おんしょうし)　160
音声・映像文化　466
オンデマンド印刷　392
オントップフォーマー　255

**カ　行**

海外産業植林センター　32
海外植林　27, 32, 493
階級的生産方式　88
『廻国奇観』　185, 210, 316
外国産の和紙原料　347
懐紙　94, 113, 145
外装用ライナー　295

皆田紙（かいたがみ）　131
海部桃代　204
灰分　517
改良型蒸解法　245
改良書院　161
改良半紙　332
カオリン　260
カオリンクレイ　258, 259
加賀紙衣　168
化学的酸素要求量（COD）　411
化学粘剤　313, 324
化学パルプ　242, 243, 252, 428
化学パルプ化法　38
加賀染　362
加賀奉書　168
蠣灰　17
掻股（かきまた）種ミツマタ　316
可逆記録材料　293
下級印刷用紙　290, 291
角質化　240
拡大脱リグニン法　245
拡張脱リグニン　417
掛け紙　228
懸け流し　332
掛物（かけもの）絵　141
加工　261
加工・加飾　144, 334
加工原紙　300
加工和紙　172
籠提灯　190
画材用紙　153, 167
重ね抄き　334
襲の色目（重色目，かさね色目）　94, 113
カジノキ　81, 313, 314
加飾写本　147
カシワ　385
カストリ（本）　219
ガゼット　49
画仙紙（がせんし，雅仙紙）　119, 121, 161, 309, 335, 348
化繊紙　377, 379
画像解析　12
加速劣化　521
型絵染紙　362
型紙　136, 208
型紙捺染　173
型紙原紙　363
型染　362
型染紙（かたそめがみ）　362
型付け　310
価値観の多様化　438
花鳥画　140
滑剤　261
活字による空間設計　470
合羽（かっぱ）　137, 145, 172
活版印刷技術　45
活版印刷術　2, 7, 35, 37, 80, 86, 465, 470, 473, 482
家庭紙　28, 70, 297
家庭用紙　287
家電リサイクル法　433, 477
可動活字　71
過度経済力集中排除法　27
金沢文庫　110
仮名（かな）文字　68, 101, 116, 357
狩野派　140
鏑木清方　158
壁紙　172
壁紙裏打ち紙　378
壁紙原紙　300
禾本（かほん）科植物　368, 369
紙
　——の厚さ　264, 510, 516
　——の圧縮性　264, 305
　——の色　513, 515, 520
　——の印刷適性　272
　——の液体吸収性　278
　——のエネルギー原単位　413
　——の科学技術的側面　231
　——の化学的性質　268
　——の化学物性　338
　——の家庭用途　286
　——の感性機能　90, 232
　——の起源説　12
　——の機能　232, 408, 438
　——の原料　233
　——の光学的性質　266
　——の光学特性　513
　——の光学物性　338
　——の工業的用途　286
　——の構造的性質　264
　——の光沢　513
　——の光沢度　515, 520
　——の三大成分　238
　——の試験規格　510
　——の試験方法　516
　——の遮光性　307
　——の修復　178
　——の白さ　429
　——の生産技術　437
　——の製造法　232
　——の絶縁性　281
　——の耐候性　269, 270, 271, 305
　——の多孔的性質　265
　——の通気性　265
　——の定義　232
　——の電気的性質　281
　——の伝来　98
　——の導電性　281, 283
　——の熱的特性　269
　——の白色度　267, 278, 513, 515, 519, 520
　——の比較文化論　86
　——の表面粗さ　264
　——の副原料　17
　——の物性機能　90, 232
　——の物理的性質　263
　——の不透明性　252, 264, 267, 278, 513, 515, 519
　——の文化的側面　231
　——の文化的用途　286
　——の分類法　233

——の保存 341
——の密度 105, 264, 510, 516
——の誘電特性 281
——の力学的性質 265
——の力学特性 513
——の力学物性 338
——の流通 4
——の歴史的側面 231
——の劣化要因 178
——を生産するのに必要な森林面積 415
紙・板紙製品 475
紙・板紙製品新水使用量 410
紙・板紙の流通機構 387, 389
紙化学大学 64
紙工芸 52
紙衣(紙子) 135-137, 145, 172
紙漉き唄 168, 169
『紙漉重宝記』 97, 110, 133, 326, 484, 497
『紙漉村旅日記』 156, 498
紙製品 437
紙製容器包装 434
紙製容器包装リサイクル推進協議会 434
紙専売 131, 143
紙造形 52
加美町(かみちょう,兵庫県) 448
紙統制株式会社 166, 383
紙取引自由化 384
紙長門(かみながと) 136
紙布 135, 137, 172
カミネット 387
紙粘土 101, 206
『紙の力』 39, 90
紙の博物館 34
「紙の文化学」 541
紙の歴史博物館(フランス) 89

紙配給統制規則 488
紙パルプ情報化研究会 32
紙パルプ製造排水 410
紙パルプの統計分類 500
紙・パルプ連合会 29
紙表面電気抵抗値範囲 284
紙衾(かみぶすま) 135, 136
紙巻き 303
紙メディア 465, 466, 468-471, 486
——の消費予測 468
——のメッセージ性 469
紙屋院 20, 68, 99, 112, 157, 425, 495
紙屋紙 68
カミヤ式連続蒸解釜 27
紙流通の歴史 382
かめのぞき 115
唐絵風 124
から紙(唐紙) 111, 117, 128, 145, 172, 173
——の歴史 357
唐紙障子 358
唐紙屋長右衛門 356, 358
ガラス製品 475
ガラス繊維紙 378
樺太(サハリン) 383, 384, 488
樺太工業 25, 383
唐物 126
空より 323
カルボキシメチル化 270, 271
ガーレー 518
カレンシー・ノート 51
カレンダー 261
カレンダリング 258
川島洋紙店 384
川之江市(現・四国中央市,愛媛県) 120, 161
寛永風俗画 140
環境
——に関する自主行動計画 31

——に優しい 428, 429
——の認証 435
環境影響 420
環境憲章 420
環境対策 464
環境負荷 2
環境報告書 414, 419
環境ホルモン 411, 413
環境問題 2, 30, 220, 227, 229, 233, 409, 410, 412, 414-417, 430, 432, 435, 437, 471, 486
環境ラベル 436
韓国紙(韓紙) 16, 159
勧告操短 385
漢字 10, 68, 74, 101, 494
乾式ウェブ形成法 381
乾式不織布 366
漢字文化圏 74
緩衝剤(バッファー) 177
含水珪酸 288
巻子(かんす)体 47
巻子本 42
感性科学 2
感性機能 90, 232, 408
感性機能紙 408
官製はがき 292
乾燥機 328
乾燥刷毛 329
関東大震災 383, 488
簡牘(かんとく) 14
感熱紙 293
官能評価 408
ガンピ(雁皮) 6, 19, 96, 104, 111, 134, 313, 318, 319, 338, 365
雁皮薄様紙 166, 172
雁皮紙(ガンピし) 96, 154, 155, 160-162, 166, 167, 341
ガンマ線 270
顔料 278, 341

黄板紙(きいたがみ) 296

記憶としての紙　40
機械印刷　143
機械抄き紙　319
機械抄(漉)き障子紙　151，161
機械抄き法　331
機械抄(漉)き和紙　86，152，155，313，332，339，377，379，393，401，446
機械製紙　60
機械パルプ　242，250，268
機械パルプ化法　38
企画技術　462
生紙(きがみ)　341
擬革紙(ぎかわがみ)　136，138，139，172，173
企業の社会的責任　419，421
吉師(きし，吉士，吉志)　19
儀式　71，227
キシラン　239
生漉紙(きずきがみ，生漉)　326，341，358，362
偽造防止　148，306
北アジア　67
気体透過性　372
喜多俊之　194
吉半染　362
几帳　357
喫煙文化　304
切手　308
絹紙　173
砧打ち　17
キネグラム　306
機能紙　233，284，313，365，366，368，370，374，377，379，402
機能紙研究会　377，379，380
機能性材料　365，370
黄蘗(きはだ)染め　17，101，116，145
『岐阜県下造紙之説』　171
『岐阜県手漉紙沿革史』　165，166
逆浸透膜　422

ギャップフォーマー　255
吸水度　105，519
牛乳容器　307
旧約聖書　44，46，481
教会言語　46
業界再編　385，453
業界統一コード　386
京から紙(京唐紙)　128，173，356，359，362
狭義の紙　232
夾雑細胞　368
澆紙(ぎょうし)法　72-74
京千代紙　173，362
京都議定書　31，237，413，486，493，494
京花紙　161，335
享保千型　359
共用紙　290
局紙(きょくし)　150，153，159，165，393
玉版箋　117
切り絵　208，209
切り紙(切紙)　134，208
ギリシア・ローマ文明　8，36
キリスト教　8，44，67，86，87，97
ギルピン兄弟　61
ギルピンマシン　61
儀礼　129
記録材料　1
金唐革紙(きんからかわかみ)　139
金革壁紙　171
金革紙(きんかわがみ)　136，139，171-173
金銀細工師　48
金銀砂子振り　173
金彩紙　362
金字写経　107
金属活字　45，88
金属活字本　16
金属製品　475
近代資本主義　88
近代照明デザイン　192

近代的洋紙産業　231
近代的連続型抄紙機　35
近代的連続型製紙技術　85
金箔　107
金箔押し装丁　48
金箔台紙　161
金封　228，229
金粉　106，107

喰裂(くいさき)　180
空気漏洩式　512
空隙構造　265
くくり　324，336
クーチャー　56
クッキングペーパー　308
グーテンベルク　2，7，35，37，45，53，80，86，225，272，465，470，473，482，483
具引き　145，358
汲み込み　327，331
クムラン教団　44
久米康生　73
雲紙　94，115，146
雲肌麻紙　167
クラウンゼルバック社　64
グラウンドウッドパルプ　28
蔵紙(くらがみ)　131
クラーク　513，518
グラシンペーパー　302
クラスタールール　411
グラビア印刷　259，261
グラビア印刷用紙　370
グラビア紙　383
グラフィックデザイン　218，229，309
クラフト紙　180
クラフト蒸解法　25，243，244
クラフトパルプ　38，243
クラフトライナー　248
グリコシド結合　238，239，268
クリーナー　249
グリーン購入法　247，433，

索　　引

　　　　　435
グリーン調達　435
グリーンマーク　435, 436
グルコマンナン　239
クレープ　297
クレープ紙　101
黒アフリカ　75
黒透かし　100, 148
黒皮(くろそ)　317
白皮(しろそ)　317
黒谷紙　153, 168, 182
黒谷奉書　358
クロロフェノール　411

蛍光X線　12
蛍光増白　431, 432
蛍光増白剤　514
蛍光増白度　431
経済産業省　500
『経済要録』　131, 133-135
軽質炭酸カルシウム　260
傾斜機能紙　376
傾斜短網抄紙機　377
芸術としての紙　41
携帯電話　375
経典　73
軽量コート紙　291
景色としての森林　461
化粧板用原紙　300
気高(けだか)郡(鳥取県)　120
結晶性繊維　278
結縄文字(キープ)　79
結晶領域　240
ゲートロールコーター　257
ケナフ　32, 369, 418, 493
ケナフ論争　32
ゲーブルトップ　307
ケミサーモメカニカルパルプ　243
ケラー　7, 38, 62
検閲　50
遣欧少年使節　88
限外濾過膜　422

研究開発　464
建材原紙　233, 301
現代建築　187
現代美術　210
『源氏物語』　20, 87, 93, 94, 99, 111, 112, 115, 117, 495
『源氏物語絵巻』　111, 115
懸垂網抄紙機　333
現代のパッケージ　228
懸濁物質　411
建築資材リサイクル法　433
縑帛(けんぱく)　14
ケンペル　184, 210, 316
原料対策技術　462
原料立地型製紙工場　387

小色染　362
『広益国産考』　131
光悦染　362
叩解(こうかい)　254, 264, 266, 513
公害問題　29
光学的変化インキ　306
黄河文明　8, 10, 67, 480
香喫味タイプのシガレット　304
広義の紙　232, 370
高級障子紙　161
工業用雑種紙　287, 302, 377
後継者問題　447
工芸和紙　161
広告　229
甲骨文字　10
子牛皮紙(ベラム)　42
江州雁皮紙　168
高周波用材料　285
『好色一代男』　140
校生　104
合成高分子　370
合成紙　28, 366, 370, 371
合成紙ブーム　371
合成繊維紙　379
公正取引委員会　32

合成ネリ　326
高仙芝将軍　16
コウゾ(楮)　6, 16, 19, 37, 74, 81, 96, 98, 111, 134, 143, 173, 313, 315, 319, 338, 341, 365
構造改善事業　29
楮紙　161, 176, 178, 341
楮局紙　165
高弾性紙　376
高知県立紙産業技術センター　176
高知特製大判和紙　166
高度経済成長　29
高濃度抄紙　30, 421
鋼板製ドライヤー　332
鉱物繊維　310
高野紙(こうやがみ)　131
広葉樹　27, 240, 247, 462, 489
高麗紙　17
高麗朝　45
五雲箋　134
ゴーギャン　154, 155, 160, 166
『古今和歌集』　95
国際紙会議　163, 530
国際紙シンポジウム '95　163
国際図書館連盟　473
国際標準化機構　275
国策パルプ　26
穀紙(こくし)　104
極上局紙　165
国風文化　93
穀物わら　369
古紙
　——のリサイクル　110, 462
　オフィスから排出される
　——　253
古紙回収　436
古紙回収システム　425
古紙回収率　248, 425, 427
古紙回収量　247

古紙再生　425
古紙再生促進センター　29
古紙配合率　436
腰貼り　128
腰張紙　135
古紙パルプ　248, 428, 464
古紙利用　234, 247, 332, 425, 436, 462, 464
古紙利用率　247, 252, 414, 427, 464, 493
個人製本　48
小杉放菴　159, 166
コストパフォーマンス　462, 463
個性を表現する素材　409
古代文明　5, 6
国家総動員法　488
コットン　367
コ(ッ)ピー紙　150, 152, 335
コップ法　280
コデックス(冊子体)　42, 47, 49, 79, 470
コデックス(冊子体)革命　42, 47, 79, 471
コート紙　226, 291
護符　42, 45
御幣(ごへい)　429
小紋　362
『コモンセンス』　50
こより　101
コーラン　71
コルゲーター　308
コレツキー　73
コロンブス　78, 79
こわさ　513, 518
コンキスタドーレス　80
根源的な基本色名としての「白」　431
金光明経　103
金光明最勝王経　103
コンデンサーペーパー　370
コンデンサー用絶縁紙　378
コンテンツ　467, 470

## サ 行

彩雲紙　171, 172
蔡侯紙　481
「最後の審判」　164
サイザル麻　369
祭事　204, 208, 227
再商品化　432, 434
彩飾写本　45
サイズ剤　177, 268, 269, 279, 340
サイズ処理　279, 340
サイズ度　280, 519
サイズプレス　257
再生紙　219, 429
西洞院紙　134
財閥　382
細密画　95
財務省抄紙局　155
砕木パルプ　38, 62, 243
蔡倫　6, 12, 15, 68, 122, 481, 486
佐伯勝太郎　152, 155, 157, 165, 166
嵯峨本　101, 140, 357
鎖国　87, 185
座敷　125
座敷飾り　126
佐治村(鳥取県)　121, 161
冊子　71, 79, 111
雑誌　49
雑誌広告基準カラー　277
雑誌古紙　248, 249
雑誌ジャーナリズム　49
冊子体(コデックス)　42, 47, 49, 79, 470
冊子本　42
雑種紙　233
札帯紙　361
砂漠におけるコミュニケーション　76
サプライチェーン　449, 456, 458
サボテン　62

サマルカンド　6, 71
サーモメカニカルパルプ　28, 243
更紗　362
更紗型多色手摺り　360
更紗紙　136, 173
晒しクラフト紙　295
晒し包装紙　295
晒す　430
サルファイトパルプ　62
サルファイト法　243
桟(障子の)　188
山栄洋紙店　384
酸化亜鉛感光体　283
酸加水分解　240
酸化チタン　430
産業革命　88, 89
産業構造審議会紙パルプ部会　29, 30
産業資本　87
産業植林　236, 237
産業廃棄物　433
三幸　384
産構法　29
蚕座紙　331
3社合併　383
『三場文選』　17
酸性紙　178, 220, 268, 474
酸性紙問題　180
三成社　25
酸性物質　178, 220
酸性劣化(酸性化)　178, 340
酸素脱リグニン工程　418
残存リグニン　246
三白景気　27
山陽国策パルプ　31
散乱係数　267

恃(し)　15
地合(じあい)　264
地合崩し　310
地合むら　148
仕上げ加工工程　261, 381
シアノエチル化　270, 271

索　引

シェーファー　38
死海写本　43, 44, 47
紫外線　270
シガレット　303, 304
　　　——の高機能化　304
シガレットペーパー　302, 369
紙管原紙　233, 302
色紙（しきし）　117
色紙（しきし）窓　128
紙器用板紙　233, 296
紙業提要　34
資源
　　　——としての森林　461
　　　——のカスケード型利用　416
資源有効利用促進法　433
『四国産諸紙之説』　171
紫根　108
支持体（支持材料）　39, 42, 89, 90
紙所　17
持続可能　460
紙塑（しそ）人形　101
下貼り（襖，屏風の）　109, 123
紙帳　135
湿式ウェブ形成法　381
湿式不織布　366
湿式粉砕重質炭酸カルシウム　424
湿潤強度　372
湿潤紙力剤　297
鋪設（しつらい）　124
室礼（しつらい）　124
しつらえ　114
紙出（しで）　134, 429
自動車　375
シート状新素材　377
蔀戸　125
シナジー効果　454
紙背文書　109
渋型紙　359
渋澤栄一　22

紙幣　51, 71, 100, 143, 148, 304, 306, 316
紙幣用紙　150
皺入（しぼいり）檀紙　147
絞り染め　362
シーボルト　185, 316, 497
下村観山　158
遮音制振紙　376
社会的責任投資　420
写経　86, 89, 103, 111, 124, 145, 340, 357
写経事業　104
写経所　104
写経生　104
写経用紙　19, 86, 111
写経料紙　116, 144
煮熟剤　175
写真製版　143
煮砸箋　117
ジャーナリズム　38, 49, 90
ジャポニズム　187, 198
写本　42, 44, 86, 111
写本工房　42
写本時代　48
写本文化　42
ジャーマンタウン　55, 56
煮料法　72
ジャワ更紗　173
19世紀の和紙展—ライプチヒのコレクション帰朝展　171, 186, 531
宗教改革　37, 86, 87
住居用材　429
重金属類　411
重質炭酸カルシウム　260
十條製紙　26, 27, 31, 226, 384, 455, 489-493
重袋用両更クラフト紙　295
修道院　42
修道士　42
十文字紙　137
重要無形文化財　498, 499
壽岳文章　156, 160, 162, 163, 365, 498

宿紙　110, 425, 495
熟紙加工　105
熟成（ソーキング）　249
樹脂カバーロール　424
修善寺紙　96
入内　114
シュタイン　68, 485
出版革命　46
出版所製本　48
出版デザイン　218
出版の自由　49
出版文化　48
出版元　142
修道士　80
樹皮紙（樹皮布）　6, 68, 76, 79, 81
シュープレス　422
シュミット　170
シュメール人　480
シュメール文字　8
ジュルナル・ド・パリ　49
循環型経済社会　420
循環型産業　237
循環型資源　236
循環型社会　477
循環型社会形成推進基本法　433
純白ロール紙　295
書院造　125, 128, 357
省エネルギー　29, 422, 462
昇華熱転写方式　294
上級印刷用紙　290
商業印刷　373
商業資本　51
象形文字　5, 10, 101
商権復活　384
証券用紙　304
抄紙（しょうし）　254
障子（しょうじ）　101, 123
小路位三郎　162, 168
抄紙会社　22, 382
障子紙　132, 156, 160, 161, 334
省資源　29

上質紙　290
抄紙伝習所　150
抄紙法　72
商社　391
正倉院　122
正倉院御物　109, 123, 314
正倉院文書　19, 104, 110, 116, 144, 178, 318, 495
聖徳太子　19, 98, 103, 124
消費者包装　475
障屏具　123
正平染（しょうへいぞめ）　362
情報
　――の伝達　470
　――の内容　470
情報・印刷適性　307
情報享受空間　469, 470
情報用紙　292, 373, 436
静脈物流　478
照明器具　189, 192, 429
少量生産型の紙　4
書画用紙　309
書簡用紙　149, 167
食品容器原紙　301
食品リサイクル法　433, 477
植物性繊維　232
植物繊維（非木材繊維）　310, 365, 367
植物染紙　156
植民地支配　80
『諸国紙名録』　142
絮紙（じょし）　13-15
書誌学　48
書写材料　1, 8, 14, 36, 46, 70, 71, 73, 76, 79, 480
　――の非物質化　40
書写本　42
除塵　249, 251, 323, 332
書籍各部分の名称　221, 222
書籍用紙　291
　――の分類　221, 222
書道用紙　69, 118, 119, 121, 161, 269

庶民の住まい　129
書物　1, 45, 68, 71, 79, 470
　――の誕生　42
書物中の書物　47
書物文化　4, 48, 90
ショールーム　401, 405
シリカ　418
シリコン紙　175
紙料調整　325
シリンダードライヤー　256
シリンダーマシン　61
シルクロード　45, 73
白アフリカ　75
白板紙　296
白透かし　100, 148
白ボール　296
皺紙（しわがみ）　101
新王子製紙　31
神宮紙　158, 159, 167
シングルコーティング　259
シングルデッキドライヤー　256, 423
伸縮率　520
親水性バインダー　281
神聖文字（ヒエログリフ）　9, 480, 484
『新撰紙鑑』　97, 131, 134, 497
寝殿造　123, 125, 357
靭皮繊維　6, 37, 73, 81, 220, 232, 286, 313, 338, 342, 367, 393
新聞　49
新聞古紙　247, 249, 288, 425
新聞用オフセット輪転機　289
新聞用紙　62, 233, 273, 287, 456
　――の軽量化　29, 287
　――の古紙配合率　426
新村　出　156
新約聖書　46, 481
針葉樹　234, 240, 426
信頼としての紙　40

心理学的アプローチ　408
心理的空間　469
心理物理学　2
森林　233, 415-417, 460, 461
　景色としての――　461
　資源としての――　461
　水源地としての――　461
森林資源　478

水解性　298
水源地としての森林　461
水酸基　268
髄柔細胞　369
水生生物　411, 412
水生生物試験法　412
水性塗工品　424
水素結合　268, 366, 425
水中伸度　520
水分　516
水溶性紙　376
水流紙　100
透かし　36, 100, 148, 482, 484
透かし入り紙　146
透かし文様　173
漉き合わせ紙　146
漉き返し　101, 110, 114, 425, 496
漉き桁　149
杉原紙　96
漉込紙　393
漉き簀　149
漉き染め法　146
漉き嵌め　175
杉原紙　131, 132, 142, 173
杉村治兵衛　140
漉き模様紙　100, 145, 156
数寄屋造　102, 123, 128
スクリーン　249
簀桁（すげた）　324
スケールメリット　454
図写用紙　149
図書寮（ずしょりょう）造紙所　86

索 引

スタンパー 55
スタンピングホイール 58
ステキヒト法 280
ステークホルダー 420
捨て水 328, 331
ステンレス繊維シート 285
ストックインレット 255
ストックホルム銀行券 51
砂子(すなご) 94, 113, 115, 116, 145, 173, 360
砂濾過方式 422
スーパーカレンダー 261
図引紙(ずひきがみ) 161
スミスアンドウィンチェスター製造会社 61
墨摺(すみずり)絵 140
墨流し 94-96, 114, 115, 144, 145, 173, 310
相撲絵 140
スライム 422
駿河紙 150
駿河半紙 133
駿河版銅活字 53
スロー・ファイヤー 472, 743

生活必需品 446
生活文化 184, 409
生産性 463
製紙会社 22, 23
　　――気田工場 23
製紙技術 53, 68, 74, 77, 85
　　――の進化 69
　　――の伝播者 16
製紙技術研究組合 30
製紙記念館 34
製紙業 124, 473
製紙原料 234, 235
製紙原料対策 234
製紙産業 21, 437, 449
製紙試験場 152, 157, 162
製紙所連合会 23
製紙博物館 34
製紙薬品 242

聖書(バイブル) 37, 42, 46, 47, 86, 87, 481
聖書考古学 44, 47
製図用紙 149
西遷ルート 85
生態系維持 412
静的弾性率 263
生物的酸素要求量(BOD) 411
製本技術 48
製本技術師 48
「西洋職人づくし」 37
生理学的アプローチ 408
生料法 72
清和天皇 425, 495
世界
　　――の紙・板紙の消費 450
　　――の紙・板紙の生産 450
　　――の紙パルプ需要 450
　　――の紙パルプ生産能力 450
世界一薄い紙 311
世界一大きな手漉き紙 330
世界最古の印刷物 223
石州紙 182, 326
石州半紙 162, 168
石州和紙 168
積層板原紙 300
石版 6, 68
石版画 139, 143
石油危機(オイルショック) 28, 29, 371, 426, 491
ゼーゲル 170
石灰 177, 220
楔形(せっけい)文字 8
石膏ボード原紙 301
接触角 278
接着剤(バインダー) 260
接着紙原紙 301
ゼーネフェルダー 50
セミケミカルパルプ 27, 242

セム系文字 77
セラミックコートブレード 424
セラミック紙 378
芹沢銈介 362, 363
セルラーゼ 251
セルロース 238-240, 242, 263, 268, 278, 319, 430
　$\alpha-$―― 239
セルロース純度 367
セルロース繊維 370
セルロースミクロフィブリル 241
繊維間結合 239, 265, 267, 366
繊維引っ掛け紙(ひっかけ) 147
繊維離解点 243
泉貨紙(せんかし, 仙貨紙, 仙花紙) 131, 161, 219, 331
全国紙商組合連合会 384
全国製紙技術員協会 168
全国手漉和紙工業組合 160
全国手すき和紙振興会 162
全国手すき和紙振興展 161
全国手すき和紙連合会 162, 356
全国和紙協会 168
1300度刷りの木版 225
剪紙 208, 209
戦時経済統制 383
扇地紙 135, 171
先史時代 36
洗浄 249, 332
染織型紙 187
染色技術 361
扇子(扇) 102, 113, 145
潜像模様 306
選定保存技術者 174
千 利休 127
専売品 143
全密閉フード 422

草庵茶室　127, 128
造花　204
双眼　324
操業効率　463
装潢（そうこう）　104, 175
障子（そうじ）　123
造紙署　17
層状構造　263, 264
装飾経　94, 108
装飾紙　362
早生樹　32
装丁（装幀）　70, 217, 309
増粘剤　260
草本系資源（非木材資源）　478
草木灰　17
ソーキング（熟成）　249
底付け　332
素材表現力　402
素紙（そし）　172
その他晒し包装紙　295
その他の板紙　233
その他未晒し包装紙　295
その他両更クラフト紙　295
ソフトニップカレンダー　258
染紙　38, 94, 144-146, 172, 173, 201, 360
ゾラ　50

## タ　行

タイ　74
第一次世界大戦　51, 383, 497
大永紙通商　385
ダイオキシン　30, 220, 411, 412, 418, 430, 492
ダイオキシン対策特別委員会　30
ダイオキシン対策法　412
耐久性　521
耐候性　372
太鼓襖　128
大衆的たばこ商品　303

大正会　383
耐水化剤　261
太政官札　150
耐折強さ（耐折強度）　177, 372, 513, 517
大同洋紙店　384, 385
耐熱性機能紙（耐熱紙）　376-378
大福帳　156
タイプ模造古紙　251
タイプライター用紙　356
太平紙　172
太平洋戦争　383, 488
大麻　367, 368
「タイムズ」　49
耐薬品性　372
耐油紙　301
第4の波　273
代理店　390, 401
代理店制度　382
大量生産型技術　2, 21, 231
大量生産型の紙　4
タオルペーパー　298
打解　323
高岡紙　172
高津紙　134
宝くじ　308
竹　369
竹屋　138
田子の浦ヘドロ公害　29, 30, 411, 417, 491
多色板摺版画　140
多色輪転機　272
脱インキ　425, 430
脱インキパルプ　426
脱墨　430
脱墨剤　249
脱墨パルプ　249
脱リグニン助剤　244
脱リグニン法　419
畳紙（帖紙, たとう）　94, 113, 145, 228
棚付け　332
七夕　334

谷中安規　159, 167
谷野武信　168
タバ　68, 79, 81, 82, 84, 314
たばこ　303
煙草入れ袋　172
タヒチ　84
太布（たふ）　314
タブサイズ　340
ダブルコーティング　258
ダマスカス紙　36
溜め漉き　72-74, 85, 155, 233, 313, 318
ダリ　51
ダール　38
タワー熟成法　332
俵屋宗達　357
丹絵（たんえ）　140, 141
短冊　117
短冊絵　141
炭酸カルシウム　258-260, 288
檀紙（だんし）　96, 100, 113, 131, 132, 147, 171
断紙　287
炭素循環　460
炭素繊維紙　378
段ボール　308, 475
段ボール原紙　233, 295
段ボール古紙　247, 249, 426
短網抄紙機　333

力としての紙　41
地球温暖化対策（防止）　237, 429
地球温暖化防止会議　32
地球サミット　419, 493
地球資源の有限性　409
地球に優しい包材　307
ちぎり絵　202, 348
竹簡（ちくかん）　10, 68
蓄光型蛍光紙　376
筑後紙　150
竹紙（ちくし）　342
地券用紙　23

索引

地図　71
チップショック　29
チップペーパー　303
チップボール　296
チベット・インドルート　73
チベット仏教　73
中央アジア　67
中央銀行制度　51
中央製紙　24
中級印刷用紙　290, 291
中国　450, 453, 486
中国文化圏　69, 72, 86
中質紙　291
中性紙　178, 220, 268, 473
中性新聞用紙　288
調子　327
調湿紙　179
調成　253
朝鮮紙　16
朝鮮戦争　384
朝鮮白紙　16
超早成樹木の開発　417
提灯　190, 191
提灯紙　161
町人文化　359
千代紙　136, 171, 173, 201, 362
猪牙（ちょき）　105, 107
直指心体要節　17
著作権　310, 311
貞柏洞（チョンベクドン）二号古墳（高常賢墓）　16
塵入紙　146
ちり紙　156, 160
ちり取り（ちりとり，除塵）　99, 323
縮緬紙（ちりめんがみ）　136, 172

衝立　101, 123, 357
ツインワイヤー方式抄紙機（ツインワイヤーマシン）　28, 255, 273, 423, 485
継紙（つぎがみ）　94, 114, 116, 145
ヅッカリニ　316
包み紙　228
壺屋紙（つぼやがみ）　138
坪量　264, 267, 510, 516
坪量-水分測定器　31
つり　324
ツルコウゾ　313, 316

低カッパー価蒸解法　418
ディスパーザー　250
定性的モデル　468
ディッキンソン　38
ディッキンソンシリンダー　61
ティッシュペーパー　297, 332
ティーバッグ用紙　370
ディメンション　369
低誘電特性プリント基板　285
ティルグマン　38
デ・ウィー　56
手形　51
手紙文化　1
テキスト　466
適正包装　477
デジタル　465
デジタルアーカイブ　11
デジタルプリント用紙　367
デジタルペーパー　471
デジタルメディア　439, 466
手漉き作業　324
手すき和紙　3, 313, 319, 338, 339, 446, 447
──の課題　329
──の危機　353
──の現状　343
──の原料　346
──のこれから　355
──の種類　345
──の復活　89
──の用途　345
手すき和紙青年の集い　162

『手漉和紙大鑑』　363, 498
手代奉書　332
デッケル　56
テトラクラシック　307
テーパー　513, 518
「デーリー・クーラント」　49
「デーリー・テレグラフ」　49
テロップ　361
電気絶縁資材　313
電気絶縁性機能紙（電気絶縁紙）　281, 302, 370, 377, 378
典具帖紙（てんぐじょうし）　149, 152, 156, 166, 173, 334, 335, 393
『天工開物』　483
電子写真　292
電子写真用基紙　283
電子写真用転写紙　283
電子商取引　392, 402
電子線　270
電子的表示媒体　1
電子媒体　48
電磁波シールド効果　285
電子ブック　437
電子ペーパー　437
電子メディア　439, 444, 457, 465, 466, 468-471, 486
転写効率　284
伝達作用　40
電池セパレーター原紙　378
伝統の手すき和紙十二匠展　162, 168
伝統文化　437
天然紙　372
天然染料　145, 146
天日漂白　322
デンプン　260, 268, 290, 326

ドイツ書籍協会　171
ドイツ図書館　170
──付属書籍文書博物館　170, 186, 531
トイレットペーパー　298,

299, 436
——の歴史　299
ロール状の——　298, 299
トイレットペーパー騒動　28, 491
トイレットロール　300, 332
陶活字　45
銅活字　45
透気度　512, 519
東京板紙　23
東京オリンピック　309
東京大聖書展　45
東京洋紙代理店会　385
礬水（ドウサ）　69, 115, 121, 142, 145, 149, 177, 340
謄写版原紙　161, 335
謄写版原紙用紙　166
東遷ルート　85
導電剤　284
導電処理　283
東南アジア　67
銅板　44
銅版画　142
動物繊維　310
桐油紙（とうゆがみ）　145
東洋紙　150
東洋的専制主義　88
灯籠　190, 208
徳川家康　357
（徳川）家康黒印状　318
独禁法遵守マニュアル　386
特殊印刷用紙　292, 369
特殊紙　233, 365, 373, 374, 393
特殊フィルター　313
特芯　296
独占禁止法　32
特定産業構造改善臨時措置法　29
塗工　258, 259
塗工印刷用原紙　301
塗工印刷用紙　291
都好紙　172
土佐　448

土佐紙　149, 150, 157, 165, 166
『土佐紙業史』　165, 166
土佐紙合資会社　155
トサステンシルペーパー　312
土佐典具帖紙　160, 161, 164, 168, 311
土佐和紙　168
閉じられた空間　470
凸版方式版画　139
トナー　250
飛雲（とびくも）　100, 145, 146, 173
ドブレ，レジス　39, 90
苫小牧製紙　27, 384, 489
豊臣秀吉の朝鮮出兵　88
渡来人　19
ドライセクション　256
トランスファーロールサイズプレス　257
鳥毛立女屛風　109, 123
鳥の子紙　96, 127, 142, 171, 335, 358
ドルッパ　223, 485
ドレフュス事件　50
トロロアオイ（黄蜀葵）　17, 19, 68, 100, 324, 325, 336, 338, 341
トンガ　82, 83
ドンキン　37
敦煌　68, 223
敦煌文書　122, 485
曇徴（どんちょう）　6, 16, 19, 68, 85, 481, 494
問屋　348

## ナ　行

内装用ライナー　295
内部応力　510
内部結合強さ　517
ナイフビーター　336
内分泌撹乱化学物質　411, 413

内陸型製紙工場　388
長網（ながあみ）抄紙機　38, 87, 255, 484
中井商店　382, 384, 385
中折紙（なかおりがみ）　132, 133
流し漉き　6, 17, 20, 68, 85, 93, 99, 100, 111, 145, 233, 313, 318, 326, 331, 334, 339, 357, 495
中芯　295, 296
中田鹿次　157, 166
中富町西島（山梨県）　119, 161
ナギナタビーター　324, 336
名塩（なじお）雁皮紙　168
「七十一番職人歌合」　357
浪花錦絵　141
鉛合金活字　45
奈良絵本　101
成田潔英　34, 167
成子佐一郎　160, 168
軟鉱物版　139
難燃紙　376
南方造林協会　27, 32
南北戦争　61

仁王経　103
膠（にかわ）　107, 340
肉筆画　140, 141
二酸化塩素　246
二酸化炭素　416, 417, 427, 460, 486
二酸化炭素排出量　428
二酸化チタン　259, 260
西アジア　67
西アジア文化圏　67
錦絵　140, 141, 143
2次元展開物　370, 380
西ノ内紙　131, 151, 173
『西本願寺三十六人家集』　94, 95, 115, 116, 495
にじみ止め　473
二千円札　361

ニーダー　250
二段フローテーション　250
日亜商会　384
日露戦争　382, 488
日刊新聞　49
日紙商　391
日清戦争　382
日中戦争　488
にない　324
日本
　――の紙文化　89
　――の伝統パッケージ　227, 228
日本アート紙合名会社　25
日本板紙代理店会連合会　391
日本加工製紙　25
日本・紙アカデミー　163, 530
『日本紙調査報告』　151
日本紙パルプ研究所　30
日本紙パルプ商事　382, 385
日本建築　123
日本原麻統制株式会社　157, 166
日本紙業総覧　34
日本人
　――の好む「白」と「白さ」　431
　――の美意識　228
日本製紙連合会　29, 30, 233, 286, 391, 505
『日本製紙論』　150
『―日本の心― 2000年紀和紙総鑑』　403, 499
日本美術特別展　186
日本文化　432, 494
日本ユニパックホールディング　31
日本容器包装リサイクル協会　434
日本洋紙板紙卸商業組合　391
日本洋紙代理店会連合会

391
日本洋紙元売商業組合　383
ニュールンベルク（ドイツ）　36
女房装束　113
人間
　――との親和性　342, 468
　――の五感　466
人間国宝　498, 499
認知科学　1, 2, 48

布目紙　147

熱転写用紙　293
ネットワーク　465
ネットワーク構造　263
ネットワーク社会　466
ネパール　73
ネリ　100, 324, 326, 331, 332, 334, 336, 495
粘剤　336, 340
粘着異物　251
粘着紙　373, 378
粘土板　6, 8, 42, 68

農耕文明　78
農産廃物　368
ノグチ，イサム　193-195
野毛（のげ）　94, 115, 116, 145
熨斗（のし，熨斗紙，熨斗袋）　228, 229, 429, 431
延紙（のべがみ）　132, 133
ノリウツギ（糊空木）　19, 100, 324, 336

**ハ　行**

バイオエネルギー　427
バイオテクノロジー　461
バイオマス　428, 460
廃棄物処理法　433
廃棄物の減量化　425
廃棄物問題　432, 437
配給制度　383

排水　421
バイタラ（貝多羅，貝多葉，貝葉）　10, 68, 73, 74
ハイブリッドフォーマー　28
バイブル（聖書）　46, 368
バウハウス　51
破壊靭性　266
バガス　369
箔　94, 111, 113, 115, 116, 145, 173, 360
箔打紙　145, 161
博進社　384, 385
バークス　151, 497
白水回収　422
白砥紙　17
箱張り　229
箸袋　228
パーソナルラッピング　229
八間行灯（はちけんあんどん）　190, 192
ハチバ（スペイン）　36
パッケージ　227-230, 373
　現代の――　228
パッケージデザイン　228, 229
バットマン　55
服部紙店　384
ハードコピー　467
パトラ（樹葉）　73
パピエ・コレ　202, 209
パピエ・マッシェ　209
パピネット　460
パピルス　3, 6, 9, 36, 42, 44, 47, 71, 76, 122, 367, 480
バビロニア　480
パプアニューギニア　84
バブル経済　30
濱田幸雄　164, 168, 499
速水御舟　159, 167
原　弘　365
バリアフリー　229
貼り絵　161, 164
張り子細工　101
貼付壁　124, 126, 127

バルカン化　271
バルツ　170, 171, 186, 531
バルツコレクション　197, 198, 531
パルパー　249
パルプ　232, 234, 238, 242, 415, 417, 418, 425, 426, 473
パルプ芯　296
パルプモールド　434
破裂強さ　513, 517
馬連（バレン）　142, 224
ハワイ　83, 84
板紙（はんがみ）　132
版画用紙　167
版木（はんぎ）　140
半切紙（はんきりがみ）　132, 134
判型（書籍の）　221, 222
万国博覧会　170, 197
万国博覧会（ウィーン）　147, 171, 186, 497, 531
万国博覧会（大阪）　309
万国博覧会（パリ）　90, 143, 497
万国博覧会（ロンドン）　497
半紙　119, 132, 133, 156, 161, 172, 331, 369
版下絵（はんしたえ）　141
版下絵師　140
ハンター，ダード　16, 65, 73, 135, 210, 498
販売店　348
販売特約　382
パンフレット　50
汎用型の紙　287

ヒエログリフ（神聖文字）　9, 480, 484
非塩素系漂白剤　246
東アジア　67, 450, 486
東アジア文化圏　67
ピカソ　51
引裂強さ　513, 517

秘儀性（秘匿性）　42, 470
引き染め　146, 359
斐紙（ひし）　20, 96, 104, 318
皮紙　122
菱川師宣　140
菱三商会　385
美術小間紙　161
美術紙　161
美術襖紙　161
微小文字　306
非晶領域　240
ひじわ　272
美人画　140, 142
ヒステリシス　510
非セルロース紙　284
浸し染め法　146
筆記・図画用紙　290
筆記用紙　368
引張強さ　513, 517
引張特性　517
非塗工印刷用紙　290
微塗工印刷用紙　291
ビニロン繊維紙　378
ビヒクル　251
ヒメコウゾ　313, 314
非木材原料　418
非木材紙　220, 367
非木材資源　367, 417
非木材繊維　365, 367, 414
百万塔陀羅尼経　52, 53, 87, 101, 140, 223, 340, 482, 495
ヒューマンインターフェース　439, 471
表具師　174
標準印刷色　274
標準状態　510
表装　175
漂白　430, 473
漂白クラフトパルプ　27, 268
漂白工程　244, 245
──の用水のクローズド化　419

屏風　123
描文　113
表面粗さ　512
平紙　131
平判印刷　259
平判断裁　262
ヒンジ　180
ヒンズー教　72

ファインペーパー　219, 220, 309, 393, 401, 470
──の流通　400
ファブリアーノ（イタリア）　36
ファンシーペーパー　229, 309, 367, 393, 470
フィブリル化　367
フィルター付きシガレット　304
風景版画　142, 157, 166, 168, 488
風俗錦絵　140
風俗木版画　140
封筒の考案　16
フェルター　38
フェルト　310
フォードリニア兄弟　7, 37, 87, 484
フォードリニア式抄紙機　255
付加価値通信網　386
吹き染め法　146
『福井県和紙工業協同組合五十年史』　165
復元　176
複写防止画線　306
富士製紙　23, 383
──入山瀬工場　23
──落合工場　25
富士洋紙店　384, 385
浮上分離方式　422
不織布（ふしょくふ）　366, 370, 380
不織布協会　381

藤原多美子　425, 495
襖（ふすま）　101, 357, 358, 360
襖紙　153, 159, 359
ブータン　73
仏教　8, 19, 67, 74, 86, 87, 89, 94, 103, 124, 494
ブックアート　209
ブックデザイン　217-220, 223
物性機能　408
フッ素繊維シート　285
部分染め　173
ブラウン管　469
プラスチック製品　475
プラスチックピグメント　260
フランス革命　50, 51
ブリスター　272
ブリストー法　280
フリップ　361
プリプレス工程　273, 274
プリント基板原紙　378
プリントサーフ粗さ　512
プリント配線基盤　375
フルークブラット　49
ブルジョア階級　50
ブルーソネ　314
プレコロンビア期　78, 79
プレスセクション　256
ブレードコーター　259
ブレード-ロッドメタリングサイズプレス　257
フレネルの式　515
フレーベル　361
プレメタリングサイズプレス　257
プレーン　310
ブレンド　310
フロック　512
フローテーション法　249
文化財　11
文化財修復（修理，補修）　91, 164, 174, 178, 181, 313
文化財補修用和紙　174
文化財保存　179
文化の分水嶺　74
文芸復興　86
分光反射率係数　515
分散剤　261
焚書　122
砕木法　23
文理融合　2, 541

平安文学　87, 111
米英戦争　60
平滑度　105, 518
閉鎖空間　470
閉鎖水域　411
「平成大紙」　330
『平成の紙譜』　118
平版方式版画　139
壁画　5, 36
ペクチン　319
ヘッドボックス　255
ヘディン　68
ベトナム　73
紅絵（べにえ）　140
ペーパーアート　441
ペーパークラフト　209
ペーパースプリット法　179
ペーパーミメティックス　471
ヘミセルロース　238, 239, 242, 268, 278, 430, 485
ペリオ　68, 485
ベル・エポック　50
ペントサン　319

貿易摩擦　386
法科学　439
芳香紙　70
紡糸直結ウェブ形成法　381
放射線　270
膨潤　510
奉書紙（ほうしょがみ）　96, 131, 132, 142, 153, 154, 171-173
防水原紙　302
防錆紙（ぼうせいし）　301
包装　262
包装機械　475
包装形態　474
包装材料　432, 474, 475
　　──の出荷統計　476
　　──の消費量　476
包装材料リサイクル化　424
包装作業　475
包装産業　474
包装資材　432
包装文化　227, 230
包装（用）紙　229, 233, 286, 294
蓬莱社製紙部　22
北越製紙　24
法華経　103
反古（故）紙（ほごがみ）　112
ポーサー　74
干し板（干板）　100, 328
補修紙　168
保水剤　260
ポスター　50
ポスター芸術　51
ポストコロンビア期　79
ポストリサイクル55計画　30
「ボストン・ヘラルド」　62
細川紙　161, 168
ホットソフトニップカレンダー　261
生皮（ぽてかわ）　317
ボード原料　235
程村紙（ほどむらがみ）　131, 151
ホビークラフト　196, 209
ホモ・サピエンス　8
ポリアクリルアミド　336
ポリウロニド　326
ポリエステル繊維紙　378
ポリエステル短繊維　337
ポリエチレンオキシド　336

堀木エリ子　195
ポリネシア　83
ホレンダービーター　37, 58, 324
ホログラム　306
ボロパルプ　62
ホワイトカーボン　288
本阿弥光悦　357
本紙　176
本州製紙　27, 384, 489
雪洞（ぼんぼり）　190, 192
本美濃紙　161, 162, 168

## マ 行

マイクロ写真　473
マイクロメータ　512
舞良戸（まいらど）　125
マウラー，インゴ　195
マウンティング　180
前田製紙　23, 24
前田青邨　158
マガジン　49
巻紙　303, 304
巻き煙草用薄葉紙　302
巻物　43, 47, 68, 71
『枕草子』　93, 345, 495
マクルーハン　466, 469
マクルーハン理論　39, 41
曲げこわさ　513
摩擦係数　520
摩擦材　375
麻紙（まし）　104, 159, 342, 356
真島襄一郎　23
マスメディア　2, 50, 87
町絵師　140
マチス　51, 208
真っ白　430, 431
マットコート　220
間似合紙（まにあいし）　153, 161, 167
マニラ麻　369
マニラボール　296
マーブリング　94, 95

マーブル紙　94, 95, 310
マヤ象形文字　79
マヤ文明　78, 79
繭紙　17
真弓紙　96
円網（まるあみ）型フォーマー　333
円網抄紙機　38, 155, 332
円網ヤンキー式抄紙機　332
円山四条派　140
万常（まんつね）紙店　384
万年紙（まんねんがみ）　136

ミクロフィブリル　240, 241, 278
ミケランジェロ　164
未晒し包装紙　295
美栖紙（みすがみ，御簾紙）　168, 174, 176, 182
水玉紙（みずたまがみ）　100, 146
水引き（水引）　101, 228
三栖紙（みすみかみ）　174, 178
水より　323
三田製紙所　22
陸奥紙（みちのくがみ）　96
三井紙料会社　25
ミッチェルリッチ　38
三菱製紙販売　385
ミツマタ（三椏）　6, 37, 81, 96, 133, 313, 316, 317, 319, 338, 365
三椏紙　150, 161, 342
南アジア　67
美濃　448
美濃紙　132, 142, 149, 150, 161, 165, 172
御野国（みののくに）戸籍用紙　318
美濃和紙　168
未漂白クラフトパルプ　268
見本帳　401, 402, 403
宮崎友禅　362

宮本紙　172
ミャンマー　74
明礬（みょうばん）　145, 177, 340
ミルワイドシステム　31
民間習俗　208
民芸運動　7, 86, 89, 363, 498
民芸紙　145, 161, 356

無塩素漂白パルプ　220
無垢浄光大陀羅尼経　16, 482
無公害パルプ化法　30
無酸紙　175
武者絵　140
無塵性　372
無文字国家（社会）　77
無文字文化　76
村上華岳　159
むらくも染め　362
『紫式部日記』　111, 113
村野藤吾　188, 193

メソポタミア文明　8, 67
メッセージ性　469, 470
メディア　42, 91, 465
──のメッセージ性　469
「メディアはメッセージである」　469
メディアリテラシー　439
メディア理論　39, 41, 466, 470
メディオロジー　39, 40, 90
メートル坪量　175
メンソールシガレット　304

毛管浸透　278
木材チップ　234, 243
木材チップ輸入　234-236
木材パルプ　86, 232, 286, 338, 365, 419
木材パルプ紙　429
木材利用合理化方策　27
木質原料　234-236

木製品　475
木灰　177, 220
木版　143, 145, 224
木版印刷　45, 481
木版画　69, 139, 140-142
木版活字　71
木版技術　139
木版挿絵　140
木版挿絵本　140
木版摺り　173, 362
木版本　139
文字　75, 77
文字文化　38
模造紙　172
木簡　10, 68
もつれ　336
元結（もとゆい）　101
揉み紙　101
木綿　367, 368
木綿ボロ　23
百田紙（ももたがみ）　131, 172
百武安兵衛　21
模様紙　393
模様抄き　334
森下紙　131, 137, 166
諸口紙　172
紋唐紙（もんからかみ）　124, 357
紋染　362
モンドリアン　187
文様加工　362
文様紙　361
文様染　361

## ヤ　行

八尾紙　168
役者絵　140, 142
薬袋紙（やくたいし）　171
柳宗悦　156, 498
倭絵（やまとえ）　124
山半紙　133
八女紙　150
ヤング率　263, 265

ユウ　98, 99
有害化学物質排出移動登録　412
有価証券　51, 100
有機塩素化合物　411
有恒社　151
友禅紙　362
友禅染　361
誘電損失　282
郵便制度　49
ユーカリ　426, 462, 494
輸出紙　152, 161, 166
輸出和紙　149, 150, 154, 160, 161
輸送効率　307
輸送包装　475
ユダヤ教　44
油単（ゆたん）　135, 136
ユニバーサルデザイン　229
輸入紙　386
輸入チップ　462
輸入パルプ材　388, 426
ユーラシア大陸　35, 67

羊羹紙（ようかんがみ）　136, 139, 171
容器包装廃棄物　434
容器包装リサイクル法　433-435, 477, 478, 494
洋紙　2, 20, 97, 219, 229, 232, 233, 249, 286, 309, 338, 382, 470, 485, 487
　――の原料　233
　――の性質　263
　――の製造法　242
洋紙技術　3, 74, 85, 487
洋紙共販株式会社　383
洋紙製品　286
洋紙代理店会　384, 391
洋紙取引ルール　385
洋紙文化　85
用水　421
用水原単位　421
洋装本　48

用と美　338
羊皮紙（パーチメント）　3, 6, 9, 36, 42, 44, 71, 86, 150, 164, 367
横山大観　158, 166
吉井源太　149, 150, 152, 356, 487, 497
吉澤章　200
吉田五十八　187, 193
吉田紙　167
吉田桂介　363
吉野漆濾紙　171
吉野　96, 133, 168, 173
四日市製紙芝川工場　23
予防原則　414
ヨーロッパ　35, 51, 80
世論の形成　38
42行聖書　37, 45, 53, 483
四大文明　6, 67
四大文明観　8

## ラ　行

ライスペーパー　302
ライナー　295
ライフサイクルアセスメント　414, 427, 428, 478
「ライプチガー・ツアイトゥング」　49, 483
ライプチヒコレクション　147, 170, 171, 173
ラッダイト運動　88
ラテックスバインダー　260
ラテンアメリカ　78
ラテンアメリカ文学　80
ラテン語　46
ラマ教　73
羅文紙（羅紋紙）　94, 100, 115, 145
欄間　129
離解　249, 254
離解古紙パルプ　248, 249
リグニン　232, 238, 240, 268, 319, 430

リグノセルロース資源　242
リサイクル　29, 240, 374, 416, 417, 426, 427, 432, 433, 460, 477, 478
　古紙の――　110, 462
リサイクル55計画　30
リサイクル紙　495
リサイクル性　307
リサイクル法　427
立体デザイン　229
リッテンハウス, ウィリアム　54
リッテンハウス工場　54
リデュース　433, 477
リテラシーの伝統　36
リネン　367
リファイナーGP　243
リモート色校正　274
『留記』　17
硫酸アルミニウム　269, 341
流通業者　447
リユース　433, 477
料紙　38, 89, 95, 96, 111, 113, 114, 116, 142, 144, 145, 357, 358
臨海型製紙工場　388
林紙一体化　453
綸旨紙(りんじがみ)　110
リンター　239, 368
輪転印刷　259
琳派　140

ルター　37
ルネサンス　37, 46, 86, 87

冷泉家文書　121
レイド　310
レオミュール　38
裂断長　252
レーヨン紙　379
レーヨン繊維　241
レーヨン短繊維　337
連続苛性化法　30
連続型抄紙機　37, 484
連続型抄紙(製紙)技術　53, 87, 231, 465
レンブラント　154

ろうけつ染め　362
ロクタ　73
ローションティッシュ　297
ロジン　269, 279, 341
ロゼッタストーン　9, 481
ロベール, ルイ　7, 21, 37, 50, 86, 87, 465, 484
ローマカトリック教会　80
ロールコーターサイズプレス　422
ロール状のトイレットペーパー(トイレットロール)　298, 299
ロングビューファイバー社　64

## ワ　行

ワイヤーセクション　255
ワインダー　262
若狭型染紙　363
『和漢三才図会』　131, 133, 134, 318, 496
脇紙(わきがみ)　131
和紙　2, 20, 99, 124, 219, 220, 228, 229, 232, 309, 313, 338, 357, 358, 370, 393, 408, 409, 432, 446, 448, 470, 487, 494
　――の原料　313
　――の光学的性質　339
　――の産地　351
　――の質感　129
　――の性質　338, 341
　――の製造法　319
　――の定義　446, 448
　――の透過光のやわらかさ　129
　――の特性　342
　――の白色度　343
　――の花　161, 204, 205
　――の光の散乱特性　343
　――の物理的性質　340
　――の優秀性　90
　――の力学的性質　340
　――の流通　348
和紙技術　85, 90
『和紙研究』　156
和紙研究会　156
和紙原料
　――の解繊　323
　――の煮熟　321
　――の種類　320
　――の水洗　322
　――の打解　323
　――のちり取り(ちりより, 除塵)　323
　――の漂白　322
　外国産の――　347
和紙抄造の機械化　331
和紙製品の輸入　348
和紙人形　201, 202
和紙文化　85, 91, 96, 98
和紙文化研究会　73
和紙流芳会　163, 168
和装本　48
ワットマン紙　309
和唐紙(わとうし)　150
王仁(わに)　19, 481, 494
侘びの思想　126
侘びの表現での和紙の利用　128
和風　123
わら　367, 369
ワンウェイ容器　307
ワンプ　233, 303

# 資　料　編

―掲載会社索引―

（五十音順）

| | |
|---|---|
| 王子製紙株式会社 | 1 |
| ケイ・アイ化成株式会社 | 2 |
| ダイニック株式会社 | 12 |
| 大日本印刷株式会社 | 3 |
| 株式会社竹尾 | 4 |
| 立山製紙株式会社 | 12 |
| 株式会社田村洋紙店 | 13 |
| 凸版印刷株式会社 | 5 |
| 株式会社巴川製紙所 | 6 |
| 2000年紀和紙委員会 | 7 |
| 日本紙パルプ商事株式会社 | 8 |
| 日本製紙株式会社 | 9 |
| 北越製紙株式会社 | 13 |
| 三菱製紙株式会社／三菱製紙販売株式会社 | 10 |
| レンゴー株式会社 | 11 |

資料編

歴史を蓄える紙。

創業以来130余年、私たちは技術革新を重ね、
優れた再現性と保存性を誇る多様な出版・書籍用紙を開発し続けています。
今後もこの歴史と伝統を礎に、より忠実に美しく。
情報や文化を守り育む、王子製紙グループのブランドです。

私たちにはブランドがあります
王子製紙グループ
www.ojipaper.co.jp　　www.ojigroup.net

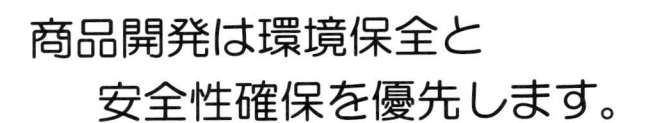

# 商品開発は環境保全と安全性確保を優先します。

## **ケイ・アイ化成** のバイオサイドケミカルズ

- スラコン剤
- 防腐剤
- 防黴剤
- 消臭剤

- 環境衛生殺菌剤
- 工程洗浄殺菌剤
- 工程スケール除去剤
- 防滑剤・紙面改質剤

薬剤の選定、使用方法等お気軽にご相談下さい。

## ㊅ ケイ・アイ化成株式会社

| | |
|---|---|
| 本社・テクニカルセンター | 〒437-1213　静岡県磐田市塩新田 328<br>TEL 0538-58-1000　FAX 0538-58-1859 |
| 東京事務所 | 〒110-0005　東京都台東区上野 1-1-12<br>TEL 03-3833-4373　FAX 03-3836-3477 |
| 駐在所 | 富士市・四国中央市 |
| ホームページ | http://www.ki-chemical.co.jp |

# DNP

DNPの前身である秀英舎時代の金属活字

## まず、文字をつくった。
## 人と人のコミュニケーションを拓くために。

　1876年（明治9年）。日本で最初の本格的な印刷会社としてDNPの前身である秀英舎は誕生しました。文明社会に貢献したい。そんな思いから秀英舎は、秀英体と呼ばれるオリジナルの金属活字を開発。秀英体は、現在も広辞苑に使われています。

　今ではプリンティングを核に、ソリューション・カンパニーへと変貌したDNP。

　これからもDNPは人と社会の間に新たな価値を提供していきます。

### DNP with People,
### 世の中のこと、あれもこれもが仕事です。

大日本印刷株式会社　〒162-8001 東京都新宿区市谷加賀町1-1-1 TEL. 03-3266-2111 www.dnp.co.jp

## 見て、触って、学べる、紙の情報センター。

### 見本帖本店

見本帖本店は多種のファインペーパーを取り揃えております。1Fショップは350銘柄（3,000種類）の紙の色、質感、サイズ、厚さなどを見て、触れて、お好みに合わせて購入いただけるシステムになっています。2Fは紙の印刷・加工技術の情報を得たり、展示やセミナーで楽しく紙の知識を得ていただくためのスペースです。是非一度足をお運び下さい。あなたの知らない紙にも出会えます。

営業時間 10:00 − 19:00　休／土・日・祝
〒101-0054 東京都千代田区神田錦町3-18-3
Tel:03-3292-3669 Fax:03-3292-3668
1Fショップ
Tel:03-3292-3631 Fax:03-3292-3632

---

**株式会社 竹尾**　http://www.takeo.co.jp/
〒101-0054 東京都千代田区神田錦町3-12-6　Tel:03-3292-3611 Fax:03-3292-9202
国内：本店／大阪支店／名古屋支店／仙台支店／福岡支店／札幌営業所
海外：香港／シンガポール／上海／クアラルンプール

●その他の見本帖

青山見本帖　　営業時間 10:00 − 19:00　休／土・日・祝
〒150-0001 東京都渋谷区神宮前5-46-10　Tel:03-3409-8931

大阪見本帖　　営業時間 9:00 − 17:30　休／土・日・祝
〒577-0065 東大阪市高井田中1-1-3　Tel:06-6785-2224

**TAKEO**
paper trading since 1899

知を創り、知を活かす
**TOPPAN**

# 印刷博物館。
# ここには、人類の知と創造への
# エネルギーがあふれています。

絵と文字の始原を求める…。先人たちの知の遺産に触れる…。
そして、印刷とコミュニケーションの過去、現在、未来の姿を探る。
東京・文京区に開館した日本初の本格的な「印刷博物館」。
ここは人類の偉大なる知と創造へのエネルギーを感じることができるスペースです。

**印刷博物館へのご案内**
- 交通:JRおよび東京メトロ有楽町線、東西線、南北線、都営地下鉄大江戸線 飯田橋駅より徒歩約13分。東京メトロ有楽町線江戸川橋駅より徒歩約8分。東京メトロ丸の内線、南北線後楽園駅より徒歩約10分。
- 開館時間:10時～18時（入場は17時30分まで）
- 休館日:毎週月曜日（但し祝日の場合は翌日）、年末年始、展示替え期間
- 入館料:一般300円、学生200円、中高生100円、小学生以下無料、団体割引あり（税込）　※企画展期間中は入館料が変わります。

**printing museum, Tokyo　印刷博物館**

〒112-8531
東京都文京区水道1丁目3番3号
トッパン小石川ビル
TEL : **03-5840-2300**（代）

http://www.printing-museum.org/

## グリーン調達やRoHS指令に対応した分析データの信頼性確保に
### ISO/IEC 17025 認証付データを提出します

巴川分析センターは2005年12月に試験所能力に関する国際規格 ISO/IEC 17025 認証を取得しました

### ①紙・パルプ試験
引張試験などJIS 19項目
*JAB認定番号RTL01820*

日本で初めて紙・パルプ試験ができる国際規格の認定試験所

### ②有害4種重金属
カドミウム、鉛、水銀、クロム
*JAB認定番号RTL01830*

RoHS指令(06年7月より欧州にて特定有害物質規制が発動)に対応した樹脂、ゴム、紙、接着剤、電子写真材料、ハードコピー材料など多岐にわたる有害重金属の分析ができます

---

**巴川分析センター**(株式会社巴川製紙所)
〒421-0192 静岡市駿河区用宗巴町3番1号 TEL.054-256-4163 FAX.054-256-4214
お問合せ E-mail : ana@tomoegawa.co.jp ホームページ : http://www.tomoegawa.co.jp/

## 2006年秋刊行（予告）

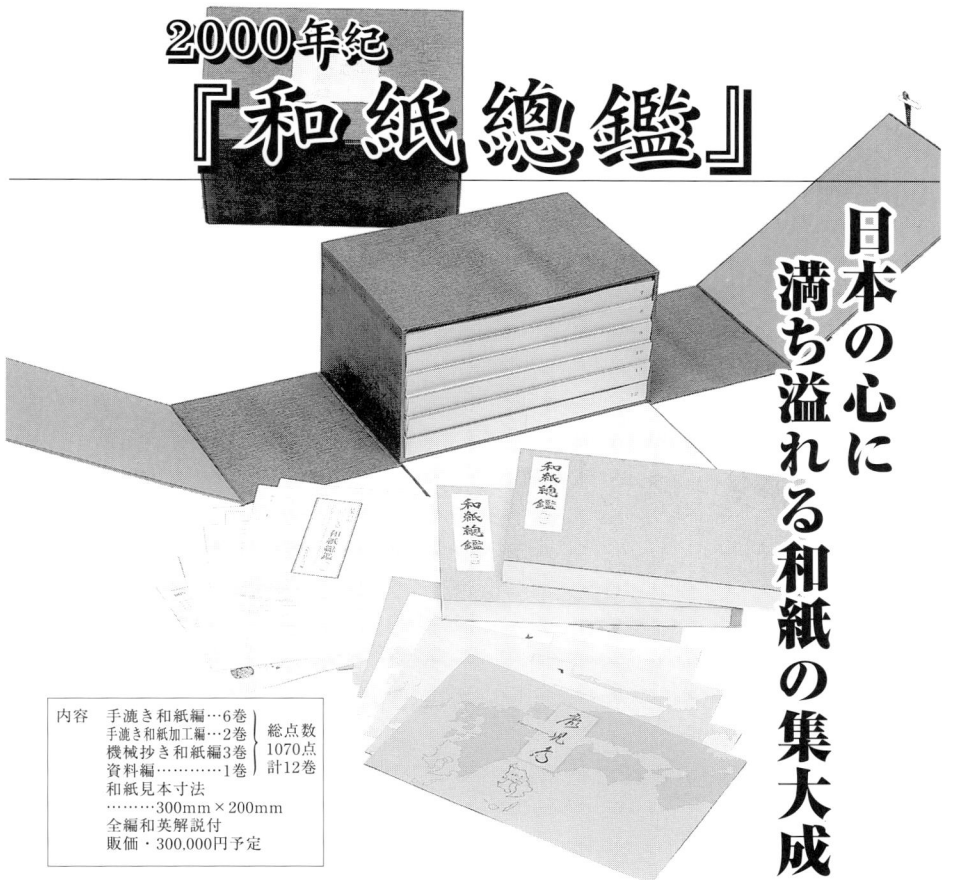

## 2000年紀 『和紙總鑑』

### 日本の心に満ち溢れる和紙の集大成

```
内容  手漉き和紙編‥‥6巻  ┐
      手漉き和紙加工編‥‥2巻 │ 総点数
      機械抄き和紙編‥‥3巻  │ 1070点
      資料編‥‥‥‥‥‥1巻  ┘ 計12巻
      和紙見本寸法
      ‥‥‥‥300mm×200mm
      全編和英解説付
      販価・300,000円予定
```

手漉き和紙は美しく香る日本文化そのものです。
約A4判の大きさに和綴じされて、座右にあれば、全国の和紙が居ながらにして手に触れられます。
また、紙漉き唄歌詞も収録しており、遠く近く漉き人の唄声が聴こえてくるでしょう。

### 発行　2000年紀　和紙委員会
〒604-8141京都市中京区蛸薬師高倉西入る　TEL075-221-1001 FAX075-231-0130

| | | | | | | |
|---|---|---|---|---|---|---|
| 名誉会長 | 千　玄室 | 会　長 | 小谷隆一 | 副会長 福田弘平 | 実行委員長 | 石川満夫 |
| 運営委員 | 吉田泰樹 | 河野雅晴 | 成子哲郎 | 栗山治夫 | 千田堅吉 | 森田康敬 |
| 宇佐美直治 | 上田剛司 | 事務局長 | 阪田美枝 | 運営顧問 | 上村芳蔵 | |

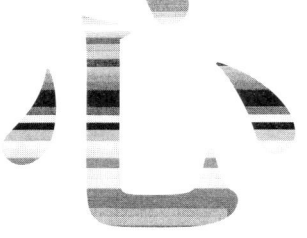

心
を
伝えるコミュニケーションには、
いつでも紙があります。

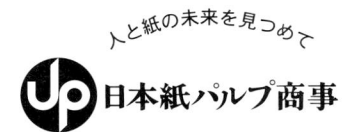

人と紙の未来を見つめて
**日本紙パルプ商事**

東京都中央区日本橋本石町4-6-11 〒103-8641　電話 03-3270-1311（代表）

www.kamipa.co.jp

ここにも、「Made in 日本製紙」。

みなさんの身の回りにある、さまざまな紙。
なかでも、現代社会に欠かすことのできない
新聞や雑誌、オフィスの書類といった用紙を、
日本で最もたくさんつくっているのは、わたしたちです。

NIPPON PAPER INDUSTRIES
日本製紙株式会社
www.np-g.com
東京都千代田区有楽町1-12-1(新有楽町ビル)〒100-0006 TEL: 03-3218-8000

資料編

# FSC森林認証紙

**森をまもりながら紙をつくる！その答えの一つが FSC森林認証紙。**

MITSUBISHI PAPER MILLS LIMITED

## FSC森林認証紙

森林破壊から森を守ることが必要。
でも紙をつくるためには森からとれる木材が必要。
これらの問題を解決するのが、森をまもりながら木材を上手に利用するFSC森林認証制度。
三菱製紙では、海外で植林事業を進めるとともに、植林地及び工場でFSC森林認証を取得。
FSC森林認証紙の生産販売を通じて、森林保全や地球温暖化防止に取り組んでいます。

FSC森林認証紙に関するお問い合わせ
三菱製紙株式会社 http://www.mpm.co.jp/
三菱製紙販売株式会社
http://www.mitsubishi-kamihan.co.jp/
Look for FSC labeled products.　FSC Trademark ©1996 Forest Stewardship Council A.C.

FSC
FSC SUPPLIER
SCS-COC-00328

## 波の、〜その先に。

**RENGO**

CORRUGATED BOARD「波の形をした厚紙」。段ボールは、そのような意味をもっています。日本で初めて「段ボール」を世に送り出して以来、レンゴーは常にお客様とともに最適なパッケージング・ソリューションを生みだしてまいりました。「しっかりと包む」から「美しく守る」まではもちろん、レンゴーはさらにその先のパッケージング技術を進化させ、これからも社会に貢献してまいります。

パッケージング・ソリューション・カンパニー

**レンゴー**

http://www.rengo.co.jp

レンゴー株式会社　本　　社　〒530-0005　大阪市北区中之島2-2-7　中之島セントラルタワー　06-6223-2371
　　　　　　　　　東京本社　〒108-0075　東京都港区港南2-16-1　品川イーストワンタワー　03-6716-7300

資料編

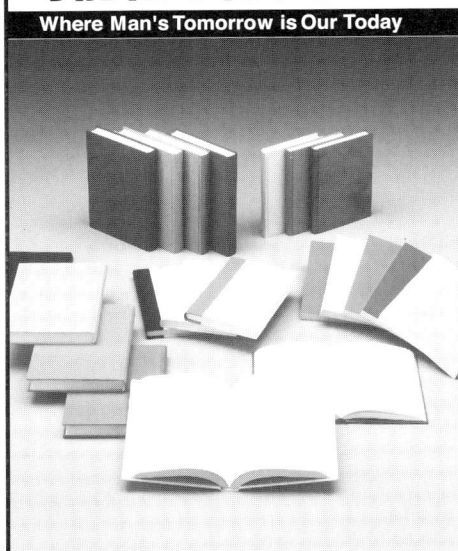

## 可能性を創り続ける
### Where Man's Tomorrow is Our Today

1919年京都で生まれたダイニックは、
ブッククロス（書籍装幀材）の国産化に初めて成功。
以来、多岐にわたる各分野で
皆様のお役に立つ製品を開発してまいりました。
その技術の蓄積と経験を生かし、環境との調和を考え、
常にベンチャースピリットを忘れず
さらなる前進をしてゆきます。

滋賀工場／埼玉工場
ISO 9001・14001
認証取得

王子工場／真岡工場
ISO 9001
認証取得

**主要製品**
書籍装幀材／文具・パッケージ素材／コンピュータリボン／ファインフィルム／各種印字・印刷用素材／名刺・ハガキ印刷システム／オンデマンド製本機／電材用水分除去シート／カーペット・壁紙／自動車内装材／不織布／衣料用芯地／ターポリン／各種ファンシー商品／食品包材 etc.

**ダイニック株式会社**
DYNIC　出版文具販売部

東京本社／〒105-0012
東京都港区芝大門1-3-4（ダイニックビル）
TEL.03-5402-3136
支　　社／大阪・名古屋
工　　場／滋賀・埼玉・王子・富士・真岡
海　　外／米国・英国・中国・香港・台湾・シンガポール・タイ
ダイニックホームページ……http://www.dynic.co.jp/

---

∽∽∽ **板紙とともに88年** ∽∽∽

一貫生産と多品種生産で時代のニーズに応えます。

安定した品質、価格、供給を保ち続けることはユーザにとっても大きなメリットです。

立山製紙は、需要地の近接地域に工場を配し物流の効率化と迅速化を図ってきました。

現在は、4つの生産拠点と2つの販売拠点から信頼の製品を全国に送り届けています。

立山製紙株式会社（本社）、立山物流株式会社　ISO14001:2004認証取得
立山紙工株式会社　静岡工場、茨城工場、相模工場　ISO9001認証取得

## 立山製紙株式会社
http://www.tateyamaseishi.jp
代表取締役社長　池田　恒彦

立山製紙グループ

| | | | | |
|---|---|---|---|---|
| 本　社／<br>本社工場 | 〒930-0214 | 富山県中新川郡立山町五百石141 | TEL 076-463-1311（営業部）／1312（総務部）<br>1313（製造部）／1314（管理部） | |
| 東京本部 | 〒101-0024 | 東京都千代田区神田和泉町1-2-7　SK千代田ビル2階 | TEL 03-3862-9021 | |
| 立山紙工（株） | 〒101-0024 | 東京都千代田区神田和泉町1-2-7　SK千代田ビル2階 | TEL 03-3866-4575 | |
| 　静岡工場 | 〒421-0302 | 静岡県榛原郡吉田町川尻1840-1 | TEL 0548-32-6371 | |
| 　茨城工場 | 〒307-0017 | 茨城県結城市若宮9-5 | TEL 0296-32-0200 | |
| 　相模工場 | 〒228-0002 | 神奈川県座間市小松原1-9-16 | TEL 046-251-1222 | |
| 立山物流（株） | 〒930-0214 | 富山県中新川郡立山町五百石141 | TEL 076-463-0604 | |

# TAMURA

やさしい紙で未来を拓く

株式会社 **田村洋紙店**

〒101-0051 東京都千代田区神田神保町3-2
第一営業部 5210-3111　第二営業部 5210-3112
第三営業部 5210-3113　ファックス 3261-3333

---

大切に——紙の未来。地球の未来。

人類が紙を知って約2000年、私たちと紙のつきあいはまだまだ続きます。
21世紀も北越製紙は、さらに付加価値の高い製品づくりにチャレンジ。
そして、再生紙への積極的な取り組みなど、地球の資源・環境にも心を配ってまいります。

- ●出版・印刷用紙　●板紙
- ●ファンシーペーパー
- ●情報用紙　●工業用素材

ECO-PULP エコパルプ　植林紙

＊紙の総合メーカー
**北越製紙株式会社**
〒103-0021　東京都中央区日本橋本石町3-2-2
☎(03) 3245-4500
URL:http://www.hokuetsu-paper.co.jp

**編集者略歴**

## 尾鍋史彦（おなべ ふみひこ）

| | |
|---|---|
| 1941 年 | 滋賀県に生まれる |
| 1969 年 | 東京大学大学院農学研究科<br>修士課程（林産学）修了<br>McGill 大学(Montreal)留学 |
| 1980 年 | Centre Technique du Papier 研究員 |
| 1992 年 | 東京大学教授（製紙科学） |
| 2001 年 | 日本・紙アカデミー会長 |
| 現　在 | 東京大学名誉教授<br>㈳日本印刷学会会長<br>日本・紙アカデミー顧問<br>農学博士 |

## 伊部京子（いべ きょうこ）

| | |
|---|---|
| 1941 年 | 愛知県に生まれる |
| 1967 年 | 京都工芸繊維大学大学院<br>修士課程修了 |
| 現　在 | 和紙造形作家<br>㈱シオン代表<br>京都工芸繊維大学<br>経営評議会委員<br>工学修士 |

## 松倉紀男（まつくら もとお）

| | |
|---|---|
| 1943 年 | 富山県に生まれる |
| 1971 年 | 北海道大学大学院農学研究科<br>博士課程（林産学）修了<br>十條製紙㈱<br>［現・日本製紙㈱］入社 |
| 現　在 | ㈱日本紙パルプ研究所所長<br>農学博士 |

## 丸尾敏雄（まるお としお）

| | |
|---|---|
| 1936 年 | 熊本県に生まれる |
| 1961 年 | 九州大学理学部化学科卒業<br>日本パルプ工業㈱<br>［現・王子製紙㈱］入社 |
| 現　在 | ㈶紙の博物館学芸部長<br>日本・紙アカデミー理事 |

---

### 紙の文化事典

2006 年 2 月 20 日　初版第 1 刷
2008 年 5 月 30 日　　　第 3 刷

| | |
|---|---|
| 総編集者 | 尾　鍋　史　彦 |
| 発行者 | 朝　倉　邦　造 |
| 発行所 | 株式会社　朝　倉　書　店 |

東京都新宿区新小川町 6-29
郵便番号　162-8707
電　話　03(3260)0141
FAX　03(3260)0180
http://www.asakura.co.jp

〈検印省略〉

© 2006 〈無断複写・転載を禁ず〉　　中央印刷・渡辺製本

ISBN 978-4-254-10185-0　C 3540　　Printed in Japan

くらしき作陽大 馬淵久夫・前東芸大 杉下龍一郎・
九州国立博物館 三輪嘉六・国士舘大 沢田正昭・
東文研 三浦定俊 編

## 文化財科学の事典

10180-5 C3540　　A5判 536頁 本体14000円

近年、急速に進展している文化財科学は、歴史科学と自然科学諸分野の研究が交叉し、行き交う広場の役割を果たしている。この科学の広汎な全貌をコンパクトに平易にまとめた総合事典が本書である。専門家70名による7編に分けられた180項目の解説は、増加する博物館・学芸員にとってハンディで必須な常備事典となるであろう。〔内容〕文化財の保護／材料からみた文化財／文化財保存の科学と技術／文化財の画像観察法／文化財の計測法／古代人間生活の研究法／用語解説／年表

---

日本デザイン学会編

## デザイン事典

68012-6 C3570　　B5判 756頁 本体28000円

20世紀デザインの「名作」は何か？―系譜から説き起こし、生活～経営の諸側面からデザインの全貌を描く初の書。名作編では厳選325点をカラー解説。［流れ・広がり］歴史／道具・空間・伝達の名作。［生活・社会］衣食住／道／音／エコロジー／ユニバーサル／伝統工芸／地域振興他。［科学・方法］認知／感性／形態／インタラクション／分析／UI他。［法律・制度］意匠法／Gマーク／景観条例／文化財保護他。［経営］コラボレーション／マネジメント／海外事情／教育／人材育成他

---

形の科学会編

## 形の科学百科事典

10170-6 C3540　　B5判 916頁 本体35000円

生物学、物理学、化学、地学、数学、工学など広範な分野から200名余の研究者が参画。形に関するユニークな研究など約360項目を取り上げ、「その現象はどのように生じるのか、その形はどのようにして生まれたのか」という素朴な疑問を謎解きするような感覚で、自然の法則と形の関係、形態形成の仕組み、その研究手法、新しい造形物などについて読み物的に解説。各項目には関連項目を示し、読者が興味あるテーマを自由に読み進められるように配慮。第59回毎日出版文化賞受賞

---

東大 橋本毅彦・東工大 梶 雅範・東大 廣野喜幸 監訳

## 科学大博物館
―装置・器具の歴史事典―

10186-7 C3540　　A5判 852頁 本体26000円

電池は誰がいつ発明したのか？望遠鏡はどのように進歩してきたか？爆弾熱量計は何に使うのか？古代の日時計から最新のGPS装置まで、科学技術と共に発展してきた様々な器具・装置類を英国科学博物館と米国スミソニアン博物館の全面協力により豊富な図版・写真類を用いて歴史的に解説。〔内容〕クロノメーター／計算機／渾天儀／算木／ジャイロコンパス／真空計／走査プローブ顕微鏡／DNAシークエンサー／電気泳動装置／天秤／内視鏡／光電子増倍管／分光計／レーザー／他

---

K.クラーク・C.ペドレッティ 著　細井雄介・
佐藤栄利子・横山　正・村上陽一郎・養老孟司 訳
斎藤泰弘 編集協力

## レオナルド・ダ・ヴィンチ素描集
【英国王室ウィンザー城所蔵】

10106-5 C3040　　A3変判 988頁 本体220000円

レオナルド・ダ・ヴィンチの素描の代表作を蒐めた、英国王室ウィンザー城収蔵の全作品を収載。鮮明な図版に加え、レオナルド研究の第一人者K.クラークらの詳細な解説を、日本を代表するレオナルド研究者陣が翻訳。第1巻では素描の歴史、様式とテクニックの発展、さらに第2巻に収載した550枚の動植物・風景・風・水の動きの研究・科学的スケッチ等を詳細解説。第3巻では解剖に関する150枚・書き込みを収載し解説。最高の印刷技術でレオナルドの素描を原寸大で再現している

上記価格（税別）は2008年4月現在